BKI Baukosten 2016 Altbau

Statistische Kostenkennwerte für Gebäude

BKI Baukosten 2016 Altbau:
Statistische Kostenkennwerte für Gebäude

BKI Baukosteninformationszentrum (Hrsg.)
Stuttgart: BKI, 2016

Mitarbeit:
Hannes Spielbauer (Geschäftsführer)
Klaus-Peter Ruland (Prokurist)
Michael Blank
Anna Brokop
Annette Dyckmans
Heike Elsäßer
Sabine Egenberger
Brigitte Kleinmann
Steffen Pokel
Sibylle Vogelmann
Jeannette Wähner
Yvonne Walz

Layout, Satz:
Hans-Peter Freund
Thomas Fütterer

Fachliche Begleitung:
Beirat Baukosteninformationszentrum
Hans-Ulrich Ruf (Vorsitzender, bis April 2016)
Stephan Weber (Vorsitzender, ab Mai 2016)
Wolfgang Fehrs (stellv. Vorsitzender, bis April 2016)
Markus Lehrmann (stellv. Vorsitzender, ab Mai 2016)
Prof. Dr. Bert Bielefeld
Peter Esch (bis April 2016)
Markus Fehrs
Andrea Geister-Herbolzheimer
Oliver Heiss
Prof. Dr. Wolfdietrich Kalusche
Martin Müller
Prof. Walter Weiss (bis April 2016)
Prof. Sebastian Zoeppritz (bis April 2016)

Anschrift:
Bahnhofstraße 1, 70372 Stuttgart
Kundenbetreuung: (0711) 954 854-0
Baukosten-Hotline: (0711) 954 854-41
Telefax: (0711) 954 854-54
info@bki.de, www.bki.de

Vorwort

Kompetente Kostenermittlung im Altbau, insbesondere in frühen Planungsphasen, bildet einen wichtigen Bestandteil der heutigen Architektenleistungen. Den Kostenermittlungen kommt zudem seitens der Bauherren und Auftraggeber eine entscheidende Bedeutung zu. Gerade im Altbau entstehen durch die besonderen Rahmenbedingungen spezielle Einflüsse auf die Baukosten, z. B. Denkmalschutz-Anforderungen, beengter Bauraum und Kleinmengen.

Wertvolle Baukosten-Erfahrungswerte für den Altbau liegen in Form von abgerechneten Bauleistungen oder Kostenfeststellungen in den Architekturbüros vor. Oft fehlt jedoch die Zeit, diese qualifiziert zu dokumentieren, um sie für Folgeprojekte zu verwenden. Diese Dienstleistung erbringt das BKI mit der Bereitstellung aktueller Baukosten-Fachinformationen und unterstützt damit sowohl die Datenlieferanten als auch die Nutzer der BKI Datenbank.

Da BKI jedes Jahr zahlreiche neue Altbauten auswertet, zeichnet sich der neue Band durch besondere Aktualität aus. Im nachfolgenden Innenteil des Fachbuchs befindet sich eine Fotopräsentation der neu dokumentierten Objekte im Zeitraum der Jahre 2015 und 2016. Zu jeder Altbau-Gebäudeart gehört auch eine BKI-Objekt-Referenzliste – eine Auflistung der jeweils ausgewerteten Objekte mit Fotos und textlichen Erläuterungen. Im Anhang enthält das Fachbuch zudem eine Objektliste aller BKI Altbau Objekte, mit Angaben zu Bruttorauminhalt (BRI), Bruttogrundfläche (BGF) und Nutzungsfläche (NUF). Hier sind auch die Altbau Objekte enthalten, die nicht in den statistischen Auswertungen verwendet werden. Bezüglich der Bezugsgrößen nach DIN 277 berücksichtigt die Neuerscheinung auch die Änderungen nach neuer DIN 277 – Ausgabe Januar 2016. Alle Kostenangaben wurden auf den Bundesdurchschnitt normiert, mit den integrierten BKI-Regionalfaktoren können die Anwender diese Werte an den jeweiligen Stadt- bzw. Landkreis anpassen.

Die Fachbuchreihe BKI Baukosten Altbau 2016 (Statistische Kostenkennwerte) besteht aus den zwei Teilen:
BKI Baukosten Gebäude Altbau 2016
BKI Baukosten Positionen Altbau 2016

Die Bände sind aufeinander abgestimmt und unterstützen die Anwender in allen Planungsphasen. Am Beginn des jeweiligen Fachbuchs erhalten die Nutzer eine ausführliche Erläuterung zur fachgerechten Anwendung. Weitergehende Praxistipps und wertvolle Hinweise zur sicheren Kostenplanung werden auch in den BKI-Workshops vermittelt. Zudem steht für Anwendungsfragen eine kompetente Fach-Hotline zur Verfügung.

Der Dank des BKI gilt allen Architektinnen und Architekten, die Daten und Unterlagen zur Verfügung stellen. Sie profitieren von der Dokumentationsarbeit des BKI und unterstützen nebenbei den eigenen Berufsstand. Die in Buchform veröffentlichten Architekten-Projekte bilden eine fundierte und anschauliche Dokumentation gebauter Architektur, die sich zur Kostenermittlung von Folgeobjekten und zu Akquisitionszwecken hervorragend eignet.

Zur Pflege der Baukostendatenbank sucht BKI weitere Altbau-Objekte aus allen Bundesländern. Bewerbungsbögen zur Objekt-Veröffentlichung werden im Internet unter www.bki.de/projekt-veroeffentlichung zur Verfügung gestellt. Auch die Bereitstellung von Leistungsverzeichnissen mit Positionen und Vergabepreisen ist jetzt möglich, weitere Informationen dazu finden Sie unter www.bki.de/lv-daten. BKI berät Sie gerne auch persönlich über alle Möglichkeiten, Objektdaten zu veröffentlichen. Für die Lieferung von Daten erhalten Sie eine Vergütung und weitere Vorteile.

Besonderer Dank gilt abschließend auch dem BKI-Beirat, der mit seinem Expertenwissen aus der Architektenpraxis, den Architekten- und Ingenieurkammern, Normausschüssen und Universitäten zum Gelingen der BKI-Fachinformationen beiträgt.

Wir wünschen allen Anwendern des Fachbuchs viel Erfolg in allen Phasen der Kostenplanung und vor allem eine große Übereinstimmung zwischen geplanten und realisierten Baukosten im Sinne zufriedener Bauherren

Hannes Spielbauer *Klaus-Peter Ruland*
Geschäftsführer *Prokurist*

Baukosteninformationszentrum
Deutscher Architektenkammern GmbH
Stuttgart, im September 2016

3

Benutzerhinweise

Übersicht Gebäudearten nach 1. und 2.Ebene DIN 276

Übersicht Gebäudearten nach 1. und 2.Ebene DIN 276 (Fortsetzung)

Gebäudearten mit Kostenkennwerten bis 3.Ebene DIN 276

Kostenkennwerte für die 3.Ebene DIN 276 300+400 - Bauelemente

Ausführungsarten für die 3.Ebene DIN 276 300+400+500 - Abbrechen

Ausführungsarten für die 3.Ebene DIN 276 300+400+500 - Wiederherstellen

Ausführungsarten für die 3.Ebene DIN 276 300+400 - Herstellen

Anhang

Einführung

Dieses Fachbuch wendet sich an Architekten, Ingenieure, Sachverständige und an alle sonstigen Fachleute, die mit Kostenermittlungen von Hochbaumaßnahmen befasst sind. Es beinhaltet Orientierungswerte, die vor Planungsbeginn oder bei der Grundlagenermittlung, Vorplanung, Entwurfsplanung benötigt werden, um Baukosten bei Altbauten zu ermitteln. Alle Kennwerte basieren auf der Analyse realer, abgerechneter Vergleichsobjekte, die in der BKI-Baukostendatenbank verfügbar sind. Das Baukosteninformationszentrum erhebt kontinuierlich Daten in allen Bundesländern, um die Datenbank zu erweitern und zu aktualisieren. BKI bietet Vergütungen für Datenlieferungen und weitere Vorteile für die kooperierenden Architekten.

Im Tabellenteil werden Kostenkennwerte für 28 Gebäudearten angegeben. Zu jeder Gebäudeart sind alle Objekte dargestellt, die zur Kennwertbildung herangezogen wurden. Dies erlaubt es dem Anwender, bei der Kostenermittlung von der Kostenkennwertmethode zur Objektvergleichsmethode zu wechseln, bzw. die ermittelten Kosten anhand ausgewählter Objekte auf Plausibilität zu prüfen. Die ausführlichen Dokumentationen dieser Objekte können beim Herausgeber angefordert werden. Ergänzend zum vorliegenden Fachbuch erscheint zeitgleich das Fachbuch BKI Baukosten Altbau Positionen, in dem für differenzierte Kostenermittlungen und Ausschreibungen die Bauleistungen in leistungsbereichsorientierter Anordnung veröffentlicht werden.

Ergänzend zu den Fachbüchern aus dem Bereich Altbau bringt BKI jährlich drei Fachbücher mit statistischen Kostenkennwerten für den Neubau heraus. Es sind dies:
BKI Baukosten Gebäude (Teil 1),
BKI Baukosten Bauelemente (Teil 2),
BKI Baukosten Positionen (Teil 3).

Benutzerhinweise

1. Definitionen
Kostenkennwerte sind Werte, die das Verhältnis von Kosten bestimmter Kostengruppen nach DIN 276-1:2008-12 zu bestimmten Bezugseinheiten nach DIN 277-3:2005-04 darstellen.

2. Kostenstand und Mehrwertsteuer
Kostenstand aller Kennwerte ist das 2.Quartal 2016. Alle Kostenkennwerte dieser Fachbuchreihe enthalten die Mehrwertsteuer. Die Angabe aller Kostenkennwerte erfolgt in Euro. Die vorliegenden Kosten- und Planungskennwerte sind Orientierungswerte, Sie können nicht als Richtwerte im Sinne einer verpflichtenden Obergrenze angewendet werden.

3. Datengrundlage
Grundlage der Tabellen sind abgerechnete Bauvorhaben. Die Daten wurden mit größtmöglicher Sorgfalt von uns bzw. unseren Dokumentationsstellen erhoben. Dies entbindet den Benutzer aber nicht davon, angesichts der vielfältigen Kosteneinflussfaktoren die genannten Orientierungswerte eigenverantwortlich zu prüfen und entsprechend dem jeweiligen Verwendungszweck anzupassen. Für die Richtigkeit der im Rahmen einer Kostenermittlung eingesetzten Werte können daher weder Herausgeber noch Verlag eine Haftung übernehmen.

4. Anwendungsbereiche
Kostenermittlungen für das Bauen im Bestand sind komplexer als für Neubauten, da auch die Beschaffenheit des Gebäudes vor der Baumaßnahme mit einbezogen werden muss. Grundsätzlich steigt die Genauigkeit der Kostenaussage nach dem Gaus`schen Fehlerausgleichgesetz durch die Verwendung mehrerer Rechensätze.
Je höher der Anspruch an die Genauigkeit der Kostenaussage, desto mehr Rechenansätze sollten ihr zu Grunde liegen. Der Anspruch an die Genauigkeit der Kostenaussage ist wiederum abhängig vom Verwendungszweck der Kostenermittlung.

Insofern ist grundsätzlich vom Anwender zu beurteilen, welche Methode gerade auch im Hinblick auf die Zuverlässigkeit des Ergebnisses angewendet werden kann.

Die Kostenkennwerte der ersten und zweiten Ebene dienen im Allgemeinen als Orientierungswerte für Planungsüberlegungen oder Kostenermittlungen vor oder in den ersten Planungsphasen, für Mittelbedarfsplanungen von Investoren, für Plausibilitätsprüfungen von Kostenermittlungen, für Begutachtungen von Beleihungsanträgen durch Kreditinstitute, für Wertermittlungsgutachten u. ä. Zwecke.

Die formalen Mindestanforderungen hinsichtlich der Darstellung der Ergebnisse einer Kostenermittlung sind in DIN 276-1:2008-12 unter Ziffer 3 Grundsätze der Kostenplanung festgelegt.

5. Geltungsbereiche

Die genannten Kostenkennwerte spiegeln in etwa das durchschnittliche Baukostenniveau in Deutschland für die jeweilige Kategorie von Gebäudearten wider. Die Geltungsbereiche der Tabellenwerte sind fließend. Die „von-/bis-Werte" markieren weder nach oben noch nach unten absolute Grenzwerte. Um diesen Sachverhalt zu verdeutlichen, werden von den dokumentierten Objekten objektbezogene Kostenkennwerte angegeben, die teilweise außerhalb des statistisch ermittelten „Streubereichs" (Standardabweichung) liegen. Es empfiehlt sich daher, ergänzend die Kostendokumentationen bestimmter Objekte beim BKI zu beschaffen, um die Ermittlungsergebnisse ggf. anhand der Daten dieser Vergleichsobjekte zu überprüfen.

6. Berechnung der „von-/bis-Werte"

Im vorliegendem Fachbuch wird eine Berechnung der Streubereiche (auch als „von-/bis-Werte" bezeichnet) durchgeführt. Der Streubereich wird in der Grafik „Vergleichsobjekte" mit ungefüllten Dreiecken markiert. Um dem Umstand Rechnung zu tragen, dass im Bauwesen Abweichungen nach oben wahrscheinlicher sind als Abweichungen nach unten, werden die Werte oberhalb des Mittelwertes getrennt von den Werten unterhalb des Mittelwertes betrachtet. Besonders teure Gebäude haben somit keinen Einfluss auf die statistischen Werte unterhalb des Mittelwertes.

Der Mittelwert liegt daher nicht zwingend in der Mitte des Streubereichs. Der Vorteil dieser Betrachtungsweise liegt in der genaueren Wiedergabe der Realitäten im Bauwesen.

7. Kosteneinflüsse

In den Bandbreiten der Kostenkennwerte spiegeln sich die vielfältigen Kosteneinflüsse aus Nutzung, Markt, Gebäudegeometrie, Ausführungsstandard, Projektgröße etc. wider. Die Orientierungswerte können nicht schematisch übernommen werden, sondern müssen entsprechend den spezifischen Planungsbedingungen überprüft und ggf. angepasst werden. Mögliche Einflüsse, die eine Anpassung der Orientierungswerte erforderlich machen, können sein:
– besondere Nutzungsanforderungen
– Bauzustand vor der geplanten Baumaßnahme
– Standortbedingungen (Erschließung, Immission, Topographie)
– Bauwerksgeometrie (Grundrissform, Geschosszahlen, Geschosshöhen, Dachform, Dachaufbauten)
– Bauwerksqualität (gestalterische, funktionale und konstruktive Besonderheiten),
– Baumarkt (Zeit, regionaler Baumarkt, Vergabeart).

8. Budgetierung nach Kostengruppen

Die in den Tabellen „Kostenkennwerte für die Kostengruppen der 1. und 2.Ebene DIN 276" genannten Prozentanteile ermöglichen eine erste grobe Aufteilung der ermittelten Bauwerkskosten in „Teilbudgets". Solche geschätzten „Teilbudgets" können als Kontrollgrößen dienen für die entsprechenden, zu einem späteren Zeitpunkt und anhand genauerer Planungsunterlagen ermittelten Kosten (Kostenkontrolle).

Aus Prozentsätzen abgeleitete Kostenaussagen können ferner zur Überprüfung von

Kostenermittlungen dienen, die auf büroeigenen Kostendaten oder den Angaben Dritter basieren (Plausibilitätskontrolle).
Die Ableitung von überschlägig geschätzten Teilbudgets schafft auch die Voraussetzung, dass die kostenplanerisch relevanten Kostenanteile erkennbar werden, bei denen z.B. die Entwicklung kostensparender Alternativen primär Erfolg verspricht (Kostentransparenz, Kostenplanung, Kostensteuerung).

9. Budgetierung nach Vergabeeinheiten
In den Tabellen „Kostenkennwerte für Leistungsbereiche" sind nur die Leistungsbereichskosten in die Prozentsätze eingegangen, die den Kostengruppen 300 und 400 zuzuordnen sind; also nicht z.B. Erdarbeiten nach LB 002, die nach DIN 276 ggf. zur Kostengruppe 500 (Außenanlagen) gehören.
Die unter „Rohbau" und „Ausbau" zusammengefassten Leistungsbereiche sind nicht exakt der Kostengruppe 300 gleichzusetzen (nur näherungsweise!). Mit Hilfe der angegebenen Prozentsätze lassen sich die ermittelten Bauwerkskosten in Teilbudgets für einzelne Leistungsbereiche aufteilen. Man sollte jedoch nicht den Eindruck erwecken, die Kosten solcher Teilbudgets nach Leistungsbereichen seien bereits (wie später unerlässlich) aus Einzelansätzen „Menge x Einheitspreis" positionsweise ermittelt worden. Die auf diese Weise überschlägig ermittelten Leistungsbereichskosten können aber zur Kostenkontrolle der späteren Ausschreibungsergebnisse herangezogen werden.

10. Normierung der Daten
Grundlage der BKI Regionalfaktoren, die auch der Normierung der Baukosten der dokumentierten Objekte auf Bundesniveau zu Grunde liegen, sind Daten aus der amtliche Bautätigkeitsstatistik der statistischen Landesämter. Zu allen deutschen Land- und Stadtkreisen sind Angaben aus der Bautätigkeitsstatistik der statistischen Landesämter zum Bauvolumen (m³ BRI) und Angaben zu den veranschlagten Baukosten (in Euro) erhältlich. Diese Informationen stammen aus statistischen Meldebögen, die mit jedem Bauantrag vom Antragsteller ab-

zugeben sind. Während die Angaben zum Brutto-Rauminhalt als sehr verlässlich eingestuft werden können, da in diesem Bereich kaum Änderungen während der Bauzeit zu erwarten sind, müssen die Angaben zu den Baukosten als Prognosen eingestuft werden. Schließlich stehen die Baukosten beim Einreichen des Bauantrages noch nicht fest.
Es ist jedoch davon auszugehen, dass durch die Vielzahl der Datensätze und gleiche Vorgehensweise bei der Baukostennennung brauchbare Durchschnittswerte entstehen. Zusätzlich wurden von BKI Verfahren entwickelt, um die Daten prüfen und Plausibilitätsprüfungen unterziehen zu können.

Aus den Kosten und Mengenangaben lassen sich durchschnittliche Herstellungskosten von Bauwerken pro Brutto-Rauminhalt und Land- oder Stadtkreis berechnen. Diese Berechnungen hat BKI durchgeführt und aus den Ergebnissen einen bundesdeutschen Mittelwert gebildet. Anhand des Mittelwertes lassen sich die einzelnen Land- und Stadtkreise prozentual einordnen (Diese Prozentwerte wurden die Grundlage der BKI Deutschlandkarte mit „Regionalfaktoren für Deutschland und Europa"). Anhand dieser Daten lässt sich jedes Objekt der BKI Datenbank normieren, d.h. so berechnen, als ob es nicht an seinem speziellen Bauort gebaut worden wäre, sondern an einem Bauort der bezüglich seines Regionalfaktors genau dem Bundesdurchschnitt entspricht. Für den Anwender bedeutet die regionale Normierung der Daten auf einen Bundesdurchschnitt, dass einzelne Kostenkennwerte oder das Ergebnis einer Kostenermittlung mit dem Regionalfaktor des Standorts des geplanten Objekts zu multiplizieren ist. Die landkreisbezogenen Regionalfaktoren finden sich im Anhang des Buches.

11. ABC-Analyse
Die Kostengruppen der 3. Ebene nach DIN 276 wurden bei der Objektübersicht (s. S. 32-33, Punkt 6) im Sinne einer ABC-Analyse ausgewertet.
Empirische Untersuchungen des Mengen-Wert-Verhältnisses von Teilen eines Ganzen

zeigen häufig, dass auf einen mengenmäßig geringen Umfang der Teile ein hoher Wertanteil entfällt. Dagegen machen die anderen Teile einen geringeren Wert aus.

Übertragen auf die hier vorliegende Auswertung bedeutet dies, dass mit einer relativ geringen Anzahl von Kostengruppen ein sehr großer Anteil der Baukosten berechnet werden kann. Es werden die Kostengruppen ausgewiesen, die in der Summe 80% der Kosten der Baukonstruktion oder der Technischen Anlagen ausmachen. Wenn weniger als drei Kostengruppen zur Erreichung der 80%-Grenze nötig wären, werden jedoch zumindest diese drei ausgewiesen. Es wird jeweils angegeben, wie groß der Anteil der übrigen Kostengruppen ist.

12. Baunebenkosten
Durch in Kraft treten der HOAI 2013 mit deutlicher Anhebung der Honorarsätze sind die bisher in der KG 700 dokumentierten Kosten evtl. nicht ausreichend, um die Kosten zukünftiger Projekte abzuleiten. Daher hat BKI entschieden, auf die Ausweisung der KG 700 zunächst zu verzichten. Die überschlägige Ermittlung der Baunebenkosten wird in dem Fachartikel „Orientierungswerte und frühzeitige Ermittlung der Baunebenkosten ausgewählter Gebäudearten" von Univ.-Prof. Dr.-Ing. Wolfdietrich Kalusche erläutert (erschienen im Fachbuch „BKI Baukosten Gebäude Neubau 2016"). Für eine genauere Ermittlung der Honorare empfehlen wir den BKI Honorarplaner 8. Die Tabellenwerte der aktuellen HOAI sind hier integriert. Näheres dazu erfahren Sie unter: www.bki.de/honorarplaner

13. Objekte ohne Gebäudeartenzuordnung
Gerade im Altbau gelingt es nicht immer, alle Objekte den Gebäudearten für sinnvolle statistischen Auswertung zuzuordnen. Dafür sind viele Maßnahmen beim Bauen im Bestand zu individuell. Diese Objekte werden jedoch in verschiedenen Verzeichnissen dargestellt, um den Nutzer auf die verfügbaren Einzeldokumentationen hinzuweisen. Unter anderem erscheinen die Objekte in der Fotopräsentation "Neue BKI Altbau-Dokumentationen", im Kapitel "Neue Objekte ohne Gebäudeartenzuordnung" und auch in der Darstellung "Übersicht aller Altbau Objekte".

14. Urheberrechte
Alle Objektinformationen und die daraus abgeleiteten Auswertungen (Statistiken) sind urheberrechtlich geschützt.
Die Urheberrechte liegen bei den jeweiligen Büros, Personen bzw. beim BKI. Es ist ausschließlich eine Anwendung der Daten im Rahmen der praktischen Kostenplanung im Hochbau zugelassen. Für eine anderweitige Nutzung oder weiterführende Auswertungen behält sich das BKI alle Rechte vor.

Neue BKI Dokumentationen 2015-2016

1300-0197 Kontorhaus Umbau 2.OG
Umbauten; Büro- und Verwaltungsgebäude
⌂ güldenzopf rohrberg architektur + design
Hamburg

1300-0215 Büro (20 AP) Stadtvilla Denkmalschutz
Instandsetzungen; mit Restaurierungsarbeiten
⌂ Druschke und Grosser Architekten BDA
Duisburg

1300-0221 Bürogebäude (36 AP)
Erweiterungen; Büro- und Verwaltungsgebäude
⌂ Architekturbüro Manfred Ullmann
Burggen

2200-0034 Institut Klimafolgenforschung
Umbauten; sonstige Gebäude
⌂ Ingenieurbüro Tygör
Stahnsdorf

3100-0019 Arztpraxis für Allgemeinmedizin (4 AP)
Umbauten; sonstige Gebäude
⌂ FRANKE Architektur I Innenarchitektur
Düren

3200-0021 GeriatrischeTagesklinik (12 Plätze)
Erweiterungen; sonstige Gebäude
⌂ Architekturbüro Bielke und Struve
Eutin

3300-0009 Klinik f. Psychiatrie und psychosomat. Medizin
Erweiterungen; sonstige Gebäude
⌂ Planungsring Mumm + Partner GbR
Bergenhusen

4100-0141 Grundschule (2 Klassen), Hort (90 Kinder)
Umbauten; Schulen
⌂ pmp Architekten
Brandenburg/Havel

4400-0248 Kinderkrippe (2 Gruppen, 24 Kinder)
Erweiterungen; Kindergärten
⌂ CLEMENS FROSCH ARCHITEKT
Pappenheim

4400-0269 Kinderkrippe (2 Gruppen, 30 Kinder)
Erweiterungen; Kindergärten
⌂ Johannsen und Partner
Hamburg

4500-0015 Aufstockung Ausbildungsgebäude
Erweiterungen; Schulen
⌂ Architekturbüro Baukontor Braunschweig
Braunschweig

4500-0017 Bildungsinstitut, Seminarräume
Modernisierungen; sonstige Gebäude
⌂ KEGGENHOFF I PARTNER
Arnsberg-Neheim

5100-0077 Schulsporthalle (Dreifeldhalle)
Instandsetzungen; Nichtwohngebäude
⌂ ARGE GHS Ochsenfurt Junk & Reich /
  Hartmann + Helm; Weimar

6100-1051 Mehrfamilienhaus (5 WE), Büro, Garage (2 STP)
Modernisierungen; Wohngeb. nach 1945: Tragkonstruktion
⌂ ABSB Michalik
  Bad Elster

6100-1111 Wohnhochhaus (179 WE)
Modernisierungen; Wohngebäude nach 1945: Oberflächen
⌂ Mannott + Mannott Dipl. Ingenieure, Architekten
  Hamburg

6100-1113 Wohn- und Geschäftshaus (21 WE)
Instandsetzungen; Wohngebäude
⌂ Mannott + Mannott Dipl. Ingenieure, Architekten
  Hamburg

6100-1126 Doppelhaushälfte
Modernisierungen; Wohngebäude vor 1945
⌂ Hans-Jörg Peter Architekt hh-Energieberatung.de
  Hamburg

6100-1138 Einfamilienhaus
Modernisierungen; Ein- und Zweifamilienhäuser
⌂ Hans-Jörg Peter Architekt hh-Energieberatung.de
  Hamburg

6100-1150 Balkon (Mehrfamilienhaus)
Instandsetzungen; Wohngebäude
⌂ Architekturbüro Geiger
  Berlin

6100-1187 Einfamilienhaus
Modernisierungen; Ein- und Zweifamilienhäuser
⌂ INEXarchitektur BDA
  Mühlacker

6100-1192 Mehrfamilienhaus (15 WE) Dachsanierung
Modernisierungen; Wohngebäude nach 1945: Oberflächen
⌂ baukunst thomas serwe
  Recklinghausen

6100-1193 Mehrfamilienhaus (15 WE) Fassadensanierung
Modernisierungen; Wohngebäude nach 1945: Oberflächen
⌂ baukunst thomas serwe
  Recklinghausen

6100-1195 Mehrfamilienhaus, Dachgeschoss
Umbauten; sonstige Gebäude
⌂ archikult Martin Riker
  Mainz

6100-1197 Maisonettewohnung
Modernisierungen; sonstige Gebäude
⌂ Anne.Mehring Innenarchitekturbüro
  Darmstadt

6100-1206 Einfamilienhaus, Badeinbau
Umbauten; sonstige Gebäude
⌂ Raumkleid Anke Preywisch Interior Design
  Köln

6100-1210 Doppelhaushälfte, Gründerzeit
Instandsetzungen; sonstige Gebäude
⌂ Manderscheid Partnerschaft Freie Architekten
  Stuttgart

6200-0066 Tagesförderstätte (8 Pflegeplätze)
Erweiterungen; Gebäude anderer Art
⌂ Janiak und Lippert Architekten und Ingenieure GmbH
  Fockbek

6400-0080 Gemeindehaus
Modernisierungen; sonstige Gebäude
⌂ archikult Martin Riker
  Mainz

7200-0086 Hörgeräteakustik-Meisterbetrieb
Umbauten; sonstige Gebäude
⌂ Architekturbüro Stephanie Schleffler
  Düsseldorf

7200-0087 Frisörsalon
Umbauten; sonstige Gebäude
⌂ DAVID MEYER architektur und design
  Berlin

7700-0058 Lager- und Bürogebäude
Erweiterungen; Gewerbegebäude
⌂ HEINE ● REICHOLD I Architekten und Ingenieure
Lichtenstein

9100-0117 Gemeinderäume
Erweiterungen; Gebäude anderer Art
⌂ RTW Architekten
Hannover

9100-0118 Museum
Erweiterungen; Gebäude anderer Art
⌂ VON M GmbH
Stuttgart

9100-0119 Pfarrkirche
Umbauten; sonstige Gebäude
⌂ Nadler·Sperk·Reif Architektenpartnerschaft BDA
Landshut

9100-0122 Konzert- und Probesaal
Umbauten; sonstige Gebäude
⌂ Professor Jörg Friedrich PFP Planungs GmbH
Hamburg

Erläuterungen

(1)

**300
Bauwerk -
Baukonstruktionen
in €/m²**

(2)

Einheit: m²
Brutto-Grundfläche

Kosten:
Stand 2.Quartal 2016
Bundesdurchschnitt
inkl. 19% MwSt.

(3)

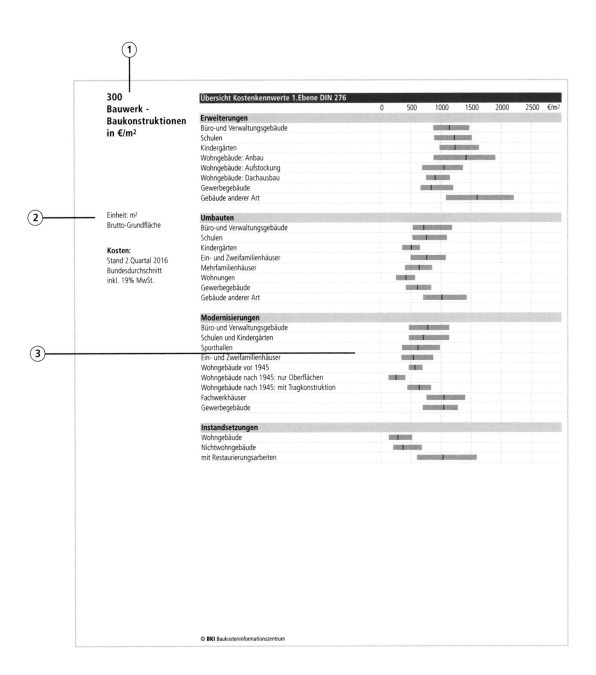

Übersicht Kostenkennwerte 1.Ebene DIN 276							
	0	500	1000	1500	2000	2500	€/m²
Erweiterungen							
Büro-und Verwaltungsgebäude							
Schulen							
Kindergärten							
Wohngebäude: Anbau							
Wohngebäude: Aufstockung							
Wohngebäude: Dachausbau							
Gewerbegebäude							
Gebäude anderer Art							
Umbauten							
Büro-und Verwaltungsgebäude							
Schulen							
Kindergärten							
Ein- und Zweifamilienhäuser							
Mehrfamilienhäuser							
Wohnungen							
Gewerbegebäude							
Gebäude anderer Art							
Modernisierungen							
Büro-und Verwaltungsgebäude							
Schulen und Kindergärten							
Sporthallen							
Ein- und Zweifamilienhäuser							
Wohngebäude vor 1945							
Wohngebäude nach 1945: nur Oberflächen							
Wohngebäude nach 1945: mit Tragkonstruktion							
Fachwerkhäuser							
Gewerbegebäude							
Instandsetzungen							
Wohngebäude							
Nichtwohngebäude							
mit Restaurierungsarbeiten							

Erläuterung nebenstehender Tabellen und Abbildungen

Alle Kostenkennwerte enthalten die Mehrwertsteuer. Kostenstand: 2.Quartal 2016.
Kosten und Kostenkennwerte umgerechnet auf den Bundesdurchschnitt.

Übersicht Kostenkennwerte der 1. und 2.Ebene DIN 276 für Gebäudearten im Altbau

①

Kostengruppen der 1. und 2.Ebene nach DIN 276-1:2008-12 mit Nummer und Bezeichnung

②

Anzeige der Bezugseinheit. Die Bezugseinheiten der Kostenkennwerte entsprechen der
DIN 277-3:2005-04: Mengen und Bezugseinheiten.

③

Kostenkennwerte der Gebäudearten mit Angabe von Streubereich (dunkler Balken) und
Mittelwert (roter Mittelstrich).

Die Skalierung der Kostengruppe wurden den Wertebereichen angepasst. Daher gibt es unter-
schiedliche Skalierung in den verschiedenen Kostengruppen. Der Mittelwert liegt nicht
zwingend in der Mitte des Streubereichs. Nähere Erläuterungen hierzu enthält das Kapitel
Benutzerhinweise unter: 6. Berechnung der „von-/bis-Werte".

(1)

Modernisierungen

**Wohngebäude
nach 1945
nur Oberflächen**

(2)

Kosten:
Stand 2.Quartal 2016
Bundesdurchschnitt
inkl. 19% MwSt.

(3)

(4)

- KKW
▶ min
▷ von
| Mittelwert
◁ bis
◀ max

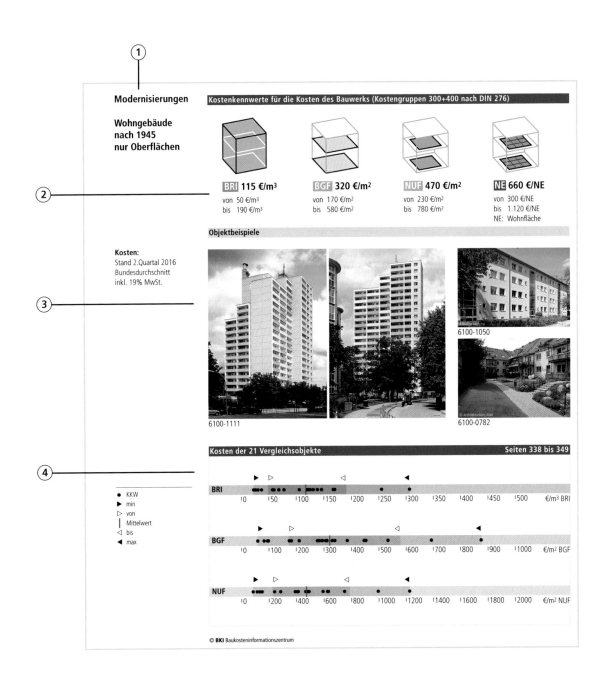

Kostenkennwerte für die Kosten des Bauwerks (Kostengruppen 300+400 nach DIN 276)

BRI 115 €/m³	BGF 320 €/m²	NUF 470 €/m²	NE 660 €/NE
von 50 €/m³	von 170 €/m²	von 230 €/m²	von 300 €/NE
bis 190 €/m³	bis 580 €/m²	bis 780 €/m²	bis 1.120 €/NE
			NE: Wohnfläche

Objektbeispiele

6100-1111

6100-1050

6100-0782

Kosten der 21 Vergleichsobjekte Seiten 338 bis 349

BRI ... €/m³ BRI
'0 '50 '100 '150 '200 '250 '300 '350 '400 '450 '500

BGF ... €/m² BGF
'0 '100 '200 '300 '400 '500 '600 '700 '800 '900 '1000

NUF ... €/m² NUF
'0 '200 '400 '600 '800 '1000 '1200 '1400 '1600 '1800 '2000

© **BKI** Baukosteninformationszentrum

Erläuterung nebenstehender Tabellen und Abbildungen

Alle Kostenkennwerte enthalten die Mehrwertsteuer. Kostenstand: 2.Quartal 2016.
Kosten und Kostenkennwerte umgerechnet auf den Bundesdurchschnitt.

Kostenkennwerte für die Kosten des Bauwerks (Kostengruppe 300+400 DIN 276)

Bezeichnung der Gebäudeart

Kostenkennwerte für die Kosten des Bauwerks (KG 300 + 400)
Angabe von Streubereich (Standardabweichung; „von-/bis"-Werte) und Mittelwert (Fettdruck).
- Bauwerkskosten   : Summe der Kostengruppen 300 und 400 (DIN 276)
- Kostengruppe 300: Bauwerk-Baukonstruktionen
- Kostengruppe 400: Bauwerk-Technische Anlagen
- BRI : Brutto-Rauminhalt (DIN 277, R+S);   BRI DG : Brutto-Rauminhalt des Dachgeschosses
- BGF: Brutto-Grundfläche (DIN 277, R+S);   BGF DG : Brutto-Grundfläche des Dachgeschosses
- NUF: Nutzungsfläche (DIN 277, R+S);   NUF DG: Nutzungsfläche des Dachgeschosses
Auf volle 5 bzw. 10€ gerundete Werte

Zeigt Abbildungen beispielhaft ausgewählter Vergleichsobjekte aus der jeweiligen Gebäudeart.
Die Objektnummer verweist auf die in der BKI-Baukostendatenbank verfügbare Objekt-
dokumentation.

Vergleichsobjekte

④

Die Punkte zeigen auf die objektbezogenen Kostenkennwerte €/m² BGF der Vergleichsobjekte.
Diese Tabelle verdeutlicht den Sachverhalt, dass die Kostenkennwerte realer und abgerechneter
Einzelobjekte auch außerhalb des statistisch ermittelten Streubereichs (Standardabweichung)
liegen können. Der farbintensive innere Bereich stellt diesen Streubereich (von-bis) grafisch mit
der Angabe des Mittelwerts dar. Von allen Vergleichsobjekten können beim BKI oder über
www.bki.de bei Bedarf die ausführlichen Kostendokumentationen angefordert bzw. herunter-
geladen werden. Die Breiten der Streubereiche variieren bei den unterschiedlichen Gebäude-
arten.

Kostenkennwerte für die Kostengruppen der 1. und 2.Ebene DIN 276

KG	Kostengruppen der 1. Ebene	Einheit	▷	€/Einheit	◁	▷	% an 300+400	◁
100	Grundstück	m² GF						
200	Herrichten und Erschließen	m² GF	–	**3**	–	–	**0,2**	–
300	Bauwerk - Baukonstruktionen	m² BGF	127	**249**	397	65,2	**82,9**	95,0
400	Bauwerk - Technische Anlagen	m² BGF	20	**83**	164	8,0	**19,9**	36,3
	Bauwerk (300+400)	m² BGF	173	**320**	578		**100,0**	
500	Außenanlagen	m² AF	19	**63**	143	0,8	**3,0**	4,3
600	Ausstattung und Kunstwerke	m² BGF	0	**0**	0	0,0	**0,1**	0,1
700	Baunebenkosten	m² BGF						

KG	Kostengruppen der 2. Ebene	Einheit	▷	€/Einheit	◁	▷	% an 300	◁
310	Baugrube	m³ BGI	32	**57**	102	0,0	**0,3**	1,3
320	Gründung	m² GRF	32	**155**	662	0,0	**0,4**	1,4
330	Außenwände	m² AWF	115	**226**	345	37,5	**56,5**	72,8
340	Innenwände	m² IWF	64	**199**	1.740	1,0	**7,0**	19,4
350	Decken	m² DEF	57	**122**	201	3,7	**11,3**	18,4
360	Dächer	m² DAF	95	**185**	281	6,4	**18,5**	43,5
370	Baukonstruktive Einbauten	m² BGF	0	**1**	2	0,0	**0,1**	0,5
390	Sonstige Baukonstruktionen	m² BGF	7	**14**	25	3,2	**6,1**	8,9
300	**Bauwerk Baukonstruktionen**	**m² BGF**					**100,0**	

KG	Kostengruppen der 2. Ebene	Einheit	▷	€/Einheit	◁	▷	% an 400	◁
410	Abwasser, Wasser, Gas	m² BGF	4	**20**	55	11,3	**31,2**	69,2
420	Wärmeversorgungsanlagen	m² BGF	14	**35**	74	8,6	**38,2**	57,6
430	Lufttechnische Anlagen	m² BGF	3	**17**	45	0,6	**7,9**	42,3
440	Starkstromanlagen	m² BGF	4	**16**	32	2,3	**13,6**	19,6
450	Fernmeldeanlagen	m² BGF	1	**5**	7	1,8	**7,0**	19,3
460	Förderanlagen	m² BGF	0	**20**	40	0,0	**2,0**	21,5
470	Nutzungsspezifische Anlagen	m² BGF	–	**0**	–	–	**0,0**	–
480	Gebäudeautomation	m² BGF	–	**12**	–	–	**0,3**	–
490	Sonstige Technische Anlagen	m² BGF	0	**1**	1	0,0	**0,1**	0,4
400	**Bauwerk Technische Anlagen**	**m² BGF**					**100,0**	

Prozentanteile der Kosten der 2.Ebene an den Kosten des Bauwerks nach DIN 276 (Von-, Mittel-, Bis-Werte)

310	Baugrube	0,2
320	Gründung	0,3
330	Außenwände	47,9
340	Innenwände	4,7
350	Decken	9,3
360	Dächer	16,0
370	Baukonstruktive Einbauten	0,1
390	Sonstige Baukonstruktionen	5,4
410	Abwasser, Wasser, Gas	4,7
420	Wärmeversorgungsanlagen	8,0
430	Lufttechnische Anlagen	1,5
440	Starkstromanlagen	3,0
450	Fernmeldeanlagen	1,0
460	Förderanlagen	0,8
470	Nutzungsspezifische Anlagen	
480	Gebäudeautomation	0,1
490	Sonstige Technische Anlagen	0,0

15% 30% 45% 60%

Übersicht 1. + 2 Ebene · Erweiterung · Umbau · Moderni-sierung · Instand-setzung · Bau-elemente · Abwechen · Wieder herstellen · Herstellen

Erläuterung nebenstehender Baukostentabellen

Alle Kostenkennwerte enthalten die Mehrwertsteuer. Kostenstand: 2.Quartal 2016.
Kosten und Kostenkennwerte umgerechnet auf den Bundesdurchschnitt.
Die Bezugseinheiten der Kostenkennwerte entsprechen der DIN 277-3:2005-04: Mengen und Bezugseinheiten.

Kostenkennwerte für die Kostengruppen der 1. und 2.Ebene DIN 276

Kostenkennwerte in €/Einheit für die Kostengruppen 200 bis 600 der 1.Ebene DIN 276 mit Angabe von Mittelwert (Spalte: €/Einheit) und Standardabweichung („von-/bis"-Werte). Anteil der jeweiligen Kostengruppen in Prozent der Bauwerkskosten (100%) mit Angabe von Mittelwert (Spalte: % an 300 + 400) und Streubereich („von-/bis"-Werte). Die Werte in den Spalten „von" bzw. „bis" sind aus statistischen Gründen nicht addierbar, sonstige Abweichungen sind rundungsbedingt.

Angaben zum Bauwerk, jedoch für Kostengruppen der 2.Ebene DIN 276. Die Kostenkennwerte zur Kostengruppe 300 (Bauwerk-Baukonstruktionen) sind wegen den unterschiedlichen Bezugseinheiten nicht addierbar.
Bei der Ermittlung der Kostenkennwerte dieser Tabelle variiert der Stichprobenumfang von Kostengruppe zu Kostengruppe und auch gegenüber dem Stichprobenumfang der Tabelle der 1.Ebene. Um kostenplanerisch realistische Kostenkennwerte für die einzelnen Kostengruppen angeben zu können, wurden bei jeder Kostengruppe nur diejenigen Objekte einbezogen, bei denen für die betreffende Kostengruppe auch tatsächlich Kosten angefallen sind.
Zur Berechnung der Prozentanteile wurden jedoch alle Objekte herangezogen, zwischen den Kostenkennwerten und den Prozentanteilen kann daher kein direkter Bezug hergeleitet werden.
Beispiel: Da Wohngebäude nicht immer eine Förderanlage enthalten, ergibt sich bezogen auf die gesamte Stichprobe der geringe mittlere Prozentanteil von nur 2,0% an den Kosten der Technischen Anlagen. Diesem Prozentsatz steht der Kostenkennwert von 20,- €/m² BGF gegenüber, ermittelt aus den wenigen Objekten, bei denen Kosten für Förderanlagen abgerechnet worden sind.

Prozentualer Anteil der Kostengruppen der 2.Ebene an den Kosten des Bauwerks nach DIN 276

Die grafische Darstellung verdeutlicht, welchen durchschnittlichen Anteil die Kostengruppen der 2.Ebene DIN 276 an den Bauwerkskosten (Kostengruppe 300 + 400 = 100%) haben. Für Kostenermittlungen werden die kostenplanerisch besonders relevanten Kostengruppen auch optisch sofort erkennbar. Der rote Strich markiert den durchschnittlichen Prozentanteil; der farbige Balken visualisiert den „Streubereich" (Standardabweichung). Bei der Aufsummierung aller Prozentanteile der Kostengruppen sind Abweichungen zu 100% rundungsbedingt.

Modernisierungen

Wohngebäude
nach 1945
nur Oberflächen

Kosten:
Stand 2.Quartal 2016
Bundesdurchschnitt
inkl. 19% MwSt.

▷ von
ø Mittel
◁ bis

Kostenkennwerte für die Kostengruppen der 3.Ebene DIN 276

KG	Kostengruppen der 3. Ebene	Einheit	▷	Ø €/Einheit	◁	▷	Ø €/m² BGF	◁
335	Außenwandbekleidungen außen	m²	82,93	124,13	181,17	31,35	62,29	92,16
334	Außentüren und -fenster	m²	169,77	406,30	558,12	16,38	39,52	75,10
363	Dachbeläge	m²	89,63	142,15	262,43	8,51	25,82	48,04
461	Aufzugsanlagen	m²	0,47	20,07	39,66	0,47	20,07	39,66
421	Wärmeerzeugungsanlagen	m²	6,24	18,63	58,00	6,24	18,63	58,00
352	Deckenbeläge	m²	52,51	104,16	155,10	8,18	18,45	50,53
345	Innenwandbekleidungen	m²	22,13	40,79	65,45	6,52	18,03	48,94
431	Lüftungsanlagen	m²	3,34	17,28	44,93	3,34	17,28	44,93
412	Wasseranlagen	m²	2,94	16,60	40,90	2,94	16,60	40,90
339	Außenwände, sonstiges	m²	7,49	29,05	103,49	4,63	15,94	52,39
351	Deckenkonstruktionen	m²	111,76	373,96	595,61	5,90	15,80	27,22
444	Niederspannungsinstallationsanl.	m²	1,95	13,01	28,75	1,95	13,01	28,75
481	Automationssysteme	m²	–	11,99	–	–	11,99	–
337	Elementierte Außenwände	m²	808,47	1.155,82	1.583,13	3,34	11,43	35,01
331	Tragende Außenwände	m²	92,36	221,68	504,67	2,88	10,37	24,30
344	Innentüren und -fenster	m²	43,46	191,74	416,50	1,26	9,44	28,35
338	Sonnenschutz	m²	55,18	222,26	330,09	1,29	9,39	15,72
361	Dachkonstruktionen	m²	27,21	110,72	252,29	2,10	9,18	22,25
392	Gerüste	m²	6,00	9,12	15,66	6,00	9,12	15,66
353	Deckenbekleidungen	m²	22,28	43,79	70,19	4,45	9,02	13,98
336	Außenwandbekleidungen innen	m²	28,72	44,18	61,66	4,50	8,75	17,87
422	Wärmeverteilnetze	m²	1,32	8,75	19,43	1,32	8,75	19,43
423	Raumheizflächen	m²	2,22	7,76	12,83	2,22	7,76	12,83
342	Nichttragende Innenwände	m²	82,35	269,62	601,19	1,88	7,38	15,85
364	Dachbekleidungen	m²	33,95	64,45	92,07	1,59	7,34	19,93
359	Decken, sonstiges	m²	4,25	27,84	73,02	0,95	7,02	21,04
411	Abwasseranlagen	m²	3,11	6,84	19,04	3,11	6,84	19,04
341	Tragende Innenwände	m²	56,89	211,24	346,91	2,91	6,57	12,35
429	Wärmeversorgungsanl., sonstiges	m²	1,62	4,71	8,90	1,62	4,71	8,90
419	Abwasser-, Wasser- und Gas-anlagen, sonstiges	m²	3,12	4,19	5,25	3,12	4,19	5,25
442	Eigenstromversorgungsanlagen	m²	–	4,06	–	–	4,06	–
332	Nichttragende Außenwände	m²	274,70	2.118,44	11.272,31	2,39	3,72	5,00
362	Dachfenster, Dachöffnungen	m²	550,07	943,85	1.928,08	1,08	3,06	5,35
445	Beleuchtungsanlagen	m²	0,93	3,05	6,54	0,93	3,05	6,54
452	Such- und Signalanlagen	m²	1,25	2,94	4,31	1,25	2,94	4,31
397	Zusätzliche Maßnahmen	m²	0,77	2,90	6,16	0,77	2,90	6,16
391	Baustelleneinrichtung	m²	0,96	2,89	7,19	0,96	2,89	7,19
311	Baugrubenherstellung	m³	31,75	56,80	102,12	1,39	2,68	4,96
456	Gefahrenmelde- und Alarmanlagen	m²	0,78	1,98	3,17	0,78	1,98	3,17
322	Flachgründungen	m²	121,76	277,69	574,70	0,63	1,90	6,60
369	Dächer, sonstiges	m²	2,69	7,98	20,07	0,67	1,86	7,15
457	Übertragungsnetze	m²	–	1,68	–	–	1,68	–
396	Materialentsorgung	m²	0,57	1,62	3,56	0,57	1,62	3,56
349	Innenwände, sonstiges	m²	0,03	1,40	2,77	0,05	1,44	2,82
451	Telekommunikationsanlagen	m²	0,64	1,42	2,17	0,64	1,42	2,17
325	Bodenbeläge	m²	12,60	21,19	47,44	0,49	1,41	3,86
327	Dränagen	m²	–	478,54	–	–	1,32	–
324	Unterböden und Bodenplatten	m²	60,46	99,58	133,95	0,24	1,19	2,20
446	Blitzschutz- und Erdungsanlagen	m²	0,14	0,86	1,67	0,14	0,86	1,67

© **BKI** Baukosteninformationszentrum

Erläuterung nebenstehender Baukostentabelle

Alle Kostenkennwerte enthalten die Mehrwertsteuer. Kostenstand: 2.Quartal 2016.
Kosten und Kostenkennwerte umgerechnet auf den Bundesdurchschnitt.

Kostenkennwerte für Kostengruppen der 3.Ebene nach DIN 276, absteigend sortiert

(1)

Kostengruppen-Nummer nach DIN 276-1:2008-12

(2)

Kostengruppen-Bezeichnung nach DIN 276-1:2008-12 (zum Teil abgekürzt)

(3)

Einheit der Kostengruppe nach DIN 277-3:2005-04: Mengen und Bezugseinheiten

(4)

Kostenkennwerte der jeweiligen Kostengruppen in € bezogen auf die Einheit
Mittelwerte: siehe Spalte „€/Einheit"
Standardabweichung: siehe Spalten „von/bis"

(5)

Kostenkennwerte der jeweiligen Kostengruppen in € bezogen auf die BGF
Mittelwerte: siehe Spalte „€/Einheit"
Standardabweichung: siehe Spalten „von/bis"

Die Kostengruppen wurden nach dem Mittelwert der Spalte €/m² BGF absteigend sortiert.
Dadurch ergibt sich eine Gewichtung. Die unter Kostengesichtspunkten wichtigsten Kosten-
gruppen erscheinen zu Beginn der Tabelle. Der Anwender hat dadurch die Möglichkeit schnell
zu erkennen, in welchen Kostengruppen die meisten Kosten angefallen sind. Es werden auch
Kostenaussagen in einem sehr frühen Planungsstadium ermöglicht, da nur die BGF als Bezugs-
größe vorliegen muss.

Bei manchen Kostengruppen, vor allem aus der Gebäudetechnik, ist als Bezugsmenge die BGF
vorgegeben. In diesen Fällen sind die Kostenkennwerte in den linken Spalten (€/Einheit) und in
den rechten Spalten (€/m² BGF) identisch.

Kostenkennwerte für Leistungsbereiche nach StLB (Kosten des Bauwerks nach DIN 276)

LB	Leistungsbereiche	▷ €/m² BGF		◁	▷ % an 300+400		◁
000	Sicherheits-, Baustelleneinrichtungen inkl. 001	8	**16**	26	2,4	**5,0**	8,1
002	Erdarbeiten	0	**1**	4	0,0	**0,3**	1,3
006	Spezialtiefbauarbeiten inkl. 005	–	**–**	–	–	**–**	–
009	Entwässerungskanalarbeiten inkl. 011	0	**0**	3	0,0	**0,1**	1,0
010	Drän- und Versickerungsarbeiten	0	**0**	1	0,0	**0,0**	0,3
012	Mauerarbeiten	1	**4**	18	0,3	**1,4**	5,5
013	Betonarbeiten	0	**4**	17	0,1	**1,3**	5,3
014	Natur-, Betonwerksteinarbeiten	0	**0**	3	0,0	**0,1**	0,9
016	Zimmer- und Holzbauarbeiten	1	**7**	16	0,2	**2,3**	5,0
017	Stahlbauarbeiten	0	**3**	15	0,0	**0,8**	4,7
018	Abdichtungsarbeiten	0	**1**	2	0,0	**0,3**	0,8
020	Dachdeckungsarbeiten	3	**20**	64	0,9	**6,2**	20,1
021	Dachabdichtungsarbeiten	1	**5**	20	0,2	**1,4**	6,2
022	Klempnerarbeiten	4	**12**	22	1,2	**3,8**	7,0
	Rohbau	43	**74**	124	13,5	**23,1**	38,7
023	Putz- und Stuckarbeiten, Wärmedämmsysteme	43	**88**	183	13,4	**27,3**	57,2
024	Fliesen- und Plattenarbeiten	0	**3**	12	0,1	**1,0**	3,8
025	Estricharbeiten	0	**1**	5	0,1	**0,4**	1,7
026	Fenster, Außentüren inkl. 029, 032	12	**31**	56	3,7	**9,7**	17,4
027	Tischlerarbeiten	0	**4**	17	0,1	**1,2**	5,3
028	Parkettarbeiten, Holzpflasterarbeiten	–	**0**	–	–	**0,2**	–
030	Rollladenarbeiten	0	**3**	11	0,0	**0,8**	3,3
031	Metallbauarbeiten inkl. 035	3	**12**	34	0,8	**3,9**	10,5
034	Maler- und Lackiererarbeiten inkl. 037	7	**16**	27	2,3	**5,0**	8,4
036	Bodenbelagarbeiten	0	**3**	13	0,1	**0,9**	4,2
038	Vorgehängte hinterlüftete Fassaden	0	**5**	53	0,0	**1,5**	16,5
039	Trockenbauarbeiten	3	**14**	38	1,0	**4,4**	12,0
	Ausbau	122	**181**	241	38,2	**56,5**	75,3
040	Wärmeversorgungsanl. - Betriebseinr. inkl. 041	4	**19**	50	1,3	**5,9**	15,6
042	Gas- und Wasserinstallation, Leitungen inkl. 043	0	**5**	14	0,1	**1,4**	4,5
044	Abwasserinstallationsarbeiten - Leitungen	0	**2**	7	0,0	**0,8**	2,2
045	GWA-Einrichtungsgegenstände inkl. 046	0	**2**	10	0,0	**0,8**	3,3
047	Dämmarbeiten an betriebstechnischen Anlagen	0	**1**	4	0,0	**0,4**	1,4
049	Feuerlöschanlagen, Feuerlöschgeräte	–	**–**	–	–	**–**	–
050	Blitzschutz- und Erdungsanlagen	0	**0**	1	0,0	**0,1**	0,5
053	Niederspannungsanlagen inkl. 052, 054	1	**6**	17	0,2	**1,9**	5,3
055	Ersatzstromversorgungsanlagen	–	**0**	–	–	**0,1**	–
057	Gebäudesystemtechnik	–	**–**	–	–	**–**	–
058	Leuchten und Lampen inkl. 059	0	**2**	5	0,0	**0,5**	1,5
060	Elektroakustische Anlagen, Sprechanlagen	0	**2**	4	0,1	**0,5**	1,3
061	Kommunikationsnetze, inkl. 062	0	**1**	2	0,0	**0,2**	0,6
063	Gefahrenmeldeanlagen	0	**0**	2	0,0	**0,0**	0,6
069	Aufzüge	0	**2**	2	0,0	**0,7**	0,7
070	Gebäudeautomation	–	**0**	–	–	**0,1**	–
075	Raumlufttechnische Anlagen	0	**4**	18	0,1	**1,2**	5,6
	Technische Anlagen	11	**46**	111	3,4	**14,5**	34,7
084	Abbruch- und Rückbauarbeiten	7	**17**	31	2,3	**5,5**	9,6
	Sonstige Leistungsbereiche inkl. 008, 033, 051	0	**2**	10	0,1	**0,6**	3,1

© **BKI** Baukosteninformationszentrum

Erläuterung nebenstehender Baukostentabelle

Alle Kostenkennwerte enthalten die Mehrwertsteuer. Kostenstand: 2.Quartal 2016.
Kosten und Kostenkennwerte umgerechnet auf den Bundesdurchschnitt.

Kostenkennwerte für Leistungsbereiche nach StLB (Kosten des Bauwerks DIN 276)

LB-Nummer nach Standardleistungsbuch (StLB).
Bezeichnung des Leistungsbereichs (zum Teil abgekürzt).

Kostenkennwerte für Bauwerkskosten (Kostengruppe 300 + 400 nach DIN 276) je Leistungs-
bereich in €/m² Brutto-Grundfläche (nach DIN 277):
Mittelwerte: siehe Spalte „€/m² BGF"
Standardabweichung: siehe Spalten „von/bis".

Anteil der jeweiligen Leistungsbereiche in Prozent der Bauwerkskosten (100%):
Mittelwerte: siehe Spalte „% an 300 + 400"
Standardabweichung: siehe Spalten „von/bis".

Kostenkennwerte und Prozentanteile für „Leistungsbereichspakete" als Zusammenfassung
bestimmter Leistungsbereiche. Leistungsbereiche mit relativ geringem Kostenanteil wurden
in Einzelfällen mit anderen Leistungsbereichen zusammengefasst.

Beispiel:
LB 000 Baustelleneinrichtung zusammengefasst mit
LB 001 Gerüstarbeiten (Angabe: inkl. 001).
vollständige Leistungsbereichsgliederung siehe Seite 68.

Ergänzende, den StLB-Leistungsbereichen nicht zuordenbare Leistungsbereiche,
zusammengefasst mit den LB-Nr. 008, 033, 051 u.a.

Anmerkung:
Die Werte in den Spalten „von" bzw. „bis" sind aus statistischen Gründen nicht addierbar,
sonstige Abweichungen sind rundungsbedingt.
Bei zu geringem Stichprobenumfang entfällt bei einzelnen Leistungsbereichen die Angabe
„von/bis".

Modernisierungen

**Wohngebäude
nach 1945
nur Oberflächen**

€/m² BGF

min	59 €/m²
von	170 €/m²
Mittel	**320 €/m²**
bis	580 €/m²
max	870 €/m²

Kosten:
Stand 2.Quartal 2016
Bundesdurchschnitt
inkl. 19% MwSt.

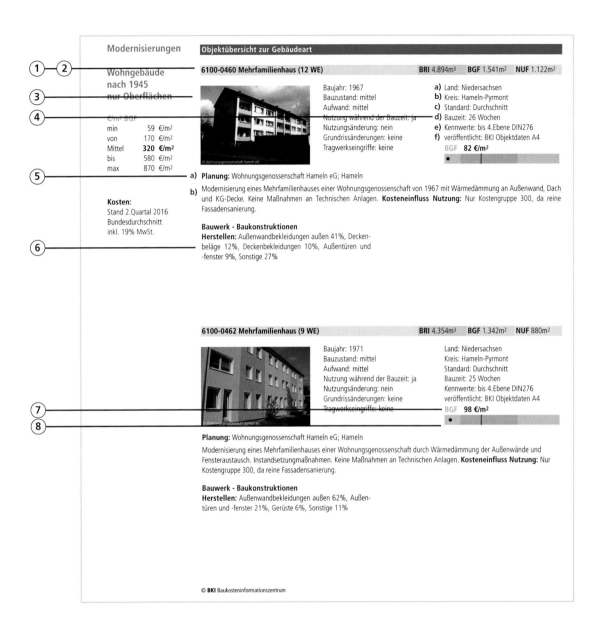

6100-0460 Mehrfamilienhaus (12 WE)   **BRI** 4.894m³   **BGF** 1.541m²   **NUF** 1.122m²

Baujahr: 1967
Bauzustand: mittel
Aufwand: mittel
Nutzung während der Bauzeit: ja
Nutzungsänderung: nein
Grundrissänderungen: keine
Tragwerkseingriffe: keine

a) Land: Niedersachsen
b) Kreis: Hameln-Pyrmont
c) Standard: Durchschnitt
d) Bauzeit: 26 Wochen
e) Kennwerte: bis 4.Ebene DIN276
f) veröffentlicht: BKI Objektdaten A4
BGF   **82 €/m²**

a) Planung: Wohnungsgenossenschaft Hameln eG; Hameln

b) Modernisierung eines Mehrfamilienhauses einer Wohnungsgenossenschaft von 1967 mit Wärmedämmung an Außenwand, Dach und KG-Decke. Keine Maßnahmen an Technischen Anlagen. **Kosteneinfluss Nutzung:** Nur Kostengruppe 300, da reine Fassadensanierung.

Bauwerk - Baukonstruktionen
Herstellen: Außenwandbekleidungen außen 41%, Deckenbeläge 12%, Deckenbekleidungen 10%, Außentüren und -fenster 9%, Sonstige 27%

6100-0462 Mehrfamilienhaus (9 WE)   **BRI** 4.354m³   **BGF** 1.342m²   **NUF** 880m²

Baujahr: 1971
Bauzustand: mittel
Aufwand: mittel
Nutzung während der Bauzeit: ja
Nutzungsänderung: nein
Grundrissänderungen: keine
Tragwerkseingriffe: keine

Land: Niedersachsen
Kreis: Hameln-Pyrmont
Standard: Durchschnitt
Bauzeit: 25 Wochen
Kennwerte: bis 4.Ebene DIN276
veröffentlicht: BKI Objektdaten A4
BGF   **98 €/m²**

Planung: Wohnungsgenossenschaft Hameln eG; Hameln

Modernisierung eines Mehrfamilienhauses einer Wohnungsgenossenschaft durch Wärmedämmung der Außenwände und Fensteraustausch. Instandsetzungmaßnahmen. Keine Maßnahmen an Technischen Anlagen. **Kosteneinfluss Nutzung:** Nur Kostengruppe 300, da reine Fassadensanierung.

Bauwerk - Baukonstruktionen
Herstellen: Außenwandbekleidungen außen 62%, Außentüren und -fenster 21%, Gerüste 6%, Sonstige 11%

© **BKI** Baukosteninformationszentrum

Erläuterung nebenstehender Baukostentabellen

Alle Kostenkennwerte enthalten die Mehrwertsteuer. Kostenstand: 2.Quartal 2016.
Kosten und Kostenkennwerte umgerechnet auf den Bundesdurchschnitt.

Tabellen zur Objektübersicht

(1)

Objektnummer und Objektbezeichnung

(2)

Angaben zu Brutto-Rauminhalt (BRI), Brutto-Grundfläche (BGF) und Nutzungsfläche (NUF) nach DIN 277

(3)

Abbildung des Objekts mit Nennung wichtiger Kosteneinflussfaktoren beim Bauen im Bestand. (Baujahr bezeichnet den Erstellungszeitpunkt des Objekts, nicht die Bauzeit der dokumentierten Maßnahme)

(4)

a) Angaben zum Bundesland b) Angaben zum Kreis; c) Angaben zum Standard d) Angaben zur Bauzeit e) „Kennwerte" gibt die Kostengliederungstiefe nach DIN 276 an. Die BKI Objekte sind unterschiedlich detailliert dokumentiert. f) Hinweis auf das BKI Fachbuch, in dem dieses Objekt veröffentlicht wurde (siehe Abkürzungsverzeichnis). Der frühere BKI Webshop wurde in die BKI Internetseiten integriert. Einzelobjekte erhalten Sie telefonisch (0711 954 854 41).

(5)

a) Planendes und/oder ausführendes Architekturbüro. b) Beschreibung der Nutzung des Objekts und zusätzliche Hinweise bei besonderen Kosteneinflüssen durch spezielle Nutzungsanforderungen oder spezielle Grundstückssituationen.

(6)

Angaben zu den kostenintensivsten Kostengruppen bei Baukonstruktionen und technischen Anlagen mit Ausweisung des prozentualen Kostenanteils. Die Auswertungen zeigen, welche Bauleistungen beim jeweiligen Objekt am kostenintensivsten waren und erleichtern damit die Suche nach passenden Vergleichsobjekten.

(7)

Kosten des Bauwerks (KG 300+400) in €/m² BGF.

(8)

Lineare Skala mit Angabe der Kosten des Objekts (KG 300+400 in €/m² BGF) als schwarzer Punkt und Angabe der „min-/max-"-Werte und des Mittelwertes (Ø) der zugehörigen Gebäudeart als farbige Bereiche.

325
Bodenbeläge

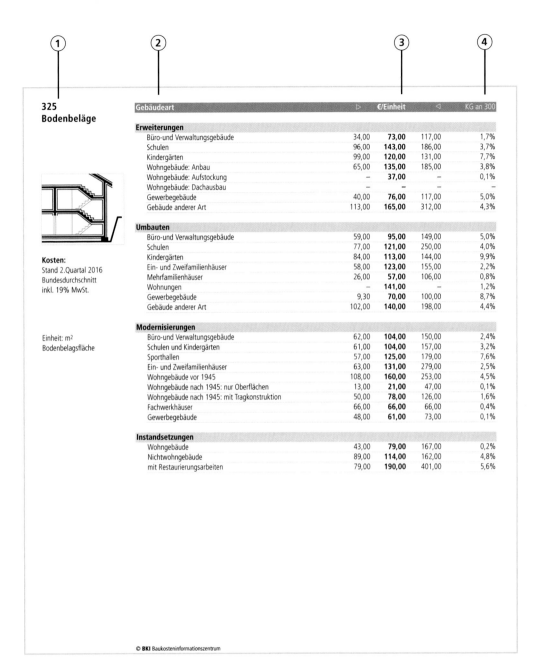

Kosten:
Stand 2.Quartal 2016
Bundesdurchschnitt
inkl. 19% MwSt.

Einheit: m²
Bodenbelagsfläche

Gebäudeart	▷	€/Einheit	◁	KG an 300
Erweiterungen				
Büro-und Verwaltungsgebäude	34,00	**73,00**	117,00	1,7%
Schulen	96,00	**143,00**	186,00	3,7%
Kindergärten	99,00	**120,00**	131,00	7,7%
Wohngebäude: Anbau	65,00	**135,00**	185,00	3,8%
Wohngebäude: Aufstockung	–	**37,00**	–	0,1%
Wohngebäude: Dachausbau	–	**–**	–	–
Gewerbegebäude	40,00	**76,00**	117,00	5,0%
Gebäude anderer Art	113,00	**165,00**	312,00	4,3%
Umbauten				
Büro-und Verwaltungsgebäude	59,00	**95,00**	149,00	5,0%
Schulen	77,00	**121,00**	250,00	4,0%
Kindergärten	84,00	**113,00**	144,00	9,9%
Ein- und Zweifamilienhäuser	58,00	**123,00**	155,00	2,2%
Mehrfamilienhäuser	26,00	**57,00**	106,00	0,8%
Wohnungen	–	**141,00**	–	1,2%
Gewerbegebäude	9,30	**70,00**	100,00	8,7%
Gebäude anderer Art	102,00	**140,00**	198,00	4,4%
Modernisierung				
Büro-und Verwaltungsgebäude	62,00	**104,00**	150,00	2,4%
Schulen und Kindergärten	61,00	**104,00**	157,00	3,2%
Sporthallen	57,00	**125,00**	179,00	7,6%
Ein- und Zweifamilienhäuser	63,00	**131,00**	279,00	2,5%
Wohngebäude vor 1945	108,00	**160,00**	253,00	4,5%
Wohngebäude nach 1945: nur Oberflächen	13,00	**21,00**	47,00	0,1%
Wohngebäude nach 1945: mit Tragkonstruktion	50,00	**78,00**	126,00	1,6%
Fachwerkhäuser	66,00	**66,00**	66,00	0,4%
Gewerbegebäude	48,00	**61,00**	73,00	0,1%
Instandsetzungen				
Wohngebäude	43,00	**79,00**	167,00	0,2%
Nichtwohngebäude	89,00	**114,00**	162,00	4,8%
mit Restaurierungsarbeiten	79,00	**190,00**	401,00	5,6%

Erläuterung nebenstehender Tabelle

Alle Kostenkennwerte enthalten die Mehrwertsteuer. Kostenstand: 2.Quartal 2016.
Kosten und Kostenkennwerte umgerechnet auf den Bundesdurchschnitt.

Gebäudearten-bezogene Kostenkennwerte für die Kostengruppen der 3.Ebene DIN 276

(1)

Ordnungszahl und Bezeichnung der Kostengruppe nach DIN 276:2008-12. Einheit und
Mengenbezeichnung der Bezugseinheit nach DIN 277-3:2005-04, auf die die Kostenkennwerte
in der Spalte „€/Einheit" bezogen sind.

DIN 277-3:2005-04: Mengen und Bezugseinheiten

(2)

Bezeichnung der Gebäudearten, gegliedert nach der Bauwerksartensystematik der
BKI-Baukostendatenbank.

(3)

Kostenkennwerte für die jeweilige Gebäudeart und die jeweilige Kostengruppe (Bauelement)
mit Angabe von Mittelwert (Spalte: €/Einheit) und Streubereich (Spalten: von-/bis-Werte unter
Berücksichtigung der Standardabweichung).
Bei Gebäudearten mit noch schmaler Datenbasis wird nur der Mittelwert angegeben.
Insbesondere in diesen Fällen wird empfohlen, die Kosten projektbezogen über Ausführungs-
arten bzw. positionsweise zu ermitteln.

(4)

Durchschnittlicher Anteil der Kosten der jeweiligen Kostengruppe in Prozent der Kosten für
Baukonstruktionen (Kostengruppe 300 nach DIN 276 = 100%) bzw. Technische Anlagen
(Kostengruppe 400 nach DIN 276 = 100%).

363
Dachbeläge

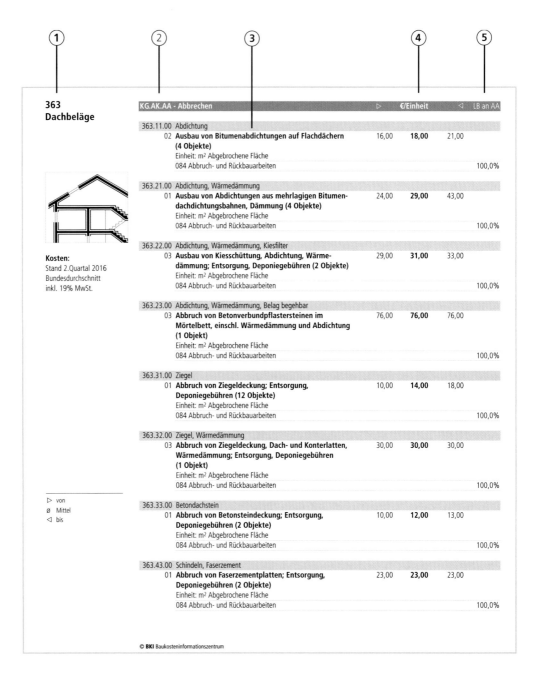

Kosten:
Stand 2.Quartal 2016
Bundesdurchschnitt
inkl. 19% MwSt.

▷ von
ø Mittel
◁ bis

KG.AK.AA - Abbrechen	▷	€/Einheit	◁	LB an AA

363.11.00 Abdichtung

02 Ausbau von Bitumenabdichtungen auf Flachdächern (4 Objekte) — 16,00 · **18,00** · 21,00
Einheit: m² Abgebrochene Fläche
084 Abbruch- und Rückbauarbeiten — 100,0%

363.21.00 Abdichtung, Wärmedämmung

01 Ausbau von Abdichtungen aus mehrlagigen Bitumendachdichtungsbahnen, Dämmung (4 Objekte) — 24,00 · **29,00** · 43,00
Einheit: m² Abgebrochene Fläche
084 Abbruch- und Rückbauarbeiten — 100,0%

363.22.00 Abdichtung, Wärmedämmung, Kiesfilter

03 Ausbau von Kiesschüttung, Abdichtung, Wärmedämmung; Entsorgung, Deponiegebühren (2 Objekte) — 29,00 · **31,00** · 33,00
Einheit: m² Abgebrochene Fläche
084 Abbruch- und Rückbauarbeiten — 100,0%

363.23.00 Abdichtung, Wärmedämmung, Belag begehbar

03 Abbruch von Betonverbundpflastersteinen im Mörtelbett, einschl. Wärmedämmung und Abdichtung (1 Objekt) — 76,00 · **76,00** · 76,00
Einheit: m² Abgebrochene Fläche
084 Abbruch- und Rückbauarbeiten — 100,0%

363.31.00 Ziegel

01 Abbruch von Ziegeldeckung; Entsorgung, Deponiegebühren (12 Objekte) — 10,00 · **14,00** · 18,00
Einheit: m² Abgebrochene Fläche
084 Abbruch- und Rückbauarbeiten — 100,0%

363.32.00 Ziegel, Wärmedämmung

03 Abbruch von Ziegeldeckung, Dach- und Konterlatten, Wärmedämmung; Entsorgung, Deponiegebühren (1 Objekt) — 30,00 · **30,00** · 30,00
Einheit: m² Abgebrochene Fläche
084 Abbruch- und Rückbauarbeiten — 100,0%

363.33.00 Betondachstein

01 Abbruch von Betonsteindeckung; Entsorgung, Deponiegebühren (2 Objekte) — 10,00 · **12,00** · 13,00
Einheit: m² Abgebrochene Fläche
084 Abbruch- und Rückbauarbeiten — 100,0%

363.43.00 Schindeln, Faserzement

01 Abbruch von Faserzementplatten; Entsorgung, Deponiegebühren (2 Objekte) — 23,00 · **23,00** · 23,00
Einheit: m² Abgebrochene Fläche
084 Abbruch- und Rückbauarbeiten — 100,0%

© **BKI** Baukosteninformationszentrum

Erläuterung nebenstehender Tabelle

Alle Kostenkennwerte enthalten die Mehrwertsteuer. Kostenstand: 2.Quartal 2016.
Kosten und Kostenkennwerte umgerechnet auf den Bundesdurchschnitt.

Ausführungsarten-bezogene Kostenkennwerte für die Kostengruppen der 3.Ebene DIN 276

(1)

Ordnungszahl und Bezeichnung der Kostengruppe nach DIN 276:2008-12.

(2)

Ordnungszahl (7-stellig) für Ausführungsarten (AA), darin bedeutet

KG Kostengruppe 3.Ebene DIN 276 (Bauelement):   3-stellige Ordnungszahl
AK Ausführungsklasse von Bauelementen (nach BKI): 2-stellige Ordnungszahl
AA Ausführungsart von Bauelementen: 2-stellige BKI-Identnummer

(3)

Angaben zu Ausführungsklassen und Ausführungsarten in der Reihenfolge von oben nach unten

- Bezeichnung der Ausführungsklasse
- Beschreibung der Ausführungsart
- Einheit und Mengenbezeichnung der Bezugseinheit, auf die die Kostenkennwerte in der Spalte „€/Einheit" bezogen sind (je nach Ausführungsart ggf. unterschiedliche Bezugseinheiten!).
- Ordnungszahl und Bezeichnung der Leistungsbereiche (nach StLB), die im Regelfall bei der Ausführung der jeweiligen Ausführungsart beteiligt sind.

(4)

Kostenkennwerte für die jeweiligen Ausführungsarten mit Angabe von Mittelwert (Spalte: €/Einheit) und Streubereich (Spalten: von-/bis-Werte unter Berücksichtigung der Standardabweichung).

(5)

Anteil der Leistungsbereiche in Prozent der Kosten für die jeweilige Ausführungsart (Kosten AA = 100%) als Orientierungswert für die Überführung in eine vergabeorientierte Kostengliederung. Je nach Einzelfall und Vergabepraxis können ggf. auch andere Leistungsbereiche beteiligt sein und die Prozentanteile von den Orientierungswerten entsprechend abweichen.

Häufig gestellte Fragen

1. Wie wird die BGF berechnet?

Die Brutto-Grundfläche ist die Summe der Grundflächen aller Grundrissebenen. Nicht dazu gehören die Grundflächen von nicht nutzbaren Dachflächen (Kriechböden) und von konstruktiv bedingten Hohlräumen (z. B. über abgehängter Decke).
(DIN 277 : 2016-01)
Bei den Gebäudearten Dachausbau und Aufstockung nur bezogen auf die Grundrissebene des Dachs. Weitere Erläuterungen im BKI Bildkommentar DIN 276 / DIN 277 (Ausgabe 2016).

2. Gehört der Keller bzw. eine Tiefgarage mit zur BGF?

Ja, im Gegensatz zur Geschossfläche nach § 20 Baunutzungsverordnung (Bau NVo) gehört auch der Keller bzw. die Tiefgarage zur BGF.

3. Wie werden Luftgeschosse (z. B. Züblinhaus) nach DIN 277 berechnet?

Die Rauminhalte der Luftgeschosse zählen zum Regelfall der Raumumschließung (R) BRI (R). Die Grundflächen der untersten Ebene der Luftgeschosse und Stege, Treppen, Galerien etc. innerhalb der Luftgeschosse zählen zur Brutto-Grundfläche BGF (R). Vorsicht ist vor allem bei Kostenermittlungen mit Kostenkennwerten des Brutto-Rauminhalts geboten.

4. Welchen Flächen ist die Garage zuzurechnen?

Die Stellplatzflächen von Garagen werden zur Nutzungsfläche gezählt, die Fahrbahn ist Verkehrsfläche.

5. Wird die Diele oder ein Flur zur Nutzungsfläche gezählt?

Normalerweise nicht, da eine Diele oder ein Flur zur Verkehrsfläche gezählt wird. Wenn die Diele aber als Wohnraum genutzt werden kann, z. B. als Essplatz, wird sie zur Nutzungsfläche gezählt.

6. Zählt eine nicht umschlossene oder nicht überdeckte Terrasse einer Sporthalle, die als Eingang und Fluchtweg dient, zur Nutzungsfläche?

Die Terrasse ist nicht Bestandteil der Grundflächen des Bauwerks nach DIN 277. Sie bildet daher keine BGF und damit auch keine Nutzungsfläche. Die Funktion als Eingang oder Fluchtweg ändert daran nichts.

7. Zählt eine Außentreppe zum Keller zur BGF?	Wenn die Treppe allseitig umschlossen ist, z. B. mit einem Geländer, ist sie als Verkehrsfläche zu werten. Nach DIN 277 : 2016-01 gilt: Grundflächen und Rauminhalte sind nach ihrer Zugehörigkeit zu den folgenden Bereichen getrennt zu ermitteln: Regelfall der Raumumschließung (R): Räume und Grundflächen, die Nutzungen der Netto-Raumfläche entsprechend Tabelle 1 aufweisen und die bei allen Begrenzungsflächen des Raums (Boden, Decke, Wand) vollständig umschlossen sind. Dazu gehören nicht nur Innenräume, die von der Witterung geschützt sind, sondern auch solche allseitig umschlossenen Räume, die über Öffnungen mit dem Außenklima verbunden sind; Sonderfall der Raumumschließung (S): Räume und Grundflächen, die Nutzungen der Netto-Raumfläche entsprechend Tabelle 1 aufweisen und mit dem Bauwerk konstruktiv verbunden sind, jedoch nicht bei allen Begrenzungsflächen des Raums (Boden, Decke, Wand) vollständig umschlossen sind (z. B. Loggien, Balkone, Terrassen auf Flachdächern, unterbaute Innenhöfe, Eingangsbereiche, Außentreppen). Die Außentreppe stellt also demnach einen Sonderfall der Raumumschließung (S) dar. Wenn die Treppe allerdings über einen Tiefgarten ins UG führt, wird sie zu den Außenanlagen gezählt. Sie bildet dann keine BGF. Die Kosten für den Tiefgarten mit Treppe sind bei den Außenanlagen zu erfassen.
8. Ist eine Abstellkammer mit Heizung eine Technikfläche?	Es kommt auf die überwiegende Nutzung an. Wenn über 50% der Kammer zum Abstellen genutzt werden können, wird sie als Abstellraum gezählt. Es kann also Gebäude ohne Technikfläche geben.
9. Ist die NUF gleich der Wohnfläche?	Nein, die DIN 277 kennt den Begriff Wohnfläche nicht. Zur Nutzungsfläche gehören grundsätzlich keine Verkehrsflächen, während bei der Wohnfläche zumindest die Verkehrsflächen innerhalb der Wohnung hinzugerechnet werden. Die Abweichungen sind dadurch meistens nicht unerheblich.

Fragen zur Wohnflächenberechnung (WoFIV):

10. Wird ein Hobbyraum im Keller zur Wohnfläche gezählt?	Wenn der Hobbyraum nicht innerhalb der Wohnung liegt, wird er nicht zur Wohnfläche gezählt. Beim Einfamilienhaus gilt: Das ganze Haus stellt die Wohnung dar. Der Hobbyraum liegt also innerhalb der Wohnung und wird mitgezählt, wenn er die Qualitäten eines Aufenthaltsraums nach LBO aufweist.

11.	Wird eine Diele oder ein Flur zur Wohnfläche gezählt?	Wenn die Diele oder der Flur in der Wohnung liegt ja, ansonsten nicht.
12.	In welchem Umfang sind Balkone oder Terrassen bei der Wohnfläche zu rechnen?	Balkone und Terrassen werden von BKI zu einem Viertel zur Wohnfläche gerechnet. Die Anrechnung zur Hälfte wird nicht verwendet, da sie in der WoFIV als Ausnahme definiert ist.
13.	Zählt eine Empore/Galerie im Zimmer als eigene Wohnfläche oder Nutzungsfläche?	Wenn es sich um ein unlösbar mit dem Baukörper verbundenes Bauteil handelt, zählt die Empore mit. Anders beim nachträglich eingebauten Hochbett, das zählt zum Mobiliar. Für die verbleibende Höhe über der Empore ist die 1 bis 2m Regel nach WoFIV anzuwenden: „Die Grundflächen von Räumen und Raumteilen mit einer lichten Höhe von mindestens zwei Metern sind vollständig, von Räumen und Raumteilen mit einer lichten Höhe von mindestens einem Meter und weniger als zwei Metern sind zur Hälfte anzurechnen."

Fragen zur Kostengruppenzuordnung (DIN 276):

14.	Wo werden Abbruchkosten zugeordnet?	Abbruchkosten ganzer Gebäude im Sinne von „Bebaubarkeit des Grundstücks herstellen" werden der KG 212 Abbruchmaßnahmen zugeordnet. Abbruchkosten einzelner Bauteile, insbesondere bei Sanierungen werden den jeweiligen Kostengruppen der 2. oder 3.Ebene (Wände, Decken, Dächer) zugeordnet. Analog gilt dies auch für die Kostengruppen 400 und 500. Wo diese Aufteilung nicht möglich ist, werden die Abbruchkosten der KG 394 Abbruchmaßnahmen zugeordnet, weil z. B. die Abbruchkosten verschiedenster Bauteile pauschal abgerechnet wurden.
15.	Wo muss ich die Kosten des Aushubs für Abwasser- oder Wasserleitungen zuordnen?	Diese Kosten werden nach dem Verursacherprinzip der jeweiligen Kostengruppe zugeordnet

Aushub für Abwasserleitungen: KG 411
Aushub für Wasserleitungen: KG 412
Aushub für Brennstoffversorgung: KG 421
Aushub für Heizleitungen: KG 422
Aushub für Elektroleitungen: KG 444
etc., sofern der Aushub unterhalb des Gebäudes anfällt. Die Kosten des Aushubs für Abwasser- oder Wasserleitungen in den Außenanlagen gehören zu KG 540 ff, die Kosten des Aushubs für Abwasser- oder Wasserleitungen innerhalb der Erschließungsfläche in KG 220 ff oder KG 230 ff

16. Wie werden Eigenleistungen bewertet?

Nach DIN 276 : 2008-12, gilt:

3.3.6 Wiederverwendete Teile, Eigenleistungen

Der Wert von vorhandener Bausubstanz und wieder-verwendeter Teile müssen bei den betreffenden Kostengruppen gesondert ausgewiesen werden.

3.3.7 Der Wert von Eigenleistungen ist bei den betreffenden Kostengruppen gesondert auszuweisen. Für Eigenleistungen sind die Personal- und Sachkosten einzusetzen, die für entsprechende Unternehmer-leistungen entstehen würden.

Nach HOAI §4 (2) gilt: Als anrechenbare Kosten nach Absatz 2 gelten ortsübliche Preise, wenn der Auftrag-geber:

- selbst Lieferungen oder Leistungen übernimmt
- von bauausführenden Unternehmern oder von Lieferanten sonst nicht übliche Vergünstigungen erhält
- Lieferungen oder Leistungen in Gegenrechnung ausführt oder
- vorhandene oder vorbeschaffte Baustoffe oder Bauteile einbauen lässt.

Fragen zu Kosteneinflussfaktoren:

17. Gibt es beim BKI Regionalfaktoren?

Der Anhang dieser Ausgabe enthält eine Liste der Regionalfaktoren aller deutschen Land- und Stadt-kreise. Die Faktoren wurden auf Grundlage von Daten aus den statistischen Landesämtern gebildet, die wie-derum aus den Angaben der Antragsteller von Bauan-trägen entstammen. Die Regionalfaktoren werden von BKI zusätzlich als farbiges Poster im DIN A1 For-mat angeboten.

Die Faktoren geben Aufschluss darüber, inwiefern die Baukosten in einer bestimmten Region Deutschlands teurer oder günstiger liegen als im Bundesdurch-schnitt. Sie können dazu verwendet werden, die BKI Baukosten an das besondere Baupreisniveau einer Region anzupassen.

Die Angaben wurden durch Untersuchungen des BKI weitgehend verifiziert. Dennoch können Abweichun-gen zu den angegebenen Werten entstehen. In Grenz-nähe zu einem Land-Stadtkreis mit anderen Baupreis-faktoren sollte dessen Baupreisniveau mit berücksich-tigt werden, da die Übergänge zwischen den Land-Stadtkreisen fließend sind. Die Besonderheiten des Einzelfalls können ebenfalls zu Abweichungen führen.

18. Welchen Einfluss hat die Konjunktur auf die Baukosten?	Der Einfluss der Konjunktur auf die Baukosten wird häufig überschätzt. Er ist meist geringer als der anderer Kosteneinflussfaktoren. BKI Untersuchungen haben ergeben, dass die Baukosten bei mittlerer Konjunktur manchmal höher sind als bei hoher Konjunktur.

Fragen zur Handhabung der von BKI herausgegebenen Bücher:

19. Ist die MwSt. in den Kostenkennwerten enthalten?	Bei allen Kostenkennwerten in „BKI Baukosten" ist die gültige MwSt. enthalten (zum Zeitpunkt der Herausgabe 19%). In „BKI Baukosten Positionen Neubau, Statistische Kostenkennwerte" und „BKI Baukosten Positionen Altbau, Statistische Kostenkennwerte" werden die Kostenkennwerte, wie bei Positionspreisen üblich, zusätzlich ohne MwSt. dargestellt. Kostenstand und MwSt. wird auf jeder Seite als Fußzeile angegeben.
20. Hat das Baujahr der Objekte einen Einfluss auf die angegebenen Kosten?	Nein, alle Kosten wurden über den Baupreisindex auf einen einheitlichen zum Zeitpunkt der Herausgabe aktuellen Kostenstand umgerechnet. Der Kostenstand wird auf jeder Seite als Fußzeile angegeben. Allenfalls sind Korrekturen zwischen dem Kostenstand zum Zeitpunkt der Herausgabe und dem aktuellen Kostenstand durchzuführen.
21. Wo finde ich weitere Informationen zu den einzelnen Objekten einer Gebäudeart?	Alle Objekte einer Gebäudeart sind einzeln mit Kurzbeschreibung, Angabe der BGF und anderer wichtiger Kostenfaktoren aufgeführt. Die Objektdokumentationen sind veröffentlicht in den Fachbüchern „Objektdaten" und können als PDF-Datei unter ihrer Objektnummer bei BKI bestellt werden, Telefon: 0711 954 854-41.
22. Was mache ich, wenn ich keine passende Gebäudeart finde?	In aller Regel findet man verwandte Gebäudearten, deren Kostenkennwerte der 2.Ebene (Grobelemente) wegen ähnlicher Konstruktionsart übernommen werden können.

23. Wo findet man Kostenkennwerte für Abbruch?	Im Fachbuch „BKI Baukosten Gebäude Altbau - Statistische Kostenkennwerte" gibt es Ausführungsarten zu Abbruch und Demontagearbeiten. Im Fachbuch „BKI Baukosten Positionen Altbau - Statistische Kostenkennwerte" gibt es Mustertexte für Teilleistungen zu „LB 384 - Abbruch und Rückbauarbeiten". Im Fachbuch „BKI Baupreise kompakt Altbau" gibt es Positionspreise und Kurztexte zu „LB 384 - Abbruch und Rückbauarbeiten". Die Mustertexte für Teilleistungen zu „LB 384 - Abbruch und Rückbauarbeiten" und deren Positionspreise sind auch auf der CD BKI Positionen und im BKI Kostenplaner enthalten.
24. Warum ist die Summe der Kostenkennwerte in der Kostengruppen (KG) 310-390 nicht gleich dem Kostenkennwert der KG 300, aber bei der KG 400 ist eine Summenbildung möglich?	In den Kostengruppen 310-390 ändern sich die Einheiten (310 Baugrube gemessen in m^3, 320 Gründung gemessen in m^2); eine Addition der Kostenkennwerte ist nicht möglich. In den Kostengruppen 410-490 ist die Bezugsgröße immer BGF, dadurch ist eine Addition prinzipiell möglich.
25. Manchmal stimmt die Summe der Kostenkennwerte der 2.Ebene der Kostengruppe 400 trotzdem nicht mit dem Kostenkennwert der 1.Ebene überein; warum nicht?	Die Anzahl der Objekte, die auf der 1.Ebene dokumentiert werden, kann von der Anzahl der Objekte der 2.Ebene abweichen. Dann weichen auch die Kostenkennwerte voneinander ab, da es sich um unterschiedliche Stichproben handelt. Es fallen auch nicht bei allen Objekten Kosten in jeder Kostengruppe an (Beispiel KG 461 Aufzugsanlagen).
26. Baupreise im Ausland	BKI dokumentiert nur Objekte aus Deutschland. Anhand von Daten der Eurostat-Datenbank „New Cronos" lassen sich jedoch überschlägige Umrechnungen in die meisten Staaten des europäischen Auslandes vornehmen. Die Werte sind Bestandteil des Posters „BKI Regionalfaktoren 2016".
27. Nutzungskosten, Lebenszykluskosten	Seit 2010 bringt BKI in Zusammenarbeit mit dem Institut für Bauökonomie der Universität Stuttgart ein Fachbuch mit Nutzungskosten ausgewählter Objekte heraus. Die Reihe wird kontinuierlich erweitert. Das Fachbuch Nutzungskosten Gebäude 2014/2015 fasst einzelne Objekte zu statistischen Auswertungen zusammen.
28. Lohn und Materialkosten	BKI dokumentiert Baukosten nicht getrennt nach Lohn- und Materialanteil.

29. Gibt es Angaben zu Kostenflächenarten?

Nein, BKI hält die Grobelementmethode für geeigneter. Solange Grobelementmengen nicht vorliegen, besteht die Möglichkeit der Ableitung der Grobelementmengen aus den Verhältniszahlen von Vergleichsobjekten (siehe Planungskennwerte und Baukostensimulation).

Fragen zu weiteren BKI Produkten:

30. Sind die Inhalte von „BKI Baukosten Gebäude (Teil 1), Statistische Kostenkennwerte" und „BKI Baukosten Bauelemente (Teil 2), Statistische Kostenkennwerte" auch im Kostenplaner enthalten?

Ja, im Kostenplaner Basisversion sind alle Objekte mit den Kosten bis zur 2.Ebene nach DIN 276 enthalten. Im Kostenplaner Komplettversion sind ebenfalls die Kosten der 3.Ebene nach DIN 276 und die vom BKI gebildeten Ausführungsklassen und Ausführungsarten enthalten. Darüber hinaus ermöglicht der BKI Kostenplaner den Zugriff auf alle Einzeldokumentationen von über 2.800 Objekten.

31. Worin unterscheiden sich die Fachbuchreihen „BKI Baukosten" und „BKI Objektdaten"

In der Fachbuchreihe BKI Objektdaten erscheinen abgerechnete Einzelobjekte eines bestimmten Teilbereichs des Bauens (A=Altbau, N=Neubau, E=energieeffizientes Bauen, IR=Innenräume, F=Freianlagen). In der Fachbuchreihe BKI Baukosten erscheinen hingegen statistische Kostenkennwerte von Gebäudearten, die aus den Einzelobjekten gebildet werden. Die Kostenplanung mit Einzelobjekten oder mit statistischen Kostenkennwerten haben spezifische Vor- und Nachteile:

Planung mit Objektdaten (BKI Objektdaten):
- Vorteil: Wenn es gelingt ein vergleichbares Einzelobjekt oder passende Bauausführungen zu finden ist die Genauigkeit besser als mit statistischen Kostenkennwerten. Die Unsicherheit, die der Streubereich (von-bis-Werte) mit sich bringt, entfällt.
- Nachteil: Passende Vergleichsobjekte oder Bauausführungen zu finden kann mühsam oder erfolglos sein.

Planung mit statistischen Kostenkennwerten (BKI Baukosten):
- Vorteil: Über die BKI Gebäudearten ist man recht schnell am Ziel, aufwändiges Suchen entfällt.
- Nachteil: Genauere Prüfung, ob die Mittelwerte übernommen werden können oder noch nach oben oder unten angepasst werden müssen, ist unerlässlich.

32. **In welchen Produkten dokumentiert BKI Positionspreise?**	Positionspreise mit statistischer Auswertung und Einzelbeispielen werden in „BKI Baukosten Positionen, Statistische Kostenkennwerte Neu- und Altbau" und „BKI Baupreise kompakt Neu- und Altbau" herausgegeben. Ausgewählte Positionspreise zu bestimmten Details enthalten die Fachbücher „Konstruktionsdetails mit Baupreisen K1, K2, K3 und K4". Außerdem gibt es Positionspreise in EDV-Form im „Modul Baupreise, Positionen mit AVA-Schnittstelle" für den Kostenplaner und die Software „BKI Positionen".
33. **Worin unterscheiden sich die Bände A1 bis A9 (N1 bis N14)**	Die Bücher unterscheiden sich lediglich durch die Auswahl der dokumentierten Einzelobjekte. Der Aufbau der Bände ist gleich. In der BKI Fachbuchreihe Objektdaten erscheinen in unregelmäßigen Abständen Folgebände mit neu dokumentierten Einzelobjekten. Speziell bei den Altbaubänden A1 bis A9 ist es nützlich, alle Bände zu besitzen, da es im Bereich Altbau notwendig ist, mit passenden Vergleichsobjekten zu planen. Je mehr Vergleichsobjekte vorhanden sind, desto höher ist die „Trefferquote". Bände der Fachbuchreihe Objektdaten sollten deshalb langfristig aufbewahrt werden.

Diese Liste wird laufend erweitert und im Internet unter www.bki.de/faq-kostenplanung.html veröffentlicht.

Bauen im Bestand – Regelwerke, Begriffe, Verfahren und Beispiele

von Univ.-Prof. Dr.-Ing. Wolfdietrich Kalusche und Sebastian Herke

Bauen im Bestand – Regelwerke, Begriffe, Verfahren und Beispiele

von Univ.-Prof. Dr.-Ing. Wolfdietrich Kalusche und Sebastian Herke, BTU Cottbus-Senftenberg
5. Fassung, Juli 2016

Das Fachbuch „BKI Baukosten Gebäude, Statistische Kostenkennwerte Altbau" und die Reihe BKI Objektdaten Altbau A1 bis A9 enthalten Kostenkennwerte, Erläuterungen und Abbildungen zu den Maßnahmen im Bestand. Die vorhandenen Daten wurden auf Objektebene der jeweiligen hauptsächlichen Maßnahme, also Erweiterung, Umbau, Modernisierung oder Instandsetzung zugeordnet. Das schließt nicht aus, dass im Einzelnen auch andere Maßnahmen durchgeführt wurden.

Die Kostenkennwerte und die nach Kostengruppen zusammengefassten Teilleistungen (Positionen) werden weiter unterschieden in:

– Herstellen; das sind Teilleistungen, die sowohl bei Umbauten, Erweiterungen als auch Modernisierungen vorkommen.
– Wiederherstellen; hierbei handelt es sich überwiegend um Instandsetzungen, teilweise auch um Verbesserung.
– Abbrechen; enthält nicht nur den Abbruch, sondern auch die Beseitigung von Bauteilen.

Für die Kostenplanung von Maßnahmen im Bestand ist diese Unterscheidung ausreichend. Wenn der Architekt zusätzlich die Baunebenkosten ermittelt, kann der Bauherr die Höhe der Investition gut einschätzen. [1]

Für weitergehende Fragestellungen im Zusammenhang mit der Finanzierung, insbesondere für die Beantragung von Zuschüssen bei Modernisierungen oder zur Ermittlung der zulässigen Modernisierungsumlage im Mietwohnungsbau ist es bei der Abrechnung von Bauleistungen erforderlich, nach weiteren Gesichtspunkten zu differenzieren. Das Augenmerk liegt hierbei auf der Abgrenzung von Maßnahmen der Modernisierung und Instandsetzung.

Denn anders als bei Instandsetzungen kann der Eigentümer für Modernisierungsarbeiten Zuschüsse beantragen oder es kann nach dem geltenden Mietrecht eine Modernisierungsumlage erfolgen. Die möglichen Zuschüsse beim Bauen im Bestand sind bei jeder Maßnahme erneut zu prüfen. Es kann abschließend keine Auflistung erfolgen, da die gesetzlichen Bestimmungen von Jahr zu Jahr variieren. Instandsetzungen hingegen sind vom Eigentümer im Rahmen der Verpflichtungen eines Mietvertrags nach BGB (Bürgerliches Gesetzbuch) selbst zu tragen. Daher kommt es bei den Maßnahmen im Bestand nicht nur auf die sorgfältige Planung und Überwachung der Maßnahmen, sondern im Hinblick auf die Finanzierung auch auf die genaue und nachvollziehbare Abrechnung an. Grundlage hierfür sind die Abrechnungsdaten auf Positionsebene und Eigenberechnungen.

331 Tragende Außenwände

KG.AK.AA		▷	€/Einheit	◁	LB an AA
331.14.00 Mauerwerkswand, Kalksandsteine					
06	Öffnungen in KS-Außenmauerwerk herstellen, d=38-64cm (2 Objekte)	48,00	**50,00**	51,00	
	Einheit: m² Wandfläche				
	012 Mauerarbeiten				100,0%
07	Öffnungen mit KS-Mauerwerk schließen, d=30-51cm (2 Objekte)	290,00	**300,00**	320,00	
	Einheit: m² Wandfläche				
	012 Mauerarbeiten				100,0%
09	KS-Leichtmauerwerk, d=24-30cm, Leichtmörtel LM 21 (2 Objekte)	97,00	**110,00**	120,00	
	Einheit: m² Wandfläche				
	012 Mauerarbeiten				100,0%
10	KS-Mauerwerk, d=24cm, min. Abstand zum vorhandenen Mauerwerk 3cm, Ringbalken, Ankerschienen, l=40-180cm (4 Objekte)	94,00	**100,00**	120,00	
	Einheit: m² Wandfläche				
	012 Mauerarbeiten				86,0%
	013 Betonarbeiten				14,0%

Kosten:
Stand 2.Quartal 2016
Bundesdurchschnitt
inkl. 19% MwSt.

Abb. 1a: BKI-Kennwerte für Herstellen – Beispiele

344 Innentüren und -fenster

KG.AK.AA		▷	€/Einheit	◁	LB an AA
344.12.00 Türen, Holz					
01	Demontieren von Vollholztüren, komplett mit Blendrahmen ausbauen, zur Aufarbeitung abtransportieren, Anschläge säubern; Aufarbeitung, alte Farbanstriche entfernen, Fehlstellen ergänzen, spachteln, Holzprofile und Fitschenbänder instandsetzen, neue Schlösser einbauen, Wiedereinbau (3 Objekte)	290,00	**420,00**	620,00	
	Einheit: m² Türfläche				
	012 Mauerarbeiten				7,0%
	027 Tischlerarbeiten				93,0%
82	Beidseitiger Renovierungsanstrich, notwendige Vorarbeiten (2 Objekte)	47,00	**59,00**	70,00	
	Einheit: m² Türfläche				
	034 Maler- und Lackierarbeiten - Beschichtungen				100,0%
83	Beidseitiger Renovierungsanstrich, notwendige Vorarbeiten, gangbar machen, Beschläge erneuern (4 Objekte)	150,00	**190,00**	260,00	
	Einheit: m² Türfläche				
	027 Tischlerarbeiten				51,0%

Kosten:
Stand 2.Quartal 2016
Bundesdurchschnitt
inkl. 19% MwSt.

Abb. 1b: BKI-Kennwerte für Wiederherstellen – Beispiele

363 Dachbeläge

KG.AK.AA		▷	€/Einheit	◁	LB an AA
363.11.00 Abdichtung					
02	Ausbau von Bitumenabdichtungen auf Flachdächern (4 Objekte)	16,00	**18,00**	21,00	
	Einheit: m² Abgebrochene Fläche				
	084 Abbruch- und Rückbauarbeiten				100,0%
363.21.00 Abdichtung, Wärmedämmung					
01	Ausbau von Abdichtungen aus mehrlagigen Bitumendachdichtungsbahnen, Dämmung (4 Objekte)	24,00	**29,00**	43,00	
	Einheit: m² Abgebrochene Fläche				
	084 Abbruch- und Rückbauarbeiten				100,0%
363.22.00 Abdichtung, Wärmedämmung, Kiesfilter					
03	Ausbau von Kiesschüttung, Abdichtung, Wärmedämmung; Entsorgung, Deponiegebühren (2 Objekte)	29,00	**31,00**	33,00	
	Einheit: m² Abgebrochene Fläche				
	084 Abbruch- und Rückbauarbeiten				100,0%

Kosten:
Stand 2.Quartal 2016
Bundesdurchschnitt
inkl. 19% MwSt.

Abb. 1c: BKI-Kennwerte für Abbrechen – Beispiele

Der Immobilienbestand in der Bundesrepublik Deutschland wird durch Altbauten geprägt. 80 Prozent des Wohnungsbestandes wurde vor 1990 errichtet. 50 Prozent des Wohnungsbestandes entstand in den Nachkriegsjahrzehnten zwischen 1949 bis 1978 und ist somit zum größten Teil vor Inkrafttreten der ersten Wärmeschutzverordnung gebaut worden. [2] Über zwei Drittel der Bautätigkeit im Hochbau werden bereits seit mehreren Jahren im Bestand durchgeführt. Maßnahmen im Bestand sind danach zu unterscheiden, ob sie der Erhaltung oder der Veränderung eines Objekts dienen. Zu einer Veränderung zählen Umbauten, Erweiterungen und Modernisierungen mit wesentlichen Eingriffen in die Bausubstanz. Zur Erhaltung eines Bauwerks sind die Instandhaltung mit Wartung (Verzögerung des Abnutzungsvorrats und regelmäßige Pflege), Inspektion (Feststellung des Ist-Zustands), Instandsetzung (Wiederherstellung eines Soll-Zustands) und Verbesserung (Anpassung eines Ist-Zustands an erhöhte Anforderungen) erforderlich.

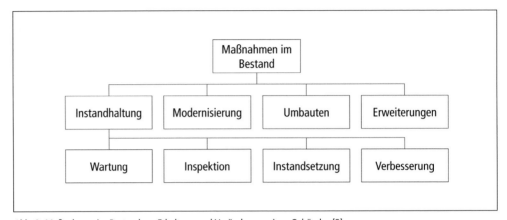

Abb. 2: Maßnahmen im Bestand zur Erhaltung und Veränderung eines Gebäudes [3]

Die in der Abbildung genannten Maßnahmen werden in der Verordnung über die Honorare für Architekten- und Ingenieurleistungen (HOAI 2013), in der DIN 31051:2012-09, Grundlagen der Instandhaltung, und in den Modernisierungsrichtlinien der Länder definiert. Ihre möglichst genaue Unterscheidung ist nicht nur für die Kennwertbildung, sondern auch für die Objektplanung mit der Kostenplanung, für den Architektenvertrag und die Vergütung der Planungsleistungen sowie für die Finanzierung der Maßnahmen von Bedeutung. Das Bauen im Bestand wird nach den geltenden Regelwerken definiert und mit einem Beispiel erläutert.
Die einzelnen Maßnahmen spiegeln sich im Lebenszyklus eines Objekts in Projekten wider. Der Begriff des Lebenszyklus wurde in der DIN 31051:2012-09 neu aufgenommen und bezeichnet die „Anzahl von Phasen, die eine Einheit durchläuft, beginnend mit der Konzeption und endend mit der Entsorgung". Der Lebenszyklus eines Objekts kann neben den verschiedenen Projekten aus einer oder mehreren Phasen der Nutzung bestehen, die teilweise durch vorübergehenden Leerstand unterbrochen werden. [4]

Neubau (Projekt)	DIN 276-1:2008-12
Leerstand vor der Nutzung	DIN 18960:2008-02
Nutzung	DIN 18960:2008-02
Modernisierung/Verbesserung (Projekt)	DIN 276-1:2008-12
Nutzung	DIN 18960:2008-02
Umbau, Erweiterung (Projekt)	DIN 276-1:2008-12
Nutzung	DIN 18960:2008-02
Leerstand bis Abbruch	DIN 18960:2008-02
Abbruch und Beseitigung (Projekt)	DIN 276-1:2008-12

Abb. 3: Lebenszyklus eines Gebäudes und die Grundlagen der Kostenermittlung [5]

Instandhaltung

Eine Instandhaltung umfasst die „Kombination aller technischen und administrativen Maß-nahmen sowie Maßnahmen des Managements während des Lebenszyklus einer Betrachtungs-einheit zur Erhaltung des funktionsfähigen Zustandes oder der Rückführung in diesen, so dass sie die geforderte Funktion erfüllen kann." [6]

Sie schließt ein:
– die Berücksichtigung der inner- und außerbetrieblichen Forderungen,
– die Abstimmung der Instandhaltungsziele mit den Unternehmenszielen,
– die Berücksichtigung entsprechender Instandhaltungsstrategien.

Zum besseren Verständnis wird der sehr allgemein gehaltene, teilweise sogar schwer verständ-liche Normtext durch beispielhafte Maßnahmen am Bauteil Holz-Kastenfenster veranschaulicht. Holz-Kastenfenster sind eine der bewährtesten Fensterkonstruktionen, da sie durch hohe Gebrauchs- und Funktionseigenschaften überzeugen und viele Vorteile für den Nutzer bieten. Der Bestand verbauter Holz-Kastenfenster in Deutschland liegt nach Aussage des Verbandes der Fenster- und Fassadenhersteller e.V. bei etwa 50 Millionen Stück. Beim Eingriff in den Bestand und im Fall denkmalrechtlicher Vorgaben bei einem Austausch von Fenstern sind Instandhaltungs-maßnahmen an Holz-Kastenfenstern allerdings sehr aufwendig. [7]

Wartung

„Maßnahmen zur Verzögerung des Abbaus des vorhandenen Abnutzungsvorrats", so lautet der Normtext der DIN 31051:2012-09, in Form der Wartung sind unbedingt erforderlich.
Zur Wartung eines Holz-Kastenfensters gehören beispielsweise:
– Reinigen des Fensters (Reinigen der Glas- und der farbbeschichteten Oberfläche, Entfernen von Verschmutzungen an den Dichtstoffen),
– Herstellen der Gangbarkeit (schleifende, klemmende Stellen des Flügelrahmens),
– Herstellen der Schließbarkeit (Funktion der Verriegelungselemente in eine wirksame Verriegelungsposition),
– Erneuern der Glasfalz (Entfernen der Kittreste, Herstellen der Glasfalz),
– Nachverkleben defekter Eckverbindungen,
– Erneuern von Fensterecken,
– Verschließen offener Brüstungsfugen und von Rissen. [8]

Inspektion

Das sind nach DIN 31051:2012-09 „Maßnahmen zur Feststellung und Beurteilung des Ist-Zustandes einer Einheit einschließlich der Bestimmung der Ursachen der Abnutzung und dem Ableiten der notwendigen Konsequenzen für eine künftige Nutzung".
Das kann an einem Holz-Kastenfenster sein:
– Überprüfen (optisch) der Oberflächen auf Risse und Spannungen im Holz, insbesondere im Randbereich und an den An- und Abschlüssen,
– Überprüfen der mechanischen Festigkeit von Profilen,
– Überprüfen der Funktionsfähigkeit der mechanischen Elemente wie Scharniere und Beschläge. [9]

Inspektion und Wartung werden oft in einem Arbeitsgang durchgeführt.

Instandsetzung

Gemäß DIN 31051:2012-09 ist das eine „physische Maßnahme, die ausgeführt wird, um die Funktion einer fehlerhaften Einheit wiederherzustellen". Dabei wird der zum bestimmungsgemäßen Gebrauch geeignete Zustand wiederhergestellt.

Bei der Instandsetzung eines Holz-Kastenfensters geht es um eine vollständige Überarbeitung (Runderneuerung) des gesamten Bauteils. Schadhafte Elemente, wie Falzprofilierungen und Beschläge, werden durch solche aus gleichem Material und mit gleichen Querschnitten ersetzt. Hinzu kommt das Entlacken und Neubeschichten aller wetterseitigen Elemente. Dies ist im Allgemeinen nach 7 Jahren zu empfehlen.

Zur Instandsetzung zählen alle Maßnahmen, die zur Erhaltung oder Wiederherstellung der Flügel- bzw. Blendrahmenfunktion erforderlich sind. Dabei wird hauptsächlich eine tischlermäßige Überarbeitung des Fensters vorgenommen:
– Erneuern der Falzprofilierung am Unterstück (Stufenfalz),
– Erneuern defekter oder unzureichend dimensionierter Wassernasen,
– Erneuern von stark geschädigten Rahmenteilen,
– Schleifen und Kantenrunden,
– Überarbeiten der Beschläge,
– Entlacken und Neubeschichten der Holzteile,
– Entglasen und Neuverglasen. [10]

Verbesserung

Das ist die „Kombination aller technischen und administrativen Maßnahmen sowie Maßnahmen des Managements zur Steigerung der Zuverlässigkeit und/oder Instandhaltbarkeit und/oder Sicherheit einer Einheit, ohne ihre ursprüngliche Funktion zu ändern", so der Wortlaut der Norm DIN 31051:2012-09.

Es empfiehlt sich bei der Definition der Verbesserung auch die gesteigerte Funktionsfähigkeit einzubeziehen, wenn also nach der durchgeführten Maßnahme die Funktionsfähigkeit über dem ursprünglichen Niveau liegt. Das ist dann der Fall, wenn beispielsweise ein Bauteil nicht nur in den funktionsfähigen Zustand zurückgeführt wird, sondern den aktuellen Anforderungen, den allgemein anerkannten Regeln der Technik, angepasst wird.

Wenn die Bauteile eines Holz-Kastenfensters erhebliche Schäden aufweisen und eine Instand-setzung (Runderneuerung) erforderlich wird, ist es ratsam, zusätzliche Maßnahmen zur Verbes-serung der Fenstereigenschaften durchzuführen. Dazu gehört die Erhöhung der Dichtigkeit (Luftdurchlässigkeit, Tauwasserbildung und Dampfdruckausgleich) sowie des Wärme- und Schallschutzes. Das erfolgt am besten durch den nachträglichen Einbau von Lüftungsöffnungen nach Anforderungen des Wärmeschutzes oder das Anbringen eines Sichtschutzes oder spezi-eller Folien für den sommerlichen Wärmeschutz. Bei einer Verbesserung nach der Energieein-sparverordnung (EnEV 2014) wird ein U_W-Wert von < 1,3 W/(m²K) gefordert. [11,12]

Zur administrativen Verbesserung der Funktionssicherheit zählt z. B. die Vereinbarung einer regelmäßigen Wartung und Inspektion oder vorhandener Wartungszyklen in kürzeren Zeitab-ständen.

Wird eine Runderneuerung in Folge einer Kosten-Nutzen-Analyse als nicht vorteilhaft ange-sehen, kann eine vollständige Erneuerung und damit der Austausch des Holz-Kastenfensters in Betracht gezogen werden. Dabei wird, um denkmalrechtlichen Aspekten gerecht zu werden, in der Praxis häufig ein optisch ähnliches Fenster aus anderen Baumaterialien (Kunststoff oder Aluminium) eingebaut. Ein solches Fenster hat verbesserte Dämm- und Schalleigenschaften. Somit stellt diese Maßnahme in Abgrenzung zur Instandhaltung eine Modernisierung dar. Die Verfasser dieses Beitrages befürworten allerdings in solchen Fällen einen Materialwechsel aus gestalterischen Gründen eher nicht.

Modernisierung

Der Begriff der Modernisierung wird ganz wesentlich durch seine Anwendung im deutschen Miet- und Förderrecht geprägt.

Als Modernisierungen gelten bauliche Maßnahmen:
– die Endenergie nachhaltig einsparen,
– die nicht erneuerbare Primärenergie nachhaltig einsparen oder das Klima nachhaltig schützen,
– die den Wasserverbrauch nachhaltig reduzieren,
– die den Gebrauchswert der Mietsache bzw. des Wohnraums oder des Wohngebäudes
  nachhaltig erhöhen,
– die allgemeinen Wohnverhältnisse auf Dauer verbessern,
– die keine Erhaltungsmaßnahmen sind oder
– die neuen Wohnraum schaffen. [13,14,15]

Es liegt z. B. eine Modernisierung vor, wenn der Wärme-, Schall- oder Brandschutz erhöht wird. Zu den Modernisierungen können aber auch die Steigerungen der Wohnqualität durch bessere Raumausnutzung, Belichtung und Belüftung zählen sowie bauliche Maßnahmen zur Verbes-serung der Verkehrswege, wie Aufzüge und Ausstattungen für Behinderte oder ältere Men-schen. Die nachhaltige Erhöhung des Gebrauchswertes bezieht sich dabei nicht nur auf Wohngebäude, sondern zum Beispiel auch auf Grünanlagen oder raumbildende Ausbauten.

Art und Umfang einer Modernisierung können sehr unterschiedlich sein. Deshalb ist vorab und im Hinblick auf die Nutzung zu klären, welchen Anforderungen das modernisierte Objekt genügen soll und welche rechtlichen, wirtschaftlichen und organisatorischen Bedingungen zu beachten sind. Vor allem unter dem Gesichtspunkt der finanziellen Förderung sind die Maßnahmen von Bedeutung, welche in den Programmen und Richtlinien zur Förderung der Modernisierung und Instandsetzung der einzelnen Bundesländer beschrieben werden.

Als Maßnahmen zur Erhöhung des Gebrauchswertes von Wohnraum und Verbesserung der Wohnverhältnisse sind beispielsweise im Einzelnen förderfähig:

– Maßnahmen der Verbesserung des Zuschnitts, des Zugangs zu Wohnungen und Wohngebäuden sowie der Beweglichkeit in Wohnungen (Barrierefreies Bauen), der natürlichen Belichtung und Belüftung und des Schallschutzes, der Energie- und Wasserversorgung sowie Entwässerung, der sanitären Einrichtungen.

Und:

– Maßnahmen zur Herstellung der Barrierefreiheit von Wohnungen nach DIN 18040-2:2011-09, Barrierefreies Bauen - Planungsgrundlagen - Teil 2: Wohnungen, einschließlich der barrierefreien Zugänglichkeit zur Wohnung und zum Wohngebäude, [...].

Zu den Maßnahmen, die der Einsparung von Energie und Wasser dienen, zählen:

– bauliche Maßnahmen zum Wärmeschutz oder zur Einsparung von Heizenergie, zum Beispiel die nachträgliche Wärmedämmung von Außenwänden, Kellerdecken oder Dächern, die Erneuerung von Fenstern, die Erneuerung der Heizungstechnik auf Basis fossiler Brennstoffe (Brennwertkessel, Klein-Blockheizkraftwerke), Maßnahmen zur Nutzung erneuerbarer Energien, [...]. [16,17]

Maßnahmen, die der Verbesserung dienen, können den Maßnahmen der Modernisierung zugeordnet werden, wenn Sie entsprechend der Modernisierungsrichtlinien der Länder als Modernisierungsmaßnahmen eingestuft werden.

Umbauten und Erweiterungen

Umbauten sind Umgestaltungen eines vorhandenen Objekts mit wesentlichen Eingriffen in Konstruktion oder Bestand. Bei einem Umbau handelt es sich somit um einen teilweisen Neubau nach einem teilweisen Abbruch von Baukonstruktionen und Technischen Anlagen. Erweiterungen können als Ergänzung eines vorhandenen Bauwerkes durch Aufstockung oder Anbau erfolgen. [18]

Im Rahmen des hier behandelten Themas ist eine Abgrenzung der Begriffe Instandhaltung, Modernisierung und Umbau erforderlich. Modernisierung und Umbau gehören insoweit zusammen, als sie gemäß § 36 der HOAI 2013 zu den Leistungen im Bestand zählen. So sind Umbauten und Erweiterungen zu den Modernisierungsmaßnahmen zu zählen, wenn z. B. Umbaumaßnahmen zur Schaffung von Barrierefreiheit durchgeführt werden. [19]

Abbruch und Beseitigung

Gebäude oder Teile davon werden abgebrochen, wenn sie nicht mehr den Anforderungen entsprechen oder einer anderen Nutzung, z. B. einer Straßenverbreiterung, im Wege sind. „Abbruch ist die planvolle Teilung eines vorherigen Ganzen oder mehrerer Teile, bei Anwendung geeigneter Verfahren zum ganzen oder partiellen Zerlegen von baulichen oder technischen Anlagen". [20] Der Abbruch und die Beseitigung von Bauteilen fallen auch im Zusammenhang mit Instandsetzungen und Modernisierungen an. Sie sind meist zeitaufwendig und kostenintensiv. Die VDI-Richtlinie 6210:2014-03 unterscheidet dabei in Demontage und Entkernung. So findet häufig die Demontage, ein sogenannter zerstörungsarmer Abbruch von Anlagen, durch „Lösen von Verbindungen oder Herstellen von Trennschlitzen und Abheben von Bauwerksteilen [...] zur Wieder- oder Weiterverwendung der ausgebauten Bauteile" statt. Die Entkernung hingegen bezeichnet den „Abbruch von baulichen und technischen Ausbaubauteilen eines Gebäudes bis auf den Rohbauzustand." Die Entkernung dient einer umfangreichen Vorbereitung der Modernisierung von Objekten.

Architektenvertrag und Vergütung beim Bauen im Bestand

In der Praxis werden Instandsetzungen, Verbesserungen und Modernisierungen an einem Objekt oft gleichzeitig durchgeführt. Für die ausführenden Firmen ist die Unterscheidung dieser Leistungen insoweit interessant, als sie nicht wie Neubauleistungen kalkuliert werden können. Für den Architekten geht es einerseits darum, den eigenen Aufwand für Planung und Überwachung richtig einzuschätzen und anderseits darum, die Leistungen im Architektenvertrag richtig zuzuordnen und mit dem Auftraggeber die angemessene Vergütung zu regeln.

Dabei ist zu beachten, dass im Unterschied zur HOAI 2009 in der seit Juli 2013 gültigen Verordnung über die Honorare für Architekten- und Ingenieurleistungen (HOAI 2013) die baulichen Maßnahmen im Bestand in vier Paragraphen zusammengefasst werden:

– § 2 Begriffsbestimmungen, es werden unter anderem die Begriffe Umbauten, Modernisierungen, Instandsetzungen und Instandhaltung erklärt und gegenüber anderen Maßnahmen abgegrenzt.
  – Abs. 5 „Umbauten" sind Umgestaltungen eines vorhandenen Objekts mit Eingriffen in Konstruktion oder Bestand.
  – Abs. 6 „Modernisierungen" sind bauliche Maßnahmen zur nachhaltigen Erhöhung des Gebrauchswertes eines Objekts, soweit sie nicht als Erweiterungsbauten, Umbauten oder Instandsetzungen anzusehen sind.
  – Abs. 8 „Instandsetzungen" sind Maßnahmen zur Wiederherstellung des zum bestimmungsgemäßen Gebrauch geeigneten Zustandes (Soll-Zustands) eines Objekts, soweit sie nicht zu Wiederaufbauten zählen.
  – Abs. 9 „Instandhaltungen" sind Maßnahmen zur Erhaltung des Soll-Zustandes eines Objekts.

– § 4 Abs. 3, die „mitzuverarbeitende Bausubstanz" (mvB) wurde wieder in die HOAI 2013 aufgenommen. Der Begriff existierte als „vorhandene Bausubstanz" schon in der HOAI 1996 und wurde mit der Novellierung der HOAI 2009 gestrichen.

– § 12 Instandsetzungen und Instandhaltungen, entspricht dem § 36 der HOAI 2009, wobei die Möglichkeit der Erhöhung des Honorars für die Leistungsphase 8 Objektüberwachung - Bauüberwachung und Dokumentation um bis zu 50 Prozent erhalten geblieben ist.

– § 36 Umbauten und Modernisierungen von Gebäuden und Innenräumen, entspricht dem § 35 Leistungen im Bestand nach HOAI 2009. Die Maßnahmen im Bestand werden konkret als Umbau und Modernisierung benannt. Der Begriff „Leistungen im Bestand" ist entfallen. Der Umbauzuschlag, der bisher 20 bis 80 Prozent betragen konnte, ist auf bis zu 33 Prozent bei Maßnahmen an Gebäuden festgelegt. Bei Maßnahmen im Innenausbau ist der Umbauzuschlag auf bis zu 50 Prozent festgelegt. Eine Festlegung zum Mindestsatz gibt es nicht. Sollte jedoch bei Vertragsgestaltung keine schriftliche Vereinbarung zum Umbauzuschlag erfolgen, gilt in diesem Fall ein Zuschlag von 20 Prozent als vereinbart.

Die genannten Änderungen sind der Anwendung in der Praxis geschuldet, in der Umbauzuschläge nach HOAI 2009 von bis zu 80 Prozent selten gewährt wurden. Dem Mehraufwand in der Objektplanung konnte somit nicht genügend Rechnung getragen werden. Die Erhöhung der Honorare beim Bauen im Bestand ergibt sich auch durch die Anpassungen der Mindest- und Höchstsätze der Honorartafeln.

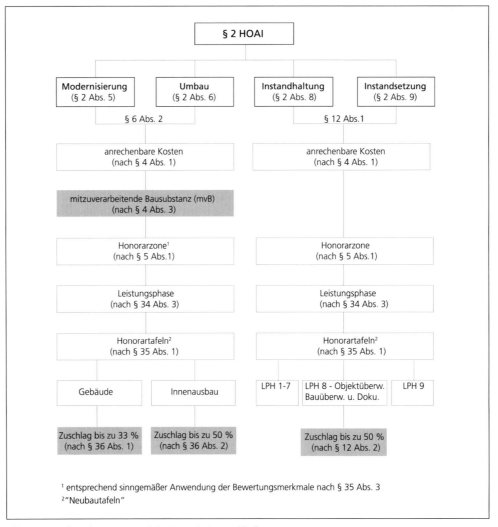

Abb. 4: Anwendung der HOAI 2013 beim Bauen im Bestand [21]

Die HOAI 2013 sieht zwei Möglichkeiten vor, die Honorare für das Bauen im Bestand anzupassen:
– die mitzuverarbeitende Bausubstanz (mvB) und
– den Umbauzuschlag.

Die vertragliche Vereinbarung des Umbauzuschlags ist dabei abhängig vom Verhandlungsgeschick des Objektplaners. Der Umbauzuschlag ist individuell entsprechend dem Schwierigkeitsgrad des Objekts zu bestimmen. Es werden dem Bauherrn hierbei besondere Kenntnisse der Bauprozesse abverlangt. Die mitzuverarbeitende Bausubstanz ist hingegen gesondert zu ermitteln und durch den Objektplaner detailliert auszuweisen. Die DIN 276:2008-12, Kosten im Bauwesen – Teil 1: Hochbau, stellt dabei ein geeignetes Mittel zur Anwendung dar. Die Abgrenzung der mvB stellt die Objektplaner in der Praxis jedoch immer wieder vor große Probleme.

Grundsätzlich zählt die gebaute Umgebung nicht automatisch zur mvB. Die HOAI 2013 beschreibt die mitzuverarbeitende Bausubstanz in § 2 Absatz 7 als „der Teil des zu planenden Objekts, der bereits durch Bauleistungen hergestellt ist und durch Planungs- oder Überwachungsleistungen technisch oder gestalterisch mitverarbeitet wird."

Die zeichnerische Darstellung des Bauteils berechtigt also noch nicht zur Anrechnung. Vielmehr sind die Bauteile in die Planung einzubeziehen. Der konstruktive oder aber der gestalterische Eingriff allein ist dabei entscheidend. Die technische Anwendung ist dabei leicht nachzuweisen, etwa durch statische oder konstruktive Maßnahmen, die am entsprechenden Bauteil durchgeführt werden. Der gestalterische Aspekt lässt sich hingegen schwieriger abgrenzen.
So ist fraglich, ob eine zeichnerische Verarbeitung allein genügt, um nach Definition der HOAI 2013 als mitzuverarbeitende Bausubstanz zu gelten. [22]

Abgrenzung der Maßnahmen in Beispielen

Welche einzelnen Maßnahmen bei Wohnbauten und den dazu gehörenden Außenanlagen anfallen und wie diese zuzuordnen sind, zeigt Abbildung 5. Die Zuordnung ist nicht immer ganz einfach, häufig ist sie auch Gegenstand von Rechtsstreitigkeiten.

Die in der nachfolgenden Abbildung gezeigten Beispiele sind eine Auswahl von häufig vorkommenden Maßnahmen. Ihre genaue Unterscheidung ist weniger von wissenschaftlicher Bedeutung als vielmehr vom wirtschaftlichen Interesse des Eigentümers in Bezug auf die Finanzierung von Maßnahmen und die Mietpreisbildung.

Für eine (förderfähige) Modernisierung kann der Eigentümer des Objekts zum einen Fördermittel erhalten und zum anderen als Vermieter nach § 559 Absatz 1 BGB 11 Prozent der Modernisierungskosten auf die Jahresmiete umlegen. [23]
Die Kosten einer Instandsetzung und einer Verbesserung, wenn sie nicht als Modernisierungsmaßnahme förderfähig ist, hat der Vermieter eines Wohngebäudes dagegen aus der so genannten Nettokaltmiete zu finanzieren. [24]

Instandsetzungskosten sind Ausgaben des Vermieters in unregelmäßigen Zeitabständen. Einnahmen hierfür erfolgen periodisch über die Nettokaltmiete. Der Vermieter muss Rücklagen bilden, um bei notwendigen Instandsetzungsmaßnahmen zu reagieren. Eine entsprechende Instandhaltungsstrategie ist dabei von entscheidender Bedeutung.

Nr.	Maßnahmen am Gebäude und an den Außenanlagen	Instand-setzung	Verbes-serung	Moderni-sierung
1	Der Anstrich des Treppenhausgeländers wird erneuert.	x		
2	In das Treppenhaus eines Wohngebäudes wird nachträglich ein Personenaufzug eingebaut.			x
3	Eine Wohnungseingangstür in einem Mehrfamilienhaus wird nicht ausgebessert und neu gestrichen, sondern durch eine neue, den derzeitigen Schallschutzanforderungen entsprechende Tür ersetzt.			x
4	Eine defekte Klingelanlage wird nicht repariert, sondern durch einen Türöffner mit Gegensprechanlage ersetzt.			x
5	Defekte Ziegel der Dachkonstruktion eines Wohnhauses werden ersetzt.	x		
6	Eine schadhafte Fassade wird ausgebessert und darüber hinaus entsprechend der gültigen EnEV wärmegedämmt.			x
7	Einfachverglaste Holzfenster werden durch doppelverglaste Wärme- und Schallschutzfenster aus Kunststoff ersetzt.			x
8	In den Bädern eines Wohnhauses werden die alten Toilettenspülkästen auf 6l-Wasserkästen umgerüstet und Spartasten eingebaut.			x
9	Einlassen von Schläuchen in ein Unterdach zum Einblasen von Helium, um mittels eines Gassensors Undichtigkeiten leichter feststellen zu können.		x	
10	In einem Wohnhaus werden alle Ofenheizungen entfernt und durch eine moderne Zentralheizung, welche die Anforderungen der gültigen EnEV erfüllt, ersetzt.			x
11	In jeder Wohnung eines Mehrfamilienhauses werden (eichpflichtige) Wasserzähler eingebaut, damit eine verbrauchsabhängige Wasserabrechnung möglich ist.			x
12	An einem Mehrfamilienhaus werden nachträglich neue Balkone angebracht.			x
13	Lose, beschädigte oder ausgetretene Treppenstufen werden abgebrochen und durch neue ersetzt.	x		
14	Schadhafte Gehwegplatten auf dem Grundstück einer Wohnanlage werden ersetzt.	x		
15	Im Hinterhof eines Wohngebäudes wird ein Kinderspielplatz errichtet.			x
16	Kleine Kratzer und ein stumpfer Belag in der Badewanne werden ausgebessert.	x		
17	Ein Frostschaden in den wasserführenden Leitungen wird behoben.	x		
18	In einem Altbau werden die Bleirohre der Abwasser- und Wasserinstallationen durch Kunststoffrohre ersetzt.	x		
19	Alte, innenliegende Briefkästen eines Mehrfamilienhauses werden durch eine modernen Briefkastenanlage ersetzt.			x
20	Die Kellerdecke wird entsprechend der gültigen EnEV wärmegedämmt.			x

Abb. 5: Zwanzig Beispiele zu Instandsetzung, Verbesserung und Modernisierung [25, 26, 27]

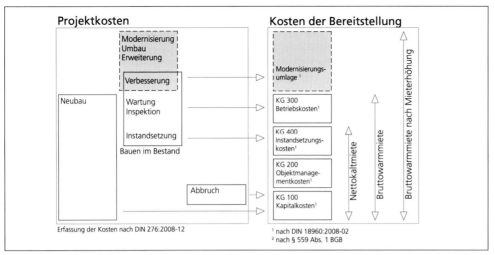

Abb. 6: Kostenumlage von Bauen, Erhalten und Verbessern zu Kosten der Bereitstellung eines Objekts als Grundlage für Nutzung und Erlöse (Mieten)

Folgende bauliche Maßnahmen nach DIN 31051:2012-09 sind Ausnahmen zur oben beschriebenen Regel und durch den Mieter gesondert zu tragen. Dabei sind aktuelle Rechtsprechungen sowie vertragliche Regelungen im Mietvertrag zu beachten:
– Schönheitsreparaturen (z. B. Streichen der Wände, Heizkörper, Innentüren und Innenbereiche der Fenster),
– Kleinreparaturen (z. B. Reparatur der Installationsgegenstände wie Mischbatterien und Druckspüler),
– Kosten nach Betriebskostenverordnung (z. B. für Wartung der Aufzugsanlage, Überprüfen der Betriebsbereitschaft und -sicherheit der Etagenheizung). [28, 29]

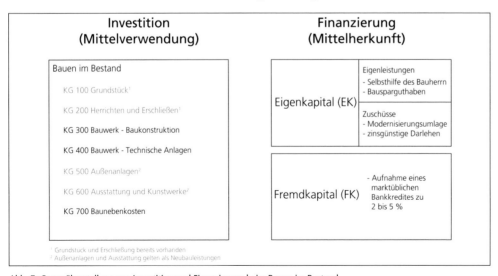

Abb. 7: Gegenüberstellung von Investition und Finanzierung beim Bauen im Bestand

Beispiel – Kosten der energetischen Modernisierung

Im folgenden Beispiel wird exemplarisch die energetische Modernisierung eines Mehrfamilienhauses betrachtet. Der Schwerpunkt der Berechnung liegt auf den entstandenen Baukosten, dem umlagefähigen Modernisierungsanteil und der Modernisierungsumlage auf die Nettokaltmiete.

Die verwendeten Kostenkennwerte sind einer Maßnahme entnommen, die im Jahr 2012 durchgeführt wurde. Das Vorhaben ist unter der Objektnummer 6100-0781 in der BKI-Reihe Objektdaten Altbau A8 dokumentiert worden. Das Gebäude enthält insgesamt 8 Wohneinheiten (WE). Ausstattung und Lage wurden als mittlerer Standard bewertet.

Kosten-gruppe (KG)	Bauelement	Maßnahme	Kosten in €/m² BGF	Kosten in €/m² WFL	umlagefähiger Moderni-sierungsanteil	umlagefähige Kosten in €/m² WFL
334	Außentüren und -fenster	Austausch Fenster	63,19	114,89	50% [1]	57,45
335	Außenwandbekleidung außen	Dämmung Fassade	48,86	88,84	85% [1]	75,51
336	Außenwandbekleidung innen	Dämmung Kellerwand	11,33	20,60	90% [1]	18,54
344	Innentüren und -fenster	Austausch WE-Türen	5,26	9,56	50% [1]	4,78
353	Deckenbekleidung	Dämmung Kellerdecke	10,88	19,78	95% [1]	18,79
364	Dachbekleidung	Dämmung Dachgeschoss	2,60	4,73	95% [1]	4,49
391	Baustelleneinrichtung	–	2,70	4,91	70% [2]	3,44
392	Gerüste	Fassadengerüst	6,12	11,13	85% [3]	9,46
300	**Bauwerk – Baukonstruktion**		**150,94** [4]	**274,44**	**ca. 70%** [2]	**192,46**
700	**Baunebenkosten**		**30,19** [5]	**54,89**	**ca. 70%** [2]	**38,49**
Summe (KG 300+700)						**230,95**

1 Werte eines, den Autoren bekannten, Wohnungsunternehmens
2 entspricht dem Mittelwert der umlagefähigen Kosten der KG 300 (gerundet)
3 entspricht dem umlagefähigen Modernisierungsanteil der KG 331 – Dämmung Fassade
4 entspricht den Kosten der ausgewählten Teilleistungen nach BKI Objektdaten Altbau A8 – Objektnummer 6100-0781
5 entspricht 20% der KG 300

Abb. 8: Baukosten der Kostengruppen 300 und 700 einer energetischen Modernisierung inkl. Modernisierungsanteil (4. Quartal 2012, inkl. MwSt.) [30]

Die Kostenkennwerte der 3. Ebene nach DIN 276:2008-12 ergeben sich aus den Teilleistungen (Positionen) der KG 300 Bauwerk – Baukonstruktion, zuzüglich der Annahme für die KG 700 Baunebenkosten. Als Grundlage der Baunebenkosten (KG 700) dient vorbehaltlich einer genaueren Ermittlung ein Kostenwert von 20 Prozent der Bauwerkskosten (Auf-Hundert-Rechnung) für die Aufwendungen der Bauherrenaufgaben, Architekten- und Ingenieurleistungen, Gutachten und Beratung sowie Allgemeine Baunebenkosten. [31]

Die Kostenkennwerte, welche nach BKI auf die Brutto-Grundflächen (BGF nach DIN 277:2016-01) bezogen sind, werden auf die Wohnfläche (WFL nach WoFlV) umgerechnet. [32, 33] Dabei wird ein Planungskennwert aus dem Verhältnis der Wohnfläche zur Brutto-Grundfläche angewendet. Dieser Wert lässt Rückschlüsse über die wirtschaftliche Flächenausnutzung des Objekts zu. Im vorliegenden Beispiel wird auf der Grundlage statistischer Daten ein Verhältniswert von 0,55 WFL/BGF für ein unterkellertes Mehrfamilienhaus mit 6 bis 19 Wohneinheiten gewählt. [34]

Bestimmte Prozentwerte zum umlagefähigen Modernisierungsanteil bei baulichen Maßnahmen werden in der Praxis diskutiert, sie resultieren aus Erfahrungen oder der Rechtsprechung. Für die weitere Berechnung werden Erfahrungswerte der Autoren angewendet. Deren Übertragbarkeit auf andere Projekte ist in jedem Fall sorgfältig zu überprüfen.

So sind zum Beispiel die Kosten des Wärmedämmverbundsystems (WDV-System) der KG 335 Außenwandbekleidung in Instandsetzungs- und Modernisierungskosten aufzuteilen. Die Kosten der energetischen Maßnahmen, wie der Dämmung, sind vollständig umzulegen. Die Kosten für den anschließenden Anstrich sind als Instandsetzungsmaßnahme gesondert zu betrachten. Die Autoren sehen im vorliegenden Fall einen Anteil von 85 Prozent für das WDV-System der Fassade als ausreichend an. Entsprechend dieser Aufteilung sind die Kosten der KG 392 Gerüste, welche ausschließlich bei Fassadenarbeiten anfielen, mit demselben Prozentwert umzulegen.

Der umlagefähige Modernisierungsanteil der Kosten der Baukonstruktion (KG 300) beträgt im Mittel etwa 70 Prozent. Dieser dient als eine Grundlage auch für die Modernisierungsumlage der KG 700.

Eine detaillierte Aufschlüsselung und Abgrenzung der einzelnen Kosten ist im Sinne der Vermieter. Andernfalls kann der Mieter Widerspruch gegen eine ungenügend begründete Modernisierungsmaßnahme und der damit einhergehenden Modernisierungsumlage sowie Mieterhöhung einlegen.

Beispiel – Mieterhöhung nach Modernisierung

Erläuterung	Wert	Einheit	Berechnung
umlagefähige Kosten (2012, BRD)	230,95	€/m² WFL	siehe Beispiel 1
Baupreisindex IV Quartal 2012	106,00		Baupreisindizes Stat. Bundesamt
Baupreisindex I Quartal 2016	112,50		Baupreisindizes Stat. Bundesamt
Faktor Baupreissteigerung	1,061		112,50/106,00
Regionalfaktor Berlin	1,023		BKI 2016
umlagefähige Kosten (2016, Berlin)	250,67	€/m² WFL	230,95 €/m² WFL x 1,023 x 1,061

Abb. 9: Berechnung der Mieterhöhung nach Modernisierung

Die ermittelten Kosten aus dem Beispiel werden für die Berechnung der Modernisierungsumlage exemplarisch auf ein Objekt mit dem Standort Berlin bezogen. Dazu erfolgt, wie in Abbildung 9 dargestellt, die Aktualisierung der Kostenwerte mittels Baupreisindex (Preissteigerung vom 4. Quartal 2012 bis zum 1. Quartal 2016 = 6,1 Prozent) und dem Regionalfaktor von Berlin (Faktor 1,023) im Vergleich zum Bundesdurchschnitt (BKI-Daten = 1,000).

Erläuterung	Wert	Einheit	Berechnung
Modernisierungsumlage pro Jahr	27,57	€/m² WFL	250,67 €/m² WFL x 0,11
zinsverbilligte Darlehen	2,00	%	Kreditanstalt für Wiederaufbau (KfW)
Nominalzins	5,00	%	Kreditinstitut (Laufzeit 10 Jahre)
Zinsvergünstigung	3,00	%	Differenz Darlehen und Nominalzins
Zinsvergünstigung	7,52	€/m² WFL	250,67 €/m² WFL x 0,03
Modernisierungsumlage pro Jahr	20,05	€/m² WFL	(27,57 - 7,52) €/m² WFL
Modernisierungsumlage pro Monat	1,67	€/m² WFL	20,05 €/m² WFL / 12 Monate
Nettokaltmiete vor Modernisierung	3,60	€/m² WFL	entsprechend Mietvertrag
Nettokaltmiete nach Modernisierung	5,27	€/m² WFL	(3,60 + 1,67) €/m² WFL
Nettokaltmiete Mietspiegel Berlin	5,66	€/m² WFL	Mietspiegel Berlin, Pankow

Abb. 10: Berechnung der Mieterhöhung nach Modernisierung

In einem zweiten Schritt werden die umlagefähigen Kosten in Höhe von 250,67 €/m² WFL mittels der gesetzlich zulässigen Modernisierungsumlage von 11 Prozent pro Jahr auf die Nettokaltmiete umgelegt. Zu berücksichtigen sind des Weiteren Vergünstigungen in Form von zinsverbilligten Darlehen, wie sie zum Beispiel die Kreditanstalt für Wiederaufbau (KfW) vergibt. Auch Eigenleistungen der Mieter sind anteilig zu berücksichtigen und verringern die umlagefähigen Modernisierungskosten. Im aktuellen Beispiel wird ein zinsverbilligtes Darlehen der KfW von 2 Prozent gewählt. Die Zinsvergünstigung gegenüber einem marktüblichen Zinssatz liegt bei etwa 3 Prozent. Diese sind den umlagefähigen Modernisierungskosten gegenzurechnen. [35, 36]

Bei der Modernisierung ist zu beachten, dass die Kosten der Energieeinsparmaßnahmen in einem angemessenen Verhältnis zur tatsächlichen Energieeinsparung stehen. Bei der Mieterhöhung durch Modernisierung gilt die Kappungsgrenze nicht. Die Mieterhöhung sollte aber nicht unangemessen hoch sein und sich mit dem Wirtschaftsstrafgesetzt (WiStrG) vereinbaren lassen. [37]

Neben der Modernisierungsumlage von 11 Prozent kann entsprechend § 558 BGB eine zusätzliche Mieterhöhung folgen, wenn die Miete:
– in den letzten 15 Monaten unverändert ist,
– in den letzten 36 Monaten nicht um mehr als 20 Prozent erhöht wurde und
– die ortsübliche Vergleichsmiete nicht übersteigt.

Bei Mieterhöhungen sind des Weiteren mögliche Kappungsgrenzen und regionale Mietpreisspiegel, die nicht überschritten werden dürfen, zu beachten. Die Grundlage der Mieterhöhung nach § 558 BGB bildet die Nettokaltmiete, welche vor drei Jahren zur folgenden Mieterhöhung bestand. Mieterhöhungen in Folge von Modernisierungsmaßnahmen oder einer Betriebskostenerhöhung bleiben unberücksichtigt. Die Kappungsgrenze von 20 Prozent kann hierbei durch landesrechtliche Regelungen auf 15 Prozent herabgesetzt werden. Die Voraussetzung dafür ist gegeben, „wenn die ausreichende Versorgung der Bevölkerung mit Mietwohnungen zu angemessenen Bedingungen [...] besonders gefährdet ist". [38]

Fazit

Die Notwendigkeit einer nachvollziehbaren Unterscheidung der Erhaltung (Wartung, Inspektion, Instandsetzung und Verbesserung, wenn letztere nicht als Modernisierungsmaßnahme geltend gemacht werden kann) einerseits und der Veränderung eines Gebäudes (durch Modernisierung) andererseits ist in der Praxis von großer Bedeutung.

An die Vorbereitung und Durchführung entsprechender Maßnahmen im Bestand, insbesondere die Kostenplanung von Instandsetzungen und Modernisierungen sowie die Wirtschaftlichkeitsermittlung für das Objekt insgesamt werden hohe Anforderungen gestellt. Sie müssen von allen am Projekt Beteiligten entsprechend berücksichtigt werden. Es stehen damit vielfältige und anspruchsvolle Aufgaben für Architekten, Ingenieure und ausführende Firmen in den nächsten Jahrzehnten an. Die BKI-Kennwerte sollen hierbei eine wertvolle Arbeitshilfe sein.

Literatur

[1] Kalusche, Wolfdietrich: Orientierungswerte und frühzeitige Ermittlung der Baunebenkosten ausgewählter Gebäudearten, In: Baukosteninformationszentrum Deutscher Architektenkammern (Hrsg.): BKI Baukosten Gebäude 2016 – Statistische Kostenkennwerte Teil 1, Stuttgart 2016, Seiten 72 bis 91

[2] Statistisches Bundesamt – Destatis (Hrsg.): Zensus 9. Mai 2011 – Gebäude und Wohnungen Bundesrepublik Deutschland, Stand Mai 2013

[3] Kalusche, Wolfdietrich: Kostenplanung beim Altbau, In: Deutsches Architektenblatt 05/2007, Seiten 64 bis 66

[4] Kalusche, Wolfdietrich: Die neue DIN 18960 – Nutzungskosten im Hochbau, In: GEFMA (Hrsg.): Facility Management 2008 – Tagungsband, VDE Verlag GmbH, Berlin 2008, Seiten 115 bis 126

[5] Kalusche, Wolfdietrich: Lebenszykluskosten von Gebäuden – Grundlage ist die neue DIN 18960:2008-02, Nutzungskosten im Hochbau, In: Bauingenieur 11/2008, Band 83, Seiten 495 bis 501

[6] DIN 31051:2012-09, Grundlagen der Instandhaltung

[7] Verband der Fenster- und Fassadenhersteller e.V. (Hrsg.): VFF Leitfaden HO.09 – Runderneuerung von Kastenfenster aus Holz, Frankfurt am Main 2003

[8] ebd.

[9] ebd.

[10] ebd.

[11] Verordnung über energiesparenden Wärmeschutz und energiesparende Anlagentechnik bei Gebäuden (Energieeinsparverordnung – EnEV), Fassung von 2013, Anlage 3 zu § 9

[12] Fachabteilung Holzfenster im Verband der Fenster- und Fassadenhersteller e.V. (Hrsg.): Zusätzliche Technische Vertragsbedingungen (ZTV) zur Ausschreibung der Aufarbeitung und Instandsetzung (Runderneuerung) von Kastenfenstern aus Holz, Frankfurt am Main 2003

[13] Bürgerliches Gesetzbuch (BGB), Fassung von 2002, zuletzt geändert 2016, § 555b

[14] Wohnraumförderungsgesetz (WoFG), Fassung von 2001, zuletzt geändert 2010, § 16

[15] Verordnung über wohnungswirtschaftliche Berechnungen nach dem Zweiten Wohnungsbaugesetz (Zweite Berechnungsverordnung – II. BV), Fassung von 1990, zuletzt geändert 2007, § 11

[16] Landeswohnraumförderungsprogramm – Förderung selbstgenutzten Wohneigentums, Baden-Württemberg 2012

[17] Richtlinie zur Förderung der energetischen Sanierung von Wohngebäuden in Baden-Württemberg 2012

[18] Verordnung über die Honorare für Architekten- und Ingenieurleistungen (Honorarordnung für Architekten und Ingenieure – HOAI), Fassung von 2013, § 2

[19] Locher, Ulrich; Koeble, Wolfgang; Zahn, Alexander (Hrsg.): Kommentar zur HOAI 2013, 12. Aufl., Köln 2014, Seiten 410 ff.

[20] E VDI 6210:2014-03, Abbruch von baulichen und technischen Anlagen

[21] Lechner, Hans; Herke, Sebastian: Bauen im Bestand – Grundlagen und Beispiele, In: Kalusche, Wolfdietrich (Hrsg.): Handbuch HOAI 2013, Stuttgart 2013, Seiten 159 bis 186

[22] Locher, a. a. O., Seiten 410 ff.

[23] Bürgerliches Gesetzbuch (BGB), Fassung von 2002, zuletzt geändert 2016, § 559

[24] DIN 18960:2008-12, Nutzungskosten im Hochbau

[25] www.mieterverein-muenchen.de, aufgerufen am 10.07.2014

[26] Kalusche, Wolfdietrich: Instandsetzung und Modernisierung im Wohnungsbau, In: Altinger, Gernot; Heegemann, Ingo; Jurecka, Andreas (Hrsg.): Festschrift Hans Georg Jodl, Selbstverlag Institut für interdisziplinäres Bauprozessmanagement TU Wien 2007, Seiten 123 bis 140

[27] www.bmgev.de, aufgerufen am 10.07.2014

[28] Kinne, Harald; Schach, Klaus; Bieber, Hans-Jürgen: Miet- und Mietprozessrecht, 7. Aufl., Freiburg 2013, Seiten 146 ff.

[29] Verordnung über die Aufstellung von Betriebskosten (Betriebskostenverordnung – BetrKV), Fassung von 2003, zuletzt geändert 2012, § 2

[30] Baukosteninformationszentrum Deutscher Architektenkammern (Hrsg.): BKI Objektdaten A8 Altbau – Kosten abgerechneter Bauwerke, Stuttgart 2013, Seiten 420 bis 425

[31] Kalusche, a. a. O., 2014, Seiten 44 bis 55

[32] DIN 277-1:2016-01, Grundflächen und Rauminhalte im Bauwesen – Teil 1: Hochbau

[33] Verordnung zur Berechnung der Wohnfläche (Wohnflächenverordnung – WoFlV), Fassung von 2004

[34] Kalusche, Wolfdietrich: Grundflächen und Planungskennwerte von Wohngebäuden, In: Gralla, Mike; Sundermeier, Matthias (Hrsg.): Innovation im Baubetrieb. Wirtschaft – Technik – Recht. Festschrift für Universitätsprofessor Dr.-Ing. Udo Blecken, Technische Universität Dortmund, Werner Verlag, Köln 2011, Seiten 35 bis 47

[35] Bürgerliches Gesetzbuch (BGB), Fassung von 2002, zuletzt geändert 2016, § 559a Abs. 2

[36] Deutscher Mieterbund (Hrsg.): Modernisierung durch den Vermieter – Alles über Modernisierung, Sanierung und Energieeinsparung, Frankfurt am Main 2013

[37] Gesetz zur weiteren Vereinfachung des Wirtschaftsstrafrechts (WiStrG), Fassung von 1975, zuletzt geändert 2010, § 5

[38] Bürgerliches Gesetzbuch (BGB), Fassung von 2002, zuletzt geändert 2016, § 558 Abs. 3

Abkürzung	Bezeichnung
AF	Außenanlagenfläche
AP	Arbeitsplätze
APP	Appartement
AWF	Außenwandfläche
BGF	Brutto-Grundfläche (Summe der Regelfall (R)- und Sonderfall (S)-Flächen nach DIN 277)
BGI	Baugrubeninhalt
bis	oberer Grenzwert des Streubereichs um einen Mittelwert
BRI	Brutto-Rauminhalt (Summe der Regelfall (R)- und Sonderfall (S)-Rauminhalte nach DIN 277)
BRI/BGF (m)	Verhältnis von Brutto-Rauminhalt zur Brutto-Grundfläche angegeben in Meter
BRI/NUF (m)	Verhältnis von Brutto-Rauminhalt zur Nutzungsfläche angegeben in Meter
DAF	Dachfläche
DEF	Deckenfläche
DHH	Doppelhaushälfte
DIN 276	Kosten im Bauwesen - Teil 1 Hochbau (DIN 276-1:2008-12)
DIN 277	Grundflächen und Rauminhalte von Bauwerken im Hochbau (DIN 277:2016-01)
ELW	Einliegerwohnung
ETW	Etagenwohnung
€/Einheit	Spaltenbezeichnung für Mittelwerte zu den Kosten bezogen auf eine Einheit der Bezugsgröße
€/m² BGF	Spaltenbezeichnung für Mittelwerte zu den Kosten bezogen auf Brutto-Grundfläche
GF	Grundstücksfläche
Fläche/BGF (%)	Anteil der angegebenen Fläche zur Brutto-Grundfläche in Prozent
Fläche/NUF (%)	Anteil der angegebenen Fläche zur Nutzungsfläche in Prozent
GRF	Gründungsfläche
inkl.	einschließlich
IWF	Innenwandfläche
KFZ	Kraftfahrzeug
KITA	Kindertagesstätte
KG	Kostengruppe
KGF	Konstruktions-Grundfläche (Summe der Regelfall (R)- und Sonderfall (S)-Flächen nach DIN 277)
LB	Leistungsbereich
Menge/BGF	Menge der genannten Kostengruppen-Bezugsgröße bezogen auf die Menge der Brutto-Grundfläche
Menge/NUF	Menge der genannten Kostengruppen-Bezugsgröße bezogen auf die Menge der Nutzungsfläche
NE	Nutzeinheit
NUF	Nutzungsfläche (Summe der Regelfall (R)- und Sonderfall (S)-Flächen nach DIN 277)
NRF	Netto-Raumfläche (Summe der Regelfall (R)- und Sonderfall (S)-Flächen nach DIN 277)
Obj.-Nr.	Nummer des Objekts in der BKI-Baukostendatenbank
RH	Reihenhaus
StLB	Standardleistungsbuch
STP	Stellplatz
TF	Technikfläche (Summe der Regelfall (R)- und Sonderfall (S)-Flächen nach DIN 277)
TG	Tiefgarage
VF	Verkehrsfläche (Summe der Regelfall (R)- und Sonderfall (S)-Flächen nach DIN 277)
von	unterer Grenzwert des Streubereichs um einen Mittelwert
WE	Wohneinheit
WFL	Wohnfläche
Ø	Mittelwert
300+400	Zusammenfassung der Kostengruppen Bauwerk-Baukonstruktionen und Bauwerk-Technische Anlagen
% an 300+400	Kostenanteil der jeweiligen Kostengruppe an den Kosten des Bauwerks
% an 300	Kostenanteil der jeweiligen Kostengruppe an der Kostengruppe Bauwerk-Baukonstruktionen
% an 400	Kostenanteil der jeweiligen Kostengruppe an der Kostengruppe Bauwerk-Technische Anlagen

Abkürzung	Bezeichnung
BE	Berlin
BB	Brandenburg
BW	Baden-Württemberg
BY	Bayern
HB	Bremen
HH	Hamburg
HE	Hessen
MV	Mecklenburg-Vorpommern
NI	Niedersachsen
NW	Nordrhein-Westfalen
RP	Rheinland-Pfalz
ST	Sachen-Anhalt
SH	Schleswig-Holstein
SL	Saarland
SN	Sachsen
TH	Thüringen

BKI Abkürzung	Bezeichnung BKI Bücher
A1	BKI OBJEKTE A1 Altbau, erschienen 2001*
A2	BKI OBJEKTE A2 Altbau, erschienen 2001*
A3	BKI OBJEKTDATEN A3 Altbau, erschienen 2004*
A4	BKI OBJEKTDATEN A4 Altbau, erschienen 2005*
A5	BKI OBJEKTDATEN A5 Altbau, erschienen 2007*
A6	BKI Objektdaten A6 Altbau, 2. Auflage, erschienen 2011
A7	BKI Objektdaten A7 Altbau, erschienen 2011*
A8	BKI Objektdaten A8 Altbau, erschienen 2013
A9	BKI Objektdaten A9 Altbau, erschienen 2015
A10	BKI Objektdaten A10 Altbau, erscheint 2016
E2	BKI OBJEKTE E2 Energieeffizientes Bauen im Altbau, erschienen 2002*
E4	BKI Objektdaten E4 Energieeffizientes Bauen, erschienen 2011
E5	BKI Objektdaten E5 Energieeffizientes Bauen, erschienen 2013
E6	BKI Objektdaten E6 Energieeffizientes Bauen, erschienen 2015
E7	BKI Objektdaten E7 Energieeffizientes Bauen, erscheint 2017
N1	BKI OBJEKTE N1 Neubau/Altbau, erschienen 1998*
N2	BKI OBJEKTE N2 Neubau/Altbau, erschienen 1999*
IR1	BKI Objektdaten IR1 Innenräume, erschienen 2016

* Bücher bereits vergriffen

Einzelobjekte sind als PDF-Dateien bei BKI erhältlich (Baukosten-Hotline 0711 954 854-41).

Als Beispiel für eine ausführungsorientierte Ergänzung der Kostengliederung werden im Folgenden die Leistungsbereiche des Standardleistungsbuches für das Bauwesen in einer Übersicht dargestellt.

000	Sicherheitseinrichtungen, Baustelleneinrichtungen	040	Wärmeversorgungsanlagen - Betriebseinrichtungen
001	Gerüstarbeiten	041	Wärmeversorgungsanlagen - Leitungen, Armaturen, Heizflächen
002	Erdarbeiten		
003	Landschaftsbauarbeiten	042	Gas- und Wasseranlagen - Leitungen, Armaturen
004	Landschaftsbauarbeiten -Pflanzen	043	Druckrohrleitungen für Gas, Wasser und Abwasser
005	Brunnenbauarbeiten und Aufschlussbohrungen	044	Abwasseranlagen - Leitungen, Abläufe, Armaturen
006	Spezialtiefbauarbeiten	045	Gas-, Wasser- und Entwässerungsanlagen - Ausstattung, Elemente, Fertigbäder
007	Untertagebauarbeiten		
008	Wasserhaltungsarbeiten	046	Gas-, Wasser- und Entwässerungsanlagen - Betriebseinrichtungen
009	Entwässerungskanalarbeiten		
010	Drän- und Versickerarbeiten	047	Dämm- und Brandschutzarbeiten an technischen Anlagen
011	Abscheider- und Kleinkläranlagen		
012	Mauerarbeiten	049	Feuerlöschanlagen, Feuerlöschgeräte
013	Betonarbeiten	050	Blitzschutz- / Erdungsanlagen, Überspannungsschutz
014	Natur-, Betonwerksteinarbeiten	051	Kabelleitungstiefbauarbeiten
016	Zimmer- und Holzbauarbeiten	052	Mittelspannungsanlagen
017	Stahlbauarbeiten	053	Niederspannungsanlagen - Kabel/Leitungen, Verlegesysteme, Installationsgeräte
018	Abdichtungsarbeiten		
020	Dachdeckungsarbeiten	054	Niederspannungsanlagen - Verteilersysteme und Einbaugeräte
021	Dachabdichtungsarbeiten		
022	Klempnerarbeiten	055	Ersatzstromversorgungsanlagen
023	Putz- und Stuckarbeiten, Wärmedämmsysteme	057	Gebäudesystemtechnik
024	Fliesen- und Plattenarbeiten	058	Leuchten und Lampen
025	Estricharbeiten	059	Sicherheitsbeleuchtungsanlagen
026	Fenster, Außentüren	060	Elektroakustische Anlagen, Sprechanlagen, Personenrufanlagen
027	Tischlerarbeiten		
028	Parkett-, Holzpflasterarbeiten	061	Kommunikationsnetze
029	Beschlagarbeiten	062	Kommunikationsanlagen
030	Rollladenarbeiten	063	Gefahrenmeldeanlagen
031	Metallbauarbeiten	064	Zutrittskontroll-, Zeiterfassungssysteme
032	Verglasungsarbeiten	069	Aufzüge
033	Baureinigungsarbeiten	070	Gebäudeautomation
034	Maler- und Lackierarbeiten - Beschichtungen	075	Raumlufttechnische Anlagen
035	Korrosionsschutzarbeiten an Stahlbauten	078	Kälteanlagen für raumlufttechnische Anlagen
036	Bodenbelagarbeiten	080	Straßen, Wege, Plätze
037	Tapezierarbeiten	081	Betonerhaltungsarbeiten
038	Vorgehängte hinterlüftete Fassaden	082	Bekämpfender Holzschutz
039	Trockenbauarbeiten	083	Sanierungsarbeiten an schadstoffhaltigen Bauteilen
		084	Abbruch- und Rückbauarbeiten
		085	Rohrvortriebsarbeiten
		087	Abfallentsorgung, Verwertung und Beseitigung
		090	Baulogistik
		091	Stundenlohnarbeiten
		096	Bauarbeiten an Bahnübergängen
		097	Bauarbeiten an Gleisen und Weichen
		098	Witterungsschutzmaßnahmen

Die BKI-Gliederung des vorliegenden Fachbuchs orientiert sich am Standardleistungsbuch für das Bauwesen. Die Nummern der Leistungsbereiche werden jedoch beim Altbau mit 3xx gekennzeichnet.

Übersicht Kostenkennwerte der 1. und 2.Ebene DIN 276 für Gebäudearten

300
Bauwerk -
Baukonstruktionen
in €/m³

Einheit: m³
Brutto-Rauminhalt

Kosten:
Stand 2.Quartal 2016
Bundesdurchschnitt
inkl. 19% MwSt.

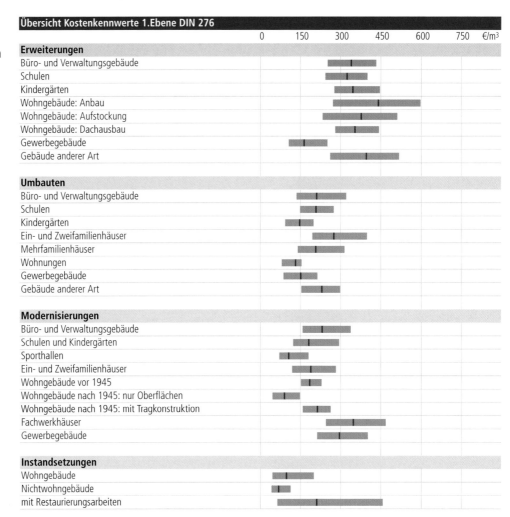

Übersicht Kostenkennwerte 1.Ebene DIN 276

| | 0 | 150 | 300 | 450 | 600 | 750 | €/m³ |

Erweiterungen
- Büro- und Verwaltungsgebäude
- Schulen
- Kindergärten
- Wohngebäude: Anbau
- Wohngebäude: Aufstockung
- Wohngebäude: Dachausbau
- Gewerbegebäude
- Gebäude anderer Art

Umbauten
- Büro- und Verwaltungsgebäude
- Schulen
- Kindergärten
- Ein- und Zweifamilienhäuser
- Mehrfamilienhäuser
- Wohnungen
- Gewerbegebäude
- Gebäude anderer Art

Modernisierungen
- Büro- und Verwaltungsgebäude
- Schulen und Kindergärten
- Sporthallen
- Ein- und Zweifamilienhäuser
- Wohngebäude vor 1945
- Wohngebäude nach 1945: nur Oberflächen
- Wohngebäude nach 1945: mit Tragkonstruktion
- Fachwerkhäuser
- Gewerbegebäude

Instandsetzungen
- Wohngebäude
- Nichtwohngebäude
- mit Restaurierungsarbeiten

Kosten: 2.Quartal 2016, Bundesdurchschnitt, **inkl. 19% MwSt.**

Übersicht Kostenkennwerte 1.Ebene DIN 276

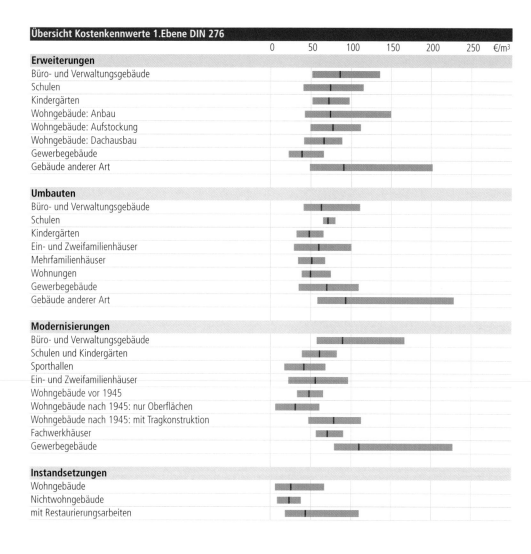

	0	50	100	150	200	250	€/m³

Erweiterungen
- Büro- und Verwaltungsgebäude
- Schulen
- Kindergärten
- Wohngebäude: Anbau
- Wohngebäude: Aufstockung
- Wohngebäude: Dachausbau
- Gewerbegebäude
- Gebäude anderer Art

Umbauten
- Büro- und Verwaltungsgebäude
- Schulen
- Kindergärten
- Ein- und Zweifamilienhäuser
- Mehrfamilienhäuser
- Wohnungen
- Gewerbegebäude
- Gebäude anderer Art

Modernisierungen
- Büro- und Verwaltungsgebäude
- Schulen und Kindergärten
- Sporthallen
- Ein- und Zweifamilienhäuser
- Wohngebäude vor 1945
- Wohngebäude nach 1945: nur Oberflächen
- Wohngebäude nach 1945: mit Tragkonstruktion
- Fachwerkhäuser
- Gewerbegebäude

Instandsetzungen
- Wohngebäude
- Nichtwohngebäude
- mit Restaurierungsarbeiten

Einheit: m³
Brutto-Rauminhalt

Übersicht-
1.+2.Ebene

Erweiterung

Umbau

Moderni-
sierung

Instand-
setzung

Bau-
elemente

Abbrechen

Wieder-
herstellen

Herstellen

300
Bauwerk - Baukonstruktionen in €/m²

Einheit: m²
Brutto-Grundfläche

Kosten:
Stand 2.Quartal 2016
Bundesdurchschnitt
inkl. 19% MwSt.

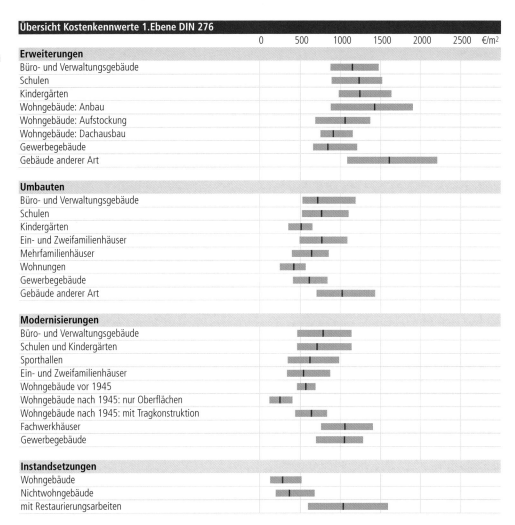

Übersicht Kostenkennwerte 1.Ebene DIN 276

| | 0 | 500 | 1000 | 1500 | 2000 | 2500 €/m² |

Erweiterungen
- Büro- und Verwaltungsgebäude
- Schulen
- Kindergärten
- Wohngebäude: Anbau
- Wohngebäude: Aufstockung
- Wohngebäude: Dachausbau
- Gewerbegebäude
- Gebäude anderer Art

Umbauten
- Büro- und Verwaltungsgebäude
- Schulen
- Kindergärten
- Ein- und Zweifamilienhäuser
- Mehrfamilienhäuser
- Wohnungen
- Gewerbegebäude
- Gebäude anderer Art

Modernisierungen
- Büro- und Verwaltungsgebäude
- Schulen und Kindergärten
- Sporthallen
- Ein- und Zweifamilienhäuser
- Wohngebäude vor 1945
- Wohngebäude nach 1945: nur Oberflächen
- Wohngebäude nach 1945: mit Tragkonstruktion
- Fachwerkhäuser
- Gewerbegebäude

Instandsetzungen
- Wohngebäude
- Nichtwohngebäude
- mit Restaurierungsarbeiten

Kosten: 2.Quartal 2016, Bundesdurchschnitt, **inkl. 19% MwSt.**

Übersicht Kostenkennwerte 1.Ebene DIN 276

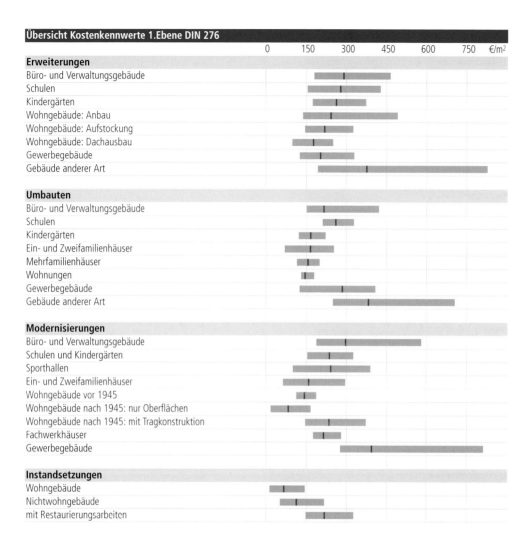

Einheit: m²
Brutto-Grundfläche

© **BKI** Baukosteninformationszentrum; Erläuterungen zu den Tabellen siehe Seite 22   Kosten: 2.Quartal 2016, Bundesdurchschnitt, **inkl. 19% MwSt.**

Einheit: m³
Baugrubenrauminhalt

Kosten:
Stand 2.Quartal 2016
Bundesdurchschnitt
inkl. 19% MwSt.

Übersicht Kostenkennwerte 2.Ebene DIN 276

	0	100	200	300	400	500 €/m³

Erweiterungen

Büro- und Verwaltungsgebäude	
Schulen	
Kindergärten	
Wohngebäude: Anbau	
Wohngebäude: Aufstockung	
Wohngebäude: Dachausbau	
Gewerbegebäude	
Gebäude anderer Art	

Umbauten

Büro- und Verwaltungsgebäude
Schulen
Kindergärten
Ein- und Zweifamilienhäuser
Mehrfamilienhäuser
Wohnungen
Gewerbegebäude
Gebäude anderer Art

Modernisierungen

Büro- und Verwaltungsgebäude
Schulen und Kindergärten
Sporthallen
Ein- und Zweifamilienhäuser
Wohngebäude vor 1945
Wohngebäude nach 1945: nur Oberflächen
Wohngebäude nach 1945: mit Tragkonstruktion
Fachwerkhäuser
Gewerbegebäude

Instandsetzungen

Wohngebäude
Nichtwohngebäude
mit Restaurierungsarbeiten

© **BKI** Baukosteninformationszentrum; Erläuterungen zu den Tabellen siehe Seite 22   Kosten: 2.Quartal 2016, Bundesdurchschnitt, **inkl. 19% MwSt.**

Übersicht Kostenkennwerte 2.Ebene DIN 276

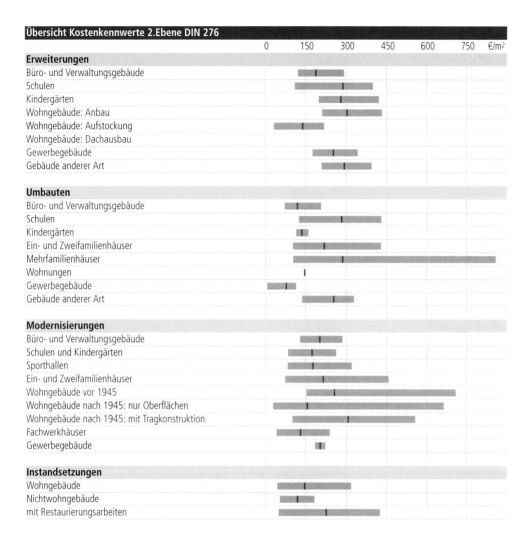

| | 0 | 150 | 300 | 450 | 600 | 750 | €/m² |

Erweiterungen
- Büro- und Verwaltungsgebäude
- Schulen
- Kindergärten
- Wohngebäude: Anbau
- Wohngebäude: Aufstockung
- Wohngebäude: Dachausbau
- Gewerbegebäude
- Gebäude anderer Art

Umbauten
- Büro- und Verwaltungsgebäude
- Schulen
- Kindergärten
- Ein- und Zweifamilienhäuser
- Mehrfamilienhäuser
- Wohnungen
- Gewerbegebäude
- Gebäude anderer Art

Modernisierungen
- Büro- und Verwaltungsgebäude
- Schulen und Kindergärten
- Sporthallen
- Ein- und Zweifamilienhäuser
- Wohngebäude vor 1945
- Wohngebäude nach 1945: nur Oberflächen
- Wohngebäude nach 1945: mit Tragkonstruktion
- Fachwerkhäuser
- Gewerbegebäude

Instandsetzungen
- Wohngebäude
- Nichtwohngebäude
- mit Restaurierungsarbeiten

Einheit: m²
Gründungsfläche

Übersicht 1.+2.Ebene

Erweiterung

Umbau

Moderni-sierung

Instand-setzung

Bau-elemente

Abbrechen

Wieder-herstellen

Herstellen

© **BKI** Baukosteninformationszentrum; Erläuterungen zu den Tabellen siehe Seite 22   Kosten: 2.Quartal 2016, Bundesdurchschnitt, **inkl. 19% MwSt.**

330
Außenwände
in €/m²

Einheit: m²
Außenwandfläche

Kosten:
Stand 2.Quartal 2016
Bundesdurchschnitt
inkl. 19% MwSt.

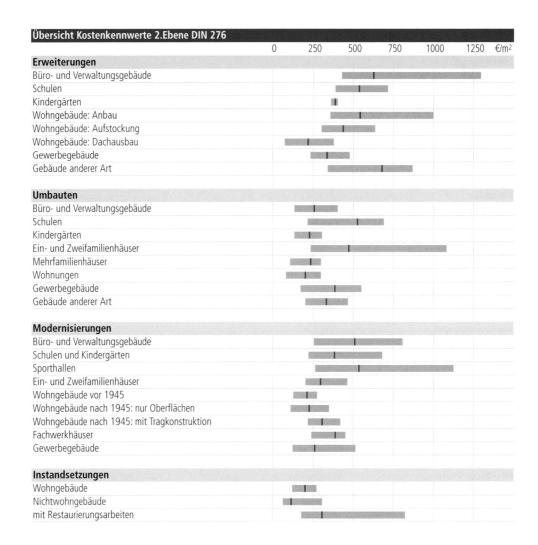

Übersicht Kostenkennwerte 2.Ebene DIN 276

	0	250	500	750	1000	1250 €/m²

Erweiterungen
- Büro- und Verwaltungsgebäude
- Schulen
- Kindergärten
- Wohngebäude: Anbau
- Wohngebäude: Aufstockung
- Wohngebäude: Dachausbau
- Gewerbegebäude
- Gebäude anderer Art

Umbauten
- Büro- und Verwaltungsgebäude
- Schulen
- Kindergärten
- Ein- und Zweifamilienhäuser
- Mehrfamilienhäuser
- Wohnungen
- Gewerbegebäude
- Gebäude anderer Art

Modernisierungen
- Büro- und Verwaltungsgebäude
- Schulen und Kindergärten
- Sporthallen
- Ein- und Zweifamilienhäuser
- Wohngebäude vor 1945
- Wohngebäude nach 1945: nur Oberflächen
- Wohngebäude nach 1945: mit Tragkonstruktion
- Fachwerkhäuser
- Gewerbegebäude

Instandsetzungen
- Wohngebäude
- Nichtwohngebäude
- mit Restaurierungsarbeiten

Kosten: 2.Quartal 2016, Bundesdurchschnitt, **inkl. 19% MwSt.**

Übersicht Kostenkennwerte 2.Ebene DIN 276

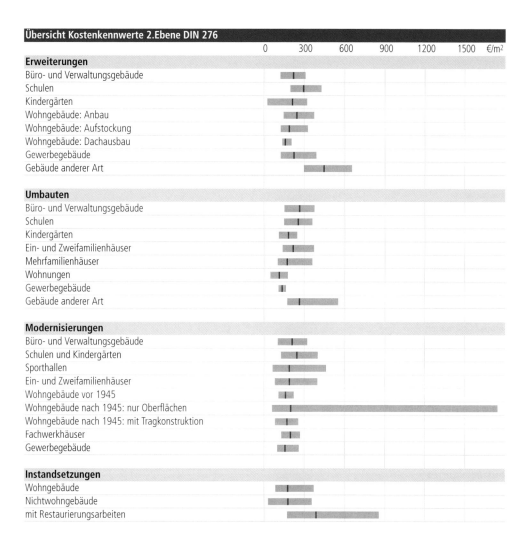

| | 0 | 300 | 600 | 900 | 1200 | 1500 | €/m² |

Erweiterungen
Büro- und Verwaltungsgebäude
Schulen
Kindergärten
Wohngebäude: Anbau
Wohngebäude: Aufstockung
Wohngebäude: Dachausbau
Gewerbegebäude
Gebäude anderer Art

Umbauten
Büro- und Verwaltungsgebäude
Schulen
Kindergärten
Ein- und Zweifamilienhäuser
Mehrfamilienhäuser
Wohnungen
Gewerbegebäude
Gebäude anderer Art

Modernisierungen
Büro- und Verwaltungsgebäude
Schulen und Kindergärten
Sporthallen
Ein- und Zweifamilienhäuser
Wohngebäude vor 1945
Wohngebäude nach 1945: nur Oberflächen
Wohngebäude nach 1945: mit Tragkonstruktion
Fachwerkhäuser
Gewerbegebäude

Instandsetzungen
Wohngebäude
Nichtwohngebäude
mit Restaurierungsarbeiten

Einheit: m²
Innenwandfläche

Übersicht-
1.+2.Ebene

Erweiterung

Umbau

Moderni-
sierung

Instand-
setzung

Bau-
elemente

Abbrechen

Wieder-
herstellen

Herstellen

Einheit: m²
Deckenfläche

Kosten:
Stand 2.Quartal 2016
Bundesdurchschnitt
inkl. 19% MwSt.

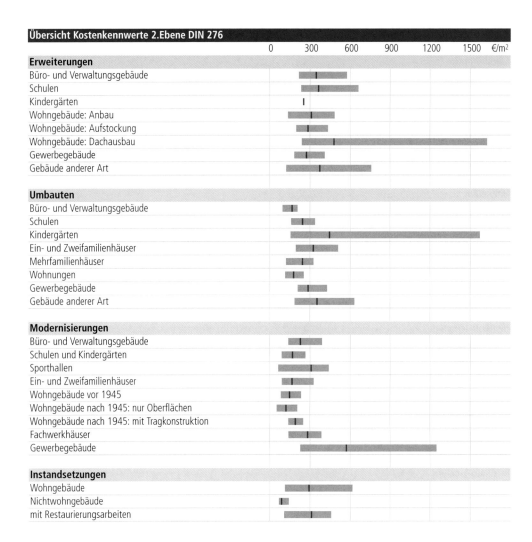

Übersicht Kostenkennwerte 2.Ebene DIN 276

0　　300　　600　　900　　1200　　1500　€/m²

Erweiterungen
Büro- und Verwaltungsgebäude
Schulen
Kindergärten
Wohngebäude: Anbau
Wohngebäude: Aufstockung
Wohngebäude: Dachausbau
Gewerbegebäude
Gebäude anderer Art

Umbauten
Büro- und Verwaltungsgebäude
Schulen
Kindergärten
Ein- und Zweifamilienhäuser
Mehrfamilienhäuser
Wohnungen
Gewerbegebäude
Gebäude anderer Art

Modernisierungen
Büro- und Verwaltungsgebäude
Schulen und Kindergärten
Sporthallen
Ein- und Zweifamilienhäuser
Wohngebäude vor 1945
Wohngebäude nach 1945: nur Oberflächen
Wohngebäude nach 1945: mit Tragkonstruktion
Fachwerkhäuser
Gewerbegebäude

Instandsetzungen
Wohngebäude
Nichtwohngebäude
mit Restaurierungsarbeiten

© **BKI** Baukosteninformationszentrum; Erläuterungen zu den Tabellen siehe Seite 22　　　　Kosten: 2.Quartal 2016, Bundesdurchschnitt, **inkl. 19% MwSt.**

Übersicht Kostenkennwerte 2.Ebene DIN 276

	0	350	700	1050	1400	1750	€/m²

Erweiterungen
Büro- und Verwaltungsgebäude
Schulen
Kindergärten
Wohngebäude: Anbau
Wohngebäude: Aufstockung
Wohngebäude: Dachausbau
Gewerbegebäude
Gebäude anderer Art

Umbauten
Büro- und Verwaltungsgebäude
Schulen
Kindergärten
Ein- und Zweifamilienhäuser
Mehrfamilienhäuser
Wohnungen
Gewerbegebäude
Gebäude anderer Art

Modernisierungen
Büro- und Verwaltungsgebäude
Schulen und Kindergärten
Sporthallen
Ein- und Zweifamilienhäuser
Wohngebäude vor 1945
Wohngebäude nach 1945: nur Oberflächen
Wohngebäude nach 1945: mit Tragkonstruktion
Fachwerkhäuser
Gewerbegebäude

Instandsetzungen
Wohngebäude
Nichtwohngebäude
mit Restaurierungsarbeiten

Einheit: m²
Dachfläche

Übersicht
1.+2.Ebene

Erweiterung

Umbau

Moderni-
sierung

Instand-
setzung

Bau-
elemente

Abbrechen

Wieder-
herstellen

Herstellen

Kosten: 2.Quartal 2016, Bundesdurchschnitt, inkl. **19% MwSt.**

Einheit: m²
Brutto-Grundfläche

Kosten:
Stand 2.Quartal 2016
Bundesdurchschnitt
inkl. 19% MwSt.

Übersicht Kostenkennwerte 2.Ebene DIN 276

	0	150	300	450	600	750	€/m²

Erweiterungen
Büro- und Verwaltungsgebäude	
Schulen	
Kindergärten	
Wohngebäude: Anbau	
Wohngebäude: Aufstockung	
Wohngebäude: Dachausbau	
Gewerbegebäude	
Gebäude anderer Art	

Umbauten
Büro- und Verwaltungsgebäude	
Schulen	
Kindergärten	
Ein- und Zweifamilienhäuser	
Mehrfamilienhäuser	
Wohnungen	
Gewerbegebäude	
Gebäude anderer Art	

Modernisierungen
Büro- und Verwaltungsgebäude	
Schulen und Kindergärten	
Sporthallen	
Ein- und Zweifamilienhäuser	
Wohngebäude vor 1945	
Wohngebäude nach 1945: nur Oberflächen	
Wohngebäude nach 1945: mit Tragkonstruktion	
Fachwerkhäuser	
Gewerbegebäude	

Instandsetzungen
Wohngebäude	
Nichtwohngebäude	
mit Restaurierungsarbeiten	

Übersicht Kostenkennwerte 2.Ebene DIN 276

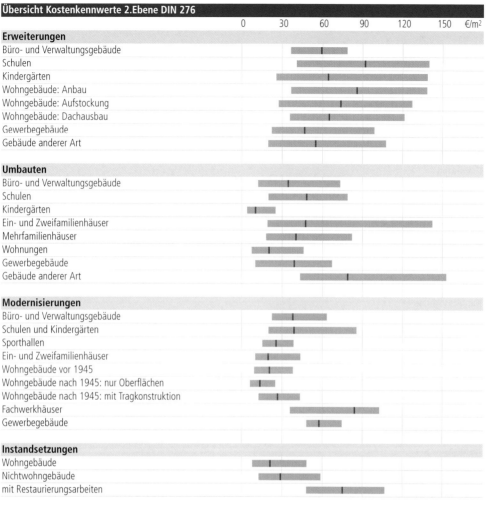

| | 0 | 30 | 60 | 90 | 120 | 150 | €/m² |

Erweiterungen
Büro- und Verwaltungsgebäude
Schulen
Kindergärten
Wohngebäude: Anbau
Wohngebäude: Aufstockung
Wohngebäude: Dachausbau
Gewerbegebäude
Gebäude anderer Art

Umbauten
Büro- und Verwaltungsgebäude
Schulen
Kindergärten
Ein- und Zweifamilienhäuser
Mehrfamilienhäuser
Wohnungen
Gewerbegebäude
Gebäude anderer Art

Modernisierungen
Büro- und Verwaltungsgebäude
Schulen und Kindergärten
Sporthallen
Ein- und Zweifamilienhäuser
Wohngebäude vor 1945
Wohngebäude nach 1945: nur Oberflächen
Wohngebäude nach 1945: mit Tragkonstruktion
Fachwerkhäuser
Gewerbegebäude

Instandsetzungen
Wohngebäude
Nichtwohngebäude
mit Restaurierungsarbeiten

Einheit: m²
Brutto-Grundfläche

Übersicht-
1.+2.Ebene

Erweiterung

Umbau

Moderni-
sierung

Instand-
setzung

Bau-
elemente

Abbrechen

Wieder-
herstellen

Herstellen

© **BKI** Baukosteninformationszentrum; Erläuterungen zu den Tabellen siehe Seite 22   Kosten: 2.Quartal 2016, Bundesdurchschnitt, **inkl. 19% MwSt.**   81

410
Abwasser-, Wasser-, Gasanlagen
in €/m²

Einheit: m²
Brutto-Grundfläche

Kosten:
Stand 2.Quartal 2016
Bundesdurchschnitt
inkl. 19% MwSt.

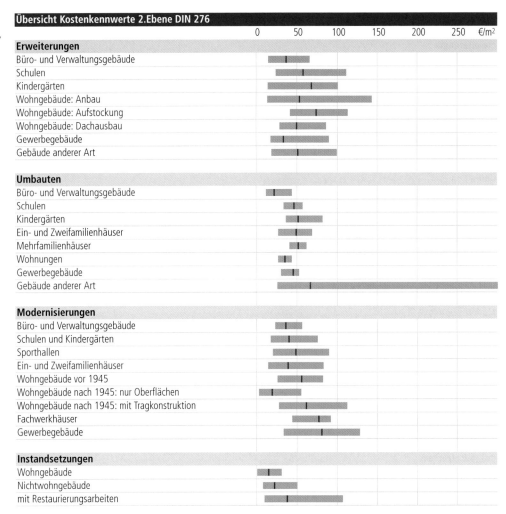

Übersicht Kostenkennwerte 2.Ebene DIN 276

	0	50	100	150	200	250	€/m²

Erweiterungen
- Büro- und Verwaltungsgebäude
- Schulen
- Kindergärten
- Wohngebäude: Anbau
- Wohngebäude: Aufstockung
- Wohngebäude: Dachausbau
- Gewerbegebäude
- Gebäude anderer Art

Umbauten
- Büro- und Verwaltungsgebäude
- Schulen
- Kindergärten
- Ein- und Zweifamilienhäuser
- Mehrfamilienhäuser
- Wohnungen
- Gewerbegebäude
- Gebäude anderer Art

Modernisierungen
- Büro- und Verwaltungsgebäude
- Schulen und Kindergärten
- Sporthallen
- Ein- und Zweifamilienhäuser
- Wohngebäude vor 1945
- Wohngebäude nach 1945: nur Oberflächen
- Wohngebäude nach 1945: mit Tragkonstruktion
- Fachwerkhäuser
- Gewerbegebäude

Instandsetzungen
- Wohngebäude
- Nichtwohngebäude
- mit Restaurierungsarbeiten

© **BKI** Baukosteninformationszentrum; Erläuterungen zu den Tabellen siehe Seite 22   Kosten: 2.Quartal 2016, Bundesdurchschnitt, **inkl. 19% MwSt.**

Übersicht Kostenkennwerte 2.Ebene DIN 276

	0	50	100	150	200	250	€/m²

Erweiterungen

Büro- und Verwaltungsgebäude
Schulen
Kindergärten
Wohngebäude: Anbau
Wohngebäude: Aufstockung
Wohngebäude: Dachausbau
Gewerbegebäude
Gebäude anderer Art

Umbauten

Büro- und Verwaltungsgebäude
Schulen
Kindergärten
Ein- und Zweifamilienhäuser
Mehrfamilienhäuser
Wohnungen
Gewerbegebäude
Gebäude anderer Art

Modernisierungen

Büro- und Verwaltungsgebäude
Schulen und Kindergärten
Sporthallen
Ein- und Zweifamilienhäuser
Wohngebäude vor 1945
Wohngebäude nach 1945: nur Oberflächen
Wohngebäude nach 1945: mit Tragkonstruktion
Fachwerkhäuser
Gewerbegebäude

Instandsetzungen

Wohngebäude
Nichtwohngebäude
mit Restaurierungsarbeiten

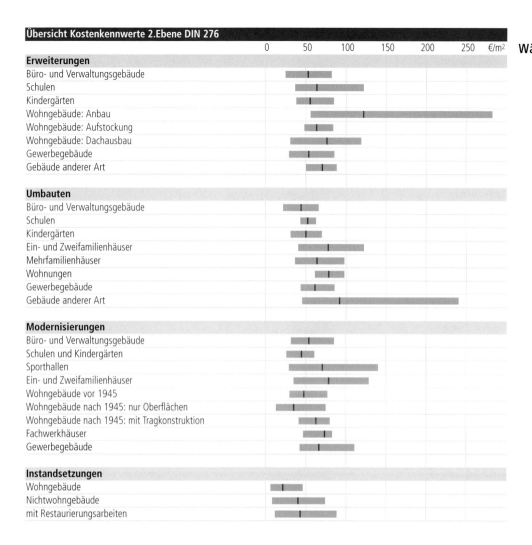

Einheit: m²
Brutto-Grundfläche

Übersicht
1.+.2.Ebene

Erweiterung

Umbau

Moderni-
sierung

Instand-
setzung

Bau-
elemente

Abbrechen

Wieder-
herstellen

Herstellen

© **BKI** Baukosteninformationszentrum; Erläuterungen zu den Tabellen siehe Seite 22   Kosten: 2.Quartal 2016, Bundesdurchschnitt, inkl. **19% MwSt.**   83

430
Lufttechnische
Anlagen
in €/m²

Einheit: m²
Brutto-Grundfläche

Kosten:
Stand 2.Quartal 2016
Bundesdurchschnitt
inkl. 19% MwSt.

Übersicht Kostenkennwerte 2.Ebene DIN 276

	0	75	150	225	300	375 €/m²

Erweiterungen

Büro- und Verwaltungsgebäude	
Schulen	
Kindergärten	
Wohngebäude: Anbau	
Wohngebäude: Aufstockung	
Wohngebäude: Dachausbau	
Gewerbegebäude	
Gebäude anderer Art	

Umbauten

Büro- und Verwaltungsgebäude	
Schulen	
Kindergärten	
Ein- und Zweifamilienhäuser	
Mehrfamilienhäuser	
Wohnungen	
Gewerbegebäude	
Gebäude anderer Art	

Modernisierungen

Büro- und Verwaltungsgebäude	
Schulen und Kindergärten	
Sporthallen	
Ein- und Zweifamilienhäuser	
Wohngebäude vor 1945	
Wohngebäude nach 1945: nur Oberflächen	
Wohngebäude nach 1945: mit Tragkonstruktion	
Fachwerkhäuser	
Gewerbegebäude	

Instandsetzungen

Wohngebäude	
Nichtwohngebäude	
mit Restaurierungsarbeiten	

Übersicht Kostenkennwerte 2.Ebene DIN 276

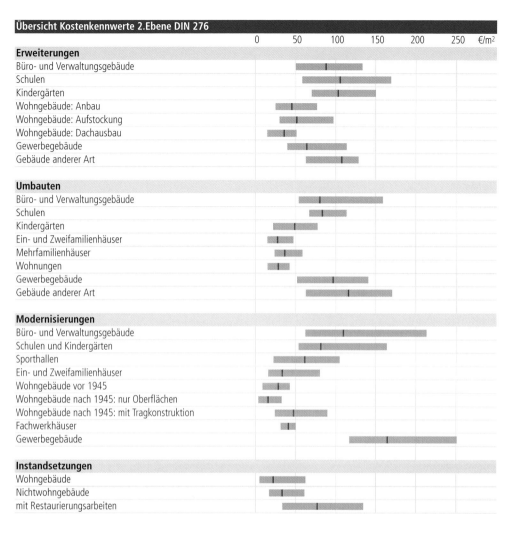

| | 0 | 50 | 100 | 150 | 200 | 250 €/m² |

Erweiterungen
- Büro- und Verwaltungsgebäude
- Schulen
- Kindergärten
- Wohngebäude: Anbau
- Wohngebäude: Aufstockung
- Wohngebäude: Dachausbau
- Gewerbegebäude
- Gebäude anderer Art

Umbauten
- Büro- und Verwaltungsgebäude
- Schulen
- Kindergärten
- Ein- und Zweifamilienhäuser
- Mehrfamilienhäuser
- Wohnungen
- Gewerbegebäude
- Gebäude anderer Art

Modernisierungen
- Büro- und Verwaltungsgebäude
- Schulen und Kindergärten
- Sporthallen
- Ein- und Zweifamilienhäuser
- Wohngebäude vor 1945
- Wohngebäude nach 1945: nur Oberflächen
- Wohngebäude nach 1945: mit Tragkonstruktion
- Fachwerkhäuser
- Gewerbegebäude

Instandsetzungen
- Wohngebäude
- Nichtwohngebäude
- mit Restaurierungsarbeiten

Einheit: m²
Brutto-Grundfläche

Übersicht
1.+.2.Ebene

Erweiterung

Umbau

Moderni-
sierung

Instand-
setzung

Bau-
elemente

Abbrechen

Wieder-
herstellen

Herstellen

450
Fernmelde- und informations- technische Anlagen in €/m²

Einheit: m²
Brutto-Grundfläche

Kosten:
Stand 2.Quartal 2016
Bundesdurchschnitt
inkl. 19% MwSt.

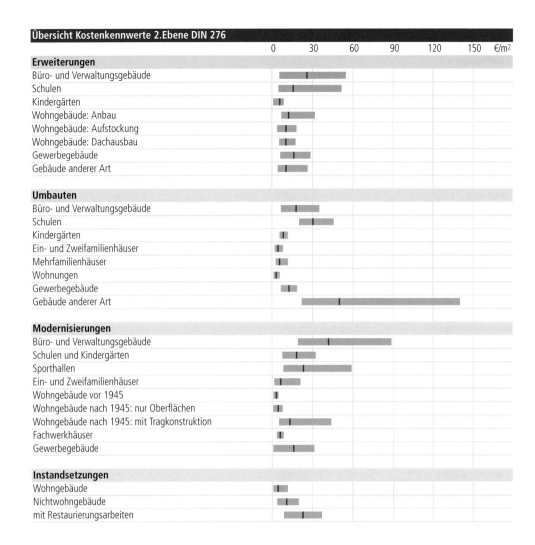

Übersicht Kostenkennwerte 2.Ebene DIN 276

	0	30	60	90	120	150	€/m²
Erweiterungen							
Büro- und Verwaltungsgebäude							
Schulen							
Kindergärten							
Wohngebäude: Anbau							
Wohngebäude: Aufstockung							
Wohngebäude: Dachausbau							
Gewerbegebäude							
Gebäude anderer Art							
Umbauten							
Büro- und Verwaltungsgebäude							
Schulen							
Kindergärten							
Ein- und Zweifamilienhäuser							
Mehrfamilienhäuser							
Wohnungen							
Gewerbegebäude							
Gebäude anderer Art							
Modernisierungen							
Büro- und Verwaltungsgebäude							
Schulen und Kindergärten							
Sporthallen							
Ein- und Zweifamilienhäuser							
Wohngebäude vor 1945							
Wohngebäude nach 1945: nur Oberflächen							
Wohngebäude nach 1945: mit Tragkonstruktion							
Fachwerkhäuser							
Gewerbegebäude							
Instandsetzungen							
Wohngebäude							
Nichtwohngebäude							
mit Restaurierungsarbeiten							

Übersicht Kostenkennwerte 2.Ebene DIN 276

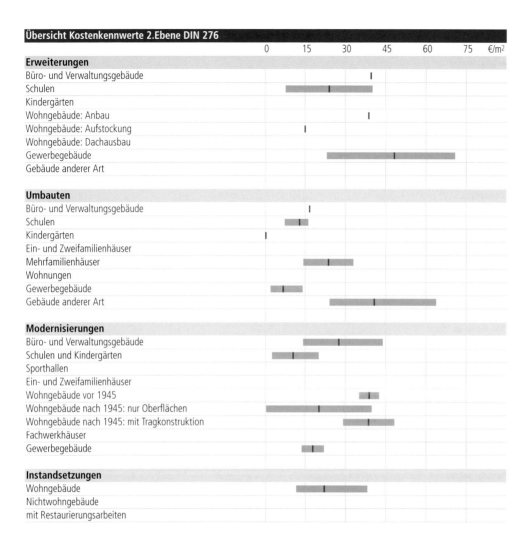

	0	15	30	45	60	75	€/m²

Erweiterungen
Büro- und Verwaltungsgebäude
Schulen
Kindergärten
Wohngebäude: Anbau
Wohngebäude: Aufstockung
Wohngebäude: Dachausbau
Gewerbegebäude
Gebäude anderer Art

Umbauten
Büro- und Verwaltungsgebäude
Schulen
Kindergärten
Ein- und Zweifamilienhäuser
Mehrfamilienhäuser
Wohnungen
Gewerbegebäude
Gebäude anderer Art

Modernisierungen
Büro- und Verwaltungsgebäude
Schulen und Kindergärten
Sporthallen
Ein- und Zweifamilienhäuser
Wohngebäude vor 1945
Wohngebäude nach 1945: nur Oberflächen
Wohngebäude nach 1945: mit Tragkonstruktion
Fachwerkhäuser
Gewerbegebäude

Instandsetzungen
Wohngebäude
Nichtwohngebäude
mit Restaurierungsarbeiten

Übersicht 1.+.2.Ebene

Erweiterung

Umbau

Moderni-sierung

Instand-setzung

Bau-elemente

Abbrechen

Wieder-herstellen

Herstellen

470
Nutzungsspezifische Anlagen
in €/m²

Einheit: m²
Brutto-Grundfläche

Kosten:
Stand 2.Quartal 2016
Bundesdurchschnitt
inkl. 19% MwSt.

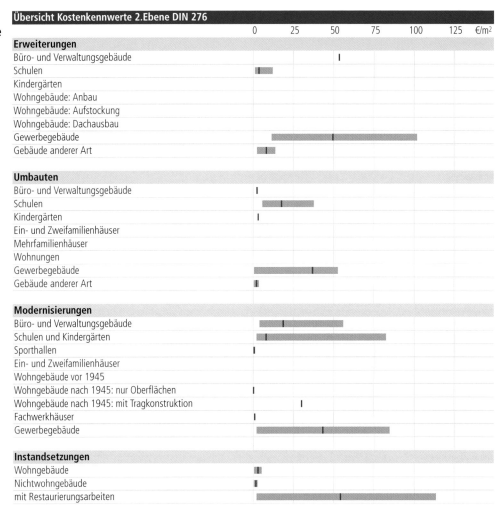

Übersicht Kostenkennwerte 2.Ebene DIN 276

	0	25	50	75	100	125 €/m²

Erweiterungen
- Büro- und Verwaltungsgebäude
- Schulen
- Kindergärten
- Wohngebäude: Anbau
- Wohngebäude: Aufstockung
- Wohngebäude: Dachausbau
- Gewerbegebäude
- Gebäude anderer Art

Umbauten
- Büro- und Verwaltungsgebäude
- Schulen
- Kindergärten
- Ein- und Zweifamilienhäuser
- Mehrfamilienhäuser
- Wohnungen
- Gewerbegebäude
- Gebäude anderer Art

Modernisierungen
- Büro- und Verwaltungsgebäude
- Schulen und Kindergärten
- Sporthallen
- Ein- und Zweifamilienhäuser
- Wohngebäude vor 1945
- Wohngebäude nach 1945: nur Oberflächen
- Wohngebäude nach 1945: mit Tragkonstruktion
- Fachwerkhäuser
- Gewerbegebäude

Instandsetzungen
- Wohngebäude
- Nichtwohngebäude
- mit Restaurierungsarbeiten

Kosten: 2.Quartal 2016, Bundesdurchschnitt, **inkl. 19% MwSt.**

Übersicht Kostenkennwerte 2.Ebene DIN 276

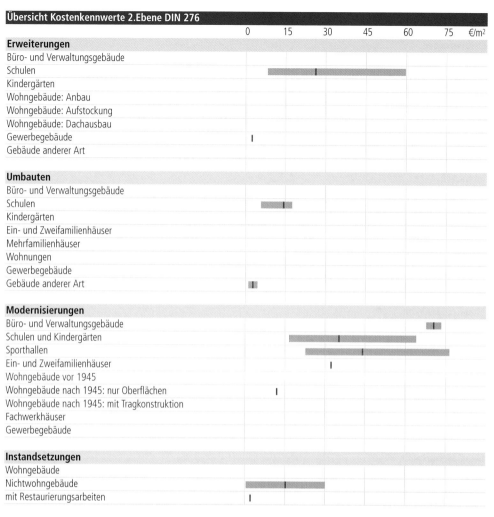

	0	15	30	45	60	75	€/m²
Erweiterungen							
Büro- und Verwaltungsgebäude							
Schulen							
Kindergärten							
Wohngebäude: Anbau							
Wohngebäude: Aufstockung							
Wohngebäude: Dachausbau							
Gewerbegebäude							
Gebäude anderer Art							
Umbauten							
Büro- und Verwaltungsgebäude							
Schulen							
Kindergärten							
Ein- und Zweifamilienhäuser							
Mehrfamilienhäuser							
Wohnungen							
Gewerbegebäude							
Gebäude anderer Art							
Modernisierungen							
Büro- und Verwaltungsgebäude							
Schulen und Kindergärten							
Sporthallen							
Ein- und Zweifamilienhäuser							
Wohngebäude vor 1945							
Wohngebäude nach 1945: nur Oberflächen							
Wohngebäude nach 1945: mit Tragkonstruktion							
Fachwerkhäuser							
Gewerbegebäude							
Instandsetzungen							
Wohngebäude							
Nichtwohngebäude							
mit Restaurierungsarbeiten							

Einheit: m²
Brutto-Grundfläche

Übersicht-
1.+ 2.Ebene

Erweiterung

Umbau

Moderni-
sierung

Instand-
setzung

Bau-
elemente

Abbrechen

Wieder-
herstellen

Herstellen

490
Sonstige Maßnahmen für Technische Anlagen
in €/m²

Einheit: m²
Brutto-Grundfläche

Kosten:
Stand 2.Quartal 2016
Bundesdurchschnitt
inkl. 19% MwSt.

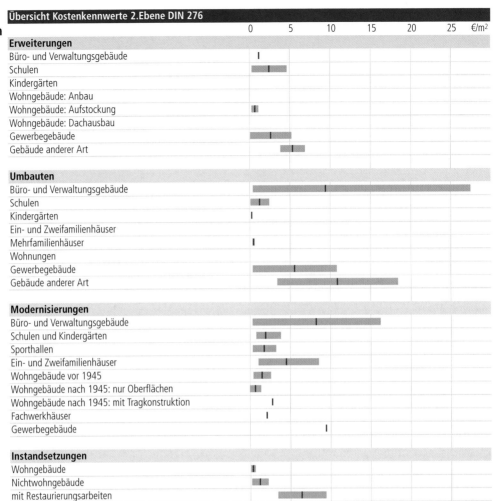

Übersicht Kostenkennwerte 2.Ebene DIN 276

| | 0 | 5 | 10 | 15 | 20 | 25 | €/m² |

Erweiterungen
- Büro- und Verwaltungsgebäude
- Schulen
- Kindergärten
- Wohngebäude: Anbau
- Wohngebäude: Aufstockung
- Wohngebäude: Dachausbau
- Gewerbegebäude
- Gebäude anderer Art

Umbauten
- Büro- und Verwaltungsgebäude
- Schulen
- Kindergärten
- Ein- und Zweifamilienhäuser
- Mehrfamilienhäuser
- Wohnungen
- Gewerbegebäude
- Gebäude anderer Art

Modernisierungen
- Büro- und Verwaltungsgebäude
- Schulen und Kindergärten
- Sporthallen
- Ein- und Zweifamilienhäuser
- Wohngebäude vor 1945
- Wohngebäude nach 1945: nur Oberflächen
- Wohngebäude nach 1945: mit Tragkonstruktion
- Fachwerkhäuser
- Gewerbegebäude

Instandsetzungen
- Wohngebäude
- Nichtwohngebäude
- mit Restaurierungsarbeiten

Kosten: 2.Quartal 2016, Bundesdurchschnitt, **inkl. 19% MwSt.**

Gebäudearten

mit Kostenkennwerten
der 1. und 2.Ebene DIN 276

Erweiterungen

Umbauten

Modernisierungen

Instandsetzungen

Erweiterungen

Büro- und Verwaltungs- gebäude

BRI 425 €/m³
von 325 €/m³
bis 560 €/m³

BGF 1.430 €/m²
von 1.090 €/m²
bis 1.850 €/m²

NUF 2.190 €/m²
von 1.490 €/m²
bis 2.880 €/m²

NE 65.460 €/NE
von 44.240 €/NE
bis 82.270 €/NE
NE: Arbeitsplätze

Objektbeispiele

Kosten:
Stand 2.Quartal 2016
Bundesdurchschnitt
inkl. 19% MwSt.

1300-0221

1300-0191

2200-0027

Kosten der 19 Vergleichsobjekte　　　　　Seiten 96 bis 103

- ● KKW
- ▶ min
- ▷ von
- | Mittelwert
- ◁ bis
- ◀ max

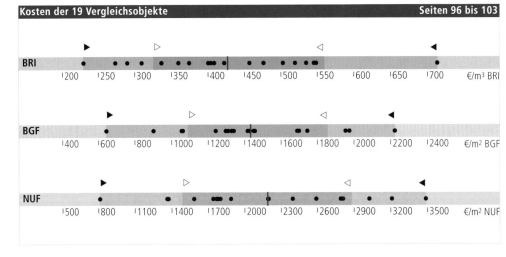

© **BKI** Baukosteninformationszentrum; Erläuterungen zu den Tabellen siehe Seite 24　　　Kosten: 2.Quartal 2016, Bundesdurchschnitt, **inkl. 19% MwSt.**

Kostenkennwerte für die Kostengruppen der 1. und 2.Ebene DIN 276

KG	Kostengruppen der 1. Ebene	Einheit	▷	€/Einheit	◁	▷	% an 300+400	◁
100	Grundstück	m² GF						
200	Herrichten und Erschließen	m² GF	2	**9**	21	0,3	**1,4**	2,3
300	Bauwerk - Baukonstruktionen	m² BGF	881	**1.143**	1.465	73,8	**80,4**	86,4
400	Bauwerk - Technische Anlagen	m² BGF	181	**289**	462	13,6	**19,6**	26,2
	Bauwerk (300+400)	m² BGF	1.092	**1.432**	1.855		**100,0**	
500	Außenanlagen	m² AF	41	**117**	277	2,0	**4,6**	12,0
600	Ausstattung und Kunstwerke	m² BGF	13	**52**	128	0,9	**3,5**	8,0
700	Baunebenkosten	m² BGF						

KG	Kostengruppen der 2. Ebene	Einheit	▷	€/Einheit	◁	▷	% an 300	◁
310	Baugrube	m³ BGI	17	**32**	42	0,5	**2,0**	3,9
320	Gründung	m² GRF	124	**188**	290	2,2	**5,7**	18,5
330	Außenwände	m² AWF	432	**627**	1.291	30,6	**37,1**	47,4
340	Innenwände	m² IWF	128	**221**	305	10,3	**14,4**	23,2
350	Decken	m² DEF	222	**347**	571	7,1	**14,7**	19,5
360	Dächer	m² DAF	282	**353**	436	14,5	**17,3**	19,7
370	Baukonstruktive Einbauten	m² BGF	9	**50**	99	0,8	**3,9**	7,8
390	Sonstige Baukonstruktionen	m² BGF	37	**59**	78	2,4	**5,0**	7,8
300	**Bauwerk Baukonstruktionen**	**m² BGF**					**100,0**	

KG	Kostengruppen der 2. Ebene	Einheit	▷	€/Einheit	◁	▷	% an 400	◁
410	Abwasser, Wasser, Gas	m² BGF	16	**37**	65	7,0	**17,7**	31,3
420	Wärmeversorgungsanlagen	m² BGF	25	**53**	81	12,8	**21,3**	36,6
430	Lufttechnische Anlagen	m² BGF	3	**58**	97	0,4	**11,2**	34,3
440	Starkstromanlagen	m² BGF	51	**88**	132	27,7	**37,7**	52,7
450	Fernmeldeanlagen	m² BGF	6	**26**	54	2,1	**8,6**	21,8
460	Förderanlagen	m² BGF	–	**40**	–	–	**1,6**	–
470	Nutzungsspezifische Anlagen	m² BGF	–	**54**	–	–	**1,8**	–
480	Gebäudeautomation	m² BGF	–	**–**	–	–	**–**	–
490	Sonstige Technische Anlagen	m² BGF	–	**1**	–	–	**0,1**	–
400	**Bauwerk Technische Anlagen**	**m² BGF**					**100,0**	

Prozentanteile der Kosten der 2.Ebene an den Kosten des Bauwerks nach DIN 276 (Von-, Mittel-, Bis-Werte)

KG		Wert
310	Baugrube	1,6
320	Gründung	4,5
330	Außenwände	30,9
340	Innenwände	11,8
350	Decken	12,2
360	Dächer	14,2
370	Baukonstruktive Einbauten	3,2
390	Sonstige Baukonstruktionen	4,1
410	Abwasser, Wasser, Gas	2,8
420	Wärmeversorgungsanlagen	3,7
430	Lufttechnische Anlagen	2,1
440	Starkstromanlagen	6,4
450	Fernmeldeanlagen	1,7
460	Förderanlagen	0,3
470	Nutzungsspezifische Anlagen	0,4
480	Gebäudeautomation	
490	Sonstige Technische Anlagen	0,0

15%   30%   45%   60%

© **BKI** Baukosteninformationszentrum; Erläuterungen zu den Tabellen siehe Seite 26   Kosten: 2.Quartal 2016, Bundesdurchschnitt, **inkl. 19% MwSt.**

Übersicht 1.+ 2.Ebene
Erweiterung
Umbau
Modernisierung
Instandsetzung
Bauelemente
Abbrechen
Wiederherstellen
Herstellen

Kostenkennwerte für die Kostengruppen der 3.Ebene DIN 276

KG	Kostengruppen der 3. Ebene	Einheit	▷	Ø €/Einheit	◁	▷	Ø €/m² BGF	◁
334	Außentüren und -fenster	m²	329,64	735,70	994,57	67,51	124,21	182,08
337	Elementierte Außenwände	m²	464,26	648,39	878,32	65,55	122,17	180,92
335	Außenwandbekleidungen außen	m²	69,91	136,01	281,98	38,91	90,98	144,41
351	Deckenkonstruktionen	m²	200,75	363,70	1.268,90	37,50	87,94	141,54
363	Dachbeläge	m²	94,09	139,96	174,69	50,56	75,99	111,36
433	Klimaanlagen	m²	–	74,74	–	–	74,74	
331	Tragende Außenwände	m²	165,24	319,17	681,82	42,08	72,70	126,55
361	Dachkonstruktionen	m²	78,14	135,68	200,86	25,52	63,96	87,03
352	Deckenbeläge	m²	82,09	121,63	151,17	45,30	63,94	89,09
434	Kälteanlagen	m²	–	62,15	–	–	62,15	–
395	Instandsetzungen	m²	–	61,78	–	–	61,78	–
444	Niederspannungsinstallationsanl.	m²	38,12	55,24	79,15	38,12	55,24	79,15
371	Allgemeine Einbauten	m²	8,72	52,88	105,21	8,72	52,88	105,21
364	Dachbekleidungen	m²	32,56	81,77	135,60	12,71	52,50	102,39
431	Lüftungsanlagen	m²	17,29	49,79	104,32	17,29	49,79	104,32
344	Innentüren und -fenster	m²	462,83	614,59	714,92	23,15	49,49	79,57
325	Bodenbeläge	m²	33,90	72,97	116,84	16,70	48,64	135,48
445	Beleuchtungsanlagen	m²	13,24	46,20	62,74	13,24	46,20	62,74
332	Nichttragende Außenwände	m²	203,83	270,06	313,11	34,48	44,78	59,99
345	Innenwandbekleidungen	m²	22,60	33,31	70,13	26,74	44,14	98,39
461	Aufzugsanlagen	m²	–	39,66	–	–	39,66	–
322	Flachgründungen	m²	73,15	100,80	132,45	14,80	39,61	98,64
324	Unterböden und Bodenplatten	m²	33,52	67,45	83,83	9,87	31,49	95,98
393	Sicherungsmaßnahmen	m²	24,48	30,61	36,73	24,48	30,61	36,73
311	Baugrubenherstellung	m³	15,94	27,85	39,52	12,97	30,14	62,08
342	Nichttragende Innenwände	m²	82,22	136,66	268,99	11,64	29,04	43,29
423	Raumheizflächen	m²	14,23	28,09	43,91	14,23	28,09	43,91
341	Tragende Innenwände	m²	107,06	157,68	204,14	12,52	27,17	45,60
333	Außenstützen	m	164,59	268,11	383,93	4,62	26,71	54,91
338	Sonnenschutz	m²	164,87	213,56	345,80	20,37	23,96	26,54
353	Deckenbekleidungen	m²	30,90	73,02	148,72	9,09	23,38	38,77
422	Wärmeverteilnetze	m²	12,69	22,41	42,76	12,69	22,41	42,76
411	Abwasseranlagen	m²	9,87	22,36	39,95	9,87	22,36	39,95
391	Baustelleneinrichtung	m²	12,39	22,34	46,57	12,39	22,34	46,57
323	Tiefgründungen	m²	–	183,23	–	–	21,75	–
336	Außenwandbekleidungen innen	m²	44,43	103,68	201,65	7,51	19,44	34,19
412	Wasseranlagen	m²	7,45	19,29	44,92	7,45	19,29	44,92
339	Außenwände, sonstiges	m²	5,44	23,00	45,47	3,29	17,99	39,89
457	Übertragungsnetze	m²	9,29	17,47	32,46	9,29	17,47	32,46
343	Innenstützen	m	145,04	275,00	410,01	9,64	13,88	18,07
421	Wärmeerzeugungsanlagen	m²	7,38	13,43	24,14	7,38	13,43	24,14
392	Gerüste	m²	7,78	11,08	13,39	7,78	11,08	13,39
359	Decken, sonstiges	m²	5,28	25,93	46,64	2,80	9,45	15,64
346	Elementierte Innenwände	m²	162,13	353,35	596,07	4,56	9,30	19,53
451	Telekommunikationsanlagen	m²	2,66	8,61	28,46	2,66	8,61	28,46
326	Bauwerksabdichtungen	m²	10,96	25,35	43,97	3,54	8,52	12,83
397	Zusätzliche Maßnahmen	m²	5,96	8,50	19,51	5,96	8,50	19,51
362	Dachfenster, Dachöffnungen	m²	579,23	901,38	1.712,83	1,20	8,05	18,81
312	Baugrubenumschließung	m²	–	710,92	–	–	7,99	–

Kosten:
Stand 2.Quartal 2016
Bundesdurchschnitt
inkl. 19% MwSt.

▷ von
Ø Mittel
◁ bis

© BKI Baukosteninformationszentrum; Erläuterungen zu den Tabellen siehe Seite 28   Kosten: 2.Quartal 2016, Bundesdurchschnitt, inkl. 19% MwSt.

LB	Leistungsbereiche	▷	€/m² BGF	◁	▷	% an 300+400	◁
000	Sicherheits-, Baustelleneinrichtungen inkl. 001	11	**33**	51	0,8	**2,3**	3,6
002	Erdarbeiten	9	**28**	54	0,6	**2,0**	3,8
006	Spezialtiefbauarbeiten inkl. 005	–	**1**	–	–	**0,1**	–
009	Entwässerungskanalarbeiten inkl. 011	0	**2**	13	0,0	**0,2**	0,9
010	Drän- und Versickerungsarbeiten	0	**1**	1	0,0	**0,1**	0,1
012	Mauerarbeiten	37	**77**	114	2,6	**5,4**	7,9
013	Betonarbeiten	66	**141**	230	4,6	**9,8**	16,0
014	Natur-, Betonwerksteinarbeiten	1	**13**	38	0,1	**0,9**	2,7
016	Zimmer- und Holzbauarbeiten	36	**125**	240	2,5	**8,8**	16,8
017	Stahlbauarbeiten	3	**39**	39	0,2	**2,7**	2,7
018	Abdichtungsarbeiten	0	**5**	15	0,0	**0,3**	1,0
020	Dachdeckungsarbeiten	2	**28**	145	0,1	**2,0**	10,1
021	Dachabdichtungsarbeiten	1	**20**	50	0,1	**1,4**	3,5
022	Klempnerarbeiten	19	**36**	55	1,3	**2,5**	3,8
	Rohbau	344	**549**	624	24,1	**38,3**	43,5
023	Putz- und Stuckarbeiten, Wärmedämmsysteme	23	**45**	71	1,6	**3,2**	5,0
024	Fliesen- und Plattenarbeiten	10	**22**	64	0,7	**1,6**	4,5
025	Estricharbeiten	6	**18**	35	0,4	**1,3**	2,4
026	Fenster, Außentüren inkl. 029, 032	14	**102**	182	1,0	**7,1**	12,7
027	Tischlerarbeiten	60	**140**	281	4,2	**9,8**	19,6
028	Parkettarbeiten, Holzpflasterarbeiten	0	**0**	2	0,0	**0,0**	0,1
030	Rollladenarbeiten	0	**20**	27	0,0	**1,4**	1,9
031	Metallbauarbeiten inkl. 035	24	**80**	262	1,7	**5,6**	18,3
034	Maler- und Lackiererarbeiten inkl. 037	29	**55**	119	2,0	**3,8**	8,3
036	Bodenbelagarbeiten	8	**30**	52	0,5	**2,1**	3,6
038	Vorgehängte hinterlüftete Fassaden	–	**12**	–	–	**0,9**	–
039	Trockenbauarbeiten	29	**66**	96	2,0	**4,6**	6,7
	Ausbau	504	**594**	766	35,2	**41,5**	53,5
040	Wärmeversorgungsanl. - Betriebseinr. inkl. 041	22	**48**	67	1,6	**3,4**	4,7
042	Gas- und Wasserinstallation, Leitungen inkl. 043	4	**11**	11	0,3	**0,8**	0,8
044	Abwasserinstallationsarbeiten - Leitungen	4	**11**	21	0,2	**0,8**	1,5
045	GWA-Einrichtungsgegenstände inkl. 046	3	**11**	28	0,2	**0,8**	1,9
047	Dämmarbeiten an betriebstechnischen Anlagen	1	**5**	10	0,1	**0,3**	0,7
049	Feuerlöschanlagen, Feuerlöschgeräte	–	**0**	–	–	**0,0**	–
050	Blitzschutz- und Erdungsanlagen	0	**1**	3	0,0	**0,1**	0,2
053	Niederspannungsanlagen inkl. 052, 054	40	**62**	98	2,8	**4,3**	6,8
055	Ersatzstromversorgungsanlagen	–	**–**	–	–	**–**	–
057	Gebäudesystemtechnik	–	**0**	–	–	**0,0**	–
058	Leuchten und Lampen inkl. 059	5	**33**	57	0,4	**2,3**	4,0
060	Elektroakustische Anlagen, Sprechanlagen	0	**1**	2	0,0	**0,0**	0,2
061	Kommunikationsnetze, inkl. 062	5	**17**	44	0,3	**1,2**	3,1
063	Gefahrenmeldeanlagen	0	**2**	2	0,0	**0,1**	0,1
069	Aufzüge	0	**8**	36	0,0	**0,6**	2,5
070	Gebäudeautomation	–	**0**	–	–	**0,0**	–
075	Raumlufttechnische Anlagen	1	**30**	90	0,1	**2,1**	6,3
	Technische Anlagen	163	**241**	280	11,4	**16,8**	19,6
084	Abbruch- und Rückbauarbeiten	4	**37**	90	0,3	**2,6**	6,3
	Sonstige Leistungsbereiche inkl. 008, 033, 051	2	**14**	45	0,1	**1,0**	3,2

Kosten: 2.Quartal 2016, Bundesdurchschnitt, inkl. **19% MwSt.**

Übersicht- 1.+2.Ebene

Erweiterung

Umbau

Moderni- sierung

Instand- setzung

Bau- elemente

Abbrechen

Wieder- herstellen

Herstellen

Büro- und Verwaltungs- gebäude

€/m² BGF

min	640	€/m²
von	1.090	€/m²
Mittel	**1.430**	**€/m²**
bis	1.850	€/m²
max	2.220	€/m²

Kosten:
Stand 2.Quartal 2016
Bundesdurchschnitt
inkl. 19% MwSt.

1300-0021 Bürogebäude

BRI 1.768m³ **BGF** 441m² **NUF** 157m²

© Josef H. Seidel Freier Architekt

Land: Baden-Württemberg
Kreis: Ulm
Standard: über Durchschnitt
Bauzeit: 52 Wochen
Kennwerte: bis 3.Ebene DIN276
veröffentlicht: www.bki.de

BGF **1.241 €/m²**

Planung: Josef H. Seidel Dipl.-Ing. freier Architekt VfA; Ulm-Lehr

Erweiterung durch Aufstockung eines bestehenden Produktions- und Lagergebäudes um ein Bürogeschoss mit Büroräumen, Chef-Büro, Besprechungsraum, Wartezone und Sanitärräumen. Erschließung über separates Treppenhaus. **Kosteneinfluss Nutzung:** Die neue Geschossfläche ist relativ klein und hat, bedingt durch die Nutzung, einen hohen Ausbaustandard, daher entstehen verhältnismäßig hohe Kosten. **Kosteneinfluss Grundstück:** Aufstockung auf bestehendes Gebäude mit entsprechenden Umbau- und Anpassungsmaßnahmen.

Bauwerk - Baukonstruktionen
Elementierte Außenwände 20%, Deckenkonstruktionen 19%, Dachkonstruktionen 10%, Außentüren und -fenster 7%, Außenstützen 6%, Flachgründungen 5%, Deckenbeläge 5%, Dachbeläge 4%, Innentüren und -fenster 4%, Sonstige 20%

Bauwerk - Technische Anlagen
Abwasseranlagen 56%, Wasseranlagen 44%

1300-0029 KFZ-Zulassungsstelle

BRI 5.487m³ **BGF** 1.475m² **NUF** 1.046m²

© Eberhard Fischer Architekt

Land: Bayern
Kreis: Ingolstadt
Standard: über Durchschnitt
Bauzeit: 78 Wochen
Kennwerte: bis 3.Ebene DIN276
veröffentlicht: www.bki.de

BGF **1.699 €/m²**

Planung: Eberhard Fischer Architekt BDA DWB; München

Straßenverkehrsamt mit KFZ-Zulassungs-, Führerscheinstelle, Verkehrsaufsicht und -überwachungsdienst mit zweigeschossiger Schalterhalle, Einzelbüros, Besprechungsräumen, Aufenthaltsraum für 29 Angestellte und Sanitärbereichen, auf bestehendem Untergeschoss. **Kosteneinfluss Nutzung:** Relativ hoher Anteil an Lagerflächen mit niedrigem Ausbaustandard. **Kosteneinfluss Grundstück:** Verwendung des bestehenden UGs 13x18m; die Flächen des Bestands wurden nicht eingerechnet, die Kosten der Renovierung sind in KG390 erfasst.

Bauwerk - Baukonstruktionen
Außentüren und -fenster 13%, Allgemeine Einbauten 10%, Außenwandbekleidungen außen 10%, Deckenkonstruktionen 7%, Deckenbeläge 6%, Dachbeläge 5%, Dachbekleidungen 5%, Dachkonstruktionen 5%, Tragende Außenwände 5%, Instandsetzungen 5%, Innentüren und -fenster 3%, Innenwandbekleidungen 3%, Deckenbekleidungen 2%, Sonstige 20%

Bauwerk - Technische Anlagen
Niederspannungsinstallationsanlagen 20%, Raumheizflächen 20%, Beleuchtungsanlagen 19%, Telekommunikationsanlagen 10%, Wasseranlagen 6%, Sonstige 25%

Kosten: 2.Quartal 2016, Bundesdurchschnitt, **inkl. 19% MwSt.**

1300-0100 Rathaus   **BRI** 4.016m³   **BGF** 1.520m²   **NUF** 850m²

Baujahr: 1856
Bauzustand: schlecht
Aufwand: mittel
Nutzung während der Bauzeit: ja
Nutzungsänderung: nein
Grundrissänderungen: einige
Tragwerkseingriffe: wenige

Land: Hessen
Kreis: Darmstadt-Dieburg
Standard: Durchschnitt
Bauzeit: 126 Wochen
Kennwerte: bis 3.Ebene DIN276
veröffentlicht: BKI Objektdaten A4
BGF   **1.449 €/m²**

Planung: F+R Architekten Prof. Florian Fink BDA; Bickenbach an der Bergstraße

Erweiterung und Modernisierung eines bestehenden Rathauses. Einbau eines neuen Aufzugs vom UG bis zum 1.OG, Abbruch und Wiederaufbau des Dachstuhls; Anbau als Stahlbetonbau, zweigeschossig, neue Glaseingangshalle.

Bauwerk - Baukonstruktionen
Herstellen: Elementierte Außenwände 11%, Deckenbeläge 7%, Allgemeine Einbauten 7%, Außentüren und -fenster 6%, Deckenkonstruktionen 6%, Dachkonstruktionen 6%, Innentüren und -fenster 5%, Dachbeläge 5%, Innenwandbekleidungen 4%, Tragende Außenwände 4%, Außenwandbekleidungen außen 3%, Sicherungsmaßnahmen 3%, Deckenbekleidungen 2%, Sonnenschutz 2%, Nichttragende Innenwände 2%, Baugrubenherstellung 2%, Baustelleneinrichtung 2%, Sonstige 21%

Bauwerk - Technische Anlagen
Herstellen: Beleuchtungsanlagen 21%, Niederspannungsinstallationsanlagen 16%, Abwasseranlagen 16%, Aufzugsanlagen 14%, Wasseranlagen 10%, Sonstige 23%

1300-0114 Bürogebäude   **BRI** 322m³   **BGF** 99m²   **NUF** 83m²

Bauzustand: mittel
Aufwand: mittel
Nutzung während der Bauzeit: ja
Nutzungsänderung: nein
Grundrissänderungen: einige
Tragwerkseingriffe: einige

Land: Bayern
Kreis: München
Standard: Durchschnitt
Bauzeit: 30 Wochen
Kennwerte: bis 3.Ebene DIN276
veröffentlicht: BKI Objektdaten A5
BGF   **1.328 €/m²**

Planung: Freier Architekt BDA Prof. Clemens Richarz; München

Erweiterung von Büroräumen an einem Wohnhaus als eingeschossiger teilunterkellerter Anbau mit Flachdach, als Dachterrasse nutzbar. **Kosteneinfluss Nutzung:** Erweiterung eines Wohnhauses um Büroräume; Dachterrasse: Sitzplatz (25m²) für Wohnung im 1. OG, Intensivbegrünung. **Kosteneinfluss Grundstück:** Aufgrund bestehender Bäume verkleinerter Keller.

Bauwerk - Baukonstruktionen
Außentüren und -fenster 19%, Außenwandbekleidungen außen 15%, Dachbeläge 11%, Deckenkonstruktionen 9%, Dachkonstruktionen 7%, Tragende Außenwände 6%, Baustelleneinrichtung 5%, Deckenbeläge 4%, Sonstige 24%

Bauwerk - Technische Anlagen
Wasseranlagen 29%, Niederspannungsinstallationsanlagen 29%, Wärmeverteilnetze 23%, Sonstige 18%

Übersicht 1.+.2.Ebene | Erweiterung | Umbau | Modernisierung | Instandsetzung | Bauelemente | Abbrechen | Wiederherstellen | Herstellen

Büro- und Verwaltungsgebäude

€/m² BGF
min	640 €/m²
von	1.090 €/m²
Mittel	**1.430 €/m²**
bis	1.850 €/m²
max	2.220 €/m²

Kosten:
Stand 2.Quartal 2016
Bundesdurchschnitt
inkl. 19% MwSt.

Objektübersicht zur Gebäudeart

1300-0118 Rathaus   BRI 2.140m³   BGF 764m²   NUF 605m²

Land: Hessen
Kreis: Vogelsberg
Standard: Durchschnitt
Bauzeit: 52 Wochen
Kennwerte: bis 3.Ebene DIN276
veröffentlicht: BKI Objektdaten A4
BGF   **643 €/m²**

Planung: Architekt Dipl.-Ing. (TH) Josef Michael Ruhl; Herbstein

Rathaus mit Büroräumen, Gemeindekasse, Sitzungsräume, Personalraum mit Teeküche.

Bauwerk - Baukonstruktionen
Abbrechen: Nichttragende Außenwände 3%
Herstellen: Dachbeläge 11%, Außenwandbekleidungen außen 10%, Nichttragende Außenwände 7%, Tragende Außenwände 7%, Innenwandbekleidungen 7%, Deckenbeläge 6%, Außenwandbekleidungen innen 5%, Außentüren und -fenster 4%, Gerüste 3%
Wiederherstellen: Tragende Außenwände 13%, Außenwandbekleidungen außen 3%
Sonstige: 22%

Bauwerk - Technische Anlagen
Herstellen: Wasseranlagen 61%, Abwasseranlagen 39%

1300-0134 Bürogebäude   BRI 451m³   BGF 145m²   NUF 105m²

Baujahr: 1965
Bauzustand: mittel
Aufwand: hoch
Nutzung während der Bauzeit: ja
Nutzungsänderung: nein
Grundrissänderungen: wenige
Tragwerkseingriffe: einige

Land: Bayern
Kreis: Landshut
Standard: Durchschnitt
Bauzeit: 17 Wochen
Kennwerte: bis 3.Ebene DIN276
veröffentlicht: BKI Objektdaten A6
BGF   **1.309 €/m²**

Planung: schmidtundheinz dipl.-ing. heike schmidt, rudolf heinz; moosburg a. d. Isar

Ergänzung der bestehenden Büroräume im Erdgeschoss durch den Ausbau des Dachgeschosses mit zwei Einzelbüros, einem Besprechungsraum, einer Teeküche und einem Empfangsbereich mit Garderobe.

Bauwerk - Baukonstruktionen
Herstellen: Dachbekleidungen 14%, Außentüren und -fenster 11%, Innenwandbekleidungen 10%, Innentüren und -fenster 10%, Deckenbeläge 8%, Allgemeine Einbauten 7%, Deckenkonstruktionen 5%, Außenwandbekleidungen außen 5%, Nichttragende Innenwände 4%, Tragende Außenwände 4%, Sonstige 21%

Bauwerk - Technische Anlagen
Herstellen: Klimaanlagen 31%, Beleuchtungsanlagen 29%, Niederspannungsinstallationsanlagen 16%, Sonstige 24%

1300-0148 Bürogebäude

BRI 556m³   **BGF** 153m²   **NUF** 108m²

© Architektur Seidel

Bauzustand: mittel
Aufwand: mittel
Nutzung während der Bauzeit: ja
Nutzungsänderung: nein
Grundrissänderungen: wenige
Tragwerkseingriffe: wenige

Land: Bayern
Kreis: Mühldorf a. Inn
Standard: Durchschnitt
Bauzeit: 13 Wochen
Kennwerte: bis 3.Ebene DIN276
veröffentlicht: BKI Objektdaten A7
BGF   **1.975 €/m²**

Planung: Architektur Seidel; Mühldorf/Inn

Erweiterung einer bestehenden Steuerkanzlei durch einen eingeschossigen, nicht unterkellerten, Anbau. Die Erschließung der Erweiterung kann sowohl durch das bestehende Gebäude als auch separat erfolgen.

Bauwerk - Baukonstruktionen
Herstellen: Bodenbeläge 9%, Tragende Außenwände 8%, Außentüren und -fenster 7%, Dachbeläge 7%, Elementierte Außenwände 7%, Flachgründungen 7%, Außenwandbekleidungen außen 6%, Unterböden und Bodenplatten 6%, Dachkonstruktionen 6%, Dachbekleidungen 5%, Baugrubenherstellung 5%, Tragende Innenwände 4%, Innentüren und -fenster 4%, Sonstige 20%

Bauwerk - Technische Anlagen
Herstellen: Lüftungsanlagen 23%, Niederspannungsinstallationsanlagen 22%, Beleuchtungsanlagen 15%, Abwasseranlagen 10%, Übertragungsnetze 7%, Sonstige 23%

2200-0027 Institutsgebäude ökologische Raumentwicklung

BRI 11.213m³   **BGF** 3.378m²   **NUF** 2.065m²

© F29 Architekten

Baujahr: 1968
Bauzustand: mittel
Aufwand: mittel
Nutzung während der Bauzeit: nein
Nutzungsänderung: ja
Grundrissänderungen: einige
Tragwerkseingriffe: einige

Land: Sachsen
Kreis: Dresden
Standard: Durchschnitt
Bauzeit: 78 Wochen
Kennwerte: bis 3.Ebene DIN276
veröffentlicht: BKI Objektdaten A9
BGF   **1.340 €/m²**

Planung: F29 Architekten GmbH; Dresden

Aufstockung in Teilbereichen um zwei Obergeschosse auf das bestehende Gebäude.

Bauwerk - Baukonstruktionen
Herstellen: Außentüren und -fenster 14%, Außenwandbekleidungen außen 13%, Deckenkonstruktionen 8%, Dachbekleidungen 6%, Innentüren und -fenster 5%, Deckenbekleidungen 4%, Elementierte Außenwände 4%, Nichttragende Außenwände 4%, Deckenbeläge 4%, Dachbeläge 3%, Bodenbeläge 3%, Nichttragende Innenwände 3%, Sonnenschutz 2%, Dachkonstruktionen 2%, Innenwandbekleidungen 2%, Sonstige 22%

Bauwerk - Technische Anlagen
Herstellen: Kälteanlagen 26%, Lüftungsanlagen 17%, Niederspannungsinstallationsanlagen 14%, Beleuchtungsanlagen 12%, Gefahrenmelde- und Alarmanlagen 6%, Übertragungsnetze 5%, Sonstige 21%

Übersicht 1.+2.Ebene
Erweiterung
Umbau
Modernisierung
Instandsetzung
Bauelemente
Abbrechen
Wiederherstellen
Herstellen

Büro- und Verwaltungsgebäude

€/m² BGF

min	640	€/m²
von	1.090	€/m²
Mittel	**1.430**	**€/m²**
bis	1.850	€/m²
max	2.220	€/m²

Kosten:
Stand 2.Quartal 2016
Bundesdurchschnitt
inkl. 19% MwSt.

Objektübersicht zur Gebäudeart

1300-0038 Bürogebäude

BRI 12.602m³ **BGF** 3.263m² **NUF** 2.507m²

Land: Nordrhein-Westfalen
Kreis: Köln
Standard: unter Durchschnitt
Bauzeit: 69 Wochen
Kennwerte: bis 1.Ebene DIN276
veröffentlicht: www.bki.de
BGF **1.055 €/m²**

Planung: Architekten BDA Schaller & Theodor; Köln

EG und OG: teilbare Gewerbeeinheiten, Büro oder Ausstellungsflächen, Erschließung über Treppenhaus, 2.OG und DG: Maisonettewohnungen mit großzügigen Außenterrassen - Laubengangerschließung Wohnfläche = 574m². **Kosteneinfluss Grundstück:** Umbau, Neubau und Aufstockung einer Kartonagenfabrik aus dem Jahre 1903 im Blockinnenbereich der Kölner Neustadt (ca. 1.000m vom Dom bzw. vom Hauptbahnhof entfernt).

1300-0054 Kreisverwaltung

BRI 46.004m³ **BGF** 13.700m² **NUF** 7.645m²

Land: Nordrhein-Westfalen
Kreis: Herford
Standard: über Durchschnitt
Bauzeit: 156 Wochen
Kennwerte: bis 1.Ebene DIN276
veröffentlicht: BKI Objektdaten N1
BGF **1.689 €/m²**

Planung: Architekturbüro Schmidt + Schmersahl

Bürogebäude mit Kreistagssaal, Funktionsräume für die Parteien, Küche/Kantine, Tiefgarage. **Kosteneinfluss Grundstück:** Kernbereich am Innenstadtring, leicht geneigtes Grundstück.

1300-0058 Rathaus

BRI 1.980m³ **BGF** 636m² **NUF** 329m²

Land: Bayern
Kreis: Roth
Standard: Durchschnitt
Bauzeit: 60 Wochen
Kennwerte: bis 1.Ebene DIN276
veröffentlicht: BKI Objektdaten N1
BGF **902 €/m²**

Planung: Ludwig Grassi Architekt VFA; Hilpoltstein

Verwaltungsgebäude mit Einzelbüros, Fraktions- und Sitzungsraum. **Kosteneinfluss Grundstück:** Innenstadtlage

1300-0071 Bürogebäude

BRI 2.458m³   **BGF** 672m²   **NUF** 470m²

Bauzustand: mittel
Aufwand: hoch
Nutzung während der Bauzeit: ja
Nutzungsänderung: nein
Grundrissänderungen: einige
Tragwerkseingriffe: keine

Land: Nordrhein-Westfalen
Kreis: Dortmund
Standard: über Durchschnitt
Bauzeit: 43 Wochen
Kennwerte: bis 1.Ebene DIN276
veröffentlicht: BKI Objektdaten A1

BGF   **1.954 €/m²**

Planung: Prof. Bernd Echtermeyer Architekt BDA; Dortmund

Erweiterung eines bestehenden Bürogebäudes (Objekt 1300-0074); Büroräume für 16 Mitarbeiter, Chefzimmer, Chefsekretariat, Besprechungsräume.

1300-0072 Rathaus

BRI 7.619m³   **BGF** 2.267m²   **NUF** 1.408m²

Bauzustand: mittel
Aufwand: mittel
Nutzung während der Bauzeit: nein
Nutzungsänderung: nein
Grundrissänderungen: umfangreiche
Tragwerkseingriffe: einige

Land: Baden-Württemberg
Kreis: Rhein-Neckar
Standard: über Durchschnitt
Bauzeit: 65 Wochen
Kennwerte: bis 1.Ebene DIN276
veröffentlicht: BKI Objektdaten A1

BGF   **1.745 €/m²**

Planung: V. Praschtil - R. Salcedo Freie Architekten; Heidelberg

Empfangshalle, Standesamt mit Trauzimmer, Büroräume für Grundbuchamt, Ordnungsamt, Ortspolizeibehörde, Kämmerei, Bauverwaltung, Forstverwaltung, Bürgermeisteramt, Hauptamt der Gemeindekasse, kleiner und großer Sitzungssaal, Archivräume, Technik, Lager.

1300-0085 Bürogebäude

BRI 2.354m³   **BGF** 756m²   **NUF** 523m²

Land: Niedersachsen
Kreis: Lüchow-Dannenberg
Standard: über Durchschnitt
Bauzeit: 56 Wochen
Kennwerte: bis 1.Ebene DIN276
veröffentlicht: BKI Objektdaten A2

BGF   **2.223 €/m²**

Planung: Schmitz-Mohr, Wölk & Partner Architekten VDA; Lüchow

Eingangshalle, Besucherzone, Anzeigenannahme, Büro- und Besprechungsräume, Versammlungsraum; Technikräume.
Kosteneinfluss Grundstück: Um die Betriebserweiterung durchführen zu können, musste ein altes Feuerwehrgerätehaus gekauft und abgerissen, sowie eine Straßeneinmündung komplett verlegt werden. Es war eine Pfahlgründung erforderlich.

Übersicht 1.+2.Ebene
Erweiterung
Umbau
Moderni-sierung
Instand-setzung
Bau-elemente
Abbrechen
Wieder-herstellen
Herstellen

Erweiterungen

Büro- und Verwaltungsgebäude

€/m² BGF

min	640	€/m²
von	1.090	€/m²
Mittel	**1.430**	**€/m²**
bis	1.850	€/m²
max	2.220	€/m²

Kosten:
Stand 2.Quartal 2016
Bundesdurchschnitt
inkl. 19% MwSt.

1300-0109 Verwaltungsgebäude   **BRI** 1.479m³   **BGF** 521m²   **NUF** 406m²

Bauzustand: mittel
Aufwand: mittel
Nutzung während der Bauzeit: ja
Nutzungsänderung: nein
Grundrissänderungen: einige
Tragwerkseingriffe: wenige

Land: Baden-Württemberg
Kreis: Esslingen a.N.
Standard: Durchschnitt
Bauzeit: 91 Wochen
Kennwerte: bis 2.Ebene DIN276
veröffentlicht: BKI Objektdaten A4

BGF   **1.062 €/m²**

Planung: Hartmaier + Partner Freie Architekten; Münsingen

Erweiterung eines Verwaltungsgebäudes durch einen Anbau und Umbau des bestehenden Dachgeschosses mit Teilabbruch und Umbau Bestandsbüros. **Kosteneinfluss Nutzung:** Anschluss Heizung an bestehende Anlage; Lagerbehälter vorhanden.

1300-0161 Bürogebäude   **BRI** 223m³   **BGF** 74m²   **NUF** 60m²

Bauzustand: mittel
Aufwand: mittel
Nutzung während der Bauzeit: nein
Nutzungsänderung: nein
Grundrissänderungen: wenige
Tragwerkseingriffe: keine

Land: Mecklenburg-Vorpommern
Kreis: Nordwestmecklenburg
Standard: unter Durchschnitt
Bauzeit: 34 Wochen
Kennwerte: bis 1.Ebene DIN276
veröffentlicht: BKI Objektdaten A7

BGF   **1.428 €/m²**

Planung: Hempel:Architekten; Wismar

Anbau eines Bürogebäudes, Büro- und Konferenznutzung. **Kosteneinfluss Nutzung:** Anbau an Bestandsgebäude

1300-0186 Büro und Werkstattgebäude   **BRI** 1.093m³   **BGF** 284m²   **NUF** 206m²

Baujahr: 1980
Bauzustand: mittel
Aufwand: mittel
Nutzung während der Bauzeit: ja
Nutzungsänderung: nein
Grundrissänderungen: wenige
Tragwerkseingriffe: keine

Land: Berlin
Kreis: Berlin
Standard: Durchschnitt
Bauzeit: 39 Wochen
Kennwerte: bis 1.Ebene DIN276
veröffentlicht: BKI Objektdaten A8

BGF   **1.296 €/m²**

Planung: Arge4architekten GbR; Potsdam

Erweiterung eines Gewerbebaus mit Büro im EG und Werkstatt im UG

1300-0191 Schulungs- und Verwaltungsgebäude   **BRI** 5.801m³   **BGF** 1.472m²   **NUF** 1.105m²

Bauzustand: gut
Aufwand: mittel
Nutzung während der Bauzeit: ja
Nutzungsänderung: nein
Grundrissänderungen: wenige
Tragwerkseingriffe: keine

Land: Rheinland-Pfalz
Kreis: Grünstadt-Land
Standard: Durchschnitt
Bauzeit: 43 Wochen
Kennwerte: bis 1.Ebene DIN276
veröffentlicht: BKI Objektdaten A9
BGF   **1.416 €/m²**

Planung: P4 ARCHITEKTEN BDA; Frankenthal

Anbau eines Schulungs- und Verwaltungsgebäudes als Kopfbau an eine bestehende Produktionshalle mit Verwaltungsgebäude.

1300-0221 Bürogebäude (36 AP)   **BRI** 6.218m³   **BGF** 1.708m²   **NUF** 1.133m²

Land: Bayern
Kreis: Weilheim-Schongau
Standard: Durchschnitt
Bauzeit: 65 Wochen
Kennwerte: bis 1.Ebene DIN276
vorgesehen: BKI Objektdaten A10
BGF   **1.457 €/m²**

Planung: Architekturbüro Manfred Ullmann; Burggen

Bürogebäude (36 AP) und Mehrzweckraum.

Kostenkennwerte für die Kosten des Bauwerks (Kostengruppen 300+400 nach DIN 276)

BRI 400 €/m³
von 300 €/m³
bis 480 €/m³

BGF 1.500 €/m²
von 1.080 €/m²
bis 1.790 €/m²

NUF 2.340 €/m²
von 1.710 €/m²
bis 2.920 €/m²

NE 19.780 €/NE
von 8.250 €/NE
bis 54.980 €/NE
NE: Schüler

Objektbeispiele

Kosten:
Stand 2.Quartal 2016
Bundesdurchschnitt
inkl. 19% MwSt.

4500-0015

4100-0127

4200-0024

Kosten der 30 Vergleichsobjekte — Seiten 108 bis 121

- ● KKW
- ▶ min
- ▷ von
- | Mittelwert
- ◁ bis
- ◀ max

BRI — €/m³ BRI
'0 '50 '100 '150 '200 '250 '300 '350 '400 '450 '500

BGF — €/m² BGF
'400 '600 '800 '1000 '1200 '1400 '1600 '1800 '2000 '2200 '2400

NUF — €/m² NUF
'0 '500 '1000 '1500 '2000 '2500 '3000 '3500 '4000 '4500 '5000

© **BKI** Baukosteninformationszentrum; Erläuterungen zu den Tabellen siehe Seite 24   Kosten: 2.Quartal 2016, Bundesdurchschnitt, **inkl. 19% MwSt.**

Kostenkennwerte für die Kostengruppen der 1. und 2.Ebene DIN 276

KG	Kostengruppen der 1. Ebene	Einheit	▷	€/Einheit	◁	▷	% an 300+400	◁
100	Grundstück	m² GF						
200	Herrichten und Erschließen	m² GF	3	**11**	45	0,4	**1,5**	3,6
300	Bauwerk - Baukonstruktionen	m² BGF	895	**1.227**	1.509	73,3	**81,6**	88,8
400	Bauwerk - Technische Anlagen	m² BGF	156	**277**	425	11,2	**18,4**	26,7
	Bauwerk (300+400)	m² BGF	1.081	**1.504**	1.795		**100,0**	
500	Außenanlagen	m² AF	35	**102**	255	3,9	**8,0**	14,7
600	Ausstattung und Kunstwerke	m² BGF	17	**71**	214	0,8	**4,6**	10,7
700	Baunebenkosten	m² BGF						

KG	Kostengruppen der 2. Ebene	Einheit	▷	€/Einheit	◁	▷	% an 300	◁
310	Baugrube	m³ BGI	24	**34**	51	0,9	**2,2**	5,3
320	Gründung	m² GRF	113	**288**	397	6,3	**12,1**	18,7
330	Außenwände	m² AWF	391	**537**	712	29,9	**33,6**	41,8
340	Innenwände	m² IWF	202	**295**	423	7,0	**12,1**	17,5
350	Decken	m² DEF	238	**364**	657	5,9	**14,5**	23,8
360	Dächer	m² DAF	236	**387**	629	12,2	**16,7**	23,9
370	Baukonstruktive Einbauten	m² BGF	22	**46**	126	0,3	**2,1**	6,5
390	Sonstige Baukonstruktionen	m² BGF	41	**92**	139	4,0	**6,6**	9,2
300	**Bauwerk Baukonstruktionen**	**m² BGF**					**100,0**	

KG	Kostengruppen der 2. Ebene	Einheit	▷	€/Einheit	◁	▷	% an 400	◁
410	Abwasser, Wasser, Gas	m² BGF	25	**58**	111	11,8	**22,5**	34,7
420	Wärmeversorgungsanlagen	m² BGF	37	**63**	121	14,1	**25,3**	34,5
430	Lufttechnische Anlagen	m² BGF	5	**22**	55	0,3	**3,0**	10,4
440	Starkstromanlagen	m² BGF	59	**106**	168	25,3	**42,1**	61,1
450	Fernmeldeanlagen	m² BGF	5	**16**	51	0,7	**4,1**	10,5
460	Förderanlagen	m² BGF	8	**24**	40	0,0	**0,8**	7,0
470	Nutzungsspezifische Anlagen	m² BGF	1	**3**	12	0,2	**1,0**	5,2
480	Gebäudeautomation	m² BGF	8	**26**	60	0,0	**1,1**	8,6
490	Sonstige Technische Anlagen	m² BGF	0	**2**	5	0,0	**0,2**	1,4
400	**Bauwerk Technische Anlagen**	**m² BGF**					**100,0**	

Prozentanteile der Kosten der 2.Ebene an den Kosten des Bauwerks nach DIN 276 (Von-, Mittel-, Bis-Werte)

310	Baugrube	1,9
320	Gründung	10,1
330	Außenwände	27,9
340	Innenwände	9,8
350	Decken	11,9
360	Dächer	14,0
370	Baukonstruktive Einbauten	1,8
390	Sonstige Baukonstruktionen	5,6
410	Abwasser, Wasser, Gas	3,8
420	Wärmeversorgungsanlagen	4,3
430	Lufttechnische Anlagen	0,7
440	Starkstromanlagen	6,6
450	Fernmeldeanlagen	0,8
460	Förderanlagen	0,2
470	Nutzungsspezifische Anlagen	0,2
480	Gebäudeautomation	0,3
490	Sonstige Technische Anlagen	0,0

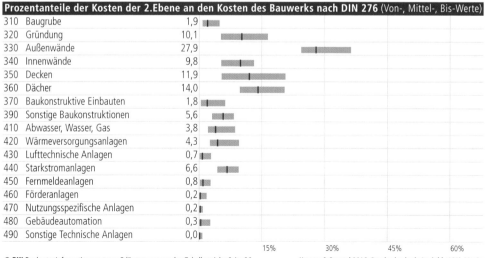

15%   30%   45%   60%

© **BKI** Baukosteninformationszentrum; Erläuterungen zu den Tabellen siehe Seite 26   Kosten: 2.Quartal 2016, Bundesdurchschnitt, inkl. 19% MwSt.

Übersicht 1.+ 2.Ebene
Erweiterung
Umbau
Moderni- sierung
Instand- setzung
Bau- elemente
Abbrechen
Wieder- herstellen
Herstellen

Kostenkennwerte für die Kostengruppen der 3.Ebene DIN 276

KG	Kostengruppen der 3. Ebene	Einheit	▷	Ø €/Einheit	◁	▷	Ø €/m² BGF	◁
337	Elementierte Außenwände	m²	406,46	**538,45**	640,34	91,81	**161,01**	318,90
334	Außentüren und -fenster	m²	610,40	**957,40**	2.913,24	63,11	**116,54**	239,22
351	Deckenkonstruktionen	m²	145,92	**172,44**	262,38	57,28	**105,04**	275,36
363	Dachbeläge	m²	110,47	**167,12**	292,23	53,02	**98,32**	162,62
335	Außenwandbekleidungen außen	m²	100,35	**152,65**	239,09	47,81	**91,32**	166,99
331	Tragende Außenwände	m²	119,87	**184,05**	385,48	44,68	**91,05**	183,11
361	Dachkonstruktionen	m²	75,37	**130,31**	194,71	40,15	**80,37**	148,36
379	Baukonstr. Einbauten, sonstiges	m²	0,57	**71,34**	142,11	0,57	**71,34**	142,11
325	Bodenbeläge	m²	96,38	**142,55**	185,55	36,99	**63,13**	105,66
391	Baustelleneinrichtung	m²	21,12	**62,67**	104,44	21,12	**62,67**	104,44
323	Tiefgründungen	m²	137,02	**172,61**	208,20	52,11	**60,27**	68,42
352	Deckenbeläge	m²	89,74	**113,84**	133,61	42,44	**59,58**	95,98
322	Flachgründungen	m²	100,10	**539,16**	5.773,48	24,97	**58,34**	84,32
341	Tragende Innenwände	m²	112,85	**193,22**	604,50	29,68	**51,55**	76,94
444	Niederspannungsinstallationsanl.	m²	24,47	**49,29**	87,13	24,47	**49,29**	87,13
445	Beleuchtungsanlagen	m²	26,22	**45,68**	77,57	26,22	**45,68**	77,57
364	Dachbekleidungen	m²	54,27	**91,18**	137,65	20,34	**42,08**	64,12
344	Innentüren und -fenster	m²	471,55	**620,83**	806,58	24,41	**41,32**	60,25
324	Unterböden und Bodenplatten	m²	74,20	**167,63**	1.056,69	17,71	**40,84**	90,01
353	Deckenbekleidungen	m²	41,10	**71,09**	85,38	14,59	**33,89**	76,17
345	Innenwandbekleidungen	m²	31,40	**47,90**	120,25	19,45	**32,65**	46,07
338	Sonnenschutz	m²	155,24	**255,45**	443,26	23,10	**30,83**	38,75
311	Baugrubenherstellung	m³	19,38	**30,79**	46,98	13,60	**30,08**	86,36
411	Abwasseranlagen	m²	13,84	**29,71**	72,13	13,84	**29,71**	72,13
481	Automationssysteme	m²	15,97	**28,36**	40,75	15,97	**28,36**	40,75
422	Wärmeverteilnetze	m²	12,89	**27,54**	41,85	12,89	**27,54**	41,85
412	Wasseranlagen	m²	12,84	**26,08**	51,97	12,84	**26,08**	51,97
423	Raumheizflächen	m²	18,76	**25,95**	47,10	18,76	**25,95**	47,10
362	Dachfenster, Dachöffnungen	m²	593,60	**1.084,95**	1.929,74	7,40	**24,27**	87,29
392	Gerüste	m²	10,22	**23,99**	39,76	10,22	**23,99**	39,76
333	Außenstützen	m	132,43	**229,28**	606,88	6,92	**20,17**	56,08
371	Allgemeine Einbauten	m²	8,14	**20,13**	73,14	8,14	**20,13**	73,14
482	Schaltschränke	m²	–	**18,75**	–	–	**18,75**	–
457	Übertragungsnetze	m²	7,51	**18,44**	36,25	7,51	**18,44**	36,25
336	Außenwandbekleidungen innen	m²	22,88	**39,29**	51,87	8,22	**18,09**	27,99
321	Baugrundverbesserung	m²	18,64	**24,61**	41,41	10,23	**14,42**	20,14
421	Wärmeerzeugungsanlagen	m²	4,47	**14,23**	24,81	4,47	**14,23**	24,81
342	Nichttragende Innenwände	m²	69,39	**90,38**	122,70	6,29	**13,52**	27,73
346	Elementierte Innenwände	m²	250,96	**525,63**	872,63	3,67	**13,36**	23,96
372	Besondere Einbauten	m²	4,95	**13,30**	18,60	4,95	**13,30**	18,60
431	Lüftungsanlagen	m²	3,03	**13,19**	34,16	3,03	**13,19**	34,16
393	Sicherungsmaßnahmen	m²	0,12	**12,67**	21,12	0,12	**12,67**	21,12
359	Decken, sonstiges	m²	6,48	**17,69**	31,94	3,40	**10,15**	18,65
394	Abbruchmaßnahmen	m²	2,30	**9,02**	22,36	2,30	**9,02**	22,36
326	Bauwerksabdichtungen	m²	7,10	**15,20**	29,11	2,93	**8,53**	22,22
446	Blitzschutz- und Erdungsanlagen	m²	3,79	**8,14**	16,69	3,79	**8,14**	16,69
397	Zusätzliche Maßnahmen	m²	3,24	**8,05**	19,17	3,24	**8,05**	19,17
473	Medienversorgungsanlagen	m²	0,42	**7,78**	15,13	0,42	**7,78**	15,13
327	Dränagen	m²	8,40	**14,53**	19,48	4,84	**7,71**	9,71

Kosten:
Stand 2.Quartal 2016
Bundesdurchschnitt
inkl. 19% MwSt.

▷ von
Ø Mittel
◁ bis

Kostenkennwerte für Leistungsbereiche nach StLB (Kosten des Bauwerks nach DIN 276)

LB	Leistungsbereiche	▷	€/m² BGF	◁	▷	% an 300+400	◁
000	Sicherheits-, Baustelleneinrichtungen inkl. 001	35	77	111	2,3	5,1	7,4
002	Erdarbeiten	20	42	84	1,4	2,8	5,6
006	Spezialtiefbauarbeiten inkl. 005	–	–	–	–	–	–
009	Entwässerungskanalarbeiten inkl. 011	1	7	27	0,0	0,5	1,8
010	Drän- und Versickerungsarbeiten	0	2	7	0,0	0,2	0,5
012	Mauerarbeiten	27	106	199	1,8	7,0	13,2
013	Betonarbeiten	170	259	346	11,3	17,2	23,0
014	Natur-, Betonwerksteinarbeiten	1	16	40	0,1	1,1	2,7
016	Zimmer- und Holzbauarbeiten	7	40	88	0,5	2,7	5,9
017	Stahlbauarbeiten	1	28	148	0,1	1,9	9,8
018	Abdichtungsarbeiten	2	10	30	0,2	0,6	2,0
020	Dachdeckungsarbeiten	–	17	50	–	1,2	3,3
021	Dachabdichtungsarbeiten	8	45	99	0,5	3,0	6,6
022	Klempnerarbeiten	7	20	45	0,4	1,3	3,0
	Rohbau	462	670	787	30,7	44,5	52,3
023	Putz- und Stuckarbeiten, Wärmedämmsysteme	30	68	105	2,0	4,6	7,0
024	Fliesen- und Plattenarbeiten	8	26	63	0,5	1,7	4,2
025	Estricharbeiten	14	31	46	1,0	2,0	3,0
026	Fenster, Außentüren inkl. 029, 032	23	108	202	1,5	7,2	13,5
027	Tischlerarbeiten	24	78	182	1,6	5,2	12,1
028	Parkettarbeiten, Holzpflasterarbeiten	0	5	42	0,0	0,4	2,8
030	Rollladenarbeiten	7	23	33	0,4	1,5	2,2
031	Metallbauarbeiten inkl. 035	28	86	270	1,8	5,7	18,0
034	Maler- und Lackiererarbeiten inkl. 037	14	31	55	0,9	2,0	3,6
036	Bodenbelagarbeiten	10	28	46	0,7	1,9	3,1
038	Vorgehängte hinterlüftete Fassaden	0	6	44	0,0	0,4	2,9
039	Trockenbauarbeiten	38	75	113	2,6	5,0	7,5
	Ausbau	484	568	659	32,2	37,8	43,8
040	Wärmeversorgungsanl. - Betriebseinr. inkl. 041	31	57	112	2,0	3,8	7,5
042	Gas- und Wasserinstallation, Leitungen inkl. 043	5	17	38	0,3	1,2	2,6
044	Abwasserinstallationsarbeiten - Leitungen	6	15	33	0,4	1,0	2,2
045	GWA-Einrichtungsgegenstände inkl. 046	5	12	33	0,3	0,8	2,2
047	Dämmarbeiten an betriebstechnischen Anlagen	2	8	16	0,1	0,5	1,1
049	Feuerlöschanlagen, Feuerlöschgeräte	0	1	4	0,0	0,1	0,3
050	Blitzschutz- und Erdungsanlagen	3	7	13	0,2	0,4	0,9
053	Niederspannungsanlagen inkl. 052, 054	28	53	81	1,9	3,5	5,4
055	Ersatzstromversorgungsanlagen	–	0	–	–	0,0	–
057	Gebäudesystemtechnik	–	3	–	–	0,2	–
058	Leuchten und Lampen inkl. 059	12	36	62	0,8	2,4	4,2
060	Elektroakustische Anlagen, Sprechanlagen	0	4	14	0,0	0,3	0,9
061	Kommunikationsnetze, inkl. 062	1	5	23	0,1	0,3	1,5
063	Gefahrenmeldeanlagen	0	3	9	0,0	0,2	0,6
069	Aufzüge	–	0	–	–	0,0	–
070	Gebäudeautomation	0	3	10	0,0	0,2	0,7
075	Raumlufttechnische Anlagen	1	6	26	0,0	0,4	1,7
	Technische Anlagen	149	232	374	9,9	15,4	24,8
084	Abbruch- und Rückbauarbeiten	1	11	81	0,1	0,7	5,4
	Sonstige Leistungsbereiche inkl. 008, 033, 051	7	26	88	0,4	1,8	5,8

Übersicht 1.+.2.Ebene · Erweiterung · Umbau · Modernisierung · Instandsetzung · Bauelemente · Abbrechen · Wiederherstellen · Herstellen

€/m² BGF

min	680 €/m²
von	1.080 €/m²
Mittel	**1.500 €/m²**
bis	1.790 €/m²
max	2.120 €/m²

Kosten:
Stand 2.Quartal 2016
Bundesdurchschnitt
inkl. 19% MwSt.

4100-0003 Hauptschule (4 Klassen) **BRI** 3.825m³ **BGF** 914m² **NUF** 650m²

© Architektengruppe 4

Land: Bayern
Kreis: Ingolstadt
Standard: Durchschnitt
Bauzeit: 52 Wochen
Kennwerte: bis 3.Ebene DIN276
veröffentlicht: www.bki.de
BGF **1.413 €/m²**

Planung: Architektengruppe 4 Braun-Dietz-Lüling-Schlagenhaufer; Ingolstadt

Erweiterung einer bestehenden Hauptschule um 2 Fach- und 4 Klassenräume. **Kosteneinfluss Nutzung:** Geringere Kosten im Bereich Technik (Sanitärräume und Heizzentrale im Altbau) und Fassade (kleine Fläche). **Kosteneinfluss Grundstück:** Innerstädtische Bestandserweiterung, daher Kosten für Abbruch von Fassadenelementen, für Übergänge der Bodenbeläge, Deckenbekleidungen und der Dachbeläge (etwa 1% der Bauwerkskosten).

Bauwerk - Baukonstruktionen
Außentüren und -fenster 12%, Baukonstruktive Einbauten, sonstiges 12%, Deckenkonstruktionen 8%, Außenwandbekleidungen außen 6%, Innentüren und -fenster 6%, Baustelleneinrichtung 6%, Deckenbeläge 5%, Dachkonstruktionen 5%, Bodenbeläge 5%, Tragende Außenwände 5%, Dachbeläge 5%, Deckenbekleidungen 4%, Sonstige 23%

Bauwerk - Technische Anlagen
Niederspannungsinstallationsanlagen 17%, Abwasseranlagen 17%, Beleuchtungsanlagen 12%, Raumheizflächen 11%, Wasseranlagen 11%, Wärmeverteilnetze 8%, Sonstige 24%

4100-0014 Grundschule (6 Klassen) **BRI** 3.180m³ **BGF** 831m² **NUF** 552m²

© Hochbauamt Stadt Aachen

Land: Nordrhein-Westfalen
Kreis: Aachen
Standard: Durchschnitt
Bauzeit: 174 Wochen
Kennwerte: bis 3.Ebene DIN276
veröffentlicht: www.bki.de
BGF **1.776 €/m²**

Planung: Hochbauamt Stadt Aachen

Erweiterung einer Grundschule mit sechs Klassenräumen, einem Gruppenraum, Lehrerzimmer und eine Toilettenanlage.

Bauwerk - Baukonstruktionen
Tragende Außenwände 10%, Baustelleneinrichtung 8%, Außentüren und -fenster 7%, Dachkonstruktionen 7%, Außenwandbekleidungen außen 7%, Dachbeläge 6%, Flachgründungen 5%, Dachfenster, Dachöffnungen 5%, Tragende Innenwände 5%, Deckenkonstruktionen 5%, Dachbekleidungen 3%, Tiefgründungen 3%, Deckenbeläge 3%, Innentüren und -fenster 3%, Sonstige 22%

Bauwerk - Technische Anlagen
Beleuchtungsanlagen 38%, Niederspannungsinstallationsanlagen 14%, Raumheizflächen 13%, Wasseranlagen 10%, Sonstige 25%

4100-0015 Realschule (8 Klassen)   **BRI** 3.016m³   **BGF** 785m²   **NUF** 616m²

Land: Nordrhein-Westfalen
Kreis: Aachen
Standard: Durchschnitt
Bauzeit: 104 Wochen
Kennwerte: bis 3.Ebene DIN276
veröffentlicht: www.bki.de

BGF   **1.577 €/m²**

Planung: Hochbauamt Stadt Aachen

Erweiterung einer Realschule mit acht Klassenräumen, einem Lehrmittelraum, einem Kunstnebenraum und zwei Verbindungsfluren zum bestehenden Gebäude.

Bauwerk - Baukonstruktionen

Elementierte Außenwände 10%, Tragende Außenwände 7%, Außentüren und -fenster 7%, Baustelleneinrichtung 6%, Flachgründungen 6%, Dachkonstruktionen 6%, Deckenkonstruktionen 6%, Dachbekleidungen 6%, Tiefgründungen 5%, Dachbeläge 5%, Innentüren und -fenster 4%, Bodenbeläge 4%, Gerüste 3%, Unterböden und Bodenplatten 3%, Sonstige 22%

Bauwerk - Technische Anlagen

Beleuchtungsanlagen 22%, Niederspannungsinstallationsanlagen 21%, Raumheizflächen 18%, Wärmeverteilnetze 15%, Sonstige 24%

4100-0021 Grund-, Lernförderschule (30 Klassen)   **BRI** 25.989m³   **BGF** 7.391m²   **NUF** 4.490m²

Land: Sachsen
Kreis: Flöha
Standard: Durchschnitt
Bauzeit: 182 Wochen
Kennwerte: bis 3.Ebene DIN276
veröffentlicht: BKI Objektdaten N1

BGF   **713 €/m²**

Planung: SATEC Ingenieurgesellschaft mbH; Klaffenbach

Dreizügige Grundschule und zweizügige Lernförderschule mit Turnhalle und Cafeteria, Hort; ganztägige Betreuung in Lernförderschule. **Kosteneinfluss Nutzung:** Grundschule und Lernförderschule nutzen Turnhalle, Cafeteria, Schulhof gemeinsam, Cafeteria und Turnhalle können außerhalb des Unterrichts öffentlich genutzt werden. Hoher Anteil nicht genutzter, unausgebauter Flächen. **Kosteneinfluss Grundstück:** Sanierung Grund- und Lernförderschule mit Turnhalle, Baujahr ca. 1900, bei laufendem Schulbetrieb.

Bauwerk - Baukonstruktionen

Außentüren und -fenster 19%, Deckenbeläge 13%, Außenwandbekleidungen außen 9%, Innenwandbekleidungen 8%, Deckenbekleidungen 8%, Bodenbeläge 5%, Dachbeläge 5%, Innentüren und -fenster 5%, Außenwandbekleidungen innen 3%, Nichttragende Innenwände 3%, Sonstige 21%

Bauwerk - Technische Anlagen

Wärmeverteilnetze 19%, Wasseranlagen 16%, Beleuchtungsanlagen 12%, Wärmeerzeugungsanlagen 12%, Abwasseranlagen 11%, Raumheizflächen 8%, Sonstige 22%

Übersicht 1.+ 2.Ebene
Erweiterung
Umbau
Modernisierung
Instandsetzung
Bauelemente
Abbrechen
Wiederherstellen
Herstellen

Objektübersicht zur Gebäudeart

4100-0044 Realschule (7 Klassen)   **BRI** 5.302m³   **BGF** 1.573m²   **NUF** 1.226m²

Land: Bayern
Kreis: Bad Kissingen
Standard: Durchschnitt
Bauzeit: 52 Wochen
Kennwerte: bis 3.Ebene DIN276
veröffentlicht: BKI Objektdaten A3
BGF 681 €/m²

€/m² BGF

min	680 €/m²
von	1.080 €/m²
Mittel	**1.500 €/m²**
bis	1.790 €/m²
max	2.120 €/m²

Kosten:
Stand 2.Quartal 2016
Bundesdurchschnitt
inkl. 19% MwSt.

Planung: Architekturbüro Stefan Richter; Bad Brückenau

Erweiterung einer Realschule um 7 Klassenräume durch einen eingeschossigen weitgehend freistehenden Baukörper mit Verbindungsgang zum Bestand, ohne eigene Heizung.

Bauwerk - Baukonstruktionen
Elementierte Außenwände 13%, Deckenkonstruktionen 13%, Dachbeläge 9%, Deckenbeläge 8%, Tragende Innenwände 7%, Tragende Außenwände 5%, Baugrubenherstellung 4%, Dachkonstruktionen 4%, Innenwandbekleidungen 4%, Sonnenschutz 4%, Dachbekleidungen 3%, Dachfenster, Dachöffnungen 3%, Sonstige 23%

Bauwerk - Technische Anlagen
Niederspannungsinstallationsanlagen 22%, Beleuchtungsanlagen 19%, Raumheizflächen 13%, Wärmeverteilnetze 11%, Abwasseranlagen 7%, Wasseranlagen 6%, Sonstige 22%

4100-0047 Grundschule (4 Klassen, 100 Schüler)   **BRI** 2.090m³   **BGF** 538m²   **NUF** 334m²

Baujahr: 1958/63

Land: Rheinland-Pfalz
Kreis: Rhein-Lahn, Bad Ems
Standard: Durchschnitt
Bauzeit: 65 Wochen
Kennwerte: bis 4.Ebene DIN276
veröffentlicht: BKI Objektdaten A3
BGF 1.171 €/m²

Planung: Architekturbüro Vangerow-Kühn; Bad Ems

Erweiterung einer bestehenden Schule um einen separaten 2-geschossigen Baukörper mit 4 Klassenräumen für 100 Schüler. Ohne eigene Sanitär- und Verwaltungsräume. **Kosteneinfluss Nutzung:** Die Objekte 4100-0046 (Modernisierung) und 4100-0047 (Erweiterung) bilden eine zusammenhängende Schulbaumaßnahme im Rahmen der Schulbauförderungsbestimmungen. Die Sanitär- und Verwaltungsräume befinden sich im Altbau (4100-0046). **Kosteneinfluss Grundstück:** Wegen Hochwassergefahr ist die Bodenplatte angehoben (ca. 60cm über Gelände).

Bauwerk - Baukonstruktionen
Tragende Außenwände 9%, Flachgründungen 9%, Außentüren und -fenster 7%, Dachbekleidungen 6%, Deckenkonstruktionen 5%, Bodenbeläge 5%, Unterböden und Bodenplatten 5%, Dachbeläge 5%, Tragende Innenwände 5%, Außenwandbekleidungen außen 4%, Dachkonstruktionen 4%, Elementierte Außenwände 4%, Innenwandbekleidungen 4%, Deckenbeläge 3%, Sonstige 23%

Bauwerk - Technische Anlagen
Niederspannungsinstallationsanlagen 27%, Raumheizflächen 14%, Wasseranlagen 14%, Beleuchtungsanlagen 13%, Abwasseranlagen 9%, Sonstige 23%

© **BKI** Baukosteninformationszentrum; Erläuterungen zu den Tabellen siehe Seite 32   Kosten: 2.Quartal 2016, Bundesdurchschnitt, **inkl. 19% MwSt.**

4100-0075 Schulzentrum   **BRI** 2.795m³   **BGF** 855m²   **NUF** 515m²

Baujahr: 1958
Bauzustand: mittel
Aufwand: mittel
Nutzung während der Bauzeit: nein
Nutzungsänderung: nein
Grundrissänderungen: wenige
Tragwerkseingriffe: keine

Land: Baden-Württemberg
Kreis: Esslingen a.N.
Standard: Durchschnitt
Bauzeit: 52 Wochen
Kennwerte: bis 3.Ebene DIN276
veröffentlicht: BKI Objektdaten A7

BGF   **1.743 €/m²**

Planung: KLE-Architekten Dipl.-Ing. Freie Architekten BDA; Kirchheim u. Teck

Erweiterung einer Schule um einen Ganztagesbereich, Kochküche, Mensa, Internetcafe, Leseraum **Kosteneinfluss Nutzung:** Die Erweiterung konnte an die vorhandene Heizungsanlage angeschlossen werden. **Kosteneinfluss Grundstück:** Das Gebäude ist teilweise in den Hang eingebaut.

Bauwerk - Baukonstruktionen
Herstellen: Elementierte Außenwände 10%, Tragende Innenwände 7%, Dachbeläge 7%, Deckenkonstruktionen 6%, Außenwandbekleidungen außen 6%, Bodenbeläge 6%, Innentüren und -fenster 5%, Dachkonstruktionen 5%, Tragende Außenwände 5%, Flachgründungen 5%, Innenwandbekleidungen 4%, Deckenbeläge 4%, Sonnenschutz 3%, Unterböden und Bodenplatten 3%, Sonstige 22%

Bauwerk - Technische Anlagen
Herstellen: Abwasseranlagen 20%, Niederspannungsinstallationsanlagen 15%, Wasseranlagen 10%, Wärmeverteilnetze 9%, Beleuchtungsanlagen 8%, Automationssysteme 7%, Lüftungsanlagen 7%, Sonstige 23%

4100-0103 Offene Grundschule   **BRI** 944m³   **BGF** 235m²   **NUF** 164m²

Land: Nordrhein-Westfalen
Kreis: Erft, Bergheim
Standard: Durchschnitt
Bauzeit: 25 Wochen
Kennwerte: bis 3.Ebene DIN276
veröffentlicht: BKI Objektdaten A8

BGF   **1.930 €/m²**

Planung: Architekturbüro Hatzmann; Kerpen

Erweiterung einer Grundschule mit zwei Gruppenräumen für einen offenen Ganztagesbetrieb. **Kosteneinfluss Grundstück:** Das Gebäude ist in der Erdbebenzone III gelegen, es musste ein Rahmen unter den Stützen betoniert werden.

Bauwerk - Baukonstruktionen
Deckenkonstruktionen 21%, Dachbeläge 9%, Tragende Außenwände 8%, Außentüren und -fenster 7%, Außenwandbekleidungen außen 7%, Deckenbeläge 7%, Flachgründungen 6%, Außenstützen 6%, Dachkonstruktionen 5%, Dachbekleidungen 3%, Sonstige 22%

Bauwerk - Technische Anlagen
Raumheizflächen 19%, Niederspannungsinstallationsanlagen 16%, Beleuchtungsanlagen 14%, Wärmeverteilnetze 12%, Wasseranlagen 11%, Sonstige 26%

Übersicht- 1.-2.Ebene
Erweiterung
Umbau
Moderni- sierung
Instand- setzung
Bau- elemente
Abbrechen
Wieder- herstellen
Herstellen

Objektübersicht zur Gebäudeart

4100-0107 Grundschule BRI 1.854m³ BGF 539m² NUF 320m²

€/m² BGF

min	680 €/m²
von	1.080 €/m²
Mittel	**1.500 €/m²**
bis	1.790 €/m²
max	2.120 €/m²

Kosten:
Stand 2.Quartal 2016
Bundesdurchschnitt
inkl. 19% MwSt.

Baujahr: 1965
Bauzustand: schlecht
Aufwand: hoch
Nutzung während der Bauzeit: ja
Nutzungsänderung: nein
Grundrissänderungen: umfangreiche
Tragwerkseingriffe: einige

Land: Nordrhein-Westfalen
Kreis: Dortmund
Standard: Durchschnitt
Bauzeit: 47 Wochen
Kennwerte: bis 3.Ebene DIN276
veröffentlicht: BKI Objektdaten A7

BGF **1.914 €/m²**

Planung: Marcus Patrias Architekten BDA; Dortmund

Erweiterung des offenen Ganztagesbereichs einer Grundschule mit Betreuungsräumen. **Kosteneinfluss Nutzung:** Die haustechnische Versorgung der Räume kann über die im bestehenden Gebäudeflügel gelegenen Versorgungsräume erfolgen. **Kosteneinfluss Grundstück:** Aufgrund der schon im Bestand vorhandenen Senkungen erfolgte die Gründung gemäß Bodengutachten.

Bauwerk - Baukonstruktionen
Außentüren und -fenster 21%, Außenwandbekleidungen außen 13%, Dachbeläge 6%, Baustelleneinrichtung 5%, Bodenbeläge 4%, Flachgründungen 4%, Tragende Innenwände 4%, Tragende Außenwände 4%, Unterböden und Bodenplatten 4%, Deckenkonstruktionen 4%, Dachkonstruktionen 3%, Innenwandbekleidungen 3%, Deckenbeläge 3%, Sonstige 22%

Bauwerk - Technische Anlagen
Niederspannungsinstallationsanlagen 36%, Abwasseranlagen 20%, Wärmeverteilnetze 15%, Sonstige 28%

4100-0108 Grundschule BRI 1.713m³ BGF 470m² NUF 285m²

Baujahr: 1969
Bauzustand: schlecht
Aufwand: hoch
Nutzung während der Bauzeit: ja
Nutzungsänderung: nein
Grundrissänderungen: umfangreiche
Tragwerkseingriffe: einige

Land: Nordrhein-Westfalen
Kreis: Dortmund
Standard: Durchschnitt
Bauzeit: 47 Wochen
Kennwerte: bis 3.Ebene DIN276
veröffentlicht: BKI Objektdaten A7

BGF **1.807 €/m²**

Planung: Marcus Patrias Architekten BDA; Dortmund

Erweiterung des offenen Ganztagesbereichs einer Grundschule mit Betreuungsräumen. **Kosteneinfluss Nutzung:** Zeitgleich mit dem Anbau erfolgt die Umsetzung des Brandschutzkonzepts im Bestand. **Kosteneinfluss Grundstück:** Rasenfläche hinter dem Schulgebäude ohne schützenswerten Baumbestand.

Bauwerk - Baukonstruktionen
Elementierte Außenwände 16%, Außenwandbekleidungen außen 12%, Dachbeläge 12%, Tragende Außenwände 7%, Dachkonstruktionen 6%, Baustelleneinrichtung 6%, Bodenbeläge 6%, Flachgründungen 6%, Dachbekleidungen 5%, Sonstige 24%

Bauwerk - Technische Anlagen
Niederspannungsinstallationsanlagen 28%, Wasseranlagen 22%, Abwasseranlagen 17%, Wärmeverteilnetze 12%, Sonstige 21%

4100-0115 Hauptschule*   **BRI** 32.187m³   **BGF** 9.243m²   **NUF** 5.303m²

© DI-Ralph Broger

Baujahr: 1972
Bauzustand: mittel
Aufwand: mittel
Nutzung während der Bauzeit: nein
Nutzungsänderung: nein
Grundrissänderungen: einige
Tragwerkseingriffe: einige

Land: Österreich
Kreis: Vorarlberg
Standard: Durchschnitt
Bauzeit: 52 Wochen
Kennwerte: bis 3.Ebene DIN276
veröffentlicht: BKI Objektdaten E4

BGF   **893 €/m²**

* Nicht in der Auswertung enthalten

Planung: DI Ralph Broger; Bezau

Das dreigeschossige Gebäude steht im Ortszentrum. Es wurde 1969-1972 in Massivbauweise erstellt. Im August 2005 richtete ein Hochwasser schwere Schäden im Untergeschoss an. Der Wärme- und Brandschutz wurden verbessert. Die Turnhalle wurde auf Normgröße erweitert.

Bauwerk - Baukonstruktionen
Abbrechen: Abbruchmaßnahmen 5%
Herstellen: Außentüren und -fenster 12%, Deckenkonstruktionen 10%, Deckenbeläge 10%, Deckenbekleidungen 9%, Außenwandbekleidungen außen 8%, Innentüren und -fenster 6%, Innenwandbekleidungen 4%, Dachbeläge 4%, Allgemeine Einbauten 4%, Tragende Außenwände 3%, Außenwandbekleidungen innen 2%, Tiefgründungen 2%
Sonstige: 21%

Bauwerk - Technische Anlagen
Herstellen: Lüftungsanlagen 30%, Niederspannungsinstallationsanlagen 24%, Beleuchtungsanlagen 9%, Wasseranlagen 8%, Automationssysteme 5%, Sonstige 24%

4100-0116 Mittelschule*   **BRI** 30.160m³   **BGF** 7.423m²   **NUF** 4.761m²

© Atelier Raggl

Baujahr: 1975
Bauzustand: schlecht
Aufwand: hoch
Nutzung während der Bauzeit: ja
Nutzungsänderung: nein
Grundrissänderungen: wenige
Tragwerkseingriffe: wenige

Land: Österreich
Kreis: Vorarlberg
Standard: über Durchschnitt
Bauzeit: 82 Wochen
Kennwerte: bis 3.Ebene DIN276
veröffentlicht: BKI Objektdaten E4

BGF   **857 €/m²**

* Nicht in der Auswertung enthalten

Planung: Atelier Raggl Bauplanungs GmbH; Röns

Mittelschule mit elf Klassen und 205 Schülern. **Kosteneinfluss Nutzung:** Die Realisierung des Objektes erfolgte in zwei Bauabschnitten.

Bauwerk - Baukonstruktionen
Herstellen: Außentüren und -fenster 15%, Dachbeläge 12%, Außenwandbekleidungen außen 8%, Dachbekleidungen 7%, Innenwandbekleidungen 6%, Allgemeine Einbauten 5%, Deckenbekleidungen 5%, Deckenbeläge 4%, Bodenbeläge 4%, Elementierte Innenwände 3%, Dachfenster, Dachöffnungen 3%, Sonnenschutz 3%, Innenwände, sonstiges 3%, Sonstige 23%

Bauwerk - Technische Anlagen
Herstellen: Lüftungsanlagen 23%, Niederspannungsinstallationsanlagen 17%, Beleuchtungsanlagen 12%, Wasseranlagen 10%, Wärmeerzeugungsanlagen 6%, Automationssysteme 3%, Medizin- und labortechnische Anlagen 3%, Raumheizflächen 3%, Sonstige 22%

Übersicht 1. + 2. Ebene
Erweiterung
Umbau
Modernisierung
Instandsetzung
Bauelemente
Abbrechen
Wiederherstellen
Herstellen

Objektübersicht zur Gebäudeart

4200-0009 Jugendbildungsstätte   BRI 762m³   BGF 181m²   NUF 160m²

€/m² BGF

min	680 €/m²
von	1.080 €/m²
Mittel	**1.500 €/m²**
bis	1.790 €/m²
max	2.120 €/m²

Kosten:
Stand 2.Quartal 2016
Bundesdurchschnitt
inkl. 19% MwSt.

Land: Niedersachsen
Kreis: Hildesheim
Standard: Durchschnitt
Bauzeit: 30 Wochen
Kennwerte: bis 3.Ebene DIN276
veröffentlicht: BKI Objektdaten A5

BGF **1.633 €/m²**

Planung: Architekturbüro Jörg Sauer; Hildesheim

Erweiterung einer Jugendbildungsstätte um einen eingeschossigen Veranstaltungssaal mit Verbindungsgang. Ohne eigene Sanitärräume und Heizungsanlage. **Kosteneinfluss Nutzung:** Beachtung der Denkmalschutzauflagen.

Bauwerk - Baukonstruktionen
Dachkonstruktionen 16%, Außentüren und -fenster 11%, Dachbeläge 10%, Bodenbeläge 10%, Elementierte Außenwände 10%, Unterböden und Bodenplatten 9%, Baustelleneinrichtung 9%, Sonstige 26%

Bauwerk - Technische Anlagen
Beleuchtungsanlagen 68%, Niederspannungsinstallationsanlagen 30%, Abwasseranlagen 2%

4200-0029 Berufsschulzentrum, Verbindungsbau   BRI 3.496m³   BGF 868m²   NUF 504m²

Baujahr: 1910-1912

Land: Sachsen
Kreis: Chemnitz
Standard: Durchschnitt
Bauzeit: 17 Wochen
Kennwerte: bis 3.Ebene DIN276
veröffentlicht: BKI Objektdaten A9

BGF **1.713 €/m²**

Planung: iproplan Planungsgesellschaft mbH; Chemnitz
Berufsschulzentrum für technische und handwerkliche Berufsfelder

Bauwerk - Baukonstruktionen
Herstellen: Elementierte Außenwände 23%, Deckenkonstruktionen 12%, Deckenbekleidungen 7%, Deckenbeläge 7%, Dachkonstruktionen 6%, Baustelleneinrichtung 5%, Allgemeine Einbauten 4%, Tragende Innenwände 4%, Dachbeläge 4%, Innentüren und -fenster 4%, Außenwandbekleidungen außen 3%, Sonstige 21%

Bauwerk - Technische Anlagen
Herstellen: Abwasseranlagen 30%, Raumheizflächen 27%, Wasseranlagen 13%, Niederspannungsinstallationsanlagen 9%, Sonstige 21%

4500-0015 Aufstockung Ausbildungsgebäude   **BRI** 1.830m³   **BGF** 510m²   **NUF** 370m²

Baujahr: 1953
Bauzustand: mittel
Aufwand: hoch
Nutzung während der Bauzeit: nein
Nutzungsänderung: nein
Grundrissänderungen: wenige
Tragwerkseingriffe: wenige

Land: Niedersachsen
Kreis: Braunschweig
Standard: Durchschnitt
Bauzeit: 48 Wochen
Kennwerte: bis 3.Ebene DIN276
vorgesehen: BKI Objektdaten A10
BGF   **1.686 €/m²**

Planung: Architekturbüro Baukontor Braunschweig; Braunschweig

Aufstockung eines Ausbildungsgebäudes

Bauwerk - Baukonstruktionen
Abbrechen: Dachbeläge 4%
Herstellen: Tragende Außenwände 20%, Dachbeläge 12%,
Außentüren und -fenster 9%, Außenwandbekleidungen
außen 9%, Dachkonstruktionen 6%, Flachgründungen 5%,
Deckenbeläge 4%, Dachbekleidungen 4%, Nichttragende
Innenwände 3%, Gerüste 3%
Sonstige: 21%

Bauwerk - Technische Anlagen
Herstellen: Niederspannungsinstallationsanlagen 31%,
Beleuchtungsanlagen 19%, Wärmeverteilnetze 10%, Über-
tragungsnetze 10%, Lüftungsanlagen 7%, Sonstige 22%

4100-0004 Gesamtschule (32 Klassen)   **BRI** 21.179m³   **BGF** 5.734m²   **NUF** 2.887m²

Land: Nordrhein-Westfalen
Kreis: Rhein-Kreis Neuss
Standard: Durchschnitt
Bauzeit: 74 Wochen
Kennwerte: bis 1.Ebene DIN276
veröffentlicht: www.bki.de
BGF   **1.216 €/m²**

Gesamtschule mit öffentlicher Förderung - mit 32 Klassen (21 Unterrichtsräume, acht Fachräume, Demonstrationsraum, Sprach-
labor, Mehrzweckraum) - für 550 Schüler. **Kosteneinfluss Grundstück:** Stadtrandlage, leicht bis mittelschwer lösbare
Bodenarten.

Objektübersicht zur Gebäudeart

€/m² BGF

min	680	€/m²
von	1.080	€/m²
Mittel	**1.500**	**€/m²**
bis	1.790	€/m²
max	2.120	€/m²

Kosten:
Stand 2.Quartal 2016
Bundesdurchschnitt
inkl. 19% MwSt.

4100-0005 Gesamtschule   BRI 27.559m³ BGF 7.325m² NUF 4.778m²

Land: Nordrhein-Westfalen
Kreis: Herford
Standard: Durchschnitt
Bauzeit: 134 Wochen
Kennwerte: bis 1.Ebene DIN276
veröffentlicht: www.bki.de
BGF **1.406 €/m²**

Planung: Architekten BDA Dipl.-Ing. Schmidt + Schmersahl; Bad Salzuflen

Gesamtschule im Ganztagsbetrieb mit Versorgungsküche und Mensa, Forum mit Bühne und zahlreichen Fachräumen.
Kosteneinfluss Grundstück: Ableiten des hangseitigen Schichtenwassers und Sammeln in einer kleinen Teichanlage am Forum, Umbau und Ergänzungen am und im vorhandenen Altbau (ehem. Hauptschule).

4100-0006 Gesamtschule   BRI 9.544m³ BGF 2.821m² NUF 1.872m²

Land: Nordrhein-Westfalen
Kreis: Herford
Standard: Durchschnitt
Bauzeit: 126 Wochen
Kennwerte: bis 1.Ebene DIN276
veröffentlicht: www.bki.de
BGF **1.538 €/m²**

Planung: Architekten BDA Dipl.-Ing. Schmidt + Schmersahl; Bad Salzuflen

Gesamtschule (gymnasiale Oberstufe) im Ganztagsbetrieb mit Forum, Aufenthalt, Fach- und Informatikräumen. **Kosteneinfluss Grundstück:** Steile Hanglage ca. 15%, talseitig ebenerdige Räume, bergseitig ca. 4,00m tief eingegraben, Ableitung des Schichtenwassers in offene Geländemulde, die in die kleine Teichanlage des 1. BA führt.

4100-0008 Grundschule (3 Klassen)   BRI 2.477m³ BGF 657m² NUF 415m²

Land: Nordrhein-Westfalen
Kreis: Lippe (Detmold)
Standard: Durchschnitt
Bauzeit: 43 Wochen
Kennwerte: bis 1.Ebene DIN276
veröffentlicht: www.bki.de
BGF **1.320 €/m²**

Planung: Architekten BDA Dipl.-Ing. Schmidt + Schmersahl; Bad Salzuflen

Erweiterung der vorhandenen achtklassigen Grundschule um drei weitere Klassen und zwei Mehrzweckräume sowie Vergrößerung der Pausenhalle/Forum und anteilige sanitäre Anlagen. **Kosteneinfluss Grundstück:** Stark bindiger Boden.

4100-0010 Hauptschule (20 Klassen)   BRI 22.443m³   BGF 5.525m²   NUF 3.419m²

Land: Bayern
Kreis: Dingolfing-Landau
Standard: über Durchschnitt
Bauzeit: 143 Wochen
Kennwerte: bis 2.Ebene DIN276
veröffentlicht: www.bki.de
BGF   **2.123 €/m²**

Planung: Fessl, A. + Tello, P. Architekturbüro; Hauzenberg

Hauptschulerweiterung mit 20 Klassen und Fachräumen als Teil einer Gesamtanlage (Objekte 5100-0023, 6100-0160, 9100-0012), teilweise durch gleiche Unternehmen erstellt, daher günstige Vergabeergebnisse. **Kosteneinfluss Nutzung:** Nutzungsbedingt hoher Ausbaustandard (Schallschutz, Belichtung, fachraumspezifische Anforderungen); durch Anschluss an die bestehenden Hauptschulgebäude und die neue Sporthalle hoher Anteil an Verkehrs- und Außenflächen. **Kosteneinfluss Grundstück:** Erhöhte Kosten für Gründung wegen des hohen Grundwasserstands und der schlechten Tragfähigkeit des Baugrunds.

4100-0019 Grundschule (12 Klassen)   BRI 9.408m³   BGF 2.254m²   NUF 1.689m²

Land: Thüringen
Kreis: Nordhausen
Standard: Durchschnitt
Bauzeit: 56 Wochen
Kennwerte: bis 1.Ebene DIN276
veröffentlicht: BKI Objektdaten N1
BGF   **1.116 €/m²**

Planung: Dipl.-Ing.(FH) Gerald Köhler Architekt; Nordhausen

12 Klassenräume; Turnhalle, Umkleideräume, Duschen, WC; Ausgabeküche, Speiseraum; 2 Werkräume; WC-Jungen, Mädchen, Lehrer; Lehrerzimmer, Sekretariat, Direktion, Arztzimmer. **Kosteneinfluss Grundstück:** Umbau alte Turnhalle, Anbau an vorh. Gebäude.

4100-0030 Grund- und Hauptschule (3 Klassen)   BRI 2.343m³   BGF 636m²   NUF 461m²

Land: Baden-Württemberg
Kreis: Schwarzwald-Baar
Standard: Durchschnitt
Bauzeit: 60 Wochen
Kennwerte: bis 1.Ebene DIN276
veröffentlicht: BKI Objektdaten A1
BGF   **1.750 €/m²**

Planung: Architekturbüro Gruppe 70, Thomas Scherlitz; Villingen-Schwenningen

Erweiterung einer Grund- und Hauptschule um 3 Klassenräume, 2 Werkräume, Lehrerzimmer, EDV-Raum, Hausmeisterraum und einem Mehrzweckraum. **Kosteneinfluss Grundstück:** Anschluss Neubau an den Bestand.

Übersicht 1 + 2.Ebene
Erweiterung
Umbau
Modernisierung
Instandsetzung
Bauelemente
Abbrechen
Wiederherstellen
Herstellen

Objektübersicht zur Gebäudeart

4100-0041 Grund- und Hauptschule   BRI 12.385m³   BGF 3.216m²   NUF 1.749m²

Land: Baden-Württemberg
Kreis: Sigmaringen
Standard: Durchschnitt
Bauzeit: 130 Wochen
Kennwerte: bis 1.Ebene DIN276
veröffentlicht: BKI Objektdaten A1
BGF   **1.757 €/m²**

€/m² BGF

min	680	€/m²
von	1.080	€/m²
Mittel	**1.500**	**€/m²**
bis	1.790	€/m²
max	2.120	€/m²

Planung: Muffler Architekten Freie Architekten BDA / DWB; Messkirch

Viergeschossiger Anbau an eine Grund- und Hauptschulgebäude als weitgehend freistehender per Verbindungsgang angeschlossener Baukörper. **Kosteneinfluss Grundstück:** Abriss bestehender WC-Gebäude des Altbaus; provisorische WC-Anlagen einrichten; Umlegung des Starkstromkabels.

Kosten:
Stand 2.Quartal 2016
Bundesdurchschnitt
inkl. 19% MwSt.

4100-0042 Grund- und Hauptschule (25 Klassen)   BRI 21.763m³   BGF 8.342m²   NUF 5.056m²

Bauzustand: mittel
Aufwand: mittel
Nutzung während der Bauzeit: nein
Nutzungsänderung: nein
Grundrissänderungen: wenige
Tragwerkseingriffe: einige

Land: Bayern
Kreis: Schweinfurt
Standard: Durchschnitt
Bauzeit: 100 Wochen
Kennwerte: bis 1.Ebene DIN276
veröffentlicht: BKI Objektdaten A1
BGF   **837 €/m²**

Planung: Josef Matl Architekt BDA; Schweinfurt

Erweiterung einer bestehenden Grundschule durch Anbau eines Hauptschulgebäudes; Instandsetzung und Modernisierung des bestehenden Grundschulgebäudes.

4100-0043 Gymnasium (13 Klassen)   BRI 7.760m³   BGF 1.905m²   NUF 1.187m²

Land: Bayern
Kreis: Neu-Ulm
Standard: Durchschnitt
Bauzeit: 104 Wochen
Kennwerte: bis 1.Ebene DIN276
veröffentlicht: BKI Objektdaten A1
BGF   **1.328 €/m²**

Planung: Hans Schuller Gerhard Tham Dipl.- Ing. Architekten BDA; Augsburg

Erweiterung eines Gymnasiums um eine zentrale Pausenhalle, Musikraum, Mehrzweckraum; Klassenzimmer; Kunst, Werken. **Kosteneinfluss Grundstück:** Neubau im Innenhof der bestehenden Schule, Bestandsschutzmaßnahmen, Abschottungs- und Schutzmaßnahmen zu den Altbauten. Die Erweiterung erfolgte bei Schulbetrieb.

Objektübersicht zur Gebäudeart

4100-0055 Schule (7 Klassen)

BRI 3.069m³ **BGF** 771m² **NUF** 472m²

© Architekten Flach + Siemens

Land: Schleswig-Holstein
Kreis: Nordfriesland, Husum
Standard: Durchschnitt
Bauzeit: 43 Wochen
Kennwerte: bis 1.Ebene DIN276
veröffentlicht: BKI Objektdaten A3
BGF **1.667 €/m²**

Planung: Architekten Flach + Siemens; Husum

Erweiterung einer Schule um 7 Klassenräume in einem zweigeschossigen Anbau mit Flachdach. **Kosteneinfluss Grundstück:** Hochliegender Grundwasserstand, Pfahlgründung mit Verdrängungspfählen erforderlich (3% der Kosten an KG 300).

4100-0117 Anbau Fluchttreppenhäuser (2 St)

BRI 598m³ **BGF** 174m² **NUF** k.A.

Baujahr: 1952

© karl r. gold diplomingenieure architekten

Land: Hessen
Kreis: Wiesbaden
Standard: Durchschnitt
Bauzeit: 43 Wochen
Kennwerte: bis 1.Ebene DIN276
veröffentlicht: BKI Objektdaten A8
BGF **1.136 €/m²**

Planung: karl r. gold diplomingenieure architekten; Hochheim

Anbau von zwei Fluchttreppenhäusern an ein bestehendes Schulgebäude. **Kosteneinfluss Nutzung:** Anbau von zwei Fluchttreppenhäusern an ein bestehendes Schulgebäude. Die Anbindung erfolgt über kleine Stege an die Mittelflure des Schulgebäudes.

4100-0119 Realschule (4 Klassen)

BRI 1.491m³ **BGF** 368m² **NUF** 231m²

Baujahr: 1997

© Zastrow + Zastrow Architekten und Stadtplaner

Land: Schleswig-Holstein
Kreis: Plön
Standard: über Durchschnitt
Bauzeit: 21 Wochen
Kennwerte: bis 1.Ebene DIN276
veröffentlicht: BKI Objektdaten A8
BGF **1.728 €/m²**

Planung: Zastrow + Zastrow Architekten und Stadtplaner; Kiel

Erweiterung einer Realschule (4 Klassen). Aufgeständertes Gebäude mit 4 Klassenzimmern, Flur und WC. **Kosteneinfluss Grundstück:** Aufgeständertes Gebäude auf dem Schulhof. Schulhoffläche bleibt dadurch erhalten.

Übersicht 1.+.2.Ebene
Erweiterung
Umbau
Modernisierung
Instandsetzung
Bauelemente
Abbrechen
Wiederherstellen
Herstellen

Objektübersicht zur Gebäudeart

€/m² BGF

min	680 €/m²
von	1.080 €/m²
Mittel	**1.500 €/m²**
bis	1.790 €/m²
max	2.120 €/m²

Kosten:
Stand 2.Quartal 2016
Bundesdurchschnitt
inkl. 19% MwSt.

4100-0127 Grund- und Mittelschule

BRI 3.700m³   **BGF** 1.054m²   **NUF** 655m²

Land: Sachsen
Kreis: Mittelsachsen
Standard: Durchschnitt
Bauzeit: 95 Wochen
Kennwerte: bis 1.Ebene DIN276
veröffentlicht: BKI Objektdaten A8
BGF   **1.368 €/m²**

Planung: Krieger-Bauplanungs GmbH; Chemnitz

Erweiterung einer bestehenden Grundschule (22 Klassen, 494 Schüler). **Kosteneinfluss Nutzung:** Eigenständiges Gebäude als Anbau an bestehende Grundschule, einschließlich eines Verbindungsbaus als 2. Fluchtweg.

4100-0159 Gymnasium, Fachklassentrakt (4 Klassen)

BRI 3.991m³   **BGF** 1.058m²   **NUF** 724m²

Land: Niedersachsen
Kreis: Gifhorn
Standard: Durchschnitt
Bauzeit: 17 Wochen
Kennwerte: bis 1.Ebene DIN276
vorgesehen: BKI Objektdaten A10
BGF   **1.813 €/m²**

Planung: Die Planschmiede 2KS GmbH & CO. KG; Hankenbüttel

Erweiterung um einen Fachklassentrakt (Biologie) mit vier Klassen, Archiv und Lehrsammlung.

4200-0023 Berufliches Gymnasium (9 Klassen)

BRI 6.275m³   **BGF** 1.492m²   **NUF** 984m²

Land: Hessen
Kreis: Hersfeld-Rotenburg
Standard: Durchschnitt
Bauzeit: 69 Wochen
Kennwerte: bis 1.Ebene DIN276
veröffentlicht: BKI Objektdaten A8
BGF   **1.475 €/m²**

Planung: Architekturbüro Frank Dorbritz; Bad Hersfeld

Berufliches Gymnasium mit acht Klassenzimmern, Aula (350 Personen) Lehrerstützpunkt und Sanitärräumen.

4200-0024 Berufsschulzentrum

BRI 28.906m³   **BGF** 6.787m²   **NUF** 4.554m²

© Muffler Architekten

Baujahr: 1956

Land: Baden-Württemberg
Kreis: Tuttlingen
Standard: Durchschnitt
Bauzeit: 95 Wochen
Kennwerte: bis 2.Ebene DIN276
veröffentlicht: BKI Objektdaten A8

BGF   **1.790 €/m²**

Planung: Muffler Architekten Freie Architekten BDA/DWB; Tuttlingen

Erweiterung eines Berufsschulzentrums mit Werkstätten und Fachklassen, dreigeschossige Eingangshalle

Übersicht 1.+.2.Ebene
Erweiterung
Umbau
Moderni-sierung
Instand-setzung
Bau-elemente
Abbrechen
Wieder-herstellen
Herstellen

Kostenkennwerte für die Kosten des Bauwerks (Kostengruppen 300+400 nach DIN 276)

BRI 420 €/m³
von 350 €/m³
bis 510 €/m³

BGF 1.500 €/m²
von 1.220 €/m²
bis 1.910 €/m²

NUF 2.230 €/m²
von 1.780 €/m²
bis 2.830 €/m²

NE 19.080 €/NE
von 10.270 €/NE
bis 27.450 €/NE
NE: Kinder

Objektbeispiele

Kosten:
Stand 2.Quartal 2016
Bundesdurchschnitt
inkl. 19% MwSt.

4400-0248

4400-0269

4400-0140

Kosten der 14 Vergleichsobjekte   Seiten 126 bis 133

- ● KKW
- ▶ min
- ▷ von
- | Mittelwert
- ◁ bis
- ◀ max

BRI
'100 '150 '200 '250 '300 '350 '400 '450 '500 '550 '600   €/m³ BRI

BGF
'600 '800 '1000 '1200 '1400 '1600 '1800 '2000 '2200 '2400 '2600   €/m² BGF

NUF
'500 '750 '1000 '1250 '1500 '1750 '2000 '2250 '2500 '2750 '3000   €/m² NUF

KG	Kostengruppen der 1. Ebene	Einheit	▷	€/Einheit	◁	▷	% an 300+400	◁
100	Grundstück	m² GF						
200	Herrichten und Erschließen	m² GF	2	**18**	78	0,7	**2,1**	4,7
300	Bauwerk - Baukonstruktionen	m² BGF	984	**1.237**	1.625	74,0	**82,4**	86,7
400	Bauwerk - Technische Anlagen	m² BGF	175	**261**	371	13,3	**17,6**	26,0
	Bauwerk (300+400)	m² BGF	1.219	**1.497**	1.913		**100,0**	
500	Außenanlagen	m² AF	6	**75**	171	2,6	**5,1**	13,2
600	Ausstattung und Kunstwerke	m² BGF	19	**90**	230	1,3	**7,0**	18,1
700	Baunebenkosten	m² BGF						

KG	Kostengruppen der 2. Ebene	Einheit	▷	€/Einheit	◁	▷	% an 300	◁
310	Baugrube	m³ BGI	35	**56**	70	2,4	**3,8**	6,5
320	Gründung	m² GRF	201	**280**	420	9,6	**17,8**	22,1
330	Außenwände	m² AWF	364	**387**	398	30,8	**33,9**	35,6
340	Innenwände	m² IWF	30	**213**	317	7,3	**12,6**	15,3
350	Decken	m² DEF	–	**252**	–	–	**4,0**	–
360	Dächer	m² DAF	219	**271**	298	17,7	**18,1**	18,7
370	Baukonstruktive Einbauten	m² BGF	20	**81**	142	0,6	**5,1**	14,0
390	Sonstige Baukonstruktionen	m² BGF	26	**64**	138	2,5	**4,7**	8,6
300	**Bauwerk Baukonstruktionen**	**m² BGF**					**100,0**	

KG	Kostengruppen der 2. Ebene	Einheit	▷	€/Einheit	◁	▷	% an 400	◁
410	Abwasser, Wasser, Gas	m² BGF	15	**68**	100	8,6	**28,0**	39,0
420	Wärmeversorgungsanlagen	m² BGF	39	**55**	84	18,3	**23,3**	26,2
430	Lufttechnische Anlagen	m² BGF	–	**6**	–	–	**1,2**	–
440	Starkstromanlagen	m² BGF	71	**103**	149	35,3	**44,5**	58,9
450	Fernmeldeanlagen	m² BGF	1	**6**	8	0,4	**3,1**	4,7
460	Förderanlagen	m² BGF	–	**–**	–	–	**–**	–
470	Nutzungsspezifische Anlagen	m² BGF	–	**–**	–	–	**–**	–
480	Gebäudeautomation	m² BGF	–	**–**	–	–	**–**	–
490	Sonstige Technische Anlagen	m² BGF	–	**–**	–	–	**–**	–
400	**Bauwerk Technische Anlagen**	**m² BGF**					**100,0**	

Prozentanteile der Kosten der 2.Ebene an den Kosten des Bauwerks nach DIN 276 (Von-, Mittel-, Bis-Werte)

310	Baugrube	3,2
320	Gründung	15,0
330	Außenwände	28,5
340	Innenwände	10,5
350	Decken	3,4
360	Dächer	15,2
370	Baukonstruktive Einbauten	4,3
390	Sonstige Baukonstruktionen	3,9
410	Abwasser, Wasser, Gas	4,6
420	Wärmeversorgungsanlagen	3,7
430	Lufttechnische Anlagen	0,2
440	Starkstromanlagen	7,1
450	Fernmeldeanlagen	0,5
460	Förderanlagen	
470	Nutzungsspezifische Anlagen	
480	Gebäudeautomation	
490	Sonstige Technische Anlagen	

15%   30%   45%   60%

© **BKI** Baukosteninformationszentrum; Erläuterungen zu den Tabellen siehe Seite 26   Kosten: 2.Quartal 2016, Bundesdurchschnitt, inkl. **19% MwSt.**

Erweiterungen

Kindergärten

KG	Kostengruppen der 3. Ebene	Einheit	▷	Ø €/Einheit	◁	▷	Ø €/m² BGF	◁
337	Elementierte Außenwände	m²	–	**385,74**	–	–	**212,23**	–
335	Außenwandbekleidungen außen	m²	130,42	**174,83**	263,22	87,12	**94,82**	106,31
334	Außentüren und -fenster	m²	229,06	**370,75**	512,44	0,34	**92,39**	152,22
325	Bodenbeläge	m²	99,20	**120,42**	131,09	49,10	**92,09**	113,72
344	Innentüren und -fenster	m²	970,34	**1.017,85**	1.065,37	61,53	**91,28**	121,02
331	Tragende Außenwände	m²	102,64	**140,07**	210,77	43,74	**86,32**	165,45
361	Dachkonstruktionen	m²	85,74	**112,90**	164,57	46,31	**84,96**	161,73
444	Niederspannungsinstallationsanl.	m²	41,12	**75,80**	93,43	41,12	**75,80**	93,43
363	Dachbeläge	m²	95,41	**113,85**	144,53	58,71	**74,41**	83,38
371	Allgemeine Einbauten	m²	20,31	**69,65**	118,98	20,31	**69,65**	118,98
351	Deckenkonstruktionen	m²	–	**141,93**	–	–	**66,56**	–
396	Materialentsorgung	m²	–	**59,81**	–	–	**59,81**	–
412	Wasseranlagen	m²	38,21	**59,00**	79,79	38,21	**59,00**	79,79
324	Unterböden und Bodenplatten	m²	50,63	**91,77**	168,77	25,26	**57,44**	121,17
338	Sonnenschutz	m²	–	**114,97**	–	–	**46,16**	–
345	Innenwandbekleidungen	m²	30,46	**31,76**	33,79	28,34	**45,46**	73,81
364	Dachbekleidungen	m²	51,70	**61,33**	80,09	28,06	**43,71**	69,14
311	Baugrubenherstellung	m³	34,78	**55,57**	70,02	29,30	**42,78**	63,63
362	Dachfenster, Dachöffnungen	m²	–	**1.141,19**	–	–	**40,64**	–
326	Bauwerksabdichtungen	m²	13,38	**35,83**	47,49	7,29	**34,51**	51,74
391	Baustelleneinrichtung	m²	21,50	**31,95**	48,76	21,50	**31,95**	48,76
322	Flachgründungen	m²	31,55	**49,71**	75,47	13,08	**30,08**	39,94
422	Wärmeverteilnetze	m²	13,61	**28,22**	57,18	13,61	**28,22**	57,18
393	Sicherungsmaßnahmen	m²	–	**27,71**	–	–	**27,71**	–
411	Abwasseranlagen	m²	15,05	**26,30**	31,96	15,05	**26,30**	31,96
327	Dränagen	m²	–	**29,53**	–	–	**25,94**	–
352	Deckenbeläge	m²	–	**64,32**	–	–	**25,89**	–
423	Raumheizflächen	m²	17,60	**24,89**	28,89	17,60	**24,89**	28,89
346	Elementierte Innenwände	m²	238,29	**280,86**	323,43	18,86	**24,53**	30,20
372	Besondere Einbauten	m²	–	**22,69**	–	–	**22,69**	–
341	Tragende Innenwände	m²	68,82	**88,98**	109,14	18,76	**22,65**	26,54
336	Außenwandbekleidungen innen	m²	28,85	**36,29**	49,93	12,36	**21,48**	36,91
353	Deckenbekleidungen	m²	–	**55,95**	–	–	**19,19**	–
349	Innenwände, sonstiges	m²	–	**25,81**	–	–	**18,49**	–
339	Außenwände, sonstiges	m²	–	**20,15**	–	–	**17,85**	–
342	Nichttragende Innenwände	m²	49,21	**75,28**	101,34	6,72	**17,58**	28,43
332	Nichttragende Außenwände	m²	–	**166,01**	–	13,99	**16,74**	19,48
445	Beleuchtungsanlagen	m²	9,00	**15,10**	26,37	9,00	**15,10**	26,37
446	Blitzschutz- und Erdungsanlagen	m²	5,00	**12,16**	26,40	5,00	**12,16**	26,40
419	Abwasser-, Wasser- und Gas- anlagen, sonstiges	m²	–	**8,10**	–	–	**8,10**	–
392	Gerüste	m²	–	**7,83**	–	–	**7,83**	–
333	Außenstützen	m	–	**284,12**	–	–	**7,09**	–
359	Decken, sonstiges	m²	–	**14,12**	–	–	**6,62**	–
431	Lüftungsanlagen	m²	–	**6,44**	–	–	**6,44**	–
421	Wärmeerzeugungsanlagen	m²	–	**5,55**	–	–	**5,55**	–
343	Innenstützen	m	–	**78,56**	–	–	**4,53**	–
455	Fernseh- und Antennenanlagen	m²	1,22	**3,93**	9,14	1,22	**3,93**	9,14
329	Gründung, sonstiges	m²	–	**6,41**	–	–	**3,49**	–
321	Baugrundverbesserung	m²	–	**3,42**	–	–	**3,00**	–

Kosten:
Stand 2.Quartal 2016
Bundesdurchschnitt
inkl. 19% MwSt.

▷ von
Ø Mittel
◁ bis

© **BKI** Baukosteninformationszentrum; Erläuterungen zu den Tabellen siehe Seite 28   Kosten: 2.Quartal 2016, Bundesdurchschnitt, **inkl. 19% MwSt.**

Kostenkennwerte für Leistungsbereiche nach StLB (Kosten des Bauwerks nach DIN 276)

LB	Leistungsbereiche	▷	€/m² BGF	◁	▷	% an 300+400	◁
000	Sicherheits-, Baustelleneinrichtungen inkl. 001	36	**36**	45	2,4	**2,4**	3,0
002	Erdarbeiten	75	**75**	89	5,0	**5,0**	5,9
006	Spezialtiefbauarbeiten inkl. 005	–	**–**	–	–	**–**	–
009	Entwässerungskanalarbeiten inkl. 011	6	**12**	12	0,4	**0,8**	0,8
010	Drän- und Versickerungsarbeiten	–	**7**	–	–	**0,4**	–
012	Mauerarbeiten	23	**54**	54	1,5	**3,6**	3,6
013	Betonarbeiten	105	**152**	152	7,0	**10,1**	10,1
014	Natur-, Betonwerksteinarbeiten	–	**3**	–	–	**0,2**	–
016	Zimmer- und Holzbauarbeiten	37	**127**	127	2,5	**8,5**	8,5
017	Stahlbauarbeiten	–	**–**	–	–	**–**	–
018	Abdichtungsarbeiten	9	**11**	11	0,6	**0,8**	0,8
020	Dachdeckungsarbeiten	9	**47**	47	0,6	**3,2**	3,2
021	Dachabdichtungsarbeiten	–	**10**	–	–	**0,7**	–
022	Klempnerarbeiten	13	**43**	43	0,9	**2,9**	2,9
	Rohbau	576	**576**	635	38,5	**38,5**	42,4
023	Putz- und Stuckarbeiten, Wärmedämmsysteme	9	**66**	66	0,6	**4,4**	4,4
024	Fliesen- und Plattenarbeiten	9	**9**	14	0,6	**0,6**	0,9
025	Estricharbeiten	26	**39**	39	1,7	**2,6**	2,6
026	Fenster, Außentüren inkl. 029, 032	122	**165**	165	8,2	**11,0**	11,0
027	Tischlerarbeiten	122	**122**	165	8,2	**8,2**	11,1
028	Parkettarbeiten, Holzpflasterarbeiten	–	**–**	–	–	**–**	–
030	Rollladenarbeiten	–	**17**	–	–	**1,1**	–
031	Metallbauarbeiten inkl. 035	–	**33**	–	–	**2,2**	–
034	Maler- und Lackiererarbeiten inkl. 037	23	**34**	34	1,5	**2,3**	2,3
036	Bodenbelagarbeiten	33	**41**	41	2,2	**2,7**	2,7
038	Vorgehängte hinterlüftete Fassaden	48	**48**	72	3,2	**3,2**	4,8
039	Trockenbauarbeiten	61	**61**	72	4,1	**4,1**	4,8
	Ausbau	639	**639**	739	42,7	**42,7**	49,4
040	Wärmeversorgungsanl. - Betriebseinr. inkl. 041	49	**49**	55	3,3	**3,3**	3,7
042	Gas- und Wasserinstallation, Leitungen inkl. 043	3	**12**	12	0,2	**0,8**	0,8
044	Abwasserinstallationsarbeiten - Leitungen	1	**4**	4	0,1	**0,3**	0,3
045	GWA-Einrichtungsgegenstände inkl. 046	26	**26**	42	1,8	**1,8**	2,8
047	Dämmarbeiten an betriebstechnischen Anlagen	7	**7**	10	0,5	**0,5**	0,7
049	Feuerlöschanlagen, Feuerlöschgeräte	–	**–**	–	–	**–**	–
050	Blitzschutz- und Erdungsanlagen	6	**8**	8	0,4	**0,5**	0,5
053	Niederspannungsanlagen inkl. 052, 054	59	**74**	74	4,0	**4,9**	4,9
055	Ersatzstromversorgungsanlagen	–	**–**	–	–	**–**	–
057	Gebäudesystemtechnik	–	**–**	–	–	**–**	–
058	Leuchten und Lampen inkl. 059	15	**15**	19	1,0	**1,0**	1,3
060	Elektroakustische Anlagen, Sprechanlagen	0	**0**	0	0,0	**0,0**	0,0
061	Kommunikationsnetze, inkl. 062	2	**6**	6	0,2	**0,4**	0,4
063	Gefahrenmeldeanlagen	–	**1**	–	–	**0,0**	–
069	Aufzüge	–	**–**	–	–	**–**	–
070	Gebäudeautomation	–	**–**	–	–	**–**	–
075	Raumlufttechnische Anlagen	–	**2**	–	–	**0,2**	–
	Technische Anlagen	187	**205**	205	12,5	**13,7**	13,7
084	Abbruch- und Rückbauarbeiten	32	**82**	82	2,1	**5,5**	5,5
	Sonstige Leistungsbereiche inkl. 008, 033, 051	–	**–**	–	–	**–**	–

Kosten: 2.Quartal 2016, Bundesdurchschnitt, inkl. **19% MwSt.**

Übersicht-1.+ 2.Ebene · Erweiterung · Umbau · Moderni-sierung · Instand-setzung · Bau-elemente · Abbrechen · Wieder-herstellen · Herstellen

Objektübersicht zur Gebäudeart

4400-0132 Kindergarten, Aufstockung* **BRI** 4.518m³ **BGF** 1.434m² **NUF** 884m²

Baujahr: 1971
Bauzustand: schlecht
Aufwand: mittel
Nutzung während der Bauzeit: ja
Nutzungsänderung: nein
Grundrissänderungen: wenige
Tragwerkseingriffe: wenige

Land: Österreich
Kreis: Vorarlberg
Standard: Durchschnitt
Bauzeit: 39 Wochen
Kennwerte: bis 3.Ebene DIN276
veröffentlicht: BKI Objektdaten E4

BGF **1.078 €/m²**

* Nicht in der Auswertung enthalten

€/m² BGF

min	1.120 €/m²
von	1.220 €/m²
Mittel	**1.500 €/m²**
bis	1.910 €/m²
max	2.230 €/m²

Kosten:
Stand 2.Quartal 2016
Bundesdurchschnitt
inkl. 19% MwSt.

Planung: Werner Muxel Holzhandel und Entwurfsplanung; Altach

Der Kindergarten wurde um ein Geschoss (2 Gruppen) erweitert, das bestehende Erdgeschoss (2 Gruppen) wurde saniert.

Bauwerk - Baukonstruktionen
Herstellen: Außentüren und -fenster 13%, Dachbeläge 13%, Außenwandbekleidungen außen 11%, Dachkonstruktionen 11%, Deckenkonstruktionen 10%, Tragende Außenwände 8%, Deckenbeläge 5%, Tragende Innenwände 3%, Nichttragende Innenwände 3%, Sonstige 21%

Bauwerk - Technische Anlagen
Herstellen: Lüftungsanlagen 25%, Beleuchtungsanlagen 18%, Wasseranlagen 10%, Niederspannungsinstallationsanlagen 10%, Aufzugsanlagen 10%, Sonstige 27%

4400-0140 Kindertagesstätte, Personalraum **BRI** 176m³ **BGF** 55m² **NUF** 45m²

Bauzustand: mittel
Aufwand: mittel
Nutzung während der Bauzeit: ja
Nutzungsänderung: nein
Grundrissänderungen: wenige
Tragwerkseingriffe: wenige

Land: Nordrhein-Westfalen
Kreis: Düren
Standard: Durchschnitt
Bauzeit: 17 Wochen
Kennwerte: bis 3.Ebene DIN276
veröffentlicht: BKI Objektdaten A8

BGF **1.187 €/m²**

Planung: FRANKE Architektur Innenarchitektur; Düren

Erweiterung von Personal- und Besprechungszimmer in der heilpädagogisch-integrativen Kindertagesstätte.

Bauwerk - Baukonstruktionen
Herstellen: Allgemeine Einbauten 12%, Bodenbeläge 10%, Außenwandbekleidungen außen 9%, Dachbeläge 7%, Innenwandbekleidungen 7%, Außentüren und -fenster 7%, Tragende Außenwände 6%, Dachbekleidungen 6%, Dachkonstruktionen 4%, Bauwerksabdichtungen 4%, Außenwandbekleidungen innen 3%
Wiederherstellen: Sonnenschutz 4%
Sonstige: 21%

Bauwerk - Technische Anlagen
Abbrechen: Niederspannungsinstallationsanlagen 8%
Herstellen: Niederspannungsinstallationsanlagen 43%, Raumheizflächen 16%, Abwasseranlagen 9%
Sonstige: 24%

4400-0169 Kindertagesstätte (1 Gruppe, 15 Kinder) **BRI** 567m³ **BGF** 139m² **NUF** 102m²

Baujahr: 1973
Bauzustand: gut
Aufwand: mittel
Nutzung während der Bauzeit: ja
Nutzungsänderung: nein
Grundrissänderungen: wenige
Tragwerkseingriffe: wenige

Land: Hessen
Kreis: Wiesbaden
Standard: Durchschnitt
Bauzeit: 43 Wochen
Kennwerte: bis 3.Ebene DIN276
veröffentlicht: BKI Objektdaten A9
BGF   **1.951 €/m²**

Planung: Beckmann + Frech Architekten; Frankfurt am Main

Kindertagesstätte, Erweiterung mit Schularbeitsraum

Bauwerk - Baukonstruktionen
Abbrechen: Materialentsorgung 4%, Unterböden und Bodenplatten 3%
Herstellen: Außentüren und -fenster 11%, Dachkonstruktionen 8%, Tragende Außenwände 8%, Innentüren und -fenster 8%, Bodenbeläge 7%, Außenwandbekleidungen außen 7%, Unterböden und Bodenplatten 5%, Dachbeläge 4%, Bauwerksabdichtungen 4%, Baustelleneinrichtung 3%, Flachgründungen 3%, Baugrubenherstellung 3%, Innenwandbekleidungen 3%
Sonstige: 21%

Bauwerk - Technische Anlagen
Herstellen: Niederspannungsinstallationsanlagen   28%, Wasseranlagen 23%, Wärmeverteilnetze 16%, Abwasseranlagen 9%, Sonstige 23%

4400-0180 Kindergarten (4 Gruppen, 76 Kinder) **BRI** 2.375m³ **BGF** 741m² **NUF** 388m²

Land: Hamburg
Kreis: Hamburg
Standard: Durchschnitt
Bauzeit: 34 Wochen
Kennwerte: bis 3.Ebene DIN276
vorgesehen: BKI Objektdaten A10
BGF   **1.165 €/m²**

Planung: Architekturbüro Prell und Partner; Hamburg

Kindergarten für 4 Gruppen (76 Kinder)

Bauwerk - Baukonstruktionen
Herstellen: Elementierte Außenwände 22%, Außenwandbekleidungen außen 9%, Deckenkonstruktionen 7%, Baugrubenherstellung 6%, Innentüren und -fenster 6%, Dachbeläge 6%, Dachkonstruktionen 5%, Bodenbeläge 5%, Dachfenster, Dachöffnungen 4%, Tragende Außenwände 3%, Elementierte Innenwände 3%, Baustelleneinrichtung 3%, Sonstige 21%

Bauwerk - Technische Anlagen
Herstellen: Niederspannungsinstallationsanlagen   23%, Wasseranlagen 21%, Abwasseranlagen 17%, Raumheizflächen 10%, Wärmeverteilnetze 9%, Sonstige 21%

Kosten: 2.Quartal 2016, Bundesdurchschnitt, inkl. **19% MwSt.**

Übersicht-
1.+ 2.Ebene

Erweiterung

Umbau

Moderni-
sierung

Instand-
setzung

Bau-
elemente

Abbrechen

Wieder-
herstellen

Herstellen

Objektübersicht zur Gebäudeart

4400-0203 Kinderkrippe (2 Gruppen), Gemeinderäume*   BRI 2.122m³   BGF 891m²   NUF 753m²

€/m² BGF

min	1.120 €/m²
von	1.220 €/m²
Mittel	**1.500 €/m²**
bis	1.910 €/m²
max	2.230 €/m²

Kosten:
Stand 2.Quartal 2016
Bundesdurchschnitt
inkl. 19% MwSt.

Bauzustand: mittel
Aufwand: hoch
Nutzung während der Bauzeit: nein
Nutzungsänderung: ja
Grundrissänderungen: einige
Tragwerkseingriffe: wenige

Land: Niedersachsen
Kreis: Gifhorn
Standard: Durchschnitt
Bauzeit: 43 Wochen
Kennwerte: bis 3.Ebene DIN276
veröffentlicht: BKI Objektdaten A9

BGF   **654 €/m²**

* Nicht in der Auswertung enthalten

Planung: nb+b Neumann-Berking u. Bendorf Planungsgesellschaft mbH; Wolfsburg

Um- und Anbau einer Schule zur Kinderkrippe und zu Gemeinderäumen

Bauwerk - Baukonstruktionen
Herstellen: Außenwandbekleidungen außen 20%, Außentüren und -fenster 12%, Bodenbeläge 11%, Dachkonstruktionen 7%, Dachbeläge 5%, Innenwandbekleidungen 5%, Innentüren und -fenster 4%, Tragende Außenwände 4%, Außenwandbekleidungen innen 4%, Dachbekleidungen 3%, Deckenbekleidungen 3%, Sonstige 22%

Bauwerk - Technische Anlagen
Herstellen: Wasseranlagen 22%, Niederspannungsinstallationsanlagen 18%, Wärmeerzeugungsanlagen 11%, Wärmeverteilnetze 11%, Beleuchtungsanlagen 11%, Sonstige 27%

4400-0082 Kindergarten (2 Gruppen)   BRI 1.609m³   BGF 460m²   NUF 344m²

Bauzustand: mittel
Aufwand: mittel
Nutzung während der Bauzeit: ja
Nutzungsänderung: nein
Grundrissänderungen: wenige
Tragwerkseingriffe: einige

Land: Niedersachsen
Kreis: Cuxhaven
Standard: Durchschnitt
Bauzeit: 39 Wochen
Kennwerte: bis 1.Ebene DIN276
veröffentlicht: BKI Objektdaten A1

BGF   **1.902 €/m²**

Planung: Lothar Tabery Dipl.-Ing. Architekt BDA; Bremervörde

Nicht unterkellert; EG: vorhanden: Kindergarten mit zwei Gruppen; DG: Aufstockung auf vorhandenes Flachdach mit zwei Gruppenräumen mit Kleingruppenräumen.

4400-0122 Kindergarten (1 Gruppe)   BRI 555m³   BGF 188m²   NUF 164m²

Bauzustand: mittel
Aufwand: mittel
Nutzung während der Bauzeit: nein
Nutzungsänderung: nein
Grundrissänderungen: wenige
Tragwerkseingriffe: keine

Land: Niedersachsen
Kreis: Hannover
Standard: über Durchschnitt
Bauzeit: 39 Wochen
Kennwerte: bis 1.Ebene DIN276
veröffentlicht: BKI Objektdaten A7
BGF   **1.503 €/m²**

Planung: Architekturbüro Peterburs; Langenhagen

Erweiterung um eine integrative Gruppe (20 Kinder). Gruppenraum, Therapieräume, Bad und Spielflur

4400-0175 Kindertagesstätte (1 Gruppe, 10 Kinder)   BRI 672m³   BGF 203m²   NUF 121m²

Land: Nordrhein-Westfalen
Kreis: Siegen-Wittgenstein
Standard: Durchschnitt
Bauzeit: 30 Wochen
Kennwerte: bis 1.Ebene DIN276
veröffentlicht: BKI Objektdaten A8
BGF   **1.119 €/m²**

Planung: Susanne Hoffmann-Stein Architektin; Siegen

Erweiterung einer bestehenden Kindertagesstätte (4 Gruppen, 75 Kinder) um eine Gruppe für unter Dreijährige mit Aufenthaltsraum zum Spielen und Schlafen; Küche.

4400-0179 Kindertagesstätte   BRI 2.174m³   BGF 545m²   NUF 328m²

Baujahr: 1999

Land: Nordrhein-Westfalen
Kreis: Paderborn
Standard: unter Durchschnitt
Bauzeit: 25 Wochen
Kennwerte: bis 1.Ebene DIN276
veröffentlicht: BKI Objektdaten A8
BGF   **1.154 €/m²**

Planung: jacobs. Architekturbüro; Paderborn

Erweiterung eines bestehenden Kindergartens um 2 Gruppen auf nun 4 Gruppen

Übersicht 1.+ 2.Ebene
Erweiterung
Umbau
Moderni-sierung
Instand-setzung
Bau-elemente
Abbrechen
Wieder-herstellen
Herstellen

Erweiterungen

Kindergärten

€/m² BGF

min	1.120	€/m²
von	1.220	€/m²
Mittel	**1.500**	**€/m²**
bis	1.910	€/m²
max	2.230	€/m²

Kosten:
Stand 2.Quartal 2016
Bundesdurchschnitt
inkl. 19% MwSt.

4400-0181 Kindertagesstätte   **BRI** 1.014m³   **BGF** 251m²   **NUF** 178m²

Baujahr: ca. 1955

Land: Sachsen
Kreis: Bautzen
Standard: Durchschnitt
Bauzeit: 35 Wochen
Kennwerte: bis 1.Ebene DIN276
veröffentlicht: BKI Objektdaten A8
BGF   **1.395 €/m²**

Planung: Architekturbüro weise bauplanung; Dresden
Kindertagesstätte für 27 Kinder, eine Hortgruppe, eine Krippengruppe

4400-0196 Kindertagesstätte (2 Gruppen, 24 Kinder)   **BRI** 1.389m³   **BGF** 385m²   **NUF** 284m²

Land: Bayern
Kreis: Rosenheim
Standard: Durchschnitt
Bauzeit: 30 Wochen
Kennwerte: bis 1.Ebene DIN276
veröffentlicht: BKI Objektdaten A8
BGF   **1.785 €/m²**

Planung: wulf architekten GmbH Prof. T. Wulf I K. Bierich I A. Vohl; Stuttgart
Kindertagesstätte, 2 Gruppen, 24 Kinder, Gruppenräume, Mehrzweckraum, Ruheräume, Wickelräume, Büro, Technik, Garderobe, WC, Windfang.

4400-0198 Kindertagesstätte, Mensa (8 Gruppen, 70 Kinder)   **BRI** 6.406m³   **BGF** 1.739m²   **NUF** 892m²

Baujahr: 1965
Bauzustand: gut
Aufwand: niedrig
Nutzung während der Bauzeit: ja
Nutzungsänderung: nein
Grundrissänderungen: wenige
Tragwerkseingriffe: keine

Land: Hessen
Kreis: Kassel
Standard: Durchschnitt
Bauzeit: 52 Wochen
Kennwerte: bis 1.Ebene DIN276
veröffentlicht: BKI Objektdaten A9
BGF   **1.379 €/m²**

Planung: Baufrösche Architekten und Stadtplaner GmbH; Kassel
Kindertagesstätte und Mensa, 8 Gruppen, 170 Kinder, Mensa für 60 Personen

4400-0219 Kindertagesstätte (40 Kinder)   **BRI** 2.325m³   **BGF** 675m²   **NUF** 522m²

Baujahr: 1967
Bauzustand: mittel
Aufwand: mittel
Nutzung während der Bauzeit: ja
Nutzungsänderung: ja
Grundrissänderungen: wenige
Tragwerkseingriffe: keine

Land: Baden-Württemberg
Kreis: Esslingen
Standard: Durchschnitt
Bauzeit: 43 Wochen
Kennwerte: bis 1.Ebene DIN276
veröffentlicht: BKI Objektdaten A9
BGF   **1.274 €/m²**

Planung: Schwille Freie Architekten BDA; Reutlingen

Erweiterung einer Kindertagesstätte. Insgesamt drei Gruppen mit 40 Kindern.

4400-0228 Kinderkrippe (1 Gruppe, 20 Kinder)   **BRI** 1.030m³   **BGF** 251m²   **NUF** 151m²

Baujahr: 1960
Bauzustand: mittel
Aufwand: mittel
Nutzung während der Bauzeit: ja
Nutzungsänderung: nein
Grundrissänderungen: wenige
Tragwerkseingriffe: keine

Land: Nordrhein-Westfalen
Kreis: Rhein-Sieg-Kreis
Standard: Durchschnitt
Bauzeit: 17 Wochen
Kennwerte: bis 1.Ebene DIN276
veröffentlicht: BKI Objektdaten A9
BGF   **1.697 €/m²**

Planung: ZACHARIAS PLANUNGSGRUPPE; Sankt Augustin

Kinderkrippe für 20 Kinder als eigenständige Erweiterung einer bestehenden Kindertagesstätte.

4400-0248 Kinderkrippe (2 Gruppen, 24 Kinder)   **BRI** 1.396m³   **BGF** 341m²   **NUF** 226m²

Land: Bayern
Kreis: Nürnberg
Standard: über Durchschnitt
Bauzeit: 82 Wochen
Kennwerte: bis 1.Ebene DIN276
vorgesehen: BKI Objektdaten A10
BGF   **2.234 €/m²**

Planung: CLEMENS FROSCH ARCHITEKT; Pappenheim

Kinderkrippe mit 2 Gruppen für 24 Kinder.

Übersicht 1.+.2.Ebene

Erweiterung

Umbau

Moderni-sierung

Instand-setzung

Bau-elemente

Abbrechen

Wieder-herstellen

Herstellen

Objektübersicht zur Gebäudeart

4400-0269 Kinderkrippe (2 Gruppen) (30 KInder) **BRI** 2.218m³ **BGF** 766m² **NUF** 497m²

€/m² BGF

min	1.120	€/m²
von	1.220	€/m²
Mittel	**1.500**	**€/m²**
bis	1.910	€/m²
max	2.230	€/m²

© Johannsen und Partner

Land: Hamburg
Kreis: Hamburg
Standard: Durchschnitt
Bauzeit: 43 Wochen
Kennwerte: bis 1.Ebene DIN276
vorgesehen: BKI Objektdaten A10
BGF **1.217 €/m²**

Planung: Johannsen und Partner; Hamburg

Erweiterung einer Kindertagesstätte um zwei Gruppen für 40 Kinder

Kosten:
Stand 2.Quartal 2016
Bundesdurchschnitt
inkl. 19% MwSt.

Übersicht-
1. + 2. Ebene

Erweiterung

Umbau

Moderni-
sierung

Instand-
setzung

Bau-
elemente

Abbrechen

Wieder-
herstellen

Herstellen

Kostenkennwerte für die Kosten des Bauwerks (Kostengruppen 300+400 nach DIN 276)

BRI 515 €/m³

von 335 €/m³
bis 710 €/m³

BGF 1.660 €/m²

von 1.080 €/m²
bis 2.280 €/m²

NUF 2.230 €/m²

von 1.610 €/m²
bis 3.390 €/m²

NE 2.250 €/NE

von 1.670 €/NE
bis 3.270 €/NE
NE: Wohnfläche

Objektbeispiele

Kosten:
Stand 2.Quartal 2016
Bundesdurchschnitt
inkl. 19% MwSt.

6100-1013

6100-1012

6100-1037

6100-0602

6100-0950

6100-0956

Kosten der 18 Vergleichsobjekte   Seiten 138 bis 145

- KKW
▶ min
▷ von
| Mittelwert
◁ bis
◀ max

BRI
'200 '300 '400 '500 '600 '700 '800 '900 '1000 '1100 '1200   €/m³ BRI

BGF
'600 '800 '1000 '1200 '1400 '1600 '1800 '2000 '2200 '2400 '2600   €/m² BGF

NUF
'0 '500 '1000 '1500 '2000 '2500 '3000 '3500 '4000 '4500 '5000   €/m² NUF

© **BKI** Baukosteninformationszentrum; Erläuterungen zu den Tabellen siehe Seite 24   Kosten: 2.Quartal 2016, Bundesdurchschnitt, **inkl. 19% MwSt.**

KG	Kostengruppen der 1. Ebene	Einheit	▷	€/Einheit	◁	▷	% an 300+400	◁
100	Grundstück	m² GF						
200	Herrichten und Erschließen	m² GF	6	**16**	44	0,8	**2,2**	5,1
300	Bauwerk - Baukonstruktionen	m² BGF	885	**1.422**	1.894	80,2	**85,8**	92,4
400	Bauwerk - Technische Anlagen	m² BGF	139	**240**	488	7,6	**14,3**	19,8
	Bauwerk (300+400)	m² BGF	1.079	**1.662**	2.278		**100,0**	
500	Außenanlagen	m² AF	27	**112**	253	3,1	**6,7**	12,2
600	Ausstattung und Kunstwerke	m² BGF	–	**–**	–	–	**–**	–
700	Baunebenkosten	m² BGF						

KG	Kostengruppen der 2. Ebene	Einheit	▷	€/Einheit	◁	▷	% an 300	◁
310	Baugrube	m³ BGI	55	**131**	519	1,2	**2,1**	2,9
320	Gründung	m² GRF	214	**303**	431	5,3	**9,1**	16,0
330	Außenwände	m² AWF	360	**543**	995	37,2	**44,4**	51,3
340	Innenwände	m² IWF	151	**245**	369	4,4	**8,4**	11,6
350	Decken	m² DEF	141	**310**	479	2,0	**12,3**	17,6
360	Dächer	m² DAF	297	**493**	951	10,9	**17,6**	24,1
370	Baukonstruktive Einbauten	m² BGF	4	**19**	27	0,0	**0,6**	3,0
390	Sonstige Baukonstruktionen	m² BGF	37	**86**	138	3,1	**5,5**	7,7
300	**Bauwerk Baukonstruktionen**	**m² BGF**					**100,0**	

KG	Kostengruppen der 2. Ebene	Einheit	▷	€/Einheit	◁	▷	% an 400	◁
410	Abwasser, Wasser, Gas	m² BGF	15	**54**	143	4,0	**19,3**	34,9
420	Wärmeversorgungsanlagen	m² BGF	56	**122**	281	34,8	**51,6**	78,2
430	Lufttechnische Anlagen	m² BGF	–	**22**	–	–	**0,4**	–
440	Starkstromanlagen	m² BGF	25	**45**	76	14,4	**25,0**	44,9
450	Fernmeldeanlagen	m² BGF	7	**12**	32	0,6	**2,9**	7,7
460	Förderanlagen	m² BGF	–	**39**	–	–	**0,7**	–
470	Nutzungsspezifische Anlagen	m² BGF	–	**–**	–	–	**–**	–
480	Gebäudeautomation	m² BGF	–	**–**	–	–	**–**	–
490	Sonstige Technische Anlagen	m² BGF	–	**–**	–	–	**–**	–
400	**Bauwerk Technische Anlagen**	**m² BGF**					**100,0**	

Prozentanteile der Kosten der 2.Ebene an den Kosten des Bauwerks nach DIN 276 (Von-, Mittel-, Bis-Werte)

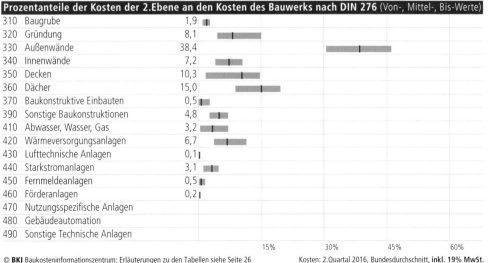

310	Baugrube	1,9
320	Gründung	8,1
330	Außenwände	38,4
340	Innenwände	7,2
350	Decken	10,3
360	Dächer	15,0
370	Baukonstruktive Einbauten	0,5
390	Sonstige Baukonstruktionen	4,8
410	Abwasser, Wasser, Gas	3,2
420	Wärmeversorgungsanlagen	6,7
430	Lufttechnische Anlagen	0,1
440	Starkstromanlagen	3,1
450	Fernmeldeanlagen	0,5
460	Förderanlagen	0,2
470	Nutzungsspezifische Anlagen	
480	Gebäudeautomation	
490	Sonstige Technische Anlagen	

15%   30%   45%   60%

Übersicht 1.+2.Ebene

Erweiterung

Umbau

Modernisierung

Instandsetzung

Bauelemente

Abbrechen

Wiederherstellen

Herstellen

Kostenkennwerte für die Kostengruppen der 3.Ebene DIN 276

KG	Kostengruppen der 3. Ebene	Einheit	▷	Ø €/Einheit	◁	▷	Ø €/m² BGF	◁
337	Elementierte Außenwände	m²	210,50	**513,60**	812,83	232,70	**301,57**	359,38
334	Außentüren und -fenster	m²	410,69	**547,99**	790,71	66,28	**167,64**	276,31
363	Dachbeläge	m²	92,42	**190,10**	284,77	63,28	**142,91**	240,81
335	Außenwandbekleidungen außen	m²	74,99	**135,84**	301,14	70,12	**129,66**	231,87
421	Wärmeerzeugungsanlagen	m²	32,34	**112,49**	339,59	32,34	**112,49**	339,59
331	Tragende Außenwände	m²	226,10	**360,46**	653,86	48,49	**96,59**	171,34
338	Sonnenschutz	m²	204,07	**276,01**	341,40	22,21	**85,98**	162,38
352	Deckenbeläge	m²	132,56	**169,97**	208,51	61,09	**78,21**	97,15
361	Dachkonstruktionen	m²	98,23	**170,86**	379,02	32,40	**70,35**	111,79
351	Deckenkonstruktionen	m²	202,60	**368,40**	1.112,11	30,02	**69,41**	107,57
325	Bodenbeläge	m²	64,80	**135,10**	184,75	20,40	**59,90**	101,68
369	Dächer, sonstiges	m²	5,64	**42,07**	78,50	3,54	**58,09**	112,63
391	Baustelleneinrichtung	m²	24,03	**52,13**	120,00	24,03	**52,13**	120,00
423	Raumheizflächen	m²	27,93	**50,43**	100,14	27,93	**50,43**	100,14
412	Wasseranlagen	m²	27,33	**49,48**	70,89	27,33	**49,48**	70,89
393	Sicherungsmaßnahmen	m²	–	**47,23**	–	–	**47,23**	–
344	Innentüren und -fenster	m²	371,73	**604,51**	932,23	19,00	**44,31**	92,63
322	Flachgründungen	m²	88,25	**175,99**	265,51	12,99	**43,57**	82,39
343	Innenstützen	m	213,72	**214,76**	215,80	2,32	**43,53**	84,73
394	Abbruchmaßnahmen	m²	35,18	**42,82**	50,45	35,18	**42,82**	50,45
324	Unterböden und Bodenplatten	m²	52,54	**88,00**	114,84	18,68	**39,08**	81,67
345	Innenwandbekleidungen	m²	16,59	**27,38**	54,85	23,67	**37,72**	71,98
336	Außenwandbekleidungen innen	m²	20,95	**31,57**	49,88	14,86	**36,05**	71,78
311	Baugrubenherstellung	m³	37,20	**73,93**	114,35	16,11	**32,67**	61,87
341	Tragende Innenwände	m²	125,90	**302,77**	479,65	25,59	**32,57**	39,54
429	Wärmeversorgungsanl., sonstiges	m²	9,30	**32,35**	77,26	9,30	**32,35**	77,26
444	Niederspannungsinstallationsanl.	m²	22,78	**31,82**	48,91	22,78	**31,82**	48,91
327	Dränagen	m²	20,83	**30,80**	40,76	2,66	**31,55**	60,43
342	Nichttragende Innenwände	m²	102,85	**162,15**	305,92	8,11	**29,70**	56,61
371	Allgemeine Einbauten	m²	21,42	**26,05**	30,67	21,42	**26,05**	30,67
364	Dachbekleidungen	m²	27,82	**57,48**	110,92	10,77	**25,65**	40,38
362	Dachfenster, Dachöffnungen	m²	–	**727,04**	–	–	**23,02**	–
339	Außenwände, sonstiges	m²	6,59	**14,22**	25,78	10,67	**22,56**	48,08
392	Gerüste	m²	8,97	**19,77**	30,74	8,97	**19,77**	30,74
422	Wärmeverteilnetze	m²	4,82	**13,59**	29,74	4,82	**13,59**	29,74
359	Decken, sonstiges	m²	7,58	**29,90**	52,22	4,90	**13,16**	21,42
333	Außenstützen	m	56,08	**108,26**	157,66	6,24	**12,26**	19,03
326	Bauwerksabdichtungen	m²	9,38	**21,40**	45,02	5,02	**12,15**	26,68
397	Zusätzliche Maßnahmen	m²	3,77	**11,60**	14,79	3,77	**11,60**	14,79
457	Übertragungsnetze	m²	–	**11,56**	–	–	**11,56**	–
411	Abwasseranlagen	m²	4,78	**10,03**	20,48	4,78	**10,03**	20,48
353	Deckenbekleidungen	m²	7,46	**28,62**	69,53	3,01	**9,91**	20,24
445	Beleuchtungsanlagen	m²	2,91	**8,53**	17,42	2,91	**8,53**	17,42
454	Elektroakustische Anlagen	m²	4,35	**6,91**	8,50	4,35	**6,91**	8,50
446	Blitzschutz- und Erdungsanlagen	m²	2,93	**4,85**	10,09	2,93	**4,85**	10,09
455	Fernseh- und Antennenanlagen	m²	1,18	**4,66**	7,39	1,18	**4,66**	7,39
321	Baugrundverbesserung	m²	–	**125,41**	–	–	**4,47**	–
451	Telekommunikationsanlagen	m²	1,54	**1,92**	2,56	1,54	**1,92**	2,56
452	Such- und Signalanlagen	m²	0,67	**1,76**	2,85	0,67	**1,76**	2,85

Kosten:
Stand 2.Quartal 2016
Bundesdurchschnitt
inkl. 19% MwSt.

▷ von
Ø Mittel
◁ bis

© **BKI** Baukosteninformationszentrum; Erläuterungen zu den Tabellen siehe Seite 28   Kosten: 2.Quartal 2016, Bundesdurchschnitt, **inkl. 19% MwSt.**

Kostenkennwerte für Leistungsbereiche nach StLB (Kosten des Bauwerks nach DIN 276)

LB	Leistungsbereiche	▷	€/m² BGF	◁	▷	% an 300+400	◁
000	Sicherheits-, Baustelleneinrichtungen inkl. 001	31	52	79	1,8	3,1	4,8
002	Erdarbeiten	25	36	55	1,5	2,2	3,3
006	Spezialtiefbauarbeiten inkl. 005	–	–	–	–	–	–
009	Entwässerungskanalarbeiten inkl. 011	0	3	15	0,0	0,2	0,9
010	Drän- und Versickerungsarbeiten	0	6	6	0,0	0,4	0,4
012	Mauerarbeiten	13	41	106	0,8	2,5	6,4
013	Betonarbeiten	83	160	313	5,0	9,6	18,8
014	Natur-, Betonwerksteinarbeiten	–	–	–	–	–	–
016	Zimmer- und Holzbauarbeiten	73	258	543	4,4	15,5	32,7
017	Stahlbauarbeiten	0	17	67	0,0	1,0	4,1
018	Abdichtungsarbeiten	1	9	23	0,0	0,5	1,4
020	Dachdeckungsarbeiten	3	34	91	0,2	2,0	5,5
021	Dachabdichtungsarbeiten	4	40	104	0,2	2,4	6,3
022	Klempnerarbeiten	20	46	102	1,2	2,8	6,1
	Rohbau	539	702	1.040	32,4	42,2	62,5
023	Putz- und Stuckarbeiten, Wärmedämmsysteme	24	93	196	1,4	5,6	11,8
024	Fliesen- und Plattenarbeiten	5	39	79	0,3	2,4	4,8
025	Estricharbeiten	5	18	26	0,3	1,1	1,5
026	Fenster, Außentüren inkl. 029, 032	72	159	284	4,3	9,6	17,1
027	Tischlerarbeiten	10	72	144	0,6	4,3	8,7
028	Parkettarbeiten, Holzpflasterarbeiten	23	62	117	1,4	3,7	7,0
030	Rollladenarbeiten	11	48	111	0,7	2,9	6,7
031	Metallbauarbeiten inkl. 035	6	62	206	0,3	3,7	12,4
034	Maler- und Lackiererarbeiten inkl. 037	12	40	75	0,7	2,4	4,5
036	Bodenbelagarbeiten	0	15	73	0,0	0,9	4,4
038	Vorgehängte hinterlüftete Fassaden	–	11	–	–	0,6	–
039	Trockenbauarbeiten	18	67	161	1,1	4,1	9,7
	Ausbau	495	689	813	29,8	41,4	48,9
040	Wärmeversorgungsanl. - Betriebseinr. inkl. 041	60	107	179	3,6	6,4	10,8
042	Gas- und Wasserinstallation, Leitungen inkl. 043	4	22	112	0,2	1,3	6,7
044	Abwasserinstallationsarbeiten - Leitungen	0	4	9	0,0	0,3	0,6
045	GWA-Einrichtungsgegenstände inkl. 046	1	21	61	0,0	1,2	3,7
047	Dämmarbeiten an betriebstechnischen Anlagen	–	1	–	–	0,1	–
049	Feuerlöschanlagen, Feuerlöschgeräte	–	–	–	–	–	–
050	Blitzschutz- und Erdungsanlagen	–	1	3	–	0,1	0,2
053	Niederspannungsanlagen inkl. 052, 054	23	51	81	1,4	3,1	4,9
055	Ersatzstromversorgungsanlagen	–	–	–	–	–	–
057	Gebäudesystemtechnik	–	–	–	–	–	–
058	Leuchten und Lampen inkl. 059	0	4	13	0,0	0,2	0,8
060	Elektroakustische Anlagen, Sprechanlagen	0	2	7	0,0	0,1	0,4
061	Kommunikationsnetze, inkl. 062	0	4	10	0,0	0,2	0,6
063	Gefahrenmeldeanlagen	–	–	–	–	–	–
069	Aufzüge	–	–	–	–	–	–
070	Gebäudeautomation	–	–	–	–	–	–
075	Raumlufttechnische Anlagen	–	2	–	–	0,1	–
	Technische Anlagen	100	219	311	6,0	13,2	18,7
084	Abbruch- und Rückbauarbeiten	7	51	99	0,5	3,1	6,0
	Sonstige Leistungsbereiche inkl. 008, 033, 051	0	4	23	0,0	0,2	1,4

Kosten: 2.Quartal 2016, Bundesdurchschnitt, **inkl. 19% MwSt.**

Übersicht 1.+2. Ebene
Erweiterung
Umbau
Modernisierung
Instandsetzung
Bauelemente
Abbrechen
Wiederherstellen
Herstellen

Erweiterungen

Wohngebäude
Anbau

€/m² BGF

min	730 €/m²
von	1.080 €/m²
Mittel	**1.660 €/m²**
bis	2.280 €/m²
max	2.760 €/m²

Kosten:
Stand 2.Quartal 2016
Bundesdurchschnitt
inkl. 19% MwSt.

6100-0455 Reihenendhaus (1 WE)   BRI 825m³   BGF 267m²   NUF 183m²

Baujahr: 1975
Bauzustand: schlecht
Aufwand: mittel
Nutzung während der Bauzeit: nein
Nutzungsänderung: nein
Grundrissänderungen: wenige
Tragwerkseingriffe: keine

Land: Rheinland-Pfalz
Kreis: Worms
Standard: Durchschnitt
Bauzeit: 65 Wochen
Kennwerte: bis 3.Ebene DIN276
veröffentlicht: BKI Objektdaten E2

BGF **727 €/m²**

Planung: Jürgen Conrad Dipl.-Ing. Freier Architekt; Worms
Wohnhaus, erweitert durch neuen Zugang.

Bauwerk - Baukonstruktionen
Herstellen: Außentüren und -fenster 17%, Deckenbeläge 14%, Außenwandbekleidungen außen 10%, Tragende Außenwände 9%, Außenwandbekleidungen innen 8%, Deckenkonstruktionen 3%, Außenwände, sonstiges 3%, Innentüren und -fenster 3%, Sonnenschutz 3%, Dachkonstruktionen 3%, Innenwandbekleidungen 3%
Wiederherstellen: Außenwandbekleidungen innen 2%, Sonstige 22%

Bauwerk - Technische Anlagen
Herstellen: Niederspannungsinstallationsanlagen 18%, Wärmeerzeugungsanlagen 18%, Wasseranlagen 14%, Wärmeversorgungsanlagen, sonstiges 11%, Raumheizflächen 10%, Blitzschutz - und Erdungsanlagen 8%, Sonstige 21%

6100-0475 Einfamilienhaus, barrierefrei   BRI 941m³   BGF 230m²   NUF 190m²

Baujahr: 1968
Bauzustand: mittel
Aufwand: mittel
Nutzung während der Bauzeit: ja
Nutzungsänderung: nein
Grundrissänderungen: umfangreiche
Tragwerkseingriffe: wenige

Land: Baden-Württemberg
Kreis: Ravensburg
Standard: Durchschnitt
Bauzeit: 17 Wochen
Kennwerte: bis 4.Ebene DIN276
veröffentlicht: BKI Objektdaten E2

BGF **986 €/m²**

Planung: Morent - Lutz - Winterkorn Architektur + Design; Ravensburg
Umbau eines Wohnhauses zur barrierefreien Nutzung; Anbau Garage, Erweiterung Bad.

Bauwerk - Baukonstruktionen
Abbrechen: Tragende Außenwände 3%, Dachbeläge 2%
Herstellen: Dachbeläge 14%, Außenwandbekleidungen außen 10%, Tragende Außenwände 10%, Deckenbeläge 10%, Außentüren und -fenster 6%, Innentüren und -fenster 6%, Gerüste 5%, Innenwandbekleidungen 3%, Allgemeine Einbauten 3%, Dachkonstruktionen 2%, Baugrubenherstellung 2%, Deckenkonstruktionen 2%
Sonstige: 21%

Bauwerk - Technische Anlagen
Herstellen: Wasseranlagen 36%, Niederspannungsinstallationsanlagen 29%, Raumheizflächen 23%, Sonstige 12%

© **BKI** Baukosteninformationszentrum; Erläuterungen zu den Tabellen siehe Seite 32   Kosten: 2.Quartal 2016, Bundesdurchschnitt, **inkl. 19% MwSt.**

6100-0500 Einfamilienhaus   **BRI** 73m³   **BGF** 23m²   **NUF** 18m²

© TTC Architekten Thomas Traub

Baujahr: 1972
Bauzustand: gut
Aufwand: hoch
Nutzung während der Bauzeit: nein
Nutzungsänderung: nein
Grundrissänderungen: wenige
Tragwerkseingriffe: keine

Land: Bayern
Kreis: München
Standard: über Durchschnitt
Bauzeit: 13 Wochen
Kennwerte: bis 3.Ebene DIN276
veröffentlicht: BKI Objektdaten A3

BGF   **2.097 €/m²**

Planung: TTC Architekten Thomas Traub; München

Anbau an ein Einfamilienhaus zur Wohnraumerweiterung.

Bauwerk - Baukonstruktionen
Dachbeläge 16%, Außenwandbekleidungen außen 15%, Elementierte Außenwände 15%, Außentüren und -fenster 10%, Dachkonstruktionen 7%, Baustelleneinrichtung 7%, Bodenbeläge 6%, Sonstige 23%

Bauwerk - Technische Anlagen
Raumheizflächen 76%, Niederspannungsinstallationsanlagen 20%, Abwasseranlagen 2%, Sonstige 2%

6100-0577 Einfamilienhaus   **BRI** 175m³   **BGF** 58m²   **NUF** 42m²

© Ingenieurbüro Hermann Jagsch

Land: Rheinland-Pfalz
Kreis: Kaiserslautern
Standard: über Durchschnitt
Bauzeit: 17 Wochen
Kennwerte: bis 4.Ebene DIN276
veröffentlicht: BKI Objektdaten A4

BGF   **1.564 €/m²**

Planung: Ingenieurbüro Hermann Jagsch, Dipl.-Ing. Christina Jagsch; Kaiserslautern

Wohnraumerweiterung eines Einfamilienhauses durch einen zweigeschossigen, nicht unterkellerten Anbau mit Flachdach.

Bauwerk - Baukonstruktionen
Herstellen: Außentüren und -fenster 17%, Tragende Außenwände 13%, Außenwandbekleidungen außen 10%, Deckenkonstruktionen 8%, Dachbeläge 6%, Dachkonstruktionen 5%, Bodenbeläge 5%, Flachgründungen 4%, Deckenbeläge 4%, Außenwandbekleidungen innen 3%, Außenwände, sonstiges 3%, Sonstige 22%

Übersicht 1.+2.Ebene

Erweiterung

Umbau

Modernisierung

Instandsetzung

Bauelemente

Abbrechen

Wiederherstellen

Herstellen

€/m² BGF
min	730	€/m²
von	1.080	€/m²
Mittel	**1.660**	**€/m²**
bis	2.280	€/m²
max	2.760	€/m²

Kosten:
Stand 2.Quartal 2016
Bundesdurchschnitt
inkl. 19% MwSt.

Objektübersicht zur Gebäudeart

6100-0580 Einfamilienhaus BRI 380m³ BGF 117m² NUF 97m²

Land: Schleswig-Holstein
Kreis: Bad Segeberg
Standard: über Durchschnitt
Bauzeit: 26 Wochen
Kennwerte: bis 3.Ebene DIN276
veröffentlicht: BKI Objektdaten A4
BGF **1.939 €/m²**

Planung: Architekt Karsten Bergmann; Hamburg

Anbau in Holzrahmenbauweise, Wohnraumerweiterung, zwei Kinderzimmer, Bad.

Bauwerk - Baukonstruktionen
Abbrechen: Abbruchmaßnahmen 3%
Herstellen: Elementierte Außenwände 25%, Außentüren und -fenster 17%, Dachbeläge 10%, Deckenbeläge 7%, Deckenkonstruktionen 6%, Bodenbeläge 4%, Dachkonstruktionen 3%, Nichttragende Innenwände 3%, Innenwandbekleidungen 2%
Sonstige: 20%

Bauwerk - Technische Anlagen
Herstellen: Wärmeversorgungsanlagen, sonstiges 18%, Wasseranlagen 18%, Wärmeerzeugungsanlagen 14%, Niederspannungsinstallationsanlagen 11%, Raumheizflächen 10%, Wärmeverteilnetze 9%, Sonstige 20%

6100-0602 Reihenhaus BRI 99m³ BGF 39m² NUF 35m²

Bauzustand: mittel
Aufwand: mittel
Nutzung während der Bauzeit: ja
Nutzungsänderung: nein
Grundrissänderungen: wenige
Tragwerkseingriffe: wenige

Land: Niedersachsen
Kreis: Wilhelmshaven
Standard: Durchschnitt
Bauzeit: 30 Wochen
Kennwerte: bis 3.Ebene DIN276
veröffentlicht: BKI Objektdaten A5
BGF **1.754 €/m²**

Planung: Architekt Dipl.-Ing. Jens-Uwe Seyfarth; Wennigsen

Wohnraumerweiterung durch Anbau an ein Reihenhaus (15m² BGF).

Bauwerk - Baukonstruktionen
Herstellen: Elementierte Außenwände 21%, Sonnenschutz 12%, Dachbeläge 9%, Bodenbeläge 7%, Flachgründungen 5%, Dachkonstruktionen 5%, Außentüren und -fenster 5%, Baustelleneinrichtung 4%, Dränagen 4%, Tragende Außenwände 3%, Innenwandbekleidungen 3%, Sonstige 21%

Bauwerk - Technische Anlagen
Herstellen: Raumheizflächen 69%, Niederspannungsinstallationsanlagen 21%, Wärmeverteilnetze 7%, Sonstige 2%

6100-0673 Einfamilienhaus   **BRI** 716m³   **BGF** 269m²   **NUF** 171m²

Land: Berlin
Kreis: Berlin
Standard: Durchschnitt
Bauzeit: 47 Wochen
Kennwerte: bis 3.Ebene DIN276
veröffentlicht: BKI Objektdaten A6
BGF   **1.069 €/m²**

Planung: Thomas Bettels Dipl.-Ing. Architekt; Berlin

Erweiterung eines zweigeschossigen unterkellerten Einfamilienhauses mit einer Holzrahmenkonstruktion. **Kosteneinfluss Grundstück:** Hammergrundstück mit Geh-, Fahr- und Leitungsrecht.

Bauwerk - Baukonstruktionen
Herstellen: Tragende Außenwände 11%, Außenwandbekleidungen außen 10%, Nichttragende Innenwände 8%, Dachbeläge 7%, Deckenbeläge 7%, Deckenkonstruktionen 6%, Sonnenschutz 5%, Dachkonstruktionen 4%, Bodenbeläge 4%, Dachbekleidungen 4%, Allgemeine Einbauten 3%, Außentüren und -fenster 3%, Baugrubenherstellung 3%, Unterböden und Bodenplatten 3%, Sonstige 22%

Bauwerk - Technische Anlagen
Herstellen: Wasseranlagen 25%, Raumheizflächen 18%, Niederspannungsinstallationsanlagen 17%, Wärmeverteilnetze 10%, Fernseh- und Antennenanlagen 6%, Sonstige 24%

6100-0902 Einfamilienhaus, Wintergarten   **BRI** 400m³   **BGF** 124m²   **NUF** 84m²

Bauzustand: mittel
Aufwand: mittel
Nutzung während der Bauzeit: ja
Nutzungsänderung: nein
Grundrissänderungen: umfangreiche
Tragwerkseingriffe: einige

Land: Sachsen
Kreis: Dresden
Standard: über Durchschnitt
Bauzeit: 39 Wochen
Kennwerte: bis 3.Ebene DIN276
veröffentlicht: BKI Objektdaten A8
BGF   **2.631 €/m²**

Planung: TSSB architekten.ingenieure; Dresden

An ein Einfamilienhaus wurde ein Wintergarten angebaut. **Kosteneinfluss Nutzung:** Im Bestandsgebäude wurden neue Fenster und Türen eingebaut und neu gestrichen. Die Heizungsanlage wurde erneuert. **Kosteneinfluss Grundstück:** Abfangen der Bestandskellerwand mit Winkelstützwänden.

Bauwerk - Baukonstruktionen
Herstellen: Außentüren und -fenster 15%, Dachbeläge 10%, Elementierte Außenwände 9%, Sonnenschutz 7%, Außenwandbekleidungen außen 6%, Dächer, sonstiges 5%, Innentüren und -fenster 5%, Deckenkonstruktionen 5%, Dachkonstruktionen 5%, Innenstützen 4%, Tragende Außenwände 4%, Flachgründungen 3%, Sonstige 23%

Bauwerk - Technische Anlagen
Herstellen: Wärmeerzeugungsanlagen 84%, Raumheizflächen 7%, Niederspannungsinstallationsanlagen 3%, Sonstige 6%

Übersicht 1.+2.Ebene
Erweiterung
Umbau
Modernisierung
Instandsetzung
Bauelemente
Abbrechen
Wiederherstellen
Herstellen

Erweiterungen

Wohngebäude
Anbau

€/m² BGF
min	730 €/m²
von	1.080 €/m²
Mittel	**1.660 €/m²**
bis	2.280 €/m²
max	2.760 €/m²

Kosten:
Stand 2.Quartal 2016
Bundesdurchschnitt
inkl. 19% MwSt.

6100-0324 Einfamilienhaus   BRI 743m³   BGF 269m²   NUF 189m²

Land: Bayern
Kreis: München
Standard: Durchschnitt
Bauzeit: 26 Wochen
Kennwerte: bis 1.Ebene DIN276
veröffentlicht: BKI Objektdaten A3
BGF   **1.052 €/m²**

Planung: Dipl.-Ing. E. Duwenhögger mit H. Hirschhäuser Architekt BDA; München

Erweiterung eines bestehenden Einfamilienhauses Baujahr 1954 in Massivbauweise durch ein Wohngebäude in Holztafelbauweise als Anbau 6,7x15,4m.

6100-0506 Wohnhauserweiterung (5 WE)   BRI 2.035m³   BGF 580m²   NUF 363m²

Baujahr: 1710
Bauzustand: schlecht
Aufwand: mittel
Nutzung während der Bauzeit: nein
Nutzungsänderung: nein
Grundrissänderungen: einige
Tragwerkseingriffe: einige

Land: Baden-Württemberg
Kreis: Esslingen a.N.
Standard: Durchschnitt
Bauzeit: 48 Wochen
Kennwerte: bis 2.Ebene DIN276
veröffentlicht: www.bki.de
BGF   **2.073 €/m²**

Planung: Hartmaier + Partner Freie Architekten; Münsingen

Umbau eines bestehenden Schulhauses zu einem Mehrfamilienhaus (3 WE), Einbau von 2 zusätzlichen Wohnungen, Neubau von Garagen, 4 Stellplätze.

6100-0520 Einfamilienhaus   BRI 312m³   BGF 91m²   NUF 82m²

Land: Baden-Württemberg
Kreis: Reutlingen
Standard: über Durchschnitt
Bauzeit: 43 Wochen
Kennwerte: bis 2.Ebene DIN276
veröffentlicht: BKI Objektdaten A4
BGF   **1.896 €/m²**

Planung: Hartmaier + Partner Freie Architekten; Münsingen

Zusätzliche Maßnahmen Wohnräume und Werkstatt als Anbau an ein bestehendes Einfamilienhaus. **Kosteneinfluss Grundstück:** Stark fallendes Gelände.

6100-0848 Anbau Badezimmer   **BRI** 51m³   **BGF** 16m²   **NUF** 12m²

Baujahr: 1933

Land: Nordrhein-Westfalen
Kreis: Bochum
Standard: unter Durchschnitt
Bauzeit: 8 Wochen
Kennwerte: bis 1.Ebene DIN276
veröffentlicht: BKI Objektdaten A8
BGF   **2.758 €/m²**

Planung: puschmann architektur Jonas Puschmann; Recklinghausen

Badanbau an eine DHH (Baujahr 1933). **Kosteneinfluss Nutzung:** Badanbau an eine Doppelhaushälfte (Baujahr 1933) **Kosteneinfluss Grundstück:** Bestandsgebäude ist eine DHH (Baujahr 1933). Das neue Bad wurde als Grenzbebauung angebaut.

6100-0950 Wintergarten   **BRI** 267m³   **BGF** 62m²   **NUF** 61m²

Land: Hamburg
Kreis: Hamburg
Standard: über Durchschnitt
Bauzeit: 17 Wochen
Kennwerte: bis 1.Ebene DIN276
veröffentlicht: BKI Objektdaten A8
BGF   **2.166 €/m²**

Planung: Architekturbüro Prell und Partner; Hamburg

Neubau eines großflächig verglasten Wintergartens mit gleichzeitiger Erweiterung des Kinderzimmers eines bestehenden Wohngebäudes.

6100-0954 Wohnhaus, ELW - KfW 40   **BRI** 556m³   **BGF** 168m²   **NUF** 109m²

Land: Baden-Württemberg
Kreis: Göppingen
Standard: über Durchschnitt
Bauzeit: 61 Wochen
Kennwerte: bis 1.Ebene DIN276
veröffentlicht: BKI Objektdaten A8
BGF   **2.382 €/m²**

Planung: architekturbüro arch +/- 4 Freier Architekt (Dipl. Ing.) Niko Moll; Bissingen

Wohnhaus (125m² WFL) mit ELW im EG und drei Kinderzimmern im OG als Wohnraumerweiterung des Nachbargebäudes. Anbindung über einen Steg. **Kosteneinfluss Grundstück:** Anbau eines neuen Wohnhauses an ein bestehendes EFH. Im OG sind die drei neuen Kinderzimmer über einen Steg mit dem elterlichen Gebäude verbunden. Im EG befindet sich eine ELW. Ein späterer Rückbau des Steges ist möglich, so dass ein eigenständiges Wohnhaus entstehen kann.

Übersicht- 1.+2.Ebene

Erweiterung

Umbau

Moderni- sierung

Instand- setzung

Bau- elemente

Abbrechen

Wieder- herstellen

Herstellen

Erweiterungen

Wohngebäude Anbau

€/m² BGF

min	730	€/m²
von	1.080	€/m²
Mittel	**1.660**	**€/m²**
bis	2.280	€/m²
max	2.760	€/m²

Kosten:
Stand 2.Quartal 2016
Bundesdurchschnitt
inkl. 19% MwSt.

6100-0956 Anbau Zweifamilienhaus   BRI 129m³   BGF 39m²   NUF 24m²

Land: Thüringen
Kreis: Wartburgkreis
Standard: Durchschnitt
Bauzeit: 30 Wochen
Kennwerte: bis 1.Ebene DIN276
veröffentlicht: BKI Objektdaten A8
BGF **1.027 €/m²**

Planung: B19 ARCHITEKTEN BDA; Barchfeld-Immelborn

Anbau an ein Zweifamilienhaus (30m² WFL). Essen, Bad und Flur. **Kosteneinfluss Nutzung:** Der Anbau wird von beiden Familien genutzt. Der großzügig verglaste Bereich kann für Familienfeiern und als allgemeiner Treffpunkt genutzt werden. **Kosteneinfluss Grundstück:** Durch den Anbau wird der großzügige Garten im Wohnhaus spürbarer, die Wohnqualität wird aufgewertet.

6100-1012 Einfamilienhaus   BRI 539m³   BGF 163m²   NUF 130m²

Baujahr: 1890

Land: Baden-Württemberg
Kreis: Karlsruhe
Standard: Durchschnitt
Bauzeit: 39 Wochen
Kennwerte: bis 1.Ebene DIN276
veröffentlicht: BKI Objektdaten A8
BGF **1.548 €/m²**

Planung: Bisch.Otteni Architekten und Innenarchitekten; Karlsruhe

Einfamilienhaus als Erweiterung in einer Hinterhofbebauung (133m² WFL)

6100-1013 Einfamilienhaus - KfW 130   BRI 615m³   BGF 168m²   NUF 126m²

Baujahr: 1924
Bauzustand: mittel
Aufwand: mittel
Nutzung während der Bauzeit: ja
Nutzungsänderung: nein
Grundrissänderungen: wenige
Tragwerkseingriffe: keine

Land: Nordrhein-Westfalen
Kreis: Stadt Aachen
Standard: Durchschnitt
Bauzeit: 34 Wochen
Kennwerte: bis 1.Ebene DIN276
veröffentlicht: BKI Objektdaten A8
BGF **1.098 €/m²**

Planung: Amunt Architekten Martenson und Nagel Theissen; Aachen und Stuttgart

Einfamilienhaus (144m² WFL)

6100-1037 Wohngebäude, barrierefrei (15 WE)   **BRI** 5.193m³   **BGF** 1.647m²   **NUF** 1.133m²

© °pha design Banniza, Hermann, Öchsner und Partner

Baujahr: 1900
Bauzustand: schlecht
Aufwand: hoch
Nutzung während der Bauzeit: nein
Nutzungsänderung: nein
Grundrissänderungen: einige
Tragwerkseingriffe: keine

Land: Brandenburg
Kreis: Prignitz
Standard: unter Durchschnitt
Bauzeit: 61 Wochen
Kennwerte: bis 1.Ebene DIN276
veröffentlicht: BKI Objektdaten A9
BGF **1.153 €/m²**

Planung: °pha design Banniza, Hermann, Öchsner und Partner; Nauen OT Ribbeck

Wohngebäude mit 15 barrierefreien Wohnungen (888m² WFL). Aufteilung in Neubau (10 WE) und Altbau (5 WE).

Übersicht 1.+.2.Ebene
Erweiterung
Umbau
Moderni-sierung
Instand-setzung
Bau-elemente
Abbrechen
Wieder-herstellen
Herstellen

Kostenkennwerte für die Kosten des Bauwerks (Kostengruppen 300+400 nach DIN 276)

BRI 455 €/m³
von 290 €/m³
bis 605 €/m³

BGF 1.270 €/m²
von 860 €/m²
bis 1.630 €/m²

NUF 1.840 €/m²
von 1.260 €/m²
bis 2.360 €/m²

NE 2.630 €/NE
von 1.690 €/NE
bis 6.250 €/NE
NE: Wohnfläche

Objektbeispiele

Kosten:
Stand 2.Quartal 2016
Bundesdurchschnitt
inkl. 19% MwSt.

6100-1180

6100-1175

6100-0850

Kosten der 16 Vergleichsobjekte — Seiten 150 bis 156

- ● KKW
- ▶ min
- ▷ von
- | Mittelwert
- ◁ bis
- ◀ max

BRI
|100 |200 |300 |400 |500 |600 |700 |800 |900 |1000 |1100 €/m³ BRI

BGF
|400 |600 |800 |1000 |1200 |1400 |1600 |1800 |2000 |2200 |2400 €/m² BGF

NUF
|0 |500 |1000 |1500 |2000 |2500 |3000 |3500 |4000 |4500 |5000 €/m² NUF

Kostenkennwerte für die Kostengruppen der 1. und 2.Ebene DIN 276

KG	Kostengruppen der 1. Ebene	Einheit	▷	€/Einheit	◁	▷	% an 300+400	◁
100	Grundstück	m² GF						
200	Herrichten und Erschließen	m² GF	3	**314**	625	0,2	**6,5**	12,7
300	Bauwerk - Baukonstruktionen	m² BGF	695	**1.053**	1.361	76,7	**82,6**	87,5
400	Bauwerk - Technische Anlagen	m² BGF	147	**218**	322	12,5	**17,4**	23,3
	Bauwerk (300+400)	m² BGF	860	**1.271**	1.633		**100,0**	
500	Außenanlagen	m² AF	28	**146**	514	0,9	**4,1**	7,9
600	Ausstattung und Kunstwerke	m² BGF	–	**92**	–	–	**6,3**	–
700	Baunebenkosten	m² BGF						

KG	Kostengruppen der 2. Ebene	Einheit	▷	€/Einheit	◁	▷	% an 300	◁
310	Baugrube	m³ BGI	52	**85**	147	0,0	**0,3**	1,0
320	Gründung	m² GRF	35	**139**	217	0,0	**0,4**	1,3
330	Außenwände	m² AWF	305	**437**	633	19,6	**29,2**	43,8
340	Innenwände	m² IWF	129	**189**	322	10,5	**15,4**	21,3
350	Decken	m² DEF	202	**285**	430	11,4	**15,4**	21,2
360	Dächer	m² DAF	292	**395**	753	17,6	**30,3**	39,6
370	Baukonstruktive Einbauten	m² BGF	8	**44**	135	0,5	**2,6**	11,6
390	Sonstige Baukonstruktionen	m² BGF	28	**74**	127	3,7	**6,4**	10,4
300	**Bauwerk Baukonstruktionen**	**m² BGF**					**100,0**	

KG	Kostengruppen der 2. Ebene	Einheit	▷	€/Einheit	◁	▷	% an 400	◁
410	Abwasser, Wasser, Gas	m² BGF	42	**74**	113	25,1	**32,6**	42,9
420	Wärmeversorgungsanlagen	m² BGF	49	**63**	83	21,2	**30,3**	36,7
430	Lufttechnische Anlagen	m² BGF	8	**30**	59	1,4	**9,6**	23,6
440	Starkstromanlagen	m² BGF	31	**51**	96	14,4	**22,2**	29,9
450	Fernmeldeanlagen	m² BGF	4	**10**	18	2,4	**4,8**	9,3
460	Förderanlagen	m² BGF	–	**15**	–	–	**0,5**	–
470	Nutzungsspezifische Anlagen	m² BGF	–	**–**	–	–	**–**	–
480	Gebäudeautomation	m² BGF	–	**–**	–	–	**–**	–
490	Sonstige Technische Anlagen	m² BGF	0	**1**	1	0,0	**0,1**	0,4
400	**Bauwerk Technische Anlagen**	**m² BGF**					**100,0**	

Prozentanteile der Kosten der 2.Ebene an den Kosten des Bauwerks nach DIN 276 (Von-, Mittel-, Bis-Werte)

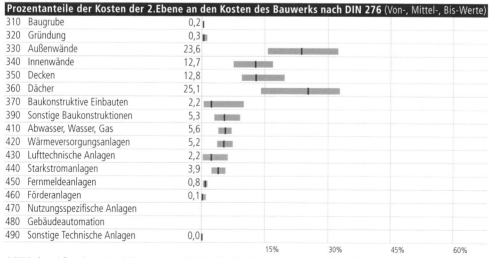

310	Baugrube	0,2
320	Gründung	0,3
330	Außenwände	23,6
340	Innenwände	12,7
350	Decken	12,8
360	Dächer	25,1
370	Baukonstruktive Einbauten	2,2
390	Sonstige Baukonstruktionen	5,3
410	Abwasser, Wasser, Gas	5,6
420	Wärmeversorgungsanlagen	5,2
430	Lufttechnische Anlagen	2,2
440	Starkstromanlagen	3,9
450	Fernmeldeanlagen	0,8
460	Förderanlagen	0,1
470	Nutzungsspezifische Anlagen	
480	Gebäudeautomation	
490	Sonstige Technische Anlagen	0,0

15% 30% 45% 60%

Kosten: 2.Quartal 2016, Bundesdurchschnitt, **inkl. 19% MwSt.**

Kostenkennwerte für die Kostengruppen der 3.Ebene DIN 276

KG	Kostengruppen der 3. Ebene	Einheit	▷	Ø €/Einheit	◁	▷	Ø €/m² BGF	◁
363	Dachbeläge	m²	131,00	185,67	303,30	82,79	155,90	297,15
361	Dachkonstruktionen	m²	79,83	137,05	233,39	46,95	97,96	192,94
352	Deckenbeläge	m²	137,43	176,59	229,50	45,37	94,54	138,92
334	Außentüren und -fenster	m²	348,81	506,57	890,37	46,02	78,95	149,01
335	Außenwandbekleidungen außen	m²	86,30	124,79	186,12	45,01	78,65	112,14
412	Wasseranlagen	m²	32,88	59,32	109,39	32,88	59,32	109,39
345	Innenwandbekleidungen	m²	36,80	54,01	124,83	30,99	58,53	99,58
331	Tragende Außenwände	m²	125,88	170,34	263,56	24,09	57,35	115,42
444	Niederspannungsinstallationsanl.	m²	25,72	45,82	83,23	25,72	45,82	83,23
351	Deckenkonstruktionen	m²	158,96	310,75	583,86	18,07	44,60	88,40
364	Dachbekleidungen	m²	27,58	55,75	86,26	12,81	43,47	89,75
344	Innentüren und -fenster	m²	257,99	340,08	433,76	18,86	42,98	113,87
371	Allgemeine Einbauten	m²	8,26	39,40	102,10	8,26	39,40	102,10
339	Außenwände, sonstiges	m²	19,47	89,66	275,23	12,18	38,37	91,96
342	Nichttragende Innenwände	m²	67,66	98,46	160,88	13,80	36,36	57,07
341	Tragende Innenwände	m²	105,02	131,65	170,11	15,14	35,40	68,35
391	Baustelleneinrichtung	m²	8,04	34,98	61,40	8,04	34,98	61,40
395	Instandsetzungen	m²	–	33,81	–	–	33,81	–
338	Sonnenschutz	m²	170,87	268,04	497,86	14,45	31,48	72,52
431	Lüftungsanlagen	m²	8,18	30,30	59,49	8,18	30,30	59,49
392	Gerüste	m²	14,10	28,57	59,46	14,10	28,57	59,46
421	Wärmeerzeugungsanlagen	m²	16,58	28,14	43,58	16,58	28,14	43,58
369	Dächer, sonstiges	m²	10,94	34,49	123,02	8,36	25,54	92,36
423	Raumheizflächen	m²	9,71	23,30	43,37	9,71	23,30	43,37
336	Außenwandbekleidungen innen	m²	28,51	47,02	67,56	9,39	19,61	52,26
332	Nichttragende Außenwände	m²	–	378,18	–	12,32	18,57	24,82
422	Wärmeverteilnetze	m²	6,35	17,80	30,10	6,35	17,80	30,10
372	Besondere Einbauten	m²	6,32	17,54	46,90	6,32	17,54	46,90
359	Decken, sonstiges	m²	15,65	30,18	98,51	6,05	16,21	45,07
461	Aufzugsanlagen	m²	–	14,92	–	–	14,92	–
333	Außenstützen	m	69,39	96,81	149,36	6,46	14,63	18,72
362	Dachfenster, Dachöffnungen	m²	676,15	1.231,28	2.148,51	5,32	14,39	30,30
411	Abwasseranlagen	m²	9,26	13,86	19,04	9,26	13,86	19,04
353	Deckenbekleidungen	m²	20,56	39,10	57,38	4,26	12,19	17,31
394	Abbruchmaßnahmen	m²	3,69	11,61	21,33	3,69	11,61	21,33
346	Elementierte Innenwände	m²	101,23	319,02	536,80	3,18	11,51	27,80
445	Beleuchtungsanlagen	m²	3,27	10,18	42,94	3,27	10,18	42,94
397	Zusätzliche Maßnahmen	m²	2,67	9,94	45,51	2,67	9,94	45,51
349	Innenwände, sonstiges	m²	–	10,99	–	–	8,01	–
311	Baugrubenherstellung	m³	51,99	84,51	147,03	3,96	7,73	9,62
413	Gasanlagen	m²	–	7,44	–	–	7,44	–
325	Bodenbeläge	m²	–	36,91	–	–	7,10	–
429	Wärmeversorgungsanl., sonstiges	m²	2,70	6,11	12,24	2,70	6,11	12,24
452	Such- und Signalanlagen	m²	2,55	5,46	9,91	2,55	5,46	9,91
343	Innenstützen	m	–	61,34	–	–	4,23	–
455	Fernseh- und Antennenanlagen	m²	1,80	4,20	10,14	1,80	4,20	10,14
419	Abwasser-, Wasser- und Gas-anlagen, sonstiges	m²	2,88	4,18	5,48	2,88	4,18	5,48
457	Übertragungsnetze	m²	1,41	3,69	5,96	1,41	3,69	5,96
322	Flachgründungen	m²	15,64	141,09	192,17	1,55	2,98	4,49

Kosten:
Stand 2.Quartal 2016
Bundesdurchschnitt
inkl. 19% MwSt.

▷ von
Ø Mittel
◁ bis

© **BKI** Baukosteninformationszentrum; Erläuterungen zu den Tabellen siehe Seite 28   Kosten: 2.Quartal 2016, Bundesdurchschnitt, **inkl. 19% MwSt.**

Kostenkennwerte für Leistungsbereiche nach StLB (Kosten des Bauwerks nach DIN 276)

LB	Leistungsbereiche	▷	€/m² BGF	◁	▷	% an 300+400	◁
000	Sicherheits-, Baustelleneinrichtungen inkl. 001	33	53	81	2,6	4,2	6,3
002	Erdarbeiten	0	3	8	0,0	0,2	0,7
006	Spezialtiefbauarbeiten inkl. 005	–	–	–	–	–	–
009	Entwässerungskanalarbeiten inkl. 011	0	1	4	0,0	0,0	0,3
010	Drän- und Versickerungsarbeiten	–	–	–	–	–	–
012	Mauerarbeiten	23	58	97	1,8	4,6	7,6
013	Betonarbeiten	16	43	97	1,3	3,4	7,6
014	Natur-, Betonwerksteinarbeiten	0	12	37	0,0	0,9	2,9
016	Zimmer- und Holzbauarbeiten	60	144	346	4,7	11,3	27,3
017	Stahlbauarbeiten	2	14	71	0,1	1,1	5,6
018	Abdichtungsarbeiten	0	1	6	0,0	0,1	0,4
020	Dachdeckungsarbeiten	7	59	153	0,6	4,6	12,1
021	Dachabdichtungsarbeiten	4	60	185	0,3	4,8	14,5
022	Klempnerarbeiten	24	60	154	1,9	4,7	12,1
	Rohbau	432	509	713	34,0	40,0	56,1
023	Putz- und Stuckarbeiten, Wärmedämmsysteme	44	90	177	3,5	7,1	13,9
024	Fliesen- und Plattenarbeiten	18	27	40	1,4	2,1	3,2
025	Estricharbeiten	2	10	25	0,2	0,8	1,9
026	Fenster, Außentüren inkl. 029, 032	22	66	114	1,8	5,2	9,0
027	Tischlerarbeiten	22	87	179	1,7	6,8	14,1
028	Parkettarbeiten, Holzpflasterarbeiten	13	29	44	1,0	2,3	3,4
030	Rollladenarbeiten	6	23	51	0,5	1,8	4,0
031	Metallbauarbeiten inkl. 035	20	50	157	1,5	3,9	12,4
034	Maler- und Lackiererarbeiten inkl. 037	15	32	48	1,2	2,5	3,8
036	Bodenbelagarbeiten	0	7	26	0,0	0,6	2,1
038	Vorgehängte hinterlüftete Fassaden	–	–	–	–	–	–
039	Trockenbauarbeiten	25	67	127	2,0	5,3	10,0
	Ausbau	367	488	564	28,9	38,4	44,4
040	Wärmeversorgungsanl. - Betriebseinr. inkl. 041	40	58	82	3,1	4,5	6,4
042	Gas- und Wasserinstallation, Leitungen inkl. 043	11	27	45	0,8	2,1	3,5
044	Abwasserinstallationsarbeiten - Leitungen	2	8	12	0,2	0,6	1,0
045	GWA-Einrichtungsgegenstände inkl. 046	12	31	53	1,0	2,4	4,2
047	Dämmarbeiten an betriebstechnischen Anlagen	0	5	12	0,0	0,4	0,9
049	Feuerlöschanlagen, Feuerlöschgeräte	–	–	–	–	–	–
050	Blitzschutz- und Erdungsanlagen	0	2	4	0,0	0,1	0,3
053	Niederspannungsanlagen inkl. 052, 054	27	44	64	2,1	3,4	5,0
055	Ersatzstromversorgungsanlagen	–	0	–	–	0,0	–
057	Gebäudesystemtechnik	–	–	–	–	–	–
058	Leuchten und Lampen inkl. 059	0	4	9	0,0	0,3	0,7
060	Elektroakustische Anlagen, Sprechanlagen	0	4	7	0,0	0,3	0,6
061	Kommunikationsnetze, inkl. 062	3	6	11	0,2	0,5	0,9
063	Gefahrenmeldeanlagen	–	0	–	–	0,0	–
069	Aufzüge	–	1	–	–	0,1	–
070	Gebäudeautomation	–	–	–	–	–	–
075	Raumlufttechnische Anlagen	3	27	75	0,2	2,1	5,9
	Technische Anlagen	153	216	282	12,1	17,0	22,2
084	Abbruch- und Rückbauarbeiten	10	57	83	0,8	4,5	6,6
	Sonstige Leistungsbereiche inkl. 008, 033, 051	0	2	9	0,0	0,2	0,7

Übersicht 1.+2.Ebene

Erweiterung

Umbau

Modernisierung

Instandsetzung

Bauelemente

Abbrechen

Wieder herstellen

Herstellen

Objektübersicht zur Gebäudeart

6100-0307 Mehrfamilienhaus (5 WE) **BRI** 1.753m³ **BGF** 698m² **NUF** 467m²

€/m² BGF
min	640 €/m²
von	860 €/m²
Mittel	**1.270 €/m²**
bis	1.630 €/m²
max	2.090 €/m²

© Fendt-Fikentscher-Cole Architekten

Baujahr: 1952
Bauzustand: schlecht
Aufwand: hoch
Nutzung während der Bauzeit: ja
Nutzungsänderung: ja
Grundrissänderungen: umfangreiche
Tragwerkseingriffe: einige

Land: Bayern
Kreis: München
Standard: über Durchschnitt
Bauzeit: 39 Wochen
Kennwerte: bis 3.Ebene DIN276
veröffentlicht: BKI Objektdaten A2

BGF **1.399 €/m²**

Kosten:
Stand 2.Quartal 2016
Bundesdurchschnitt
inkl. 19% MwSt.

Planung: Fendt-Fikentscher-Cole Architekten; München

Aufstockung und Einrichtung von 5 WE im Dachgeschoss eines Mehrfamilienhauses.

Bauwerk - Baukonstruktionen
Herstellen: Deckenbeläge 11%, Dachbeläge 10%, Außenwandbekleidungen außen 8%, Tragende Innenwände 6%, Dachkonstruktionen 5%, Dachbekleidungen 5%, Deckenkonstruktionen 5%, Außentüren und -fenster 5%, Decken, sonstiges 5%, Baustelleneinrichtung 4%, Innenwandbekleidungen 4%, Zusätzliche Maßnahmen 4%, Gerüste 3%, Tragende Außenwände 3%, Dachfenster, Dachöffnungen 2%, Sonstige 21%

Bauwerk - Technische Anlagen
Herstellen: Niederspannungsinstallationsanlagen 20%, Wasseranlagen 18%, Wärmeverteilnetze 11%, Raumheizflächen 11%, Abwasseranlagen 9%, Fernseh- und Antennenanlagen 8%, Sonstige 22%

6100-0518 Mehrfamilienhaus **BRI** 549m³ **BGF** 260m² **NUF** 232m²

© Arand Architekten

Baujahr: 1966
Bauzustand: mittel
Aufwand: hoch
Nutzung während der Bauzeit: ja
Nutzungsänderung: nein
Grundrissänderungen: wenige
Tragwerkseingriffe: einige

Land: Berlin
Kreis: Berlin
Standard: über Durchschnitt
Bauzeit: 39 Wochen
Kennwerte: bis 3.Ebene DIN276
veröffentlicht: BKI Objektdaten A4

BGF **1.279 €/m²**

Planung: Arand Architekten; Berlin

Erweiterung eines Mehrfamilienhauses von 1966 um eine zusätzliche Wohnung mit großer Dachterrasse. Holzrahmenbauweise mit Bogendach. **Kosteneinfluss Nutzung:** Das Gebäude wurde während der Bauzeit genutzt.

Bauwerk - Baukonstruktionen
Dächer, sonstiges 11%, Allgemeine Einbauten 10%, Dachbeläge 9%, Dachkonstruktionen 9%, Deckenkonstruktionen 8%, Gerüste 6%, Deckenbeläge 6%, Tragende Außenwände 5%, Nichttragende Innenwände 4%, Besondere Einbauten 4%, Dachbekleidungen 4%, Sonstige 23%

Bauwerk - Technische Anlagen
Wasseranlagen 30%, Raumheizflächen 12%, Niederspannungsinstallationsanlagen 12%, Wärmeverteilnetze 12%, Wärmeerzeugungsanlagen 11%, Sonstige 23%

6100-0652 Mehrfamilienhaus (9 WE)   BRI 755m³   BGF 297m²   NUF 214m²

© Planungsbüro Hanns-Peter Benl

Baujahr: 1965
Bauzustand: mittel
Aufwand: mittel
Nutzung während der Bauzeit: ja
Nutzungsänderung: ja
Grundrissänderungen: wenige
Tragwerkseingriffe: wenige

Land: Bayern
Kreis: München
Standard: Durchschnitt
Bauzeit: 48 Wochen
Kennwerte: bis 3.Ebene DIN276
veröffentlicht: BKI Objektdaten A7

BGF   **1.482 €/m²**

Planung: Planungsbüro Dipl.-Ing. (FH) Hanns-Peter Benl; Neuötting

Ein Mehrfamilienhaus mit 6 Wohnungen wurde durch eine Dachaufstockung um 3 Wohnungen erweitert. **Kosteneinfluss Nutzung:** Die Flächenangaben der DIN 277 und die Wohnflächenangaben gelten nur für die Dachaufstockung. Die Wohnungen erreichen den KfW 60 Standard.

Bauwerk - Baukonstruktionen
Abbrechen: Dachkonstruktionen 3%
Herstellen: Dachbeläge 23%, Dachkonstruktionen 14%, Deckenbeläge 10%, Außenwände, sonstiges 9%, Dachbekleidungen 6%, Innenwandbekleidungen 5%, Nichttragende Innenwände 5%, Baustelleneinrichtung 3%
Sonstige: 20%

Bauwerk - Technische Anlagen
Herstellen: Niederspannungsinstallationsanlagen   32%, Wasseranlagen 26%, Raumheizflächen 17%, Sonstige 25%

6100-0786 Einfamilienhaus   BRI 733m³   BGF 287m²   NUF 191m²

© Basqué & Partner Architektur Design Raumkonzept

Baujahr: 1948
Bauzustand: mittel
Aufwand: hoch
Nutzung während der Bauzeit: ja
Nutzungsänderung: nein
Grundrissänderungen: umfangreiche
Tragwerkseingriffe: umfangreiche

Land: Bayern
Kreis: Schwandorf
Standard: über Durchschnitt
Bauzeit: 21 Wochen
Kennwerte: bis 4.Ebene DIN276
veröffentlicht: BKI Objektdaten A7

BGF   **2.086 €/m²**

Planung: Basqué & Partner Architektur Design Raumkonzept; Regensburg

Erweiterung des Wohnhauses durch Aufstockung des Dachgeschosses. **Kosteneinfluss Nutzung:** Die Wohnflächenangaben gelten nur auf den Dachgeschossausbau.

Bauwerk - Baukonstruktionen
Abbrechen: Dachkonstruktionen 5%
Herstellen: Dachbeläge 12%, Deckenbeläge 9%, Außentüren und -fenster 9%, Dachkonstruktionen 7%, Innenwandbekleidungen 7%, Tragende Außenwände 6%, Dachbekleidungen 6%, Sonnenschutz 6%, Außenwandbekleidungen außen 4%, Gerüste 4%, Außenwandbekleidungen innen 3%
Sonstige: 22%

Bauwerk - Technische Anlagen
Herstellen: Wasseranlagen 41%, Niederspannungsinstallationsanlagen 17%, Beleuchtungsanlagen 13%, Sonstige 29%

Übersicht-
1.+ 2.Ebene

Erweiterung

Umbau

Moderni-
sierung

Instand-
setzung

Bau-
elemente

Abbrechen

Wieder-
herstellen

Herstellen

Wohngebäude
Aufstockung

€/m² BGF

min	640	€/m²
von	860	€/m²
Mittel	**1.270**	**€/m²**
bis	1.630	€/m²
max	2.090	€/m²

Kosten:
Stand 2.Quartal 2016
Bundesdurchschnitt
inkl. 19% MwSt.

6100-0787 Mehrfamilienhaus BRI 1.123m³ BGF 427m² NUF 279m²

Baujahr: 1960
Bauzustand: mittel
Aufwand: hoch
Nutzung während der Bauzeit: ja
Nutzungsänderung: nein
Grundrissänderungen: einige
Tragwerkseingriffe: einige

Land: Baden-Württemberg
Kreis: Rhein-Neckar
Standard: über Durchschnitt
Bauzeit: 34 Wochen
Kennwerte: bis 4.Ebene DIN276
veröffentlicht: BKI Objektdaten A7
BGF **1.335 €/m²**

Planung: Architekt Dipl.-Ing. Alexander Böhm; Heidelberg
Wohnraumerweiterung durch Aufstockung und Dachgeschossausbau.

Bauwerk - Baukonstruktionen
Herstellen: Tragende Außenwände 11%, Dachbeläge 11%, Innentüren und -fenster 9%, Deckenbeläge 9%, Deckenkonstruktionen 8%, Innenwandbekleidungen 8%, Baustelleneinrichtung 5%, Außenwandbekleidungen innen 5%, Außenwandbekleidungen außen 4%, Sonnenschutz 3%, Dachbekleidungen 3%, Nichttragende Innenwände 3%, Sonstige 20%

Bauwerk - Technische Anlagen
Herstellen: Wasseranlagen 49%, Lüftungsanlagen 24%, Abwasseranlagen 13%, Sonstige 14%

6100-0791 Mehrfamilienhaus (11 WE) BRI 3.718m³ BGF 1.203m² NUF 747m²

Baujahr: 1955
Bauzustand: schlecht
Aufwand: hoch
Nutzung während der Bauzeit: nein
Nutzungsänderung: nein
Grundrissänderungen: einige
Tragwerkseingriffe: einige

Land: Bayern
Kreis: Rosenheim
Standard: Durchschnitt
Bauzeit: 35 Wochen
Kennwerte: bis 3.Ebene DIN276
veröffentlicht: BKI Objektdaten A8
BGF **1.018 €/m²**

Planung: Dipl.-Ing. Architekt Energieberater Martin Schaub; Rosenheim
Modernisierung des Mehrfamilienhauses mit acht Wohnungen aus dem Baujahr 1955. DG-Aufstockung mit drei weiteren Wohnungen erfolgte als Dickholzkonstruktion.

Bauwerk - Baukonstruktionen
Herstellen: Außenwandbekleidungen außen 17%, Außentüren und -fenster 10%, Nichttragende Innenwände 9%, Tragende Außenwände 8%, Außenwände, sonstiges 7%, Innenwandbekleidungen 7%, Deckenbeläge 6%, Dachkonstruktionen 5%, Innentüren und -fenster 5%, Dachbeläge 4%, Sonstige 22%

Bauwerk - Technische Anlagen
Herstellen: Lüftungsanlagen 24%, Wasseranlagen 20%, Wärmeerzeugungsanlagen 15%, Niederspannungsinstallationsanlagen 9%, Abwasseranlagen 7%, Sonstige 25%

6100-0850 Mehrfamilienhaus (5 WE), Gewerbe　　BRI 2.100m³　　BGF 735m²　　NUF 445m²

Baujahr: 1969
Bauzustand: mittel
Aufwand: hoch
Nutzung während der Bauzeit: ja
Nutzungsänderung: nein
Grundrissänderungen: wenige
Tragwerkseingriffe: wenige

Land: Hamburg
Kreis: Hamburg
Standard: Durchschnitt
Bauzeit: 21 Wochen
Kennwerte: bis 3.Ebene DIN276
veröffentlicht: BKI Objektdaten A9

BGF　705 €/m²

Planung: Buss Architektur Dipl. Ing. Architekt Christian Buss; Hamburg

Modernisierung eines Mehrfamilienhauses mit 4 bestehenden Wohnungen und zwei Gewerbeeinheiten und Aufstockung um ein weiteres Dachgeschoss.

Bauwerk - Baukonstruktionen
Abbrechen: Nichttragende Außenwände 2%
Herstellen: Außenwandbekleidungen außen 19%, Außentüren und -fenster 12%, Dachbeläge 11%, Deckenbeläge 8%, Innenwandbekleidungen 6%, Tragende Außenwände 5%, Deckenkonstruktionen 4%, Dachkonstruktionen 3%, Dachbekleidungen 3%, Außenwandbekleidungen innen 3%, Gerüste 3%
Sonstige: 22%

Bauwerk - Technische Anlagen
Herstellen: Lüftungsanlagen 33%, Wärmeerzeugungsanlagen 21%, Wasseranlagen 13%, Niederspannungsinstallationsanlagen 6%, Abwasseranlagen 6%, Sonstige 21%

6100-0984 Mehrfamilienhaus Aufstockung - KfW 70　　BRI 3.125m³　　BGF 875m²　　NUF 642m²

Baujahr: 1972
Bauzustand: mittel
Aufwand: mittel
Nutzung während der Bauzeit: ja
Nutzungsänderung: nein
Grundrissänderungen: wenige
Tragwerkseingriffe: wenige

Land: Bayern
Kreis: München
Standard: über Durchschnitt
Bauzeit: 65 Wochen
Kennwerte: bis 3.Ebene DIN276
veröffentlicht: BKI Objektdaten A9

BGF　1.773 €/m²

Planung: Planungsbüro Dipl.-Ing. (FH) Hanns-Peter Benl; Neuötting

Mehrfamilienhaus, Aufstockung, KfW 70

Bauwerk - Baukonstruktionen
Abbrechen: Dachbeläge 5%
Herstellen: Dachbeläge 20%, Außentüren und -fenster 12%, Dachkonstruktionen 9%, Innentüren und -fenster 8%, Deckenbeläge 8%, Allgemeine Einbauten 6%, Innenwandbekleidungen 5%, Tragende Innenwände 5%
Sonstige: 22%

Bauwerk - Technische Anlagen
Herstellen: Wasseranlagen 31%, Niederspannungsinstallationsanlagen 25%, Lüftungsanlagen 13%, Raumheizflächen 11%, Sonstige 21%

Übersicht- 1.+ 2.Ebene
Erweiterung
Umbau
Moderni- sierung
Instand- setzung
Bau- elemente
Abbrechen
Wieder- herstellen
Herstellen

€/m² BGF

min	640	€/m²
von	860	€/m²
Mittel	**1.270**	**€/m²**
bis	1.630	€/m²
max	2.090	€/m²

Kosten:
Stand 2.Quartal 2016
Bundesdurchschnitt
inkl. 19% MwSt.

6100-1175 Mehrfamilienhaus (6 WE) - Passivhaus   BRI 2.023m³   BGF 742m²   NUF 552m²

© Hans-Jörg Peter Architekt

Baujahr: 1971
Bauzustand: mittel
Aufwand: hoch
Nutzung während der Bauzeit: ja
Nutzungsänderung: nein
Grundrissänderungen: einige
Tragwerkseingriffe: wenige

Land: Hamburg
Kreis: Hamburg
Standard: über Durchschnitt
Bauzeit: 17 Wochen
Kennwerte: bis 3.Ebene DIN276
veröffentlicht: BKI Objektdaten E6
BGF   **639 €/m²**

Planung: Hans-Jörg Peter Dipl.-Ing. Architekt, hh-Energieberatung.de; Hamburg

Mehrfamilienhaus (6 WE), Staffelgeschoss-Aufstockung

Bauwerk - Baukonstruktionen
Herstellen: Außenwandbekleidungen außen 16%, Außentüren und -fenster 14%, Dachbeläge 13%, Dachkonstruktionen 13%, Deckenbeläge 6%, Sonnenschutz 5%, Deckenkonstruktionen 5%, Tragende Außenwände 4%, Dächer, sonstiges 3%, Sonstige 21%

Bauwerk - Technische Anlagen
Herstellen: Niederspannungsinstallationsanlagen 21%, Wasseranlagen 19%, Wärmeerzeugungsanlagen 18%, Lüftungsanlagen 13%, Abwasseranlagen 7%, Sonstige 23%

6100-0270 Wohn- und Geschäftshaus   BRI 6.218m³   BGF 2.007m²   NUF 1.389m²

© P. Angerstein & Partner

Baujahr: 1950
Bauzustand: mittel
Aufwand: hoch
Nutzung während der Bauzeit: ja
Nutzungsänderung: nein
Grundrissänderungen: einige
Tragwerkseingriffe: einige

Land: Nordrhein-Westfalen
Kreis: Münster
Standard: Durchschnitt
Bauzeit: 69 Wochen
Kennwerte: bis 1.Ebene DIN276
veröffentlicht: BKI Objektdaten A1
BGF   **1.225 €/m²**

Planung: P. Angerstein & Partner Dipl.-Ing. TU Architekt BDA; Münster

Wohn- und Geschäftshaus, Aufstockung für Wohnungen (4 WE) und Umbau. **Kosteneinfluss Grundstück:** Sehr begrenzter Platz für Baustelleneinrichtung, 3 Seiten frei, 2x2,50m, 1x3,50m breit; neue Gründungen mussten in die bestehende Bodenplatte eingebracht werden, Handschachtung.

Objektübersicht zur Gebäudeart

6100-0316 Bungalow (1 WE)

BRI 312m³   **BGF** 117m²   **NUF** 78m²

Baujahr: 1972
Bauzustand: gut
Aufwand: mittel
Nutzung während der Bauzeit: ja
Nutzungsänderung: ja
Grundrissänderungen: keine
Tragwerkseingriffe: einige

Land: Niedersachsen
Kreis: Braunschweig
Standard: Durchschnitt
Bauzeit: 21 Wochen
Kennwerte: bis 1.Ebene DIN276
veröffentlicht: BKI Objektdaten A1

BGF   **888 €/m²**

Planung: Jean-Elie Hamesse Architekt + Planer; Braunschweig

Aufstockung eines Bungalows mit Flachdach, zwei Behandlungsräume, Eingangsbereich, WC mit Dusche, Warteraum.

6100-0370 Einfamilienhaus

BRI 1.019m³   **BGF** 373m²   **NUF** 256m²

Baujahr: 1960
Bauzustand: gut
Aufwand: mittel
Nutzung während der Bauzeit: nein
Nutzungsänderung: nein
Grundrissänderungen: umfangreiche
Tragwerkseingriffe: einige

Land: Berlin
Kreis: Berlin
Standard: über Durchschnitt
Bauzeit: 52 Wochen
Kennwerte: bis 1.Ebene DIN276
veröffentlicht: BKI Objektdaten A2

BGF   **1.467 €/m²**

Planung: Architekturbüro Dipl.-Ing. K. Jamil; Berlin

Erweiterung eines Einfamilienwohnhauses durch Aufstockung mit 4 Räumen, Bad, Flur und Balkon.

6100-0474 Einfamilienhaus

BRI 222m³   **BGF** 77m²   **NUF** 54m²

Baujahr: 1972
Bauzustand: gut
Aufwand: hoch
Nutzung während der Bauzeit: ja
Nutzungsänderung: nein
Grundrissänderungen: wenige
Tragwerkseingriffe: wenige

Land: Niedersachsen
Kreis: Braunschweig
Standard: Durchschnitt
Bauzeit: 34 Wochen
Kennwerte: bis 2.Ebene DIN276
veröffentlicht: BKI Objektdaten A3

BGF   **1.472 €/m²**

Planung: Jean-Elie Hamesse Architekt + Planer; Braunschweig

Erweiterung eines eingeschossigen Einfamilienhauses durch Aufstockung in Holzständerbauweise mit flach geneigtem begrüntem Dach.

Übersicht 1.+.2.Ebene

Erweiterung

Umbau

Moderni-sierung

Instand-setzung

Bau-elemente

Abbrechen

Wieder-herstellen

Herstellen

Wohngebäude
Aufstockung

€/m² BGF

min	640	€/m²
von	860	€/m²
Mittel	**1.270**	**€/m²**
bis	1.630	€/m²
max	2.090	€/m²

Kosten:
Stand 2.Quartal 2016
Bundesdurchschnitt
inkl. 19% MwSt.

6100-1089 Aufstockung Wohnhaus (2 WE) - Passivhaus   BRI 866m³   BGF 263m²   NUF 201m²

Baujahr: 1925
Bauzustand: schlecht
Aufwand: hoch
Nutzung während der Bauzeit: ja
Nutzungsänderung: nein
Grundrissänderungen: umfangreiche
Tragwerkseingriffe: einige

Land: Hamburg
Kreis: Hamburg
Standard: über Durchschnitt
Bauzeit: 26 Wochen
Kennwerte: bis 1.Ebene DIN276
veröffentlicht: BKI Objektdaten E6
BGF   **1.614 €/m²**

Planung: Johannes Walther Architekt und Passivhausplaner; Hamburg

Aufstockung (2 WE) im Passivhausstandard (209 m² WFL) auf ein Wohngebäude aus den 1920er Jahren

6100-1144 Zweifamilienhaus - Effizienzhaus 85   BRI 1.841m³   BGF 494m²   NUF 328m²

Baujahr: 1986
Bauzustand: mittel
Aufwand: mittel
Nutzung während der Bauzeit: nein
Nutzungsänderung: nein
Grundrissänderungen: einige
Tragwerkseingriffe: wenige

Land: Nordrhein-Westfalen
Kreis: Euskirchen
Standard: Durchschnitt
Bauzeit: 39 Wochen
Kennwerte: bis 1.Ebene DIN276
veröffentlicht: BKI Objektdaten A9
BGF   **784 €/m²**

Planung: Concavis Architekten + Ingenieure; Bornheim

Umbau eines Einfamilienhauses mit Lehrlingswohnungen und Erweiterung in ein Zweifamilienhaus (316m² WFL) mit Aufstockung und energetischer Sanierung.

6100-1180 Einfamilienhaus   BRI 1.001m³   BGF 361m²   NUF 212m²

Baujahr: 1937
Bauzustand: gut
Aufwand: hoch
Nutzung während der Bauzeit: nein
Nutzungsänderung: nein
Grundrissänderungen: umfangreiche
Tragwerkseingriffe: umfangreiche

Land: Berlin
Kreis: Berlin
Standard: Durchschnitt
Bauzeit: 52 Wochen
Kennwerte: bis 1.Ebene DIN276
vorgesehen: BKI Objektdaten A10
BGF   **1.161 €/m²**

Planung: wening.architekten; Potsdam

Umbau und Erweiterung eines Einfamilienhauses (Baujahr 1937).

Übersicht-
1.+.2. Ebene

Erweiterung

Umbau

Moderni-
sierung

Instand-
setzung

Bau-
elemente

Abbrechen

Wieder-
herstellen

Herstellen

Erweiterungen

Wohngebäude
Dachausbau

BRI 420 €/m³	**BGF** 1.080 €/m²	**NUF** 1.550 €/m²	**NE** 1.650 €/NE
von 345 €/m³	von 880 €/m²	von 1.240 €/m²	von 710 €/NE
bis 500 €/m³	bis 1.300 €/m²	bis 2.010 €/m²	bis 2.180 €/NE
			NE: Wohnfläche

Objektbeispiele

Kosten:
Stand 2.Quartal 2016
Bundesdurchschnitt
inkl. 19% MwSt.

6100-0784

6100-1110

6100-0785

Kosten der 8 Vergleichsobjekte — Seiten 162 bis 165

- ● KKW
- ▶ min
- ▷ von
- | Mittelwert
- ◁ bis
- ◀ max

BRI — €/m³ BRI
'100 '150 '200 '250 '300 '350 '400 '450 '500 '550 '600

BGF — €/m² BGF
'500 '600 '700 '800 '900 '1000 '1100 '1200 '1300 '1400 '1500

NUF — €/m² NUF
'0 '250 '500 '750 '1000 '1250 '1500 '1750 '2000 '2250 '2500

Kostenkennwerte für die Kostengruppen der 1. und 2.Ebene DIN 276

KG	Kostengruppen der 1. Ebene	Einheit	▷	€/Einheit	◁	▷	% an 300+400	◁
100	Grundstück	m² GF						
200	Herrichten und Erschließen	m² GF	–	–	–	–	–	–
300	Bauwerk - Baukonstruktionen	m² BGF	759	**907**	1.142	77,5	**83,9**	89,9
400	Bauwerk - Technische Anlagen	m² BGF	100	**176**	247	10,1	**16,1**	22,5
	Bauwerk (300+400)	m² BGF	882	**1.082**	1.302		**100,0**	
500	Außenanlagen	m² AF	–	**61**	–	–	**3,4**	
600	Ausstattung und Kunstwerke	m² BGF	–	–	–	–	–	–
700	Baunebenkosten	m² BGF						

KG	Kostengruppen der 2. Ebene	Einheit	▷	€/Einheit	◁	▷	% an 300	◁
310	Baugrube	m³ BGI	–	–	–	–	–	–
320	Gründung	m² GRF	–	–	–	–	–	–
330	Außenwände	m² AWF	77	**218**	375	4,2	**12,8**	28,9
340	Innenwände	m² IWF	140	**159**	202	5,6	**9,5**	18,2
350	Decken	m² DEF	243	**478**	1.622	16,2	**18,3**	22,1
360	Dächer	m² DAF	263	**358**	503	40,1	**51,9**	64,3
370	Baukonstruktive Einbauten	m² BGF	3	**17**	31	0,0	**0,8**	4,6
390	Sonstige Baukonstruktionen	m² BGF	36	**65**	121	2,7	**6,8**	9,6
300	**Bauwerk Baukonstruktionen**	**m² BGF**					**100,0**	

KG	Kostengruppen der 2. Ebene	Einheit	▷	€/Einheit	◁	▷	% an 400	◁
410	Abwasser, Wasser, Gas	m² BGF	30	**50**	85	17,8	**33,6**	53,7
420	Wärmeversorgungsanlagen	m² BGF	31	**76**	118	27,7	**41,8**	51,5
430	Lufttechnische Anlagen	m² BGF	–	**6**	–	–	**0,5**	–
440	Starkstromanlagen	m² BGF	15	**36**	50	15,0	**22,1**	29,8
450	Fernmeldeanlagen	m² BGF	6	**10**	17	0,3	**2,1**	5,5
460	Förderanlagen	m² BGF	–	–	–	–	–	–
470	Nutzungsspezifische Anlagen	m² BGF	–	–	–	–	–	–
480	Gebäudeautomation	m² BGF	–	–	–	–	–	–
490	Sonstige Technische Anlagen	m² BGF	–	–	–	–	–	–
400	**Bauwerk Technische Anlagen**	**m² BGF**					**100,0**	

Prozentanteile der Kosten der 2.Ebene an den Kosten des Bauwerks nach DIN 276 (Von-, Mittel-, Bis-Werte)

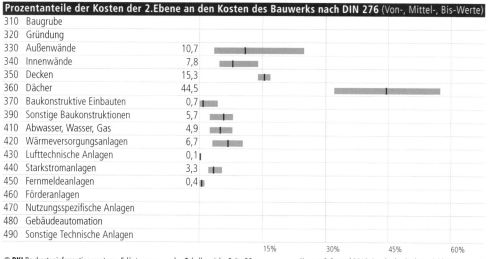

310	Baugrube	
320	Gründung	
330	Außenwände	10,7
340	Innenwände	7,8
350	Decken	15,3
360	Dächer	44,5
370	Baukonstruktive Einbauten	0,7
390	Sonstige Baukonstruktionen	5,7
410	Abwasser, Wasser, Gas	4,9
420	Wärmeversorgungsanlagen	6,7
430	Lufttechnische Anlagen	0,1
440	Starkstromanlagen	3,3
450	Fernmeldeanlagen	0,4
460	Förderanlagen	
470	Nutzungsspezifische Anlagen	
480	Gebäudeautomation	
490	Sonstige Technische Anlagen	

15%   30%   45%   60%

Kosten: 2.Quartal 2016, Bundesdurchschnitt, inkl. **19% MwSt.**

Wohngebäude
Dachausbau

Kostenkennwerte für die Kostengruppen der 3.Ebene DIN 276

KG	Kostengruppen der 3. Ebene	Einheit	▷	Ø €/Einheit	◁	▷	Ø €/m² BGF	◁
363	Dachbeläge	m²	128,27	**147,47**	166,10	109,38	**196,66**	280,48
361	Dachkonstruktionen	m²	54,98	**96,98**	180,04	68,66	**123,44**	223,45
352	Deckenbeläge	m²	132,53	**163,50**	200,45	88,37	**104,20**	126,66
364	Dachbekleidungen	m²	64,74	**81,29**	101,56	67,36	**90,78**	116,10
334	Außentüren und -fenster	m²	207,56	**474,28**	693,85	31,55	**79,33**	204,57
394	Abbruchmaßnahmen	m²	–	**79,31**	–	–	**79,31**	–
331	Tragende Außenwände	m²	63,30	**146,73**	220,18	24,50	**75,27**	218,60
362	Dachfenster, Dachöffnungen	m²	442,42	**998,58**	2.043,64	31,58	**57,46**	109,51
342	Nichttragende Innenwände	m²	54,98	**79,87**	116,27	9,60	**49,11**	80,00
351	Deckenkonstruktionen	m²	391,26	**630,39**	1.066,15	36,72	**48,61**	66,71
359	Decken, sonstiges	m²	–	**55,12**	–	–	**39,80**	–
412	Wasseranlagen	m²	17,94	**38,48**	65,73	17,94	**38,48**	65,73
444	Niederspannungsinstallationsanl.	m²	16,31	**36,38**	52,58	16,31	**36,38**	52,58
421	Wärmeerzeugungsanlagen	m²	11,21	**34,83**	69,91	11,21	**34,83**	69,91
338	Sonnenschutz	m²	–	**458,40**	–	–	**32,89**	–
423	Raumheizflächen	m²	15,10	**30,83**	59,38	15,10	**30,83**	59,38
422	Wärmeverteilnetze	m²	17,38	**28,46**	50,47	17,38	**28,46**	50,47
392	Gerüste	m²	12,37	**25,80**	40,82	12,37	**25,80**	40,82
429	Wärmeversorgungsanl., sonstiges	m²	23,75	**24,99**	26,77	23,75	**24,99**	26,77
391	Baustelleneinrichtung	m²	7,95	**23,09**	43,56	7,95	**23,09**	43,56
344	Innentüren und -fenster	m²	289,06	**397,16**	526,91	16,47	**22,94**	31,77
371	Allgemeine Einbauten	m²	2,71	**16,73**	30,75	2,71	**16,73**	30,75
341	Tragende Innenwände	m²	59,34	**249,76**	440,18	11,97	**16,70**	21,42
345	Innenwandbekleidungen	m²	22,48	**49,11**	156,26	12,12	**15,78**	21,14
397	Zusätzliche Maßnahmen	m²	8,05	**13,04**	21,60	8,05	**13,04**	21,60
339	Außenwände, sonstiges	m²	20,86	**47,49**	74,11	12,17	**12,59**	13,00
343	Innenstützen	m	–	**72,42**	–	–	**11,60**	–
411	Abwasseranlagen	m²	6,54	**10,49**	18,87	6,54	**10,49**	18,87
336	Außenwandbekleidungen innen	m²	18,44	**39,56**	59,85	7,22	**10,44**	19,23
337	Elementierte Außenwände	m²	–	**92,65**	–	–	**9,97**	–
353	Deckenbekleidungen	m²	39,86	**68,22**	134,41	2,38	**8,24**	13,97
335	Außenwandbekleidungen außen	m²	129,67	**150,25**	170,84	4,69	**7,71**	10,72
452	Such- und Signalanlagen	m²	2,66	**6,66**	14,32	2,66	**6,66**	14,32
431	Lüftungsanlagen	m²	–	**6,31**	–	–	**6,31**	–
445	Beleuchtungsanlagen	m²	–	**6,07**	–	–	**6,07**	–
419	Abwasser-, Wasser- und Gas-anlagen, sonstiges	m²	–	**5,52**	–	–	**5,52**	–
369	Dächer, sonstiges	m²	1,80	**3,93**	7,89	1,37	**5,04**	8,72
455	Fernseh- und Antennenanlagen	m²	1,88	**3,85**	5,81	1,88	**3,85**	5,81
332	Nichttragende Außenwände	m²	–	**60,99**	–	–	**2,22**	–
451	Telekommunikationsanlagen	m²	0,89	**1,76**	2,62	0,89	**1,76**	2,62
393	Sicherungsmaßnahmen	m²	–	**1,15**	–	–	**1,15**	–
446	Blitzschutz- und Erdungsanlagen	m²	0,37	**1,13**	1,89	0,37	**1,13**	1,89

Kosten:
Stand 2.Quartal 2016
Bundesdurchschnitt
inkl. 19% MwSt.

▷ von
Ø Mittel
◁ bis

© **BKI** Baukosteninformationszentrum; Erläuterungen zu den Tabellen siehe Seite 28

Kosten: 2.Quartal 2016, Bundesdurchschnitt, **inkl. 19% MwSt.**

LB	Leistungsbereiche	▷	€/m² BGF	◁	▷	% an 300+400	◁
000	Sicherheits-, Baustelleneinrichtungen inkl. 001	26	**46**	63	2,4	**4,2**	5,8
002	Erdarbeiten	–	**–**	–	–	**–**	–
006	Spezialtiefbauarbeiten inkl. 005	–	**–**	–	–	**–**	–
009	Entwässerungskanalarbeiten inkl. 011	–	**–**	–	–	**–**	–
010	Drän- und Versickerungsarbeiten	–	**–**	–	–	**–**	–
012	Mauerarbeiten	2	**12**	21	0,2	**1,1**	2,0
013	Betonarbeiten	2	**11**	11	0,2	**1,0**	1,0
014	Natur-, Betonwerksteinarbeiten	0	**2**	6	0,0	**0,2**	0,5
016	Zimmer- und Holzbauarbeiten	76	**202**	348	7,0	**18,7**	32,1
017	Stahlbauarbeiten	0	**8**	25	0,0	**0,7**	2,3
018	Abdichtungsarbeiten	–	**–**	–	–	**–**	–
020	Dachdeckungsarbeiten	62	**113**	206	5,7	**10,4**	19,0
021	Dachabdichtungsarbeiten	0	**11**	24	0,0	**1,0**	2,2
022	Klempnerarbeiten	31	**82**	131	2,9	**7,6**	12,1
	Rohbau	291	**487**	595	26,9	**44,9**	54,9
023	Putz- und Stuckarbeiten, Wärmedämmsysteme	1	**5**	5	0,1	**0,5**	0,5
024	Fliesen- und Plattenarbeiten	3	**15**	33	0,3	**1,4**	3,0
025	Estricharbeiten	0	**18**	36	0,0	**1,6**	3,3
026	Fenster, Außentüren inkl. 029, 032	7	**51**	157	0,6	**4,7**	14,5
027	Tischlerarbeiten	43	**93**	184	3,9	**8,6**	17,0
028	Parkettarbeiten, Holzpflasterarbeiten	8	**45**	79	0,8	**4,1**	7,3
030	Rollladenarbeiten	1	**10**	27	0,1	**0,9**	2,5
031	Metallbauarbeiten inkl. 035	0	**7**	23	0,0	**0,7**	2,1
034	Maler- und Lackiererarbeiten inkl. 037	14	**25**	45	1,3	**2,3**	4,2
036	Bodenbelagarbeiten	0	**13**	39	0,0	**1,2**	3,6
038	Vorgehängte hinterlüftete Fassaden	–	**–**	–	–	**–**	–
039	Trockenbauarbeiten	53	**99**	170	4,9	**9,1**	15,7
	Ausbau	287	**380**	497	26,5	**35,1**	45,9
040	Wärmeversorgungsanl. - Betriebseinr. inkl. 041	25	**64**	116	2,3	**5,9**	10,7
042	Gas- und Wasserinstallation, Leitungen inkl. 043	6	**17**	40	0,6	**1,6**	3,7
044	Abwasserinstallationsarbeiten - Leitungen	2	**7**	12	0,2	**0,6**	1,1
045	GWA-Einrichtungsgegenstände inkl. 046	8	**23**	53	0,7	**2,2**	4,9
047	Dämmarbeiten an betriebstechnischen Anlagen	0	**1**	3	0,0	**0,1**	0,3
049	Feuerlöschanlagen, Feuerlöschgeräte	–	**–**	–	–	**–**	–
050	Blitzschutz- und Erdungsanlagen	–	**0**	1	–	**0,0**	0,1
053	Niederspannungsanlagen inkl. 052, 054	22	**34**	57	2,0	**3,1**	5,2
055	Ersatzstromversorgungsanlagen	–	**–**	–	–	**–**	–
057	Gebäudesystemtechnik	–	**–**	–	–	**–**	–
058	Leuchten und Lampen inkl. 059	–	**1**	–	–	**0,1**	–
060	Elektroakustische Anlagen, Sprechanlagen	0	**1**	3	0,0	**0,1**	0,3
061	Kommunikationsnetze, inkl. 062	0	**2**	2	0,0	**0,2**	0,2
063	Gefahrenmeldeanlagen	–	**2**	–	–	**0,2**	–
069	Aufzüge	–	**–**	–	–	**–**	–
070	Gebäudeautomation	–	**–**	–	–	**–**	–
075	Raumlufttechnische Anlagen	–	**1**	–	–	**0,1**	–
	Technische Anlagen	86	**153**	233	7,9	**14,2**	21,5
084	Abbruch- und Rückbauarbeiten	16	**52**	86	1,5	**4,8**	8,0
	Sonstige Leistungsbereiche inkl. 008, 033, 051	–	**11**	–	–	**1,0**	–

Übersicht 1.+2.Ebene

Erweiterung

Umbau

Modernisierung

Instandsetzung

Bauelemente

Abbrechen

Wiederherstellen

Herstellen

Wohngebäude
Dachausbau

€/m² BGF

min	730 €/m²
von	880 €/m²
Mittel	**1.080 €/m²**
bis	1.300 €/m²
max	1.470 €/m²

Kosten:
Stand 2.Quartal 2016
Bundesdurchschnitt
inkl. 19% MwSt.

Objektübersicht zur Gebäudeart

6100-0612 Einfamilienhaus
BRI 267m³ **BGF** 111m² **NUF** 75m²

Bauzustand: mittel
Aufwand: mittel
Nutzung während der Bauzeit: ja
Nutzungsänderung: nein
Grundrissänderungen: einige
Tragwerkseingriffe: wenige

Land: Nordrhein-Westfalen
Kreis: Düren
Standard: Durchschnitt
Bauzeit: 26 Wochen
Kennwerte: bis 3.Ebene DIN276
veröffentlicht: BKI Objektdaten A5
BGF **1.294 €/m²**

Planung: Franke & Partner Planungsbüro, Andreas Franke AKNW.BDIA; Hürtgenwald

Dachgeschossausbau zur Wohnraumerweiterung.

Bauwerk - Baukonstruktionen
Herstellen: Tragende Außenwände 18%, Dachbeläge 16%, Dachkonstruktionen 16%, Deckenbeläge 9%, Nichttragende Innenwände 7%, Dachbekleidungen 7%, Deckenkonstruktionen 5%, Sonstige 22%

Bauwerk - Technische Anlagen
Herstellen: Niederspannungsinstallationsanlagen 33%, Raumheizflächen 15%, Wärmeverteilnetze 15%, Wärmeversorgungsanlagen, sonstiges 12%, Sonstige 25%

6100-0624 Mehrfamilienhaus (3 WE)
BRI 1.081m³ **BGF** 343m² **NUF** 225m²

Baujahr: 1958
Bauzustand: gut
Aufwand: mittel
Nutzung während der Bauzeit: ja
Nutzungsänderung: ja
Grundrissänderungen: umfangreiche
Tragwerkseingriffe: einige

Land: Nordrhein-Westfalen
Kreis: Recklinghausen
Standard: Durchschnitt
Bauzeit: 47 Wochen
Kennwerte: bis 3.Ebene DIN276
veröffentlicht: BKI Objektdaten A6
BGF **1.467 €/m²**

Planung: n3 architektur Dipl. Ing. Jutta Gerth; Hagen

Ausbau Dachgeschoss mit 1 1/2-Zimmer-Wohnungen (2St) und 4 1/2-Zimmer-Wohnung.

Bauwerk - Baukonstruktionen
Dachbeläge 22%, Dachkonstruktionen 18%, Deckenbeläge 12%, Dachbekleidungen 9%, Abbruchmaßnahmen 7%, Dachfenster, Dachöffnungen 6%, Nichttragende Innenwände 4%, Sonstige 22%

Bauwerk - Technische Anlagen
Wärmeerzeugungsanlagen 27%, Wasseranlagen 19%, Niederspannungsinstallationsanlagen 11%, Wärmeversorgungsanlagen, sonstiges 10%, Abwasseranlagen 8%, Sonstige 26%

6100-0645 Mehrfamilienhaus

BRI 498m³   **BGF** 170m²   **NUF** 126m²

Baujahr: 1903
Bauzustand: mittel
Aufwand: mittel
Nutzung während der Bauzeit: ja
Nutzungsänderung: ja
Grundrissänderungen: wenige
Tragwerkseingriffe: einige

Land: Bayern
Kreis: München
Standard: über Durchschnitt
Bauzeit: 13 Wochen
Kennwerte: bis 3.Ebene DIN276
veröffentlicht: BKI Objektdaten A6

BGF   **959 €/m²**

Planung: Dipl.-Ing. (FH) Hanns-Peter Benl edp ingenieure; Neuötting

Dachgeschossausbau an bestehendes Mehrfamilienhaus in Jugendstilbauweise. **Kosteneinfluss Nutzung:** Denkmalschutzauflagen, Brandschutz, Schallschutzmaßnahmen, KfW 60 Standard.

Bauwerk - Baukonstruktionen
Herstellen: Dachbekleidungen 18%, Deckenbeläge 14%, Nichttragende Innenwände 11%, Deckenkonstruktionen 9%, Außentüren und -fenster 8%, Dachbeläge 7%, Baustelleneinrichtung 7%, Dachfenster, Dachöffnungen 5%, Sonstige 20%

Bauwerk - Technische Anlagen
Herstellen: Wasseranlagen 34%, Raumheizflächen 28%, Niederspannungsinstallationsanlagen 17%, Sonstige 21%

6100-0783 Einfamilienhaus

BRI 272m³   **BGF** 144m²   **NUF** 94m²

Bauzustand: mittel
Aufwand: hoch
Nutzung während der Bauzeit: ja
Nutzungsänderung: nein
Grundrissänderungen: einige
Tragwerkseingriffe: einige

Land: Baden-Württemberg
Kreis: Rhein-Neckar
Standard: Durchschnitt
Bauzeit: 17 Wochen
Kennwerte: bis 3.Ebene DIN276
veröffentlicht: BKI Objektdaten A7

BGF   **943 €/m²**

Planung: Architekt Dipl.-Ing. Alexander Böhm; Heidelberg

Erweiterung eines Dreifamilienhauses durch Dachgeschossausbau mit Ausbau des Spitzbodens zur Erweiterung der Wohnfläche. **Kosteneinfluss Nutzung:** Die Wohnflächenangabe gilt nur für das Dachgeschoss.

Bauwerk - Baukonstruktionen
Abbrechen: Dachbeläge 5%
Herstellen: Dachbeläge 34%, Dachbekleidungen 12%, Deckenbeläge 11%, Dachkonstruktionen 7%, Dachfenster, Dachöffnungen 6%, Gerüste 5%
Sonstige: 20%

Bauwerk - Technische Anlagen
Abbrechen: Abwasseranlagen 1%
Herstellen: Wasseranlagen 64%, Abwasseranlagen 35%

Übersicht 1.+.2.Ebene

Erweiterung

Umbau

Modernisierung

Instandsetzung

Bauelemente

Abbrechen

Wiederherstellen

Herstellen

€/m² BGF

min	730	€/m²
von	880	€/m²
Mittel	**1.080**	**€/m²**
bis	1.300	€/m²
max	1.470	€/m²

Kosten:
Stand 2.Quartal 2016
Bundesdurchschnitt
inkl. 19% MwSt.

Objektübersicht zur Gebäudeart

6100-0784 Einfamilienhaus

BRI 388m³ **BGF** 180m² **NUF** 141m²

Bauzustand: mittel
Aufwand: hoch
Nutzung während der Bauzeit: ja
Nutzungsänderung: nein
Grundrissänderungen: einige
Tragwerkseingriffe: einige

Land: Baden-Württemberg
Kreis: Rhein-Neckar
Standard: Durchschnitt
Bauzeit: 4 Wochen
Kennwerte: bis 3.Ebene DIN276
veröffentlicht: BKI Objektdaten A7

BGF **728 €/m²**

Planung: Architekt Dipl.-Ing. Alexander Böhm; Heidelberg

Erweiterung eines Zweifamilienhauses durch Ausbau des Spitzbodens zur Erhöhung der Wohnfläche des Dachgeschosses.
Kosteneinfluss Nutzung: Die Wohnflächenangaben gelten nur für den Dachausbau.

Bauwerk - Baukonstruktionen
Herstellen: Dachbeläge 24%, Dachfenster, Dachöffnungen 19%, Deckenbeläge 12%, Dachkonstruktionen 9%, Dachbekleidungen 9%, Allgemeine Einbauten 5%, Sonstige 21%

Bauwerk - Technische Anlagen
Herstellen: Wasseranlagen 61%, Raumheizflächen 18%, Niederspannungsinstallationsanlagen 14%, Sonstige 7%

6100-0785 Zweifamilienhaus, Dachausbau

BRI 251m³ **BGF** 104m² **NUF** 80m²

Bauzustand: mittel
Aufwand: hoch
Nutzung während der Bauzeit: ja
Nutzungsänderung: nein
Grundrissänderungen: wenige
Tragwerkseingriffe: einige

Land: Bayern
Kreis: München
Standard: Durchschnitt
Bauzeit: 34 Wochen
Kennwerte: bis 3.Ebene DIN276
veröffentlicht: BKI Objektdaten A7

BGF **1.100 €/m²**

Planung: Dipl.-Ing. (FH) Hanns-Peter Benl edp ingenieure; München

Erweiterung eines zweigeschossigen Einfamilienhauses durch den Ausbau des Dachgeschosses.

Bauwerk - Baukonstruktionen
Herstellen: Außentüren und -fenster 22%, Dachbeläge 18%, Deckenbeläge 12%, Dachkonstruktionen 12%, Dachbekleidungen 8%, Baustelleneinrichtung 4%, Dachfenster, Dachöffnungen 3%, Sonstige 22%

Bauwerk - Technische Anlagen
Herstellen: Niederspannungsinstallationsanlagen 29%, Wärmeverteilnetze 23%, Raumheizflächen 17%, Sonstige 31%

6100-0295 Mehrfamilienhaus   BRI 581m³   BGF 179m²   NUF 129m²

Bauzustand: schlecht
Aufwand: hoch
Nutzung während der Bauzeit: ja
Nutzungsänderung: nein
Grundrissänderungen: einige
Tragwerkseingriffe: einige

Land: Sachsen
Kreis: Meißen
Standard: Durchschnitt
Bauzeit: 17 Wochen
Kennwerte: bis 1.Ebene DIN276
veröffentlicht: BKI Objektdaten A1
BGF   **1.088 €/m²**

Planung: Wolfgang Pilz Dipl. Ing. Architekt; Dresden

Ausbau eines Wäschebodens zu Wohneigentum (108m² WFL), das Gebäude steht unter Denkmalschutz.

6100-1034 Wohn- und Geschäftshaus (4 WE) - Effizienzhaus 100*   BRI 2.844m³   BGF 1.079m²   NUF 620m²

Land: Bayern
Kreis: Oberallgäu
Standard: über Durchschnitt
Bauzeit: 78 Wochen
Kennwerte: bis 1.Ebene DIN276
veröffentlicht: BKI Objektdaten E5
BGF   **439 €/m²**

* Nicht in der Auswertung enthalten

Planung: brack architekten; Kempten

Erweiterung einer ehemaligen Schreinerei um 3 WE im Dachgeschoss.

6100-1110 Mehrfamilienhaus (13 WE) Umbau DG   BRI 3.023m³   BGF 1.117m²   NUF 727m²

Baujahr: 1963
Bauzustand: schlecht
Aufwand: hoch
Nutzung während der Bauzeit: ja
Nutzungsänderung: nein
Grundrissänderungen: einige
Tragwerkseingriffe: wenige

Land: Hamburg
Kreis: Hamburg
Standard: über Durchschnitt
Bauzeit: 60 Wochen
Kennwerte: bis 1.Ebene DIN276
veröffentlicht: BKI Objektdaten A9
BGF   **1.081 €/m²**

Planung: AISSLINGER + BRACHT | ARCHITEKTEN | and8; Hamburg

Mehrfamilienhaus (624m² WFL) mit 13 WE. Neues DG als Penthouse.

Übersicht 1.+2.Ebene

Erweiterung

Umbau

Modernisierung

Instandsetzung

Bauelemente

Abbrechen

Wiederherstellen

Herstellen

Erweiterungen

Gewerbegebäude

BRI 205 €/m³
von 125 €/m³
bis 290 €/m³

BGF 1.040 €/m²
von 850 €/m²
bis 1.520 €/m²

NUF 1.230 €/m²
von 950 €/m²
bis 1.840 €/m²

Objektbeispiele

Kosten:
Stand 2.Quartal 2016
Bundesdurchschnitt
inkl. 19% MwSt.

7700-0058

7100-0025

7200-0081

Kosten der 18 Vergleichsobjekte   **Seiten 170 bis 178**

- KKW
▶ min
▷ von
| Mittelwert
◁ bis
◀ max

BRI
|0 |50 |100 |150 |200 |250 |300 |350 |400 |450 |500   €/m³ BRI

BGF
|200 |400 |600 |800 |1000 |1200 |1400 |1600 |1800 |2000 |2200   €/m² BGF

NUF
|500 |750 |1000 |1250 |1500 |1750 |2000 |2250 |2500 |2750 |3000   €/m² NUF

© **BKI** Baukosteninformationszentrum; Erläuterungen zu den Tabellen siehe Seite 24   Kosten: 2.Quartal 2016, Bundesdurchschnitt, **inkl. 19% MwSt.**

KG	Kostengruppen der 1. Ebene	Einheit	▷	€/Einheit	◁	▷	% an 300+400	◁
100	Grundstück	m² GF						
200	Herrichten und Erschließen	m² GF	4	**21**	165	0,8	**2,3**	4,8
300	Bauwerk - Baukonstruktionen	m² BGF	668	**840**	1.197	72,7	**80,7**	87,1
400	Bauwerk - Technische Anlagen	m² BGF	127	**202**	326	12,9	**19,3**	27,3
	Bauwerk (300+400)	m² BGF	849	**1.042**	1.523		**100,0**	
500	Außenanlagen	m² AF	21	**50**	89	3,5	**7,3**	13,1
600	Ausstattung und Kunstwerke	m² BGF	1	**3**	6	0,1	**0,2**	0,4
700	Baunebenkosten	m² BGF						

KG	Kostengruppen der 2. Ebene	Einheit	▷	€/Einheit	◁	▷	% an 300	◁
310	Baugrube	m³ BGI	21	**33**	56	0,6	**1,7**	5,5
320	Gründung	m² GRF	178	**252**	340	9,4	**20,6**	29,1
330	Außenwände	m² AWF	235	**336**	473	20,6	**29,8**	37,1
340	Innenwände	m² IWF	130	**224**	385	3,7	**11,2**	18,2
350	Decken	m² DEF	188	**273**	406	0,1	**6,7**	19,3
360	Dächer	m² DAF	174	**251**	313	19,0	**24,6**	33,1
370	Baukonstruktive Einbauten	m² BGF	4	**13**	22	0,0	**0,5**	2,1
390	Sonstige Baukonstruktionen	m² BGF	23	**47**	98	2,4	**5,0**	7,8
300	**Bauwerk Baukonstruktionen**	**m² BGF**					**100,0**	

KG	Kostengruppen der 2. Ebene	Einheit	▷	€/Einheit	◁	▷	% an 400	◁
410	Abwasser, Wasser, Gas	m² BGF	19	**34**	89	10,3	**15,7**	26,5
420	Wärmeversorgungsanlagen	m² BGF	30	**53**	85	13,4	**25,1**	38,0
430	Lufttechnische Anlagen	m² BGF	10	**25**	54	0,5	**4,5**	13,9
440	Starkstromanlagen	m² BGF	40	**64**	113	22,5	**32,8**	42,0
450	Fernmeldeanlagen	m² BGF	7	**16**	28	1,3	**5,1**	9,3
460	Förderanlagen	m² BGF	23	**48**	71	0,4	**7,1**	28,4
470	Nutzungsspezifische Anlagen	m² BGF	12	**50**	101	0,3	**9,5**	44,5
480	Gebäudeautomation	m² BGF	–	**2**	–	–	**0,1**	–
490	Sonstige Technische Anlagen	m² BGF	0	**3**	5	0,0	**0,2**	1,8
400	**Bauwerk Technische Anlagen**	**m² BGF**					**100,0**	

Prozentanteile der Kosten der 2.Ebene an den Kosten des Bauwerks nach DIN 276 (Von-, Mittel-, Bis-Werte)

310	Baugrube	1,4
320	Gründung	16,8
330	Außenwände	24,2
340	Innenwände	9,2
350	Decken	5,4
360	Dächer	20,1
370	Baukonstruktive Einbauten	0,4
390	Sonstige Baukonstruktionen	4,1
410	Abwasser, Wasser, Gas	2,8
420	Wärmeversorgungsanlagen	4,4
430	Lufttechnische Anlagen	1,0
440	Starkstromanlagen	5,7
450	Fernmeldeanlagen	1,1
460	Förderanlagen	1,4
470	Nutzungsspezifische Anlagen	2,0
480	Gebäudeautomation	0,0
490	Sonstige Technische Anlagen	0,0

15% 30% 45% 60%

© **BKI** Baukosteninformationszentrum; Erläuterungen zu den Tabellen siehe Seite 26

Kosten: 2.Quartal 2016, Bundesdurchschnitt, inkl. 19% MwSt.

Übersicht 1.+2.Ebene

Erweiterung

Umbau

Moderni-sierung

Instand-setzung

Bau-elemente

Abbrechen

Wieder-herstellen

Herstellen

Kostenkennwerte für die Kostengruppen der 3.Ebene DIN 276

KG	Kostengruppen der 3. Ebene	Einheit	▷	Ø €/Einheit	◁	▷	Ø €/m² BGF	◁
363	Dachbeläge	m²	87,41	**114,65**	147,47	67,11	**104,07**	161,06
477	Prozesswärme-, -kälte- und -luftanlagen	m²	–	**99,32**	–	–	**99,32**	–
337	Elementierte Außenwände	m²	391,36	**593,34**	704,58	38,99	**96,44**	129,57
361	Dachkonstruktionen	m²	53,62	**95,61**	151,17	37,63	**77,02**	140,68
469	Förderanlagen, sonstiges	m²	–	**68,82**	–	–	**68,82**	–
322	Flachgründungen	m²	56,23	**92,43**	174,12	33,92	**68,73**	180,43
334	Außentüren und -fenster	m²	357,54	**542,43**	784,90	24,49	**63,17**	112,61
335	Außenwandbekleidungen außen	m²	64,61	**135,55**	440,77	37,30	**63,15**	129,70
324	Unterböden und Bodenplatten	m²	61,83	**83,25**	95,05	30,14	**54,90**	81,48
461	Aufzugsanlagen	m²	37,12	**54,60**	72,07	37,12	**54,60**	72,07
351	Deckenkonstruktionen	m²	149,22	**237,05**	441,86	14,68	**53,62**	104,61
331	Tragende Außenwände	m²	105,25	**360,55**	1.806,87	12,72	**53,23**	103,08
321	Baugrundverbesserung	m²	–	**46,17**	–	–	**46,17**	–
325	Bodenbeläge	m²	40,36	**76,03**	116,97	14,29	**45,92**	104,27
352	Deckenbeläge	m²	77,59	**102,40**	139,48	22,11	**44,68**	76,77
479	Nutzungsspezifische Anlagen, sonst.	m²	16,35	**43,85**	94,68	16,35	**43,85**	94,68
444	Niederspannungsinstallationsanl.	m²	25,04	**39,34**	57,28	25,04	**39,34**	57,28
332	Nichttragende Außenwände	m²	40,58	**87,31**	113,80	5,85	**29,80**	67,71
344	Innentüren und -fenster	m²	396,41	**624,01**	951,00	18,21	**29,44**	59,38
345	Innenwandbekleidungen	m²	28,31	**67,98**	284,33	16,02	**29,32**	49,86
342	Nichttragende Innenwände	m²	53,79	**98,49**	203,42	13,71	**28,93**	64,50
364	Dachbekleidungen	m²	40,12	**64,63**	143,20	14,54	**28,52**	68,63
326	Bauwerksabdichtungen	m²	18,83	**37,62**	85,37	13,45	**27,00**	61,97
433	Klimaanlagen	m²	12,97	**25,56**	38,14	12,97	**25,56**	38,14
338	Sonnenschutz	m²	211,91	**342,36**	709,54	14,59	**25,43**	54,20
391	Baustelleneinrichtung	m²	5,62	**23,80**	56,16	5,62	**23,80**	56,16
423	Raumheizflächen	m²	14,24	**22,95**	46,21	14,24	**22,95**	46,21
341	Tragende Innenwände	m²	96,26	**189,98**	477,27	9,40	**21,49**	37,95
421	Wärmeerzeugungsanlagen	m²	8,03	**21,12**	32,77	8,03	**21,12**	32,77
445	Beleuchtungsanlagen	m²	5,40	**20,56**	34,96	5,40	**20,56**	34,96
336	Außenwandbekleidungen innen	m²	19,44	**38,65**	55,25	7,73	**20,20**	46,40
411	Abwasseranlagen	m²	12,48	**18,75**	27,70	12,48	**18,75**	27,70
333	Außenstützen	m	133,13	**247,50**	504,29	9,04	**18,51**	30,56
422	Wärmeverteilnetze	m²	8,77	**18,34**	26,77	8,77	**18,34**	26,77
311	Baugrubenherstellung	m³	21,04	**32,84**	55,49	8,85	**17,80**	38,51
346	Elementierte Innenwände	m²	153,40	**400,17**	604,14	4,49	**17,70**	70,13
412	Wasseranlagen	m²	7,66	**17,10**	66,14	7,66	**17,10**	66,14
362	Dachfenster, Dachöffnungen	m²	484,90	**857,85**	1.898,77	8,64	**16,51**	45,24
431	Lüftungsanlagen	m²	3,70	**16,19**	48,84	3,70	**16,19**	48,84
456	Gefahrenmelde- und Alarmanlagen	m²	9,10	**15,87**	19,65	9,10	**15,87**	19,65
353	Deckenbekleidungen	m²	17,59	**36,03**	57,85	5,53	**15,72**	31,62
392	Gerüste	m²	7,19	**13,89**	26,20	7,19	**13,89**	26,20
441	Hoch- u. Mittelspannungsanlagen	m²	–	**13,79**	–	–	**13,79**	–
339	Außenwände, sonstiges	m²	4,29	**17,05**	63,80	2,04	**13,75**	34,45
343	Innenstützen	m	89,43	**198,35**	277,15	5,12	**13,38**	38,77
359	Decken, sonstiges	m²	17,18	**32,00**	47,95	8,22	**12,85**	25,58
371	Allgemeine Einbauten	m²	1,46	**11,58**	21,65	1,46	**11,58**	21,65
454	Elektroakustische Anlagen	m²	–	**11,10**	–	–	**11,10**	–
465	Krananlagen	m²	–	**9,95**	–	–	**9,95**	–

Kosten:
Stand 2.Quartal 2016
Bundesdurchschnitt
inkl. 19% MwSt.

▷ von
Ø Mittel
◁ bis

© **BKI** Baukosteninformationszentrum; Erläuterungen zu den Tabellen siehe Seite 28   Kosten: 2.Quartal 2016, Bundesdurchschnitt, inkl. **19% MwSt.**

Kostenkennwerte für Leistungsbereiche nach StLB (Kosten des Bauwerks nach DIN 276)

LB	Leistungsbereiche	▷	€/m² BGF	◁	▷	% an 300+400	◁
000	Sicherheits-, Baustelleneinrichtungen inkl. 001	16	35	53	1,6	3,4	5,1
002	Erdarbeiten	12	30	64	1,1	2,9	6,1
006	Spezialtiefbauarbeiten inkl. 005	–	–	–	–	–	–
009	Entwässerungskanalarbeiten inkl. 011	2	6	10	0,2	0,6	1,0
010	Drän- und Versickerungsarbeiten	0	1	4	0,0	0,1	0,4
012	Mauerarbeiten	8	41	79	0,8	4,0	7,6
013	Betonarbeiten	74	153	209	7,1	14,7	20,1
014	Natur-, Betonwerksteinarbeiten	0	6	16	0,0	0,6	1,6
016	Zimmer- und Holzbauarbeiten	12	50	166	1,1	4,8	15,9
017	Stahlbauarbeiten	4	53	152	0,4	5,0	14,6
018	Abdichtungsarbeiten	0	2	4	0,0	0,1	0,4
020	Dachdeckungsarbeiten	23	78	139	2,2	7,5	13,3
021	Dachabdichtungsarbeiten	0	26	73	0,0	2,5	7,0
022	Klempnerarbeiten	7	19	37	0,6	1,8	3,6
	Rohbau	426	499	611	40,9	47,9	58,6
023	Putz- und Stuckarbeiten, Wärmedämmsysteme	5	39	85	0,5	3,7	8,2
024	Fliesen- und Plattenarbeiten	6	33	89	0,6	3,1	8,5
025	Estricharbeiten	4	13	31	0,4	1,2	2,9
026	Fenster, Außentüren inkl. 029, 032	27	77	132	2,6	7,4	12,7
027	Tischlerarbeiten	7	21	67	0,7	2,0	6,5
028	Parkettarbeiten, Holzpflasterarbeiten	–	1	–	–	0,1	–
030	Rollladenarbeiten	1	9	34	0,1	0,9	3,3
031	Metallbauarbeiten inkl. 035	16	80	122	1,5	7,6	11,8
034	Maler- und Lackiererarbeiten inkl. 037	3	19	39	0,2	1,8	3,7
036	Bodenbelagarbeiten	0	13	29	0,0	1,2	2,8
038	Vorgehängte hinterlüftete Fassaden	–	–	–	–	–	–
039	Trockenbauarbeiten	8	29	74	0,8	2,8	7,1
	Ausbau	219	334	421	21,0	32,0	40,3
040	Wärmeversorgungsanl. - Betriebseinr. inkl. 041	21	44	71	2,0	4,2	6,8
042	Gas- und Wasserinstallation, Leitungen inkl. 043	2	5	17	0,2	0,5	1,6
044	Abwasserinstallationsarbeiten - Leitungen	2	6	12	0,2	0,5	1,1
045	GWA-Einrichtungsgegenstände inkl. 046	3	10	23	0,3	1,0	2,2
047	Dämmarbeiten an betriebstechnischen Anlagen	1	4	8	0,1	0,4	0,8
049	Feuerlöschanlagen, Feuerlöschgeräte	0	0	1	0,0	0,0	0,1
050	Blitzschutz- und Erdungsanlagen	2	6	10	0,2	0,5	1,0
053	Niederspannungsanlagen inkl. 052, 054	29	41	63	2,7	4,0	6,1
055	Ersatzstromversorgungsanlagen	–	–	–	–	–	–
057	Gebäudesystemtechnik	–	–	–	–	–	–
058	Leuchten und Lampen inkl. 059	5	17	31	0,5	1,6	3,0
060	Elektroakustische Anlagen, Sprechanlagen	0	1	1	0,0	0,1	0,1
061	Kommunikationsnetze, inkl. 062	1	5	9	0,1	0,5	0,9
063	Gefahrenmeldeanlagen	0	4	18	0,0	0,4	1,7
069	Aufzüge	1	15	55	0,1	1,4	5,3
070	Gebäudeautomation	–	0	–	–	0,0	–
075	Raumlufttechnische Anlagen	4	21	72	0,4	2,0	6,9
	Technische Anlagen	122	179	229	11,7	17,2	22,0
084	Abbruch- und Rückbauarbeiten	4	21	55	0,4	2,0	5,3
	Sonstige Leistungsbereiche inkl. 008, 033, 051	1	10	59	0,1	1,0	5,7

Kosten: 2.Quartal 2016, Bundesdurchschnitt, inkl. **19% MwSt.**

Übersicht 1.- 2.Ebene
Erweiterung
Umbau
Modernisierung
Instandsetzung
Bauelemente
Abbrechen
Wiederherstellen
Herstellen

Objektübersicht zur Gebäudeart

7100-0025 Produktions- und Bürogebäude | BRI 33.370m³   BGF 4.436m²   NUF 3.526m²

€/m² BGF

min	640 €/m²
von	850 €/m²
Mittel	**1.040 €/m²**
bis	1.520 €/m²
max	1.890 €/m²

Kosten:
Stand 2.Quartal 2016
Bundesdurchschnitt
inkl. 19% MwSt.

© Fritz-Dieter Tollé Architekten Stadtplaner Ingenieure

Land: Nordrhein-Westfalen
Kreis: Mettmann
Standard: Durchschnitt
Bauzeit: 39 Wochen
Kennwerte: bis 3.Ebene DIN276
veröffentlicht: BKI Objektdaten A8

BGF   **997 €/m²**

Planung: Fritz-Dieter Tollé Architekt BDB, Architekten Stadtplaner Ingenieure; Verden
Produktionshalle für 80 Mitarbeiter, Technikräume, Büroräume, Besprechungszimmer.

Bauwerk - Baukonstruktionen
Herstellen: Dachbeläge 13%, Außenwandbekleidungen außen 12%, Unterböden und Bodenplatten 9%, Deckenkonstruktionen 8%, Nichttragende Außenwände 7%, Flachgründungen 6%, Baustelleneinrichtung 6%, Außenstützen 5%, Bodenbeläge 3%, Nichttragende Innenwände 3%, Elementierte Außenwände 2%, Baugrubenherstellung 2%, Sonstige 22%

Bauwerk - Technische Anlagen
Herstellen: Niederspannungsinstallationsanlagen 17%, Beleuchtungsanlagen 10%, Nutzungsspezifische Anlagen, sonstiges 10%, Gefahrenmelde- und Alarmanlagen 7%, Abwasseranlagen 7%, Lüftungsanlagen 7%, Wärmeverteilnetze 6%, Hoch- und Mittelspannungsanlagen 5%, Wärmeerzeugungsanlagen 4%, Wasseranlagen 4%, Sonstige 23%

7200-0066 Autohaus | BRI 1.784m³   BGF 345m²   NUF 302m²

© Architekt Karlheinz Geißler

Bauzustand: mittel
Aufwand: mittel
Nutzung während der Bauzeit: ja
Nutzungsänderung: nein
Grundrissänderungen: einige
Tragwerkseingriffe: einige

Land: Hessen
Kreis: Vogelsberg
Standard: Durchschnitt
Bauzeit: 30 Wochen
Kennwerte: bis 3.Ebene DIN276
veröffentlicht: BKI Objektdaten A4

BGF   **1.136 €/m²**

Planung: Architekt Dipl.-Ing. Karlheinz Geißler; Alsfeld

Abbruch des vorh. Lager- und Bürogebäudes zur Errichtung eines Neubaues an gleicher Stelle mit ca. 50% mehr Nutzfläche. Das vorh. Werkstattgebäude bleibt in seiner Nutzung und Größe unverändert. Die Zahl der Beschäftigten bleibt nach der geplanten Baumaßnahme unverändert. **Kosteneinfluss Grundstück:** Errichtung einer neuen Zufahrt, Anarbeiten der bestehenden Asphaltflächen an das Gebäude.

Bauwerk - Baukonstruktionen
Herstellen: Dachbeläge 22%, Dachkonstruktionen 12%, Außentüren und -fenster 12%, Unterböden und Bodenplatten 10%, Nichttragende Außenwände 9%, Innentüren und -fenster 6%, Bodenbeläge 5%, Sonstige 24%

Bauwerk - Technische Anlagen
Herstellen: Nutzungsspezifische Anlagen, sonstiges 32%, Niederspannungsinstallationsanlagen 18%, Raumheizflächen 9%, Beleuchtungsanlagen 8%, Wärmeerzeugungsanlagen 8%, Sonstige 25%

7200-0068 Autohaus

BRI 5.407m³   **BGF** 987m²   **NUF** 939m²

Land: Bayern
Kreis: Neuburg-Schrobenhausen
Standard: über Durchschnitt
Bauzeit: 17 Wochen
Kennwerte: bis 3.Ebene DIN276
veröffentlicht: BKI Objektdaten A6

BGF   **774 €/m²**

Planung: intec Gewerbebau GmbH Dipl.-Ing. Jörg Schäfer; Traunstein

Erweiterung eines Autohauses, im Bestand wurden neue Bodenbeläge verlegt. Die Gesamtkosten beziehen sich auf die Erweiterung und die Modernisierung im Bestand.

Bauwerk - Baukonstruktionen
Herstellen: Elementierte Außenwände 20%, Bodenbeläge 19%, Dachkonstruktionen 12%, Dachfenster, Dachöffnungen 8%, Dachbeläge 7%, Flachgründungen 6%, Unterböden und Bodenplatten 4%, Bauwerksabdichtungen 4%, Sonstige 21%

Bauwerk - Technische Anlagen
Herstellen: Raumheizflächen 34%, Beleuchtungsanlagen 29%, Niederspannungsinstallationsanlagen 16%, Sonstige 21%

7200-0069 Geschäftshaus mit Werkstatt

BRI 3.297m³   **BGF** 1.035m²   **NUF** 856m²

Land: Baden-Württemberg
Kreis: Freudenstadt
Standard: über Durchschnitt
Bauzeit: 86 Wochen
Kennwerte: bis 3.Ebene DIN276
veröffentlicht: BKI Objektdaten A6

BGF   **1.020 €/m²**

Planung: Detlef Brückner Dipl.-Ing. (FH) Freier Architekt; Freudenstadt

Erweiterung eines Geschäftshauses mit Werkstatt und einer Wohnung, der Bestand wurde modernisiert.

Bauwerk - Baukonstruktionen
Herstellen: Deckenkonstruktionen 17%, Elementierte Außenwände 15%, Deckenbeläge 10%, Dachbeläge 9%, Außenwandbekleidungen außen 7%, Tragende Innenwände 6%, Dächer, sonstiges 4%, Dachkonstruktionen 3%, Decken, sonstiges 3%, Deckenbekleidungen 3%, Außentüren und -fenster 2%, Sonstige 21%

Bauwerk - Technische Anlagen
Herstellen: Aufzugsanlagen 37%, Klimaanlagen 20%, Niederspannungsinstallationsanlagen 14%, Abwasseranlagen 8%, Sonstige 21%

Übersicht 1.+.2.Ebene · Erweiterung · Umbau · Moderni-sierung · Instand-setzung · Bau-elemente · Abbrechen · Wieder-herstellen · Herstellen

Objektübersicht zur Gebäudeart

7300-0045 Presse Vertriebszentrum
BRI 13.861m³   **BGF** 2.072m²   **NUF** 1.755m²

€/m² BGF

min	640 €/m²
von	850 €/m²
Mittel	**1.040** €/m²
bis	1.520 €/m²
max	1.890 €/m²

Kosten:
Stand 2.Quartal 2016
Bundesdurchschnitt
inkl. 19% MwSt.

© Thomas Schröder Architekt

Baujahr: 1988
Bauzustand: gut
Aufwand: mittel
Nutzung während der Bauzeit: ja
Nutzungsänderung: nein
Grundrissänderungen: wenige
Tragwerkseingriffe: keine

Land: Rheinland-Pfalz
Kreis: Kaiserslautern
Standard: Durchschnitt
Bauzeit: 13 Wochen
Kennwerte: bis 3.Ebene DIN276
veröffentlicht: BKI Objektdaten A3

BGF   **714 €/m²**

Planung: Thomas Schröder Architekt Dipl.-Ing.; Kaiserslautern

Anbau von Vertriebsflächen in Stahlkonstruktion an bestehendes Betriebsgebäude, Umbau Sozialräume im Bestand.

Bauwerk - Baukonstruktionen
Flachgründungen 19%, Nichttragende Innenwände 14%, Tragende Außenwände 10%, Dachbeläge 10%, Baugrubenherstellung 8%, Innenstützen 8%, Unterböden und Bodenplatten 7%, Sonstige 23%

Bauwerk - Technische Anlagen
Wasseranlagen 100%

7300-0058 Verwaltung und Versand
BRI 2.335m³   **BGF** 600m²   **NUF** 481m²

© Architekturbüro Bertwin Kaufmann

Bauzustand: mittel
Aufwand: mittel
Nutzung während der Bauzeit: nein
Nutzungsänderung: nein
Grundrissänderungen: keine
Tragwerkseingriffe: keine

Land: Bayern
Kreis: Miltenberg
Standard: Durchschnitt
Bauzeit: 30 Wochen
Kennwerte: bis 3.Ebene DIN276
veröffentlicht: BKI Objektdaten A6

BGF   **999 €/m²**

Planung: Architekturbüro Bertwin Kaufmann; Möchberg

Zweigeschossige Erweiterung einer Produktionshalle für Backwaren um Räume für Verwaltung und Versand bei laufendem Betrieb.

Bauwerk - Baukonstruktionen
Herstellen: Tragende Außenwände 11%, Elementierte Außenwände 10%, Dachbeläge 9%, Deckenkonstruktionen 8%, Dachkonstruktionen 7%, Bodenbeläge 6%, Innenwandbekleidungen 6%, Flachgründungen 6%, Unterböden und Bodenplatten 5%, Außenwandbekleidungen außen 4%, Außentüren und -fenster 4%, Sonstige 23%

Bauwerk - Technische Anlagen
Herstellen: Niederspannungsinstallationsanlagen 30%, Wärmeverteilnetze 18%, Raumheizflächen 14%, Beleuchtungsanlagen 9%, Abwasseranlagen 9%, Sonstige 20%

7300-0060 Büro- und Fertigungsgebäude   **BRI** 7.915m³   **BGF** 1.612m²   **NUF** 1.474m²

© Detlef Brückner Freier Architekt

Land: Baden-Württemberg
Kreis: Freudenstadt
Standard: Durchschnitt
Bauzeit: 34 Wochen
Kennwerte: bis 3.Ebene DIN276
veröffentlicht: BKI Objektdaten A8
BGF   **1.013 €/m²**

Planung: Detlef Brückner Dipl.-Ing. (FH) Freier Architekt; Freudenstadt

Erweiterung Büro- und Fertigungsgebäude

Bauwerk - Baukonstruktionen
Herstellen: Tragende Außenwände 13%, Außentüren und -fenster 10%, Bauwerksabdichtungen 8%, Dachkonstruktionen 8%, Unterböden und Bodenplatten 7%, Dachbeläge 6%, Außenwandbekleidungen außen 6%, Deckenkonstruktionen 5%, Deckenbeläge 4%, Flachgründungen 4%, Bodenbeläge 3%, Innentüren und -fenster 3%, Sonstige 22%

Bauwerk - Technische Anlagen
Herstellen: Aufzugsanlagen 16%, Niederspannungsinstallationsanlagen 16%, Wärmeerzeugungsanlagen 11%, Wärmeverteilnetze 10%, Abwasseranlagen 8%, Raumheizflächen 8%, Gefahrenmelde- und Alarmanlagen 8%, Sonstige 23%

7300-0062 Aufstockung Betriebsgebäude   **BRI** 992m³   **BGF** 228m²   **NUF** 184m²

© Architekturbüro Mesch-Fehrle

Baujahr: 1990
Bauzustand: gut
Aufwand: hoch
Nutzung während der Bauzeit: ja
Nutzungsänderung: ja
Grundrissänderungen: wenige
Tragwerkseingriffe: wenige

Land: Baden-Württemberg
Kreis: Esslingen a.N.
Standard: über Durchschnitt
Bauzeit: 17 Wochen
Kennwerte: bis 3.Ebene DIN276
veröffentlicht: BKI Objektdaten A8
BGF   **1.193 €/m²**

Planung: Architekturbüro Mesch-Fehrle; Aichtal-Grötzingen

Teilabbruch von vorhandenem Dachstock, Aufstockung mit Holz-Fertigteilen, das neue Dachgeschoss wird als Büro genutzt.

Bauwerk - Baukonstruktionen
Abbrechen: Dachbeläge 3%
Herstellen: Dachbeläge 14%, Außentüren und -fenster 13%, Dachkonstruktionen 13%, Elementierte Innenwände 7%, Außenwandbekleidungen außen 6%, Deckenbeläge 6%, Sonnenschutz 5%, Innenwandbekleidungen 5%, Deckenbekleidungen 3%, Gerüste 3%, Nichttragende Innenwände 3%
Sonstige: 20%

Bauwerk - Technische Anlagen
Herstellen: Niederspannungsinstallationsanlagen 33%, Wasseranlagen 14%, Raumheizflächen 12%, Abwasser-, Wasser - und Gasanlagen, sonstiges 10%, Abwasseranlagen 9%, Sonstige 22%

Übersicht-
1.-+.2.Ebene

Erweiterung

Umbau

Moderni-
sierung

Instand-
setzung

Bau-
elemente

Abbrechen

Wieder-
herstellen

Herstellen

Objektübersicht zur Gebäudeart

7600-0037 Feuerwache-Fahrzeughalle (4 KFZ)   BRI 1.761m³   BGF 281m²   NUF 250m²

© Planungsbüro für Hochbau u. Denkmalpflege Horst Steinhardt

€/m² BGF

min	640 €/m²
von	850 €/m²
Mittel	**1.040 €/m²**
bis	1.520 €/m²
max	1.890 €/m²

Kosten:
Stand 2.Quartal 2016
Bundesdurchschnitt
inkl. 19% MwSt.

Land: Sachsen-Anhalt
Kreis: Aschersleben
Standard: Durchschnitt
Bauzeit: 52 Wochen
Kennwerte: bis 3.Ebene DIN276
veröffentlicht: BKI Objektdaten A3
BGF   **975 €/m²**

Planung: Planungsbüro für Hochbau u. Denkmalpflege Horst Steinhardt; Güsten

Erweiterung einer Feuerwache um eine eingeschossige nicht unterkellerte Fahrzeughalle für 4 Fahrzeuge. **Kosteneinfluss Nutzung:** Anbau an bestehendes Nebengebäude des Feuerwehrdepots. **Kosteneinfluss Grundstück:** Freimachen durch Abbruch von restlichem Mauerwerk und Fundamenten eines ehem. Gebäudes.

Bauwerk - Baukonstruktionen
Außentüren und -fenster 18%, Tragende Außenwände 13%, Dachbeläge 13%, Unterböden und Bodenplatten 11%, Dachkonstruktionen 9%, Außenwandbekleidungen innen 7%, Außenwandbekleidungen außen 6%, Sonstige 23%

Bauwerk - Technische Anlagen
Prozesswärme -, -kälte- und -luftanlagen 61%, Niederspannungsinstallationsanlagen 20%, Abwasseranlagen 7%, Sonstige 12%

7600-0045 Feuerwehrhaus   BRI 750m³   BGF 170m²   NUF 132m²

© Harald Gläsel Architekt

Land: Hessen
Kreis: Schwalm-Eder, Homberg
Standard: Durchschnitt
Bauzeit: 17 Wochen
Kennwerte: bis 3.Ebene DIN276
veröffentlicht: BKI Objektdaten A8
BGF   **903 €/m²**

Planung: Harald Gläsel Architekt VfA; Schwalmstadt-Treysa

Anbau und Umbau eines Feuerwehrhauses

Bauwerk - Baukonstruktionen
Herstellen: Bodenbeläge 12%, Außenwandbekleidungen außen 11%, Dachbekleidungen 11%, Dachbeläge 10%, Außentüren und -fenster 9%, Tragende Außenwände 6%, Flachgründungen 4%, Unterböden und Bodenplatten 4%, Dachkonstruktionen 3%, Außenwandbekleidungen innen 3%, Innentüren und -fenster 3%, Außenwände, sonstiges 3%, Sonstige 21%

Bauwerk - Technische Anlagen
Herstellen: Wärmeerzeugungsanlagen 24%, Beleuchtungsanlagen 17%, Abwasseranlagen 13%, Niederspannungsinstallationsanlagen 11%, Wärmeverteilnetze 11%, Sonstige 25%

7600-0064 Feuer- und Rettungswache   BRI 897m³   BGF 185m²   NUF 128m²

Bauzustand: mittel
Aufwand: mittel
Nutzung während der Bauzeit: ja
Nutzungsänderung: nein
Grundrissänderungen: keine
Tragwerkseingriffe: keine

Land: Nordrhein-Westfalen
Kreis: Recklinghausen
Standard: Durchschnitt
Bauzeit: 21 Wochen
Kennwerte: bis 3.Ebene DIN276
veröffentlicht: BKI Objektdaten A9
BGF   **1.890 €/m²**

Anbau von Umkleide- und Sanitärräumen für Feuer- und Rettungswache

Bauwerk - Baukonstruktionen
Herstellen: Außenwandbekleidungen außen 12%, Dachbeläge 11%, Tragende Außenwände 9%, Elementierte Außenwände 8%, Bodenbeläge 8%, Flachgründungen 7%, Baustelleneinrichtung 6%, Dachkonstruktionen 6%, Innentüren und -fenster 5%, Innenwandbekleidungen 4%, Sonstige 23%

Bauwerk - Technische Anlagen
Herstellen: Wasseranlagen 18%, Niederspannungsinstallationsanlagen 16%, Raumheizflächen 13%, Lüftungsanlagen 13%, Beleuchtungsanlagen 11%, Abwasseranlagen 7%, Sonstige 23%

7700-0051 Empfangsgebäude, Verbindungsgänge*   BRI 1.331m³   BGF 215m²   NUF 185m²

Land: Bayern
Kreis: Rhön-Grabfeld
Standard: Durchschnitt
Bauzeit: 30 Wochen
Kennwerte: bis 3.Ebene DIN276
veröffentlicht: BKI Objektdaten A9
BGF   **2.631 €/m²**

* Nicht in der Auswertung enthalten

Planung: Architekturbüro Fenchel Dipl.Ing. Univ. Holger Fenchel; Meiningen

Neubau Empfangsgebäude mit Verbindungsgängen zum Gebäudebestand

Bauwerk - Baukonstruktionen
Elementierte Außenwände 31%, Tragende Außenwände 12%, Außenwandbekleidungen außen 10%, Außentüren und -fenster 10%, Dachbeläge 6%, Bodenbeläge 5%, Flachgründungen 4%, Sonstige 22%

Bauwerk - Technische Anlagen
Wasseranlagen 21%, Abwasseranlagen 17%, Niederspannungsinstallationsanlagen 16%, Beleuchtungsanlagen 13%, Sonstige 33%

Übersicht-
1.+2.Ebene

Erweiterung

Umbau

Moderni-
sierung

Instand-
setzung

Bau-
elemente

Abbrechen

Wieder-
herstellen

Herstellen

Objektübersicht zur Gebäudeart

7700-0060 Anlieferungszone   BRI 2.026m³   BGF 460m²   NUF 442m²

Land: Sachsen
Kreis: Nordsachsen
Standard: Durchschnitt
Bauzeit: 21 Wochen
Kennwerte: bis 3.Ebene DIN276
veröffentlicht: BKI Objektdaten A9
BGF   **1.436 €/m²**

€/m² BGF
min	640 €/m²
von	850 €/m²
Mittel	**1.040 €/m²**
bis	1.520 €/m²
max	1.890 €/m²

Kosten:
Stand 2.Quartal 2016
Bundesdurchschnitt
inkl. 19% MwSt.

Planung: HEINE • REICHOLD | Architekten und Ingenieure; Lichtenstein

Anbau einer Anlieferungszone mit sieben Andockschleusen. **Kosteneinfluss Nutzung:** Brandschutz, Wärmeschutz

Bauwerk - Baukonstruktionen
Herstellen: Flachgründungen 20%, Dachkonstruktionen 15%, Dachbeläge 11%, Unterböden und Bodenplatten 7%, Bauwerksabdichtungen 6%, Außentüren und -fenster 5%, Außenwandbekleidungen außen 4%, Außenwände, sonstiges 4%, Baustelleneinrichtung 3%, Innenwandbekleidungen 3%, Sonstige 21%

Bauwerk - Technische Anlagen
Herstellen: Förderanlagen, sonstiges 26%, Niederspannungsinstallationsanlagen 18%, Wärmeverteilnetze 14%, Abwasseranlagen 12%, Sonstige 30%

7100-0048 Entwicklungszentrum   BRI 10.920m³   BGF 2.280m²   NUF 1.813m²

Baujahr: 1998
Bauzustand: mittel
Aufwand: mittel
Nutzung während der Bauzeit: ja
Nutzungsänderung: nein
Grundrissänderungen: einige
Tragwerkseingriffe:

Land: Nordrhein-Westfalen
Kreis: Märkischer Kreis
Standard: über Durchschnitt
Bauzeit: 113 Wochen
Kennwerte: bis 1.Ebene DIN276
veröffentlicht: BKI Objektdaten A9
BGF   **973 €/m²**

Planung: STUDIO KMK Büro für Architektur; Plettenberg

Büro und Montagehalle mit 45 Büroarbeitsplätzen und zehn Arbeitsplätzen in der Montage. Teilbereiche viergeschossig.

Objektübersicht zur Gebäudeart

7200-0081 Autohaus   **BRI** 5.344m³   **BGF** 855m²   **NUF** 783m²

© G.N.b.h. Architekten

Baujahr: 1915

Land: Sachsen
Kreis: Dresden
Standard: über Durchschnitt
Bauzeit: 47 Wochen
Kennwerte: bis 1.Ebene DIN276
veröffentlicht: BKI Objektdaten A8
BGF   **1.542 €/m²**

Planung: G.N.b.h. Architekten; Dresden

Erweiterung eines Autohauses mit Ausstellung (723m²) und Werkstatt (81m²)

7300-0039 Zeitungsdruckerei   **BRI** 37.694m³   **BGF** 5.948m²   **NUF** 4.936m²

© Igor Pastierovic

Baujahr: 1971
Bauzustand: mittel
Aufwand: mittel
Nutzung während der Bauzeit: ja
Nutzungsänderung: nein
Grundrissänderungen: wenige
Tragwerkseingriffe: keine

Land: Bayern
Kreis: Hof
Standard: Durchschnitt
Bauzeit: 56 Wochen
Kennwerte: bis 1.Ebene DIN276
veröffentlicht: BKI Objektdaten A2
BGF   **805 €/m²**

Planung: Bernhard Steiner Dipl.-Ing. Architekt BDA; München

Zeitungsdruckerei mit 75 Arbeitsplätzen. **Kosteneinfluss Grundstück:** Ölverseuchter Baugrund; An- und Umbau bei laufendem Betrieb.

7300-0087 Tischlerei   **BRI** 14.300m³   **BGF** 2.425m²   **NUF** 2.097m²

© Volker Kreidler, Mischa Seidel/Klinkenbusch + Kunze

Land: Sachsen
Kreis: Meißen
Standard: Durchschnitt
Bauzeit: 34 Wochen
Kennwerte: bis 1.Ebene DIN276
veröffentlicht: BKI Objektdaten A9
BGF   **643 €/m²**

Planung: Klinkenbusch + Kunze, Architektur und Gestaltung; Dresden

Produktionshalle mit Tischlerei, Glaserei und Schlosserei, Sozialräume

Übersicht 1.+ 2.Ebene

Erweiterung

Umbau

Moderni- sierung

Instand- setzung

Bau- elemente

Abbrechen

Wieder- herstellen

Herstellen

Erweiterungen

Gewerbegebäude

7700-0058 Lager- und Bürogebäude **BRI** 58.697m³ **BGF** 6.752m² **NUF** 6.378m²

€/m² BGF

min	640 €/m²
von	850 €/m²
Mittel	**1.040 €/m²**
bis	1.520 €/m²
max	1.890 €/m²

Kosten:
Stand 2.Quartal 2016
Bundesdurchschnitt
inkl. 19% MwSt.

Land: Sachsen
Kreis: Chemnitzer Land
Standard: Durchschnitt
Bauzeit: 56 Wochen
Kennwerte: bis 1.Ebene DIN276
vorgesehen: BKI Objektdaten A10
BGF **900 €/m²**

Planung: HEINE • REICHOLD | Architekten und Ingenieure; Lichtenstein
Lagerhalle mit Verwaltungsräumen

7700-0068 Lagerhalle **BRI** 17.460m³ **BGF** 2.610m² **NUF** 2.530m²

Land: Sachsen
Kreis: Sächsische Schweiz-Osterzgebirge
Standard: Durchschnitt
Bauzeit: 13 Wochen
Kennwerte: bis 1.Ebene DIN276
veröffentlicht: BKI Objektdaten A9
BGF **850 €/m²**

Planung: IPROconsult GmbH; Dresden
Fertigwarenlager für Papier, Speditionsbüro

Übersicht-
1.+2. Ebene

Erweiterung

Umbau

Moderni-
sierung

Instand-
setzung

Bau-
elemente

Abbrechen

Wieder-
herstellen

Herstellen

Erweiterungen

Gebäude anderer Art

BRI **485 €/m³**
von 345 €/m³
bis 700 €/m³

BGF **1.980 €/m²**
von 1.390 €/m²
bis 2.880 €/m²

NUF **3.590 €/m²**
von 2.200 €/m²
bis 6.750 €/m²

Objektbeispiele

Kosten:
Stand 2.Quartal 2016
Bundesdurchschnitt
inkl. 19% MwSt.

6200-0066

9100-0117

9100-0118

Kosten der 17 Vergleichsobjekte — Seiten 184 bis 190

- ● KKW
- ▶ min
- ▷ von
- | Mittelwert
- ◁ bis
- ◀ max

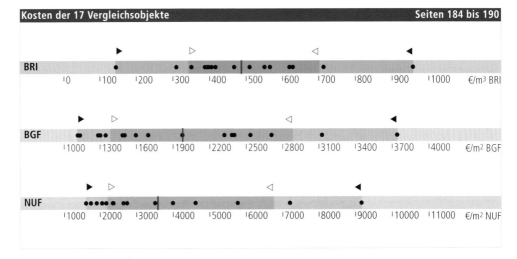

KG	Kostengruppen der 1. Ebene	Einheit	▷	€/Einheit	◁	▷	% an 300+400	◁
100	Grundstück	m² GF						
200	Herrichten und Erschließen	m² GF	10	**20**	37	1,3	**3,4**	5,4
300	Bauwerk - Baukonstruktionen	m² BGF	1.089	**1.604**	2.199	70,5	**81,8**	90,0
400	Bauwerk - Technische Anlagen	m² BGF	195	**375**	822	10,0	**18,2**	29,5
	Bauwerk (300+400)	m² BGF	1.388	**1.979**	2.883		**100,0**	
500	Außenanlagen	m² AF	24	**109**	348	1,8	**4,4**	7,6
600	Ausstattung und Kunstwerke	m² BGF	13	**52**	109	0,9	**3,7**	7,7
700	Baunebenkosten	m² BGF						

KG	Kostengruppen der 2. Ebene	Einheit	▷	€/Einheit	◁	▷	% an 300	◁
310	Baugrube	m³ BGI	31	**66**	86	0,0	**0,9**	1,5
320	Gründung	m² GRF	211	**293**	392	6,5	**8,6**	11,4
330	Außenwände	m² AWF	343	**680**	867	13,8	**35,1**	41,4
340	Innenwände	m² IWF	301	**446**	648	9,7	**16,6**	22,9
350	Decken	m² DEF	128	**373**	755	5,4	**17,2**	37,4
360	Dächer	m² DAF	182	**347**	595	10,4	**13,5**	17,8
370	Baukonstruktive Einbauten	m² BGF	58	**94**	164	0,0	**3,7**	6,5
390	Sonstige Baukonstruktionen	m² BGF	20	**55**	107	1,6	**4,5**	8,9
300	**Bauwerk Baukonstruktionen**	**m² BGF**					**100,0**	

KG	Kostengruppen der 2. Ebene	Einheit	▷	€/Einheit	◁	▷	% an 400	◁
410	Abwasser, Wasser, Gas	m² BGF	20	**51**	99	14,9	**37,5**	81,7
420	Wärmeversorgungsanlagen	m² BGF	50	**70**	87	5,8	**22,6**	33,5
430	Lufttechnische Anlagen	m² BGF	4	**5**	7	0,0	**0,8**	2,1
440	Starkstromanlagen	m² BGF	63	**108**	128	0,0	**32,9**	41,5
450	Fernmeldeanlagen	m² BGF	5	**10**	26	1,2	**4,1**	15,3
460	Förderanlagen	m² BGF	–	**–**	–			
470	Nutzungsspezifische Anlagen	m² BGF	3	**8**	13	0,0	**1,4**	4,1
480	Gebäudeautomation	m² BGF	–	**–**	–			
490	Sonstige Technische Anlagen	m² BGF	4	**5**	7	0,0	**0,7**	2,0
400	**Bauwerk Technische Anlagen**	**m² BGF**					**100,0**	

Prozentanteile der Kosten der 2.Ebene an den Kosten des Bauwerks nach DIN 276 (Von-, Mittel-, Bis-Werte)

310	Baugrube	0,8
320	Gründung	7,5
330	Außenwände	30,5
340	Innenwände	14,3
350	Decken	15,1
360	Dächer	11,7
370	Baukonstruktive Einbauten	3,2
390	Sonstige Baukonstruktionen	3,7
410	Abwasser, Wasser, Gas	3,0
420	Wärmeversorgungsanlagen	3,8
430	Lufttechnische Anlagen	0,1
440	Starkstromanlagen	5,4
450	Fernmeldeanlagen	0,7
460	Förderanlagen	
470	Nutzungsspezifische Anlagen	0,2
480	Gebäudeautomation	
490	Sonstige Technische Anlagen	0,1

15%　30%　45%　60%

Übersicht-　1.+.2.Ebene
Erweiterung
Umbau
Moderni-sierung
Instand-setzung
Bau-elemente
Abbrechen
Wieder-herstellen
Herstellen

Kostenkennwerte für die Kostengruppen der 3.Ebene DIN 276

KG	Kostengruppen der 3. Ebene	Einheit	▷	Ø €/Einheit	◁	▷	Ø €/m² BGF	◁
337	Elementierte Außenwände	m²	734,74	**858,20**	981,67	158,68	**305,53**	452,37
331	Tragende Außenwände	m²	137,11	**408,19**	918,53	49,46	**187,38**	442,12
335	Außenwandbekleidungen außen	m²	181,34	**215,54**	249,74	133,00	**135,60**	138,19
346	Elementierte Innenwände	m²	347,60	**601,91**	1.032,28	5,25	**100,60**	291,28
351	Deckenkonstruktionen	m²	103,04	**184,88**	231,21	48,78	**90,16**	119,31
334	Außentüren und -fenster	m²	1.094,82	**1.364,03**	1.768,70	45,72	**86,52**	161,16
344	Innentüren und -fenster	m²	494,92	**851,60**	1.203,49	41,81	**78,54**	115,05
352	Deckenbeläge	m²	127,90	**176,70**	271,68	47,13	**78,28**	138,25
371	Allgemeine Einbauten	m²	27,02	**78,20**	163,61	27,02	**78,20**	163,61
353	Deckenbekleidungen	m²	39,50	**151,27**	479,12	20,04	**74,26**	226,82
361	Dachkonstruktionen	m²	42,43	**154,14**	287,15	25,52	**74,20**	128,85
363	Dachbeläge	m²	98,56	**139,67**	236,59	44,64	**67,33**	75,41
325	Bodenbeläge	m²	113,42	**164,53**	312,21	49,29	**60,82**	83,34
336	Außenwandbekleidungen innen	m²	83,60	**98,72**	108,43	48,67	**57,91**	71,26
364	Dachbekleidungen	m²	78,40	**126,73**	258,93	21,08	**54,18**	89,24
445	Beleuchtungsanlagen	m²	43,26	**52,52**	71,05	43,26	**52,52**	71,05
372	Besondere Einbauten	m²	–	**46,26**	–	–	**46,26**	–
444	Niederspannungsinstallationsanl.	m²	24,23	**41,10**	73,23	24,23	**41,10**	73,23
345	Innenwandbekleidungen	m²	35,51	**50,81**	77,82	36,61	**39,49**	41,17
343	Innenstützen	m	–	**242,50**	–	–	**39,47**	–
342	Nichttragende Innenwände	m²	70,90	**173,03**	275,22	15,18	**37,55**	95,91
422	Wärmeverteilnetze	m²	23,44	**35,14**	46,83	23,44	**35,14**	46,83
338	Sonnenschutz	m²	182,09	**538,55**	895,01	13,09	**34,23**	55,37
412	Wasseranlagen	m²	11,62	**33,24**	75,91	11,62	**33,24**	75,91
324	Unterböden und Bodenplatten	m²	51,98	**99,41**	146,74	16,56	**33,04**	78,99
423	Raumheizflächen	m²	26,32	**32,10**	43,29	26,32	**32,10**	43,29
322	Flachgründungen	m²	46,92	**63,94**	90,44	24,84	**30,86**	42,46
394	Abbruchmaßnahmen	m²	–	**24,60**	–	–	**24,60**	–
456	Gefahrenmelde- und Alarmanlagen	m²	–	**24,25**	–	–	**24,25**	–
311	Baugrubenherstellung	m³	31,11	**66,35**	86,12	15,97	**23,05**	36,71
341	Tragende Innenwände	m²	156,48	**161,42**	166,35	5,40	**20,83**	36,26
349	Innenwände, sonstiges	m²	–	**83,19**	–	–	**20,70**	–
359	Decken, sonstiges	m²	11,05	**35,98**	78,39	5,57	**20,16**	46,54
411	Abwasseranlagen	m²	11,43	**18,03**	34,12	11,43	**18,03**	34,12
391	Baustelleneinrichtung	m²	6,93	**17,59**	28,73	6,93	**17,59**	28,73
362	Dachfenster, Dachöffnungen	m²	767,17	**1.420,52**	2.685,95	8,76	**9,78**	11,59
392	Gerüste	m²	8,68	**9,50**	11,01	8,68	**9,50**	11,01
421	Wärmeerzeugungsanlagen	m²	5,83	**7,67**	9,51	5,83	**7,67**	9,51
471	Küchentechnische Anlagen	m²	2,66	**7,23**	11,80	2,66	**7,23**	11,80
431	Lüftungsanlagen	m²	–	**6,87**	–	–	**6,87**	–
492	Gerüste	m²	–	**6,83**	–	–	**6,83**	–
443	Niederspannungsschaltanlagen	m²	–	**6,75**	–	–	**6,75**	–
399	Sonstige Maßnahmen für Baukonstruktionen, sonst.	m²	–	**5,88**	–	–	**5,88**	–
429	Wärmeversorgungsanl., sonstiges	m²	5,55	**5,73**	5,91	5,55	**5,73**	5,91
326	Bauwerksabdichtungen	m²	7,06	**14,75**	29,82	1,99	**5,29**	10,97
397	Zusätzliche Maßnahmen	m²	0,98	**4,22**	8,22	0,98	**4,22**	8,22
369	Dächer, sonstiges	m²	–	**9,08**	–	–	**3,65**	–
339	Außenwände, sonstiges	m²	–	**3,88**	–	–	**2,42**	–
393	Sicherungsmaßnahmen	m²	–	**1,84**	–	–	**1,84**	–

Kosten:
Stand 2.Quartal 2016
Bundesdurchschnitt
inkl. 19% MwSt.

▷ von
Ø Mittel
◁ bis

Kosten: 2.Quartal 2016, Bundesdurchschnitt, **inkl. 19% MwSt.**

LB	Leistungsbereiche	▷	€/m² BGF	◁	▷	% an 300+400	◁
000	Sicherheits-, Baustelleneinrichtungen inkl. 001	17	**35**	63	0,9	**1,8**	3,2
002	Erdarbeiten	9	**22**	40	0,5	**1,1**	2,0
006	Spezialtiefbauarbeiten inkl. 005	–	**–**	–	–	**–**	–
009	Entwässerungskanalarbeiten inkl. 011	0	**6**	6	0,0	**0,3**	0,3
010	Drän- und Versickerungsarbeiten	–	**–**	–	–	**–**	–
012	Mauerarbeiten	44	**153**	312	2,2	**7,8**	15,8
013	Betonarbeiten	21	**166**	398	1,0	**8,4**	20,1
014	Natur-, Betonwerksteinarbeiten	15	**49**	49	0,7	**2,5**	2,5
016	Zimmer- und Holzbauarbeiten	58	**155**	279	2,9	**7,8**	14,1
017	Stahlbauarbeiten	–	**–**	–	–	**–**	–
018	Abdichtungsarbeiten	–	**3**	–	–	**0,2**	–
020	Dachdeckungsarbeiten	–	**37**	63	–	**1,9**	3,2
021	Dachabdichtungsarbeiten	2	**25**	25	0,1	**1,3**	1,3
022	Klempnerarbeiten	24	**57**	57	1,2	**2,9**	2,9
	Rohbau	390	**710**	908	19,7	**35,9**	45,9
023	Putz- und Stuckarbeiten, Wärmedämmsysteme	18	**144**	407	0,9	**7,3**	20,5
024	Fliesen- und Plattenarbeiten	2	**13**	31	0,1	**0,7**	1,6
025	Estricharbeiten	0	**10**	25	0,0	**0,5**	1,3
026	Fenster, Außentüren inkl. 029, 032	4	**88**	150	0,2	**4,4**	7,6
027	Tischlerarbeiten	77	**273**	410	3,9	**13,8**	20,7
028	Parkettarbeiten, Holzpflasterarbeiten	6	**58**	58	0,3	**2,9**	2,9
030	Rollladenarbeiten	0	**8**	24	0,0	**0,4**	1,2
031	Metallbauarbeiten inkl. 035	38	**220**	220	1,9	**11,1**	11,1
034	Maler- und Lackiererarbeiten inkl. 037	48	**90**	90	2,4	**4,6**	4,6
036	Bodenbelagarbeiten	7	**41**	90	0,4	**2,1**	4,6
038	Vorgehängte hinterlüftete Fassaden	–	**–**	–	–	**–**	–
039	Trockenbauarbeiten	7	**54**	130	0,4	**2,7**	6,5
	Ausbau	812	**1.004**	1.296	41,0	**50,7**	65,5
040	Wärmeversorgungsanl. - Betriebseinr. inkl. 041	15	**69**	105	0,8	**3,5**	5,3
042	Gas- und Wasserinstallation, Leitungen inkl. 043	3	**18**	31	0,2	**0,9**	1,6
044	Abwasserinstallationsarbeiten - Leitungen	2	**10**	22	0,1	**0,5**	1,1
045	GWA-Einrichtungsgegenstände inkl. 046	5	**17**	17	0,2	**0,8**	0,8
047	Dämmarbeiten an betriebstechnischen Anlagen	–	**3**	–	–	**0,1**	–
049	Feuerlöschanlagen, Feuerlöschgeräte	–	**0**	–	–	**0,0**	–
050	Blitzschutz- und Erdungsanlagen	–	**0**	–	–	**0,0**	–
053	Niederspannungsanlagen inkl. 052, 054	24	**59**	110	1,2	**3,0**	5,6
055	Ersatzstromversorgungsanlagen	–	**–**	–	–	**–**	–
057	Gebäudesystemtechnik	–	**–**	–	–	**–**	–
058	Leuchten und Lampen inkl. 059	14	**51**	77	0,7	**2,6**	3,9
060	Elektroakustische Anlagen, Sprechanlagen	–	**0**	–	–	**0,0**	–
061	Kommunikationsnetze, inkl. 062	0	**3**	3	0,0	**0,1**	0,1
063	Gefahrenmeldeanlagen	0	**8**	8	0,0	**0,4**	0,4
069	Aufzüge	–	**–**	–	–	**–**	–
070	Gebäudeautomation	–	**–**	–	–	**–**	–
075	Raumlufttechnische Anlagen	0	**3**	7	0,0	**0,1**	0,4
	Technische Anlagen	68	**241**	353	3,4	**12,2**	17,8
084	Abbruch- und Rückbauarbeiten	–	**23**	–	–	**1,2**	–
	Sonstige Leistungsbereiche inkl. 008, 033, 051	0	**5**	9	0,0	**0,2**	0,4

Übersicht-1.+.2.Ebene · Erweiterung · Umbau · Moderni-sierung · Instand-setzung · Bau-elemente · Abbrechen · Wieder-herstellen · Herstellen

Objektübersicht zur Gebäudeart

9100-0014 Bürgerhaus BRI 1.960m³ BGF 574m² NUF 391m²

© Ernst Blumenthal Architekt

€/m² BGF

min	1.110 €/m²
von	1.390 €/m²
Mittel	**1.980 €/m²**
bis	2.880 €/m²
max	3.740 €/m²

Kosten:
Stand 2.Quartal 2016
Bundesdurchschnitt
inkl. 19% MwSt.

Land: Nordrhein-Westfalen
Kreis: Düren
Standard: Durchschnitt
Bauzeit: 126 Wochen
Kennwerte: bis 3.Ebene DIN276
veröffentlicht: www.bki.de
BGF **1.596 €/m²**

Planung: Ernst Blumenthal Dipl.-Ing. Architekt; Kreuzau

Umbau und Erweiterung eines Güterschuppens zu einem Bürgerhaus mit Altenstube, Altenwerkstatt, Gruppenräumen und Saal für unterschiedliche Veranstaltungen mit notwendigen Nebenräumen. **Kosteneinfluss Grundstück:** Ortskernlage

Bauwerk - Baukonstruktionen
Außentüren und -fenster 12%, Außenwandbekleidungen außen 10%, Tragende Außenwände 8%, Dachbekleidungen 7%, Deckenkonstruktionen 7%, Unterböden und Bodenplatten 6%, Dachkonstruktionen 6%, Dachbeläge 6%, Außenwandbekleidungen innen 5%, Allgemeine Einbauten 5%, Bodenbeläge 4%, Innenwandbekleidungen 3%, Sonstige 21%

Bauwerk - Technische Anlagen
Beleuchtungsanlagen 28%, Wärmeverteilnetze 18%, Niederspannungsinstallationsanlagen 12%, Raumheizflächen 10%, Abwasseranlagen 7%, Sonstige 25%

9100-0017 Bücherei, Museum, Bürgersaal BRI 5.095m³ BGF 1.814m² NUF 986m²

Baujahr: 1650
Bauzustand: mittel
Aufwand: mittel
Nutzung während der Bauzeit: nein
Nutzungsänderung: ja
Grundrissänderungen: wenige
Tragwerkseingriffe: keine

Land: Baden-Württemberg
Kreis: Tuttlingen
Standard: Durchschnitt
Bauzeit: 91 Wochen
Kennwerte: bis 3.Ebene DIN276
veröffentlicht: BKI Objektdaten A1
BGF **1.115 €/m²**

Planung: Günther Hermann Dipl.-Ing. Freier Architekt; Tuttlingen

Das Schloss wurde Mitte des 17. Jahrhunderts nach italienischem Vorbild erbaut. Es wurde als Verwaltungsgebäude genutzt, in dem Kanzleien untergebracht waren. Seit der Restaurierung wird es als Bücherei, Heimatmuseum und Bürgersaal genutzt.

Bauwerk - Baukonstruktionen
Deckenbekleidungen 24%, Deckenbeläge 15%, Innentüren und -fenster 9%, Außentüren und -fenster 7%, Außenwandbekleidungen innen 6%, Deckenkonstruktionen 5%, Besondere Einbauten 5%, Dachbeläge 5%, Sonstige 24%

Bauwerk - Technische Anlagen
Beleuchtungsanlagen 25%, Raumheizflächen 16%, Gefahrenmelde- und Alarmanlagen 14%, Wärmeverteilnetze 14%, Sonstige 30%

9100-0021 Übergangsbau, Pausenhalle BRI 1.222m³ BGF 333m² NUF k.A.

© Wilfried Kiel

Land: Sachsen-Anhalt
Kreis: Magdeburg
Standard: Durchschnitt
Bauzeit: 26 Wochen
Kennwerte: bis 4.Ebene DIN276
veröffentlicht: BKI Objektdaten A1
BGF   1.284 €/m²

Planung: Dreischhoff + Partner Planungsgesellschaft mbH; Magdeburg

Übergangsbau zwischen zwei modernisierten Schulen (Objekte 4100-0033 und 4100-0036), Nutzung als Pausenhalle bei schlechtem Wetter. **Kosteneinfluss Grundstück:** Die Angabe der Grundstücksfläche bezieht sich auf den gesamten Komplex (s. Lageplan bei Objekt 4100-0036), eine Sporthalle befindet sich noch im Bau.

Bauwerk - Baukonstruktionen
Elementierte Außenwände 36%, Deckenkonstruktionen 10%, Dachbeläge 6%, Innentüren und -fenster 5%, Dachkonstruktionen 5%, Bodenbeläge 5%, Deckenbeläge 4%, Sonnenschutz 4%, Deckenbekleidungen 4%, Sonstige 20%

Bauwerk - Technische Anlagen
Abwasseranlagen 100%

9100-0073 Kirche, Gruppenraum BRI 265m³ BGF 71m² NUF 63m²

Baujahr: 1904
Bauzustand: mittel
Aufwand: mittel
Nutzung während der Bauzeit: nein
Nutzungsänderung: ja
Grundrissänderungen: einige
Tragwerkseingriffe: einige

Land: Nordrhein-Westfalen
Kreis: Euskirchen
Standard: Durchschnitt
Bauzeit: 26 Wochen
Kennwerte: bis 3.Ebene DIN276
veröffentlicht: BKI Objektdaten A9
BGF   2.320 €/m²

Planung: Elmar Paul Sommer Dipl.-Ing.- Architekt + Stadtplaner; Monschau

Multifunktional: Gruppenraum, Pfarrbüro, Kapelle

Bauwerk - Baukonstruktionen
Abbrechen: Tragende Außenwände 6%
Herstellen: Tragende Außenwände 16%, Elementierte Innenwände 14%, Allgemeine Einbauten 8%, Elementierte Außenwände 8%, Dachkonstruktionen 7%, Außenwandbekleidungen außen 7%, Innentüren und -fenster 6%, Nichttragende Innenwände 5%
Sonstige: 23%

Bauwerk - Technische Anlagen
Herstellen: Wasseranlagen 27%, Niederspannungsinstallationsanlagen 26%, Raumheizflächen 15%, Sonstige 31%

Übersicht 1. + 2.Ebene

Erweiterung

Umbau

Modernisierung

Instandsetzung

Bauelemente

Abbrechen

Wiederherstellen

Herstellen

9700-0010 Aussegnungshalle*

BRI 500m³   **BGF** 127m²   **NUF** 123m²

€/m² BGF

min	1.110 €/m²
von	1.390 €/m²
Mittel	**1.980 €/m²**
bis	2.880 €/m²
max	3.740 €/m²

Kosten:
Stand 2.Quartal 2016
Bundesdurchschnitt
inkl. 19% MwSt.

Land: Baden-Württemberg
Kreis: Hohenlohe, Künzelsau
Standard: Durchschnitt
Bauzeit: 30 Wochen
Kennwerte: bis 3.Ebene DIN276
veröffentlicht: BKI Objektdaten A6
BGF **791 €/m²**

* Nicht in der Auswertung enthalten

Planung: Architekturbüro Eberhard Wolf; Widdern

Erweiterung und Instandsetzung einer Aussegnungshalle.

Bauwerk - Baukonstruktionen
Abbrechen: Dachbeläge 4%, Tragende Außenwände 3%
Herstellen: Dachbeläge 22%, Außenwandbekleidungen außen 12%, Tragende Außenwände 11%, Außentüren und -fenster 11%, Dachkonstruktionen 9%, Dachbekleidungen 5%, Flachgründungen 3%
Sonstige: 21%

Bauwerk - Technische Anlagen
Herstellen: Abwasseranlagen 31%, Wasseranlagen 26%, Beleuchtungsanlagen 15%, Sonstige 28%

6200-0066 Tagesförderstätte (8 Pflegeplätze)

BRI 882m³   **BGF** 265m²   **NUF** 164m²

Land: Schleswig-Holstein
Kreis: Herzogtum-Lauenburg
Standard: über Durchschnitt
Bauzeit: 43 Wochen
Kennwerte: bis 1.Ebene DIN276
vorgesehen: BKI Objektdaten A10
BGF **1.697 €/m²**

Planung: Janiak und Lippert Architekten und Ingenieure GmbH; Fockbek

Tagesförderstätte (8 Pflegeplätze) für Menschen mit schwerer mehrfacher Behinderung.

6400-0068 Pfarrbüro

BRI 357m³   **BGF** 74m²   **NUF** 50m²

Baujahr: 1963
Bauzustand: mittel
Aufwand: mittel
Nutzung während der Bauzeit: nein
Nutzungsänderung: nein
Grundrissänderungen: keine
Tragwerkseingriffe: keine

Land: Bayern
Kreis: Landshut
Standard: Durchschnitt
Bauzeit: 43 Wochen
Kennwerte: bis 1.Ebene DIN276
veröffentlicht: BKI Objektdaten A8
BGF   **2.708 €/m²**

Planung: NEUMEISTER & PARINGER ARCHITEKTEN BDA; Landshut

Pfarrbüro mit 2 Arbeitsplätzen zwischen Gemeindehaus und Kirche. **Kosteneinfluss Nutzung:** Pfarrbüro mit 2 Arbeitsplätzen zwischen Gemeindehaus und Kirche. **Kosteneinfluss Grundstück:** Lage zwischen Gemeindehaus und Kirche.

6400-0086 Gemeindehaus

BRI 2.196m³   **BGF** 519m²   **NUF** 435m²

Land: Nordrhein-Westfalen
Kreis: Herne
Standard: Durchschnitt
Bauzeit: 61 Wochen
Kennwerte: bis 1.Ebene DIN276
vorgesehen: BKI Objektdaten A10
BGF   **1.977 €/m²**

Planung: Architekten Bathe + Reber; Dortmund

Gemeindehaus mit 199 Sitzplätzen (435m² NF).

6400-0089 Gemeindezentrum

BRI 2.363m³   **BGF** 543m²   **NUF** 338m²

Land: Mecklenburg-Vorpommern
Kreis: Rostock
Standard: Durchschnitt
Bauzeit: 39 Wochen
Kennwerte: bis 1.Ebene DIN276
vorgesehen: BKI Objektdaten A10
BGF   **1.346 €/m²**

Planung: Johannsen und Partner; Hamburg

Gemeindezentrum mit drei Räumen für Veranstaltungen.

Übersicht 1.+2.Ebene
Erweiterung
Umbau
Moderni-sierung
Instand-setzung
Bau-elemente
Abbrechen
Wieder-herstellen
Herstellen

Objektübersicht zur Gebäudeart

6500-0039 Mensa, Mittagsbetreuung BRI 1.105m³ BGF 293m² NUF 249m²

€/m² BGF

min	1.110 €/m²
von	1.390 €/m²
Mittel	**1.980 €/m²**
bis	2.880 €/m²
max	3.740 €/m²

Baujahr: 1960
Bauzustand: mittel
Aufwand: mittel
Nutzung während der Bauzeit: ja
Nutzungsänderung: nein
Grundrissänderungen: wenige
Tragwerkseingriffe: keine

Land: Nordrhein-Westfalen
Kreis: Düsseldorf
Standard: Durchschnitt
Bauzeit: 25 Wochen
Kennwerte: bis 1.Ebene DIN276
veröffentlicht: BKI Objektdaten A9
BGF **1.485 €/m²**

Kosten:
Stand 2.Quartal 2016
Bundesdurchschnitt
inkl. 19% MwSt.

Planung: pagelhenn architektinnenarchitekt; Hilden

Mensa mit Speiseraum, Aufwärmküche, Betreuungsräumen, Fahrradwerkstatt, Lagerräumen.

6600-0021 Gästehaus (12 Betten), Laden, Café BRI 1.676m³ BGF 598m² NUF 421m²

Baujahr: 1969
Bauzustand: schlecht
Aufwand: niedrig
Nutzung während der Bauzeit: nein
Nutzungsänderung: ja
Grundrissänderungen: umfangreiche
Tragwerkseingriffe: umfangreiche

Land: Thüringen
Kreis: Greiz
Standard: Durchschnitt
Bauzeit: 174 Wochen
Kennwerte: bis 1.Ebene DIN276
veröffentlicht: BKI Objektdaten A9
BGF **1.135 €/m²**

Planung: Architekturbüro Dr. Goerstner; Saalfeld

Gästehaus (12 Betten), 8 Zimmer, Hofladen und Cafe im EG.

9100-0019 Stadthalle BRI 112.732m³ BGF 12.432m² NUF k.A.

Baujahr: 1976
Bauzustand: mittel
Aufwand: hoch
Nutzung während der Bauzeit: ja
Nutzungsänderung: nein
Grundrissänderungen: umfangreiche
Tragwerkseingriffe: einige

Land: Bremen
Kreis: Bremen
Standard: Durchschnitt
Bauzeit: 104 Wochen
Kennwerte: bis 1.Ebene DIN276
veröffentlicht: BKI Objektdaten A1
BGF **1.302 €/m²**

Planung: Goldapp, Grannemann, Mielke Freisch. Architekten BDB; Bremerhaven

Erweiterung und Modernisierung einer Stadthalle mit 2625 Sitzplätzen, Baujahr 1976. **Kosteneinfluss Grundstück:** Schlechter Baugrund, Tiefgründung erforderlich.

9100-0022 Bibliothek, Verbindungshalle   **BRI** 2.142m³   **BGF** 370m²   **NUF** 123m²

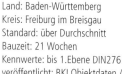

Land: Baden-Württemberg
Kreis: Freiburg im Breisgau
Standard: über Durchschnitt
Bauzeit: 21 Wochen
Kennwerte: bis 1.Ebene DIN276
veröffentlicht: BKI Objektdaten A2
BGF   **2.402 €/m²**

Planung: Hans-Dieter Hecker Dipl.-Ing. Freier Architekt; Freiburg

Verbindungshalle zwischen Hochhaus und Flachbau der Chemischen Institute der Universität Freiburg, z. T. Erschließungszone, z. T. Eingangsbereich der Bibliothek; Ersatz für einen durch Brand zerstörten Zwischenbau.

9100-0036 Informationszentrum Fremdenverkehr   **BRI** 1.331m³   **BGF** 343m²   **NUF** 270m²

Baujahr: 1890
Bauzustand: schlecht
Aufwand: mittel
Nutzung während der Bauzeit: nein
Nutzungsänderung: ja
Grundrissänderungen: einige
Tragwerkseingriffe: wenige

Land: Baden-Württemberg
Kreis: Reutlingen
Standard: Durchschnitt
Bauzeit: 82 Wochen
Kennwerte: bis 2.Ebene DIN276
veröffentlicht: BKI Objektdaten A4
BGF   **1.503 €/m²**

Planung: Hartmaier + Partner Freie Architekten; Münsingen

Gemischte Nutzung mit Fahrkartenschalter, Tourismusbüro, Ausstellungs- und Sitzungsräumen. **Kosteneinfluss Nutzung:** Denkmalschutzauflagen bei der Fassadengestaltung. **Kosteneinfluss Grundstück:** Gebäude an der Bahnlinie.

9100-0043 Museum, Eingangs- und Ausstellungsbau   **BRI** 1.138m³   **BGF** 247m²   **NUF** 178m²

Land: Nordrhein-Westfalen
Kreis: Lippe
Standard: Durchschnitt
Bauzeit: 74 Wochen
Kennwerte: bis 1.Ebene DIN276
veröffentlicht: www.bki.de
BGF   **2.534 €/m²**

Planung: Dipl.-Ing. Architekt BDA Reinhard Schwakenberg; Lemgo

Eingangs- und Ausstellungsgebäude als Erweiterung für das Museum Junkerhaus.

Erweiterungen

Gebäude anderer Art

€/m² BGF

min	1.110	€/m²
von	1.390	€/m²
Mittel	**1.980**	**€/m²**
bis	2.880	€/m²
max	3.740	€/m²

Kosten:
Stand 2.Quartal 2016
Bundesdurchschnitt
inkl. 19% MwSt.

9100-0081 Erschließungsbauwerk an historischem Gebäude   BRI 1.510m³   BGF 392m²   NUF 101m²

Land: Thüringen
Kreis: Kyffhäuserkreis
Standard: Durchschnitt
Bauzeit: 69 Wochen
Kennwerte: bis 1.Ebene DIN276
veröffentlicht: BKI Objektdaten A8
BGF   2.382 €/m²

Planung: petermann.thiele.kochanek architekten u. ingenieure; Bad Frankenhausen

Erschließungsbauwerk mit Treppenhaus, Aufzug und Nebenräumen als Anbau an ein denkmalgeschütztes Gebäude.

9100-0117 Gemeinderäume   BRI 2.270m³   BGF 518m²   NUF 351m²

Land: Niedersachsen
Kreis: Hannover
Standard: über Durchschnitt
Bauzeit: 56 Wochen
Kennwerte: bis 1.Ebene DIN276
vorgesehen: BKI Objektdaten A10
BGF   3.126 €/m²

Planung: RTW Architekten; Hannover

Gemeinderäume

9100-0118 Museum   BRI 4.182m³   BGF 1.069m²   NUF 694m²

Land: Sachsen-Anhalt
Kreis: Mansfeld-Südharz
Standard: über Durchschnitt
Bauzeit: 104 Wochen
Kennwerte: bis 1.Ebene DIN276
vorgesehen: BKI Objektdaten A10
BGF   3.741 €/m²

Planung: VON M GmbH; Stuttgart

Erweiterung eines Museums mit Ausstellung, Vortragsraum und Verwaltung

Übersicht-
1.+2. Ebene

Erweiterung

Umbau

Moderni-
sierung

Instand-
setzung

Bau-
elemente

Abbrechen

Wieder-
herstellen

Herstellen

Umbauten

Büro- und Verwaltungs-gebäude

BRI 275 €/m³
von 175 €/m³
bis 370 €/m³

BGF 930 €/m²
von 700 €/m²
bis 1.340 €/m²

NUF 1.500 €/m²
von 1.000 €/m²
bis 2.160 €/m²

NE 46.690 €/NE
von 24.410 €/NE
bis 77.510 €/NE
NE: Arbeitsplätze

Objektbeispiele

Kosten:
Stand 2.Quartal 2016
Bundesdurchschnitt
inkl. 19% MwSt.

1300-0117

1300-0121

1300-0197

Kosten der 11 Vergleichsobjekte — Seiten 196 bis 200

- ● KKW
- ▶ min
- ▷ von
- | Mittelwert
- ◁ bis
- ◀ max

BRI — €/m³ BRI
(0, 50, 100, 150, 200, 250, 300, 350, 400, 450, 500)

BGF — €/m² BGF
(200, 400, 600, 800, 1000, 1200, 1400, 1600, 1800, 2000, 2200)

NUF — €/m² NUF
(500, 750, 1000, 1250, 1500, 1750, 2000, 2250, 2500, 2750, 3000)

Kostenkennwerte für die Kostengruppen der 1. und 2.Ebene DIN 276

KG	Kostengruppen der 1. Ebene	Einheit	▷	€/Einheit	◁	▷	% an 300+400	◁
100	Grundstück	m² GF						
200	Herrichten und Erschließen	m² GF	3	7	9	0,8	1,7	4,5
300	Bauwerk - Baukonstruktionen	m² BGF	537	716	1.178	65,9	76,4	84,8
400	Bauwerk - Technische Anlagen	m² BGF	153	215	419	15,2	23,6	34,1
	Bauwerk (300+400)	m² BGF	696	931	1.338		100,0	
500	Außenanlagen	m² AF	18	85	138	2,3	12,9	33,6
600	Ausstattung und Kunstwerke	m² BGF	5	54	295	0,8	3,9	18,9
700	Baunebenkosten	m² BGF						

KG	Kostengruppen der 2. Ebene	Einheit	▷	€/Einheit	◁	▷	% an 300	◁
310	Baugrube	m³ BGI	37	59	97	0,0	0,4	1,8
320	Gründung	m² GRF	75	120	205	1,7	6,9	14,4
330	Außenwände	m² AWF	137	256	399	1,1	24,9	37,1
340	Innenwände	m² IWF	157	265	371	24,7	36,7	72,7
350	Decken	m² DEF	101	167	203	4,3	15,2	26,6
360	Dächer	m² DAF	105	407	1.857	0,6	8,4	18,5
370	Baukonstruktive Einbauten	m² BGF	4	12	20	0,4	1,6	3,7
390	Sonstige Baukonstruktionen	m² BGF	13	35	73	2,3	6,0	12,9
300	**Bauwerk Baukonstruktionen**	**m² BGF**					**100,0**	

KG	Kostengruppen der 2. Ebene	Einheit	▷	€/Einheit	◁	▷	% an 400	◁
410	Abwasser, Wasser, Gas	m² BGF	13	22	43	3,9	11,7	22,5
420	Wärmeversorgungsanlagen	m² BGF	22	44	65	5,0	23,7	35,5
430	Lufttechnische Anlagen	m² BGF	11	26	52	2,7	9,0	19,4
440	Starkstromanlagen	m² BGF	54	80	158	31,8	44,6	70,1
450	Fernmeldeanlagen	m² BGF	7	18	35	3,4	8,1	15,1
460	Förderanlagen	m² BGF	–	17	–	–	1,4	–
470	Nutzungsspezifische Anlagen	m² BGF	–	2	–	–	0,3	–
480	Gebäudeautomation	m² BGF	–	–	–	–	–	–
490	Sonstige Technische Anlagen	m² BGF	0	9	27	0,1	1,2	9,3
400	**Bauwerk Technische Anlagen**	**m² BGF**					**100,0**	

Prozentanteile der Kosten der 2.Ebene an den Kosten des Bauwerks nach DIN 276 (Von-, Mittel-, Bis-Werte)

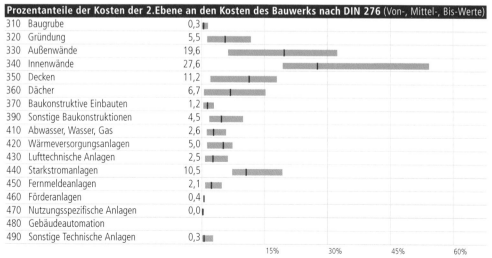

310	Baugrube	0,3
320	Gründung	5,5
330	Außenwände	19,6
340	Innenwände	27,6
350	Decken	11,2
360	Dächer	6,7
370	Baukonstruktive Einbauten	1,2
390	Sonstige Baukonstruktionen	4,5
410	Abwasser, Wasser, Gas	2,6
420	Wärmeversorgungsanlagen	5,0
430	Lufttechnische Anlagen	2,5
440	Starkstromanlagen	10,5
450	Fernmeldeanlagen	2,1
460	Förderanlagen	0,4
470	Nutzungsspezifische Anlagen	0,0
480	Gebäudeautomation	
490	Sonstige Technische Anlagen	0,3

15%   30%   45%   60%

Kosten: 2.Quartal 2016, Bundesdurchschnitt, inkl. 19% MwSt.

Übersicht 1.+2.Ebene
Erweiterung
Umbau
Moderni-sierung
Instand-setzung
Bau-elemente
Abbrechen
Wieder-herstellen
Herstellen

Kostenkennwerte für die Kostengruppen der 3.Ebene DIN 276

KG	Kostengruppen der 3. Ebene	Einheit	▷	Ø €/Einheit	◁	▷	Ø €/m² BGF	◁
334	Außentüren und -fenster	m²	201,47	**496,83**	814,46	44,07	**86,32**	245,39
346	Elementierte Innenwände	m²	182,98	**503,68**	1.070,38	10,16	**80,36**	359,67
352	Deckenbeläge	m²	77,80	**116,15**	148,86	41,15	**68,04**	111,88
335	Außenwandbekleidungen außen	m²	51,16	**107,60**	146,74	23,99	**64,55**	93,46
363	Dachbeläge	m²	57,07	**104,66**	181,62	53,46	**64,13**	84,59
342	Nichttragende Innenwände	m²	59,23	**89,48**	132,74	30,74	**61,82**	144,20
344	Innentüren und -fenster	m²	268,43	**625,40**	1.087,46	23,09	**53,83**	126,47
444	Niederspannungsinstallationsanl.	m²	33,08	**52,50**	91,37	33,08	**52,50**	91,37
325	Bodenbeläge	m²	58,94	**95,36**	148,59	25,46	**43,06**	102,04
345	Innenwandbekleidungen	m²	16,59	**32,71**	52,91	27,64	**41,36**	61,24
349	Innenwände, sonstiges	m²	–	**69,80**	–	–	**39,39**	–
351	Deckenkonstruktionen	m²	78,43	**246,59**	578,53	11,62	**33,11**	44,66
431	Lüftungsanlagen	m²	14,00	**32,07**	48,27	14,00	**32,07**	48,27
445	Beleuchtungsanlagen	m²	7,18	**29,20**	51,40	7,18	**29,20**	51,40
494	Abbruchmaßnahmen	m²	–	**27,11**	–	–	**27,11**	–
339	Außenwände, sonstiges	m²	1,92	**31,55**	61,69	5,43	**26,34**	84,10
331	Tragende Außenwände	m²	99,70	**323,32**	703,25	8,91	**25,92**	35,34
353	Deckenbekleidungen	m²	40,03	**67,72**	113,37	12,54	**25,40**	34,48
394	Abbruchmaßnahmen	m²	5,63	**24,06**	42,49	5,63	**24,06**	42,49
364	Dachbekleidungen	m²	35,34	**79,11**	150,28	5,30	**22,15**	54,26
324	Unterböden und Bodenplatten	m²	65,25	**137,71**	229,96	7,63	**21,27**	35,35
421	Wärmeerzeugungsanlagen	m²	12,14	**20,95**	29,26	12,14	**20,95**	29,26
361	Dachkonstruktionen	m²	23,28	**82,30**	183,00	1,08	**18,43**	53,09
392	Gerüste	m²	7,06	**15,51**	23,40	7,06	**15,51**	23,40
423	Raumheizflächen	m²	6,98	**15,44**	23,53	6,98	**15,44**	23,53
422	Wärmeverteilnetze	m²	7,26	**14,67**	29,36	7,26	**14,67**	29,36
412	Wasseranlagen	m²	7,55	**14,37**	20,23	7,55	**14,37**	20,23
371	Allgemeine Einbauten	m²	6,77	**12,55**	20,08	6,77	**12,55**	20,08
457	Übertragungsnetze	m²	5,05	**12,49**	19,81	5,05	**12,49**	19,81
411	Abwasseranlagen	m²	5,06	**12,30**	30,07	5,06	**12,30**	30,07
341	Tragende Innenwände	m²	78,73	**111,46**	175,70	3,01	**12,04**	26,73
456	Gefahrenmelde- und Alarmanlagen	m²	0,95	**10,85**	16,06	0,95	**10,85**	16,06
338	Sonnenschutz	m²	–	**280,24**	–	0,56	**10,45**	20,34
391	Baustelleneinrichtung	m²	4,63	**8,73**	13,52	4,63	**8,73**	13,52
311	Baugrubenherstellung	m³	37,17	**58,59**	96,79	2,59	**8,15**	19,05
336	Außenwandbekleidungen innen	m²	7,27	**17,84**	25,66	3,59	**7,41**	13,85
429	Wärmeversorgungsanl., sonstiges	m²	2,07	**7,26**	12,45	2,07	**7,26**	12,45
379	Baukonstr. Einbauten, sonstiges	m²	–	**7,04**	–	–	**7,04**	–
362	Dachfenster, Dachöffnungen	m²	292,12	**874,91**	1.337,43	1,60	**6,90**	21,35
433	Klimaanlagen	m²	3,35	**6,29**	9,22	3,35	**6,29**	9,22
397	Zusätzliche Maßnahmen	m²	4,20	**5,96**	8,32	4,20	**5,96**	8,32
395	Instandsetzungen	m²	3,55	**5,52**	7,49	3,55	**5,52**	7,49
434	Kälteanlagen	m²	–	**5,39**	–	–	**5,39**	–
359	Decken, sonstiges	m²	8,55	**9,18**	10,18	3,87	**5,10**	7,52
432	Teilklimaanlagen	m²	–	**5,02**	–	–	**5,02**	–
322	Flachgründungen	m²	26,52	**75,19**	169,97	4,55	**5,02**	5,75
399	Sonstige Maßnahmen für Baukonstruktionen, sonst.	m²	–	**4,89**	–	–	**4,89**	–
332	Nichttragende Außenwände	m²	–	**351,86**	–	2,30	**4,08**	5,85
369	Dächer, sonstiges	m²	7,70	**20,19**	44,98	1,77	**3,15**	5,28

Kosten:
Stand 2.Quartal 2016
Bundesdurchschnitt
inkl. 19% MwSt.

▷ von
Ø Mittel
◁ bis

© **BKI** Baukosteninformationszentrum; Erläuterungen zu den Tabellen siehe Seite 28   Kosten: 2.Quartal 2016, Bundesdurchschnitt, **inkl. 19% MwSt.**

Kostenkennwerte für Leistungsbereiche nach StLB (Kosten des Bauwerks nach DIN 276)

LB	Leistungsbereiche	▷	€/m² BGF	◁	▷	% an 300+400	◁
000	Sicherheits-, Baustelleneinrichtungen inkl. 001	8	17	37	0,8	1,9	4,0
002	Erdarbeiten	1	5	14	0,1	0,5	1,5
006	Spezialtiefbauarbeiten inkl. 005	–	–	–	–	–	–
009	Entwässerungskanalarbeiten inkl. 011	0	1	1	0,0	0,1	0,1
010	Drän- und Versickerungsarbeiten	–	–	–	–	–	–
012	Mauerarbeiten	8	38	92	0,9	4,1	9,9
013	Betonarbeiten	3	27	68	0,3	2,9	7,3
014	Natur-, Betonwerksteinarbeiten	1	7	23	0,1	0,7	2,5
016	Zimmer- und Holzbauarbeiten	0	11	11	0,0	1,2	1,2
017	Stahlbauarbeiten	0	3	3	0,0	0,4	0,4
018	Abdichtungsarbeiten	0	3	12	0,0	0,3	1,3
020	Dachdeckungsarbeiten	1	19	81	0,1	2,0	8,7
021	Dachabdichtungsarbeiten	1	7	7	0,1	0,8	0,8
022	Klempnerarbeiten	0	8	23	0,0	0,8	2,4
	Rohbau	55	**146**	288	5,9	**15,7**	31,0
023	Putz- und Stuckarbeiten, Wärmedämmsysteme	13	52	97	1,3	5,6	10,4
024	Fliesen- und Plattenarbeiten	0	13	20	0,0	1,4	2,2
025	Estricharbeiten	1	11	20	0,1	1,2	2,2
026	Fenster, Außentüren inkl. 029, 032	56	130	335	6,0	14,0	36,0
027	Tischlerarbeiten	34	73	134	3,7	7,8	14,4
028	Parkettarbeiten, Holzpflasterarbeiten	2	14	14	0,2	1,5	1,5
030	Rollladenarbeiten	0	3	13	0,0	0,3	1,4
031	Metallbauarbeiten inkl. 035	10	29	83	1,1	3,2	8,9
034	Maler- und Lackiererarbeiten inkl. 037	21	50	101	2,2	5,4	10,8
036	Bodenbelagarbeiten	6	34	58	0,6	3,7	6,2
038	Vorgehängte hinterlüftete Fassaden	–	–	–	–	–	–
039	Trockenbauarbeiten	62	124	201	6,6	13,4	21,6
	Ausbau	427	**538**	640	45,9	**57,8**	68,7
040	Wärmeversorgungsanl. - Betriebseinr. inkl. 041	10	43	64	1,0	4,6	6,9
042	Gas- und Wasserinstallation, Leitungen inkl. 043	3	7	20	0,3	0,7	2,1
044	Abwasserinstallationsarbeiten - Leitungen	1	3	12	0,1	0,4	1,3
045	GWA-Einrichtungsgegenstände inkl. 046	3	11	28	0,4	1,2	3,0
047	Dämmarbeiten an betriebstechnischen Anlagen	0	4	8	0,0	0,4	0,8
049	Feuerlöschanlagen, Feuerlöschgeräte	0	1	2	0,0	0,1	0,2
050	Blitzschutz- und Erdungsanlagen	0	1	3	0,0	0,2	0,3
053	Niederspannungsanlagen inkl. 052, 054	38	64	98	4,1	6,9	10,5
055	Ersatzstromversorgungsanlagen	–	–	–	–	–	–
057	Gebäudesystemtechnik	–	–	–	–	–	–
058	Leuchten und Lampen inkl. 059	11	32	66	1,2	3,4	7,1
060	Elektroakustische Anlagen, Sprechanlagen	1	2	7	0,1	0,2	0,7
061	Kommunikationsnetze, inkl. 062	3	10	31	0,3	1,1	3,3
063	Gefahrenmeldeanlagen	0	5	19	0,0	0,5	2,1
069	Aufzüge	–	3		–	0,4	–
070	Gebäudeautomation	0	2	2	0,0	0,3	0,3
075	Raumlufttechnische Anlagen	4	20	53	0,4	2,2	5,7
	Technische Anlagen	147	**209**	256	15,8	**22,5**	27,5
084	Abbruch- und Rückbauarbeiten	1	32	89	0,1	3,5	9,5
	Sonstige Leistungsbereiche inkl. 008, 033, 051	2	13	48	0,2	1,3	5,1

Kosten: 2.Quartal 2016, Bundesdurchschnitt, inkl. **19% MwSt.**

Übersicht 1. + 2. Ebene

Erweiterung

Umbau

Moderni- sierung

Instand- setzung

Bau- elemente

Abbrechen

Wieder- herstellen

Herstellen

Büro- und Verwaltungsgebäude

€/m² BGF

min	580 €/m²
von	700 €/m²
Mittel	**930 €/m²**
bis	1.340 €/m²
max	1.560 €/m²

Kosten:
Stand 2.Quartal 2016
Bundesdurchschnitt
inkl. 19% MwSt.

1300-0105 Verwaltungsgebäude BRI 2.422m³ BGF 617m² NUF 452m²

Bauzustand: schlecht
Aufwand: mittel
Nutzung während der Bauzeit: nein
Nutzungsänderung: nein
Grundrissänderungen: einige
Tragwerkseingriffe: einige

Land: Niedersachsen
Kreis: Hildesheim
Standard: Durchschnitt
Bauzeit: 56 Wochen
Kennwerte: bis 3.Ebene DIN276
veröffentlicht: BKI Objektdaten A5
BGF **786 €/m²**

Planung: Architekturbüro Jörg Sauer; Hildesheim

Umbau eines viergeschossigen historischen Verwaltungsgebäudes für 20 Mitarbeiter, mit Denkmalschutzauflagen. **Kosteneinfluss Nutzung:** Das Gebäude steht unter Denkmalschutz.

Bauwerk - Baukonstruktionen
Abbrechen: Deckenbeläge 2%, Tragende Außenwände 2%
Herstellen: Außentüren und -fenster 11%, Dachbeläge 10%, Außenwandbekleidungen außen 8%, Dachkonstruktionen 6%, Deckenbekleidungen 5%, Unterböden und Bodenplatten 4%, Gerüste 4%, Innenwandbekleidungen 4%, Innentüren und -fenster 3%, Bodenbeläge 3%
Wiederherstellen: Außenwandbekleidungen außen 4%, Innentüren und -fenster 2%, Tragende Außenwände 2%
Sonstige: 30%

Bauwerk - Technische Anlagen
Abbrechen: Wärmeversorgungsanlagen, sonstiges 10%
Herstellen: Niederspannungsinstallationsanlagen 30%, Beleuchtungsanlagen 11%, Wärmeverteilnetze 10%, Wasseranlagen 9%, Wärmeerzeugungsanlagen 8%
Sonstige: 22%

1300-0107 Büroeingangszone und Besprechung BRI 470m³ BGF 159m² NUF 65m²

© TTC Architekten

Baujahr: 1980
Bauzustand: gut
Aufwand: mittel
Nutzung während der Bauzeit: ja
Nutzungsänderung: nein
Grundrissänderungen: einige
Tragwerkseingriffe: keine

Land: Bayern
Kreis: München
Standard: über Durchschnitt
Bauzeit: 12 Wochen
Kennwerte: bis 3.Ebene DIN276
veröffentlicht: BKI Objektdaten A4
BGF **872 €/m²**

Planung: TTC Architekten Thomas Traub; München

Eingangsbereich, Besprechungszimmer, durch bewegliche Glaswände unterschiedliche Nutzungen möglich. **Kosteneinfluss Nutzung:** Besprechungszimmer oder als Raum für großzügige Empfänge. Brandschutzauflagen

Bauwerk - Baukonstruktionen
Elementierte Innenwände 54%, Nichttragende Innenwände 27%, Deckenbeläge 11%, Innenwandbekleidungen 3%, Baustelleneinrichtung 2%, Deckenbekleidungen 2%, Sonstige 1%

Bauwerk - Technische Anlagen
Niederspannungsinstallationsanlagen 56%, Beleuchtungsanlagen 32%, Lüftungsanlagen 11%

Kosten: 2.Quartal 2016, Bundesdurchschnitt, **inkl. 19% MwSt.**

1300-0117 Verwaltungsgebäude   BRI 3.795m³   BGF 1.153m²   NUF 670m²

© Architekten- und Ingenieurgruppe Erfurt & Partner GmbH

Baujahr: 1923/24
Bauzustand: mittel
Aufwand: mittel
Nutzung während der Bauzeit: nein
Nutzungsänderung: ja
Grundrissänderungen: einige
Tragwerkseingriffe: einige

Land: Thüringen
Kreis: Erfurt
Standard: Durchschnitt
Bauzeit: 47 Wochen
Kennwerte: bis 3.Ebene DIN276
veröffentlicht: BKI Objektdaten A6

BGF   **1.105 €/m²**

Planung: Architekten- und Ingenieurgruppe Erfurt & Partner GmbH; Erfurt

Fakultätsgebäude der Katholisch-Theologischen Fakultät der Universität Erfurt. **Kosteneinfluss Nutzung:** Berücksichtigung von Denkmalschutz- und Brandschutzauflagen. Besonderer Wert wurde dabei auf die Integration der historischen Bausubstanz gelegt.

Bauwerk - Baukonstruktionen
Innentüren und -fenster 18%, Außenwandbekleidungen außen 10%, Außentüren und -fenster 10%, Deckenbeläge 8%, Dachbeläge 7%, Innenwandbekleidungen 6%, Abbruchmaßnahmen 5%, Deckenkonstruktionen 5%, Deckenbekleidungen 4%, Sonnenschutz 3%, Allgemeine Einbauten 2%, Sonstige 22%

Bauwerk - Technische Anlagen
Lüftungsanlagen 16%, Niederspannungsinstallations-anlagen 13%, Beleuchtungsanlagen 11%, Wärme-erzeugungsanlagen 11%, Abbruchmaßnahmen 9%, Raumheizflächen 8%, Wärmeverteilnetze 7%, Sonstige 26%

1300-0121 Bürogebäude, Sozialstation   BRI 679m³   BGF 198m²   NUF 143m²

© Franke & Partner

Bauzustand: mittel
Aufwand: mittel
Nutzung während der Bauzeit: nein
Nutzungsänderung: ja
Grundrissänderungen: wenige
Tragwerkseingriffe: keine

Land: Nordrhein-Westfalen
Kreis: Düren
Standard: Durchschnitt
Bauzeit: 21 Wochen
Kennwerte: bis 3.Ebene DIN276
veröffentlicht: BKI Objektdaten A4

BGF   **647 €/m²**

Planung: Franke & Partner Planungsbüro, Andreas Franke AKNW.BDIA; Hürtgenwald

Umbau eines nicht unterkellerten, eingeschossigen Sparkassengebäudes mit Flachdach zu einem Büro mit vier Büroräumen, Besprechungsraum und Nebenräumen.

Bauwerk - Baukonstruktionen
Herstellen: Außenwandbekleidungen außen 18%, Innen-wandbekleidungen 15%, Außentüren und -fenster 13%, Dachbekleidungen 11%, Dachbeläge 10%, Nichttragende Innenwände 8%, Bodenbeläge 5%, Sonstige 20%

Bauwerk - Technische Anlagen
Herstellen: Niederspannungsinstallationsanlagen 24%, Beleuchtungsanlagen 23%, Wärmeerzeugungsanlagen 18%, Raumheizflächen 13%, Sonstige 22%

Übersicht 1.+ 2.Ebene
Erweiterung
Umbau
Moderni-sierung
Instand-setzung
Bau-elemente
Abbrechen
Wieder-herstellen
Herstellen

€/m² BGF

min	580	€/m²
von	700	€/m²
Mittel	**930**	**€/m²**
bis	1.340	€/m²
max	1.560	€/m²

Kosten:
Stand 2.Quartal 2016
Bundesdurchschnitt
inkl. 19% MwSt.

Objektübersicht zur Gebäudeart

1300-0124 Bürogebäude — BRI 4.332m³ BGF 1.110m² NUF 713m²

© FOTOGRAFIE Aloys Kiefer

Bauzustand: mittel
Aufwand: mittel
Nutzung während der Bauzeit: nein
Nutzungsänderung: ja
Grundrissänderungen: umfangreiche
Tragwerkseingriffe: wenige

Land: Hamburg
Kreis: Hamburg
Standard: über Durchschnitt
Bauzeit: 30 Wochen
Kennwerte: bis 3.Ebene DIN276
veröffentlicht: BKI Objektdaten A6
BGF **652 €/m²**

Planung: Holst Becker Architekten holstbecker.de; Hamburg

Umbau und Modernisierung eines zweigeschossigen, nicht unterkellerten Bürogebäudes mit 10 Arbeitsplätzen und 3 Klassen-
räumen für 30 Schüler.

Bauwerk - Baukonstruktionen

Herstellen: Deckenkonstruktionen 10%, Nichttragende Innenwände 9%, Außentüren und -fenster 8%, Tragende Außenwände 8%, Deckenbeläge 7%, Bodenbeläge 7%, Tragende Innenwände 6%, Innentüren und -fenster 6%, Innenwandbekleidungen 5%, Dachbekleidungen 5%, Außenwandbekleidungen außen 5%, Dachfenster, Dach-
öffnungen 4%, Sonstige 21%

Bauwerk - Technische Anlagen

Herstellen: Abwasseranlagen 19%, Niederspannungs-
installationsanlagen 18%, Wasseranlagen 13%, Wärme-
erzeugungsanlagen 12%, Raumheizflächen 9%, Wärme-
verteilnetze 7%, Sonstige 21%

1300-0167 Bürogebäude — BRI 397m³ BGF 161m² NUF 124m²

© Waldhelm Architekten

Baujahr: 2008
Bauzustand: gut
Aufwand: niedrig
Nutzung während der Bauzeit: nein
Nutzungsänderung: ja
Grundrissänderungen: wenige
Tragwerkseingriffe: keine

Land: Thüringen
Kreis: Jena
Standard: über Durchschnitt
Bauzeit: 17 Wochen
Kennwerte: bis 3.Ebene DIN276
veröffentlicht: BKI Objektdaten A8
BGF **843 €/m²**

Planung: Waldhelm Architekten; Jena

Umbau von Garagen, Baujahr 2008, zu Einzelraumbüros mit vier Arbeitsplätzen.

Bauwerk - Baukonstruktionen

Außentüren und -fenster 36%, Bodenbeläge 15%, Außen-
wände, sonstiges 12%, Nichttragende Innenwände 7%, Innentüren und -fenster 6%, Sonstige 23%

Bauwerk - Technische Anlagen

Niederspannungsinstallationsanlagen 39%, Wärmeverteil-
netze 22%, Raumheizflächen 17%, Sonstige 21%

© **BKI** Baukosteninformationszentrum; Erläuterungen zu den Tabellen siehe Seite 32

Kosten: 2.Quartal 2016, Bundesdurchschnitt, **inkl. 19% MwSt.**

1300-0197 Kontorhaus Umbau 2.OG

BRI 5.500m³   **BGF** 1.375m²   **NUF** 889m²

Baujahr: 1914
Bauzustand: gut
Aufwand: mittel
Nutzung während der Bauzeit: ja
Nutzungsänderung: ja
Grundrissänderungen: wenige
Tragwerkseingriffe: keine

Land: Hamburg
Kreis: Hamburg
Standard: Durchschnitt
Bauzeit: 39 Wochen
Kennwerte: bis 3.Ebene DIN276
vorgesehen: BKI Objektdaten A10

BGF **665 €/m²**

Planung: güldenzopf rohrberg architektur + design; Hamburg

Umnutzung eines Verkaufsgeschosses in Büronutzung mit 85 Arbeitsplätzen **Kosteneinfluss Nutzung:** Das zweite Oberge-schoss wurde im Vorfeld vom Eigentümer des Gebäudes in den originalen Rohbauzustand zurückversetzt. Denkmal- und Brand-schutzauflagen waren zu berücksichtigen.

Bauwerk - Baukonstruktionen
Herstellen: Deckenbeläge 28%, Innentüren und -fenster 21%, Nichttragende Innenwände 17%, Innenwand-bekleidungen 10%, Sonstige 24%

Bauwerk - Technische Anlagen
Herstellen: Niederspannungsinstallationsanlagen 24%, Beleuchtungsanlagen 23%, Lüftungsanlagen 23%, Übertragungsnetze 9%, Sonstige 21%

1300-0063 Finanzamt

BRI 27.321m³   **BGF** 7.204m²   **NUF** 4.448m²

Nutzung während der Bauzeit: nein
Nutzungsänderung: ja

Land: Baden-Württemberg
Kreis: Esslingen a.N.
Standard: unter Durchschnitt
Bauzeit: 52 Wochen
Kennwerte: bis 2.Ebene DIN276
veröffentlicht: BKI Objektdaten A1

BGF **579 €/m²**

Planung: Raichle, Brodt, Rüf, Freie Architekten BDA; Esslingen-Berkheim

Verwaltungsgebäude mit Büro- und Besprechungsräumen, Sitzungssaal, Sozialbereich, Registratur, Kassenraum sowie einer Tiefgarage mit 29 Stellplätzen.

Übersicht 1 + 2.Ebene
Erweiterung
Umbau
Moderni-sierung
Instand-setzung
Bau-elemente
Abbrechen
Wieder-herstellen
Herstellen

Büro- und Verwaltungs- gebäude

€/m² BGF

min	580	€/m²
von	700	€/m²
Mittel	**930**	**€/m²**
bis	1.340	€/m²
max	1.560	€/m²

Kosten:
Stand 2.Quartal 2016
Bundesdurchschnitt
inkl. 19% MwSt.

1300-0065 Verwaltungsgebäude — BRI 1.255m³ BGF 346m² NUF 222m²

© Ibaupro Architekten- und Ingenieurbüro GmbH

Bauzustand: mittel
Aufwand: mittel
Nutzung während der Bauzeit: ja
Nutzungsänderung: nein
Grundrissänderungen: umfangreiche
Tragwerkseingriffe: keine

Land: Thüringen
Kreis: Weimar
Standard: Durchschnitt
Bauzeit: 21 Wochen
Kennwerte: bis 1.Ebene DIN276
veröffentlicht: BKI Objektdaten A1
BGF **1.183 €/m²**

Planung: Ibaupro Architekten- und Ingenieurbüro GmbH; Jena

Umbau eines Verwaltungsgebäudes, Büroräume, Umkleide- und Sozialräume für 35 Einsatzkräfte, Räume für Jugendfeuerwehr, Rettungswache und Schulungsräume.

1300-0086 Verwaltungsgebäude — BRI 7.278m³ BGF 2.133m² NUF 1.448m²

© Planungs AG für Bauwesen Neufert Mittmann Graf Partner

Baujahr: 1978
Bauzustand: mittel
Aufwand: mittel
Nutzung während der Bauzeit: nein
Nutzungsänderung: nein
Grundrissänderungen: umfangreiche
Tragwerkseingriffe: einige

Land: Thüringen
Kreis: Saalfeld
Standard: Durchschnitt
Bauzeit: 21 Wochen
Kennwerte: bis 1.Ebene DIN276
veröffentlicht: BKI Objektdaten A1
BGF **1.348 €/m²**

Planung: Planungs AG für Bauwesen Neufert Mittmann Graf Partner; Weimar

Verwaltungsgebäude mit 70 Arbeitsplätzen; Eingangshalle, Büroräume, Archiv, Beratungsräume, Raum für EDV-Technik, Werkstatt, Teeküche, Dusche.

1300-0096 Bürogebäude — BRI 2.488m³ BGF 718m² NUF 428m²

© Joachim Thode

Baujahr: 1895/1965
Bauzustand: schlecht
Aufwand: mittel
Nutzung während der Bauzeit: ja
Nutzungsänderung: nein
Grundrissänderungen: umfangreiche
Tragwerkseingriffe: umfangreiche

Land: Schleswig-Holstein
Kreis: Kiel
Standard: Durchschnitt
Bauzeit: 52 Wochen
Kennwerte: bis 1.Ebene DIN276
veröffentlicht: BKI Objektdaten A2
BGF **1.559 €/m²**

Planung: Hertzsch, Kersig, Wardeiner Architekten-Partnerschaft; Kiel

Büroräume, Sitzungsräume, Seminarraum

Übersicht-
1.+2. Ebene

Erweiterung

Umbau

Moderni-
sierung

Instand-
setzung

Bau-
elemente

Abbrechen

Wieder-
herstellen

Herstellen

Kostenkennwerte für die Kosten des Bauwerks (Kostengruppen 300+400 nach DIN 276)

BRI 280 €/m³	BGF 1.020 €/m²	NUF 1.810 €/m²	NE 11.380 €/NE
von 230 €/m³	von 830 €/m²	von 1.370 €/m²	von 5.490 €/NE
bis 340 €/m³	bis 1.470 €/m²	bis 2.990 €/m²	bis 21.870 €/NE
			NE: Schüler

Objektbeispiele

Kosten:
Stand 2.Quartal 2016
Bundesdurchschnitt
inkl. 19% MwSt.

4100-0141

4100-0136

4300-0019

Kosten der 6 Vergleichsobjekte   Seiten 206 bis 209

● KKW
▶ min
▷ von
| Mittelwert
◁ bis
◀ max

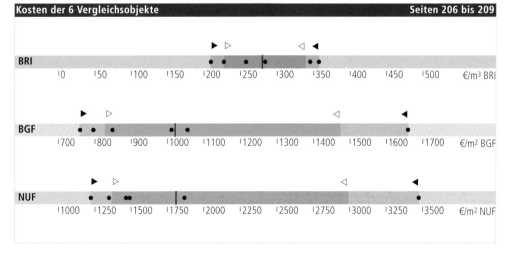

© **BKI** Baukosteninformationszentrum; Erläuterungen zu den Tabellen siehe Seite 24   Kosten: 2.Quartal 2016, Bundesdurchschnitt, **inkl. 19% MwSt.**

Kostenkennwerte für die Kostengruppen der 1. und 2.Ebene DIN 276

KG	Kostengruppen der 1. Ebene	Einheit	▷	€/Einheit	◁	▷	% an 300+400	◁
100	Grundstück	m² GF						
200	Herrichten und Erschließen	m² GF	0	**4**	7	0,3	**1,3**	3,5
300	Bauwerk - Baukonstruktionen	m² BGF	531	**763**	1.090	63,2	**73,3**	79,1
400	Bauwerk - Technische Anlagen	m² BGF	213	**259**	325	20,9	**26,7**	36,8
	Bauwerk (300+400)	m² BGF	828	**1.021**	1.473		**100,0**	
500	Außenanlagen	m² AF	43	**101**	202	2,5	**6,1**	8,7
600	Ausstattung und Kunstwerke	m² BGF	10	**23**	44	1,0	**2,7**	5,6
700	Baunebenkosten	m² BGF						

KG	Kostengruppen der 2. Ebene	Einheit	▷	€/Einheit	◁	▷	% an 300	◁
310	Baugrube	m³ BGI	17	**33**	53	0,6	**1,5**	5,2
320	Gründung	m² GRF	128	**282**	428	4,4	**6,8**	11,5
330	Außenwände	m² AWF	218	**526**	688	27,0	**33,2**	45,1
340	Innenwände	m² IWF	154	**255**	355	17,6	**21,3**	28,3
350	Decken	m² DEF	164	**244**	334	14,7	**17,9**	19,5
360	Dächer	m² DAF	153	**254**	381	5,4	**11,2**	14,5
370	Baukonstruktive Einbauten	m² BGF	6	**13**	26	0,8	**2,2**	5,2
390	Sonstige Baukonstruktionen	m² BGF	20	**48**	78	2,9	**5,9**	7,8
300	**Bauwerk Baukonstruktionen**	**m² BGF**					**100,0**	

KG	Kostengruppen der 2. Ebene	Einheit	▷	€/Einheit	◁	▷	% an 400	◁
410	Abwasser, Wasser, Gas	m² BGF	34	**47**	56	14,9	**18,4**	25,1
420	Wärmeversorgungsanlagen	m² BGF	44	**52**	62	15,9	**20,5**	22,2
430	Lufttechnische Anlagen	m² BGF	14	**20**	26	5,7	**7,9**	10,2
440	Starkstromanlagen	m² BGF	68	**83**	113	28,4	**32,3**	39,1
450	Fernmeldeanlagen	m² BGF	21	**31**	46	3,7	**8,9**	13,0
460	Förderanlagen	m² BGF	8	**13**	16	0,4	**3,0**	8,0
470	Nutzungsspezifische Anlagen	m² BGF	6	**18**	37	1,6	**4,8**	11,8
480	Gebäudeautomation	m² BGF	6	**14**	17	0,5	**3,9**	7,1
490	Sonstige Technische Anlagen	m² BGF	0	**1**	2	0,0	**0,3**	0,8
400	**Bauwerk Technische Anlagen**	**m² BGF**					**100,0**	

Prozentanteile der Kosten der 2.Ebene an den Kosten des Bauwerks nach DIN 276 (Von-, Mittel-, Bis-Werte)

310	Baugrube	1,1
320	Gründung	5,1
330	Außenwände	24,3
340	Innenwände	15,7
350	Decken	13,0
360	Dächer	8,1
370	Baukonstruktive Einbauten	1,5
390	Sonstige Baukonstruktionen	4,4
410	Abwasser, Wasser, Gas	5,0
420	Wärmeversorgungsanlagen	5,3
430	Lufttechnische Anlagen	2,1
440	Starkstromanlagen	8,4
450	Fernmeldeanlagen	2,6
460	Förderanlagen	0,7
470	Nutzungsspezifische Anlagen	1,5
480	Gebäudeautomation	1,1
490	Sonstige Technische Anlagen	0,1

15% 30% 45% 60%

Kosten: 2.Quartal 2016, Bundesdurchschnitt, inkl. 19% MwSt.

Übersicht 1.+2.Ebene
Erweiterung
Umbau
Modernisierung
Instandsetzung
Bauelemente
Abbrechen
Wiederherstellen
Herstellen

Kostenkennwerte für die Kostengruppen der 3.Ebene DIN 276

KG	Kostengruppen der 3. Ebene	Einheit	▷	Ø €/Einheit	◁	▷	Ø €/m² BGF	◁
334	Außentüren und -fenster	m²	420,06	**633,61**	907,44	40,14	**86,68**	122,57
331	Tragende Außenwände	m²	166,69	**281,17**	438,03	29,61	**59,08**	142,49
335	Außenwandbekleidungen außen	m²	70,76	**111,87**	172,78	48,59	**58,07**	73,98
323	Tiefgründungen	m²	–	**521,32**	–		**53,10**	–
352	Deckenbeläge	m²	65,75	**84,48**	109,12	37,51	**51,60**	59,04
363	Dachbeläge	m²	105,24	**144,36**	197,01	25,04	**49,90**	93,32
351	Deckenkonstruktionen	m²	119,94	**190,14**	250,49	23,21	**47,80**	81,18
344	Innentüren und -fenster	m²	434,15	**604,88**	762,42	38,94	**46,05**	67,51
345	Innenwandbekleidungen	m²	25,00	**37,45**	53,81	23,38	**45,50**	76,47
444	Niederspannungsinstallationsanl.	m²	30,24	**42,98**	54,06	30,24	**42,98**	54,06
445	Beleuchtungsanlagen	m²	23,02	**35,53**	43,89	23,02	**35,53**	43,89
353	Deckenbekleidungen	m²	32,81	**64,98**	91,69	24,96	**35,25**	53,52
325	Bodenbeläge	m²	76,63	**120,59**	250,02	17,87	**33,84**	92,48
412	Wasseranlagen	m²	24,28	**30,89**	39,73	24,28	**30,89**	39,73
341	Tragende Innenwände	m²	170,26	**242,01**	315,81	15,93	**30,88**	46,01
422	Wärmeverteilnetze	m²	18,32	**26,35**	32,63	18,32	**26,35**	32,63
337	Elementierte Außenwände	m²	217,26	**651,55**	976,67	3,59	**25,18**	67,21
361	Dachkonstruktionen	m²	45,01	**78,92**	91,48	5,16	**22,12**	39,72
342	Nichttragende Innenwände	m²	74,40	**89,94**	100,58	16,29	**21,88**	30,80
474	Medizin- u. labortechnische Anlagen	m²	0,22	**21,57**	42,91	0,22	**21,57**	42,91
431	Lüftungsanlagen	m²	12,75	**18,84**	27,29	12,75	**18,84**	27,29
411	Abwasseranlagen	m²	12,42	**18,11**	22,97	12,42	**18,11**	22,97
336	Außenwandbekleidungen innen	m²	30,29	**60,40**	85,08	7,16	**18,02**	35,19
312	Baugrubenumschließung	m²	–	**185,81**	–		**17,02**	–
423	Raumheizflächen	m²	12,93	**16,87**	21,72	12,93	**16,87**	21,72
364	Dachbekleidungen	m²	15,50	**54,41**	85,32	6,16	**16,32**	32,35
483	Management- und Bedieneinrichtungen	m²	–	**16,31**	–	–	**16,31**	–
392	Gerüste	m²	7,63	**14,16**	36,60	7,63	**14,16**	36,60
456	Gefahrenmelde- und Alarmanlagen	m²	5,88	**13,98**	27,53	5,88	**13,98**	27,53
391	Baustelleneinrichtung	m²	3,80	**12,32**	27,06	3,80	**12,32**	27,06
481	Automationssysteme	m²	6,00	**11,67**	15,03	6,00	**11,67**	15,03
324	Unterböden und Bodenplatten	m²	38,91	**80,89**	120,90	5,19	**11,31**	17,19
321	Baugrundverbesserung	m²	–	**113,19**	–	–	**11,11**	–
461	Aufzugsanlagen	m²	7,51	**10,57**	13,63	7,51	**10,57**	13,63
421	Wärmeerzeugungsanlagen	m²	6,08	**10,15**	14,49	6,08	**10,15**	14,49
311	Baugrubenherstellung	m³	27,56	**44,69**	94,39	5,78	**10,11**	22,31
359	Decken, sonstiges	m²	7,17	**15,79**	24,27	5,18	**9,46**	13,48
371	Allgemeine Einbauten	m²	1,04	**9,04**	22,86	1,04	**9,04**	22,86
397	Zusätzliche Maßnahmen	m²	3,49	**8,21**	15,02	3,49	**8,21**	15,02
339	Außenwände, sonstiges	m²	5,36	**12,36**	20,67	3,18	**8,04**	13,18
471	Küchentechnische Anlagen	m²	2,66	**6,90**	23,28	2,66	**6,90**	23,28
394	Abbruchmaßnahmen	m²	3,33	**6,82**	12,90	3,33	**6,82**	12,90
432	Teilklimaanlagen	m²	–	**6,19**			**6,19**	–
362	Dachfenster, Dachöffnungen	m²	601,14	**1.119,35**	1.679,62	3,75	**6,15**	13,06
454	Elektroakustische Anlagen	m²	2,16	**5,92**	19,02	2,16	**5,92**	19,02
457	Übertragungsnetze	m²	2,86	**5,80**	8,06	2,86	**5,80**	8,06
332	Nichttragende Außenwände	m²	77,47	**197,42**	317,36	0,29	**5,56**	10,83
393	Sicherungsmaßnahmen	m²	3,30	**4,83**	7,89	3,30	**4,83**	7,89
346	Elementierte Innenwände	m²	132,89	**275,77**	568,26	1,63	**4,48**	9,05

Kosten:
Stand 2.Quartal 2016
Bundesdurchschnitt
inkl. 19% MwSt.

▷ von
Ø Mittel
◁ bis

© **BKI** Baukosteninformationszentrum; Erläuterungen zu den Tabellen siehe Seite 28   Kosten: 2.Quartal 2016, Bundesdurchschnitt, inkl. **19% MwSt.**

Kostenkennwerte für Leistungsbereiche nach StLB (Kosten des Bauwerks nach DIN 276)

LB	Leistungsbereiche	▷	€/m² BGF	◁	▷	% an 300+400	◁
000	Sicherheits-, Baustelleneinrichtungen inkl. 001	13	**22**	41	1,3	**2,2**	4,0
002	Erdarbeiten	6	**12**	23	0,5	**1,2**	2,3
006	Spezialtiefbauarbeiten inkl. 005	0	**8**	24	0,0	**0,8**	2,4
009	Entwässerungskanalarbeiten inkl. 011	1	**5**	13	0,1	**0,4**	1,3
010	Drän- und Versickerungsarbeiten	0	**2**	5	0,0	**0,2**	0,5
012	Mauerarbeiten	15	**40**	95	1,4	**3,9**	9,3
013	Betonarbeiten	31	**77**	164	3,1	**7,5**	16,1
014	Natur-, Betonwerksteinarbeiten	1	**8**	8	0,1	**0,8**	0,8
016	Zimmer- und Holzbauarbeiten	3	**16**	30	0,3	**1,6**	2,9
017	Stahlbauarbeiten	2	**13**	23	0,2	**1,3**	2,3
018	Abdichtungsarbeiten	2	**5**	9	0,2	**0,5**	0,8
020	Dachdeckungsarbeiten	–	**20**	34	–	**1,9**	3,3
021	Dachabdichtungsarbeiten	13	**23**	23	1,3	**2,3**	2,3
022	Klempnerarbeiten	1	**15**	24	0,1	**1,4**	2,4
	Rohbau	150	**265**	360	14,7	**26,0**	35,2
023	Putz- und Stuckarbeiten, Wärmedämmsysteme	15	**48**	78	1,4	**4,7**	7,6
024	Fliesen- und Plattenarbeiten	8	**18**	34	0,7	**1,8**	3,3
025	Estricharbeiten	12	**19**	25	1,1	**1,9**	2,4
026	Fenster, Außentüren inkl. 029, 032	55	**107**	171	5,4	**10,5**	16,7
027	Tischlerarbeiten	39	**59**	59	3,8	**5,7**	5,7
028	Parkettarbeiten, Holzpflasterarbeiten	–	**0**	–	–	**0,0**	–
030	Rollladenarbeiten	2	**7**	13	0,2	**0,7**	1,3
031	Metallbauarbeiten inkl. 035	21	**56**	91	2,1	**5,5**	8,9
034	Maler- und Lackiererarbeiten inkl. 037	13	**27**	42	1,3	**2,7**	4,1
036	Bodenbelagarbeiten	16	**24**	33	1,6	**2,4**	3,2
038	Vorgehängte hinterlüftete Fassaden	–	**11**	–	–	**1,1**	–
039	Trockenbauarbeiten	42	**61**	61	4,1	**6,0**	6,0
	Ausbau	390	**441**	539	38,2	**43,2**	52,7
040	Wärmeversorgungsanl. - Betriebseinr. inkl. 041	37	**47**	58	3,6	**4,6**	5,7
042	Gas- und Wasserinstallation, Leitungen inkl. 043	9	**15**	25	0,9	**1,4**	2,4
044	Abwasserinstallationsarbeiten - Leitungen	6	**10**	12	0,6	**0,9**	1,2
045	GWA-Einrichtungsgegenstände inkl. 046	9	**16**	31	0,8	**1,6**	3,1
047	Dämmarbeiten an betriebstechnischen Anlagen	5	**10**	15	0,5	**0,9**	1,5
049	Feuerlöschanlagen, Feuerlöschgeräte	0	**1**	1	0,0	**0,1**	0,1
050	Blitzschutz- und Erdungsanlagen	1	**3**	5	0,1	**0,3**	0,5
053	Niederspannungsanlagen inkl. 052, 054	35	**48**	63	3,4	**4,7**	6,1
055	Ersatzstromversorgungsanlagen	–	**1**	–	–	**0,1**	–
057	Gebäudesystemtechnik	–	**1**	–	–	**0,1**	–
058	Leuchten und Lampen inkl. 059	31	**36**	46	3,1	**3,6**	4,5
060	Elektroakustische Anlagen, Sprechanlagen	2	**6**	6	0,2	**0,6**	0,6
061	Kommunikationsnetze, inkl. 062	2	**5**	8	0,2	**0,5**	0,8
063	Gefahrenmeldeanlagen	3	**11**	19	0,3	**1,1**	1,9
069	Aufzüge	0	**7**	14	0,0	**0,7**	1,4
070	Gebäudeautomation	2	**11**	19	0,2	**1,1**	1,9
075	Raumlufttechnische Anlagen	13	**16**	20	1,2	**1,6**	1,9
	Technische Anlagen	191	**244**	301	18,7	**23,9**	29,4
084	Abbruch- und Rückbauarbeiten	57	**63**	67	5,5	**6,2**	6,5
	Sonstige Leistungsbereiche inkl. 008, 033, 051	2	**10**	18	0,2	**1,0**	1,8

Übersicht-1.+2.Ebene
Erweiterung
Umbau
Moderni-sierung
Instand-setzung
Bau-elemente
Abbrechen
Wieder-herstellen
Herstellen

Objektübersicht zur Gebäudeart

4100-0058 Regelschule (18 Klassen)　　BRI 17.187m³　BGF 5.220m²　NUF 3.286m²

€/m² BGF

min	760 €/m²
von	830 €/m²
Mittel	**1.020 €/m²**
bis	1.470 €/m²
max	1.660 €/m²

Kosten:
Stand 2.Quartal 2016
Bundesdurchschnitt
inkl. 19% MwSt.

Baujahr: 1976
Bauzustand: schlecht
Aufwand: hoch
Nutzung während der Bauzeit: nein
Nutzungsänderung: nein
Grundrissänderungen: wenige
Tragwerkseingriffe: keine

Land: Thüringen
Kreis: Greiz
Standard: Durchschnitt
Bauzeit: 56 Wochen
Kennwerte: bis 4.Ebene DIN276
veröffentlicht: BKI Objektdaten A6
BGF　848 €/m²

Planung: thoma architekten; Zeulenroda

Regelschule mit 18 Klassen für 504 Schüler, Hausmeisterwohnung (90m² WFL).

Bauwerk - Baukonstruktionen

Herstellen: Außentüren und -fenster 15%, Elementierte Außenwände 13%, Außenwandbekleidungen außen 13%, Deckenbeläge 8%, Innentüren und -fenster 7%, Deckenbekleidungen 6%, Tragende Außenwände 4%, Innenwandbekleidungen 4%, Deckenkonstruktionen 3%, Decken, sonstiges 2%, Nichttragende Innenwände 2%, Bodenbeläge 2%, Nichttragende Außenwände 2%, Sonstige 21%

Bauwerk - Technische Anlagen

Herstellen: Niederspannungsinstallationsanlagen 15%, Wasseranlagen 14%, Abwasseranlagen 12%, Beleuchtungsanlagen 11%, Wärmeverteilnetze 10%, Lüftungsanlagen 8%, Management - und Bedieneinrichtungen 8%, Sonstige 23%

4100-0081 Realschule　　BRI 10.692m³　BGF 2.815m²　NUF 1.832m²

Baujahr: 1975
Bauzustand: mittel
Aufwand: hoch
Nutzung während der Bauzeit: ja
Nutzungsänderung: nein
Grundrissänderungen: einige
Tragwerkseingriffe: wenige

Land: Baden-Württemberg
Kreis: Heilbronn
Standard: Durchschnitt
Bauzeit: 113 Wochen
Kennwerte: bis 3.Ebene DIN276
veröffentlicht: BKI Objektdaten A8
BGF　796 €/m²

Planung: AldingerArchitekten Freie Architekten BDA; Stuttgart

Komplettmodernisierung, Umnutzung von Klassenzimmern in Lehrerzimmer, Umbau der naturwissenschaftlichen Räume mit neuem Zuschnitt, umfangreiche Brandschutzmaßnahmen wie Einhausung vom Treppenhaus, keine Sanierung der Sanitärbereiche.

Bauwerk - Baukonstruktionen

Herstellen: Außentüren und -fenster 21%, Außenwandbekleidungen außen 11%, Dachbeläge 10%, Nichttragende Innenwände 7%, Innentüren und -fenster 6%, Deckenbeläge 6%, Allgemeine Einbauten 5%, Deckenbekleidungen 4%
Wiederherstellen: Deckenbekleidungen 6%
Sonstige: 23%

Bauwerk - Technische Anlagen

Herstellen: Niederspannungsinstallationsanlagen 15%, Medizin- und labortechnische Anlagen 14%, Beleuchtungsanlagen 14%, Wasseranlagen 11%, Elektroakustische Anlagen 6%, Lüftungsanlagen 6%, Wärmeverteilnetze 5%, Raumheizflächen 5%, Wärmeerzeugungsanlagen 4%, Sonstige 20%

4100-0122 Realschule*

BRI 22.145m³ **BGF** 6.594m² **NUF** 4.161m²

© FLOSUNDK architektur und urbanistik

Bauzustand: mittel
Aufwand: mittel
Nutzung während der Bauzeit: ja
Nutzungsänderung: nein
Grundrissänderungen: wenige
Tragwerkseingriffe: wenige

Land: Saarland
Kreis: Saarbrücken
Standard: Durchschnitt
Bauzeit: 34 Wochen
Kennwerte: bis 3.Ebene DIN276
veröffentlicht: BKI Objektdaten A9

BGF   **191 €/m²**

*
* Nicht in der Auswertung enthalten

Planung: FLOSUNDK architektur und urbanistik; Saarbrücken

Erweiterte Realschule mit Cafeteria

Bauwerk - Baukonstruktionen
Abbrechen: Dachbeläge 2%
Herstellen: Außenwandbekleidungen außen 25%, Außentüren und -fenster 18%, Dachbeläge 10%, Innentüren und -fenster 8%, Nichttragende Außenwände 6%, Deckenbekleidungen 3%, Innenwandbekleidungen 3%, Zusätzliche Maßnahmen 3%, Baustelleneinrichtung 2%
Sonstige: 20%

Bauwerk - Technische Anlagen
Herstellen: Küchentechnische Anlagen 29%, Beleuchtungsanlagen 16%, Niederspannungsinstallationsanlagen 16%, Raumheizflächen 10%, Sonstige 29%

4100-0136 Schulzentrum

BRI 43.961m³ **BGF** 11.816m² **NUF** 6.674m²

© Bertram Bölkow

Baujahr: 1795/1838
Bauzustand: mittel
Aufwand: mittel
Nutzung während der Bauzeit: ja
Nutzungsänderung: nein
Grundrissänderungen: einige
Tragwerkseingriffe: wenige

Land: Sachsen
Kreis: Annaberg
Standard: Durchschnitt
Bauzeit: 104 Wochen
Kennwerte: bis 3.Ebene DIN276
vorgesehen: BKI Objektdaten A10

BGF   **1.055 €/m²**

Planung: HTK Planungsbüro Hoch- und Tiefbau; Annaberg-Buchholz

Schulzentrum mit 28 Klassen für 570 Schüler, mit Mittelschule, Grundschule, Eingangsgebäude und Turnhalle

Bauwerk - Baukonstruktionen
Herstellen: Außentüren und -fenster 7%, Deckenbeläge 6%, Innentüren und -fenster 5%, Deckenkonstruktionen 5%, Innenwandbekleidungen 5%, Dachbeläge 4%, Baustelleneinrichtung 4%, Außenwandbekleidungen innen 4%, Elementierte Außenwände 4%, Tragende Innenwände 3%, Deckenbekleidungen 3%, Bodenbeläge 3%, Baugrubenherstellung 3%, Tragende Außenwände 3%, Außenwandbekleidungen außen 3%, Dachkonstruktionen 2%, Baugrubenumschließung 2%, Unterböden und Bodenplatten 2%
Wiederherstellen: Außenwandbekleidungen außen 3%
Sonstige: 28%

Bauwerk - Technische Anlagen
Herstellen: Beleuchtungsanlagen 17%, Niederspannungsinstallationsanlagen 11%, Wärmeverteilnetze 11%, Wasseranlagen 8%, Abwasseranlagen 7%, Automationssysteme 6%, Raumheizflächen 6%, Aufzugsanlagen 5%, Lüftungsanlagen 5%, Gefahrenmelde- und Alarmanlagen 4%, Sonstige 20%

Übersicht 1.+ 2.Ebene
Erweiterung
Umbau
Modernisierung
Instandsetzung
Bauelemente
Abbrechen
Wiederherstellen
Herstellen

Objektübersicht zur Gebäudeart

4100-0141 Grundschule (2 Klassen), Hort (90 Kinder)   BRI 7.540m³   BGF 1.568m²   NUF 749m²

€/m² BGF
min	760	€/m²
von	830	€/m²
Mittel	**1.020**	**€/m²**
bis	1.470	€/m²
max	1.660	€/m²

Kosten:
Stand 2.Quartal 2016
Bundesdurchschnitt
inkl. 19% MwSt.

Baujahr: ca. 1300
Bauzustand: mittel
Aufwand: hoch
Nutzung während der Bauzeit: nein
Nutzungsänderung: ja
Grundrissänderungen: umfangreiche
Tragwerkseingriffe: wenige

Land: Brandenburg
Kreis: Brandenburg
Standard: Durchschnitt
Bauzeit: 69 Wochen
Kennwerte: bis 3.Ebene DIN276
vorgesehen: BKI Objektdaten A10
BGF   **1.659 €/m²**

Planung: pmp Architekten; Brandenburg

Umbau eines leerstehenden Gebäudes in Grundschule (2 Klassen), Hort (90 Kinder), Mensa

Bauwerk - Baukonstruktionen
Herstellen: Außentüren und -fenster 10%, Dachbeläge 8%, Bodenbeläge 7%, Innenwandbekleidungen 6%, Deckenkonstruktionen 6%, Tragende Außenwände 6%, Innentüren und -fenster 5%, Tiefgründungen 4%, Deckenbeläge 4%, Außenwandbekleidungen außen 4%, Tragende Innenwände 3%, Dachkonstruktionen 3%, Gerüste 3%, Außenwandbekleidungen innen 2%, Deckenbekleidungen 2%, Nichttragende Innenwände 1%, Dachbekleidungen 1%
Wiederherstellen: Tragende Außenwände 5%
Sonstige: 21%

Bauwerk - Technische Anlagen
Herstellen: Niederspannungsinstallationsanlagen 18%, Beleuchtungsanlagen 13%, Wärmeverteilnetze 10%, Gefahrenmelde- und Alarmanlagen 10%, Lüftungsanlagen 7%, Küchentechnische Anlagen 7%, Wasseranlagen 7%, Raumheizflächen 6%, Sonstige 22%

4300-0019 Sonderschule   BRI 15.435m³   BGF 4.618m²   NUF 2.393m²

Baujahr: 1950
Bauzustand: mittel
Aufwand: mittel
Nutzung während der Bauzeit: nein
Nutzungsänderung: ja
Grundrissänderungen: umfangreiche
Tragwerkseingriffe: wenige

Land: Sachsen-Anhalt
Kreis: Bitterfeld
Standard: Durchschnitt
Bauzeit: 95 Wochen
Kennwerte: bis 3.Ebene DIN276
veröffentlicht: BKI Objektdaten A8
BGF   **760 €/m²**

Planung: iproplan Planungsgesellschaft mbH; Chemnitz

Umbau der chirurgischen Abteilung des Kreiskrankenhauses Baujahr 1950 zur Sonderschule für geistig Behinderte.

Bauwerk - Baukonstruktionen
Abbrechen: Innenwandbekleidungen 2%
Herstellen: Außenwandbekleidungen außen 9%, Innenwandbekleidungen 8%, Innentüren und -fenster 8%, Dachbeläge 7%, Deckenbeläge 7%, Außentüren und -fenster 5%, Deckenkonstruktionen 4%, Bodenbeläge 3%, Nichttragende Innenwände 3%, Allgemeine Einbauten 3%, Tragende Innenwände 2%, Deckenbekleidungen 2%, Zusätzliche Maßnahmen 2%, Tragende Außenwände 2%, Baustelleneinrichtung 2%, Dachbekleidungen 2%
Wiederherstellen: Deckenbeläge 2%
Sonstige: 26%

Bauwerk - Technische Anlagen
Herstellen: Niederspannungsinstallationsanlagen 16%, Wasseranlagen 16%, Wärmeverteilnetze 11%, Beleuchtungsanlagen 9%, Raumheizflächen 8%, Abwasseranlagen 7%, Gefahrenmelde- und Alarmanlagen 6%, Automationssysteme 5%, Sonstige 22%

© **BKI** Baukosteninformationszentrum; Erläuterungen zu den Tabellen siehe Seite 32   Kosten: 2.Quartal 2016, Bundesdurchschnitt, **inkl. 19% MwSt.**

4100-0062 Realschule (13 Klassen)　　　**BRI** 11.275m³　**BGF** 3.980m²　**NUF** 2.699m²

Bauzustand: mittel
Aufwand: mittel
Nutzung während der Bauzeit: ja
Nutzungsänderung: nein
Grundrissänderungen: wenige
Tragwerkseingriffe: wenige

Land: Bayern
Kreis: Altötting
Standard: Durchschnitt
Bauzeit: 65 Wochen
Kennwerte: bis 2.Ebene DIN276
veröffentlicht: BKI Objektdaten A6

BGF　**1.011 €/m²**

Planung: Dipl.-Ing. (FH) Hanns-Peter Benl edp ingenieure; Neuötting

Erweiterung einer Realschule um 13 Klassenzimmer, Modernisierung im Bestandgebäude mit Nutzungsänderungen einzelner Räume.

Übersicht 1.+2.Ebene

Erweiterung

Umbau

Moderni-sierung

Instand-setzung

Bau-elemente

Abbrechen

Wieder-herstellen

Herstellen

Kostenkennwerte für die Kosten des Bauwerks (Kostengruppen 300+400 nach DIN 276)

BRI 195 €/m³

von 135 €/m³
bis 265 €/m³

BGF 680 €/m²

von 480 €/m²
bis 840 €/m²

NUF 970 €/m²

von 670 €/m²
bis 1.290 €/m²

NE 8.440 €/NE

von 6.780 €/NE
bis 16.710 €/NE
NE: Kinder

Objektbeispiele

Kosten:
Stand 2.Quartal 2016
Bundesdurchschnitt
inkl. 19% MwSt.

4400-0166

4400-0164

4400-0137

Kosten der 7 Vergleichsobjekte   Seiten 214 bis 217

- ● KKW
- ▶ min
- ▷ von
- | Mittelwert
- ◁ bis
- ◀ max

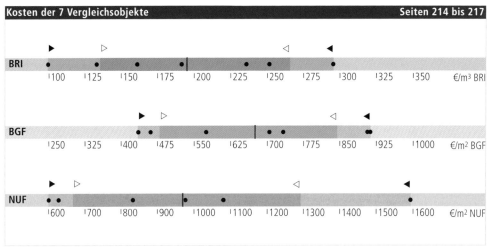

BRI |100 |125 |150 |175 |200 |225 |250 |275 |300 |325 |350   €/m³ BRI

BGF |250 |325 |400 |475 |550 |625 |700 |775 |850 |925 |1000   €/m² BGF

NUF |600 |700 |800 |900 |1000 |1100 |1200 |1300 |1400 |1500 |1600   €/m² NUF

© **BKI** Baukosteninformationszentrum; Erläuterungen zu den Tabellen siehe Seite 24   Kosten: 2.Quartal 2016, Bundesdurchschnitt, **inkl. 19% MwSt.**

Kostenkennwerte für die Kostengruppen der 1. und 2.Ebene DIN 276

KG	Kostengruppen der 1. Ebene	Einheit	▷	€/Einheit	◁	▷	% an 300+400	◁
100	Grundstück	m² GF						
200	Herrichten und Erschließen	m² GF	–	–	–	–	–	–
300	Bauwerk - Baukonstruktionen	m² BGF	360	**510**	644	71,9	**75,5**	78,4
400	Bauwerk - Technische Anlagen	m² BGF	124	**165**	219	21,6	**24,5**	28,1
	Bauwerk (300+400)	m² BGF	481	**675**	844		**100,0**	
500	Außenanlagen	m² AF	1	**1**	2	0,1	**1,5**	2,0
600	Ausstattung und Kunstwerke	m² BGF	4	**21**	69	0,1	**3,3**	7,9
700	Baunebenkosten	m² BGF						

KG	Kostengruppen der 2. Ebene	Einheit	▷	€/Einheit	◁	▷	% an 300	◁
310	Baugrube	m³ BGI	111	**138**	165	0,0	**0,1**	0,2
320	Gründung	m² GRF	117	**136**	158	4,8	**11,9**	18,0
330	Außenwände	m² AWF	137	**227**	301	11,4	**27,9**	37,5
340	Innenwände	m² IWF	115	**182**	243	17,0	**26,2**	32,8
350	Decken	m² DEF	160	**445**	1.567	4,6	**16,0**	20,7
360	Dächer	m² DAF	82	**147**	241	5,4	**14,0**	21,7
370	Baukonstruktive Einbauten	m² BGF	4	**16**	22	0,2	**1,9**	5,9
390	Sonstige Baukonstruktionen	m² BGF	4	**10**	25	0,9	**2,0**	4,1
300	**Bauwerk Baukonstruktionen**	**m² BGF**					**100,0**	

KG	Kostengruppen der 2. Ebene	Einheit	▷	€/Einheit	◁	▷	% an 400	◁
410	Abwasser, Wasser, Gas	m² BGF	37	**52**	81	22,3	**32,3**	37,4
420	Wärmeversorgungsanlagen	m² BGF	32	**50**	69	25,2	**31,1**	43,4
430	Lufttechnische Anlagen	m² BGF	2	**4**	7	0,1	**1,0**	5,2
440	Starkstromanlagen	m² BGF	22	**49**	76	17,4	**29,2**	41,4
450	Fernmeldeanlagen	m² BGF	6	**8**	11	3,6	**6,1**	10,7
460	Förderanlagen	m² BGF	–	**0**	–	–	**0,0**	–
470	Nutzungsspezifische Anlagen	m² BGF	–	**3**	–	–	**0,2**	–
480	Gebäudeautomation	m² BGF	–	**–**	–	–	**–**	–
490	Sonstige Technische Anlagen	m² BGF	–	**0**	–	–	**0,0**	–
400	**Bauwerk Technische Anlagen**	**m² BGF**					**100,0**	

Prozentanteile der Kosten der 2.Ebene an den Kosten des Bauwerks nach DIN 276 (Von-, Mittel-, Bis-Werte)

KG		Wert	
310	Baugrube	0,0	
320	Gründung	9,0	
330	Außenwände	21,3	
340	Innenwände	19,7	
350	Decken	12,0	
360	Dächer	10,9	
370	Baukonstruktive Einbauten	1,4	
390	Sonstige Baukonstruktionen	1,6	
410	Abwasser, Wasser, Gas	7,9	
420	Wärmeversorgungsanlagen	7,4	
430	Lufttechnische Anlagen	0,3	
440	Starkstromanlagen	7,1	
450	Fernmeldeanlagen	1,4	
460	Förderanlagen		
470	Nutzungsspezifische Anlagen	0,1	
480	Gebäudeautomation		
490	Sonstige Technische Anlagen	0,0	

15%   30%   45%   60%

Kosten: 2.Quartal 2016, Bundesdurchschnitt, inkl. 19% MwSt.

Übersicht 1.+2.Ebene

Erweiterung

Umbau

Modernisierung

Instandsetzung

Bauelemente

Abrechen

Wiederherstellen

Herstellen

Kostenkennwerte für die Kostengruppen der 3.Ebene DIN 276

KG	Kostengruppen der 3. Ebene	Einheit	▷	Ø €/Einheit	◁	▷	Ø €/m² BGF	◁
325	Bodenbeläge	m²	84,25	113,26	144,29	23,89	68,42	103,20
334	Außentüren und -fenster	m²	206,45	471,27	640,16	27,32	63,68	110,55
363	Dachbeläge	m²	65,94	113,30	160,76	33,53	58,95	83,46
345	Innenwandbekleidungen	m²	30,76	46,21	111,83	26,01	42,34	60,51
352	Deckenbeläge	m²	43,40	82,34	98,00	26,19	41,53	59,29
335	Außenwandbekleidungen außen	m²	13,27	73,14	111,63	3,71	41,12	81,68
412	Wasseranlagen	m²	29,66	38,92	79,05	29,66	38,92	79,05
353	Deckenbekleidungen	m²	34,70	67,01	124,73	4,00	38,86	108,68
344	Innentüren und -fenster	m²	373,83	446,70	688,58	21,02	29,59	38,56
342	Nichttragende Innenwände	m²	84,80	101,01	131,38	18,32	29,36	54,61
445	Beleuchtungsanlagen	m²	8,01	24,26	43,55	8,01	24,26	43,55
423	Raumheizflächen	m²	13,78	23,57	36,55	13,78	23,57	36,55
364	Dachbekleidungen	m²	42,94	81,09	122,12	13,03	23,54	33,19
444	Niederspannungsinstallationsanl.	m²	14,01	21,99	35,53	14,01	21,99	35,53
336	Außenwandbekleidungen innen	m²	37,89	70,21	134,54	8,65	20,88	37,66
421	Wärmeerzeugungsanlagen	m²	6,08	20,34	34,65	6,08	20,34	34,65
331	Tragende Außenwände	m²	70,73	210,59	361,20	3,34	19,98	40,78
351	Deckenkonstruktionen	m²	48,88	219,54	389,71	4,85	17,39	30,58
371	Allgemeine Einbauten	m²	15,17	17,27	19,37	15,17	17,27	19,37
341	Tragende Innenwände	m²	167,93	338,70	671,40	8,21	16,22	24,28
361	Dachkonstruktionen	m²	35,94	76,29	142,83	8,12	13,31	21,40
346	Elementierte Innenwände	m²	217,96	389,92	655,82	3,93	12,43	18,97
422	Wärmeverteilnetze	m²	2,80	10,80	15,94	2,80	10,80	15,94
411	Abwasseranlagen	m²	6,05	10,13	19,99	6,05	10,13	19,99
339	Außenwände, sonstiges	m²	2,93	11,22	15,96	1,11	9,61	14,02
326	Bauwerksabdichtungen	m²	10,15	13,18	16,20	3,13	8,49	13,85
396	Materialentsorgung	m²	–	8,06	–	–	8,06	–
359	Decken, sonstiges	m²	5,55	48,63	100,93	3,76	7,85	18,75
372	Besondere Einbauten	m²	4,36	6,79	9,22	4,36	6,79	9,22
322	Flachgründungen	m²	46,39	163,15	305,34	2,36	5,76	9,05
456	Gefahrenmelde- und Alarmanlagen	m²	2,47	5,45	8,53	2,47	5,45	8,53
419	Abwasser-, Wasser- und Gas-anlagen, sonstiges	m²	1,75	5,45	7,96	1,75	5,45	7,96
338	Sonnenschutz	m²	–	219,94	–	–	5,31	–
362	Dachfenster, Dachöffnungen	m²	1.152,56	1.412,86	1.673,16	2,03	4,63	9,71
431	Lüftungsanlagen	m²	1,82	4,40	6,98	1,82	4,40	6,98
392	Gerüste	m²	1,19	4,36	13,50	1,19	4,36	13,50
324	Unterböden und Bodenplatten	m²	86,97	105,57	160,37	3,70	4,25	4,96
343	Innenstützen	m	–	153,61	–	–	3,99	–
369	Dächer, sonstiges	m²	–	3,10	–	–	3,86	–
393	Sicherungsmaßnahmen	m²	2,54	3,41	4,27	2,54	3,41	4,27
397	Zusätzliche Maßnahmen	m²	0,75	2,98	11,42	0,75	2,98	11,42
475	Feuerlöschanlagen	m²	–	2,96	–	–	2,96	–
429	Wärmeversorgungsanl., sonstiges	m²	0,94	2,62	4,63	0,94	2,62	4,63
446	Blitzschutz- und Erdungsanlagen	m²	0,42	2,51	7,49	0,42	2,51	7,49
391	Baustelleneinrichtung	m²	0,80	2,40	4,04	0,80	2,40	4,04
452	Such- und Signalanlagen	m²	0,98	2,29	3,87	0,98	2,29	3,87
333	Außenstützen	m	81,71	146,61	188,21	1,44	2,05	3,26
332	Nichttragende Außenwände	m²	–	35,45	–	1,59	1,76	1,92
311	Baugrubenherstellung	m³	110,70	138,01	165,32	0,26	0,92	1,57

Kosten:
Stand 2.Quartal 2016
Bundesdurchschnitt
inkl. 19% MwSt.

▷ von
Ø Mittel
◁ bis

© **BKI** Baukosteninformationszentrum; Erläuterungen zu den Tabellen siehe Seite 28   Kosten: 2.Quartal 2016, Bundesdurchschnitt, **inkl. 19% MwSt.**

Kostenkennwerte für Leistungsbereiche nach StLB (Kosten des Bauwerks nach DIN 276)

LB	Leistungsbereiche	▷	€/m² BGF	◁	▷	% an 300+400	◁
000	Sicherheits-, Baustelleneinrichtungen inkl. 001	3	6	9	0,5	0,9	1,3
002	Erdarbeiten	1	2	2	0,1	0,3	0,3
006	Spezialtiefbauarbeiten inkl. 005	–	–	–	–	–	–
009	Entwässerungskanalarbeiten inkl. 011	–	1	–	–	0,1	–
010	Drän- und Versickerungsarbeiten	–	–	–	–	–	–
012	Mauerarbeiten	8	18	38	1,2	2,7	5,6
013	Betonarbeiten	12	29	42	1,7	4,3	6,2
014	Natur-, Betonwerksteinarbeiten	–	2	–	–	0,3	–
016	Zimmer- und Holzbauarbeiten	3	16	39	0,4	2,3	5,7
017	Stahlbauarbeiten	0	6	19	0,0	0,9	2,8
018	Abdichtungsarbeiten	2	6	12	0,3	0,8	1,8
020	Dachdeckungsarbeiten	–	13	39	–	1,9	5,8
021	Dachabdichtungsarbeiten	1	14	41	0,1	2,1	6,1
022	Klempnerarbeiten	11	11	14	1,6	1,6	2,0
	Rohbau	**47**	**123**	**164**	**6,9**	**18,2**	**24,2**
023	Putz- und Stuckarbeiten, Wärmedämmsysteme	10	34	53	1,5	5,1	7,8
024	Fliesen- und Plattenarbeiten	15	27	39	2,2	3,9	5,8
025	Estricharbeiten	10	20	28	1,5	3,0	4,2
026	Fenster, Außentüren inkl. 029, 032	38	56	85	5,6	8,3	12,5
027	Tischlerarbeiten	23	39	61	3,5	5,8	9,0
028	Parkettarbeiten, Holzpflasterarbeiten	0	5	5	0,0	0,8	0,8
030	Rollladenarbeiten	–	1	–	–	0,2	–
031	Metallbauarbeiten inkl. 035	2	12	38	0,3	1,8	5,6
034	Maler- und Lackiererarbeiten inkl. 037	10	30	53	1,5	4,5	7,9
036	Bodenbelagarbeiten	19	27	36	2,8	4,0	5,3
038	Vorgehängte hinterlüftete Fassaden	–	12	–	–	1,8	–
039	Trockenbauarbeiten	41	85	143	6,1	12,5	21,1
	Ausbau	**307**	**354**	**418**	**45,5**	**52,5**	**61,9**
040	Wärmeversorgungsanl. - Betriebseinr. inkl. 041	39	46	61	5,8	6,9	9,1
042	Gas- und Wasserinstallation, Leitungen inkl. 043	9	16	22	1,4	2,3	3,3
044	Abwasserinstallationsarbeiten - Leitungen	3	6	9	0,4	0,9	1,3
045	GWA-Einrichtungsgegenstände inkl. 046	15	25	40	2,2	3,6	5,9
047	Dämmarbeiten an betriebstechnischen Anlagen	2	2	4	0,2	0,4	0,6
049	Feuerlöschanlagen, Feuerlöschgeräte	–	0	–	–	0,1	–
050	Blitzschutz- und Erdungsanlagen	0	3	9	0,0	0,4	1,3
053	Niederspannungsanlagen inkl. 052, 054	13	24	38	1,9	3,6	5,7
055	Ersatzstromversorgungsanlagen	–	–	–	–	–	–
057	Gebäudesystemtechnik	–	–	–	–	–	–
058	Leuchten und Lampen inkl. 059	10	22	34	1,5	3,2	5,0
060	Elektroakustische Anlagen, Sprechanlagen	1	2	6	0,1	0,3	0,9
061	Kommunikationsnetze, inkl. 062	0	1	2	0,1	0,2	0,3
063	Gefahrenmeldeanlagen	3	6	13	0,4	0,9	1,9
069	Aufzüge	–	–	–	–	–	–
070	Gebäudeautomation	–	–	–	–	–	–
075	Raumlufttechnische Anlagen	–	1	–	–	0,1	–
	Technische Anlagen	**132**	**155**	**179**	**19,5**	**23,0**	**26,5**
084	Abbruch- und Rückbauarbeiten	10	46	77	1,4	6,8	11,3
	Sonstige Leistungsbereiche inkl. 008, 033, 051	–	2	–	–	0,2	–

Kosten: 2.Quartal 2016, Bundesdurchschnitt, **inkl. 19% MwSt.**

Übersicht 1. + 2.Ebene
Erweiterung
Umbau
Modernisierung
Instandsetzung
Bauelemente
Abbrechen
Wiederherstellen
Herstellen

Objektübersicht zur Gebäudeart

4400-0137 Kindertagesstätte (5 Gruppen, 101 Kinder)   BRI 5.726m³   BGF 990m²   NUF 683m²

€/m² BGF

min	440 €/m²
von	480 €/m²
Mittel	**680 €/m²**
bis	840 €/m²
max	910 €/m²

Kosten:
Stand 2.Quartal 2016
Bundesdurchschnitt
inkl. 19% MwSt.

Baujahr: 1965
Bauzustand: schlecht
Aufwand: hoch
Nutzung während der Bauzeit: nein
Nutzungsänderung: ja
Grundrissänderungen: wenige
Tragwerkseingriffe: wenige

Land: Brandenburg
Kreis: Brandenburg
Standard: Durchschnitt
Bauzeit: 99 Wochen
Kennwerte: bis 3.Ebene DIN276
veröffentlicht: BKI Objektdaten A8

BGF **575 €/m²**

Planung: braunschweig. architekten; Brandenburg

Umbau und Modernisierung einer Kindertagesstätte mit 5 Gruppen für 101 Kinder zwischen 0-6 Jahren.

Bauwerk - Baukonstruktionen
Herstellen: Außentüren und -fenster 15%, Deckenbeläge 15%, Außenwandbekleidungen außen 14%, Innenwandbekleidungen 12%, Dachbeläge 10%, Innentüren und -fenster 7%, Sonstige 27%

Bauwerk - Technische Anlagen
Herstellen: Niederspannungsinstallationsanlagen 23%, Beleuchtungsanlagen 19%, Wasseranlagen 17%, Raumheizflächen 14%, Sonstige 28%

4400-0159 Kindertagesstätte (3 Gruppen, 40 Kinder)   BRI 1.368m³   BGF 357m²   NUF 242m²

Baujahr: 1900
Bauzustand: schlecht
Aufwand: hoch
Nutzung während der Bauzeit: nein
Nutzungsänderung: ja
Grundrissänderungen: umfangreiche
Tragwerkseingriffe: wenige

Land: Sachsen-Anhalt
Kreis: Harz
Standard: Durchschnitt
Bauzeit: 52 Wochen
Kennwerte: bis 3.Ebene DIN276
veröffentlicht: BKI Objektdaten A9

BGF **733 €/m²**

Planung: qbatur Planungsbüro GmbH; Quedlinburg

Umbau eines Wohnhauses mit vier Wohneinheiten zu Kindertagesstätte. **Kosteneinfluss Nutzung:** Wärmeschutz, Gestaltungsatzung

Bauwerk - Baukonstruktionen
Abbrechen: Dachbeläge 5%, Bodenbeläge 3%
Herstellen: Außenwandbekleidungen außen 16%, Bodenbeläge 12%, Außentüren und -fenster 10%, Dachbeläge 9%, Dachbekleidungen 6%, Innenwandbekleidungen 5%, Außenwandbekleidungen innen 4%, Nichttragende Innenwände 3%, Elementierte Innenwände 3%, Außenwände, sonstiges 3%
Sonstige: 20%

Bauwerk - Technische Anlagen
Herstellen: Wärmeerzeugungsanlagen 24%, Wasseranlagen 21%, Raumheizflächen 17%, Abwasseranlagen 15%, Sonstige 22%

4400-0163 Kinderkrippe **BRI** 1.696m³ **BGF** 552m² **NUF** 463m²

Baujahr: 1963
Bauzustand: mittel
Aufwand: mittel
Nutzung während der Bauzeit: nein
Nutzungsänderung: ja
Grundrissänderungen: umfangreiche
Tragwerkseingriffe: keine

Land: Schleswig-Holstein
Kreis: Herzogtum Lauenburg
Standard: Durchschnitt
Bauzeit: 21 Wochen
Kennwerte: bis 3.Ebene DIN276
veröffentlicht: BKI Objektdaten A8

BGF **907 €/m²**

Planung: Die Planschmiede 2KS GmbH & Co. KG; Hankensbüttel

Umnutzung einer Sporthalle zu einer Kinderkrippe mit zwei Gruppen, Stellplatz für ein Feuerwehrauto. **Kosteneinfluss Nutzung:** Der Umbau beschränkt sich auf das Erdgeschoss. Das Dachgeschoss wird nicht genutzt.

Bauwerk - Baukonstruktionen
Abbrechen: Dachbeläge 5%
Herstellen: Außenwandbekleidungen außen 10%, Bodenbeläge 9%, Außentüren und -fenster 9%, Dachbeläge 7%, Tragende Außenwände 7%, Deckenbekleidungen 6%, Nichttragende Innenwände 5%, Deckenkonstruktionen 5%, Innenwandbekleidungen 4%, Außenwandbekleidungen innen 4%, Dachkonstruktionen 3%, Deckenbeläge 3%, Innentüren und -fenster 3%
Sonstige: 21%

Bauwerk - Technische Anlagen
Herstellen: Raumheizflächen 25%, Beleuchtungsanlagen 25%, Wasseranlagen 19%, Niederspannungsinstallationsanlagen 9%, Sonstige 22%

4400-0164 Kindertagesstätte **BRI** 803m³ **BGF** 221m² **NUF** 126m²

Baujahr: 1984
Bauzustand: mittel
Aufwand: hoch
Nutzung während der Bauzeit: nein
Nutzungsänderung: ja
Grundrissänderungen: umfangreiche
Tragwerkseingriffe: wenige

Land: Niedersachsen
Kreis: Gifhorn
Standard: Durchschnitt
Bauzeit: 17 Wochen
Kennwerte: bis 3.Ebene DIN276
veröffentlicht: BKI Objektdaten A8

BGF **913 €/m²**

Planung: Die Planschmiede 2KS GmbH & Co. KG; Hankensbüttel

Ein Stallgebäude wurde zu einer Kindertagesstätte umgebaut. Es ist ein Gruppenraum für 25 Kinder entstanden mit Küche und einem Besprechungsraum.

Bauwerk - Baukonstruktionen
Herstellen: Außentüren und -fenster 22%, Deckenbekleidungen 21%, Bodenbeläge 19%, Innenwandbekleidungen 11%, Sonstige 28%

Bauwerk - Technische Anlagen
Herstellen: Wasseranlagen 31%, Beleuchtungsanlagen 20%, Niederspannungsinstallationsanlagen 15%, Wärmeerzeugungsanlagen 11%, Sonstige 23%

Übersicht- 1.+ 2.Ebene
Erweiterung
Umbau
Modernisierung
Instandsetzung
Bauelemente
Abbrechen
Wiederherstellen
Herstellen

Objektübersicht zur Gebäudeart

4400-0166 Kindertagesstätte (6 Gruppen, 84 Kinder)   BRI 4.560m³   BGF 1.316m²   NUF 1.010m²

€/m² BGF
min	440 €/m²
von	480 €/m²
Mittel	**680 €/m²**
bis	840 €/m²
max	910 €/m²

Kosten:
Stand 2.Quartal 2016
Bundesdurchschnitt
inkl. 19% MwSt.

© Firmhofer + Günther Architekten

Baujahr: 1957
Bauzustand: schlecht
Aufwand: mittel
Nutzung während der Bauzeit: nein
Nutzungsänderung: ja
Grundrissänderungen: umfangreiche
Tragwerkseingriffe: einige

Land: Bayern
Kreis: München
Standard: über Durchschnitt
Bauzeit: 26 Wochen
Kennwerte: bis 3.Ebene DIN276
veröffentlicht: BKI Objektdaten A9
BGF   **461 €/m²**

Planung: Firmhofer + Günther Architekten; München

Umbau Gaststätte zur Kindertagesstätte (6 Gruppen, 84 Kinder)

Bauwerk - Baukonstruktionen
Abbrechen: Materialentsorgung 2%, Deckenbeläge 2%
Herstellen: Innenwandbekleidungen 14%, Deckenbeläge 12%, Innentüren und -fenster 10%, Bodenbeläge 7%, Dachbekleidungen 6%, Allgemeine Einbauten 4%, Nichttragende Innenwände 4%, Außentüren und -fenster 3%, Tragende Innenwände 3%, Besondere Einbauten 3%, Deckenkonstruktionen 3%, Dachkonstruktionen 3%, Deckenbekleidungen 2%, Außenwandbekleidungen innen 2%
Sonstige: 20%

Bauwerk - Technische Anlagen
Herstellen: Wasseranlagen 21%, Raumheizflächen 18%, Niederspannungsinstallationsanlagen 15%, Wärmeverteilnetze 8%, Beleuchtungsanlagen 7%, Abwasseranlagen 6%, Abwasser -, Wasser - und Gasanlagen, sonstiges 4%, Sonstige 22%

4400-0195 Kindertagesstätte (3 Gruppen, 50 Kinder)   BRI 2.566m³   BGF 949m²   NUF 658m²

© Acconci Architekten

Baujahr: 1900
Bauzustand: mittel
Aufwand: hoch
Nutzung während der Bauzeit: nein
Nutzungsänderung: nein
Grundrissänderungen: einige
Tragwerkseingriffe: wenige

Land: Nordrhein-Westfalen
Kreis: Soest
Standard: Durchschnitt
Bauzeit: 52 Wochen
Kennwerte: bis 3.Ebene DIN276
vorgesehen: BKI Objektdaten A10
BGF   **435 €/m²**

Planung: Acconci Architekten GmbH; Soest

Kindertagesstätte mit drei Gruppen und 50 Kindern

Bauwerk - Baukonstruktionen
Abbrechen: Tragende Innenwände 2%
Herstellen: Innentüren und -fenster 8%, Dachbeläge 7%, Deckenbeläge 7%, Außentüren und -fenster 7%, Elementierte Innenwände 7%, Dachbekleidungen 6%, Deckenkonstruktionen 6%, Bodenbeläge 6%, Innenwandbekleidungen 6%, Decken, sonstiges 5%, Dachkonstruktionen 5%, Nichttragende Innenwände 4%, Dachfenster, Dachöffnungen 3%
Sonstige: 21%

Bauwerk - Technische Anlagen
Herstellen: Wasseranlagen 28%, Wärmeverteilnetze 20%, Niederspannungsinstallationsanlagen 12%, Gefahrenmelde- und Alarmanlagen 11%, Sonstige 30%

4400-0204 Familienzentrum, Kindertagesstätte (7 Gruppen)   **BRI** 3.785m³   **BGF** 1.266m²   **NUF** 913m²

Baujahr: 1969
Bauzustand: mittel
Aufwand: hoch
Nutzung während der Bauzeit: nein
Nutzungsänderung: ja
Grundrissänderungen: umfangreiche
Tragwerkseingriffe: einige

Land: Hamburg
Kreis: Hamburg
Standard: Durchschnitt
Bauzeit: 52 Wochen
Kennwerte: bis 1.Ebene DIN276
veröffentlicht: BKI Objektdaten A9
BGF   **704 €/m²**

Planung: pmp Projekt GmbH; Hamburg

Familienzentrum mit Kindertagesstätte und Krippe

Übersicht-
1.+.2.Ebene

Erweiterung

Umbau

Moderni-
sierung

Instand-
setzung

Bau-
elemente

Abbrechen

Wieder-
herstellen

Herstellen

Umbauten

Ein- und Zweifamilienhäuser

BRI 335 €/m³
von 240 €/m³
bis 500 €/m³

BGF 930 €/m²
von 540 €/m²
bis 1.260 €/m²

NUF 1.450 €/m²
von 890 €/m²
bis 2.150 €/m²

NE 1.520 €/NE
von 1.080 €/NE
bis 1.900 €/NE
NE: Wohnfläche

Objektbeispiele

Kosten:
Stand 2.Quartal 2016
Bundesdurchschnitt
inkl. 19% MwSt.

6100-0637

6100-0457

6100-0948

Kosten der 11 Vergleichsobjekte — Seiten 222 bis 227

- ● KKW
- ▶ min
- ▷ von
- | Mittelwert
- ◁ bis
- ◀ max

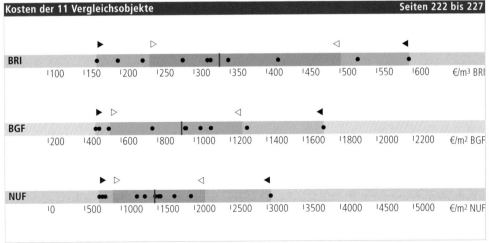

© **BKI** Baukosteninformationszentrum; Erläuterungen zu den Tabellen siehe Seite 24   Kosten: 2.Quartal 2016, Bundesdurchschnitt, inkl. **19% MwSt.**

Kostenkennwerte für die Kostengruppen der 1. und 2.Ebene DIN 276

KG	Kostengruppen der 1. Ebene	Einheit	▷	€/Einheit	◁	▷	% an 300+400	◁
100	Grundstück	m² GF						
200	Herrichten und Erschließen	m² GF	37	**46**	56	1,3	**5,1**	8,9
300	Bauwerk - Baukonstruktionen	m² BGF	501	**767**	1.075	76,5	**83,2**	88,7
400	Bauwerk - Technische Anlagen	m² BGF	72	**164**	250	11,3	**16,8**	23,5
	Bauwerk (300+400)	m² BGF	542	**931**	1.264		**100,0**	
500	Außenanlagen	m² AF	12	**16**	20	1,6	**3,7**	5,9
600	Ausstattung und Kunstwerke	m² BGF	–	**3**	–	–	**0,3**	–
700	Baunebenkosten	m² BGF						

KG	Kostengruppen der 2. Ebene	Einheit	▷	€/Einheit	◁	▷	% an 300	◁
310	Baugrube	m³ BGI	32	**56**	99	0,0	**0,2**	1,2
320	Gründung	m² GRF	105	**218**	426	0,9	**4,6**	7,7
330	Außenwände	m² AWF	238	**473**	1.079	26,6	**37,1**	51,3
340	Innenwände	m² IWF	143	**217**	368	6,0	**13,4**	18,0
350	Decken	m² DEF	199	**325**	506	13,1	**19,5**	25,1
360	Dächer	m² DAF	229	**324**	536	13,6	**19,6**	24,7
370	Baukonstruktive Einbauten	m² BGF	–	**13**	–	–	**0,2**	–
390	Sonstige Baukonstruktionen	m² BGF	20	**47**	142	2,5	**5,4**	11,3
300	**Bauwerk Baukonstruktionen**	**m² BGF**					**100,0**	

KG	Kostengruppen der 2. Ebene	Einheit	▷	€/Einheit	◁	▷	% an 400	◁
410	Abwasser, Wasser, Gas	m² BGF	28	**49**	68	27,8	**33,0**	52,4
420	Wärmeversorgungsanlagen	m² BGF	41	**78**	121	33,5	**47,7**	57,7
430	Lufttechnische Anlagen	m² BGF	2	**12**	23	0,1	**1,2**	10,1
440	Starkstromanlagen	m² BGF	15	**27**	46	12,3	**16,9**	22,9
450	Fernmeldeanlagen	m² BGF	2	**4**	8	0,2	**1,3**	3,4
460	Förderanlagen	m² BGF	–	**–**	–	–	**–**	–
470	Nutzungsspezifische Anlagen	m² BGF	–	**–**	–	–	**–**	–
480	Gebäudeautomation	m² BGF	–	**–**	–	–	**–**	–
490	Sonstige Technische Anlagen	m² BGF	–	**–**	–	–	**–**	–
400	**Bauwerk Technische Anlagen**	**m² BGF**					**100,0**	

Prozentanteile der Kosten der 2.Ebene an den Kosten des Bauwerks nach DIN 276 (Von-, Mittel-, Bis-Werte)

310	Baugrube	0,2
320	Gründung	3,9
330	Außenwände	30,6
340	Innenwände	11,0
350	Decken	16,2
360	Dächer	16,5
370	Baukonstruktive Einbauten	0,2
390	Sonstige Baukonstruktionen	4,6
410	Abwasser, Wasser, Gas	5,3
420	Wärmeversorgungsanlagen	8,3
430	Lufttechnische Anlagen	0,2
440	Starkstromanlagen	2,7
450	Fernmeldeanlagen	0,2
460	Förderanlagen	
470	Nutzungsspezifische Anlagen	
480	Gebäudeautomation	
490	Sonstige Technische Anlagen	

15%   30%   45%   60%

© **BKI** Baukosteninformationszentrum; Erläuterungen zu den Tabellen siehe Seite 26   Kosten: 2.Quartal 2016, Bundesdurchschnitt, inkl. 19% MwSt.

Übersicht: 1.+2.Ebene
Erweiterung
Umbau
Modernisierung
Instandsetzung
Bauelemente
Abbrechen
Wiederherstellen
Herstellen

Ein- und
Zweifamilienhäuser

KG	Kostengruppen der 3. Ebene	Einheit	▷	Ø €/Einheit	◁	▷	Ø €/m² BGF	◁
335	Außenwandbekleidungen außen	m²	104,83	**181,44**	514,48	53,35	**88,37**	132,31
363	Dachbeläge	m²	120,87	**169,24**	264,27	54,91	**86,21**	183,93
334	Außentüren und -fenster	m²	387,91	**562,12**	965,29	42,96	**75,69**	142,76
351	Deckenkonstruktionen	m²	274,97	**395,63**	656,39	32,78	**71,22**	169,91
352	Deckenbeläge	m²	109,27	**149,00**	391,45	32,28	**61,40**	89,16
346	Elementierte Innenwände	m²		**746,26**	–		**60,35**	–
337	Elementierte Außenwände	m²	629,33	**795,28**	961,23	34,20	**45,55**	56,89
394	Abbruchmaßnahmen	m²	14,42	**42,75**	71,14	14,42	**42,75**	71,14
331	Tragende Außenwände	m²	130,38	**313,36**	531,85	20,38	**39,76**	66,91
361	Dachkonstruktionen	m²	59,93	**129,69**	194,34	13,48	**39,52**	72,82
345	Innenwandbekleidungen	m²	27,73	**61,37**	142,05	14,28	**36,37**	66,70
421	Wärmeerzeugungsanlagen	m²	20,93	**35,89**	56,15	20,93	**35,89**	56,15
336	Außenwandbekleidungen innen	m²	35,77	**73,10**	144,78	17,36	**35,52**	64,01
412	Wasseranlagen	m²	17,83	**30,78**	47,05	17,83	**30,78**	47,05
341	Tragende Innenwände	m²	122,96	**139,76**	156,50	7,47	**29,97**	40,52
325	Bodenbeläge	m²	57,81	**122,54**	155,11	8,94	**28,77**	49,35
342	Nichttragende Innenwände	m²	93,15	**140,72**	277,46	10,21	**27,95**	49,88
444	Niederspannungsinstallationsanl.	m²	13,73	**25,74**	43,45	13,73	**25,74**	43,45
344	Innentüren und -fenster	m²	218,79	**446,26**	841,53	6,86	**25,15**	43,74
423	Raumheizflächen	m²	14,79	**23,73**	32,98	14,79	**23,73**	32,98
393	Sicherungsmaßnahmen	m²	13,68	**22,81**	31,94	13,68	**22,81**	31,94
362	Dachfenster, Dachöffnungen	m²	694,86	**921,61**	1.317,78	7,11	**22,74**	51,28
364	Dachbekleidungen	m²	51,31	**74,34**	119,25	10,59	**19,76**	29,24
429	Wärmeversorgungsanl., sonstiges	m²	18,00	**18,75**	20,07	18,00	**18,75**	20,07
339	Außenwände, sonstiges	m²	6,35	**23,36**	53,63	6,71	**15,48**	27,39
332	Nichttragende Außenwände	m²	–	**128,94**	–	3,97	**15,40**	26,83
419	Abwasser-, Wasser- und Gas-anlagen, sonstiges	m²	3,09	**15,33**	27,57	3,09	**15,33**	27,57
324	Unterböden und Bodenplatten	m²	56,44	**138,46**	329,88	6,75	**15,14**	24,44
353	Deckenbekleidungen	m²	19,28	**42,04**	71,02	3,26	**13,93**	28,60
329	Gründung, sonstiges	m²	–	**66,84**	–	–	**13,03**	–
411	Abwasseranlagen	m²	7,33	**12,85**	18,81	7,33	**12,85**	18,81
371	Allgemeine Einbauten	m²	–	**12,66**	–	–	**12,66**	–
391	Baustelleneinrichtung	m²	3,13	**12,64**	36,04	3,13	**12,64**	36,04
431	Lüftungsanlagen	m²	1,82	**12,48**	23,14	1,82	**12,48**	23,14
338	Sonnenschutz	m²	143,75	**213,31**	311,97	6,63	**12,42**	20,46
359	Decken, sonstiges	m²	5,93	**20,78**	38,18	3,28	**11,91**	22,12
392	Gerüste	m²	6,36	**11,39**	14,44	6,36	**11,39**	14,44
422	Wärmeverteilnetze	m²	5,61	**10,66**	17,54	5,61	**10,66**	17,54
322	Flachgründungen	m²	45,74	**204,05**	417,45	2,26	**6,92**	11,97
311	Baugrubenherstellung	m³	32,38	**55,97**	98,51	1,20	**5,56**	13,99
327	Dränagen	m²	7,71	**13,73**	19,75	1,91	**4,80**	7,68
457	Übertragungsnetze	m²	–	**4,56**	–	–	**4,56**	–
343	Innenstützen	m	128,02	**230,72**	333,85	2,78	**4,53**	10,52
349	Innenwände, sonstiges	m²		**5,51**		–	**4,53**	–
397	Zusätzliche Maßnahmen	m²	2,71	**3,51**	4,25	2,71	**3,51**	4,25
326	Bauwerksabdichtungen	m²	12,25	**26,27**	52,04	2,38	**3,42**	4,08
395	Instandsetzungen	m²	–	**3,28**	–		**3,28**	
446	Blitzschutz- und Erdungsanlagen	m²	–	**2,49**	–	–	**2,49**	–
455	Fernseh- und Antennenanlagen	m²	0,99	**1,80**	2,99	0,99	**1,80**	2,99

Kosten:
Stand 2.Quartal 2016
Bundesdurchschnitt
inkl. 19% MwSt.

▷ von
Ø Mittel
◁ bis

© **BKI** Baukosteninformationszentrum; Erläuterungen zu den Tabellen siehe Seite 28

Kosten: 2.Quartal 2016, Bundesdurchschnitt, **inkl. 19% MwSt.**

LB	Leistungsbereiche	▷	€/m² BGF	◁	▷	% an 300+400	◁
000	Sicherheits-, Baustelleneinrichtungen inkl. 001	9	22	44	1,0	2,4	4,8
002	Erdarbeiten	1	4	11	0,1	0,4	1,1
006	Spezialtiefbauarbeiten inkl. 005	–	–	–	–	–	–
009	Entwässerungskanalarbeiten inkl. 011	0	1	1	0,0	0,1	0,1
010	Drän- und Versickerungsarbeiten	–	0	–	–	0,0	–
012	Mauerarbeiten	27	53	142	2,9	5,7	15,3
013	Betonarbeiten	10	31	74	1,1	3,4	8,0
014	Natur-, Betonwerksteinarbeiten	0	1	3	0,0	0,1	0,3
016	Zimmer- und Holzbauarbeiten	34	62	121	3,7	6,6	13,0
017	Stahlbauarbeiten	0	11	36	0,0	1,2	3,9
018	Abdichtungsarbeiten	0	5	11	0,0	0,6	1,2
020	Dachdeckungsarbeiten	51	88	151	5,5	9,4	16,2
021	Dachabdichtungsarbeiten	–	–	–	–	–	–
022	Klempnerarbeiten	4	10	23	0,5	1,1	2,5
	Rohbau	188	289	404	20,2	31,1	43,4
023	Putz- und Stuckarbeiten, Wärmedämmsysteme	45	104	144	4,9	11,2	15,5
024	Fliesen- und Plattenarbeiten	11	19	35	1,1	2,1	3,8
025	Estricharbeiten	7	23	43	0,8	2,5	4,6
026	Fenster, Außentüren inkl. 029, 032	25	60	113	2,7	6,5	12,1
027	Tischlerarbeiten	29	68	148	3,2	7,3	15,9
028	Parkettarbeiten, Holzpflasterarbeiten	2	22	38	0,3	2,3	4,1
030	Rollladenarbeiten	2	10	29	0,2	1,1	3,1
031	Metallbauarbeiten inkl. 035	16	36	77	1,7	3,9	8,3
034	Maler- und Lackiererarbeiten inkl. 037	15	38	71	1,7	4,1	7,6
036	Bodenbelagarbeiten	0	6	14	0,0	0,6	1,5
038	Vorgehängte hinterlüftete Fassaden	–	1	–	–	0,2	–
039	Trockenbauarbeiten	24	54	87	2,6	5,8	9,3
	Ausbau	369	443	503	39,6	47,6	54,1
040	Wärmeversorgungsanl. - Betriebseinr. inkl. 041	46	72	123	4,9	7,7	13,2
042	Gas- und Wasserinstallation, Leitungen inkl. 043	5	11	22	0,5	1,1	2,3
044	Abwasserinstallationsarbeiten - Leitungen	6	10	14	0,6	1,1	1,5
045	GWA-Einrichtungsgegenstände inkl. 046	13	23	34	1,4	2,4	3,7
047	Dämmarbeiten an betriebstechnischen Anlagen	0	1	4	0,0	0,1	0,5
049	Feuerlöschanlagen, Feuerlöschgeräte	–	–	–	–	–	–
050	Blitzschutz- und Erdungsanlagen	0	0	2	0,0	0,0	0,2
053	Niederspannungsanlagen inkl. 052, 054	14	24	32	1,5	2,6	3,4
055	Ersatzstromversorgungsanlagen	–	–	–	–	–	–
057	Gebäudesystemtechnik	–	–	–	–	–	–
058	Leuchten und Lampen inkl. 059	0	0	2	0,0	0,1	0,2
060	Elektroakustische Anlagen, Sprechanlagen	0	0	1	0,0	0,0	0,1
061	Kommunikationsnetze, inkl. 062	0	2	6	0,0	0,2	0,6
063	Gefahrenmeldeanlagen	–	–	–	–	–	–
069	Aufzüge	–	–	–	–	–	–
070	Gebäudeautomation	–	–	–	–	–	–
075	Raumlufttechnische Anlagen	0	2	9	0,0	0,2	1,0
	Technische Anlagen	106	145	198	11,4	15,6	21,3
084	Abbruch- und Rückbauarbeiten	18	54	83	2,0	5,8	8,9
	Sonstige Leistungsbereiche inkl. 008, 033, 051	0	1	6	0,0	0,1	0,7

Übersicht-
1.+.2.Ebene

Erweiterung

Umbau

Moderni-
sierung

Instand-
setzung

Bau-
elemente

Abbrechen

Wieder-
herstellen

Herstellen

Umbauten

Ein- und Zweifamilienhäuser

€/m² BGF

min	460 €/m²
von	540 €/m²
Mittel	**930 €/m²**
bis	1.260 €/m²
max	1.710 €/m²

Kosten:
Stand 2.Quartal 2016
Bundesdurchschnitt
inkl. 19% MwSt.

6100-0457 Einfamilienhaus BRI 932m³ BGF 344m² NUF 218m²

© thoma architekten

Baujahr: 1850
Bauzustand: mittel
Aufwand: mittel
Nutzung während der Bauzeit: nein
Nutzungsänderung: nein
Grundrissänderungen: wenige
Tragwerkseingriffe: wenige

Land: Thüringen
Kreis: Greiz
Standard: Durchschnitt
Bauzeit: 43 Wochen
Kennwerte: bis 3.Ebene DIN276
veröffentlicht: BKI Objektdaten E2
BGF **771 €/m²**

Planung: thoma architekten; Greiz

Umbau und Modernisierung eines freistehenden, 2 1/2-geschossigen Einfamilienwohnhauses von 1850 mit 178m² Wohnfläche.

Bauwerk - Baukonstruktionen
Herstellen: Deckenbeläge 16%, Außenwandbekleidungen außen 14%, Außentüren und -fenster 12%, Dachbeläge 7%, Innenwandbekleidungen 6%, Außenwände, sonstiges 5%, Deckenbekleidungen 5%, Nichttragende Innenwände 4%, Dachbekleidungen 3%
Wiederherstellen: Deckenkonstruktionen 7%
Sonstige: 22%

Bauwerk - Technische Anlagen
Herstellen: Wärmeerzeugungsanlagen 37%, Wasseranlagen 19%, Raumheizflächen 13%, Sonstige 31%

6100-0472 Einfamilienhaus BRI 905m³ BGF 306m² NUF 193m²

© Jean-Elie Hamesse Architekt + Planer

Baujahr: 1930
Bauzustand: mittel
Aufwand: mittel
Nutzung während der Bauzeit: nein
Nutzungsänderung: ja
Grundrissänderungen: einige
Tragwerkseingriffe: wenige

Land: Niedersachsen
Kreis: Hannover
Standard: Durchschnitt
Bauzeit: 56 Wochen
Kennwerte: bis 3.Ebene DIN276
veröffentlicht: BKI Objektdaten A3
BGF **956 €/m²**

Planung: Jean-Elie Hamesse Architekt + Planer; Braunschweig

Umbau einer nicht unterkellerten Scheune von 1930 zu einem 3-geschossigen Einfamilienhaus mit 151m² Wohnfläche.

Bauwerk - Baukonstruktionen
Dachbeläge 21%, Deckenkonstruktionen 12%, Außentüren und -fenster 10%, Außenwandbekleidungen außen 7%, Bodenbeläge 6%, Tragende Innenwände 6%, Innenwandbekleidungen 5%, Tragende Außenwände 5%, Deckenbekleidungen 4%, Sonstige 23%

Bauwerk - Technische Anlagen
Niederspannungsinstallationsanlagen 23%, Wasseranlagen 23%, Raumheizflächen 18%, Sonstige 35%

6100-0525 Einfamilienhaus   BRI 640m³   BGF 222m²   NUF 124m²

© Prof. Clemens Richarz, Christina Schulz

Baujahr: 1700
Bauzustand: schlecht
Aufwand: hoch
Nutzung während der Bauzeit: nein
Nutzungsänderung: ja
Grundrissänderungen: wenige
Tragwerkseingriffe: wenige

Land: Baden-Württemberg
Kreis: Ludwigsburg
Standard: über Durchschnitt
Bauzeit: 60 Wochen
Kennwerte: bis 3.Ebene DIN276
veröffentlicht: BKI Objektdaten A6
BGF **1.710 €/m²**

Planung: Prof. Clemens Richarz Christina Schulz; München

Umbau einer Scheune von 1700 mit Bruchsteinmauerwerk und Fachwerk zum 3-geschossigen Wohnhaus mit Büronutzung. **Kosteneinfluss Nutzung:** Aufwendige Brandschutzmaßnahmen, Brandwand, Fenster. **Kosteneinfluss Grundstück:** Innerörtliche Lage, beengte Verhältnisse. Aufwändige Dachkonstruktion, da Unterbau schiefwinklig.

Bauwerk - Baukonstruktionen
Abbrechen: Abbruchmaßnahmen 4%
Herstellen: Deckenkonstruktionen 15%, Dachbeläge 12%, Außenwandbekleidungen außen 8%, Innenwandbekleidungen 5%, Deckenbeläge 5%, Außentüren und -fenster 5%, Dachkonstruktionen 5%, Elementierte Innenwände 4%, Tragende Außenwände 4%, Nichttragende Innenwände 4%, Außenwandbekleidungen innen 4%, Baustelleneinrichtung 4%
Sonstige: 22%

Bauwerk - Technische Anlagen
Herstellen: Niederspannungsinstallationsanlagen 20%, Wärmeerzeugungsanlagen 15%, Raumheizflächen 15%, Wasseranlagen 14%, Abwasser-, Wasser- und Gasanlagen, sonstiges 12%, Sonstige 25%

6100-0558 Einfamilienhaus   BRI 853m³   BGF 309m²   NUF 191m²

© Fischer + Goth

Baujahr: 1966
Bauzustand: mittel
Aufwand: hoch
Nutzung während der Bauzeit: ja
Nutzungsänderung: nein
Grundrissänderungen: einige
Tragwerkseingriffe: keine

Land: Hessen
Kreis: Offenbach a. Main
Standard: Durchschnitt
Bauzeit: 26 Wochen
Kennwerte: bis 4.Ebene DIN276
veröffentlicht: BKI Objektdaten A4
BGF **461 €/m²**

Planung: Fischer + Goth, Peter Goth, Walter F. Fischer; Aschaffenburg

Einfamilienhaus, Umbau mit Modernisierung und Erweiterung um 2 Wohnräume. Die Erweiterung erfolgt zur Straßenseite hin über Erd- und Obergeschoss. Die bestehende Garage wurde abgerissen und neu errichtet. Ein weiterer Parkplatz wird vor der Garage errichtet.

Bauwerk - Baukonstruktionen
Abbrechen: Tragende Außenwände 2%
Herstellen: Außenwandbekleidungen außen 18%, Deckenkonstruktionen 7%, Außentüren und -fenster 7%, Dachbeläge 6%, Tragende Außenwände 6%, Sonnenschutz 6%, Baustelleneinrichtung 4%, Deckenbeläge 4%, Außenwände, sonstiges 4%, Außenwandbekleidungen innen 4%, Flachgründungen 3%, Gerüste 3%, Dachbekleidungen 3%
Sonstige: 21%

Bauwerk - Technische Anlagen
Herstellen: Abwasseranlagen 27%, Wasseranlagen 22%, Niederspannungsinstallationsanlagen 10%, Raumheizflächen 9%
Wiederherstellen: Wasseranlagen 7%
Sonstige: 24%

Übersicht 1.+2.Ebene | Erweiterung | Umbau | Modernisierung | Instandsetzung | Bauelemente | Abbrechen | Wiederherstellen | Herstellen

Objektübersicht zur Gebäudeart

6100-0621 Einfamilienhaus   BRI 1.300m³   BGF 387m²   NUF 241m²

€/m² BGF

min	460 €/m²
von	540 €/m²
Mittel	**930 €/m²**
bis	1.260 €/m²
max	1.710 €/m²

Kosten:
Stand 2.Quartal 2016
Bundesdurchschnitt
inkl. 19% MwSt.

Baujahr: 1902
Bauzustand: mittel
Aufwand: mittel
Nutzung während der Bauzeit: nein
Nutzungsänderung: ja
Grundrissänderungen: einige
Tragwerkseingriffe: wenige

Land: Brandenburg
Kreis: Brandenburg
Standard: Durchschnitt
Bauzeit: 178 Wochen
Kennwerte: bis 3.Ebene DIN276
veröffentlicht: BKI Objektdaten A6

BGF   955 €/m²

© Architekturatelier Alte Gärtnerei

Planung: Architekturatelier Alte Gärtnerei, Constanze Kreiser; Brandenburg

Aus- und Umbau einer bestehenden Bebauung mit ursprünglich landwirtschaftlicher Nutzung zu einem Einfamilienhaus mit Werkstätten. Es entstand ein zweigeschossiges Wohnhaus mit getrenntem Werkstatttrakt.

Bauwerk - Baukonstruktionen
Herstellen: Außenwandbekleidungen innen 11%, Innentüren und -fenster 8%, Deckenbeläge 8%, Außentüren und -fenster 8%, Elementierte Außenwände 8%, Dachbeläge 7%, Nichttragende Innenwände 7%, Dachfenster, Dachöffnungen 6%, Deckenkonstruktionen 5%, Tragende Innenwände 3%, Innenwandbekleidungen 3%
Wiederherstellen: Außenwandbekleidungen außen 4%
Sonstige: 22%

Bauwerk - Technische Anlagen
Herstellen: Wärmeerzeugungsanlagen 21%, Wasseranlagen 19%, Raumheizflächen 18%, Niederspannungsinstallationsanlagen 11%, Abwasseranlagen 9%, Sonstige 21%

6100-0637 Doppelhaushälfte   BRI 607m³   BGF 261m²   NUF 178m²

Baujahr: 1960
Bauzustand: mittel
Aufwand: mittel
Nutzung während der Bauzeit: ja
Nutzungsänderung: nein
Grundrissänderungen: wenige
Tragwerkseingriffe: wenige

Land: Bayern
Kreis: Regensburg
Standard: Durchschnitt
Bauzeit: 30 Wochen
Kennwerte: bis 3.Ebene DIN276
veröffentlicht: BKI Objektdaten A6

BGF   534 €/m²

© Architekt Hartmut Reineking

Planung: Dipl.-Ing. (FH) Hartmut Reineking; Wörthsee

Umbau einer Doppelhaushälfte von 1960 von einer zu zwei Wohneinheiten mit Dachgeschossausbau. Wärmedämmung nach Neubaustandard, Solaranlage.

Bauwerk - Baukonstruktionen
Abbrechen: Deckenkonstruktionen 3%
Herstellen: Außenwandbekleidungen außen 23%, Dachbeläge 13%, Deckenbeläge 13%, Dachkonstruktionen 6%, Deckenkonstruktionen 5%, Außentüren und -fenster 5%, Innentüren und -fenster 4%, Dachbekleidungen 4%, Decken, sonstiges 3%
Sonstige: 21%

Bauwerk - Technische Anlagen
Herstellen: Wärmeerzeugungsanlagen 61%, Wasseranlagen 14%, Abwasseranlagen 10%, Sonstige 14%

6100-0948 Einfamilienhaus **BRI** 1.293m³ **BGF** 377m² **NUF** 211m²

Baujahr: ca. 1900
Bauzustand: schlecht
Aufwand: mittel
Nutzung während der Bauzeit: nein
Nutzungsänderung: ja
Grundrissänderungen: umfangreiche
Tragwerkseingriffe: einige

Land: Berlin
Kreis: Berlin
Standard: Durchschnitt
Bauzeit: 47 Wochen
Kennwerte: bis 3.Ebene DIN276
veröffentlicht: BKI Objektdaten A9
BGF **1.093 €/m²**

Planung: roedig . schop architekten gbr; Berlin

Umbau einer Remise zum Einfamilienhaus

Bauwerk - Baukonstruktionen
Abbrechen: Deckenbeläge 3%
Herstellen: Außentüren und -fenster 11%, Deckenkonstruktionen 10%, Deckenbeläge 9%, Dachfenster, Dachöffnungen 7%, Dachkonstruktionen 6%, Dachbeläge 6%, Nichttragende Innenwände 5%, Außenwandbekleidungen außen 4%, Elementierte Außenwände 4%, Innentüren und -fenster 4%, Außenwandbekleidungen innen 3%, Innenwandbekleidungen 2%, Dachbekleidungen 2%, Nichttragende Außenwände 2%
Sonstige: 21%

Bauwerk - Technische Anlagen
Herstellen: Wasseranlagen 28%, Niederspannungsinstallationsanlagen 25%, Wärmeerzeugungsanlagen 17%, Sonstige 30%

6100-0993 Einfamilienhaus Scheunenumbau **BRI** 605m³ **BGF** 221m² **NUF** 143m²

Baujahr: 1945
Bauzustand: schlecht
Aufwand: mittel
Nutzung während der Bauzeit: nein
Nutzungsänderung: ja
Grundrissänderungen: umfangreiche
Tragwerkseingriffe: einige

Land: Brandenburg
Kreis: Teltow-Fläming
Standard: Durchschnitt
Bauzeit: 26 Wochen
Kennwerte: bis 3.Ebene DIN276
veröffentlicht: BKI Objektdaten A8
BGF **951 €/m²**

Planung: NEUMANN+KAFERT Bürogemeinschaft für Architekten; Trebbin OT Glau

Ein Stallgebäude für Kutscherpferde von 1948 wurde zu einem Wohngebäude mit einer Nutzeinheit umgebaut.

Bauwerk - Baukonstruktionen
Abbrechen: Abbruchmaßnahmen 10%
Herstellen: Außenwandbekleidungen außen 11%, Dachbeläge 10%, Dachkonstruktionen 8%, Tragende Außenwände 7%, Bodenbeläge 7%, Deckenkonstruktionen 6%, Deckenbeläge 5%, Innentüren und -fenster 4%, Tragende Innenwände 4%, Dachfenster, Dachöffnungen 4%, Dachbekleidungen 4%
Sonstige: 21%

Bauwerk - Technische Anlagen
Herstellen: Wasseranlagen 18%, Niederspannungsinstallationsanlagen 18%, Wärmeerzeugungsanlagen 18%, Raumheizflächen 17%, Sonstige 29%

Übersicht: 1.+2.Ebene

Erweiterung

Umbau

Modernisierung

Instandsetzung

Bauelemente

Abbrechen

Wiederherstellen

Herstellen

Ein- und Zweifamilienhäuser

€/m² BGF

min	460	€/m²
von	540	€/m²
Mittel	**930**	**€/m²**
bis	1.260	€/m²
max	1.710	€/m²

Kosten:
Stand 2.Quartal 2016
Bundesdurchschnitt
inkl. 19% MwSt.

6100-1027 Fachwerkhaus — BRI 764m³ BGF 306m² NUF 240m²

© Acconci Architekten GmbH

Baujahr: 1850
Bauzustand: schlecht
Aufwand: hoch
Nutzung während der Bauzeit: nein
Nutzungsänderung: nein
Grundrissänderungen: einige
Tragwerkseingriffe: wenige

Land: Nordrhein-Westfalen
Kreis: Soest
Standard: Durchschnitt
Bauzeit: 43 Wochen
Kennwerte: bis 3.Ebene DIN276
veröffentlicht: BKI Objektdaten A9
BGF **1.036 €/m²**

Planung: Acconci Architekten GmbH; Soest
Baudenkmalgeschütztes Wohnhaus

Bauwerk - Baukonstruktionen
Abbrechen: Außenwandbekleidungen außen 9%
Herstellen: Außentüren und -fenster 21%, Innenwand-
bekleidungen 10%, Tragende Außenwände 8%, Dachbeläge
7%, Außenwandbekleidungen innen 5%, Außenwandbeklei-
dungen außen 3%, Dachbekleidungen 3%
Wiederherstellen: Außenwandbekleidungen außen 8%,
Deckenbeläge 3%
Sonstige: 22%

Bauwerk - Technische Anlagen
Herstellen: Wärmeversorgungsanlagen 58%, Abwasser-,
Wasser-, Gasanlagen 23%, Starkstromanlagen 12%,
Sonstige 7%

6100-0397 Einfamilienhaus — BRI 573m³ BGF 233m² NUF 160m²

© Bauer + Bracke Architekten

Baujahr: 1936
Bauzustand: mittel
Aufwand: mittel
Nutzung während der Bauzeit: ja
Nutzungsänderung: nein
Grundrissänderungen: einige
Tragwerkseingriffe: einige

Land: Thüringen
Kreis: Weimar
Standard: Durchschnitt
Bauzeit: 13 Wochen
Kennwerte: bis 1.Ebene DIN276
veröffentlicht: BKI Objektdaten A2
BGF **481 €/m²**

Planung: Bauer + Bracke Architekten BDA Bauer, Karsten; Weimar
Umbau eines Einfamilienhauses.

6100-0668 Einfamilienhaus mit ELW   **BRI** 342m³   **BGF** 138m²   **NUF** 103m²

Bauzustand: mittel
Aufwand: mittel
Nutzung während der Bauzeit: ja
Nutzungsänderung: nein
Grundrissänderungen: wenige
Tragwerkseingriffe: wenige

Land: Baden-Württemberg
Kreis: Freiburg im Breisgau
Standard: Durchschnitt
Bauzeit: 21 Wochen
Kennwerte: bis 1.Ebene DIN276
veröffentlicht: BKI Objektdaten A7

BGF   **1.292 €/m²**

Planung: Architekturbüro Dipl.-Ing. Gaby Sutter; Freiburg

Umbau eines Garagengebäudes zu einer Seniorenwohnung im EG und einer Hauptwohnung im OG: Abbruch des alten Dachgeschosses und Neuerrichtung des Obergeschosses. **Kosteneinfluss Nutzung:** Aufgrund Abweichungen zum bestehenden Bebauungsplan wurde eine Befreiung erforderlich. **Kosteneinfluss Grundstück:** Doppelhaushälfte, Wohnung 2 war während der Bauzeit bewohnt. Hohe Aufwendungen für Lärmschutz und Witterungsschutz erforderlich.

Übersicht 1.-+2.Ebene

Erweiterung

Umbau

Modernisierung

Instandsetzung

Bauelemente

Abbrechen

Wiederherstellen

Herstellen

Umbauten

Mehrfamilienhäuser

BRI 260 €/m³
von 180 €/m³
bis 365 €/m³

BGF 800 €/m²
von 550 €/m²
bis 1.030 €/m²

NUF 1.210 €/m²
von 780 €/m²
bis 1.600 €/m²

NE 1.640 €/NE
von 970 €/NE
bis 2.320 €/NE
NE: Wohnfläche

Objektbeispiele

Kosten:
Stand 2.Quartal 2016
Bundesdurchschnitt
inkl. 19% MwSt.

6100-1056

6100-0717

6100-0739

Kosten der 15 Vergleichsobjekte — Seiten 232 bis 238

- ● KKW
- ▶ min
- ▷ von
- | Mittelwert
- ◁ bis
- ◀ max

BRI
|0 |50 |100 |150 |200 |250 |300 |350 |400 |450 |500 €/m³ BRI

BGF
|0 |200 |400 |600 |800 |1000 |1200 |1400 |1600 |1800 |2000 €/m² BGF

NUF
|400 |600 |800 |1000 |1200 |1400 |1600 |1800 |2000 |2200 |2400 €/m² NUF

© **BKI** Baukosteninformationszentrum; Erläuterungen zu den Tabellen siehe Seite 24   Kosten: 2.Quartal 2016, Bundesdurchschnitt, **inkl. 19% MwSt.**

KG	Kostengruppen der 1. Ebene	Einheit	▷	€/Einheit	◁	▷	% an 300+400	◁
100	Grundstück	m² GF						
200	Herrichten und Erschließen	m² GF	20	**43**	57	2,1	**4,5**	9,4
300	Bauwerk - Baukonstruktionen	m² BGF	406	**641**	846	71,1	**79,2**	84,6
400	Bauwerk - Technische Anlagen	m² BGF	117	**155**	197	15,4	**20,9**	28,9
	Bauwerk (300+400)	m² BGF	555	**796**	1.031		**100,0**	
500	Außenanlagen	m² AF	41	**100**	267	1,6	**4,6**	13,7
600	Ausstattung und Kunstwerke	m² BGF	2	**6**	15	0,3	**1,1**	2,7
700	Baunebenkosten	m² BGF						

KG	Kostengruppen der 2. Ebene	Einheit	▷	€/Einheit	◁	▷	% an 300	◁
310	Baugrube	m³ BGI	30	**40**	51	0,1	**0,6**	1,0
320	Gründung	m² GRF	106	**286**	856	0,5	**2,6**	4,9
330	Außenwände	m² AWF	112	**235**	295	28,2	**32,2**	40,7
340	Innenwände	m² IWF	106	**172**	355	15,5	**19,7**	30,8
350	Decken	m² DEF	127	**244**	322	18,7	**22,6**	28,2
360	Dächer	m² DAF	190	**299**	438	10,7	**16,5**	20,1
370	Baukonstruktive Einbauten	m² BGF	1	**3**	6	0,0	**0,2**	0,7
390	Sonstige Baukonstruktionen	m² BGF	19	**40**	82	3,3	**5,7**	9,4
300	**Bauwerk Baukonstruktionen**	**m² BGF**					**100,0**	

KG	Kostengruppen der 2. Ebene	Einheit	▷	€/Einheit	◁	▷	% an 400	◁
410	Abwasser, Wasser, Gas	m² BGF	42	**52**	61	24,1	**33,6**	47,9
420	Wärmeversorgungsanlagen	m² BGF	37	**63**	97	25,5	**37,0**	48,6
430	Lufttechnische Anlagen	m² BGF	2	**5**	12	0,3	**1,9**	4,7
440	Starkstromanlagen	m² BGF	24	**36**	58	17,2	**21,4**	28,8
450	Fernmeldeanlagen	m² BGF	3	**6**	11	1,9	**3,3**	5,3
460	Förderanlagen	m² BGF	14	**24**	33	0,0	**2,8**	14,7
470	Nutzungsspezifische Anlagen	m² BGF	–	**–**	–	–	**–**	–
480	Gebäudeautomation	m² BGF	–	**–**	–	–	**–**	–
490	Sonstige Technische Anlagen	m² BGF	0	**0**	1	0,0	**0,1**	0,3
400	**Bauwerk Technische Anlagen**	**m² BGF**					**100,0**	

Prozentanteile der Kosten der 2.Ebene an den Kosten des Bauwerks nach DIN 276 (Von-, Mittel-, Bis-Werte)

310	Baugrube	0,5
320	Gründung	2,1
330	Außenwände	24,8
340	Innenwände	15,0
350	Decken	17,4
360	Dächer	12,9
370	Baukonstruktive Einbauten	0,2
390	Sonstige Baukonstruktionen	4,5
410	Abwasser, Wasser, Gas	7,5
420	Wärmeversorgungsanlagen	8,7
430	Lufttechnische Anlagen	0,4
440	Starkstromanlagen	5,0
450	Fernmeldeanlagen	0,8
460	Förderanlagen	0,4
470	Nutzungsspezifische Anlagen	
480	Gebäudeautomation	
490	Sonstige Technische Anlagen	0,0

15% 30% 45% 60%

Kosten: 2.Quartal 2016, Bundesdurchschnitt, **inkl. 19% MwSt.**

Übersicht 1.+ 2.Ebene

Erweiterung

Umbau

Modernisierung

Instandsetzung

Bauelemente

Abbrechen

Wiederherstellen

Herstellen

Kostenkennwerte für die Kostengruppen der 3.Ebene DIN 276

KG	Kostengruppen der 3. Ebene	Einheit	▷	Ø €/Einheit	◁	▷	Ø €/m² BGF	◁
335	Außenwandbekleidungen außen	m²	55,55	**91,88**	144,12	40,17	**65,85**	105,41
352	Deckenbeläge	m²	97,60	**118,71**	174,65	40,82	**61,33**	98,17
334	Außentüren und -fenster	m²	409,75	**588,75**	857,13	42,76	**59,21**	90,53
337	Elementierte Außenwände	m²	–	**343,05**	–	–	**54,84**	–
351	Deckenkonstruktionen	m²	143,43	**329,34**	608,61	18,06	**48,94**	88,99
345	Innenwandbekleidungen	m²	26,26	**40,82**	75,33	29,41	**45,17**	70,62
363	Dachbeläge	m²	111,13	**154,85**	213,50	19,51	**44,12**	55,75
394	Abbruchmaßnahmen	m²	23,54	**42,03**	51,33	23,54	**42,03**	51,33
361	Dachkonstruktionen	m²	114,91	**245,74**	1.087,60	12,42	**35,08**	59,09
442	Eigenstromversorgungsanlagen	m²	–	**34,73**	–	–	**34,73**	–
412	Wasseranlagen	m²	23,00	**31,34**	41,12	23,00	**31,34**	41,12
444	Niederspannungsinstallationsanl.	m²	20,93	**28,18**	37,29	20,93	**28,18**	37,29
331	Tragende Außenwände	m²	117,68	**183,84**	343,21	6,39	**26,23**	50,79
344	Innentüren und -fenster	m²	308,99	**411,95**	613,30	16,81	**22,77**	33,63
421	Wärmeerzeugungsanlagen	m²	9,97	**22,28**	35,54	9,97	**22,28**	35,54
342	Nichttragende Innenwände	m²	73,12	**136,99**	294,53	11,76	**21,59**	52,03
423	Raumheizflächen	m²	10,71	**21,31**	30,02	10,71	**21,31**	30,02
353	Deckenbekleidungen	m²	14,19	**31,65**	58,03	7,66	**18,99**	46,37
411	Abwasseranlagen	m²	9,94	**17,82**	25,74	9,94	**17,82**	25,74
422	Wärmeverteilnetze	m²	7,38	**17,47**	62,07	7,38	**17,47**	62,07
461	Aufzugsanlagen	m²	–	**14,47**	–	–	**14,47**	–
339	Außenwände, sonstiges	m²	5,37	**18,40**	40,91	3,59	**13,57**	25,20
341	Tragende Innenwände	m²	89,81	**142,32**	244,77	5,41	**13,06**	26,44
336	Außenwandbekleidungen innen	m²	13,28	**29,45**	42,77	4,05	**13,04**	17,61
364	Dachbekleidungen	m²	25,51	**56,02**	83,98	4,62	**12,30**	18,69
324	Unterböden und Bodenplatten	m²	67,58	**92,45**	163,81	1,92	**9,86**	21,17
392	Gerüste	m²	3,77	**9,22**	14,04	3,77	**9,22**	14,04
325	Bodenbeläge	m²	25,70	**56,89**	106,35	3,08	**8,21**	16,05
362	Dachfenster, Dachöffnungen	m²	767,38	**1.107,10**	1.296,59	2,43	**8,00**	15,37
327	Dränagen	m²	–	**31,70**	–	–	**7,21**	–
343	Innenstützen	m	133,50	**197,89**	427,11	2,96	**6,89**	21,60
338	Sonnenschutz	m²	49,49	**227,56**	483,83	1,37	**6,34**	13,25
391	Baustelleneinrichtung	m²	2,93	**6,25**	13,41	2,93	**6,25**	13,41
322	Flachgründungen	m²	80,92	**629,09**	1.612,87	3,53	**6,14**	13,42
311	Baugrubenherstellung	m³	27,74	**41,67**	51,25	4,79	**6,10**	7,59
359	Decken, sonstiges	m²	3,43	**11,22**	24,20	1,62	**6,10**	12,18
332	Nichttragende Außenwände	m²	–	**570,50**	–	–	**5,21**	–
429	Wärmeversorgungsanl., sonstiges	m²	1,94	**5,12**	6,99	1,94	**5,12**	6,99
369	Dächer, sonstiges	m²	4,14	**15,23**	29,84	1,57	**4,94**	8,75
431	Lüftungsanlagen	m²	1,60	**4,87**	13,26	1,60	**4,87**	13,26
346	Elementierte Innenwände	m²	113,19	**174,29**	287,41	1,59	**4,87**	10,37
397	Zusätzliche Maßnahmen	m²	1,66	**4,35**	6,69	1,66	**4,35**	6,69
396	Materialentsorgung	m²	0,91	**3,98**	7,48	0,91	**3,98**	7,48
419	Abwasser-, Wasser- und Gas-anlagen, sonstiges	m²	1,56	**3,09**	4,30	1,56	**3,09**	4,30
371	Allgemeine Einbauten	m²	0,51	**2,74**	5,85	0,51	**2,74**	5,85
452	Such- und Signalanlagen	m²	1,54	**2,71**	3,97	1,54	**2,71**	3,97
326	Bauwerksabdichtungen	m²	12,55	**50,87**	96,23	1,17	**2,70**	4,22
445	Beleuchtungsanlagen	m²	0,83	**2,62**	5,22	0,83	**2,62**	5,22
393	Sicherungsmaßnahmen	m²	2,07	**2,58**	3,09	2,07	**2,58**	3,09

Kosten:
Stand 2.Quartal 2016
Bundesdurchschnitt
inkl. 19% MwSt.

▷ von
Ø Mittel
◁ bis

© **BKI** Baukosteninformationszentrum; Erläuterungen zu den Tabellen siehe Seite 28   Kosten: 2.Quartal 2016, Bundesdurchschnitt, **inkl. 19% MwSt.**

LB	Leistungsbereiche	▷	€/m² BGF	◁	▷	% an 300+400	◁
000	Sicherheits-, Baustelleneinrichtungen inkl. 001	10	**16**	23	1,3	**2,0**	2,9
002	Erdarbeiten	1	**5**	12	0,1	**0,6**	1,5
006	Spezialtiefbauarbeiten inkl. 005	–	**–**	–	–	**–**	–
009	Entwässerungskanalarbeiten inkl. 011	0	**4**	21	0,1	**0,5**	2,6
010	Drän- und Versickerungsarbeiten	–	**0**	–	–	**0,0**	–
012	Mauerarbeiten	16	**39**	76	2,0	**4,9**	9,5
013	Betonarbeiten	9	**54**	121	1,2	**6,8**	15,1
014	Natur-, Betonwerksteinarbeiten	1	**10**	30	0,2	**1,2**	3,8
016	Zimmer- und Holzbauarbeiten	18	**46**	118	2,2	**5,8**	14,9
017	Stahlbauarbeiten	1	**8**	33	0,2	**1,0**	4,1
018	Abdichtungsarbeiten	0	**2**	6	0,1	**0,3**	0,8
020	Dachdeckungsarbeiten	5	**25**	52	0,7	**3,2**	6,6
021	Dachabdichtungsarbeiten	3	**10**	38	0,4	**1,3**	4,8
022	Klempnerarbeiten	10	**16**	26	1,3	**2,1**	3,2
	Rohbau	141	**236**	295	17,7	**29,6**	37,0
023	Putz- und Stuckarbeiten, Wärmedämmsysteme	43	**84**	131	5,4	**10,6**	16,4
024	Fliesen- und Plattenarbeiten	17	**27**	39	2,2	**3,4**	4,9
025	Estricharbeiten	6	**13**	19	0,8	**1,7**	2,4
026	Fenster, Außentüren inkl. 029, 032	45	**58**	79	5,6	**7,3**	9,9
027	Tischlerarbeiten	19	**33**	63	2,4	**4,1**	7,9
028	Parkettarbeiten, Holzpflasterarbeiten	2	**15**	35	0,3	**1,8**	4,4
030	Rollladenarbeiten	0	**4**	9	0,0	**0,5**	1,2
031	Metallbauarbeiten inkl. 035	9	**22**	33	1,2	**2,7**	4,1
034	Maler- und Lackiererarbeiten inkl. 037	23	**40**	96	2,9	**5,1**	12,0
036	Bodenbelagarbeiten	4	**12**	29	0,5	**1,5**	3,6
038	Vorgehängte hinterlüftete Fassaden	–	**1**	–	–	**0,2**	–
039	Trockenbauarbeiten	19	**40**	70	2,4	**5,0**	8,8
	Ausbau	302	**350**	397	38,0	**44,0**	49,8
040	Wärmeversorgungsanl. - Betriebseinr. inkl. 041	33	**61**	91	4,1	**7,7**	11,5
042	Gas- und Wasserinstallation, Leitungen inkl. 043	10	**19**	29	1,2	**2,3**	3,6
044	Abwasserinstallationsarbeiten - Leitungen	5	**11**	24	0,6	**1,4**	3,1
045	GWA-Einrichtungsgegenstände inkl. 046	13	**20**	35	1,7	**2,5**	4,4
047	Dämmarbeiten an betriebstechnischen Anlagen	1	**5**	10	0,1	**0,6**	1,2
049	Feuerlöschanlagen, Feuerlöschgeräte	–	**–**	–	–	**–**	–
050	Blitzschutz- und Erdungsanlagen	0	**1**	4	0,0	**0,2**	0,4
053	Niederspannungsanlagen inkl. 052, 054	23	**32**	47	2,8	**4,0**	5,9
055	Ersatzstromversorgungsanlagen	–	**3**	–	–	**0,4**	–
057	Gebäudesystemtechnik	–	**–**	–	–	**–**	–
058	Leuchten und Lampen inkl. 059	1	**3**	6	0,1	**0,4**	0,8
060	Elektroakustische Anlagen, Sprechanlagen	1	**3**	5	0,1	**0,3**	0,6
061	Kommunikationsnetze, inkl. 062	1	**3**	6	0,1	**0,4**	0,8
063	Gefahrenmeldeanlagen	0	**0**	1	0,0	**0,0**	0,2
069	Aufzüge	–	**1**	–	–	**0,1**	–
070	Gebäudeautomation	–	**–**	–	–	**–**	–
075	Raumlufttechnische Anlagen	1	**3**	8	0,1	**0,4**	1,0
	Technische Anlagen	111	**165**	226	13,9	**20,7**	28,4
084	Abbruch- und Rückbauarbeiten	19	**38**	62	2,4	**4,7**	7,7
	Sonstige Leistungsbereiche inkl. 008, 033, 051	2	**8**	29	0,2	**1,0**	3,7

© **BKI** Baukosteninformationszentrum; Erläuterungen zu den Tabellen siehe Seite 30   Kosten: 2.Quartal 2016, Bundesdurchschnitt, **inkl. 19% MwSt.**

Übersicht- 1.-+.2.Ebene
Erweiterung
Umbau
Moderni-sierung
Instand-setzung
Bau-elemente
Abbrechen
Wieder-herstellen
Herstellen

Mehrfamilienhäuser

6100-0598 Mehrfamilienhaus (6 WE)   **BRI** 2.672m³   **BGF** 840m²   **NUF** 565m²

€/m² BGF
min	370 €/m²
von	550 €/m²
Mittel	**800 €/m²**
bis	1.030 €/m²
max	1.210 €/m²

Baujahr: 1985
Bauzustand: mittel
Aufwand: hoch
Nutzung während der Bauzeit: nein
Nutzungsänderung: nein
Grundrissänderungen: umfangreiche
Tragwerkseingriffe: einige

Land: Baden-Württemberg
Kreis: Schwarzwald-Baar
Standard: über Durchschnitt
Bauzeit: 30 Wochen
Kennwerte: bis 3.Ebene DIN276
veröffentlicht: BKI Objektdaten A5
BGF **370 €/m²**

Kosten:
Stand 2.Quartal 2016
Bundesdurchschnitt
inkl. 19% MwSt.

Planung: Architekt Dipl.-Ing. Ulrich Blessing; Hüfingen

Umbau einer Einfamilienvilla zu einem 6-Familienwohnhaus. Die Wohneinheiten sind hochwertig ausgestattet.

Bauwerk - Baukonstruktionen
Herstellen: Deckenbeläge 21%, Innenwandbekleidungen 16%, Außentüren und -fenster 13%, Innentüren und -fenster 12%, Nichttragende Innenwände 7%, Außenwandbekleidungen außen 3%
Wiederherstellen: Außentüren und -fenster 5%, Dachbekleidungen 4%
Sonstige: 20%

Bauwerk - Technische Anlagen
Herstellen: Wasseranlagen 24%, Niederspannungsinstallationsanlagen 21%, Wärmeerzeugungsanlagen 16%, Raumheizflächen 15%, Sonstige 24%

6100-0634 Mehrfamilienhaus (75 WE)   **BRI** 33.477m³   **BGF** 12.119m²   **NUF** 8.443m²

Baujahr: 1926
Bauzustand: schlecht
Aufwand: hoch
Nutzung während der Bauzeit: ja
Nutzungsänderung: nein
Grundrissänderungen: wenige
Tragwerkseingriffe: wenige

Land: Nordrhein-Westfalen
Kreis: Köln
Standard: unter Durchschnitt
Bauzeit: 74 Wochen
Kennwerte: bis 3.Ebene DIN276
veröffentlicht: BKI Objektdaten A8
BGF **366 €/m²**

Planung: ARCHITEKT SCHERER; Köln

Mehrfamilienhaus (75 WE) **Kosteneinfluss Nutzung:** Die beschriebenen Mehrfamilienhäuser sind nur ein Teil der gesamten Siedlung. Die Häuser stehen unter Denkmalschutz.

Bauwerk - Baukonstruktionen
Herstellen: Außentüren und -fenster 16%, Außenwandbekleidungen außen 15%, Dachbeläge 10%, Innenwandbekleidungen 6%, Innentüren und -fenster 6%, Deckenbeläge 5%, Deckenbekleidungen 5%, Dachkonstruktionen 4%, Dachbekleidungen 4%
Wiederherstellen: Außenwandbekleidungen außen 9%
Sonstige: 20%

Bauwerk - Technische Anlagen
Herstellen: Wasseranlagen 20%, Abwasseranlagen 14%, Wärmeverteilnetze 14%, Niederspannungsinstallationsanlagen 12%, Wärmeerzeugungsanlagen 7%, Raumheizflächen 6%, Abwasser -, Wasser - und Gasanlagen, sonstiges 4%, Sonstige 23%

6100-0641 Mehrfamilienhaus (3 WE) **BRI** 1.447m³ **BGF** 549m² **NUF** 356m²

Bauzustand: mittel
Aufwand: mittel
Nutzung während der Bauzeit: ja
Nutzungsänderung: ja
Grundrissänderungen: wenige
Tragwerkseingriffe: wenige

Land: Baden-Württemberg
Kreis: Tübingen
Standard: Durchschnitt
Bauzeit: 26 Wochen
Kennwerte: bis 3.Ebene DIN276
veröffentlicht: BKI Objektdaten A6

BGF **615 €/m²**

Planung: Manderscheid Partnerschaft; Stuttgart

Umbau einer Villa zu einem Mehrfamilienhaus mit 3 Wohneinheiten (288m² WFL).

Bauwerk - Baukonstruktionen
Abbrechen: Abbruchmaßnahmen 5%
Herstellen: Außenwandbekleidungen außen 14%, Innenwandbekleidungen 11%, Deckenbeläge 10%, Dachbeläge 9%, Außentüren und -fenster 6%, Deckenkonstruktionen 5%, Dachkonstruktionen 4%, Dachfenster, Dachöffnungen 4%, Nichttragende Innenwände 3%, Außenwände, sonstiges 3%, Dachbekleidungen 3%, Dächer, sonstiges 2%
Sonstige: 21%

Bauwerk - Technische Anlagen
Herstellen: Wasseranlagen 22%, Niederspannungsinstallationsanlagen 17%, Abwasseranlagen 14%, Raumheizflächen 7%
Wiederherstellen: Abwasseranlagen 19%
Sonstige: 21%

6100-0674 Mehrfamilienhaus (3 WE) **BRI** 1.177m³ **BGF** 508m² **NUF** 279m²

Land: Baden-Württemberg
Kreis: Tübingen
Standard: Durchschnitt
Bauzeit: 74 Wochen
Kennwerte: bis 3.Ebene DIN276
veröffentlicht: BKI Objektdaten A6

BGF **984 €/m²**

Planung: Dipl.-Ing. Architekt Marcus Vollmer; Rottenburg

Umbau und Modernisierung eines Dreifamilienhauses von 1875. Schaffung von abteilbaren und separat erschlossenen Wohnungen.
Kosteneinfluss Grundstück: Blockrandbebauung, Gründerzeit, eine Giebel- und eine Traufseite sind Grenzbebauung.

Bauwerk - Baukonstruktionen
Herstellen: Außenwandbekleidungen außen 15%, Deckenbeläge 14%, Außentüren und -fenster 13%, Innenwandbekleidungen 10%, Dachbeläge 8%, Dachkonstruktionen 8%, Deckenkonstruktionen 5%, Innentüren und -fenster 4%, Deckenbekleidungen 2%, Sonstige 21%

Bauwerk - Technische Anlagen
Herstellen: Wärmeerzeugungsanlagen 25%, Raumheizflächen 24%, Wasseranlagen 18%, Sonstige 33%

Übersicht- · 1.+.2.Ebene · Erweiterung · Umbau · Modernisierung · Instandsetzung · Bauelemente · Abbrechen · Wiederherstellen · Herstellen

Objektübersicht zur Gebäudeart

6100-0704 Umbau Tabakfabrik (19 WE) | **BRI** 17.283m³ **BGF** 5.530m² **NUF** 3.843m²

© Udo Richter Freier Architekt

€/m² BGF

min	370 €/m²
von	550 €/m²
Mittel	**800** €/m²
bis	1.030 €/m²
max	1.210 €/m²

Baujahr: 1900
Bauzustand: mittel
Aufwand: hoch
Nutzung während der Bauzeit: ja
Nutzungsänderung: ja
Grundrissänderungen: umfangreiche
Tragwerkseingriffe: einige

Land: Baden-Württemberg
Kreis: Rhein-Neckar
Standard: über Durchschnitt
Bauzeit: 56 Wochen
Kennwerte: bis 3.Ebene DIN276
veröffentlicht: BKI Objektdaten A8

BGF **1.011 €/m²**

Planung: Dipl.-Ing. Udo Richter Freier Architekt; Heilbronn

Eine Tabakfabrik wurde umgebaut zu einem Wohn- und Geschäftshaus mit einem Getränkeladen, Büroräumen und 19 Wohnungen. **Kosteneinfluss Nutzung:** Die Tiefgarage hat 22 Stellplätze.

Kosten:
Stand 2.Quartal 2016
Bundesdurchschnitt
inkl. 19% MwSt.

Bauwerk - Baukonstruktionen
Abbrechen: Abbruchmaßnahmen 6%
Herstellen: Deckenkonstruktionen 8%, Dachkonstruktionen 8%, Außentüren und -fenster 8%, Elementierte Außenwände 6%, Tragende Außenwände 6%, Dachbeläge 6%, Deckenbeläge 6%, Innenwandbekleidungen 5%, Nichttragende Innenwände 5%, Deckenbekleidungen 4%, Außenwandbekleidungen außen 4%, Tragende Innenwände 3%, Bodenbeläge 2%
Sonstige: 21%

Bauwerk - Technische Anlagen
Herstellen: Wasseranlagen 25%, Niederspannungsinstallationsanlagen 17%, Raumheizflächen 17%, Abwasseranlagen 14%, Sonstige 28%

6100-0717 Mehrfamilienhaus (4 WE) | **BRI** 2.416m³ **BGF** 834m² **NUF** 528m²

© Architekt Peter Schuster

Bauzustand: schlecht
Aufwand: hoch
Nutzung während der Bauzeit: ja
Nutzungsänderung: ja
Grundrissänderungen: umfangreiche
Tragwerkseingriffe: umfangreiche

Land: Baden-Württemberg
Kreis: Ludwigsburg
Standard: Durchschnitt
Bauzeit: 48 Wochen
Kennwerte: bis 3.Ebene DIN276
veröffentlicht: BKI Objektdaten A7

BGF **749 €/m²**

Planung: Architekt Dipl.-Ing. Peter Schuster; Bietigheim-Bissingen

Mehrfamilienhaus mit 4 Wohneinheiten (427m² WFL)

Bauwerk - Baukonstruktionen
Herstellen: Außenwandbekleidungen außen 16%, Deckenkonstruktionen 8%, Deckenbeläge 8%, Außentüren und -fenster 8%, Dachbeläge 7%, Dachkonstruktionen 6%, Innenwandbekleidungen 6%, Tragende Innenwände 5%, Tragende Außenwände 4%, Dachbekleidungen 4%, Innentüren und -fenster 4%, Unterböden und Bodenplatten 3%, Außenwandbekleidungen innen 3%, Sonstige 20%

Bauwerk - Technische Anlagen
Herstellen: Wasseranlagen 28%, Wärmeerzeugungsanlagen 21%, Niederspannungsinstallationsanlagen 15%, Abwasseranlagen 14%, Sonstige 22%

6100-0739 Wohn- und Geschäftshaus (12 WE)   BRI 6.350m³   BGF 1.780m²   NUF 1.187m²

Baujahr: 1938
Bauzustand: gut
Aufwand: mittel
Nutzung während der Bauzeit: nein
Nutzungsänderung: nein
Grundrissänderungen: umfangreiche
Tragwerkseingriffe: keine

Land: Thüringen
Kreis: Apolda
Standard: Durchschnitt
Bauzeit: 43 Wochen
Kennwerte: bis 3.Ebene DIN276
veröffentlicht: BKI Objektdaten A8
BGF **933 €/m²**

Planung: SB - Projekt Apolda Dipl.-Ing. (FH) Kevin Schmidt; Apolda

Umbau eines Wohn- und Geschäftshauses. Neuordnung der Dachgeschosse für Wohnnutzung. **Kosteneinfluss Nutzung:** Veränderung der Wohnungsgrundrisse und Ertüchtigung der Bauelemente nach bau- und brandschutzrechtlich geltenden Vorschriften. Anbau von zwei Balkonanlagen.

Bauwerk - Baukonstruktionen
Herstellen: Deckenbeläge 13%, Außentüren und -fenster 10%, Deckenbekleidungen 9%, Außenwandbekleidungen außen 8%, Nichttragende Innenwände 8%, Innenwandbekleidungen 7%, Dachbeläge 6%, Außenwände, sonstiges 6%, Innentüren und -fenster 5%, Deckenkonstruktionen 4%, Innenstützen 3%, Sonstige 22%

Bauwerk - Technische Anlagen
Herstellen: Wärmeverteilnetze 32%, Niederspannungsinstallationsanlagen 17%, Wasseranlagen 11%, Raumheizflächen 10%, Wärmeerzeugungsanlagen 9%, Sonstige 21%

6100-0979 Mehrfamilienhaus (3 WE)   BRI 1.738m³   BGF 712m²   NUF 401m²

Baujahr: 1900
Bauzustand: schlecht
Aufwand: hoch
Nutzung während der Bauzeit: nein
Nutzungsänderung: ja
Grundrissänderungen: umfangreiche
Tragwerkseingriffe: einige

Land: Sachsen
Kreis: Sächsische Schweiz
Standard: Durchschnitt
Bauzeit: 56 Wochen
Kennwerte: bis 3.Ebene DIN276
veröffentlicht: BKI Objektdaten A9
BGF **949 €/m²**

Planung: Architekturbüro weise bauplanung; Dresden

Umbau eines Zweifamilienhauses mit gewerblichen Nebenräumen zu einem Dreifamilienwohnhaus.

Bauwerk - Baukonstruktionen
Abbrechen: Abbruchmaßnahmen 7%
Herstellen: Deckenkonstruktionen 11%, Tragende Außenwände 8%, Außenwandbekleidungen außen 8%, Außentüren und -fenster 8%, Deckenbeläge 8%, Dachbeläge 6%, Innenwandbekleidungen 5%, Dachkonstruktionen 3%, Innentüren und -fenster 3%, Dachbekleidungen 2%, Tragende Innenwände 2%, Außenwände, sonstiges 2%, Unterböden und Bodenplatten 2%, Sonnenschutz 2%
Sonstige: 21%

Bauwerk - Technische Anlagen
Herstellen: Wasseranlagen 20%, Eigenstromversorgungsanlagen 16%, Niederspannungsinstallationsanlagen 16%, Raumheizflächen 12%, Wärmeerzeugungsanlagen 11%, Sonstige 25%

Übersicht-1.+.2.Ebene
Erweiterung
Umbau
Modernisierung
Instandsetzung
Bauelemente
Abbrechen
Wiederherstellen
Herstellen

6100-1056 Wohngebäude, Kanzlei   **BRI** 1.835m³   **BGF** 594m²   **NUF** 447m²

€/m² BGF

min	370 €/m²
von	550 €/m²
Mittel	**800 €/m²**
bis	1.030 €/m²
max	1.210 €/m²

Kosten:
Stand 2.Quartal 2016
Bundesdurchschnitt
inkl. 19% MwSt.

Baujahr: 1915
Bauzustand: schlecht
Aufwand: mittel
Nutzung während der Bauzeit: nein
Nutzungsänderung: ja
Grundrissänderungen: umfangreiche
Tragwerkseingriffe: umfangreiche

Land: Brandenburg
Kreis: Brandenburg
Standard: Durchschnitt
Bauzeit: 61 Wochen
Kennwerte: bis 3.Ebene DIN276
veröffentlicht: BKI Objektdaten A9
BGF   **780 €/m²**

Planung: braunschweig. architekten; Brandenburg
Umbau von bestehendem Lagergebäude zu Wohnhaus mit Kanzlei.

Bauwerk - Baukonstruktionen
Herstellen: Deckenkonstruktionen 18%, Deckenbeläge 11%, Außenwandbekleidungen außen 10%, Außentüren und -fenster 9%, Dachbeläge 8%, Dachkonstruktionen 7%, Tragende Außenwände 5%, Innenwandbekleidungen 5%, Außenwände, sonstiges 3%, Nichttragende Innenwände 3%, Sonstige 22%

Bauwerk - Technische Anlagen
Herstellen: Wärmeerzeugungsanlagen 21%, Niederspannungsinstallationsanlagen 19%, Raumheizflächen 16%, Abwasseranlagen 12%, Wasseranlagen 9%, Sonstige 24%

6100-0129 Mehrfamilienhaus (8 WE)   **BRI** 11.393m³   **BGF** 3.218m²   **NUF** k.A.

Land: Nordrhein-Westfalen
Kreis: Aachen
Standard: Durchschnitt
Bauzeit: 17 Wochen
Kennwerte: bis 1.Ebene DIN276
veröffentlicht: www.bki.de
BGF   **1.103 €/m²**

Einbau von Gemeindebedarfseinrichtungen im EG und acht Wohnungen im OG.

        Kosten: 2.Quartal 2016, Bundesdurchschnitt, **inkl. 19% MwSt.**

Objektübersicht zur Gebäudeart

6100-0131 Mehrfamilienhaus (14 WE)   BRI 14.054m³   BGF 2.963m²   NUF k.A.

Land: Nordrhein-Westfalen
Kreis: Lippe (Detmold)
Standard: Durchschnitt
Bauzeit: 113 Wochen
Kennwerte: bis 1.Ebene DIN276
veröffentlicht: www.bki.de
BGF   820 €/m²

14 Wohneinheiten (1.041 m²), 3 Gewerbeeinheiten, - Bücherei (241 m²), - Polizeistation (68 m²), - Büronutzung durch Stadt (Amt) (449 m²). **Kosteneinfluss Grundstück:** Stadtmitte, altes Fabrikgebäude (Zigarrenherstellung), ringsum Wohnbebauung.

6100-0133 Wohngebäude, Gewerbe   BRI 8.811m³   BGF 2.564m²   NUF k.A.

Land: Nordrhein-Westfalen
Kreis: Aachen
Standard: Durchschnitt
Bauzeit: 48 Wochen
Kennwerte: bis 1.Ebene DIN276
veröffentlicht: www.bki.de
BGF   758 €/m²

Umbau und Nutzungsänderung des Verwaltungsgebäudes als Wohnhaus, Neubau eines Wohn- und Geschäftshauses mit Hofbebauung und Tiefgarage. **Kosteneinfluss Grundstück:** Sanierungsmischgebiet

6100-0395 Wohn- und Geschäftshaus (6 WE)   BRI 3.655m³   BGF 1.026m²   NUF 660m²

Baujahr: 1905
Bauzustand: schlecht
Aufwand: hoch
Nutzung während der Bauzeit: nein
Nutzungsänderung: ja
Grundrissänderungen: einige
Tragwerkseingriffe: einige

Land: Thüringen
Kreis: Weimar
Standard: Durchschnitt
Bauzeit: 30 Wochen
Kennwerte: bis 1.Ebene DIN276
veröffentlicht: BKI Objektdaten A2
BGF   551 €/m²

Planung: Bauer + Bracke Architekten BDA Bauer, Karsten; Weimar

Wohngebäude, im Erdgeschoss wurde eine große Wohnung zu zwei Büroeinheiten umgebaut. **Kosteneinfluss Nutzung:** Vernachlässigte Bausubstanz, jahrelang unbewohnt.

Objektübersicht zur Gebäudeart

6100-0508 Mehrfamilienhaus (5 WE), 2 Läden   **BRI** 2.053m³   **BGF** 658m²   **NUF** 473m²

€/m² BGF

min	370 €/m²
von	550 €/m²
Mittel	**800 €/m²**
bis	1.030 €/m²
max	1.210 €/m²

Kosten:
Stand 2.Quartal 2016
Bundesdurchschnitt
inkl. 19% MwSt.

Land: Baden-Württemberg
Kreis: Reutlingen
Standard: Durchschnitt
Bauzeit: 130 Wochen
Kennwerte: bis 2.Ebene DIN276
veröffentlicht: BKI Objektdaten A4
BGF   **1.205 €/m²**

Planung: Hartmaier + Partner Freie Architekten; Münsingen

Umbau bestehendes Ökonomiegebäude zu Wohngebäude mit zwei Läden und Anbau Carport mit Doppelparksystem.
Kosteneinfluss Grundstück: Umbau vorhandenes Gebäude in Ortschaftsmitte.

6100-1074 Mehrgenerationenhaus (25 WE), Café, Beratung   **BRI** 14.990m³   **BGF** 5.098m²   **NUF** 2.767m²

Baujahr: 1938
Bauzustand: schlecht
Aufwand: hoch
Nutzung während der Bauzeit: nein
Nutzungsänderung: ja
Grundrissänderungen: umfangreiche
Tragwerkseingriffe: einige

Land: Berlin
Kreis: Berlin
Standard: unter Durchschnitt
Bauzeit: 82 Wochen
Kennwerte: bis 1.Ebene DIN276
veröffentlicht: BKI Objektdaten A9
BGF   **748 €/m²**

Planung: roedig . schop architekten gbr; Berlin

Mehrgenerationenhaus mit 25 Wohneinheiten (1.505m² WFL), Apartments, Wohngemeinschaft, Beratungsräume, Kiezcafé, Bibliothek

© **BKI** Baukosteninformationszentrum; Erläuterungen zu den Tabellen siehe Seite 32   Kosten: 2.Quartal 2016, Bundesdurchschnitt, **inkl. 19% MwSt.**

Übersicht-
1.+2.Ebene

Erweiterung

Umbau

Moderni-
sierung

Instand-
setzung

Bau-
elemente

Abbrechen

Wieder-
herstellen

Herstellen

Umbauten

Wohnungen

BRI 180 €/m³
von 155 €/m³
bis 190 €/m³

BGF 560 €/m²
von 420 €/m²
bis 700 €/m²

NUF 860 €/m²
von 700 €/m²
bis 1.200 €/m²

NE 1.030 €/NE
von 760 €/NE
bis 1.540 €/NE
NE: Wohnfläche

Objektbeispiele

Kosten:
Stand 2.Quartal 2016
Bundesdurchschnitt
inkl. 19% MwSt.

6100-0881

6400-0051

6100-0461

Kosten der 4 Vergleichsobjekte — Seiten 244 bis 245

- • KKW
- ▶ min
- ▷ von
- | Mittelwert
- ◁ bis
- ◀ max

BRI
0 50 100 150 200 250 300 350 400 450 500 €/m³ BRI

BGF
300 350 400 450 500 550 600 650 700 750 800 €/m² BGF

NUF
400 500 600 700 800 900 1000 1100 1200 1300 1400 €/m² NUF

Kostenkennwerte für die Kostengruppen der 1. und 2.Ebene DIN 276

KG	Kostengruppen der 1. Ebene	Einheit	▷	€/Einheit	◁	▷	% an 300+400	◁
100	Grundstück	m² GF						
200	Herrichten und Erschließen	m² GF	–	0	–	–	4,1	–
300	Bauwerk - Baukonstruktionen	m² BGF	258	**420**	562	52,4	**71,8**	79,0
400	Bauwerk - Technische Anlagen	m² BGF	133	**144**	176	21,0	**28,2**	47,6
	Bauwerk (300+400)	m² BGF	423	**565**	699		**100,0**	
500	Außenanlagen	m² AF	–	**23**	–	–	2,2	–
600	Ausstattung und Kunstwerke	m² BGF	0	**8**	17	0,1	**1,7**	3,2
700	Baunebenkosten	m² BGF						

KG	Kostengruppen der 2. Ebene	Einheit	▷	€/Einheit	◁	▷	% an 300	◁
310	Baugrube	m³ BGI	–	**–**	–	–	**–**	–
320	Gründung	m² GRF	–	**146**	–	–	**1,3**	–
330	Außenwände	m² AWF	86	**202**	294	13,7	**26,5**	38,6
340	Innenwände	m² IWF	52	**113**	174	14,2	**18,5**	28,6
350	Decken	m² DEF	120	**179**	250	17,0	**24,9**	34,2
360	Dächer	m² DAF	208	**279**	350	5,3	**19,7**	32,0
370	Baukonstruktive Einbauten	m² BGF	3	**31**	87	0,7	**6,3**	22,9
390	Sonstige Baukonstruktionen	m² BGF	8	**20**	45	1,0	**2,8**	7,5
300	**Bauwerk Baukonstruktionen**	**m² BGF**					**100,0**	

KG	Kostengruppen der 2. Ebene	Einheit	▷	€/Einheit	◁	▷	% an 400	◁
410	Abwasser, Wasser, Gas	m² BGF	28	**36**	43	14,0	**25,6**	31,7
420	Wärmeversorgungsanlagen	m² BGF	62	**78**	97	47,1	**53,6**	60,0
430	Lufttechnische Anlagen	m² BGF	–	**–**	–	–	**–**	–
440	Starkstromanlagen	m² BGF	15	**28**	41	11,4	**19,2**	26,5
450	Fernmeldeanlagen	m² BGF	2	**3**	5	0,3	**1,6**	3,1
460	Förderanlagen	m² BGF	–	**–**	–	–	**–**	–
470	Nutzungsspezifische Anlagen	m² BGF	–	**–**	–	–	**–**	–
480	Gebäudeautomation	m² BGF	–	**–**	–	–	**–**	–
490	Sonstige Technische Anlagen	m² BGF	–	**–**	–	–	**–**	–
400	**Bauwerk Technische Anlagen**	**m² BGF**					**100,0**	

Prozentanteile der Kosten der 2.Ebene an den Kosten des Bauwerks nach DIN 276 (Von-, Mittel-, Bis-Werte)

310	Baugrube	
320	Gründung	1,1
330	Außenwände	19,6
340	Innenwände	13,1
350	Decken	17,6
360	Dächer	13,6
370	Baukonstruktive Einbauten	4,6
390	Sonstige Baukonstruktionen	2,2
410	Abwasser, Wasser, Gas	6,4
420	Wärmeversorgungsanlagen	15,3
430	Lufttechnische Anlagen	
440	Starkstromanlagen	6,0
450	Fernmeldeanlagen	0,4
460	Förderanlagen	
470	Nutzungsspezifische Anlagen	
480	Gebäudeautomation	
490	Sonstige Technische Anlagen	

15%   30%   45%   60%

Kostenkennwerte für die Kostengruppen der 3.Ebene DIN 276

KG	Kostengruppen der 3. Ebene	Einheit	▷	Ø €/Einheit	◁	▷	Ø €/m² BGF	◁
352	Deckenbeläge	m²	102,32	**129,21**	161,17	48,70	**69,52**	129,25
334	Außentüren und -fenster	m²	467,24	**568,55**	864,30	23,11	**49,60**	80,17
335	Außenwandbekleidungen außen	m²	42,83	**69,60**	96,37	26,13	**47,21**	68,28
363	Dachbeläge	m²	83,93	**121,03**	195,00	19,30	**45,70**	92,57
421	Wärmeerzeugungsanlagen	m²	35,16	**42,65**	50,86	35,16	**42,65**	50,86
364	Dachbekleidungen	m²	54,36	**78,51**	120,22	10,85	**32,36**	43,96
325	Bodenbeläge	m²	–	**141,30**	–	–	**31,22**	–
371	Allgemeine Einbauten	m²	2,63	**30,87**	87,30	2,63	**30,87**	87,30
336	Außenwandbekleidungen innen	m²	35,57	**56,73**	108,69	15,63	**29,81**	66,89
351	Deckenkonstruktionen	m²	419,72	**467,77**	515,83	6,70	**29,13**	51,56
331	Tragende Außenwände	m²	152,11	**195,54**	238,97	17,17	**28,85**	40,52
344	Innentüren und -fenster	m²	269,32	**397,27**	704,10	11,47	**28,01**	76,19
444	Niederspannungsinstallationsanl.	m²	14,25	**26,82**	40,19	14,25	**26,82**	40,19
412	Wasseranlagen	m²	20,44	**25,46**	36,68	20,44	**25,46**	36,68
361	Dachkonstruktionen	m²	23,82	**91,19**	225,86	4,81	**24,62**	62,66
392	Gerüste	m²	8,90	**21,75**	34,59	8,90	**21,75**	34,59
342	Nichttragende Innenwände	m²	44,30	**73,90**	88,95	0,70	**19,23**	29,67
423	Raumheizflächen	m²	16,09	**17,18**	18,06	16,09	**17,18**	18,06
345	Innenwandbekleidungen	m²	21,61	**50,55**	130,20	12,30	**16,82**	21,28
422	Wärmeverteilnetze	m²	7,70	**16,75**	42,37	7,70	**16,75**	42,37
341	Tragende Innenwände	m²	64,04	**127,24**	190,03	6,19	**12,85**	17,67
359	Decken, sonstiges	m²	7,67	**28,69**	70,08	5,27	**11,84**	21,34
411	Abwasseranlagen	m²	8,26	**9,92**	11,41	8,26	**9,92**	11,41
353	Deckenbekleidungen	m²	5,41	**22,37**	39,34	3,91	**9,21**	14,51
332	Nichttragende Außenwände	m²	119,49	**135,95**	152,40	5,78	**8,22**	10,66
396	Materialentsorgung	m²	–	**8,08**	–	–	**8,08**	–
339	Außenwände, sonstiges	m²	–	**9,88**	–	–	**7,99**	–
346	Elementierte Innenwände	m²	–	**277,60**	–	–	**7,25**	–
394	Abbruchmaßnahmen	m²	–	**6,89**	–	–	**6,89**	–
429	Wärmeversorgungsanl., sonstiges	m²	–	**6,30**	–	–	**6,30**	–
362	Dachfenster, Dachöffnungen	m²	676,57	**1.469,20**	2.261,84	2,27	**3,12**	3,96
456	Gefahrenmelde- und Alarmanlagen	m²	–	**2,92**	–	–	**2,92**	–
445	Beleuchtungsanlagen	m²	1,70	**2,90**	4,09	1,70	**2,90**	4,09
391	Baustelleneinrichtung	m²	–	**1,43**	–	–	**1,43**	–
455	Fernseh- und Antennenanlagen	m²	1,07	**1,38**	1,55	1,07	**1,38**	1,55
451	Telekommunikationsanlagen	m²	0,49	**1,08**	1,67	0,49	**1,08**	1,67
324	Unterböden und Bodenplatten	m²	–	**0,00**	–	–	**1,04**	–
393	Sicherungsmaßnahmen	m²	–	**0,92**	–	–	**0,92**	–
413	Gasanlagen	m²	–	**0,88**	–	–	**0,88**	–
397	Zusätzliche Maßnahmen	m²	–	**0,32**	–	–	**0,32**	–
452	Such- und Signalanlagen	m²	–	**0,26**	–	–	**0,26**	–
446	Blitzschutz- und Erdungsanlagen	m²	–	**0,18**	–	–	**0,18**	–

Kosten:
Stand 2.Quartal 2016
Bundesdurchschnitt
inkl. 19% MwSt.

▷ von
Ø Mittel
◁ bis

© **BKI** Baukosteninformationszentrum; Erläuterungen zu den Tabellen siehe Seite 28

Kosten: 2.Quartal 2016, Bundesdurchschnitt, **inkl. 19% MwSt.**

LB	Leistungsbereiche	▷	€/m² BGF	◁	▷	% an 300+400	◁
000	Sicherheits-, Baustelleneinrichtungen inkl. 001	2	9	9	0,3	1,6	1,6
002	Erdarbeiten	–	0	–	–	0,0	–
006	Spezialtiefbauarbeiten inkl. 005	–	–	–	–	–	–
009	Entwässerungskanalarbeiten inkl. 011	–	–	–	–	–	–
010	Drän- und Versickerungsarbeiten	–	–	–	–	–	–
012	Mauerarbeiten	10	28	45	1,8	4,9	8,0
013	Betonarbeiten	–	1	2	–	0,1	0,3
014	Natur-, Betonwerksteinarbeiten	–	1	–	–	0,1	–
016	Zimmer- und Holzbauarbeiten	10	32	32	1,8	5,7	5,7
017	Stahlbauarbeiten	–	9	–	–	1,6	–
018	Abdichtungsarbeiten	–	0	–	–	0,0	–
020	Dachdeckungsarbeiten	–	–	–	–	–	–
021	Dachabdichtungsarbeiten	2	12	12	0,4	2,1	2,1
022	Klempnerarbeiten	3	10	17	0,5	1,8	2,9
	Rohbau	26	101	193	4,5	17,9	34,2
023	Putz- und Stuckarbeiten, Wärmedämmsysteme	4	23	42	0,7	4,1	7,4
024	Fliesen- und Plattenarbeiten	19	26	26	3,4	4,7	4,7
025	Estricharbeiten	0	9	19	0,0	1,6	3,4
026	Fenster, Außentüren inkl. 029, 032	0	27	55	0,0	4,8	9,7
027	Tischlerarbeiten	16	71	145	2,8	12,6	25,7
028	Parkettarbeiten, Holzpflasterarbeiten	5	34	34	0,8	6,1	6,1
030	Rollladenarbeiten	–	–	–	–	–	–
031	Metallbauarbeiten inkl. 035	0	13	28	0,0	2,4	4,9
034	Maler- und Lackiererarbeiten inkl. 037	4	13	21	0,7	2,4	3,7
036	Bodenbelagarbeiten	4	23	23	0,7	4,1	4,1
038	Vorgehängte hinterlüftete Fassaden	–	8	–	–	1,5	–
039	Trockenbauarbeiten	26	42	58	4,6	7,4	10,3
	Ausbau	220	291	364	39,0	51,5	64,5
040	Wärmeversorgungsanl. - Betriebseinr. inkl. 041	54	54	56	9,6	9,6	9,9
042	Gas- und Wasserinstallation, Leitungen inkl. 043	12	40	40	2,1	7,2	7,2
044	Abwasserinstallationsarbeiten - Leitungen	4	9	9	0,7	1,6	1,6
045	GWA-Einrichtungsgegenstände inkl. 046	4	16	27	0,8	2,9	4,7
047	Dämmarbeiten an betriebstechnischen Anlagen	–	1	–	–	0,1	–
049	Feuerlöschanlagen, Feuerlöschgeräte	–	–	–	–	–	–
050	Blitzschutz- und Erdungsanlagen	–	0	–	–	0,0	–
053	Niederspannungsanlagen inkl. 052, 054	13	33	58	2,3	5,8	10,3
055	Ersatzstromversorgungsanlagen	–	–	–	–	–	–
057	Gebäudesystemtechnik	–	–	–	–	–	–
058	Leuchten und Lampen inkl. 059	0	1	1	0,0	0,3	0,3
060	Elektroakustische Anlagen, Sprechanlagen	0	1	2	0,0	0,2	0,3
061	Kommunikationsnetze, inkl. 062	0	1	2	0,0	0,2	0,4
063	Gefahrenmeldeanlagen	–	1	–	–	0,1	–
069	Aufzüge	–	–	–	–	–	–
070	Gebäudeautomation	–	–	–	–	–	–
075	Raumlufttechnische Anlagen	–	–	–	–	–	–
	Technische Anlagen	115	157	157	20,4	27,8	27,8
084	Abbruch- und Rückbauarbeiten	0	10	22	0,0	1,9	4,0
	Sonstige Leistungsbereiche inkl. 008, 033, 051	5	5	7	0,9	0,9	1,2

Übersicht 1.+2.Ebene · Erweiterung · Umbau · Modernisierung · Instandsetzung · Bauelemente · Abbrechen · Wiederherstellen · Herstellen

Umbauten

Wohnungen

€/m² BGF

min	370	€/m²
von	420	€/m²
Mittel	**560**	**€/m²**
bis	700	€/m²
max	740	€/m²

Kosten:
Stand 2.Quartal 2016
Bundesdurchschnitt
inkl. 19% MwSt.

6100-0461 Zweifamilienhaus (1 WE)   BRI 447m³   BGF 159m²   NUF 101m²

Baujahr: 16. Jhd.
Bauzustand: mittel
Aufwand: hoch
Nutzung während der Bauzeit: nein
Nutzungsänderung: nein
Grundrissänderungen: umfangreiche
Tragwerkseingriffe: keine

Land: Bayern
Kreis: Donau-Ries
Standard: Durchschnitt
Bauzeit: 17 Wochen
Kennwerte: bis 3.Ebene DIN276
veröffentlicht: BKI Objektdaten A3
BGF   **515 €/m²**

Planung: Planungsgruppe 5.4.3 Architekten & Ingenieure GbR; Freilassing

Wohnung in einem im 16. Jhd. erbauten Gebäude. **Kosteneinfluss Nutzung:** Die Kosten werden nur auf die BGF des umgebauten Bereiches umgelegt. **Kosteneinfluss Grundstück:** Das Gebäude liegt im Bereich der Nördlinger Altstadt. Dieser Bereich unterliegt dem Denkmalschutz.

Bauwerk - Baukonstruktionen
Deckenbeläge 34%, Allgemeine Einbauten 23%, Innentüren und -fenster 20%, Sonstige 23%

Bauwerk - Technische Anlagen
Wärmeerzeugungsanlagen 28%, Niederspannungs-installationsanlagen 24%, Wasseranlagen 17%, Sonstige 30%

6100-0568 Maisonette-Wohnung   BRI 396m³   BGF 125m²   NUF 95m²

Bauzustand: mittel
Aufwand: mittel
Nutzung während der Bauzeit: ja
Nutzungsänderung: nein
Grundrissänderungen: einige
Tragwerkseingriffe: einige

Land: Sachsen
Kreis: Riesa-Großenhain
Standard:
Bauzeit: 26 Wochen
Kennwerte: bis 3.Ebene DIN276
veröffentlicht: BKI Objektdaten A5
BGF   **630 €/m²**

Planung: Architekt Konrad Hardt; Großenhain

Umbau eines Innenhofgebäudes zu einer Wohneinheit über zwei Geschosse mit 95m² Wohnfläche.

Bauwerk - Baukonstruktionen
Herstellen: Dachbeläge 17%, Deckenbeläge 11%, Dach-konstruktionen 11%, Außentüren und -fenster 11%, Deckenkonstruktionen 10%, Außenwandbekleidungen außen 5%, Außenwandbekleidungen innen 5%, Tragende Außenwände 5%, Nichttragende Innenwände 4%, Sonstige 20%

Bauwerk - Technische Anlagen
Herstellen: Wasseranlagen 28%, Wärmeerzeugungs-anlagen 26%, Niederspannungsinstallationsanlagen 15%, Sonstige 31%

6100-0881 Wohnloft | BRI 1.234m³ | BGF 308m² | NUF 191m²

© qbatur Planungsbüro GmbH

Baujahr: 1900
Bauzustand: schlecht
Aufwand: hoch
Nutzung während der Bauzeit: nein
Nutzungsänderung: ja
Grundrissänderungen: umfangreiche
Tragwerkseingriffe: keine

Land: Sachsen-Anhalt
Kreis: Harz
Standard: Durchschnitt
Bauzeit: 30 Wochen
Kennwerte: bis 3.Ebene DIN276
veröffentlicht: BKI Objektdaten A8
BGF   **743 €/m²**

Planung: qbatur Planungsbüro GmbH; Quedlinburg

Ein Möbelgeschäft wurde zu einem Wohnloft umgebaut, die Werkstatt musste erhalten werden. **Kosteneinfluss Nutzung:** Die Fassade steht unter Denkmalschutz, als Teil eines UNESCO-Weltkulturerbes.

Bauwerk - Baukonstruktionen
Herstellen: Außentüren und -fenster 15%, Außenwandbekleidungen außen 11%, Außenwandbekleidungen innen 11%, Deckenbeläge 7%, Dachbekleidungen 6%, Gerüste 6%, Bodenbeläge 5%, Nichttragende Innenwände 5%, Dachbeläge 4%, Decken, sonstiges 4%, Innenwandbekleidungen 4%, Sonstige 22%

Bauwerk - Technische Anlagen
Herstellen: Wärmeerzeugungsanlagen 38%, Wasseranlagen 18%, Raumheizflächen 13%, Abwasseranlagen 8%, Sonstige 23%

6400-0051 Jugendräume | BRI 510m³ | BGF 214m² | NUF 132m²

© Planungsgruppe 5.4.3 Architekten & Ingenieure GbR

Bauzustand: mittel
Aufwand: mittel
Nutzung während der Bauzeit: nein
Nutzungsänderung: ja
Grundrissänderungen: wenige
Tragwerkseingriffe: einige

Land: Bayern
Kreis: Donau-Ries
Standard: Durchschnitt
Bauzeit: 56 Wochen
Kennwerte: bis 3.Ebene DIN276
veröffentlicht: BKI Objektdaten A3
BGF   **370 €/m²**

Planung: Planungsgruppe 5.4.3 Architekten & Ingenieure GbR; Freilassing

Dachgeschossausbau für ein Jugendzentrum mit 6 Gruppenräumen, Teeküche und Sanitärräumen.

Bauwerk - Baukonstruktionen
Deckenbeläge 25%, Dachbekleidungen 24%, Außentüren und -fenster 19%, Innenwandbekleidungen 10%, Sonstige 21%

Bauwerk - Technische Anlagen
Wärmeerzeugungsanlagen 26%, Niederspannungsinstallationsanlagen 25%, Wärmeverteilnetze 24%, Sonstige 25%

Übersicht 1. + 2.Ebene
Erweiterung
Umbau
Modernisierung
Instandsetzung
Bauelemente
Abbrechen
Wiederherstellen
Herstellen

Umbauten

Gewerbegebäude

BRI 220 €/m³	**BGF** 900 €/m²	**NUF** 1.270 €/m²
von 130 €/m³	von 640 €/m²	von 870 €/m²
bis 280 €/m³	bis 1.120 €/m²	bis 1.880 €/m²

Objektbeispiele

Kosten:
Stand 2.Quartal 2016
Bundesdurchschnitt
inkl. 19% MwSt.

7300-0064

7200-0061

7300-0017

Kosten der 13 Vergleichsobjekte

Seiten 250 bis 254

- KKW
- ▶ min
- ▷ von
- | Mittelwert
- ◁ bis
- ◀ max

BRI
0 | 50 | 100 | 150 | 200 | 250 | 300 | 350 | 400 | 450 | 500 €/m³ BRI

BGF
400 | 500 | 600 | 700 | 800 | 900 | 1000 | 1100 | 1200 | 1300 | 1400 €/m² BGF

NUF
400 | 600 | 800 | 1000 | 1200 | 1400 | 1600 | 1800 | 2000 | 2200 | 2400 €/m² NUF

© **BKI** Baukosteninformationszentrum; Erläuterungen zu den Tabellen siehe Seite 24   Kosten: 2.Quartal 2016, Bundesdurchschnitt, **inkl. 19% MwSt.**

Kostenkennwerte für die Kostengruppen der 1. und 2.Ebene DIN 276

KG	Kostengruppen der 1. Ebene	Einheit	▷	€/Einheit	◁	▷	% an 300+400	◁
100	Grundstück	m² GF						
200	Herrichten und Erschließen	m² GF	5	**66**	152	1,4	**5,2**	9,9
300	Bauwerk - Baukonstruktionen	m² BGF	419	**613**	830	54,5	**68,0**	81,7
400	Bauwerk - Technische Anlagen	m² BGF	127	**283**	405	18,3	**32,0**	45,5
	Bauwerk (300+400)	m² BGF	640	**896**	1.117		**100,0**	
500	Außenanlagen	m² AF	45	**194**	622	0,8	**2,1**	5,4
600	Ausstattung und Kunstwerke	m² BGF	14	**71**	216	1,3	**6,9**	22,0
700	Baunebenkosten	m² BGF						

KG	Kostengruppen der 2. Ebene	Einheit	▷	€/Einheit	◁	▷	% an 300	◁
310	Baugrube	m³ BGI	–	**–**	–	–	**–**	–
320	Gründung	m² GRF	9	**78**	112	0,2	**9,9**	21,5
330	Außenwände	m² AWF	176	**387**	548	15,4	**27,5**	60,2
340	Innenwände	m² IWF	112	**135**	160	14,7	**19,3**	31,9
350	Decken	m² DEF	213	**286**	423	6,9	**23,3**	67,0
360	Dächer	m² DAF	94	**193**	245	0,4	**13,2**	26,5
370	Baukonstruktive Einbauten	m² BGF	–	**5**	–	–	**0,2**	–
390	Sonstige Baukonstruktionen	m² BGF	11	**39**	67	2,0	**6,5**	10,4
300	**Bauwerk Baukonstruktionen**	**m² BGF**					**100,0**	

KG	Kostengruppen der 2. Ebene	Einheit	▷	€/Einheit	◁	▷	% an 400	◁
410	Abwasser, Wasser, Gas	m² BGF	31	**46**	52	10,7	**12,6**	15,0
420	Wärmeversorgungsanlagen	m² BGF	44	**61**	85	11,0	**17,4**	23,9
430	Lufttechnische Anlagen	m² BGF	61	**106**	157	14,5	**27,7**	33,2
440	Starkstromanlagen	m² BGF	52	**97**	140	15,6	**25,8**	35,1
450	Fernmeldeanlagen	m² BGF	7	**13**	18	1,8	**3,7**	5,5
460	Förderanlagen	m² BGF	2	**7**	14	0,0	**1,4**	3,1
470	Nutzungsspezifische Anlagen	m² BGF	1	**37**	52	3,2	**10,5**	17,3
480	Gebäudeautomation	m² BGF	–	**–**	–	–	**–**	–
490	Sonstige Technische Anlagen	m² BGF	0	**6**	11	0,0	**0,9**	3,4
400	**Bauwerk Technische Anlagen**	**m² BGF**					**100,0**	

Prozentanteile der Kosten der 2.Ebene an den Kosten des Bauwerks nach DIN 276 (Von-, Mittel-, Bis-Werte)

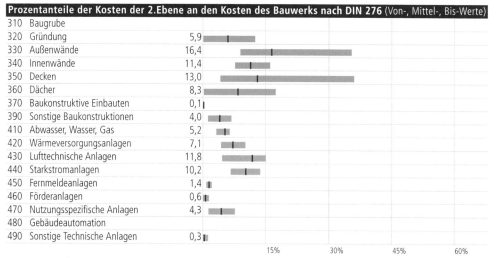

310	Baugrube	
320	Gründung	5,9
330	Außenwände	16,4
340	Innenwände	11,4
350	Decken	13,0
360	Dächer	8,3
370	Baukonstruktive Einbauten	0,1
390	Sonstige Baukonstruktionen	4,0
410	Abwasser, Wasser, Gas	5,2
420	Wärmeversorgungsanlagen	7,1
430	Lufttechnische Anlagen	11,8
440	Starkstromanlagen	10,2
450	Fernmeldeanlagen	1,4
460	Förderanlagen	0,6
470	Nutzungsspezifische Anlagen	4,3
480	Gebäudeautomation	
490	Sonstige Technische Anlagen	0,3

15%   30%   45%   60%

Übersicht 1.+2.Ebene

Erweiterung

Umbau

Modernisierung

Instandsetzung

Bauelemente

Abbrechen

Wiederherstellen

Herstellen

Kostenkennwerte für die Kostengruppen der 3.Ebene DIN 276

Kosten:
Stand 2.Quartal 2016
Bundesdurchschnitt
inkl. 19% MwSt.

KG	Kostengruppen der 3. Ebene	Einheit	▷	Ø €/Einheit	◁	▷	Ø €/m² BGF	◁
432	Teilklimaanlagen	m²	–	178,65	–	–	178,65	–
337	Elementierte Außenwände	m²	465,11	726,53	987,94	119,91	161,41	202,91
431	Lüftungsanlagen	m²	33,00	77,47	101,89	33,00	77,47	101,89
351	Deckenkonstruktionen	m²	141,87	1.089,28	2.983,75	24,13	75,35	177,64
353	Deckenbekleidungen	m²	89,60	104,02	118,44	17,41	58,97	100,52
352	Deckenbeläge	m²	79,67	141,32	253,65	11,71	58,56	87,23
325	Bodenbeläge	m²	9,34	69,61	99,91	1,69	56,78	84,55
362	Dachfenster, Dachöffnungen	m²	–	518,86	–	–	49,07	–
445	Beleuchtungsanlagen	m²	20,93	44,45	105,13	20,93	44,45	105,13
444	Niederspannungsinstallationsanl.	m²	23,81	42,24	60,17	23,81	42,24	60,17
394	Abbruchmaßnahmen	m²	–	40,81	–	–	40,81	–
471	Küchentechnische Anlagen	m²	–	38,04	–	–	38,04	–
334	Außentüren und -fenster	m²	580,10	787,45	1.297,01	7,29	36,37	48,99
342	Nichttragende Innenwände	m²	69,08	111,68	233,77	26,29	35,00	43,46
363	Dachbeläge	m²	66,14	281,51	693,95	1,49	32,59	94,79
412	Wasseranlagen	m²	24,05	32,11	50,46	24,05	32,11	50,46
421	Wärmeerzeugungsanlagen	m²	16,06	28,00	33,98	16,06	28,00	33,98
396	Materialentsorgung	m²	–	26,73	–	–	26,73	–
361	Dachkonstruktionen	m²	48,98	257,93	675,80	0,63	26,70	40,62
475	Feuerlöschanlagen	m²	0,05	24,49	48,93	0,05	24,49	48,93
422	Wärmeverteilnetze	m²	6,53	23,30	30,72	6,53	23,30	30,72
345	Innenwandbekleidungen	m²	17,39	25,40	35,60	14,56	21,25	27,57
473	Medienversorgungsanlagen	m²	18,05	20,46	22,87	18,05	20,46	22,87
364	Dachbekleidungen	m²	68,71	76,55	91,45	6,84	20,44	40,81
335	Außenwandbekleidungen außen	m²	18,78	42,48	66,17	2,30	19,31	36,32
341	Tragende Innenwände	m²	160,46	220,77	327,21	8,96	18,27	35,48
344	Innentüren und -fenster	m²	487,94	624,17	742,81	11,72	17,26	31,81
477	Prozesswärme-, -kälte- und -luftanlagen	m²	–	15,60	–	–	15,60	–
423	Raumheizflächen	m²	3,76	15,03	18,91	3,76	15,03	18,91
443	Niederspannungsschaltanlagen	m²	10,11	13,54	16,96	10,11	13,54	16,96
338	Sonnenschutz	m²	–	387,02	–	–	13,39	–
346	Elementierte Innenwände	m²	230,62	319,24	381,86	4,80	12,33	24,52
433	Klimaanlagen	m²	–	12,19	–	–	12,19	–
411	Abwasseranlagen	m²	5,86	11,89	14,10	5,86	11,89	14,10
391	Baustelleneinrichtung	m²	4,18	10,95	17,60	4,18	10,95	17,60
497	Zusätzliche Maßnahmen	m²	–	10,73	–	–	10,73	–
397	Zusätzliche Maßnahmen	m²	7,51	10,37	16,02	7,51	10,37	16,02
441	Hoch- u. Mittelspannungsanlagen	m²	–	9,73	–	–	9,73	–
331	Tragende Außenwände	m²	156,91	246,95	401,18	2,05	9,35	23,12
324	Unterböden und Bodenplatten	m²	151,46	213,29	275,11	4,83	8,83	12,82
456	Gefahrenmelde- und Alarmanlagen	m²	3,04	6,34	14,71	3,04	6,34	14,71
461	Aufzugsanlagen	m²	1,03	5,32	13,73	1,03	5,32	13,73
379	Baukonstr. Einbauten, sonstiges	m²	–	4,98	–	–	4,98	–
336	Außenwandbekleidungen innen	m²	9,70	13,97	18,22	0,25	4,78	6,79
392	Gerüste	m²	0,29	4,38	6,57	0,29	4,38	6,57
465	Krananlagen	m²	–	3,99	–	–	3,99	–
454	Elektroakustische Anlagen	m²	2,17	3,64	5,11	2,17	3,64	5,11
419	Abwasser-, Wasser- und Gas- anlagen, sonstiges	m²	1,49	3,39	5,28	1,49	3,39	5,28

▷ von
Ø Mittel
◁ bis

© **BKI** Baukosteninformationszentrum; Erläuterungen zu den Tabellen siehe Seite 28   Kosten: 2.Quartal 2016, Bundesdurchschnitt, **inkl. 19% MwSt.**

Kostenkennwerte für Leistungsbereiche nach StLB (Kosten des Bauwerks nach DIN 276)

LB	Leistungsbereiche	▷	€/m² BGF	◁	▷	% an 300+400	◁
000	Sicherheits-, Baustelleneinrichtungen inkl. 001	4	**10**	15	0,5	**1,1**	1,7
002	Erdarbeiten	–	**–**	–	–	**–**	–
006	Spezialtiefbauarbeiten inkl. 005	–	**–**	–	–	**–**	–
009	Entwässerungskanalarbeiten inkl. 011	0	**4**	9	0,0	**0,4**	1,0
010	Drän- und Versickerungsarbeiten	–	**–**	–	–	**–**	–
012	Mauerarbeiten	9	**27**	45	1,0	**3,0**	5,1
013	Betonarbeiten	10	**18**	26	1,1	**2,0**	2,9
014	Natur-, Betonwerksteinarbeiten	0	**1**	3	0,0	**0,2**	0,3
016	Zimmer- und Holzbauarbeiten	–	**14**	–	–	**1,5**	–
017	Stahlbauarbeiten	1	**9**	9	0,1	**1,0**	1,0
018	Abdichtungsarbeiten	–	**0**	–	–	**0,0**	–
020	Dachdeckungsarbeiten	–	**11**	–	–	**1,3**	–
021	Dachabdichtungsarbeiten	–	**0**	–	–	**0,1**	–
022	Klempnerarbeiten	1	**23**	23	0,1	**2,5**	2,5
	Rohbau	48	**118**	206	5,4	**13,2**	23,0
023	Putz- und Stuckarbeiten, Wärmedämmsysteme	8	**17**	17	0,9	**1,9**	1,9
024	Fliesen- und Plattenarbeiten	4	**13**	23	0,4	**1,5**	2,6
025	Estricharbeiten	10	**25**	25	1,1	**2,8**	2,8
026	Fenster, Außentüren inkl. 029, 032	31	**90**	90	3,4	**10,0**	10,0
027	Tischlerarbeiten	1	**6**	6	0,1	**0,7**	0,7
028	Parkettarbeiten, Holzpflasterarbeiten	–	**4**	–	–	**0,4**	–
030	Rollladenarbeiten	–	**0**	–	–	**0,0**	–
031	Metallbauarbeiten inkl. 035	17	**77**	138	1,9	**8,6**	15,4
034	Maler- und Lackiererarbeiten inkl. 037	17	**29**	41	1,9	**3,3**	4,5
036	Bodenbelagarbeiten	4	**33**	64	0,4	**3,7**	7,2
038	Vorgehängte hinterlüftete Fassaden	–	**–**	–	–	**–**	–
039	Trockenbauarbeiten	55	**77**	99	6,2	**8,5**	11,0
	Ausbau	350	**373**	373	39,1	**41,7**	41,7
040	Wärmeversorgungsanl. - Betriebseinr. inkl. 041	39	**59**	78	4,4	**6,6**	8,7
042	Gas- und Wasserinstallation, Leitungen inkl. 043	10	**18**	18	1,1	**2,0**	2,0
044	Abwasserinstallationsarbeiten - Leitungen	4	**6**	6	0,4	**0,7**	0,7
045	GWA-Einrichtungsgegenstände inkl. 046	8	**14**	14	0,9	**1,5**	1,5
047	Dämmarbeiten an betriebstechnischen Anlagen	2	**10**	19	0,3	**1,1**	2,2
049	Feuerlöschanlagen, Feuerlöschgeräte	–	**10**	–	–	**1,1**	–
050	Blitzschutz- und Erdungsanlagen	0	**1**	1	0,0	**0,1**	0,1
053	Niederspannungsanlagen inkl. 052, 054	39	**54**	67	4,3	**6,0**	7,4
055	Ersatzstromversorgungsanlagen	–	**–**	–	–	**–**	–
057	Gebäudesystemtechnik	–	**–**	–	–	**–**	–
058	Leuchten und Lampen inkl. 059	22	**40**	40	2,5	**4,4**	4,4
060	Elektroakustische Anlagen, Sprechanlagen	0	**3**	8	0,0	**0,4**	0,8
061	Kommunikationsnetze, inkl. 062	1	**3**	5	0,1	**0,4**	0,6
063	Gefahrenmeldeanlagen	1	**6**	11	0,1	**0,7**	1,3
069	Aufzüge	0	**4**	4	0,1	**0,4**	0,4
070	Gebäudeautomation	–	**1**	–	–	**0,2**	–
075	Raumlufttechnische Anlagen	69	**102**	134	7,7	**11,4**	14,9
	Technische Anlagen	274	**330**	388	30,5	**36,9**	43,4
084	Abbruch- und Rückbauarbeiten	12	**40**	62	1,4	**4,5**	7,0
	Sonstige Leistungsbereiche inkl. 008, 033, 051	7	**37**	67	0,7	**4,1**	7,5

Kosten: 2.Quartal 2016, Bundesdurchschnitt, inkl. **19% MwSt.**

Übersicht 1. + 2.Ebene · Erweiterung · Umbau · Modernisierung · Instandsetzung · Bauelemente · Abbrechen · Wiederherstellen · Herstellen

Umbauten

Gewerbegebäude

7200-0036 Geschäftshaus, Laden **BRI** 2.155m³ **BGF** 535m² **NUF** 440m²

€/m² BGF

min	460 €/m²
von	640 €/m²
Mittel	**900 €/m²**
bis	1.120 €/m²
max	1.370 €/m²

Land: Bayern
Kreis: München
Standard: Durchschnitt
Bauzeit: 13 Wochen
Kennwerte: bis 3.Ebene DIN276
veröffentlicht: BKI Objektdaten A2
BGF 1.049 €/m²

Kosten:
Stand 2.Quartal 2016
Bundesdurchschnitt
inkl. 19% MwSt.

Planung: Fendt-Fikentscher-Cole Architekten; München

Neugestaltung eines Buchladens in Erd- und Untergeschoss eines Geschäftshauses an einer Fußgängerzone. **Kosteneinfluss Nutzung:** Als Bezugsgrößen wurden nur die Flächen und das Volumen des umgebauten Ladens angegeben. **Kosteneinfluss Grundstück:** Sehr beengter Bauraum im Untergeschoss und Erdgeschoss eines bestehenden Gebäudes an der Fußgängerzone in der Innenstadt.

Bauwerk - Baukonstruktionen
Abbrechen: Materialentsorgung 5%
Herstellen: Deckenkonstruktionen 31%, Deckenbeläge 16%, Deckenbekleidungen 16%, Außentüren und -fenster 8%, Innenwandbekleidungen 4%
Sonstige: 22%

Bauwerk - Technische Anlagen
Herstellen: Teilklimaanlagen 36%, Beleuchtungsanlagen 22%, Wasseranlagen 10%, Feuerlöschanlagen 10%, Sonstige 22%

7200-0061 Geschäftshaus, Cafe, Büros **BRI** 2.952m³ **BGF** 911m² **NUF** 645m²

Baujahr: 1951
Bauzustand: schlecht
Aufwand: mittel
Nutzung während der Bauzeit: nein
Nutzungsänderung: ja
Grundrissänderungen: umfangreiche
Tragwerkseingriffe: einige

Land: Baden-Württemberg
Kreis: Ulm
Standard: Durchschnitt
Bauzeit: 8 Wochen
Kennwerte: bis 3.Ebene DIN276
veröffentlicht: BKI Objektdaten A6
BGF 875 €/m²

Planung: Seidel : Architekten Dipl.-Ing. Josef H. Seidel; Ulm-Lehr

Umbau eines Wohn- und Geschäftshauses, Einbau eines Ladencafès (163 Sitzplätze), Büro- und Konferenzräume (4 Mitarbeiter). Instandsetzungen an Wänden und Decken. Modernisierung der Heizungsanlage. **Kosteneinfluss Grundstück:** Das Grundstück liegt in einer Fußgängerzone.

Bauwerk - Baukonstruktionen
Herstellen: Elementierte Außenwände 40%, Außentüren und -fenster 10%, Nichttragende Innenwände 9%, Deckenbeläge 8%, Deckenkonstruktionen 5%
Wiederherstellen: Außenwandbekleidungen außen 7%
Sonstige: 22%

Bauwerk - Technische Anlagen
Herstellen: Lüftungsanlagen 30%, Niederspannungsinstallationsanlagen 18%, Wärmeerzeugungsanlagen 9%, Wärmeverteilnetze 9%, Wasseranlagen 8%, Raumheizflächen 5%, Sonstige 20%

7300-0014 Produktions- und Bürogebäude

BRI 193.018m³ **BGF** 27.358m² **NUF** 20.914m²

Land: Thüringen
Kreis: Jena
Standard: Durchschnitt
Bauzeit: 65 Wochen
Kennwerte: bis 3.Ebene DIN276
veröffentlicht: www.bki.de
BGF **990 €/m²**

Umbau einer vorhandenen Industriehalle zur Nutzung durch 6 verschiedene Betriebe. **Kosteneinfluss Nutzung:** Umnutzung und Sanierung einer vorhandenen Industriehalle, daher keine Kosten für Baugrube. **Kosteneinfluss Grundstück:** Vorhandenes Firmengelände.

Bauwerk - Baukonstruktionen
Elementierte Außenwände 18%, Dachbeläge 14%, Bodenbeläge 12%, Dachfenster, Dachöffnungen 7%, Abbruchmaßnahmen 6%, Tragende Innenwände 5%, Dachkonstruktionen 5%, Innenwandbekleidungen 4%, Nichttragende Innenwände 3%, Deckenkonstruktionen 3%, Sonstige 22%

Bauwerk - Technische Anlagen
Niederspannungsinstallationsanlagen 17%, Beleuchtungsanlagen 13%, Wärmeerzeugungsanlagen 11%, Lüftungsanlagen 11%, Wasseranlagen 6%, Medienversorgungsanlagen 6%, Prozesswärme -, -kälte- und -luftanlagen 5%, Gefahrenmelde- und Alarmanlagen 5%, Abwasseranlagen 4%, Sonstige 23%

7300-0064 Montagewerkstatt, Umnutzung

BRI 4.000m³ **BGF** 759m² **NUF** 662m²

Baujahr: 1992
Bauzustand: mittel
Aufwand: mittel
Nutzung während der Bauzeit: nein
Nutzungsänderung: ja
Grundrissänderungen: einige
Tragwerkseingriffe: wenige

Land: Mecklenburg-Vorpommern
Kreis: Müritz
Standard: Durchschnitt
Bauzeit: 69 Wochen
Kennwerte: bis 3.Ebene DIN276
veröffentlicht: BKI Objektdaten A8
BGF **694 €/m²**

Planung: atelier05 Dipl.-Ing. Thomas Wittenburg; Jürgenshagen

Arbeitsplätze für Menschen mit Behinderung für Montage von Kleineisenteilen, Konfektionieren und Verpacken von diversen Produkten, CD-Vernichtung; behindertengerechter Umbau. **Kosteneinfluss Nutzung:** Die Montagewerkstatt wurde behindertengerecht umgebaut und bietet Arbeitsplätze für Menschen mit Behinderung.

Bauwerk - Baukonstruktionen
Herstellen: Bodenbeläge 23%, Dachkonstruktionen 11%, Außentüren und -fenster 10%, Innentüren und -fenster 8%, Nichttragende Innenwände 7%, Elementierte Innenwände 6%, Tragende Außenwände 6%
Wiederherstellen: Dachbekleidungen 8%
Sonstige: 21%

Bauwerk - Technische Anlagen
Herstellen: Lüftungsanlagen 29%, Küchentechnische Anlagen 12%, Wasseranlagen 9%, Wärmeverteilnetze 8%, Medienversorgungsanlagen 7%, Raumheizflächen 6%, Niederspannungsinstallationsanlagen 6%, Sonstige 22%

Übersicht: 1.+.2.Ebene

Erweiterung

Umbau

Modernisierung

Instandsetzung

Bauelemente

Abbrechen

Wiederherstellen

Herstellen

Objektübersicht zur Gebäudeart

7200-0032 Apotheke, Wohnen (2 WE)   **BRI** 1.879m³   **BGF** 474m²   **NUF** 333m²

€/m² BGF
min	460 €/m²
von	640 €/m²
Mittel	**900 €/m²**
bis	1.120 €/m²
max	1.370 €/m²

Kosten:
Stand 2.Quartal 2016
Bundesdurchschnitt
inkl. 19% MwSt.

Baujahr: 1905
Bauzustand: schlecht
Aufwand: mittel
Nutzung während der Bauzeit: nein
Nutzungsänderung: ja
Grundrissänderungen: umfangreiche
Tragwerkseingriffe: einige

Land: Sachsen
Kreis: Riesa
Standard: Durchschnitt
Bauzeit: 26 Wochen
Kennwerte: bis 1.Ebene DIN276
veröffentlicht: BKI Objektdaten A1
BGF **1.053 €/m²**

Planung: Konrad Hardt Architekt; Großenhain

Umnutzung von einer Bäckerei zur Apotheke, Denkmal- und Brandschutzauflagen. **Kosteneinfluss Grundstück:** Beschränkter Platz für Baustelleneinrichtung, kein Kraneinsatz möglich.

7200-0033 Wohn- und Geschäftshaus (22 WE)   **BRI** 28.500m³   **BGF** 7.075m²   **NUF** 5.000m²

Bauzustand: schlecht
Aufwand: mittel
Nutzung während der Bauzeit: nein
Nutzungsänderung: ja
Grundrissänderungen: umfangreiche
Tragwerkseingriffe: einige

Land: Berlin
Kreis: Berlin
Standard: Durchschnitt
Bauzeit: 104 Wochen
Kennwerte: bis 1.Ebene DIN276
veröffentlicht: BKI Objektdaten A1
BGF **825 €/m²**

Planung: Dr. Regina Bolck & Rüdiger Reißig, Architekturbüro Civitas; Berlin

Umbau eines denkmalgeschützten Stadthauses mit Instandsetzung historischer Bauelemente. Modernisierung der Gebäudetechnik, u.a. mit Solarkollektoren Umnutzung in Wohnungen, Gastronomie, Atelierwohnungen, Ausstellungsräume (Galerien), Ladenlokale und Büros.

7200-0052 Kunstgewerbezentrum   **BRI** 7.288m³   **BGF** 1.795m²   **NUF** 1.021m²

Baujahr: 1530
Bauzustand: schlecht
Aufwand: hoch
Nutzung während der Bauzeit: nein
Nutzungsänderung: ja
Grundrissänderungen: einige
Tragwerkseingriffe: einige

Land: Sachsen
Kreis: Freiberg
Standard: Durchschnitt
Bauzeit: 61 Wochen
Kennwerte: bis 1.Ebene DIN276
veröffentlicht: BKI Objektdaten A2
BGF **1.370 €/m²**

Planung: Architekturbüro Benedix; Freiberg

Umbau eines Gebäudeblocks zur Nutzung als Kunstgewerbezentrum mit Schauwerkstätten und Gaststätte. **Kosteneinfluss Grundstück:** Sanierungsobjekt in geschlossener Altstadtbebauung, gefangener Innen- und Hinterhof, äußerst beengte Bedingungen für Bauabwicklung.

7300-0017 Tischlerwerkstatt, Büroräume   **BRI** 22.596m³   **BGF** 3.714m²   **NUF** 3.420m²

Land: Hamburg
Kreis: Hamburg
Standard: unter Durchschnitt
Bauzeit: 65 Wochen
Kennwerte: bis 1.Ebene DIN276
veröffentlicht: www.bki.de
BGF   **531 €/m²**

Büroräume, Verkaufs- und Lagerräume, sowie Werkstätten für zwei Möbeltischlereien und einen Abbeizbetrieb. **Kosteneinfluss Nutzung:** In der bestehenden Lagerhalle wurden Werkstatt- und Büronutzungen durch Einbau einer Zwischenebene geschaffen. Außenwände mit Wärmedämmung und Aluwelle verkleidet. Die Hintermauerung aus Gasbeton musste an den Giebelfassaden komplett erneuert werden. **Kosteneinfluss Grundstück:** Stadtlage (Altona/Ottensen), Reorganisation einer Industriebrache. Auf dem Grundstück befinden sich noch weitere alte Produktions- und Lagerhallen, die zur Zeit eine Umnutzung erfahren.

7300-0033 Bäckerei, Wohnen (4 WE)   **BRI** 2.760m³   **BGF** 849m²   **NUF** 526m²

Baujahr: 1922
Bauzustand: schlecht
Aufwand: hoch
Nutzung während der Bauzeit: nein
Nutzungsänderung: ja
Grundrissänderungen: umfangreiche
Tragwerkseingriffe: einige

Land: Sachsen
Kreis: Pirna
Standard: Durchschnitt
Bauzeit: 61 Wochen
Kennwerte: bis 1.Ebene DIN276
veröffentlicht: BKI Objektdaten A1
BGF   **745 €/m²**

Planung: Claus Krüger Architekturbüro; Sebnitz

Umbau und Umnutzung eines Wohnhauses mit Scheune zu Wohnzwecken mit einer Bäckerei. Das Gebäude steht unter Denkmalschutz. Der Scheunenumbau erfolgte als Niedrigenergiehaus. Modernisierung durch Dämmmaßnahmen und ökologische Gebäudetechnik.

7300-0063 Betriebs- und Werkstattgebäude   **BRI** 6.697m³   **BGF** 1.951m²   **NUF** 1.632m²

© güldenzopf rohrberg architektur & design

Bauzustand: mittel
Aufwand: mittel
Nutzung während der Bauzeit: nein
Nutzungsänderung: ja
Grundrissänderungen: einige
Tragwerkseingriffe: wenige

Land: Hamburg
Kreis: Hamburg
Standard: Durchschnitt
Bauzeit: 21 Wochen
Kennwerte: bis 1.Ebene DIN276
veröffentlicht: BKI Objektdaten A7
BGF   **459 €/m²**

Planung: güldenzopf rohrberg architektur & design; Hamburg

Umbau eines dreigeschossigen Bestandsgebäudes (Baujahr 1900). Die Maßnahme beschränkt sich auf den Mieterausbau im EG und 1.OG. Hier insbesondere die nichttragenden Innenwände, Brandschutzmaßnahmen, Erneuerung der Raumoberflächen und Installation der für die Produktion notwendigen Technischen Anlagen. Die Tragkonstruktion und die Fassade werden nicht verändert.

Übersicht 1.+ 2.Ebene

Erweiterung

Umbau

Modernisierung

Instandsetzung

Bauelemente

Abbrechen

Wiederherstellen

Herstellen

Umbauten

Gewerbegebäude

€/m² BGF

min	460 €/m²
von	640 €/m²
Mittel	**900 €/m²**
bis	1.120 €/m²
max	1.370 €/m²

Kosten:
Stand 2.Quartal 2016
Bundesdurchschnitt
inkl. 19% MwSt.

7500-0011 Bankzweigstelle   BRI 4.165m³   BGF 1.237m²   NUF 764m²

© Meyer ARC- Lüneburg Architekten

Land: Mecklenburg-Vorpommern
Kreis: Ludwigslust
Standard: Durchschnitt
Bauzeit: 47 Wochen
Kennwerte: bis 1.Ebene DIN276
veröffentlicht: BKI Objektdaten N1
BGF **960 €/m²**

Planung: Meyer ARC- Lüneburg Dipl.-Ing. Architekten; Lüneburg

Umbau zur Bankfiliale mit Büros und Wohnungen; Nutzungsänderung, zusätzliche Nutzfläche im Dachgeschoss. Umfangreiche Instandsetzungen.

7500-0013 Kreissparkasse   BRI 17.901m³   BGF 4.495m²   NUF 2.650m²

© Neugebauer + Rösch Architekten

Baujahr: 1972
Bauzustand: mittel
Aufwand: hoch
Nutzung während der Bauzeit: nein
Nutzungsänderung: ja
Grundrissänderungen: umfangreiche
Tragwerkseingriffe: einige

Land: Baden-Württemberg
Kreis: Biberach/Riß
Standard: über Durchschnitt
Bauzeit: 47 Wochen
Kennwerte: bis 1.Ebene DIN276
veröffentlicht: BKI Objektdaten A1
BGF **1.118 €/m²**

Planung: Neugebauer + Rösch Architekten; Stuttgart

Umbau eines Fachwerkgebäudes für die Nutzung durch ein Bankinstitut.

7500-0017 Bankfiliale   BRI 1.982m³   BGF 507m²   NUF 444m²

© Thomas Erfurt Architekt

Baujahr: 1996
Bauzustand: gut
Aufwand: hoch
Nutzung während der Bauzeit: nein
Grundrissänderungen: keine
Tragwerkseingriffe: keine

Land: Thüringen
Kreis: Erfurt
Standard: über Durchschnitt
Bauzeit: 8 Wochen
Kennwerte: bis 1.Ebene DIN276
veröffentlicht: BKI Objektdaten A2
BGF **977 €/m²**

Planung: Thomas Erfurt Dipl.-Ing. Architekt BDA; Erfurt

Ausbau für eine Bankfiliale im Erd- und Untergeschoss eines Gebäudes, das ein Jahr zuvor in den übrigen Geschossen fertiggestellt wurde.

Übersicht-
1.+.2.Ebene

Erweiterung

Umbau

Moderni-
sierung

Instand-
setzung

Bau-
elemente

Abbrechen

Wieder-
herstellen

Herstellen

Umbauten

Gebäude anderer Art

BRI 325 €/m³
von 215 €/m³
bis 450 €/m³

BGF 1.400 €/m²
von 1.000 €/m²
bis 1.910 €/m²

NUF 2.220 €/m²
von 1.550 €/m²
bis 2.950 €/m²

Objektbeispiele

Kosten:
Stand 2.Quartal 2016
Bundesdurchschnitt
inkl. 19% MwSt.

6400-0069

6400-0073

9100-0027

Kosten der 13 Vergleichsobjekte — Seiten 260 bis 265

- ● KKW
- ▶ min
- ▷ von
- | Mittelwert
- ◁ bis
- ◀ max

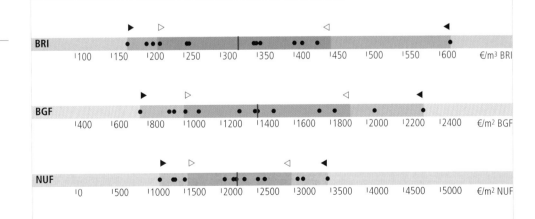

BRI — €/m³ BRI
100 150 200 250 300 350 400 450 500 550 600

BGF — €/m² BGF
400 600 800 1000 1200 1400 1600 1800 2000 2200 2400

NUF — €/m² NUF
0 500 1000 1500 2000 2500 3000 3500 4000 4500 5000

© **BKI** Baukosteninformationszentrum; Erläuterungen zu den Tabellen siehe Seite 24   Kosten: 2.Quartal 2016, Bundesdurchschnitt, **inkl. 19% MwSt.**

Kostenkennwerte für die Kostengruppen der 1. und 2.Ebene DIN 276

KG	Kostengruppen der 1. Ebene	Einheit	▷	€/Einheit	◁	▷	% an 300+400	◁
100	Grundstück	m² GF						
200	Herrichten und Erschließen	m² GF	4	**20**	37	0,2	**1,0**	3,9
300	Bauwerk - Baukonstruktionen	m² BGF	710	**1.018**	1.421	61,3	**72,9**	81,0
400	Bauwerk - Technische Anlagen	m² BGF	251	**382**	702	19,0	**27,1**	38,7
	Bauwerk (300+400)	m² BGF	1.000	**1.400**	1.907		**100,0**	
500	Außenanlagen	m² AF	9	**145**	304	1,1	**3,6**	6,5
600	Ausstattung und Kunstwerke	m² BGF	8	**40**	83	0,7	**3,3**	6,9
700	Baunebenkosten	m² BGF						

KG	Kostengruppen der 2. Ebene	Einheit	▷	€/Einheit	◁	▷	% an 300	◁
310	Baugrube	m³ BGI	50	**69**	110	0,0	**0,6**	1,6
320	Gründung	m² GRF	139	**253**	326	3,9	**9,5**	15,4
330	Außenwände	m² AWF	205	**333**	463	18,6	**29,6**	39,4
340	Innenwände	m² IWF	178	**263**	546	12,2	**18,6**	32,2
350	Decken	m² DEF	190	**352**	628	9,9	**17,9**	28,7
360	Dächer	m² DAF	60	**212**	326	6,5	**14,6**	29,9
370	Baukonstruktive Einbauten	m² BGF	2	**6**	12	0,1	**0,6**	1,5
390	Sonstige Baukonstruktionen	m² BGF	44	**79**	152	5,0	**8,7**	14,1
300	**Bauwerk Baukonstruktionen**	**m² BGF**					**100,0**	

KG	Kostengruppen der 2. Ebene	Einheit	▷	€/Einheit	◁	▷	% an 400	◁
410	Abwasser, Wasser, Gas	m² BGF	27	**67**	337	9,3	**13,5**	35,6
420	Wärmeversorgungsanlagen	m² BGF	46	**92**	240	8,6	**18,4**	27,3
430	Lufttechnische Anlagen	m² BGF	31	**65**	149	0,7	**7,2**	17,8
440	Starkstromanlagen	m² BGF	63	**116**	170	22,4	**38,0**	68,6
450	Fernmeldeanlagen	m² BGF	23	**50**	140	3,1	**11,7**	24,3
460	Förderanlagen	m² BGF	24	**41**	63	0,4	**10,0**	22,1
470	Nutzungsspezifische Anlagen	m² BGF	1	**2**	3	0,0	**0,3**	1,3
480	Gebäudeautomation	m² BGF	1	**3**	4	0,0	**0,3**	2,0
490	Sonstige Technische Anlagen	m² BGF	3	**11**	18	0,0	**0,7**	3,0
400	**Bauwerk Technische Anlagen**	**m² BGF**					**100,0**	

Prozentanteile der Kosten der 2.Ebene an den Kosten des Bauwerks nach DIN 276 (Von-, Mittel-, Bis-Werte)

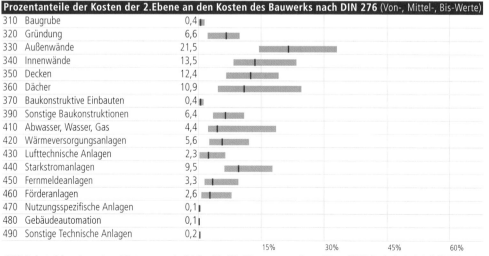

310	Baugrube	0,4
320	Gründung	6,6
330	Außenwände	21,5
340	Innenwände	13,5
350	Decken	12,4
360	Dächer	10,9
370	Baukonstruktive Einbauten	0,4
390	Sonstige Baukonstruktionen	6,4
410	Abwasser, Wasser, Gas	4,4
420	Wärmeversorgungsanlagen	5,6
430	Lufttechnische Anlagen	2,3
440	Starkstromanlagen	9,5
450	Fernmeldeanlagen	3,3
460	Förderanlagen	2,6
470	Nutzungsspezifische Anlagen	0,1
480	Gebäudeautomation	0,1
490	Sonstige Technische Anlagen	0,2

15%   30%   45%   60%

© **BKI** Baukosteninformationszentrum; Erläuterungen zu den Tabellen siehe Seite 26

Kosten: 2.Quartal 2016, Bundesdurchschnitt, inkl. 19% MwSt.

Kostenkennwerte für die Kostengruppen der 3.Ebene DIN 276

Kosten:
Stand 2.Quartal 2016
Bundesdurchschnitt
inkl. 19% MwSt.

KG	Kostengruppen der 3. Ebene	Einheit	▷	Ø €/Einheit	◁	▷	Ø €/m² BGF	◁
334	Außentüren und -fenster	m²	660,24	**905,90**	1.698,09	36,38	**84,88**	144,62
351	Deckenkonstruktionen	m²	274,41	**863,67**	4.778,42	30,23	**67,03**	130,17
363	Dachbeläge	m²	59,87	**113,71**	158,76	19,15	**65,62**	121,12
331	Tragende Außenwände	m²	119,30	**229,81**	493,72	37,42	**64,81**	96,21
445	Beleuchtungsanlagen	m²	26,92	**63,84**	125,69	26,92	**63,84**	125,69
361	Dachkonstruktionen	m²	51,64	**168,78**	372,37	19,21	**60,92**	288,31
335	Außenwandbekleidungen außen	m²	37,30	**109,25**	156,47	17,32	**58,37**	104,50
345	Innenwandbekleidungen	m²	31,68	**42,55**	68,49	30,71	**57,12**	137,59
337	Elementierte Außenwände	m²	692,70	**708,19**	738,59	31,58	**56,70**	106,57
336	Außenwandbekleidungen innen	m²	52,94	**95,94**	202,05	24,03	**54,22**	93,91
394	Abbruchmaßnahmen	m²	16,00	**52,13**	107,77	16,00	**52,13**	107,77
352	Deckenbeläge	m²	49,71	**115,62**	159,59	25,85	**50,53**	86,03
444	Niederspannungsinstallationsanl.	m²	38,41	**49,79**	64,46	38,41	**49,79**	64,46
325	Bodenbeläge	m²	102,04	**140,14**	197,71	24,18	**48,87**	84,94
461	Aufzugsanlagen	m²	29,96	**46,72**	63,66	29,96	**46,72**	63,66
344	Innentüren und -fenster	m²	547,95	**746,55**	1.006,11	18,46	**39,60**	56,79
431	Lüftungsanlagen	m²	11,00	**36,79**	50,58	11,00	**36,79**	50,58
342	Nichttragende Innenwände	m²	58,63	**101,92**	137,61	12,13	**34,95**	106,37
442	Eigenstromversorgungsanlagen	m²	11,15	**28,69**	46,22	11,15	**28,69**	46,22
364	Dachbekleidungen	m²	40,42	**74,31**	119,78	10,41	**27,30**	64,86
392	Gerüste	m²	10,67	**24,12**	43,19	10,67	**24,12**	43,19
456	Gefahrenmelde- und Alarmanlagen	m²	5,06	**23,43**	38,81	5,06	**23,43**	38,81
359	Decken, sonstiges	m²	14,50	**70,51**	216,74	3,31	**22,57**	42,62
322	Flachgründungen	m²	31,59	**84,42**	230,28	10,29	**22,50**	38,80
324	Unterböden und Bodenplatten	m²	60,04	**92,85**	172,07	11,73	**21,80**	28,71
353	Deckenbekleidungen	m²	28,76	**67,83**	162,63	10,70	**21,29**	31,17
423	Raumheizflächen	m²	12,04	**20,84**	34,61	12,04	**20,84**	34,61
321	Baugrundverbesserung	m²	–	**44,60**	–	–	**20,78**	–
341	Tragende Innenwände	m²	63,11	**201,87**	316,83	8,42	**20,17**	28,76
421	Wärmeerzeugungsanlagen	m²	13,99	**19,03**	27,36	13,99	**19,03**	27,36
491	Baustelleneinrichtung	m²	–	**18,30**	–	–	**18,30**	–
422	Wärmeverteilnetze	m²	11,01	**17,48**	23,10	11,01	**17,48**	23,10
346	Elementierte Innenwände	m²	312,58	**496,16**	568,90	4,37	**16,78**	52,95
391	Baustelleneinrichtung	m²	9,18	**15,81**	24,67	9,18	**15,81**	24,67
412	Wasseranlagen	m²	8,00	**15,24**	27,37	8,00	**15,24**	27,37
311	Baugrubenherstellung	m³	49,54	**68,65**	110,20	5,58	**13,23**	32,82
411	Abwasseranlagen	m²	7,09	**12,52**	23,29	7,09	**12,52**	23,29
379	Baukonstr. Einbauten, sonstiges	m²	–	**11,54**	–	–	**11,54**	–
349	Innenwände, sonstiges	m²	8,40	**24,77**	41,14	6,87	**9,86**	12,85
443	Niederspannungsschaltanlagen	m²	–	**9,41**	–	–	**9,41**	–
343	Innenstützen	m	148,45	**303,55**	423,56	3,65	**9,27**	14,33
397	Zusätzliche Maßnahmen	m²	2,66	**8,70**	16,85	2,66	**8,70**	16,85
393	Sicherungsmaßnahmen	m²	2,50	**8,25**	18,64	2,50	**8,25**	18,64
338	Sonnenschutz	m²	25,47	**90,67**	155,86	2,44	**7,51**	12,58
419	Abwasser-, Wasser- und Gas-anlagen, sonstiges	m²	–	**6,72**	–	–	**6,72**	–
339	Außenwände, sonstiges	m²	2,72	**8,47**	17,25	3,60	**6,46**	13,19
398	Provisorische Baukonstruktionen	m²	–	**5,50**	–	–	**5,50**	–
362	Dachfenster, Dachöffnungen	m²	864,31	**1.206,09**	1.548,05	2,85	**5,31**	7,54
454	Elektroakustische Anlagen	m²	3,80	**5,04**	6,27	3,80	**5,04**	6,27

▷ von
Ø Mittel
◁ bis

© **BKI** Baukosteninformationszentrum; Erläuterungen zu den Tabellen siehe Seite 28   Kosten: 2.Quartal 2016, Bundesdurchschnitt, **inkl. 19% MwSt.**

Kostenkennwerte für Leistungsbereiche nach StLB (Kosten des Bauwerks nach DIN 276)

LB	Leistungsbereiche	▷	€/m² BGF	◁	▷	% an 300+400	◁
000	Sicherheits-, Baustelleneinrichtungen inkl. 001	19	41	64	1,3	3,0	4,6
002	Erdarbeiten	3	17	32	0,2	1,2	2,3
006	Spezialtiefbauarbeiten inkl. 005	–	–	–	–	–	–
009	Entwässerungskanalarbeiten inkl. 011	0	1	5	0,0	0,1	0,4
010	Drän- und Versickerungsarbeiten	–	1	–	–	0,0	–
012	Mauerarbeiten	62	111	196	4,4	7,9	14,0
013	Betonarbeiten	16	87	160	1,2	6,2	11,4
014	Natur-, Betonwerksteinarbeiten	4	31	61	0,3	2,2	4,4
016	Zimmer- und Holzbauarbeiten	17	81	208	1,2	5,8	14,9
017	Stahlbauarbeiten	–	3	–	–	0,2	–
018	Abdichtungsarbeiten	3	14	14	0,2	1,0	1,0
020	Dachdeckungsarbeiten	27	63	122	1,9	4,5	8,8
021	Dachabdichtungsarbeiten	–	0	–	–	0,0	–
022	Klempnerarbeiten	4	8	18	0,3	0,6	1,3
	Rohbau	**347**	**458**	**681**	**24,8**	**32,7**	**48,6**
023	Putz- und Stuckarbeiten, Wärmedämmsysteme	62	103	211	4,4	7,4	15,1
024	Fliesen- und Plattenarbeiten	10	18	37	0,7	1,3	2,6
025	Estricharbeiten	9	21	41	0,6	1,5	2,9
026	Fenster, Außentüren inkl. 029, 032	22	76	131	1,6	5,4	9,4
027	Tischlerarbeiten	10	29	62	0,7	2,1	4,5
028	Parkettarbeiten, Holzpflasterarbeiten	1	14	14	0,1	1,0	1,0
030	Rollladenarbeiten	0	2	10	0,0	0,1	0,7
031	Metallbauarbeiten inkl. 035	14	94	192	1,0	6,7	13,7
034	Maler- und Lackiererarbeiten inkl. 037	36	53	75	2,6	3,8	5,4
036	Bodenbelagarbeiten	0	25	42	0,0	1,8	3,0
038	Vorgehängte hinterlüftete Fassaden	–	1	–	–	0,1	–
039	Trockenbauarbeiten	31	66	133	2,2	4,8	9,5
	Ausbau	**378**	**505**	**621**	**27,0**	**36,1**	**44,3**
040	Wärmeversorgungsanl. - Betriebseinr. inkl. 041	29	74	146	2,1	5,3	10,4
042	Gas- und Wasserinstallation, Leitungen inkl. 043	5	23	72	0,4	1,6	5,2
044	Abwasserinstallationsarbeiten - Leitungen	1	15	68	0,1	1,1	4,8
045	GWA-Einrichtungsgegenstände inkl. 046	1	12	39	0,1	0,8	2,8
047	Dämmarbeiten an betriebstechnischen Anlagen	0	6	22	0,0	0,4	1,6
049	Feuerlöschanlagen, Feuerlöschgeräte	0	1	3	0,0	0,1	0,2
050	Blitzschutz- und Erdungsanlagen	2	5	9	0,2	0,3	0,6
053	Niederspannungsanlagen inkl. 052, 054	50	72	106	3,6	5,1	7,6
055	Ersatzstromversorgungsanlagen	–	2	–	–	0,2	–
057	Gebäudesystemtechnik	–	–	–	–	–	–
058	Leuchten und Lampen inkl. 059	9	54	143	0,7	3,8	10,2
060	Elektroakustische Anlagen, Sprechanlagen	0	1	3	0,0	0,0	0,2
061	Kommunikationsnetze, inkl. 062	1	4	16	0,0	0,3	1,2
063	Gefahrenmeldeanlagen	10	42	113	0,7	3,0	8,0
069	Aufzüge	9	36	106	0,6	2,6	7,6
070	Gebäudeautomation	0	1	2	0,0	0,0	0,2
075	Raumlufttechnische Anlagen	5	33	88	0,3	2,4	6,3
	Technische Anlagen	**244**	**379**	**565**	**17,4**	**27,1**	**40,3**
084	Abbruch- und Rückbauarbeiten	9	45	149	0,6	3,2	10,7
	Sonstige Leistungsbereiche inkl. 008, 033, 051	2	20	61	0,1	1,4	4,4

© **BKI** Baukosteninformationszentrum; Erläuterungen zu den Tabellen siehe Seite 30   Kosten: 2.Quartal 2016, Bundesdurchschnitt, **inkl. 19% MwSt.**

Übersicht-
1.+ 2.Ebene

Erweiterung

Umbau

Moderni-
sierung

Instand-
setzung

Bau-
elemente

Abbrechen

Wieder-
herstellen

Herstellen

6400-0069 Dorfgemeinschaftshaus BRI 4.822m³ BGF 683m² NUF 467m²

Baujahr: 1800
Bauzustand: mittel
Aufwand: hoch
Nutzung während der Bauzeit: nein
Nutzungsänderung: nein
Grundrissänderungen: umfangreiche
Tragwerkseingriffe: keine

Land: Rheinland-Pfalz
Kreis: Mainz-Bingen
Standard: Durchschnitt
Bauzeit: 199 Wochen
Kennwerte: bis 3.Ebene DIN276
veröffentlicht: BKI Objektdaten A8

BGF **1.401 €/m²**

€/m² BGF

min	760	€/m²
von	1.000	€/m²
Mittel	**1.400**	**€/m²**
bis	1.910	€/m²
max	2.310	€/m²

Planung: Architekturbüro Prowald-Dapprich; Hillesheim

Umbau einer Scheune in ein Dorfgemeinschaftshaus (180 Sitzplätze) **Kosteneinfluss Nutzung:** Die Gewerke Heizung, Lüftung und Sanitär wurden in Eigenleistung erbracht. Die in dieser Dokumentation aufgeführten Kosten dieser Gewerke umfassen nur die Materiallieferungen.

Kosten:
Stand 2.Quartal 2016
Bundesdurchschnitt
inkl. 19% MwSt.

Bauwerk - Baukonstruktionen
Herstellen: Dachkonstruktionen 24%, Dachbeläge 13%, Elementierte Außenwände 9%, Außenwandbekleidungen außen 6%, Elementierte Innenwände 4%, Deckenkonstruktionen 4%, Bodenbeläge 4%, Flachgründungen 4%, Gerüste 4%, Tragende Außenwände 3%, Innentüren und -fenster 3%, Sonstige 20%

Bauwerk - Technische Anlagen
Herstellen: Lüftungsanlagen 21%, Aufzugsanlagen 17%, Niederspannungsinstallationsanlagen 13%, Beleuchtungsanlagen 11%, Wärmeerzeugungsanlagen 7%, Wasseranlagen 6%, Niederspannungsschaltanlagen 4%, Sonstige 21%

6500-0029 Backshop und Café BRI 1.198m³ BGF 403m² NUF 212m²

Baujahr: 1850
Bauzustand: mittel
Aufwand: hoch
Nutzung während der Bauzeit: nein
Nutzungsänderung: ja
Grundrissänderungen: umfangreiche
Tragwerkseingriffe: einige

Land: Niedersachsen
Kreis: Gifhorn
Standard: über Durchschnitt
Bauzeit: 13 Wochen
Kennwerte: bis 3.Ebene DIN276
veröffentlicht: BKI Objektdaten A9

BGF **1.823 €/m²**

Planung: Die Planschmiede 2KS GmbH & Co. KG; Hankensbüttel
Umbau einer Fachwerkscheune zu einem Backshop und Café

Bauwerk - Baukonstruktionen
Herstellen: Außenwandbekleidungen innen 11%, Deckenkonstruktionen 10%, Bodenbeläge 9%, Dachbeläge 8%, Dachbekleidungen 6%, Außentüren und -fenster 5%, Deckenbeläge 5%, Elementierte Außenwände 4%, Innenwandbekleidungen 4%, Tragende Außenwände 3%, Dachkonstruktionen 3%, Unterböden und Bodenplatten 3%, Innentüren und -fenster 2%
Wiederherstellen: Tragende Außenwände 5%
Sonstige: 22%

Bauwerk - Technische Anlagen
Herstellen: Abwasser-, Wasser-, Gasanlagen 36%, Wärmeversorgungsanlagen 32%, Lufttechnische Anlagen 16%, Sonstige 17%

Kosten: 2.Quartal 2016, Bundesdurchschnitt, inkl. **19% MwSt.**

9100-0005 Landwirtschaftliches Museum   BRI 985m³   BGF 231m²   NUF 186m²

Land: Baden-Württemberg
Kreis: Lörrach
Standard: unter Durchschnitt
Bauzeit: 143 Wochen
Kennwerte: bis 3.Ebene DIN276
veröffentlicht: www.bki.de

BGF   **1.080 €/m²**

Umbau einer denkmalgeschützten Scheune von 1803 zum landwirtschaftlichen Museum unter weitestgehender Erhaltung der vorhandenen Bausubstanz. **Kosteneinfluss Nutzung:** Weitestgehende Erhaltung der vorhandenen Bausubstanz; Kosten für Ausstattung mit Ausstellungsstücken sind nicht erfasst. **Kosteneinfluss Grundstück:** Zugang nur über umgebende Grundstücke.

Bauwerk - Baukonstruktionen
Außenwandbekleidungen außen 16%, Dachbeläge 14%, Tragende Außenwände 14%, Außentüren und -fenster 11%, Außenwandbekleidungen innen 10%, Dachkonstruktionen 6%, Deckenkonstruktionen 6%, Sonstige 24%

Bauwerk - Technische Anlagen
Beleuchtungsanlagen 65%, Niederspannungsinstallationsanlagen 21%, Abwasseranlagen 9%, Sonstige 4%

9100-0007 Stadthistorisches Museum   BRI 20.918m³   BGF 5.343m²   NUF 3.577m²

© afa architektur-fabrik-aachen

Land: Nordrhein-Westfalen
Kreis: Duisburg
Standard: Durchschnitt
Bauzeit: 221 Wochen
Kennwerte: bis 3.Ebene DIN276
veröffentlicht: www.bki.de

BGF   **1.007 €/m²**

Planung: afa architektur-fabrik-aachen; Aachen

Umnutzung eines ehemaligen Silospeichers: Stadthistorisches Museum mit Sammlungs-/ Ausstellungsräumen in den unteren zwei Etagen, Zubehör-, Werkstatt- und Verwaltungsräume in den oberen vier Etagen. **Kosteneinfluss Nutzung:** BT"A" liegt in den oberen 4 Etagen außerhalb von Nutzung und Kostenanalyse. **Kosteneinfluss Grundstück:** Kanalnachbarschaft und Grundwasserverhältnisse im Einfluss des alten Rheintals bedingten Eichenpfahlgründung. Mängel dieser Gründung und Grunderschütterungen durch den Hafenbetrieb führten zu erheblicher Schieflage am Gebäude (tlw. bis 30cm Höhendifferenz).

Bauwerk - Baukonstruktionen
Außentüren und -fenster 13%, Deckenkonstruktionen 13%, Tragende Außenwände 10%, Deckenbeläge 10%, Innenwandbekleidungen 6%, Abbruchmaßnahmen 6%, Innentüren und -fenster 5%, Deckenbekleidungen 4%, Tragende Innenwände 4%, Elementierte Außenwände 4%, Baustelleneinrichtung 3%, Sonstige 23%

Bauwerk - Technische Anlagen
Niederspannungsinstallationsanlagen 36%, Gefahrenmelde- und Alarmanlagen 18%, Aufzugsanlagen 18%, Sonstige 28%

Übersicht- 1.+ 2.Ebene
Erweiterung
Umbau
Modernisierung
Instandsetzung
Bauelemente
Abbrechen
Wiederherstellen
Herstellen

Umbauten

Gebäude anderer Art

9100-0013 Stadtbibliothek BRI 10.244m³ BGF 1.868m² NUF 1.523m²

€/m² BGF

min	760	€/m²
von	1.000	€/m²
Mittel	**1.400**	**€/m²**
bis	1.910	€/m²
max	2.310	€/m²

Kosten:
Stand 2.Quartal 2016
Bundesdurchschnitt
inkl. 19% MwSt.

© Stadt Weil am Rhein

Land: Baden-Württemberg
Kreis: Lörrach
Standard: über Durchschnitt
Bauzeit: 65 Wochen
Kennwerte: bis 4.Ebene DIN276
veröffentlicht: BKI Objektdaten N1
BGF 944 €/m²

Planung: Stadt Weil am Rhein; Weil am Rhein

Umbau einer Kirche zur Stadtbibliothek; Kosten der nutzungsspezifischen Einrichtung (Ausstellungsregale usw.) nicht erfasst. Dachgeschoss kein Ausbau. **Kosteneinfluss Grundstück:** Sanierung bestehendes Gebäude; erschwerte Zugänglichkeit der Baustelle.

Bauwerk - Baukonstruktionen
Innentüren und -fenster 8%, Bodenbeläge 8%, Deckenkonstruktionen 8%, Decken, sonstiges 7%, Deckenbeläge 6%, Dachbeläge 6%, Außentüren und -fenster 5%, Innenwandbekleidungen 5%, Deckenbekleidungen 5%, Flachgründungen 5%, Außenwandbekleidungen innen 4%, Baugrundverbesserung 3%, Unterböden und Bodenplatten 3%, Innenstützen 3%, Sonstige 22%

Bauwerk - Technische Anlagen
Beleuchtungsanlagen 25%, Aufzugsanlagen 16%, Lüftungsanlagen 16%, Niederspannungsinstallationsanlagen 15%, Raumheizflächen 5%, Sonstige 23%

9100-0034 Ausstellung, Archiv, Wohnen (1 WE) BRI 3.974m³ BGF 1.088m² NUF 603m²

© Baudri-5-Architekten

Bauzustand: mittel
Aufwand: hoch
Nutzung während der Bauzeit: nein
Nutzungsänderung: ja
Grundrissänderungen: wenige
Tragwerkseingriffe: wenige

Land: Nordrhein-Westfalen
Kreis: Düsseldorf
Standard: Durchschnitt
Bauzeit: 21 Wochen
Kennwerte: bis 3.Ebene DIN276
veröffentlicht: BKI Objektdaten A3
BGF 758 €/m²

Planung: Baudri-5-Architekten, Katja T. Sann, Hartmut Kahmen; Köln

Umnutzung der ehemaligen Grundschule in ein Arbeitsatelier, Archiv- und Ausstellungsräume sowie eine Wohnung für ein privat betriebenes Fotolabor, künstlerische Fotografie. **Kosteneinfluss Nutzung:** Auflagen durch den Denkmalschutz. **Kosteneinfluss Grundstück:** Lager- und Arbeitsplätze vorhanden.

Bauwerk - Baukonstruktionen
Nichttragende Innenwände 25%, Innenwandbekleidungen 17%, Außentüren und -fenster 14%, Deckenbeläge 13%, Sonstige 32%

Bauwerk - Technische Anlagen
Aufzugsanlagen 37%, Niederspannungsinstallationsanlagen 24%, Gefahrenmelde- und Alarmanlagen 16%, Sonstige 23%

9100-0037 Kulturhaus   **BRI** 1.917m³   **BGF** 390m²   **NUF** 261m²

Baujahr: 1868
Bauzustand: schlecht
Aufwand: hoch
Nutzung während der Bauzeit: nein
Nutzungsänderung: ja
Grundrissänderungen: wenige
Tragwerkseingriffe: wenige

Land: Baden-Württemberg
Kreis: Rhein-Neckar
Standard: über Durchschnitt
Bauzeit: 56 Wochen
Kennwerte: bis 3.Ebene DIN276
veröffentlicht: BKI Objektdaten A3
BGF   **1.739 €/m²**

Planung: Diesbach + Kopp Freie Architekten; Weinheim

Umbau eines 2-geschossigen Gebäudes von 1868 zu einem Versammlungsraum mit 180 Sitzplätzen für kulturelle Veranstaltungen.

Bauwerk - Baukonstruktionen
Abbrechen: Abbruchmaßnahmen 9%
Herstellen: Außentüren und -fenster 12%, Bodenbeläge 7%, Außenwandbekleidungen innen 6%, Außenwandbekleidungen außen 6%, Tragende Außenwände 5%, Dachbeläge 4%
Wiederherstellen: Innenwandbekleidungen 11%,
Sonstige: 40%

Bauwerk - Technische Anlagen
Abbrechen: Wärmeversorgungsanlagen, sonstiges 3%
Herstellen: Beleuchtungsanlagen 19%, Niederspannungsinstallationsanlagen 15%, Gefahrenmelde- und Alarmanlagen 15%, Eigenstromversorgungsanlagen 14%, Wasseranlagen 9%, Raumheizflächen 7%, Wärmeerzeugungsanlagen 6%
Sonstige: 11%

9100-0047 Stadtmuseum   **BRI** 2.669m³   **BGF** 719m²   **NUF** 427m²

Baujahr: 1558
Bauzustand: schlecht
Aufwand: hoch
Nutzung während der Bauzeit: nein
Nutzungsänderung: ja
Grundrissänderungen: einige
Tragwerkseingriffe: einige

Land: Sachsen-Anhalt
Kreis: Halle (Saale)
Standard: über Durchschnitt
Bauzeit: 91 Wochen
Kennwerte: bis 3.Ebene DIN276
veröffentlicht: BKI Objektdaten A6
BGF   **1.487 €/m²**

Planung: Johann-Christian Fromme Freier Architekt; Halle

Umbau einer Druckerei zum Erweiterungsbau des Stadtmuseums. Ausstellungsflächen, Büroräume für 16 Mitarbeiter.
Kosteneinfluss Nutzung: Das Gebäude wurde seit Jahren nicht benutzt: Schwamm und andere Holzschädigungen in den Deckenbalken, die Außenfenster und die Gebäudetechnik waren unbrauchbar.

Bauwerk - Baukonstruktionen
Abbrechen: Deckenkonstruktionen 5%
Herstellen: Deckenkonstruktionen 12%, Außentüren und -fenster 11%, Deckenbeläge 10%, Außenwandbekleidungen außen 8%, Innentüren und -fenster 7%, Innenwandbekleidungen 4%, Außenwandbekleidungen innen 3%, Decken, sonstiges 3%, Gerüste 3%, Dachbekleidungen 3%
Wiederherstellen: Tragende Außenwände 4%
Sonstige: 27%

Bauwerk - Technische Anlagen
Abbrechen: Wärmeerzeugungsanlagen 2%
Herstellen: Niederspannungsinstallationsanlagen 23%, Beleuchtungsanlagen 19%, Raumheizflächen 13%, Wasseranlagen 9%, Abwasseranlagen 8%, Wärmeerzeugungsanlagen 8%, Wärmeverteilnetze 8%, Baustelleneinrichtung 6%
Sonstige:3%

Übersicht-
1.+.2.Ebene

Erweiterung

Umbau

Modernisierung

Instandsetzung

Bauelemente

Abbrechen

Wiederherstellen

Herstellen

Objektübersicht zur Gebäudeart

6400-0073 Bürgerhaus BRI 1.722m³ BGF 260m² NUF 192m²

€/m² BGF

min	760 €/m²
von	1.000 €/m²
Mittel	**1.400 €/m²**
bis	1.910 €/m²
max	2.310 €/m²

Kosten:
Stand 2.Quartal 2016
Bundesdurchschnitt
inkl. 19% MwSt.

Nutzung während der Bauzeit: nein
Nutzungsänderung: ja

Land: Thüringen
Kreis: Gotha
Standard: Durchschnitt
Bauzeit: 35 Wochen
Kennwerte: bis 1.Ebene DIN276
veröffentlicht: BKI Objektdaten A8
BGF **2.310 €/m²**

Planung: B19 ARCHITEKTEN BDA; Barchfeld-Immelborn

Umbau eines stillgelegten Sägewerkes in ein Bürgerhaus. **Kosteneinfluss Nutzung:** Ein ehemaliges Sägewerk mit seitlichem Anbau wird zu einem Gemeindehaus umgebaut. Die Fassade behandelt beide Gebäudeteile gleich, damit das Bürgerhaus als ein Haus wahrgenommen wird. Die Fassade öffnet sich zum Dorfplatz. **Kosteneinfluss Grundstück:** Lage im Ortszentrum der Gemeinde.

9100-0027 Gemeindezentrum, Saal BRI 13.112m³ BGF 3.267m² NUF 1.953m²

Baujahr: 1910
Bauzustand: schlecht
Aufwand: hoch
Nutzung während der Bauzeit: nein
Nutzungsänderung: ja
Grundrissänderungen: umfangreiche
Tragwerkseingriffe: einige

Land: Thüringen
Kreis: Sömmerda
Standard: Durchschnitt
Bauzeit: 200 Wochen
Kennwerte: bis 1.Ebene DIN276
veröffentlicht: BKI Objektdaten A2
BGF **1.387 €/m²**

Planung: Architekturbüro König; Zeulenroda

Umbau eines Gemeindezentrums mit Saal und zusätzlichen Proberäumen im Dachgeschoss. **Kosteneinfluss Grundstück:** Hochliegender Grundwasserstand.

9100-0031 Stadthalle BRI 10.967m³ BGF 2.595m² NUF 1.077m²

Baujahr: 1948
Bauzustand: mittel
Aufwand: hoch
Nutzung während der Bauzeit: ja
Nutzungsänderung: ja
Grundrissänderungen: einige
Tragwerkseingriffe: einige

Land: Thüringen
Kreis: Sondershausen
Standard: Durchschnitt
Bauzeit: 347 Wochen
Kennwerte: bis 1.Ebene DIN276
veröffentlicht: BKI Objektdaten A2
BGF **917 €/m²**

Planung: Büchner-Menge + Partner GmbH; Erfurt

Umbau eines Saales zur Nutzung als Theater. **Kosteneinfluss Grundstück:** Hochliegender Grundwasserstand, Nachbarbebauung im Bühnenbereich.

9100-0079 Kinder- und Jugendtheater   **BRI** 14.044m³   **BGF** 2.973m²   **NUF** 1.996m²

Bauzustand: mittel
Aufwand: hoch
Nutzung während der Bauzeit: nein
Nutzungsänderung: ja
Grundrissänderungen: umfangreiche
Tragwerkseingriffe: wenige

Land: Brandenburg
Kreis: Cottbus
Standard: Durchschnitt
Bauzeit: 74 Wochen
Kennwerte: bis 1.Ebene DIN276
veröffentlicht: BKI Objektdaten A8
BGF   **2.043 €/m²**

Planung: Architekturbüro Berger & Fiedler; Cottbus

Umnutzung Fernwärmestation zu Theaterzwecken: zwei Bühnen (215 Plätze), Probenräume und Verwaltung

9100-0104 Heimatmuseum   **BRI** 566m³   **BGF** 179m²   **NUF** 107m²

Baujahr: 1885
Bauzustand: schlecht
Aufwand: hoch
Nutzung während der Bauzeit: nein
Nutzungsänderung: ja
Grundrissänderungen: wenige
Tragwerkseingriffe: wenige

Land: Thüringen
Kreis: Weimarer Land
Standard: Durchschnitt
Bauzeit: 100 Wochen
Kennwerte: bis 1.Ebene DIN276
veröffentlicht: BKI Objektdaten A9
BGF   **1.302 €/m²**

Planung: Architekturbüro Ludewig; Weimar

Umbau einer Malzdarre (Baujahr 1885) zu einem Heimatmuseum.

9100-0108 Atelier*   **BRI** 151m³   **BGF** 45m²   **NUF** 34m²

Baujahr: 1950
Bauzustand: schlecht
Aufwand: hoch
Nutzung während der Bauzeit: nein
Nutzungsänderung: ja
Grundrissänderungen: wenige
Tragwerkseingriffe: wenige

Land: Niedersachsen
Kreis: Verden
Standard: über Durchschnitt
Bauzeit: 8 Wochen
Kennwerte: bis 1.Ebene DIN276
vorgesehen: BKI Objektdaten A10
BGF   **2.471 €/m²**
*
* Nicht in der Auswertung enthalten

Planung: Püffel Architekten; Bremen

Atelier mit Arbeitsraum, Technik- und Abstellraum.

Übersicht 1.-+.2.Ebene
Erweiterung
Umbau
Moderni- sierung
Instand- setzung
Bau- elemente
Abbrechen
Wieder- herstellen
Herstellen

Modernisierungen

Büro- und Verwaltungsgebäude

BRI 320 €/m³
von 235 €/m³
bis 515 €/m³

BGF 1.080 €/m²
von 700 €/m²
bis 1.690 €/m²

NUF 1.720 €/m²
von 1.140 €/m²
bis 2.790 €/m²

NE 63.910 €/NE
von 28.740 €/NE
bis 124.330 €/NE
NE: Arbeitsplätze

Objektbeispiele

Kosten:
Stand 2.Quartal 2016
Bundesdurchschnitt
inkl. 19% MwSt.

2200-0035

1300-0154

1300-0132

Kosten der 10 Vergleichsobjekte — Seiten 270 bis 275

- • KKW
- ▶ min
- ▷ von
- | Mittelwert
- ◁ bis
- ◀ max

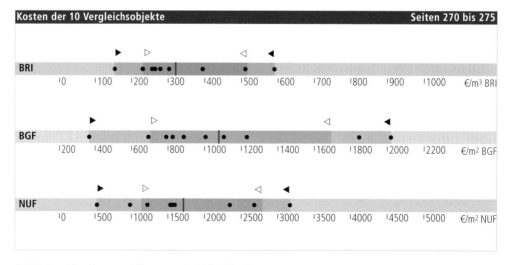

© **BKI** Baukosteninformationszentrum; Erläuterungen zu den Tabellen siehe Seite 24   Kosten: 2.Quartal 2016, Bundesdurchschnitt, **inkl. 19% MwSt.**

Kostenkennwerte für die Kostengruppen der 1. und 2.Ebene DIN 276

KG	Kostengruppen der 1. Ebene	Einheit	▷	€/Einheit	◁	▷	% an 300+400	◁
100	Grundstück	m² GF						
200	Herrichten und Erschließen	m² GF	4	**10**	28	0,2	**0,9**	1,8
300	Bauwerk - Baukonstruktionen	m² BGF	472	**782**	1.127	64,5	**72,6**	79,7
400	Bauwerk - Technische Anlagen	m² BGF	189	**296**	578	20,3	**27,4**	35,5
	Bauwerk (300+400)	m² BGF	703	**1.077**	1.691		**100,0**	
500	Außenanlagen	m² AF	17	**63**	146	0,8	**3,9**	13,7
600	Ausstattung und Kunstwerke	m² BGF	5	**47**	204	0,6	**2,7**	11,1
700	Baunebenkosten	m² BGF						

KG	Kostengruppen der 2. Ebene	Einheit	▷	€/Einheit	◁	▷	% an 300	◁
310	Baugrube	m³ BGI	32	**44**	59	0,1	**0,6**	1,6
320	Gründung	m² GRF	131	**202**	283	1,6	**4,3**	7,3
330	Außenwände	m² AWF	258	**510**	805	19,2	**34,1**	44,8
340	Innenwände	m² IWF	107	**210**	317	18,1	**24,6**	54,3
350	Decken	m² DEF	144	**228**	386	10,6	**15,6**	19,6
360	Dächer	m² DAF	264	**526**	1.574	6,3	**12,6**	25,9
370	Baukonstruktive Einbauten	m² BGF	4	**27**	81	0,7	**3,0**	9,6
390	Sonstige Baukonstruktionen	m² BGF	23	**38**	63	3,4	**5,3**	8,4
300	**Bauwerk Baukonstruktionen**	**m² BGF**					**100,0**	

KG	Kostengruppen der 2. Ebene	Einheit	▷	€/Einheit	◁	▷	% an 400	◁
410	Abwasser, Wasser, Gas	m² BGF	24	**37**	56	7,5	**13,7**	18,7
420	Wärmeversorgungsanlagen	m² BGF	32	**53**	84	14,4	**19,0**	27,6
430	Lufttechnische Anlagen	m² BGF	10	**25**	117	1,9	**6,3**	14,6
440	Starkstromanlagen	m² BGF	63	**110**	212	22,4	**36,7**	43,4
450	Fernmeldeanlagen	m² BGF	20	**42**	88	9,3	**13,2**	20,4
460	Förderanlagen	m² BGF	14	**27**	44	0,9	**5,7**	18,3
470	Nutzungsspezifische Anlagen	m² BGF	4	**19**	56	0,1	**1,9**	8,2
480	Gebäudeautomation	m² BGF	68	**70**	73	0,0	**2,4**	11,0
490	Sonstige Technische Anlagen	m² BGF	0	**8**	16	0,0	**1,2**	10,4
400	**Bauwerk Technische Anlagen**	**m² BGF**					**100,0**	

Prozentanteile der Kosten der 2.Ebene an den Kosten des Bauwerks nach DIN 276 (Von-, Mittel-, Bis-Werte)

310	Baugrube	0,4
320	Gründung	3,1
330	Außenwände	24,6
340	Innenwände	16,9
350	Decken	11,0
360	Dächer	9,5
370	Baukonstruktive Einbauten	2,1
390	Sonstige Baukonstruktionen	3,9
410	Abwasser, Wasser, Gas	3,6
420	Wärmeversorgungsanlagen	5,1
430	Lufttechnische Anlagen	1,7
440	Starkstromanlagen	10,4
450	Fernmeldeanlagen	3,9
460	Förderanlagen	2,0
470	Nutzungsspezifische Anlagen	0,5
480	Gebäudeautomation	0,8
490	Sonstige Technische Anlagen	0,5

15%   30%   45%   60%

Kosten: 2.Quartal 2016, Bundesdurchschnitt, inkl. 19% MwSt.

Übersicht 1.+.2.Ebene

Erweiterung

Umbau

Moderni-sierung

Instand-setzung

Bau-elemente

Abbrechen

Wieder-herstellen

Herstellen

Kosten:
Stand 2.Quartal 2016
Bundesdurchschnitt
inkl. 19% MwSt.

Kostenkennwerte für die Kostengruppen der 3.Ebene DIN 276

KG	Kostengruppen der 3. Ebene	Einheit	▷	Ø €/Einheit	◁	▷	Ø €/m² BGF	◁
335	Außenwandbekleidungen außen	m²	149,08	198,42	285,00	70,97	109,21	159,81
337	Elementierte Außenwände	m²	483,78	895,03	1.313,04	18,84	78,07	148,14
334	Außentüren und -fenster	m²	343,89	702,22	1.125,09	25,59	74,59	151,86
481	Automationssysteme	m²	60,05	66,56	73,06	60,05	66,56	73,06
444	Niederspannungsinstallationsanl.	m²	35,50	61,44	98,23	35,50	61,44	98,23
352	Deckenbeläge	m²	83,41	112,97	171,19	30,51	55,16	77,52
344	Innentüren und -fenster	m²	427,76	724,77	944,94	22,76	54,03	88,50
363	Dachbeläge	m²	80,44	168,78	229,57	31,21	49,47	73,30
361	Dachkonstruktionen	m²	77,63	157,68	207,22	23,29	49,07	95,08
345	Innenwandbekleidungen	m²	18,91	31,46	44,31	23,44	42,56	62,95
445	Beleuchtungsanlagen	m²	22,64	39,37	95,99	22,64	39,37	95,99
371	Allgemeine Einbauten	m²	6,05	33,87	81,61	6,05	33,87	81,61
351	Deckenkonstruktionen	m²	149,18	587,47	4.035,71	10,05	33,33	81,65
342	Nichttragende Innenwände	m²	66,76	99,06	166,18	14,58	29,59	44,62
331	Tragende Außenwände	m²	116,69	169,98	337,74	8,19	29,32	56,91
454	Elektroakustische Anlagen	m²	–	27,99	–	–	27,99	–
475	Feuerlöschanlagen	m²	0,90	27,04	53,17	0,90	27,04	53,17
461	Aufzugsanlagen	m²	12,62	26,08	43,71	12,62	26,08	43,71
399	Sonstige Maßnahmen für Baukonstruktionen, sonst.	m²	–	24,56	–	–	24,56	–
338	Sonnenschutz	m²	135,58	246,20	419,92	14,17	24,20	33,88
353	Deckenbekleidungen	m²	20,78	50,93	68,87	13,31	23,11	38,37
423	Raumheizflächen	m²	11,02	22,90	50,26	11,02	22,90	50,26
412	Wasseranlagen	m²	13,68	22,72	34,53	13,68	22,72	34,53
434	Kälteanlagen	m²	–	22,52	–	–	22,52	–
325	Bodenbeläge	m²	62,23	104,41	150,40	7,91	20,39	31,78
431	Lüftungsanlagen	m²	5,21	19,55	72,45	5,21	19,55	72,45
336	Außenwandbekleidungen innen	m²	26,65	49,02	94,40	8,39	19,35	42,95
341	Tragende Innenwände	m²	135,09	210,87	607,95	6,82	19,14	35,48
456	Gefahrenmelde- und Alarmanlagen	m²	6,47	18,49	51,94	6,47	18,49	51,94
422	Wärmeverteilnetze	m²	11,06	17,45	31,26	11,06	17,45	31,26
394	Abbruchmaßnahmen	m²	7,40	17,22	36,19	7,40	17,22	36,19
346	Elementierte Innenwände	m²	208,50	304,26	384,34	5,07	16,82	51,57
478	Entsorgungsanlagen	m²	–	16,54	–	–	16,54	–
492	Gerüste	m²	–	16,00	–	–	16,00	–
364	Dachbekleidungen	m²	29,16	65,01	91,19	7,27	15,68	27,80
453	Zeitdienstanlagen	m²	6,42	15,01	31,92	6,42	15,01	31,92
432	Teilklimaanlagen	m²	–	14,33	–	–	14,33	–
443	Niederspannungsschaltanlagen	m²	3,18	12,96	22,73	3,18	12,96	22,73
322	Flachgründungen	m²	42,57	96,40	150,35	6,01	12,93	27,12
421	Wärmeerzeugungsanlagen	m²	4,28	12,62	19,69	4,28	12,62	19,69
392	Gerüste	m²	6,11	11,82	23,96	6,11	11,82	23,96
411	Abwasseranlagen	m²	6,66	11,15	15,22	6,66	11,15	15,22
457	Übertragungsnetze	m²	6,02	10,97	24,22	6,02	10,97	24,22
359	Decken, sonstiges	m²	6,54	17,66	37,38	3,47	9,82	22,49
311	Baugrubenherstellung	m³	31,33	43,90	58,82	2,39	9,72	16,73
442	Eigenstromversorgungsanlagen	m²	2,59	8,79	19,69	2,59	8,79	19,69
397	Zusätzliche Maßnahmen	m²	3,05	8,65	17,69	3,05	8,65	17,69
451	Telekommunikationsanlagen	m²	4,34	8,65	29,60	4,34	8,65	29,60
433	Klimaanlagen	m²	–	7,81	–	–	7,81	–

▷ von
Ø Mittel
◁ bis

Kosten: 2.Quartal 2016, Bundesdurchschnitt, **inkl. 19% MwSt.**

Kostenkennwerte für Leistungsbereiche nach StLB (Kosten des Bauwerks nach DIN 276)

LB	Leistungsbereiche	▷	€/m² BGF	◁	▷	% an 300+400	◁
000	Sicherheits-, Baustelleneinrichtungen inkl. 001	15	26	49	1,4	2,5	4,6
002	Erdarbeiten	1	7	15	0,1	0,6	1,4
006	Spezialtiefbauarbeiten inkl. 005	–	0	–	–	0,0	–
009	Entwässerungskanalarbeiten inkl. 011	0	3	9	0,0	0,3	0,8
010	Drän- und Versickerungsarbeiten	0	1	2	0,0	0,0	0,1
012	Mauerarbeiten	9	20	32	0,9	1,9	2,9
013	Betonarbeiten	21	54	112	2,0	5,0	10,4
014	Natur-, Betonwerksteinarbeiten	5	22	66	0,5	2,0	6,1
016	Zimmer- und Holzbauarbeiten	4	28	110	0,3	2,6	10,2
017	Stahlbauarbeiten	3	20	56	0,3	1,9	5,2
018	Abdichtungsarbeiten	1	4	8	0,1	0,4	0,8
020	Dachdeckungsarbeiten	2	19	76	0,2	1,7	7,1
021	Dachabdichtungsarbeiten	2	18	42	0,1	1,7	3,9
022	Klempnerarbeiten	2	12	29	0,2	1,1	2,7
	Rohbau	148	234	302	13,7	21,7	28,1
023	Putz- und Stuckarbeiten, Wärmedämmsysteme	39	77	157	3,6	7,2	14,6
024	Fliesen- und Plattenarbeiten	10	19	40	0,9	1,8	3,7
025	Estricharbeiten	5	19	30	0,4	1,7	2,7
026	Fenster, Außentüren inkl. 029, 032	34	85	130	3,1	7,8	12,0
027	Tischlerarbeiten	46	79	120	4,3	7,3	11,1
028	Parkettarbeiten, Holzpflasterarbeiten	0	3	19	0,0	0,3	1,7
030	Rollladenarbeiten	8	20	35	0,7	1,9	3,3
031	Metallbauarbeiten inkl. 035	20	45	94	1,8	4,2	8,7
034	Maler- und Lackiererarbeiten inkl. 037	13	28	47	1,2	2,6	4,3
036	Bodenbelagarbeiten	11	26	47	1,0	2,4	4,4
038	Vorgehängte hinterlüftete Fassaden	1	21	63	0,1	2,0	5,9
039	Trockenbauarbeiten	47	71	120	4,3	6,6	11,1
	Ausbau	415	499	548	38,5	46,3	50,8
040	Wärmeversorgungsanl. - Betriebseinr. inkl. 041	35	49	66	3,3	4,6	6,1
042	Gas- und Wasserinstallation, Leitungen inkl. 043	8	16	33	0,8	1,4	3,0
044	Abwasserinstallationsarbeiten - Leitungen	1	4	8	0,1	0,4	0,8
045	GWA-Einrichtungsgegenstände inkl. 046	4	11	20	0,4	1,0	1,9
047	Dämmarbeiten an betriebstechnischen Anlagen	1	4	9	0,1	0,4	0,9
049	Feuerlöschanlagen, Feuerlöschgeräte	0	3	3	0,0	0,3	0,3
050	Blitzschutz- und Erdungsanlagen	1	2	5	0,1	0,2	0,4
053	Niederspannungsanlagen inkl. 052, 054	52	79	117	4,8	7,3	10,8
055	Ersatzstromversorgungsanlagen	0	2	9	0,0	0,2	0,8
057	Gebäudesystemtechnik	0	4	4	0,0	0,4	0,4
058	Leuchten und Lampen inkl. 059	20	35	58	1,9	3,3	5,4
060	Elektroakustische Anlagen, Sprechanlagen	1	5	16	0,1	0,5	1,5
061	Kommunikationsnetze, inkl. 062	4	11	28	0,4	1,0	2,6
063	Gefahrenmeldeanlagen	4	15	30	0,4	1,4	2,8
069	Aufzüge	3	21	80	0,2	2,0	7,5
070	Gebäudeautomation	–	4	–	–	0,4	–
075	Raumlufttechnische Anlagen	7	18	41	0,7	1,7	3,8
	Technische Anlagen	202	284	356	18,7	26,3	33,0
084	Abbruch- und Rückbauarbeiten	40	59	112	3,7	5,5	10,4
	Sonstige Leistungsbereiche inkl. 008, 033, 051	2	8	29	0,2	0,7	2,7

Übersicht 1.+2. Ebene · Erweiterung · Umbau · Modernisierung · Instandsetzung · Bauelemente · Abbrechen · Wiederherstellen · Herstellen

Büro- und Verwaltungs-gebäude

€/m² BGF

min	370	€/m²
von	700	€/m²
Mittel	**1.080**	**€/m²**
bis	1.690	€/m²
max	2.020	€/m²

Kosten:
Stand 2.Quartal 2016
Bundesdurchschnitt
inkl. 19% MwSt.

1300-0092 Verwaltungsgebäude   BRI 12.657m³   BGF 3.970m²   NUF 2.293m²

Baujahr: 1951
Bauzustand: mittel
Aufwand: hoch
Nutzung während der Bauzeit: nein
Nutzungsänderung: ja
Grundrissänderungen: umfangreiche
Tragwerkseingriffe: umfangreiche

Land: Bayern
Kreis: Würzburg
Standard: über Durchschnitt
Bauzeit: 61 Wochen
Kennwerte: bis 4.Ebene DIN276
veröffentlicht: BKI Objektdaten A3

BGF   **887 €/m²**

Planung: Martin Dold Dipl.-Ing. Architekt; Höchberg

Büroräume, Besprechungszimmer, Teeküchen, Parkdecks **Kosteneinfluss Grundstück:** Trinkwasserschutzgebiet, Trinkwasserzone 3

Bauwerk - Baukonstruktionen
Herstellen: Elementierte Außenwände 14%, Deckenbeläge 9%, Außenwandbekleidungen außen 7%, Innentüren und -fenster 7%, Nichttragende Innenwände 6%, Deckenkonstruktionen 5%, Deckenbekleidungen 5%, Dachbeläge 5%, Tragende Innenwände 5%, Innenwandbekleidungen 5%, Gerüste 3%, Sonnenschutz 3%, Außentüren und -fenster 3%, Sonstige 22%

Bauwerk - Technische Anlagen
Herstellen: Raumheizflächen 20%, Wasseranlagen 11%, Niederspannungsinstallationsanlagen 8%, Entsorgungsanlagen 8%, Beleuchtungsanlagen 7%, Gefahrenmelde- und Alarmanlagen 7%, Aufzugsanlagen 7%, Übertragungsnetze 7%, Wärmeverteilnetze 5%, Sonstige 20%

1300-0103 Büro- und Veranstaltungsgebäude   BRI 3.214m³   BGF 1.072m²   NUF 756m²

Baujahr: 1950
Bauzustand: schlecht
Aufwand: hoch
Nutzung während der Bauzeit: ja
Nutzungsänderung: ja
Grundrissänderungen: einige
Tragwerkseingriffe: einige

Land: Baden-Württemberg
Kreis: Stuttgart
Standard: Durchschnitt
Bauzeit: 73 Wochen
Kennwerte: bis 4.Ebene DIN276
veröffentlicht: BKI Objektdaten E2

BGF   **693 €/m²**

Planung: Günter Konieczny Architekten und Stadtplaner; Stuttgart

Bürogebäude mit Ausstellungs- und Versammlungshalle, 6 Wohneinheiten. **Kosteneinfluss Grundstück:** Beengte innerstädtische Baustelle.

Bauwerk - Baukonstruktionen
Abbrechen: Abbruchmaßnahmen 7%, Nichttragende Innenwände 3%
Herstellen: Außenwandbekleidungen außen 20%, Dachbeläge 16%, Dachkonstruktionen 11%, Außentüren und -fenster 9%, Nichttragende Innenwände 5%, Deckenbeläge 5%, Deckenbekleidungen 4%
Sonstige: 20%

Bauwerk - Technische Anlagen
Herstellen: Niederspannungsinstallationsanlagen 22%, Beleuchtungsanlagen 16%, Wärmeerzeugungsanlagen 15%, Wasseranlagen 14%, Raumheizflächen 9%, Sonstige 24%

1300-0110 Bürogebäude, Landwirtschaftsamt — BRI 5.412m³ — BGF 1.575m² — NUF 1.020m²

Baujahr: 1979
Bauzustand: schlecht
Aufwand: hoch
Nutzung während der Bauzeit: nein
Nutzungsänderung: nein
Grundrissänderungen: einige
Tragwerkseingriffe: keine

Land: Thüringen
Kreis: Greiz
Standard: Durchschnitt
Bauzeit: 56 Wochen
Kennwerte: bis 4.Ebene DIN276
veröffentlicht: BKI Objektdaten A4
BGF **790 €/m²**

Planung: thoma architekten; Greiz

Bürogebäude für 62 Mitarbeiter, Besprechungszimmer, Sanitärräume.

Bauwerk - Baukonstruktionen
Herstellen: Außentüren und -fenster 24%, Außenwandbekleidungen außen 13%, Elementierte Außenwände 8%, Sonnenschutz 6%, Innentüren und -fenster 6%, Sonstige Maßnahmen für Baukonstruktionen, sonst. 5%, Deckenbeläge 5%, Bodenbeläge 4%, Innenwandbekleidungen 4%, Dachbeläge 3%, Nichttragende Innenwände 3%, Sonstige 20%

Bauwerk - Technische Anlagen
Herstellen: Niederspannungsinstallationsanlagen 24%, Beleuchtungsanlagen 15%, Zeitdienstanlagen 12%, Telekommunikationsanlagen 11%, Wasseranlagen 9%, Wärmeverteilnetze 6%, Sonstige 22%

1300-0123 Rathaus — BRI 5.243m³ — BGF 1.449m² — NUF 999m²

Baujahr: 1773/77
Bauzustand: mittel
Aufwand: hoch
Nutzung während der Bauzeit: nein
Nutzungsänderung: ja
Grundrissänderungen: einige
Tragwerkseingriffe: einige

Land: Baden-Württemberg
Kreis: Neckar-Odenwald
Standard: über Durchschnitt
Bauzeit: 95 Wochen
Kennwerte: bis 3.Ebene DIN276
veröffentlicht: BKI Objektdaten A5
BGF **1.847 €/m²**

Planung: Ecker Architekten; Buchen

Modernisierung und Umbau von zwei Gebäuden der Gemeindeverwaltung, die Gebäude sind mit einem Neubau verbunden worden.

Bauwerk - Baukonstruktionen
Herstellen: Elementierte Außenwände 15%, Außenwandbekleidungen außen 10%, Deckenkonstruktionen 8%, Deckenbeläge 6%, Innentüren und -fenster 5%, Dachbeläge 4%, Allgemeine Einbauten 4%, Tragende Außenwände 4%, Innenwandbekleidungen 4%, Elementierte Innenwände 4%, Nichttragende Innenwände 3%, Außentüren und -fenster 3%, Dachkonstruktionen 3%, Deckenbekleidungen 3%, Tragende Innenwände 3%, Flachgründungen 3%, Sonstige 20%

Bauwerk - Technische Anlagen
Herstellen: Beleuchtungsanlagen 18%, Niederspannungsinstallationsanlagen 18%, Automationssysteme 11%, Raumheizflächen 10%, Aufzugsanlagen 7%, Gefahrenmelde- und Alarmanlagen 6%, Wasseranlagen 5%, Sonstige 24%

Übersicht- 1.+ 2.Ebene
Erweiterung
Umbau
Modernisierung
Instandsetzung
Bauelemente
Abbrechen
Wiederherstellen
Herstellen

Büro- und Verwaltungs- gebäude

€/m² BGF

min	370 €/m²
von	700 €/m²
Mittel	**1.080 €/m²**
bis	1.690 €/m²
max	2.020 €/m²

Kosten:
Stand 2.Quartal 2016
Bundesdurchschnitt
inkl. 19% MwSt.

Objektübersicht zur Gebäudeart

1300-0132 Bürogebäude - Passivhaus   BRI 3.743m³   BGF 1.127m²   NUF 709m²

© Freier Architekt Heiner Maier-Linden

Land: Baden-Württemberg
Kreis: Tübingen
Standard: Durchschnitt
Bauzeit: 52 Wochen
Kennwerte: bis 3.Ebene DIN276
veröffentlicht: BKI Objektdaten A6
BGF   **1.006 €/m²**

Planung: Freier Architekt Dipl.-Ing. (FH) Heiner Maier-Linden; Tübingen

Bürogebäude für 45 Mitarbeiter, Einzelbüros für 1-6 Mitarbeiter, Archiv, Laborräume.

Bauwerk - Baukonstruktionen
Herstellen: Außenwandbekleidungen außen 13%, Dachkonstruktionen 12%, Außentüren und -fenster 10%, Innentüren und -fenster 9%, Dachbeläge 7%, Deckenbeläge 5%, Dachbekleidungen 4%, Bodenbeläge 4%, Innenwandbekleidungen 3%, Nichttragende Innenwände 3%, Deckenkonstruktionen 3%, Deckenbekleidungen 2%, Tragende Außenwände 2%, Sonstige 22%

Bauwerk - Technische Anlagen
Herstellen: Niederspannungsinstallationsanlagen 25%, Lüftungsanlagen 13%, Beleuchtungsanlagen 13%, Wärmeerzeugungsanlagen 10%, Wasseranlagen 7%, Abwasseranlagen 6%, Wärmeverteilnetze 5%, Sonstige 21%

1300-0138 Bürogebäude   BRI 5.442m³   BGF 2.267m²   NUF 1.587m²

© modus.architekten

Baujahr: 1834
Bauzustand: schlecht
Aufwand: hoch
Nutzung während der Bauzeit: nein
Nutzungsänderung: ja
Grundrissänderungen: einige
Tragwerkseingriffe: wenige

Land: Nordrhein-Westfalen
Kreis: Düsseldorf
Standard: Durchschnitt
Bauzeit: 25 Wochen
Kennwerte: bis 3.Ebene DIN276
veröffentlicht: BKI Objektdaten A7
BGF   **367 €/m²**

Planung: modus.architekten Dipl.-Ing. Holger Kalla; Potsdam

Modernisierung eines Bürogebäudes, Einbau eines Aufzugs.

Bauwerk - Baukonstruktionen
Abbrechen: Nichttragende Innenwände 2%
Herstellen: Innentüren und -fenster 28%, Innenwandbekleidungen 19%, Deckenbeläge 10%, Nichttragende Innenwände 7%, Deckenbekleidungen 7%, Bodenbeläge 3%
Wiederherstellen: Innenwandbekleidungen 4%
Sonstige: 20%

Bauwerk - Technische Anlagen
Herstellen: Aufzugsanlagen 27%, Niederspannungsinstallationsanlagen 25%, Gerüste 10%, Gefahrenmelde- und Alarmanlagen 9%, Beleuchtungsanlagen 7%, Sonstige 22%

1300-0154 Bürgerhaus **BRI** 8.526m³   **BGF** 2.489m²   **NUF** 1.588m²

Baujahr: 1972
Bauzustand: mittel
Aufwand: hoch
Nutzung während der Bauzeit: nein
Nutzungsänderung: ja
Grundrissänderungen: umfangreiche
Tragwerkseingriffe: wenige

Land: Brandenburg
Kreis: Spree-Neiße
Standard: über Durchschnitt
Bauzeit: 82 Wochen
Kennwerte: bis 3.Ebene DIN276
veröffentlicht: BKI Objektdaten A8
BGF 2.020 €/m²

Planung: keller mayer wittig architekten stadtplaner bauforscher GbR; Cottbus

Umbau des ehemaligen Arbeiterwohnheims in ein Verwaltungsgebäude.

Bauwerk - Baukonstruktionen
Herstellen: Außentüren und -fenster 16%, Außenwand-bekleidungen außen 14%, Innentüren und -fenster 9%, Deckenbeläge 7%, Tragende Außenwände 5%, Außenwand-bekleidungen innen 4%, Deckenkonstruktionen 4%, Allge-meine Einbauten 3%, Deckenbekleidungen 3%, Innenwand-bekleidungen 3%, Nichttragende Innenwände 3%, Dach-konstruktionen 3%, Dachbeläge 2%, Sonnenschutz 2%, Decken, sonstiges 2%, Sonstige 21%

Bauwerk - Technische Anlagen
Herstellen: Lüftungsanlagen 15%, Niederspannungsinstal-lationsanlagen 12%, Automationssysteme 9%, Gefahren-melde- und Alarmanlagen 9%, Beleuchtungsanlagen 9%, Feuerlöschanlagen 8%, Wärmeverteilnetze 6%, Elektro-akustische Anlagen 4%, Raumheizflächen 4%, Sonstige 22%

1300-0178 Bürogebäude **BRI** 1.211m³   **BGF** 432m²   **NUF** 305m²

Baujahr: 2000
Bauzustand: mittel
Aufwand: mittel
Nutzung während der Bauzeit: ja
Nutzungsänderung: ja
Grundrissänderungen: einige
Tragwerkseingriffe: einige

Land: Nordrhein-Westfalen
Kreis: Olpe
Standard: Durchschnitt
Bauzeit: 86 Wochen
Kennwerte: bis 3.Ebene DIN276
veröffentlicht: BKI Objektdaten A8
BGF 1.105 €/m²

Planung: MD - Klimadesign Dipl.-Ing. (FH) Monika Dörnbach; Wilnsdorf

Erweiterung eines Bürogebäudes um 140m² BGF. **Kosteneinfluss Nutzung:** Modernisierung des Bestandsgebäudes.

Bauwerk - Baukonstruktionen
Herstellen: Allgemeine Einbauten 13%, Innenwandbeklei-dungen 10%, Außenwandbekleidungen außen 10%, Deckenbeläge 7%, Elementierte Innenwände 7%, Dachbe-läge 7%, Außenwandbekleidungen innen 5%, Sonnenschutz 4%, Tragende Außenwände 4%, Bodenbeläge 4%, Zusätz-liche Maßnahmen 3%, Deckenkonstruktionen 3%, Außen-türen und -fenster 3%, Sonstige 20%

Bauwerk - Technische Anlagen
Herstellen: Niederspannungsinstallationsanlagen 34%, Wasseranlagen 14%, Beleuchtungsanlagen 12%, Wärme-verteilnetze 7%, Wärmeerzeugungsanlagen 7%, Raumheiz-flächen 5%, Sonstige 22%

Kosten: 2.Quartal 2016, Bundesdurchschnitt, **inkl. 19% MwSt.**

Übersicht 1.+2.Ebene
Erweiterung
Umbau
Moderni-sierung
Instand-setzung
Bau-elemente
Abbrechen
Wieder-herstellen
Herstellen

Büro- und Verwaltungsgebäude

€/m² BGF

min	370 €/m²
von	700 €/m²
Mittel	**1.080 €/m²**
bis	1.690 €/m²
max	2.020 €/m²

Kosten:
Stand 2.Quartal 2016
Bundesdurchschnitt
inkl. 19% MwSt.

1300-0200 Rathaus*

BRI 14.336m³   **BGF** 5.120m²   **NUF** 3.428m²

Baujahr: 1978
Bauzustand: mittel
Aufwand: mittel
Nutzung während der Bauzeit: ja
Nutzungsänderung: nein
Grundrissänderungen: keine
Tragwerkseingriffe: keine

Land: Hessen
Kreis: Darmstadt-Dieburg
Standard: Durchschnitt
Bauzeit: 47 Wochen
Kennwerte: bis 3.Ebene DIN276
veröffentlicht: BKI Objektdaten A9

BGF **296 €/m²**

* Nicht in der Auswertung enthalten

Planung: Junghans+Formhals GmbH; Weiterstadt

Energetische Fassadensanierung des Rathauses aus dem Jahre 1978.

Bauwerk - Baukonstruktionen
Herstellen: Außentüren und -fenster 56%, Außenwandbekleidungen außen 33%, Sonnenschutz 4%, Sonstige 6%

2200-0035 Verwaltungsgebäude

BRI 8.402m³   **BGF** 2.607m²   **NUF** 1.405m²

Baujahr: 1972
Bauzustand: mittel
Aufwand: niedrig
Nutzung während der Bauzeit: nein
Nutzungsänderung: nein
Grundrissänderungen: einige
Tragwerkseingriffe: wenige

Land: Sachsen-Anhalt
Kreis: Salzlandkreis
Standard: Durchschnitt
Bauzeit: 56 Wochen
Kennwerte: bis 3.Ebene DIN276
vorgesehen: BKI Objektdaten A10

BGF **826 €/m²**

Planung: brezinski; Magdeburg

Modernisierung von Fachhochschule der Polizei

Bauwerk - Baukonstruktionen
Herstellen: Außenwandbekleidungen außen 17%, Außentüren und -fenster 14%, Innentüren und -fenster 9%, Deckenbeläge 9%, Innenwandbekleidungen 7%, Dachbeläge 6%, Sonnenschutz 4%, Deckenbekleidungen 3%, Dachbekleidungen 2%, Nichttragende Innenwände 2%, Außenwandbekleidungen innen 2%, Baugrubenherstellung 2%
Wiederherstellen: Deckenkonstruktionen 2%, Deckenbeläge 2%
Sonstige: 20%

Bauwerk - Technische Anlagen
Abbrechen: Niederspannungsinstallationsanlagen 8%
Herstellen: Niederspannungsinstallationsanlagen 18%, Beleuchtungsanlagen 13%, Wasseranlagen 9%, Teilklimaanlagen 8%, Raumheizflächen 7%, Wärmeverteilnetze 6%, Abwasseranlagen 5%, Gefahrenmelde- und Alarmanlagen 4%
Sonstige: 21%

1300-0078 Verwaltungsgebäude   **BRI** 19.556m³ **BGF** 4.202m²   **NUF** 2.203m²

Baujahr: 1902
Bauzustand: mittel
Aufwand: mittel
Nutzung während der Bauzeit: nein
Nutzungsänderung: ja
Grundrissänderungen: wenige
Tragwerkseingriffe: einige

Land: Sachsen
Kreis: Dresden
Standard: Durchschnitt
Bauzeit: 95 Wochen
Kennwerte: bis 1.Ebene DIN276
veröffentlicht: BKI Objektdaten A1

BGF   **1.230 €/m²**

Planung: Schnell + Horn + Partner GbR Architekten und Ingenieure; Dresden

Modernisierung und Instandsetzung des ehemaligen Militärgerichts in Dresden für die Mitarbeiter der Bundesanstalt für Arbeitsschutz und Arbeitsmedizin (BAuA).

Übersicht 1.+ 2.Ebene

Erweiterung

Umbau

Modernisierung

Instandsetzung

Bauelemente

Abbrechen

Wiederherstellen

Herstellen

Modernisierungen

Schulen und Kindergärten

BRI 245 €/m³
von 175 €/m³
bis 355 €/m³

BGF 940 €/m²
von 670 €/m²
bis 1.400 €/m²

NUF 1.600 €/m²
von 1.060 €/m²
bis 2.330 €/m²

Objektbeispiele

Kosten:
Stand 2.Quartal 2016
Bundesdurchschnitt
inkl. 19% MwSt.

4100-0036

4200-0028

4100-0118

4100-0129

4100-0106

4100-0137

Kosten der 23 Vergleichsobjekte   **Seiten 280 bis 293**

- ● KKW
- ▶ min
- ▷ von
- | Mittelwert
- ◁ bis
- ◀ max

BRI
|0 |50 |100 |150 |200 |250 |300 |350 |400 |450 |500   €/m³ BRI

BGF
|200 |400 |600 |800 |1000 |1200 |1400 |1600 |1800 |2000 |2200   €/m² BGF

NUF
|0 |500 |1000 |1500 |2000 |2500 |3000 |3500 |4000 |4500 |5000   €/m² NUF

© **BKI** Baukosteninformationszentrum; Erläuterungen zu den Tabellen siehe Seite 24   Kosten: 2.Quartal 2016, Bundesdurchschnitt, **inkl. 19% MwSt.**

Kostenkennwerte für die Kostengruppen der 1. und 2.Ebene DIN 276

KG	Kostengruppen der 1. Ebene	Einheit	▷	€/Einheit	◁	▷	% an 300+400	◁
100	Grundstück	m² GF						
200	Herrichten und Erschließen	m² GF	1	**4**	24	0,2	**1,1**	4,7
300	Bauwerk - Baukonstruktionen	m² BGF	469	**708**	1.127	64,8	**73,5**	82,2
400	Bauwerk - Technische Anlagen	m² BGF	156	**235**	323	17,8	**26,5**	35,2
	Bauwerk (300+400)	m² BGF	668	**943**	1.398		**100,0**	
500	Außenanlagen	m² AF	23	**93**	204	1,5	**5,7**	11,8
600	Ausstattung und Kunstwerke	m² BGF	7	**34**	102	0,9	**4,1**	13,8
700	Baunebenkosten	m² BGF						

KG	Kostengruppen der 2. Ebene	Einheit	▷	€/Einheit	◁	▷	% an 300	◁
310	Baugrube	m³ BGI	25	**56**	100	0,1	**0,7**	2,4
320	Gründung	m² GRF	87	**173**	259	3,4	**5,6**	8,1
330	Außenwände	m² AWF	224	**383**	678	26,1	**36,6**	53,9
340	Innenwände	m² IWF	130	**244**	395	14,2	**19,9**	26,1
350	Decken	m² DEF	95	**170**	261	8,7	**16,1**	21,9
360	Dächer	m² DAF	134	**235**	414	7,5	**12,9**	22,6
370	Baukonstruktive Einbauten	m² BGF	6	**24**	69	0,7	**2,9**	7,4
390	Sonstige Baukonstruktionen	m² BGF	20	**39**	85	3,4	**5,2**	7,8
300	**Bauwerk Baukonstruktionen**	**m² BGF**					**100,0**	

KG	Kostengruppen der 2. Ebene	Einheit	▷	€/Einheit	◁	▷	% an 400	◁
410	Abwasser, Wasser, Gas	m² BGF	19	**40**	75	8,0	**18,5**	30,7
420	Wärmeversorgungsanlagen	m² BGF	26	**44**	60	11,8	**21,7**	33,1
430	Lufttechnische Anlagen	m² BGF	7	**25**	70	2,8	**8,4**	21,7
440	Starkstromanlagen	m² BGF	54	**81**	163	26,7	**35,0**	54,0
450	Fernmeldeanlagen	m² BGF	8	**18**	32	4,1	**7,5**	11,2
460	Förderanlagen	m² BGF	3	**10**	20	0,0	**1,6**	5,8
470	Nutzungsspezifische Anlagen	m² BGF	2	**8**	82	0,6	**2,8**	20,7
480	Gebäudeautomation	m² BGF	17	**35**	64	0,0	**4,3**	16,1
490	Sonstige Technische Anlagen	m² BGF	1	**2**	4	0,0	**0,3**	1,6
400	**Bauwerk Technische Anlagen**	**m² BGF**					**100,0**	

Prozentanteile der Kosten der 2.Ebene an den Kosten des Bauwerks nach DIN 276 (Von-, Mittel-, Bis-Werte)

310	Baugrube	0,5
320	Gründung	4,2
330	Außenwände	26,6
340	Innenwände	14,5
350	Decken	12,0
360	Dächer	9,3
370	Baukonstruktive Einbauten	2,2
390	Sonstige Baukonstruktionen	3,9
410	Abwasser, Wasser, Gas	4,6
420	Wärmeversorgungsanlagen	5,3
430	Lufttechnische Anlagen	2,6
440	Starkstromanlagen	9,7
450	Fernmeldeanlagen	2,1
460	Förderanlagen	0,5
470	Nutzungsspezifische Anlagen	0,9
480	Gebäudeautomation	1,2
490	Sonstige Technische Anlagen	0,1

15%   30%   45%   60%

© **BKI** Baukosteninformationszentrum; Erläuterungen zu den Tabellen siehe Seite 26

Kosten: 2.Quartal 2016, Bundesdurchschnitt, inkl. 19% MwSt.

Übersicht 1.+2.Ebene · Erweiterung · Umbau · Modernisierung · Instandsetzung · Bauelemente · Abbrechen · Wiederherstellen · Herstellen

Kostenkennwerte für die Kostengruppen der 3.Ebene DIN 276

KG	Kostengruppen der 3. Ebene	Einheit	▷	Ø €/Einheit	◁	▷	Ø €/m² BGF	◁
334	Außentüren und -fenster	m²	582,97	774,37	1.198,53	49,01	85,35	168,88
335	Außenwandbekleidungen außen	m²	88,72	171,02	414,93	41,63	81,73	144,43
337	Elementierte Außenwände	m²	360,51	706,76	906,08	31,61	61,02	120,31
352	Deckenbeläge	m²	58,20	86,42	148,74	23,91	54,51	75,69
345	Innenwandbekleidungen	m²	21,79	36,12	76,23	20,98	51,69	77,90
363	Dachbeläge	m²	65,38	133,25	242,24	18,19	41,01	61,11
344	Innentüren und -fenster	m²	402,94	668,66	958,10	20,97	39,37	68,28
353	Deckenbekleidungen	m²	30,10	60,95	126,88	17,10	36,28	70,90
444	Niederspannungsinstallationsanl.	m²	20,28	34,96	57,05	20,28	34,96	57,05
442	Eigenstromversorgungsanlagen	m²	5,38	33,71	230,94	5,38	33,71	230,94
323	Tiefgründungen	m²	–	0,00	–	–	33,41	–
432	Teilklimaanlagen	m²	4,37	31,54	85,80	4,37	31,54	85,80
445	Beleuchtungsanlagen	m²	15,43	28,90	44,07	15,43	28,90	44,07
412	Wasseranlagen	m²	11,88	26,77	57,41	11,88	26,77	57,41
351	Deckenkonstruktionen	m²	91,28	225,68	618,02	9,10	26,49	82,22
479	Nutzungsspezifische Anlagen, sonstiges	m²	1,97	25,58	72,78	1,97	25,58	72,78
372	Besondere Einbauten	m²	6,98	22,55	68,61	6,98	22,55	68,61
336	Außenwandbekleidungen innen	m²	22,73	49,74	93,29	8,97	22,49	36,07
325	Bodenbeläge	m²	60,83	104,04	157,08	12,14	21,49	38,06
431	Lüftungsanlagen	m²	5,79	20,15	65,17	5,79	20,15	65,17
361	Dachkonstruktionen	m²	102,25	152,34	265,18	5,84	20,13	58,57
481	Automationssysteme	m²	11,10	19,79	36,37	11,10	19,79	36,37
364	Dachbekleidungen	m²	27,39	59,86	138,73	5,51	19,12	60,90
422	Wärmeverteilnetze	m²	11,90	17,16	25,48	11,90	17,16	25,48
392	Gerüste	m²	8,80	16,78	31,23	8,80	16,78	31,23
341	Tragende Innenwände	m²	200,05	320,96	537,39	5,76	16,16	27,93
342	Nichttragende Innenwände	m²	81,77	121,32	275,41	9,37	16,06	35,69
331	Tragende Außenwände	m²	234,27	373,84	528,43	5,24	14,37	39,18
393	Sicherungsmaßnahmen	m²	1,74	14,02	74,51	1,74	14,02	74,51
423	Raumheizflächen	m²	7,92	13,96	20,04	7,92	13,96	20,04
394	Abbruchmaßnahmen	m²	4,62	13,75	28,62	4,62	13,75	28,62
461	Aufzugsanlagen	m²	8,50	13,45	23,44	8,50	13,45	23,44
411	Abwasseranlagen	m²	5,97	12,06	22,82	5,97	12,06	22,82
421	Wärmeerzeugungsanlagen	m²	3,67	10,74	20,57	3,67	10,74	20,57
346	Elementierte Innenwände	m²	214,64	342,71	586,04	4,67	10,07	15,24
379	Baukonstr. Einbauten, sonstiges	m²	5,30	10,01	23,20	5,30	10,01	23,20
338	Sonnenschutz	m²	32,58	82,21	110,02	3,39	9,89	21,83
456	Gefahrenmelde- und Alarmanlagen	m²	2,71	9,03	17,39	2,71	9,03	17,39
362	Dachfenster, Dachöffnungen	m²	504,84	876,54	1.368,83	1,83	8,96	116,66
324	Unterböden und Bodenplatten	m²	86,14	332,08	830,33	3,52	8,96	15,06
443	Niederspannungsschaltanlagen	m²	4,02	8,78	13,53	4,02	8,78	13,53
391	Baustelleneinrichtung	m²	2,86	7,98	18,35	2,86	7,98	18,35
399	Sonstige Maßnahmen für Baukonstruktionen, sonst.	m²	7,02	7,68	8,34	7,02	7,68	8,34
482	Schaltschränke	m²	2,17	7,59	23,68	2,17	7,59	23,68
339	Außenwände, sonstiges	m²	5,17	10,74	18,34	3,01	6,94	11,53
457	Übertragungsnetze	m²	2,39	6,17	10,12	2,39	6,17	10,12
454	Elektroakustische Anlagen	m²	2,14	5,50	12,89	2,14	5,50	12,89
397	Zusätzliche Maßnahmen	m²	2,51	5,22	8,68	2,51	5,22	8,68

Kosten:
Stand 2.Quartal 2016
Bundesdurchschnitt
inkl. 19% MwSt.

▷ von
ø Mittel
◁ bis

© **BKI** Baukosteninformationszentrum; Erläuterungen zu den Tabellen siehe Seite 28   Kosten: 2.Quartal 2016, Bundesdurchschnitt, **inkl. 19% MwSt.**

Kostenkennwerte für Leistungsbereiche nach StLB (Kosten des Bauwerks nach DIN 276)

LB	Leistungsbereiche	▷	€/m² BGF	◁	▷	% an 300+400	◁
000	Sicherheits-, Baustelleneinrichtungen inkl. 001	16	24	35	1,7	2,5	3,8
002	Erdarbeiten	2	7	16	0,2	0,7	1,7
006	Spezialtiefbauarbeiten inkl. 005	–	1	–	–	0,1	–
009	Entwässerungskanalarbeiten inkl. 011	0	1	3	0,0	0,1	0,4
010	Drän- und Versickerungsarbeiten	0	1	4	0,0	0,1	0,4
012	Mauerarbeiten	12	31	80	1,2	3,3	8,4
013	Betonarbeiten	12	25	55	1,2	2,7	5,9
014	Natur-, Betonwerksteinarbeiten	3	16	48	0,3	1,7	5,1
016	Zimmer- und Holzbauarbeiten	6	25	80	0,6	2,6	8,5
017	Stahlbauarbeiten	1	12	55	0,1	1,2	5,9
018	Abdichtungsarbeiten	2	8	22	0,2	0,9	2,3
020	Dachdeckungsarbeiten	3	19	35	0,3	2,0	3,7
021	Dachabdichtungsarbeiten	2	12	45	0,2	1,2	4,8
022	Klempnerarbeiten	5	13	27	0,5	1,4	2,9
	Rohbau	**126**	**194**	**307**	**13,4**	**20,6**	**32,6**
023	Putz- und Stuckarbeiten, Wärmedämmsysteme	31	62	123	3,3	6,6	13,1
024	Fliesen- und Plattenarbeiten	10	20	37	1,0	2,1	3,9
025	Estricharbeiten	2	10	19	0,2	1,1	2,0
026	Fenster, Außentüren inkl. 029, 032	55	92	185	5,8	9,8	19,6
027	Tischlerarbeiten	22	42	101	2,3	4,4	10,7
028	Parkettarbeiten, Holzpflasterarbeiten	0	5	18	0,0	0,5	1,9
030	Rollladenarbeiten	1	7	15	0,1	0,7	1,6
031	Metallbauarbeiten inkl. 035	16	33	82	1,7	3,5	8,7
034	Maler- und Lackiererarbeiten inkl. 037	18	39	82	2,0	4,1	8,7
036	Bodenbelagarbeiten	14	27	45	1,5	2,9	4,8
038	Vorgehängte hinterlüftete Fassaden	2	28	139	0,2	3,0	14,7
039	Trockenbauarbeiten	29	60	94	3,1	6,4	9,9
	Ausbau	**362**	**428**	**517**	**38,4**	**45,3**	**54,8**
040	Wärmeversorgungsanl. - Betriebseinr. inkl. 041	25	40	76	2,6	4,3	8,0
042	Gas- und Wasserinstallation, Leitungen inkl. 043	6	15	53	0,6	1,6	5,6
044	Abwasserinstallationsarbeiten - Leitungen	3	7	14	0,3	0,7	1,5
045	GWA-Einrichtungsgegenstände inkl. 046	8	18	40	0,9	1,9	4,2
047	Dämmarbeiten an betriebstechnischen Anlagen	2	7	15	0,2	0,8	1,6
049	Feuerlöschanlagen, Feuerlöschgeräte	0	1	3	0,0	0,1	0,3
050	Blitzschutz- und Erdungsanlagen	1	3	9	0,2	0,4	0,9
053	Niederspannungsanlagen inkl. 052, 054	33	56	150	3,5	5,9	16,0
055	Ersatzstromversorgungsanlagen	0	1	4	0,0	0,1	0,4
057	Gebäudesystemtechnik	0	2	14	0,0	0,2	1,5
058	Leuchten und Lampen inkl. 059	20	32	50	2,1	3,4	5,3
060	Elektroakustische Anlagen, Sprechanlagen	2	6	12	0,2	0,6	1,3
061	Kommunikationsnetze, inkl. 062	1	5	13	0,2	0,5	1,4
063	Gefahrenmeldeanlagen	3	9	21	0,4	1,0	2,3
069	Aufzüge	0	4	17	0,0	0,5	1,8
070	Gebäudeautomation	1	11	32	0,1	1,2	3,4
075	Raumlufttechnische Anlagen	5	23	64	0,5	2,4	6,8
	Technische Anlagen	**165**	**239**	**331**	**17,5**	**25,4**	**35,1**
084	Abbruch- und Rückbauarbeiten	41	65	89	4,3	6,9	9,5
	Sonstige Leistungsbereiche inkl. 008, 033, 051	4	21	71	0,5	2,2	7,5

Kosten: 2.Quartal 2016, Bundesdurchschnitt, inkl. **19% MwSt.**

Übersicht 1.+2. Ebene

Erweiterung

Umbau

Modernisierung

Instandsetzung

Bauelemente

Abbrechen

Wiederherstellen

Herstellen

Objektübersicht zur Gebäudeart

€/m² BGF
min	380 €/m²
von	670 €/m²
Mittel	**940 €/m²**
bis	1.400 €/m²
max	1.900 €/m²

Kosten:
Stand 2.Quartal 2016
Bundesdurchschnitt
inkl. 19% MwSt.

4100-0031 Gymnasium vierzügig (900 Schüler)   BRI 36.413m³   BGF 8.667m²   NUF 4.847m²

Baujahr: 1904-1911
Bauzustand: schlecht
Aufwand: hoch
Nutzung während der Bauzeit: ja
Nutzungsänderung: nein
Grundrissänderungen: einige
Tragwerkseingriffe: wenige

Land: Thüringen
Kreis: Gotha
Standard: Durchschnitt
Bauzeit: 195 Wochen
Kennwerte: bis 4.Ebene DIN276
veröffentlicht: BKI Objektdaten A2
BGF   **717 €/m²**

Planung: AIG Gotha Architektur- & Ingenieurgesellschaft mbH; Gotha

Die erforderliche Umverlegung von Funktionsbereichen (Hausmeisterwohnung, Versorgungsbereich, Verwaltung, Sanitärräume) sowie die allgemein höheren Anforderungen an die Gebäudetechnik, den Wärme- und Brandschutz führen zu Mehrkosten im Bereich der Baukonstruktion und der technischen Ausstattung **Kosteneinfluss Nutzung:** Die strengen Denkmalschutzauflagen trugen ebenfalls zu hohen Kosten bei.

Bauwerk - Baukonstruktionen
Abbrechen: Innenwandbekleidungen 2%
Herstellen: Außentüren und -fenster 18%, Dachbeläge 8%, Deckenbeläge 7%, Besondere Einbauten 5%, Innenwandbekleidungen 5%, Innentüren und -fenster 4%, Bodenbeläge 3%, Deckenbekleidungen 3%
Wiederherstellen: Außenwandbekleidungen außen 6%, Deckenbeläge 3%, Innentüren und -fenster 3%
Sonstige: 31%

Bauwerk - Technische Anlagen
Abbrechen: Starkstromanlagen 2%, Wärmeversorgungsanlagen 1%
Herstellen: Starkstromanlagen 39%, Wärmeversorgungsanlagen 25%, Abwasser-, Wasser-, Gasanlagen 22%, Fernmelde- und informationstechnische Anlagen 5%, Nutzungsspezifische Anlagen 3%, Lufttechnische Anlagen 1%
Sonstige: 1%

4100-0032 Mittelschule dreizügig (430 Schüler)   BRI 16.812m³   BGF 4.315m²   NUF 2.666m²

Baujahr: 1896
Bauzustand: schlecht
Aufwand: hoch
Nutzung während der Bauzeit: ja
Nutzungsänderung: nein
Grundrissänderungen: wenige
Tragwerkseingriffe: keine

Land: Sachsen
Kreis: Chemnitz
Standard: Durchschnitt
Bauzeit: 208 Wochen
Kennwerte: bis 4.Ebene DIN276
veröffentlicht: BKI Objektdaten A2
BGF   **1.032 €/m²**

Planung: Obermeyer Albis-Bauplan Ingenieurbüro; Chemnitz
Dreizügige Mittelschule

Bauwerk - Baukonstruktionen
Herstellen: Innenwandbekleidungen 11%, Deckenbekleidungen 10%, Außentüren und -fenster 10%, Deckenbeläge 10%, Außenwandbekleidungen innen 6%, Innentüren und -fenster 6%, Dachbeläge 3%, Außenwandbekleidungen außen 3%, Dachbekleidungen 3%, Tragende Innenwände 3%, Nichttragende Innenwände 3%, Bodenbeläge 2%, Besondere Einbauten 2%
Wiederherstellen: Baugrubenherstellung 3%, Deckenkonstruktionen 2%, Tragende Außenwände 2%
Sonstige: 21%

Bauwerk - Technische Anlagen
Herstellen: Beleuchtungsanlagen 19%, Wasseranlagen 15%, Niederspannungsinstallationsanlagen 13%, Abwasseranlagen 10%, Wärmeerzeugungsanlagen 7%, Raumheizflächen 7%, Wärmeverteilnetze 5%, Sonstige 24%

4100-0033 Gymnasium vierzügig, Fachräume   BRI 45.120m³   BGF 9.265m²   NUF 4.771m²

Baujahr: 1919
Bauzustand: schlecht
Aufwand: hoch
Nutzung während der Bauzeit: nein
Nutzungsänderung: nein
Grundrissänderungen: wenige
Tragwerkseingriffe: keine

Land: Sachsen-Anhalt
Kreis: Magdeburg
Standard: über Durchschnitt
Bauzeit: 156 Wochen
Kennwerte: bis 4.Ebene DIN276
veröffentlicht: BKI Objektdaten A1
BGF **1.318 €/m²**

Planung: Dreischhoff + Partner Planungsgesellschaft mbH; Magdeburg

Das denkmalgeschützte Schulgebäude der ehemaligen Jungenschule wird zusammen mit der Nachbarschule (Objekt 4100-0036) als vierzügiges Gymnasium für insgesamt 1.000 Schüler betrieben. Fachräume befinden sich überwiegend in diesem Gebäude. Die Gesamtanlage ist für Rollstuhlfahrer geeignet. **Kosteneinfluss Grundstück:** Anteil der be- und entlüfteten Flächen ist hoch, da alle zur Straße gelegenen Klassenräume versorgt werden. Die Angabe der Grundstücksfläche bezieht sich auf den gesamten Komplex (s. Lageplan bei Objekt 4100-0036), eine Sporthalle befindet sich noch im Bau.

Bauwerk - Baukonstruktionen
Abbrechen: Deckenkonstruktionen 5%
Herstellen: Deckenkonstruktionen 7%, Dachbeläge 7%, Außentüren und -fenster 6%, Deckenbeläge 6%, Innenwandbekleidungen 5%, Dachkonstruktionen 5%
Wiederherstellen: Außenwandbekleidungen außen 7%, Außentüren und -fenster 3%
Sonstige: 49%

Bauwerk - Technische Anlagen
Abbrechen: Abbruchmaßnahmen 1%
Herstellen: Niederspannungsinstallationsanlagen 17%, Lüftungsanlagen 15%, Beleuchtungsanlagen 11%, Gefahrenmelde- und Alarmanlagen 9%, Wärmeverteilnetze 8%, Abwasseranlagen 8%, Wasseranlagen 7%, Wärmeerzeugungsanlagen 6%, Aufzugsanlagen 5%
Sonstige: 12%

4100-0034 Gymnasium dreizügig (345 Schüler)   BRI 13.439m³   BGF 3.660m²   NUF 1.739m²

Baujahr: 1904
Bauzustand: schlecht
Aufwand: hoch
Nutzung während der Bauzeit: ja
Nutzungsänderung: nein
Grundrissänderungen: einige
Tragwerkseingriffe: einige

Land: Mecklenburg-Vorpommern
Kreis: Wismar
Standard: über Durchschnitt
Bauzeit: 78 Wochen
Kennwerte: bis 4.Ebene DIN276
veröffentlicht: BKI Objektdaten A2
BGF **1.220 €/m²**

Planung: Barbara Zielenkiewitz Architekturbüro; Wismar

Höhere Anforderungen an Raumgrößen, Erschließung und technische Ausstattung, sowie ein größerer Raumbedarf machen Grundrissänderungen/ -erweiterungen erforderlich. **Kosteneinfluss Nutzung:** Mehrkosten für Baukonstruktion und Technik (Kriechkeller, Dachgeschossausbau, Einbau von Stockwerksrahmen, Fluchttreppenanlagen, Be- und Entlüftungsanlagen). **Kosteneinfluss Grundstück:** Überdurchschnittliche Kosten für Gründung wegen des schlecht tragfähigen, sandigen Baugrunds.

Bauwerk - Baukonstruktionen
Abbrechen: Deckenkonstruktionen 2%
Herstellen: Besondere Einbauten 9%, Außentüren und -fenster 7%, Sicherungsmaßnahmen 7%, Deckenkonstruktionen 6%, Dachkonstruktionen 4%, Deckenbeläge 4%, Flachgründungen 4%, Innenwandbekleidungen 4%, Dachbeläge 4%
Wiederherstellen: Außenwandbekleidungen außen 7%
Sonstige: 44%

Bauwerk - Technische Anlagen
Abbrechen: Wärmeversorgungsanlagen, sonstiges 2%, Wasseranlagen 1%
Herstellen: Beleuchtungsanlagen 18%, Niederspannungsinstallationsanlagen 17%, Wärmeverteilnetze 11%, Wasseranlagen 11%, Abwasseranlagen 10%, Raumheizflächen 10%, Lüftungsanlagen 6%, Wärmeerzeugungsanlagen 6%
Sonstige: 8%

Objektübersicht zur Gebäudeart

4100-0035 Gymnasium vierzügig (334 Schüler)   BRI 19.148m³   BGF 5.207m²   NUF 3.271m²

€/m² BGF

min	380 €/m²
von	670 €/m²
Mittel	**940 €/m²**
bis	1.400 €/m²
max	1.900 €/m²

Kosten:
Stand 2.Quartal 2016
Bundesdurchschnitt
inkl. 19% MwSt.

© Raband & Wegner Ingenieurbüro

Baujahr: 1899-1900
Bauzustand: schlecht
Aufwand: hoch
Nutzung während der Bauzeit: ja
Nutzungsänderung: nein
Grundrissänderungen: wenige
Tragwerkseingriffe: keine

Land: Brandenburg
Kreis: Prignitz
Standard: über Durchschnitt
Bauzeit: 208 Wochen
Kennwerte: bis 4.Ebene DIN276
veröffentlicht: BKI Objektdaten A2

BGF   **845 €/m²**

Planung: Raband & Wegner Ingenieurbüro GmbH; Wittenberge

Bestandteil eines zusammenhängenden 4-zügigen Gymnasiums, das in 3 separaten Gebäuden (siehe auch Objekt 4100-0038) untergebracht ist. Dieses Haus wäre auch als eigene Schule funktionstüchtig. Mit Hausmeisterwohnung. **Kosteneinfluss Nutzung:** Grundrissgestaltung und allgemeine Funktionsverteilung blieben im Wesentlichen bei der Modernisierungsmaßnahme unverändert. **Kosteneinfluss Grundstück:** Lage: Innerorts, Reste ehemaliger Internatsbauten führten zu spezifischen Ausstattungen der Außenanlagen.

Bauwerk - Baukonstruktionen
Abbrechen: Deckenkonstruktionen 2%
Herstellen: Deckenbeläge 7%, Dachbeläge 7%, Außentüren und -fenster 6%, Innenwandbekleidungen 5%, Baukonstruktive Einbauten, sonstiges 3%
Wiederherstellen: Außenwandbekleidungen außen 15%, Außentüren und -fenster 7%, Deckenkonstruktionen 5%,
Sonstige: 43%

Bauwerk - Technische Anlagen
Abbrechen: Abwasseranlagen 1%
Herstellen: Beleuchtungsanlagen 16%, Wärmeverteilnetze 15%, Wasseranlagen 12%, Raumheizflächen 11%, Abwasseranlagen 11%, Niederspannungsinstallationsanlagen 9%, Wärmeerzeugungsanlagen 7%
Wiederherstellen: Zeitdienstanlagen 1%
Sonstige: 16%

4100-0036 Gymnasium vierzügig   BRI 37.695m³   BGF 9.178m²   NUF 4.670m²

© Wilfried Kiel

Baujahr: 1919
Bauzustand: schlecht
Aufwand: hoch
Nutzung während der Bauzeit: nein
Nutzungsänderung: nein
Grundrissänderungen: wenige
Tragwerkseingriffe: keine

Land: Sachsen-Anhalt
Kreis: Magdeburg
Standard: über Durchschnitt
Bauzeit: 143 Wochen
Kennwerte: bis 4.Ebene DIN276
veröffentlicht: BKI Objektdaten A1

BGF   **779 €/m²**

Planung: Dreischhoff + Partner Planungsgesellschaft mbH; Magdeburg

Das denkmalgeschützte Schulgebäude wird zusammen mit der Nachbarschule (Objekt 4100-0033) als vierzügiges Gymnasium für insgesamt 1.000 Schüler betrieben. Fachräume überwiegend im anderen Gebäude. **Kosteneinfluss Grundstück:** Die Angabe der Grundstücksfläche bezieht sich auf den gesamten Komplex (s. Lageplan), eine Sporthalle befindet sich noch im Bau.

Bauwerk - Baukonstruktionen
Abbrechen: Abbruchmaßnahmen 1%
Herstellen: Deckenbeläge 8%, Dachbekleidungen 7%, Innentüren und -fenster 6%, Deckenbekleidungen 5%, Außentüren und -fenster 5%, Bodenbeläge 5%, Innenwandbekleidungen 5%
Wiederherstellen: Außenwandbekleidungen außen 12%, Außentüren und -fenster 6%, Innenwandbekleidungen 3%
Sonstige: 37%

Bauwerk - Technische Anlagen
Abbrechen: Abbruchmaßnahmen 3%
Herstellen: Niederspannungsinstallationsanlagen 29%, Wärmeverteilnetze 21%, Gefahrenmelde- und Alarmanlagen 9%, Wasseranlagen 6%, Raumheizflächen 6%, Aufzugsanlagen 5%
Wiederherstellen: Raumheizflächen 1%
Sonstige: 19%

4100-0037 Gymnasium dreizügig (850 Schüler) BRI 41.309m³ BGF 9.290m² NUF 5.290m²

Baujahr: 1905	Land: Sachsen
Bauzustand: mittel	Kreis: Leipzig
Aufwand: hoch	Standard: Durchschnitt
Nutzung während der Bauzeit: ja	Bauzeit: 117 Wochen
Nutzungsänderung: nein	Kennwerte: bis 4.Ebene DIN276
Grundrissänderungen: keine	veröffentlicht: BKI Objektdaten A2
Tragwerkseingriffe: keine	BGF **923 €/m²**

© MAGEPRO

Planung: MAGEPRO eG; Döbeln

Modernisierung eines dreizügigen Gymnasiums.

Bauwerk - Baukonstruktionen
Abbrechen: Innenwandbekleidungen 2%
Herstellen: Außentüren und -fenster 10%, Außenwandbekleidungen außen 9%, Innentüren und -fenster 7%, Deckenbeläge 6%, Dachbeläge 5%, Außenwandbekleidungen innen 5%, Deckenbekleidungen 4%, Innenwandbekleidungen 3%, Bodenbeläge 3%, Gerüste 3%, Deckenkonstruktionen 3%
Wiederherstellen: Außenwandbekleidungen außen 8%, Innenwandbekleidungen 6%
Sonstige: 26%

Bauwerk - Technische Anlagen
Abbrechen: Wärmeversorgungsanlagen, sonstiges 2%, Wärmeverteilnetze 1%
Herstellen: Wasseranlagen 18%, Beleuchtungsanlagen 17%, Niederspannungsinstallationsanlagen 12%, Wärmeerzeugungsanlagen 12%, Abwasseranlagen 10%, Wärmeverteilnetze 6%, Raumheizflächen 5%
Sonstige: 18%

4100-0038 Gymnasium vierzügig (325 Schüler) BRI 16.585m³ BGF 4.224m² NUF 2.527m²

Baujahr: 1914-1916	Land: Brandenburg
Bauzustand: schlecht	Kreis: Prignitz
Aufwand: hoch	Standard: Durchschnitt
Nutzung während der Bauzeit: ja	Bauzeit: 143 Wochen
Nutzungsänderung: nein	Kennwerte: bis 4.Ebene DIN276
Grundrissänderungen: wenige	veröffentlicht: BKI Objektdaten A2
Tragwerkseingriffe: keine	BGF **849 €/m²**

© Raband & Wegner Ingenieurbüro

Planung: Raband & Wegner Ingenieurbüro GmbH; Wittenberge

Bestandteil eines zusammenhängenden dreizügigen Gymnasiums, das insgesamt in drei separaten Gebäuden (siehe auch Objekt 4100-0035) untergebracht ist. **Kosteneinfluss Nutzung:** Grundrissgestaltung und allgemeine Funktionsverteilung blieben im wesentlichen bei der Modernisierungsmaßnahme unverändert. **Kosteneinfluss Grundstück:** Lage: Zentral am Rathaus, dabei begrenzt in den Außen-/Freiflächen.

Bauwerk - Baukonstruktionen
Abbrechen: Innenwandbekleidungen 1%
Herstellen: Deckenbeläge 9%, Dachbeläge 8%, Innenwandbekleidungen 4%, Bodenbeläge 4%, Besondere Einbauten 4%, Innentüren und -fenster 3%
Wiederherstellen: Außentüren und -fenster 17%, Außenwandbekleidungen außen 8%, Innenwandbekleidungen 3%
Sonstige: 39%

Bauwerk - Technische Anlagen
Abbrechen: Wärmeverteilnetze 2%
Herstellen: Beleuchtungsanlagen 21%, Niederspannungsinstallationsanlagen 18%, Wasseranlagen 14%, Wärmeverteilnetze 11%, Abwasseranlagen 7%, Wärmeerzeugungsanlagen 4%
Wiederherstellen: Raumheizflächen 2%, Wärmeversorgungsanlagen, sonstiges 1%
Sonstige: 20%

Sidebar: Übersicht 1.+.2.Ebene | Erweiterung | Umbau | Modernisierung | Instandsetzung | Bauelemente | Abbrechen | Wiederherstellen | Herstellen

€/m² BGF

min	380 €/m²
von	670 €/m²
Mittel	**940 €/m²**
bis	1.400 €/m²
max	1.900 €/m²

Kosten:
Stand 2.Quartal 2016
Bundesdurchschnitt
inkl. 19% MwSt.

Objektübersicht zur Gebäudeart

4100-0046 Grundschule (2 Klassen, 50 Schüler) BRI 1.953m³ BGF 458m² NUF 282m²

© Architekturbüro Vangerow-Kühn

Baujahr: 1958/63
Bauzustand: mittel
Aufwand: mittel
Nutzung während der Bauzeit: nein
Nutzungsänderung: nein
Grundrissänderungen: wenige
Tragwerkseingriffe: keine

Land: Rheinland-Pfalz
Kreis: Rhein-Lahn, Bad Ems
Standard: Durchschnitt
Bauzeit: 13 Wochen
Kennwerte: bis 4.Ebene DIN276
veröffentlicht: BKI Objektdaten A3
BGF **439 €/m²**

Planung: Architekturbüro Vangerow-Kühn; Bad Ems

Modernisierung eines Schulgebäudes mit zwei Klassenräumen für 50 Schüler als Teil einer zusammengehörenden Schulanlage.
Kosteneinfluss Nutzung: Die Objekte 4100-0046 (Modernisierung) und 4100-0047 (Erweiterung) bilden eine zusammenhängende Schulbaumaßnahme im Rahmen der Schulbauförderungsbestimmungen. Die Pausenhalle wurde der Verkehrsfläche zugeordnet.

Bauwerk - Baukonstruktionen
Herstellen: Außentüren und -fenster 8%, Deckenbekleidungen 7%, Elementierte Innenwände 6%, Innenwandbekleidungen 5%
Wiederherstellen: Außenwandbekleidungen außen 13%, Innenwandbekleidungen 8%, Außentüren und -fenster 7%, Bodenbeläge 6%, Dachbeläge 6%, Außenwandbekleidungen innen 3%
Sonstige: 31%

Bauwerk - Technische Anlagen
Abbrechen: Niederspannungsinstallationsanlagen 1%
Herstellen: Wasseranlagen 28%, Niederspannungsinstallationsanlagen 27%, Raumheizflächen 8%, Wärmeverteilnetze 8%, Beleuchtungsanlagen 7%, Abwasser-, Wasser- und Gasanlagen, sonstiges 5%, Abwasser anlagen 5%, Blitzschutz - und Erdungsanlagen 4%
Sonstige: 6%

4100-0066 Grundschule BRI 21.610m³ BGF 4.758m² NUF 2.717m²

© Architekten Pörtner + Lechmann

Bauzustand: schlecht
Aufwand: hoch
Nutzung während der Bauzeit: ja
Nutzungsänderung: nein
Grundrissänderungen: einige
Tragwerkseingriffe: wenige

Land: Hessen
Kreis: Hochtaunus
Standard: Durchschnitt
Bauzeit: 91 Wochen
Kennwerte: bis 3.Ebene DIN276
veröffentlicht: BKI Objektdaten A5
BGF **1.126 €/m²**

Planung: Dipl.-Ing. Architekten Pörtner + Lechmann BDA; Oberursel

Modernisierung und Instandsetzung einer Grundschule mit Schulsporthalle (288m²).

Bauwerk - Baukonstruktionen
Abbrechen: Deckenbekleidungen 5%, Deckenbeläge 2%
Herstellen: Außenwandbekleidungen außen 12%, Deckenbekleidungen 10%, Deckenbeläge 8%, Außentüren und -fenster 6%, Innenwandbekleidungen 6%, Innentüren und -fenster 4%
Wiederherstellen: Tragende Außenwände 2%, Außenwandbekleidungen außen 2%
Sonstige: 44%

Bauwerk - Technische Anlagen
Abbrechen: Wärmeerzeugungsanlagen 1%, Abwasseranlagen 1%
Herstellen: Niederspannungsinstallationsanlagen 12%, Automationssysteme 12%, Lüftungsanlagen 11%, Wasseranlagen 10%, Wärmeverteilnetze 9%, Wärmeerzeugungsanlagen 7%, Raumheizflächen 6%, Abwasseranlagen 6%, Beleuchtungsanlagen 6%
Sonstige: 21%

4100-0106 Gymnasium | BRI 7.457m³ | BGF 2.014m² | NUF 1.267m²

© Klein+Neubürger Architekten

Baujahr: 1972
Bauzustand: schlecht
Aufwand: mittel
Nutzung während der Bauzeit: nein
Nutzungsänderung: nein
Grundrissänderungen: einige
Tragwerkseingriffe: keine

Land: Nordrhein-Westfalen
Kreis: Recklinghausen
Standard: Durchschnitt
Bauzeit: 78 Wochen
Kennwerte: bis 3.Ebene DIN276
veröffentlicht: BKI Objektdaten A9
BGF **1.726 €/m²**

Planung: Klein+Neubürger Architekten BDA; Bochum

Gymnasium mit 15 Klassen für 400 Schüler mit Aufenthaltsraum und Küche. **Kosteneinfluss Nutzung:** Baustraße erforderlich, Brand- und Wärmeschutzanforderungen

Bauwerk - Baukonstruktionen
Herstellen: Außentüren und -fenster 18%, Außenwandbekleidungen außen 12%, Dachbekleidungen 7%, Innenwandbekleidungen 7%, Elementierte Außenwände 7%, Innentüren und -fenster 7%, Deckenbeläge 5%, Deckenbekleidungen 4%, Bodenbeläge 4%, Nichttragende Innenwände 3%, Gerüste 3%, Sonstige 21%

Bauwerk - Technische Anlagen
Herstellen: Wasseranlagen 32%, Beleuchtungsanlagen 26%, Gefahrenmelde- und Alarmanlagen 10%, Abwasseranlagen 7%, Sonstige 24%

4100-0109 Hauptschule* | BRI 10.158m³ | BGF 3.638m² | NUF 1.792m²

© Waiser + Werle Architekten

Baujahr: 1966
Bauzustand: mittel
Aufwand: mittel
Nutzung während der Bauzeit: nein
Nutzungsänderung: nein
Grundrissänderungen: wenige
Tragwerkseingriffe: wenige

Land: Österreich
Kreis: Vorarlberg
Standard: Durchschnitt
Bauzeit: 39 Wochen
Kennwerte: bis 3.Ebene DIN276
veröffentlicht: BKI Objektdaten E4
BGF **1.274 €/m²**

* Nicht in der Auswertung enthalten

Planung: Waiser + Werle Architekten ZT GmbH; Feldkirch

Das Schulgebäude von 1966 wurde modernisiert, eine wesentliche Reduzierung des Energieverbrauchs wurde erreicht. Bei der Maßnahme ist die Sicherheit durch einen zweiten Fluchtweg erhöht worden. Durch Einbau von einem Aufzug wurde die Schule behindertengerecht.

Bauwerk - Baukonstruktionen
Herstellen: Außentüren und -fenster 18%, Allgemeine Einbauten 10%, Außenwandbekleidungen außen 9%, Deckenbekleidungen 7%, Innentüren und -fenster 7%, Innenwandbekleidungen 6%, Dachfenster, Dachöffnungen 4%, Dachbeläge 4%, Deckenbeläge 3%, Deckenkonstruktionen 3%, Tragende Innenwände 3%, Sonnenschutz 2%, Außenwandbekleidungen innen 2%, Tragende Außenwände 2%, Sonstige 21%

Bauwerk - Technische Anlagen
Herstellen: Lüftungsanlagen 28%, Niederspannungsinstallationsanlagen 21%, Beleuchtungsanlagen 10%, Wärmeverteilnetze 8%, Wasseranlagen 8%, Küchentechnische Anlagen 5%, Sonstige 20%

Übersicht 1.+ 2.Ebene
Erweiterung
Umbau
Modernisierung
Instandsetzung
Bauelemente
Abbrechen
Wiederherstellen
Herstellen

Objektübersicht zur Gebäudeart

€/m² BGF

min	380	€/m²
von	670	€/m²
Mittel	**940**	**€/m²**
bis	1.400	€/m²
max	1.900	€/m²

Kosten:
Stand 2.Quartal 2016
Bundesdurchschnitt
inkl. 19% MwSt.

4100-0110 Volksschule*   BRI 11.798m³ BGF 4.096m² NUF 2.880m²

© Robert Fessler

Baujahr: 1974
Bauzustand: mittel
Aufwand: mittel
Nutzung während der Bauzeit: nein
Nutzungsänderung: nein
Grundrissänderungen: wenige
Tragwerkseingriffe: wenige

Land: Österreich
Kreis: Vorarlberg
Standard: über Durchschnitt
Bauzeit: 52 Wochen
Kennwerte: bis 3.Ebene DIN276
veröffentlicht: BKI Objektdaten E4

BGF **1.033 €/m²**

* Nicht in der Auswertung enthalten

Planung: DI Gerhard Zweier; Wolfurt

Das Gebäude aus dem Jahr 1974 wurde umgebaut und modernisiert, damit es den heutigen Anforderungen an ein modernes Schulgebäude entspricht. Es wurde eine kontrollierte Be- und Entlüftung mit Wärmerückgewinnung eingebaut, zusätzlich eine Grundwasser-Erdwärmepumpe und eine thermische Solaranlage. Der Heizwärmebedarf konnte von 129 auf 15,3kWh/m² gesenkt werden.

Bauwerk - Baukonstruktionen
Herstellen: Außentüren und -fenster 15%, Außenwandbekleidungen außen 13%, Innentüren und -fenster 7%, Innenwandbekleidungen 7%, Dachbeläge 6%, Deckenbeläge 6%, Tragende Außenwände 5%, Deckenkonstruktionen 5%, Bodenbeläge 4%, Deckenbekleidungen 4%, Baustelleneinrichtung 4%, Nichttragende Innenwände 3%, Baugrubenherstellung 3%, Sonstige 20%

Bauwerk - Technische Anlagen
Herstellen: Lüftungsanlagen 31%, Niederspannungsinstallationsanlagen 14%, Wasseranlagen 9%, Wärmeerzeugungsanlagen 9%, Automationssysteme 7%, Abwasseranlagen 6%, Sonstige 25%

4100-0111 Volksschule*   BRI 9.832m³ BGF 2.663m² NUF 1.270m²

© norman a. müller

Baujahr: 1966
Bauzustand: mittel
Aufwand: mittel
Nutzung während der Bauzeit: nein
Nutzungsänderung: nein
Grundrissänderungen: wenige
Tragwerkseingriffe: wenige

Land: Österreich
Kreis: Vorarlberg
Standard: über Durchschnitt
Bauzeit: 30 Wochen
Kennwerte: bis 3.Ebene DIN276
veröffentlicht: BKI Objektdaten E4

BGF **886 €/m²**

* Nicht in der Auswertung enthalten

Planung: Architektur Jürgen Hagspiel; Alberschwende

Das Gebäude von 1966 wurde modernisiert und erweitert, damit es den heutigen Anforderungen an ein modernes Schulgebäude entspricht.

Bauwerk - Baukonstruktionen
Abbrechen: Abbruchmaßnahmen 2%
Herstellen: Elementierte Außenwände 27%, Außenwandbekleidungen außen 12%, Deckenbeläge 11%, Deckenbekleidungen 8%, Innentüren und -fenster 6%, Dachbeläge 5%, Dachbekleidungen 4%, Innenwandbekleidungen 2%, Dachkonstruktionen 2%
Sonstige: 21%

Bauwerk - Technische Anlagen
Herstellen: Lüftungsanlagen 26%, Niederspannungsinstallationsanlagen 20%, Beleuchtungsanlagen 13%, Wasseranlagen 13%, Sonstige 28%

© **BKI** Baukosteninformationszentrum; Erläuterungen zu den Tabellen siehe Seite 32   Kosten: 2.Quartal 2016, Bundesdurchschnitt, **inkl. 19% MwSt.**

4100-0114 Volksschule*

BRI 11.045m³   **BGF** 2.437m²   **NUF** 1.356m²

Baujahr: 1963
Bauzustand: schlecht
Aufwand: hoch
Nutzung während der Bauzeit: nein
Nutzungsänderung: nein
Grundrissänderungen: einige
Tragwerkseingriffe: einige

Land: Österreich
Kreis: Vorarlberg
Standard: über Durchschnitt
Bauzeit: 39 Wochen
Kennwerte: bis 3.Ebene DIN276
veröffentlicht: BKI Objektdaten E4

BGF   **1.767 €/m²**

* Nicht in der Auswertung enthalten

Planung: DI Walter Felder & DI Wise Geser; Egg

Generalsanierung: Thermische Sanierung der Außenwand, Erneuerung der Gebäudetechnik, kontrollierte Be- und Entlüftung, zeitgemäßer Brand- und Schallschutz. **Kosteneinfluss Nutzung:** Das Gebäude steht unter Denkmalschutz. Anbau einer Kleinturnhalle als formale und konstruktive Weiterführung des Bestandes. **Kosteneinfluss Grundstück:** Beengter Bauraum, steiles Gelände.

Bauwerk - Baukonstruktionen
Herstellen: Außentüren und -fenster 15%, Dachbekleidungen 9%, Außenwandbekleidungen außen 9%, Dachbeläge 7%, Tragende Außenwände 6%, Baugrubenherstellung 6%, Innenwandbekleidungen 6%, Baustelleneinrichtung 5%, Tragende Innenwände 4%, Dachkonstruktionen 3%, Innentüren und -fenster 3%, Deckenbekleidungen 3%, Außenwandbekleidungen innen 3%, Sonstige 22%

Bauwerk - Technische Anlagen
Herstellen: Beleuchtungsanlagen 21%, Abwasseranlagen 19%, Lüftungsanlagen 17%, Niederspannungsinstallationsanlagen 13%, Wasseranlagen 6%, Sonstige 25%

4100-0118 Gymnasium

BRI 8.693m³   **BGF** 2.101m²   **NUF** 1.251m²

Baujahr: 1972
Bauzustand: mittel
Aufwand: hoch
Nutzung während der Bauzeit: ja
Nutzungsänderung: nein
Grundrissänderungen: umfangreiche
Tragwerkseingriffe: einige

Land: Nordrhein-Westfalen
Kreis: Aachen
Standard: Durchschnitt
Bauzeit: 39 Wochen
Kennwerte: bis 3.Ebene DIN276
veröffentlicht: BKI Objektdaten A9

BGF   **861 €/m²**

Planung: RONGEN ARCHITEKTEN GmbH; Wassenberg

Verwaltungstrakt eines Gymnasiums mit Lehrerzimmern, Computerarbeitsplätzen und Selbstlernzentrum

Bauwerk - Baukonstruktionen
Herstellen: Außenwandbekleidungen außen 31%, Außentüren und -fenster 11%, Elementierte Außenwände 8%, Deckenkonstruktionen 5%, Gerüste 5%, Deckenbekleidungen 4%, Nichttragende Innenwände 4%, Außenwandbekleidungen innen 4%, Innentüren und -fenster 4%, Deckenbeläge 3%, Sonstige 22%

Bauwerk - Technische Anlagen
Herstellen: Teilklimaanlagen 29%, Beleuchtungsanlagen 17%, Niederspannungsinstallationsanlagen 13%, Aufzugsanlagen 9%, Wasseranlagen 5%, Übertragungsnetze 4%, Sonstige 23%

Übersicht-
1.+.2.Ebene

Erweiterung

Umbau

Moderni-
sierung

Instand-
setzung

Bau-
elemente

Abbrechen

Wieder-
herstellen

Herstellen

Objektübersicht zur Gebäudeart

4100-0123 Hauptschule*　　　　　BRI 11.446m³　BGF 3.446m²　NUF 2.127m²

€/m² BGF

min	380 €/m²
von	670 €/m²
Mittel	**940 €/m²**
bis	1.400 €/m²
max	1.900 €/m²

© studio lot Architektur / Innenarchitektur

Baujahr: 1957
Bauzustand: gut
Aufwand: mittel
Nutzung während der Bauzeit: ja
Nutzungsänderung: nein
Grundrissänderungen: keine
Tragwerkseingriffe: keine

Land: Bayern
Kreis: Altötting
Standard: Durchschnitt
Bauzeit: 21 Wochen
Kennwerte: bis 3.Ebene DIN276
veröffentlicht: BKI Objektdaten A8

BGF **148 €/m²**

*
* Nicht in der Auswertung enthalten

Kosten:
Stand 2.Quartal 2016
Bundesdurchschnitt
inkl. 19% MwSt.

Planung: studio lot Architektur / Innenarchitektur; Altötting

Energetische Sanierung einer Hauptschule mit 9 Klassen und 167 Schülern.

Bauwerk - Baukonstruktionen
Abbrechen: Außenwandbekleidungen außen 4%
Herstellen: Außenwandbekleidungen außen 40%, Außentüren und -fenster 18%, Tragende Außenwände 7%, Zusätzliche Maßnahmen 4%, Dachbeläge 4%
Sonstige: 22%

Bauwerk - Technische Anlagen
Herstellen: Raumheizflächen 68%, Blitzschutz - und Erdungsanlagen 7%
Wiederherstellen: Abwasseranlagen 11%
Sonstige: 13%

4100-0129 Grundschule (15 Klassen)　　　BRI 14.152m³　BGF 3.225m²　NUF 1.929m²

© Manfred Schaus Bernd Decker

Baujahr: 1972
Bauzustand: schlecht
Aufwand: mittel
Nutzung während der Bauzeit: ja
Nutzungsänderung: nein
Grundrissänderungen: einige
Tragwerkseingriffe: wenige

Land: Saarland
Kreis: Saarbrücken
Standard: Durchschnitt
Bauzeit: 56 Wochen
Kennwerte: bis 3.Ebene DIN276
veröffentlicht: BKI Objektdaten A9

BGF **901 €/m²**

Planung: Manfred Schaus Bernd Decker; Sulzbach/Saar

Umbau und energetische Sanierung einer bestehenden Grundschule mit Nachmittagsbetreuung (15 Klassen, 375 Schüler, 80 Plätze zur Nachmittagsbetreuung)

Bauwerk - Baukonstruktionen
Herstellen: Außentüren und -fenster 30%, Außenwandbekleidungen außen 13%, Elementierte Außenwände 9%, Dachbeläge 9%, Innentüren und -fenster 6%, Deckenbeläge 5%, Elementierte Innenwände 4%, Außenwände, sonstiges 3%, Sonnenschutz 2%, Sonstige 20%

Bauwerk - Technische Anlagen
Herstellen: Niederspannungsinstallationsanlagen 28%, Beleuchtungsanlagen 14%, Automationssysteme 9%, Lüftungsanlagen 8%, Gefahrenmelde- und Alarmanlagen 8%, Schaltschränke 7%, Eigenstromversorgungsanlagen 4%, Sonstige 23%

Kosten: 2.Quartal 2016, Bundesdurchschnitt, **inkl. 19% MwSt.**

4100-0146 Gymnasium   BRI 20.931m³   BGF 5.266m²   NUF 3.194m²

Baujahr: 1969-1971
Bauzustand: mittel
Aufwand: hoch
Nutzung während der Bauzeit: nein
Nutzungsänderung: nein
Grundrissänderungen: einige
Tragwerkseingriffe: wenige

Land: Niedersachsen
Kreis: Lüchow-Dannenberg
Standard: Durchschnitt
Bauzeit: 56 Wochen
Kennwerte: bis 3.Ebene DIN276
veröffentlicht: BKI Objektdaten A9
BGF   **788 €/m²**

Planung: ralf pohlmann : architekten; Waddeweitz

Modernisierung einer ehemaligen Realschule und Umnutzung zum Gymnasium (18 Klassen, 643 Schüler)

Bauwerk - Baukonstruktionen
Abbrechen: Dachbeläge 3%
Herstellen: Elementierte Außenwände 25%, Außenwandbekleidungen außen 19%, Dachbeläge 12%, Außentüren und -fenster 6%, Dachbekleidungen 4%, Sonnenschutz 3%, Bodenbeläge 3%, Innenwandbekleidungen 3%, Deckenbekleidungen 2%
Sonstige: 21%

Bauwerk - Technische Anlagen
Herstellen: Lüftungsanlagen 32%, Niederspannungsinstallationsanlagen 14%, Beleuchtungsanlagen 13%, Raumheizflächen 11%, Wärmeverteilnetze 7%, Sonstige 23%

4200-0025 Berufsschulzentrum für Technik   BRI 41.895m³   BGF 11.970m²   NUF 8.803m²

Baujahr: 1910-1912
Bauzustand: mittel
Aufwand: mittel
Nutzung während der Bauzeit: ja
Nutzungsänderung: nein
Grundrissänderungen: einige
Tragwerkseingriffe: einige

Land: Sachsen
Kreis: Chemnitz
Standard: Durchschnitt
Bauzeit: 26 Wochen
Kennwerte: bis 3.Ebene DIN276
veröffentlicht: BKI Objektdaten A9
BGF   **536 €/m²**

Planung: iproplan Planungsgesellschaft mbH; Chemnitz

Berufsschulzentrum für technisches Gymnasium, Berufsgrundbildungsjahr, Handwerksberufe wie Farbtechniker, Raumgestalter, Bauzeichner, Körperpflege, Holztechnik, Metalltechnik. **Kosteneinfluss Nutzung:** Denkmalschutz

Bauwerk - Baukonstruktionen
Abbrechen: Deckenbeläge 2%
Herstellen: Außentüren und -fenster 12%, Deckenbeläge 10%, Innentüren und -fenster 8%, Innenwandbekleidungen 6%, Dachbeläge 5%, Deckenbekleidungen 5%, Außenwandbekleidungen innen 3%, Elementierte Innenwände 3%, Nichttragende Innenwände 3%, Besondere Einbauten 3%, Dachbekleidungen 2%, Deckenkonstruktionen 2%, Gerüste 2%, Außenwandbekleidungen außen 2%
Wiederherstellen: Außenwandbekleidungen außen 4%
Sonstige: 28%

Bauwerk - Technische Anlagen
Herstellen: Niederspannungsinstallationsanlagen 16%, Beleuchtungsanlagen 13%, Wasseranlagen 6%, Wärmeverteilnetze 6%, Übertragungsnetze 6%, Gefahrenmelde- und Alarmanlagen 6%, Raumheizflächen 6%, Lüftungsanlagen 5%, Abwasseranlagen 5%, Automationssysteme 4%, Teilklimaanlagen 4%, Sonstige 22%

Übersichts- 1.+2.Ebene
Erweiterung
Umbau
Modernisierung
Instandsetzung
Bauelemente
Abbrechen
Wiederherstellen
Herstellen

€/m² BGF

min	380	€/m²
von	670	€/m²
Mittel	**940**	**€/m²**
bis	1.400	€/m²
max	1.900	€/m²

Kosten:
Stand 2.Quartal 2016
Bundesdurchschnitt
inkl. 19% MwSt.

Objektübersicht zur Gebäudeart

4200-0028 Berufsschulzentrum für Technik   BRI 36.225m³   BGF 10.350m²   NUF 7.475m²

Baujahr: 1910-1912
Bauzustand: mittel
Aufwand: mittel
Nutzung während der Bauzeit: ja
Nutzungsänderung: nein
Grundrissänderungen: einige
Tragwerkseingriffe: einige

Land: Sachsen
Kreis: Chemnitz
Standard: Durchschnitt
Bauzeit: 47 Wochen
Kennwerte: bis 3.Ebene DIN276
veröffentlicht: BKI Objektdaten A9

BGF   **632 €/m²**

Planung: iproplan Planungsgesellschaft mbH; Chemnitz

Berufsschulzentrum für technisches Gymnasium, Berufsgrundbildungsjahr, Handwerksberufe wie Maler, Raumgestalter, Friseur, Körperpflege, Holztechnik, Metalltechnik. **Kosteneinfluss Nutzung:** Denkmalschutz

Bauwerk - Baukonstruktionen
Herstellen: Außentüren und -fenster 14%, Deckenbekleidungen 8%, Deckenbeläge 8%, Dachbeläge 5%, Innenwandbekleidungen 5%, Innentüren und -fenster 5%, Außenwandbekleidungen innen 4%, Dachbekleidungen 3%, Elementierte Innenwände 3%, Nichttragende Innenwände 2%, Tragende Innenwände 2%, Bodenbeläge 2%, Dachfenster, Dachöffnungen 2%, Baustelleneinrichtung 2%, **Wiederherstellen:** Außenwandbekleidungen außen 6%, Deckenbeläge 2%
Sonstige: 26%

Bauwerk - Technische Anlagen
Herstellen: Nutzungsspezifische Anlagen, sonstiges 30%, Niederspannungsinstallationsanlagen 11%, Beleuchtungsanlagen 6%, Wasseranlagen 6%, Automationssysteme 6%, Wärmeverteilnetze 5%, Raumheizflächen 5%, Lüftungsanlagen 5%, Aufzugsanlagen 4%, Sonstige 21%

4300-0010 Förderschule, Vereinsräume*   BRI 2.991m³   BGF 810m²   NUF 636m²

Baujahr: 1966
Bauzustand: mittel
Aufwand: mittel
Nutzung während der Bauzeit: nein
Nutzungsänderung: nein
Grundrissänderungen: einige
Tragwerkseingriffe: wenige

Land: Baden-Württemberg
Kreis: Heilbronn
Standard: Durchschnitt
Bauzeit: 17 Wochen
Kennwerte: bis 3.Ebene DIN276
veröffentlicht: BKI Objektdaten A7

BGF   **213 €/m²**

*
* Nicht in der Auswertung enthalten

Modernisierung einer Förderschule mit vier Klassen und 32 Schülern, sowie eines Vereinsheims mit zwei Gruppenräumen.

Bauwerk - Baukonstruktionen
Herstellen: Außentüren und -fenster 64%, Dachbekleidungen 11%, Sonnenschutz 7%, Sonstige 19%

Bauwerk - Technische Anlagen
Herstellen: Beleuchtungsanlagen 45%, Niederspannungsinstallationsanlagen 42%, Übertragungsnetze 7%, Sonstige 6%

4400-0092 Kindergarten, Plattenbau — BRI 7.886m³ BGF 2.421m² NUF 1.592m²

© Tecos GmbH

Baujahr: 1980
Bauzustand: schlecht
Aufwand: mittel
Nutzung während der Bauzeit: nein
Nutzungsänderung: nein
Grundrissänderungen: wenige
Tragwerkseingriffe: keine

Land: Sachsen
Kreis: Bautzen
Standard: Durchschnitt
Bauzeit: 65 Wochen
Kennwerte: bis 4.Ebene DIN276
veröffentlicht: BKI Objektdaten A1

BGF **1.135 €/m²**

Planung: Tecos GmbH; Stuttgart

Modernisierung eines Plattenbaus zur Nutzung als Kindertagesheim, Altenbetreuung, Krippe und Kindertagesstätte.

Bauwerk - Baukonstruktionen
Abbrechen: Abbruchmaßnahmen 4%
Herstellen: Außenwandbekleidungen außen 12%, Besondere Einbauten 9%, Außentüren und -fenster 9%, Dachkonstruktionen 8%, Dachbeläge 8%, Innenwandbekleidungen 6%, Innentüren und -fenster 5%, Deckenbeläge 5%, Sonnenschutz 3%, Gerüste 3%, Bodenbeläge 3%, Deckenbekleidungen 3%
Wiederherstellen: Deckenbeläge 3%
Sonstige: 21%

Bauwerk - Technische Anlagen
Herstellen: Wasseranlagen 38%, Beleuchtungsanlagen 17%, Niederspannungsinstallationsanlagen 10%, Wärmeverteilnetze 9%, Sonstige 26%

4400-0134 Kindertagesstätte (261 Kinder) — BRI 10.078m³ BGF 3.452m² NUF 2.059m²

© Ingenieurbüro Matthias Kühn

Baujahr: 1971
Bauzustand: schlecht
Aufwand: hoch
Nutzung während der Bauzeit: nein
Nutzungsänderung: nein
Grundrissänderungen: umfangreiche
Tragwerkseingriffe: umfangreiche

Land: Mecklenburg-Vorpommern
Kreis: Greifswald (Kreis)
Standard: Durchschnitt
Bauzeit: 25 Wochen
Kennwerte: bis 3.Ebene DIN276
veröffentlicht: BKI Objektdaten A9

BGF **884 €/m²**

Planung: Ingenieurbüro Dipl.-Ing. (TU) Matthias Kühn; Anklam

Kindertagesstätte (261 Kinder)

Bauwerk - Baukonstruktionen
Herstellen: Dachfenster, Dachöffnungen 21%, Elementierte Außenwände 10%, Dachkonstruktionen 8%, Dachbeläge 8%, Außenwandbekleidungen außen 8%, Innentüren und -fenster 7%, Innenwandbekleidungen 4%, Bodenbeläge 3%, Flachgründungen 2%, Unterböden und Bodenplatten 2%, Bauwerksabdichtungen 2%, Dachbekleidungen 2%, Gerüste 2%, Sonstige 21%

Bauwerk - Technische Anlagen
Herstellen: Eigenstromversorgungsanlagen 73%, Lüftungsanlagen 5%, Gefahrenmelde- und Alarmanlagen 5%, Sonstige 16%

Kosten: 2.Quartal 2016, Bundesdurchschnitt, inkl. **19% MwSt.**

Übersicht 1.+2.Ebene
Erweiterung
Umbau
Modernisierung
Instandsetzung
Bauelemente
Abbrechen
Wiederherstellen
Herstellen

Schulen und Kindergärten

€/m² BGF

min	380	€/m²
von	670	€/m²
Mittel	**940**	**€/m²**
bis	1.400	€/m²
max	1.900	€/m²

Kosten:
Stand 2.Quartal 2016
Bundesdurchschnitt
inkl. 19% MwSt.

4400-0138 Kindertagesstätte (6 Gruppen, 138 Kinder)   BRI 3.432m³   BGF 1.408m²   NUF 802m²

Bauzustand: mittel
Aufwand: mittel
Nutzung während der Bauzeit: ja
Nutzungsänderung: nein
Grundrissänderungen: wenige
Tragwerkseingriffe: wenige

Land: Brandenburg
Kreis: Oberhavel
Standard: Durchschnitt
Bauzeit: 26 Wochen
Kennwerte: bis 3.Ebene DIN276
veröffentlicht: BKI Objektdaten A8
BGF   **382 €/m²**

Planung: Jirka + Nadansky Architekten; Borgsdorf
Energetische Sanierung einer Kindertagesstätte mit 6 Gruppen für 138 Kinder.

Bauwerk - Baukonstruktionen
Herstellen: Außenwandbekleidungen außen 41%, Außentüren und -fenster 13%, Bodenbeläge 4%, Dachbeläge 4%, Baugrubenherstellung 3%, Innenwandbekleidungen 3%, Deckenbeläge 3%, Gerüste 3%
Wiederherstellen: Innenwandbekleidungen 5%
Sonstige: 20%

Bauwerk - Technische Anlagen
Herstellen: Niederspannungsinstallationsanlagen 25%, Wärmeerzeugungsanlagen 21%, Raumheizflächen 15%, Beleuchtungsanlagen 10%, Wärmeverteilnetze 9%, Sonstige 21%

4500-0007 Sport- und Bildungsstätte   BRI 19.466m³   BGF 4.741m²   NUF 2.459m²

Baujahr: 1930
Bauzustand: schlecht
Aufwand: hoch
Nutzung während der Bauzeit: ja
Nutzungsänderung: nein
Grundrissänderungen: wenige
Tragwerkseingriffe: wenige

Land: Thüringen
Kreis: Greiz
Standard: Durchschnitt
Bauzeit: 104 Wochen
Kennwerte: bis 3.Ebene DIN276
veröffentlicht: BKI Objektdaten A6
BGF   **1.105 €/m²**

Planung: thoma architekten; Zeulenroda
Sport- und Bildungsstätte, Halle mit 598 Sitzplätzen oder 1.200 Stehplätzen, Zweifeldhalle (20x41m), zwei Schulungsräume 46 und 24 Sitzplätze, 10 Zweibettzimmer.

Bauwerk - Baukonstruktionen
Herstellen: Innentüren und -fenster 11%, Innenwandbekleidungen 10%, Deckenbeläge 9%, Außentüren und -fenster 8%, Deckenbekleidungen 8%, Dachbeläge 6%, Nichttragende Innenwände 6%, Dachkonstruktionen 5%, Gerüste 3%, Besondere Einbauten 3%, Dachbekleidungen 3%, Außenwandbekleidungen außen 3%, Bodenbeläge 3%, Sonstige 21%

Bauwerk - Technische Anlagen
Herstellen: Lüftungsanlagen 20%, Wasseranlagen 15%, Beleuchtungsanlagen 14%, Niederspannungsinstallationsanlagen 12%, Abwasseranlagen 6%, Wärmeerzeugungsanlagen 5%, Automationssysteme 4%, Sonstige 23%

4100-0027 Schulzentrum (10 Klassen)　　　BRI 17.800m³　　BGF 4.140m²　　NUF 2.978m²

Bauzustand: schlecht
Aufwand: mittel
Nutzung während der Bauzeit: ja
Nutzungsänderung: ja
Grundrissänderungen: einige
Tragwerkseingriffe: einige

Land: Niedersachsen
Kreis: Emsland (Meppen)
Standard: Durchschnitt
Bauzeit: 82 Wochen
Kennwerte: bis 1.Ebene DIN276
veröffentlicht: BKI Objektdaten A1
BGF　**639 €/m²**

Planung: Dohle & Lohse Dipl.-Ing. Architekten BDA; Braunschweig

Schulzentrum mit zehn Klassenräumen, vier Fachklassen, zwei Lehrküchen, einem Handarbeitsraum, drei Werkräumen, zwei Musikräumen, einem Fotolabor, Elektrotechnik, einem Computerraum, zwei Kunsträumen, einer Aula, drei Gruppenräumen, Bibliothek, zwei Lehrmittelräumen und einem Ton-Brennraum.

4100-0137 Grundschule, neue Heizzentrale　　　BRI 3.015m³　　BGF 732m²　　NUF 482m²

Land: Niedersachsen
Kreis: Gifhorn
Standard: Durchschnitt
Bauzeit: 60 Wochen
Kennwerte: bis 1.Ebene DIN276
veröffentlicht: BKI Objektdaten A8
BGF　**1.905 €/m²**

Planung: Planungsteam III Architekten und Ingenieure GmbH; Gifhorn

Grundschule mit 2 Klassen für 56 Kinder, Heizzentrale für mehrere angrenzende öffentl. Gebäude.

4500-0006 Volkshochschule　　　BRI 19.422m³　　BGF 5.050m²　　NUF 2.860m²

Baujahr: 1860
Bauzustand: mittel
Aufwand: mittel
Nutzung während der Bauzeit: ja
Nutzungsänderung: ja
Grundrissänderungen: wenige
Tragwerkseingriffe: einige

Land: Niedersachsen
Kreis: Osnabrück
Standard: Durchschnitt
Bauzeit: 82 Wochen
Kennwerte: bis 1.Ebene DIN276
veröffentlicht: BKI Objektdaten A1
BGF　**946 €/m²**

Planung: Baubüro III Dipl.-Ing. Sabine Böttcher; Hannover

Volkshochschule mit 22 Seminarräumen, Mehrzweckraum, Fotolabor, Sozialräumen, Büroräumen, Zeichensaal, Bibliothek, Gymnastikraum mit Umkleiden und Duschen, Cafeteria mit Küche. **Kosteneinfluss Grundstück:** Beschränkter Platz für Baustelleneinrichtung, Bau einer Tiefgaragenzufahrt an der Rückseite des Gebäudes.

Übersicht 1.+.2.Ebene
Erweiterung
Umbau
Moderni-sierung
Instand-setzung
Bau-elemente
Abbrechen
Wieder-herstellen
Herstellen

Modernisierungen

Sporthallen

BRI 145 €/m³	**BGF** 860 €/m²	**NUF** 1.030 €/m²
von 85 €/m³	von 520 €/m²	von 640 €/m²
bis 220 €/m³	bis 1.390 €/m²	bis 1.730 €/m²

Objektbeispiele

Kosten:
Stand 2.Quartal 2016
Bundesdurchschnitt
inkl. 19% MwSt.

5100-0093

5100-0044

5100-0039

Kosten der 6 Vergleichsobjekte　　　　　　　　　**Seiten 298 bis 300**

- ● KKW
- ▶ min
- ▷ von
- | Mittelwert
- ◁ bis
- ◀ max

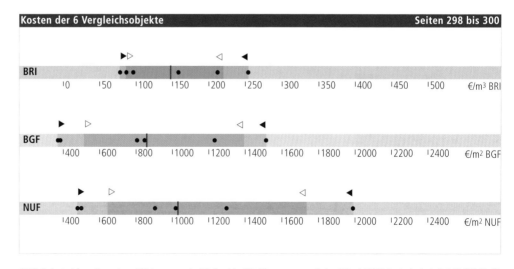

© **BKI** Baukosteninformationszentrum; Erläuterungen zu den Tabellen siehe Seite 24　　　Kosten: 2.Quartal 2016, Bundesdurchschnitt, **inkl. 19% MwSt.**

KG	Kostengruppen der 1. Ebene	Einheit	▷	€/Einheit	◁	▷	% an 300+400	◁
100	Grundstück	m² GF						
200	Herrichten und Erschließen	m² GF	0	**0**	0	0,0	**1,0**	2,0
300	Bauwerk - Baukonstruktionen	m² BGF	353	**619**	972	62,1	**73,3**	81,2
400	Bauwerk - Technische Anlagen	m² BGF	102	**240**	387	18,8	**26,7**	37,9
	Bauwerk (300+400)	m² BGF	517	**859**	1.392		**100,0**	
500	Außenanlagen	m² AF	0	**20**	32	1,0	**2,4**	3,6
600	Ausstattung und Kunstwerke	m² BGF	1	**12**	23	0,4	**1,0**	1,5
700	Baunebenkosten	m² BGF						

KG	Kostengruppen der 2. Ebene	Einheit	▷	€/Einheit	◁	▷	% an 300	◁
310	Baugrube	m³ BGI	85	**102**	131	0,0	**1,1**	2,7
320	Gründung	m² GRF	86	**176**	318	2,8	**9,5**	16,3
330	Außenwände	m² AWF	266	**536**	1.124	33,2	**42,4**	47,1
340	Innenwände	m² IWF	68	**188**	456	3,1	**10,2**	18,7
350	Decken	m² DEF	68	**309**	435	0,5	**3,5**	9,2
360	Dächer	m² DAF	151	**259**	490	18,8	**27,9**	37,9
370	Baukonstruktive Einbauten	m² BGF	2	**12**	34	0,3	**1,1**	2,9
390	Sonstige Baukonstruktionen	m² BGF	16	**26**	38	3,6	**4,4**	5,1
300	**Bauwerk Baukonstruktionen**	**m² BGF**					**100,0**	

KG	Kostengruppen der 2. Ebene	Einheit	▷	€/Einheit	◁	▷	% an 400	◁
410	Abwasser, Wasser, Gas	m² BGF	21	**49**	89	4,1	**15,6**	27,8
420	Wärmeversorgungsanlagen	m² BGF	30	**70**	139	15,5	**33,4**	68,8
430	Lufttechnische Anlagen	m² BGF	5	**29**	43	4,6	**14,2**	27,9
440	Starkstromanlagen	m² BGF	23	**61**	104	18,8	**26,5**	60,6
450	Fernmeldeanlagen	m² BGF	9	**23**	59	1,0	**4,2**	10,3
460	Förderanlagen	m² BGF	–	**–**	–	–	**–**	–
470	Nutzungsspezifische Anlagen	m² BGF	0	**0**	1	0,0	**0,1**	0,7
480	Gebäudeautomation	m² BGF	23	**44**	76	0,8	**5,8**	15,1
490	Sonstige Technische Anlagen	m² BGF	0	**2**	3	0,0	**0,2**	1,1
400	**Bauwerk Technische Anlagen**	**m² BGF**					**100,0**	

Prozentanteile der Kosten der 2.Ebene an den Kosten des Bauwerks nach DIN 276 (Von-, Mittel-, Bis-Werte)

310	Baugrube	0,9
320	Gründung	7,0
330	Außenwände	30,9
340	Innenwände	7,4
350	Decken	2,6
360	Dächer	20,5
370	Baukonstruktive Einbauten	0,8
390	Sonstige Baukonstruktionen	3,2
410	Abwasser, Wasser, Gas	4,3
420	Wärmeversorgungsanlagen	8,1
430	Lufttechnische Anlagen	3,7
440	Starkstromanlagen	7,1
450	Fernmeldeanlagen	1,4
460	Förderanlagen	
470	Nutzungsspezifische Anlagen	0,0
480	Gebäudeautomation	2,1
490	Sonstige Technische Anlagen	0,1

15% 30% 45% 60%

© **BKI** Baukosteninformationszentrum; Erläuterungen zu den Tabellen siehe Seite 26   Kosten: 2.Quartal 2016, Bundesdurchschnitt, inkl. **19% MwSt.**

Übersicht 1.-2.Ebene

Erweiterung

Umbau

Modernisierung

Instandsetzung

Bauelemente

Abbrechen

Wiederherstellen

Herstellen

Kostenkennwerte für die Kostengruppen der 3.Ebene DIN 276

KG	Kostengruppen der 3. Ebene	Einheit	▷	Ø €/Einheit	◁	▷	Ø €/m² BGF	◁
335	Außenwandbekleidungen außen	m²	108,31	**137,34**	241,41	53,44	**88,03**	109,89
363	Dachbeläge	m²	99,87	**117,74**	151,34	40,09	**85,65**	107,20
334	Außentüren und -fenster	m²	554,14	**687,78**	825,89	24,96	**76,95**	113,57
337	Elementierte Außenwände	m²	289,13	**390,40**	558,75	4,84	**62,88**	92,69
325	Bodenbeläge	m²	57,37	**125,44**	179,36	7,73	**58,94**	113,96
481	Automationssysteme	m²	20,69	**40,45**	76,18	20,69	**40,45**	76,18
412	Wasseranlagen	m²	14,10	**39,42**	64,71	14,10	**39,42**	64,71
336	Außenwandbekleidungen innen	m²	57,30	**89,89**	137,91	14,03	**38,57**	74,66
364	Dachbekleidungen	m²	21,80	**80,06**	145,79	7,09	**36,13**	93,12
423	Raumheizflächen	m²	10,17	**34,90**	51,00	10,17	**34,90**	51,00
431	Lüftungsanlagen	m²	4,98	**28,23**	44,29	4,98	**28,23**	44,29
422	Wärmeverteilnetze	m²	10,39	**24,59**	43,04	10,39	**24,59**	43,04
361	Dachkonstruktionen	m²	33,90	**81,17**	196,28	6,01	**24,31**	52,26
322	Flachgründungen	m²	55,58	**103,75**	151,93	0,96	**23,83**	46,70
346	Elementierte Innenwände	m²	228,24	**265,17**	327,10	1,93	**23,76**	67,42
345	Innenwandbekleidungen	m²	26,04	**41,44**	69,23	7,39	**23,61**	60,66
444	Niederspannungsinstallationsanl.	m²	4,59	**22,38**	35,88	4,59	**22,38**	35,88
421	Wärmeerzeugungsanlagen	m²	3,50	**22,23**	40,66	3,50	**22,23**	40,66
331	Tragende Außenwände	m²	79,88	**276,16**	460,96	7,27	**20,05**	51,29
311	Baugrubenherstellung	m³	85,15	**101,41**	130,94	6,77	**19,76**	45,59
344	Innentüren und -fenster	m²	262,24	**592,21**	868,56	5,71	**17,39**	39,22
351	Deckenkonstruktionen	m²	383,46	**688,28**	1.287,80	4,94	**17,23**	41,55
352	Deckenbeläge	m²	121,90	**128,60**	135,31	9,33	**16,60**	23,87
456	Gefahrenmelde- und Alarmanlagen	m²	4,23	**16,35**	48,65	4,23	**16,35**	48,65
445	Beleuchtungsanlagen	m²	3,25	**15,48**	24,65	3,25	**15,48**	24,65
411	Abwasseranlagen	m²	5,94	**15,23**	24,31	5,94	**15,23**	24,31
391	Baustelleneinrichtung	m²	2,75	**13,00**	23,36	2,75	**13,00**	23,36
353	Deckenbekleidungen	m²	37,91	**62,32**	103,81	5,63	**11,56**	14,70
392	Gerüste	m²	6,47	**11,08**	16,10	6,47	**11,08**	16,10
482	Schaltschränke	m²	–	**10,88**	–	–	**10,88**	–
372	Besondere Einbauten	m²	2,63	**10,86**	43,20	2,63	**10,86**	43,20
333	Außenstützen	m	252,83	**312,23**	371,62	3,02	**10,09**	17,15
446	Blitzschutz- und Erdungsanlagen	m²	5,78	**9,26**	15,41	5,78	**9,26**	15,41
369	Dächer, sonstiges	m²	1,84	**23,26**	87,50	1,46	**8,34**	28,78
342	Nichttragende Innenwände	m²	141,10	**226,49**	624,29	2,43	**8,08**	13,80
324	Unterböden und Bodenplatten	m²	103,68	**225,85**	572,32	2,24	**7,65**	16,96
371	Allgemeine Einbauten	m²	–	**7,04**	–	–	**7,04**	–
359	Decken, sonstiges	m²	2,66	**34,51**	66,35	0,76	**6,23**	11,70
399	Sonstige Maßnahmen für Baukonstruktionen, sonst.	m²	1,48	**6,03**	10,58	1,48	**6,03**	10,58
332	Nichttragende Außenwände	m²	233,36	**321,95**	482,67	3,11	**5,84**	10,72
338	Sonnenschutz	m²	6,85	**217,79**	335,03	1,66	**5,55**	9,81
454	Elektroakustische Anlagen	m²	1,22	**5,11**	7,06	1,22	**5,11**	7,06
419	Abwasser-, Wasser- und Gas- anlagen, sonstiges	m²	–	**5,09**	–	–	**5,09**	–
452	Such- und Signalanlagen	m²	–	**4,92**	–	–	**4,92**	–
339	Außenwände, sonstiges	m²	5,16	**26,92**	133,25	1,79	**4,82**	7,85
326	Bauwerksabdichtungen	m²	6,09	**17,47**	28,92	0,98	**4,66**	15,53
362	Dachfenster, Dachöffnungen	m²	420,86	**805,39**	1.464,05	0,92	**4,46**	6,79
341	Tragende Innenwände	m²	136,25	**395,07**	717,06	0,92	**4,41**	7,96

Kosten:
Stand 2.Quartal 2016
Bundesdurchschnitt
inkl. 19% MwSt.

▷ von
Ø Mittel
◁ bis

Kosten: 2.Quartal 2016, Bundesdurchschnitt, **inkl. 19% MwSt.**

Kostenkennwerte für Leistungsbereiche nach StLB (Kosten des Bauwerks nach DIN 276)

LB	Leistungsbereiche	▷	€/m² BGF	◁	▷	% an 300+400	◁
000	Sicherheits-, Baustelleneinrichtungen inkl. 001	8	17	21	1,0	2,0	2,5
002	Erdarbeiten	0	9	31	0,0	1,0	3,6
006	Spezialtiefbauarbeiten inkl. 005	–	–	–	–	–	–
009	Entwässerungskanalarbeiten inkl. 011	–	–	–	–	–	–
010	Drän- und Versickerungsarbeiten	0	0	1	0,0	0,0	0,1
012	Mauerarbeiten	4	13	24	0,5	1,5	2,8
013	Betonarbeiten	7	29	29	0,8	3,4	3,4
014	Natur-, Betonwerksteinarbeiten	–	0	–	–	0,0	–
016	Zimmer- und Holzbauarbeiten	0	10	30	0,0	1,2	3,5
017	Stahlbauarbeiten	4	34	96	0,5	3,9	11,1
018	Abdichtungsarbeiten	0	3	6	0,0	0,4	0,7
020	Dachdeckungsarbeiten	–	9	29	–	1,0	3,4
021	Dachabdichtungsarbeiten	20	72	130	2,4	8,4	15,1
022	Klempnerarbeiten	5	13	23	0,6	1,6	2,6
	Rohbau	**133**	**209**	**273**	**15,5**	**24,4**	**31,7**
023	Putz- und Stuckarbeiten, Wärmedämmsysteme	7	47	72	0,8	5,4	8,4
024	Fliesen- und Plattenarbeiten	4	13	23	0,5	1,5	2,7
025	Estricharbeiten	1	5	14	0,1	0,6	1,6
026	Fenster, Außentüren inkl. 029, 032	43	83	128	5,0	9,6	15,0
027	Tischlerarbeiten	7	47	85	0,8	5,4	9,9
028	Parkettarbeiten, Holzpflasterarbeiten	–	11	–	–	1,3	–
030	Rollladenarbeiten	0	4	14	0,1	0,5	1,6
031	Metallbauarbeiten inkl. 035	12	36	36	1,4	4,1	4,1
034	Maler- und Lackiererarbeiten inkl. 037	2	11	15	0,2	1,3	1,8
036	Bodenbelagarbeiten	5	23	59	0,6	2,6	6,9
038	Vorgehängte hinterlüftete Fassaden	0	42	98	0,0	4,9	11,5
039	Trockenbauarbeiten	25	49	108	3,0	5,7	12,5
	Ausbau	**354**	**371**	**386**	**41,2**	**43,2**	**45,0**
040	Wärmeversorgungsanl. - Betriebseinr. inkl. 041	23	62	109	2,7	7,2	12,7
042	Gas- und Wasserinstallation, Leitungen inkl. 043	4	11	17	0,5	1,2	2,0
044	Abwasserinstallationsarbeiten - Leitungen	4	11	24	0,4	1,2	2,8
045	GWA-Einrichtungsgegenstände inkl. 046	0	12	25	0,0	1,4	2,9
047	Dämmarbeiten an betriebstechnischen Anlagen	2	4	8	0,2	0,5	0,9
049	Feuerlöschanlagen, Feuerlöschgeräte	0	0	0	0,0	0,0	0,0
050	Blitzschutz- und Erdungsanlagen	2	9	16	0,3	1,1	1,9
053	Niederspannungsanlagen inkl. 052, 054	11	30	52	1,3	3,5	6,1
055	Ersatzstromversorgungsanlagen	–	11	–	–	1,3	–
057	Gebäudesystemtechnik	1	9	9	0,1	1,0	1,0
058	Leuchten und Lampen inkl. 059	1	11	17	0,1	1,3	1,9
060	Elektroakustische Anlagen, Sprechanlagen	1	4	7	0,1	0,4	0,8
061	Kommunikationsnetze, inkl. 062	0	0	1	0,0	0,0	0,1
063	Gefahrenmeldeanlagen	1	7	24	0,1	0,8	2,8
069	Aufzüge	–	–	–	–	–	–
070	Gebäudeautomation	0	9	9	0,0	1,0	1,0
075	Raumlufttechnische Anlagen	11	29	63	1,3	3,4	7,4
	Technische Anlagen	**157**	**219**	**309**	**18,3**	**25,6**	**35,9**
084	Abbruch- und Rückbauarbeiten	36	54	92	4,2	6,3	10,8
	Sonstige Leistungsbereiche inkl. 008, 033, 051	1	6	18	0,1	0,7	2,1

Kosten: 2.Quartal 2016, Bundesdurchschnitt, **inkl. 19% MwSt.**

Übersicht 1.+ 2.Ebene

Erweiterung

Umbau

Modernisierung

Instandsetzung

Bauelemente

Abbrechen

Wiederherstellen

Herstellen

Objektübersicht zur Gebäudeart

€/m² BGF

min	370	€/m²
von	520	€/m²
Mittel	**860**	€/m²
bis	1.390	€/m²
max	1.510	€/m²

Kosten:
Stand 2.Quartal 2016
Bundesdurchschnitt
inkl. 19% MwSt.

5100-0039 Schulsporthalle — BRI 5.700m³   BGF 980m²   NUF 930m²

© Architekten Pörtner + Lechmann

Bauzustand: mittel
Aufwand: hoch
Nutzung während der Bauzeit: nein
Nutzungsänderung: nein
Grundrissänderungen: keine
Tragwerkseingriffe: keine

Land: Hessen
Kreis: Hochtaunus
Standard: Durchschnitt
Bauzeit: 21 Wochen
Kennwerte: bis 3.Ebene DIN276
veröffentlicht: BKI Objektdaten A5

BGF **1.232 €/m²**

Planung: Dipl.-Ing. Architekten Pörtner + Lechmann BDA; Oberursel
Sporthalle für eine Grundschule

Bauwerk - Baukonstruktionen
Abbrechen: Dachbeläge 3%
Herstellen: Außentüren und -fenster 19%, Außenwand-bekleidungen außen 13%, Bodenbeläge 12%, Außenwand-bekleidungen innen 12%, Dachbeläge 11%, Innentüren und -fenster 6%, Innenwandbekleidungen 5%
Sonstige: 20%

Bauwerk - Technische Anlagen
Herstellen: Automationssysteme 16%, Wasseranlagen 13%, Raumheizflächen 12%, Gefahrenmelde- und Alarmanlagen 10%, Lüftungsanlagen 9%, Wärmeverteil-netze 8%, Niederspannungsinstallationsanlagen 8%, Sonstige 26%

5100-0041 Sporthalle — BRI 8.040m³   BGF 1.684m²   NUF 1.245m²

© gold diplomingenieure architekten

Bauzustand: mittel
Aufwand: mittel
Nutzung während der Bauzeit: nein
Nutzungsänderung: nein
Grundrissänderungen: wenige
Tragwerkseingriffe: wenige

Land: Hessen
Kreis: Main-Taunus, Hofheim
Standard: Durchschnitt
Bauzeit: 74 Wochen
Kennwerte: bis 3.Ebene DIN276
veröffentlicht: BKI Objektdaten A6

BGF **371 €/m²**

Planung: gold diplomingenieure architekten; Hochheim
Turnhalle mit Kegelbahn, Gaststätte und Umkleide- und Sanitärräumen, Pächterwohnung

Bauwerk - Baukonstruktionen
Herstellen: Außenwandbekleidungen außen 15%, Innen-türen und -fenster 12%, Dachkonstruktionen 12%, Dachbe-läge 8%, Außentüren und -fenster 6%, Deckenbekleidungen 5%, Nichttragende Innenwände 4%, Deckenbeläge 3%, Außenwände, sonstiges 3%, Dachfenster, Dachöffnungen 3%, Innenwandbekleidungen 3%, Sonnenschutz 3%, Deckenkonstruktionen 3%, Sonstige 20%

Bauwerk - Technische Anlagen
Herstellen: Lüftungsanlagen 38%, Abwasseranlagen 15%, Wasseranlagen 14%, Niederspannungsinstallationsanlagen 9%, Sonstige 24%

© **BKI** Baukosteninformationszentrum; Erläuterungen zu den Tabellen siehe Seite 32   Kosten: 2.Quartal 2016, Bundesdurchschnitt, **inkl. 19% MwSt.**

5100-0044 Sporthalle   BRI 7.840m³   BGF 1.315m²   NUF 1.000m²

Baujahr: 1981
Bauzustand: schlecht
Aufwand: hoch
Nutzung während der Bauzeit: nein
Nutzungsänderung: nein
Grundrissänderungen: einige
Tragwerkseingriffe: wenige

Land: Sachsen
Kreis: Flöha
Standard: Durchschnitt
Bauzeit: 47 Wochen
Kennwerte: bis 3.Ebene DIN276
veröffentlicht: BKI Objektdaten A7

BGF   **1.514 €/m²**

Planung: Bauplanungsbüro Dipl.-Ing. Udo Barth; Flöha

Modernisierung und Anbau einer Zweifeld-Schulsporthalle.

Bauwerk - Baukonstruktionen
Herstellen: Außenwandbekleidungen außen 11%, Bodenbeläge 9%, Elementierte Außenwände 7%, Außentüren und -fenster 6%, Dachbekleidungen 6%, Innenwandbekleidungen 6%, Elementierte Innenwände 6%, Dachbeläge 5%, Außenwandbekleidungen innen 4%, Baugrubenherstellung 4%, Flachgründungen 4%, Besondere Einbauten 4%, Deckenkonstruktionen 3%, Dächer, sonstiges 2%, Baustelleneinrichtung 2%, Sonstige 21%

Bauwerk - Technische Anlagen
Herstellen: Wasseranlagen 22%, Lüftungsanlagen 17%, Raumheizflächen 12%, Beleuchtungsanlagen 10%, Niederspannungsinstallationsanlagen 8%, Wärmeverteilnetze 7%, Sonstige 24%

5100-0046 Sporthalle   BRI 3.030m³   BGF 595m²   NUF 530m²

Baujahr: 1963
Bauzustand: mittel
Aufwand: mittel
Nutzung während der Bauzeit: nein
Nutzungsänderung: nein
Grundrissänderungen: keine
Tragwerkseingriffe: keine

Land: Hessen
Kreis: Wiesbaden
Standard: Durchschnitt
Bauzeit: 21 Wochen
Kennwerte: bis 3.Ebene DIN276
veröffentlicht: BKI Objektdaten A7

BGF   **805 €/m²**

Planung: gold diplomingenieure architekten; Hochheim

Sporthalle mit Nebenräumen

Bauwerk - Baukonstruktionen
Herstellen: Dachbekleidungen 21%, Außentüren und -fenster 20%, Außenwandbekleidungen außen 17%, Dachbeläge 16%, Sonstige 25%

Bauwerk - Technische Anlagen
Herstellen: Raumheizflächen 18%, Wärmeverteilnetze 15%, Wärmeerzeugungsanlagen 14%, Niederspannungsinstallationsanlagen 12%, Automationssysteme 11%, Blitzschutz - und Erdungsanlagen 6%, Sonstige 24%

Übersicht 1.+.2.Ebene
Erweiterung
Umbau
Modernisierung
Instandsetzung
Bauelemente
Abbrechen
Wiederherstellen
Herstellen

Objektübersicht zur Gebäudeart

5100-0075 Sporthalle   BRI 3.924m³   BGF 884m²   NUF 706m²

Baujahr: 1975
Bauzustand: schlecht
Aufwand: mittel
Nutzung während der Bauzeit: ja
Nutzungsänderung: nein
Grundrissänderungen: wenige
Tragwerkseingriffe: keine

Land: Sachsen-Anhalt
Kreis: Magdeburg
Standard: Durchschnitt
Bauzeit: 30 Wochen
Kennwerte: bis 3.Ebene DIN276
veröffentlicht: BKI Objektdaten A9

BGF   **384 €/m²**

€/m² BGF

min	370 €/m²
von	520 €/m²
Mittel	**860 €/m²**
bis	1.390 €/m²
max	1.510 €/m²

Planung: qbatur Planungsbüro GmbH; Quedlinburg

Sporthalle

Kosten:
Stand 2.Quartal 2016
Bundesdurchschnitt
inkl. 19% MwSt.

Bauwerk - Baukonstruktionen
Abbrechen: Dachbeläge 9%
Herstellen: Dachbeläge 26%, Außenwandbekleidungen außen 21%, Außentüren und -fenster 21%
Sonstige: 23%

Bauwerk - Technische Anlagen
Herstellen: Raumheizflächen 58%, Wärmeverteilnetze 20%, Blitzschutz - und Erdungsanlagen 12%, Sonstige 10%

5100-0093 Sporthalle (Dreifeldhalle)   BRI 19.049m³   BGF 2.161m²   NUF 1.796m²

Baujahr: 1970
Bauzustand: schlecht
Aufwand: hoch
Nutzung während der Bauzeit: nein
Nutzungsänderung: nein
Grundrissänderungen: wenige
Tragwerkseingriffe: wenige

Land: Rheinland-Pfalz
Kreis: Rhein-Hunsrück
Standard: Durchschnitt
Bauzeit: 39 Wochen
Kennwerte: bis 3.Ebene DIN276
veröffentlicht: BKI Objektdaten A9

BGF   **847 €/m²**

Planung: DILLIG-ARCHITEKTEN GmbH; Simmern

Modernisierung einer Dreifeld-Sporthalle aus den 70er Jahren.

Bauwerk - Baukonstruktionen
Herstellen: Elementierte Außenwände 15%, Außenwandbekleidungen außen 15%, Dachbeläge 14%, Bodenbeläge 11%, Dachkonstruktionen 9%, Tragende Außenwände 8%, Außentüren und -fenster 5%
Wiederherstellen: Dachbeläge 3%
Sonstige: 20%

Bauwerk - Technische Anlagen
Herstellen: Starkstromanlagen 58%, Lufttechnische Anlagen 16%, Wärmeversorgungsanlagen 14%, Sonstige 12%

Übersicht-
1. + 2. Ebene

Erweiterung

Umbau

Moderni-
sierung

Instand-
setzung

Bau-
elemente

Abbrechen

Wieder-
herstellen

Herstellen

Modernisierungen

Ein- und Zweifamilienhäuser

BRI 245 €/m³	**BGF** 700 €/m²	**NUF** 1.060 €/m²	**NE** 1.300 €/NE
von 145 €/m³	von 410 €/m²	von 640 €/m²	von 820 €/NE
bis 365 €/m³	bis 1.110 €/m²	bis 1.700 €/m²	bis 1.850 €/NE
			NE: Wohnfläche

Objektbeispiele

Kosten:
Stand 2.Quartal 2016
Bundesdurchschnitt
inkl. 19% MwSt.

© Hans-Jörg Peter Architekt
6100-1138

© INEXarchitektur
6100-1187

© Büro Architekten GrundRiss Gerhard Ringler
6100-0825

Kosten der 32 Vergleichsobjekte · Seiten 306 bis 322

- ● KKW
- ▶ min
- ▷ von
- | Mittelwert
- ◁ bis
- ◀ max

BRI
'0 '50 '100 '150 '200 '250 '300 '350 '400 '450 '500 €/m³ BRI

BGF
'0 '200 '400 '600 '800 '1000 '1200 '1400 '1600 '1800 '2000 €/m² BGF

NUF
'0 '250 '500 '750 '1000 '1250 '1500 '1750 '2000 '2250 '2500 €/m² NUF

KG	Kostengruppen der 1. Ebene	Einheit	▷	€/Einheit	◁	▷	% an 300+400	◁
100	Grundstück	m² GF						
200	Herrichten und Erschließen	m² GF	0	**1**	3	0,1	**0,3**	0,5
300	Bauwerk - Baukonstruktionen	m² BGF	344	**541**	862	72,2	**79,1**	88,2
400	Bauwerk - Technische Anlagen	m² BGF	65	**158**	293	11,8	**20,9**	27,8
	Bauwerk (300+400)	m² BGF	406	**699**	1.112		**100,0**	
500	Außenanlagen	m² AF	10	**57**	216	2,1	**6,2**	23,3
600	Ausstattung und Kunstwerke	m² BGF	3	**8**	13	0,4	**0,8**	1,3
700	Baunebenkosten	m² BGF						

KG	Kostengruppen der 2. Ebene	Einheit	▷	€/Einheit	◁	▷	% an 300	◁
310	Baugrube	m³ BGI	48	**117**	271	0,1	**0,8**	3,1
320	Gründung	m² GRF	76	**214**	455	0,5	**3,7**	13,0
330	Außenwände	m² AWF	206	**296**	459	32,2	**46,5**	67,8
340	Innenwände	m² IWF	85	**189**	393	3,2	**10,5**	18,6
350	Decken	m² DEF	95	**167**	323	3,9	**11,7**	20,8
360	Dächer	m² DAF	170	**278**	454	10,1	**22,4**	33,5
370	Baukonstruktive Einbauten	m² BGF	2	**13**	35	0,1	**0,8**	5,2
390	Sonstige Baukonstruktionen	m² BGF	11	**20**	43	1,8	**3,8**	7,3
300	**Bauwerk Baukonstruktionen**	**m² BGF**					**100,0**	

KG	Kostengruppen der 2. Ebene	Einheit	▷	€/Einheit	◁	▷	% an 400	◁
410	Abwasser, Wasser, Gas	m² BGF	15	**39**	82	6,2	**20,7**	34,1
420	Wärmeversorgungsanlagen	m² BGF	35	**78**	128	22,5	**46,6**	73,7
430	Lufttechnische Anlagen	m² BGF	14	**33**	58	1,5	**12,2**	35,7
440	Starkstromanlagen	m² BGF	16	**33**	79	6,0	**17,8**	31,7
450	Fernmeldeanlagen	m² BGF	2	**6**	21	0,3	**2,2**	5,6
460	Förderanlagen	m² BGF	–	**–**	–	–	**–**	–
470	Nutzungsspezifische Anlagen	m² BGF	–	**–**	–	–	**–**	–
480	Gebäudeautomation	m² BGF	–	**32**	–	–	**0,2**	–
490	Sonstige Technische Anlagen	m² BGF	1	**5**	8	0,0	**0,3**	2,8
400	**Bauwerk Technische Anlagen**	**m² BGF**					**100,0**	

Prozentanteile der Kosten der 2.Ebene an den Kosten des Bauwerks nach DIN 276 (Von-, Mittel-, Bis-Werte)

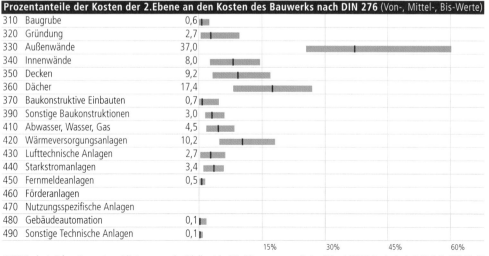

310	Baugrube	0,6
320	Gründung	2,7
330	Außenwände	37,0
340	Innenwände	8,0
350	Decken	9,2
360	Dächer	17,4
370	Baukonstruktive Einbauten	0,7
390	Sonstige Baukonstruktionen	3,0
410	Abwasser, Wasser, Gas	4,5
420	Wärmeversorgungsanlagen	10,2
430	Lufttechnische Anlagen	2,7
440	Starkstromanlagen	3,4
450	Fernmeldeanlagen	0,5
460	Förderanlagen	
470	Nutzungsspezifische Anlagen	
480	Gebäudeautomation	0,1
490	Sonstige Technische Anlagen	0,1

15%   30%   45%   60%

© **BKI** Baukosteninformationszentrum; Erläuterungen zu den Tabellen siehe Seite 26   Kosten: 2.Quartal 2016, Bundesdurchschnitt, **inkl. 19% MwSt.**

Kostenkennwerte für die Kostengruppen der 3.Ebene DIN 276

KG	Kostengruppen der 3. Ebene	Einheit	▷	Ø €/Einheit	◁	▷	Ø €/m² BGF	◁
337	Elementierte Außenwände	m²	505,07	**1.097,95**	2.283,53	11,41	**123,64**	193,63
335	Außenwandbekleidungen außen	m²	64,88	**124,49**	168,81	40,34	**87,24**	146,56
334	Außentüren und -fenster	m²	438,65	**658,76**	1.013,49	55,60	**80,25**	128,40
363	Dachbeläge	m²	105,11	**177,45**	275,95	39,54	**79,15**	154,64
421	Wärmeerzeugungsanlagen	m²	21,79	**55,41**	92,84	21,79	**55,41**	92,84
325	Bodenbeläge	m²	62,52	**130,84**	279,01	11,91	**53,11**	215,34
352	Deckenbeläge	m²	67,18	**127,90**	258,68	13,01	**38,70**	64,62
361	Dachkonstruktionen	m²	51,90	**147,40**	368,10	9,29	**37,79**	111,65
345	Innenwandbekleidungen	m²	26,67	**49,11**	104,38	15,41	**37,23**	67,74
412	Wasseranlagen	m²	19,31	**34,28**	68,52	19,31	**34,28**	68,52
431	Lüftungsanlagen	m²	13,70	**33,74**	58,01	13,70	**33,74**	58,01
481	Automationssysteme	m²	–	**32,31**	–	–	**32,31**	–
444	Niederspannungsinstallationsanl.	m²	15,94	**31,17**	60,79	15,94	**31,17**	60,79
351	Deckenkonstruktionen	m²	99,63	**219,47**	647,19	12,69	**27,40**	66,58
342	Nichttragende Innenwände	m²	91,51	**137,07**	211,38	9,52	**25,45**	46,20
364	Dachbekleidungen	m²	42,36	**67,35**	114,81	9,65	**24,38**	54,37
331	Tragende Außenwände	m²	168,78	**424,69**	1.226,90	8,13	**21,20**	52,64
423	Raumheizflächen	m²	8,83	**18,75**	32,84	8,83	**18,75**	32,84
336	Außenwandbekleidungen innen	m²	27,36	**50,64**	86,97	7,24	**18,41**	33,48
372	Besondere Einbauten	m²	–	**18,19**	–	–	**18,19**	–
353	Deckenbekleidungen	m²	33,30	**69,38**	418,56	8,14	**17,88**	29,38
362	Dachfenster, Dachöffnungen	m²	1.017,79	**1.553,29**	2.166,09	7,99	**17,35**	64,69
344	Innentüren und -fenster	m²	190,34	**394,36**	766,34	6,02	**15,94**	29,95
394	Abbruchmaßnahmen	m²	0,89	**15,45**	40,07	0,89	**15,45**	40,07
324	Unterböden und Bodenplatten	m²	73,68	**133,66**	274,16	7,01	**12,44**	25,01
411	Abwasseranlagen	m²	5,47	**12,17**	31,78	5,47	**12,17**	31,78
339	Außenwände, sonstiges	m²	9,66	**46,61**	461,42	3,55	**11,96**	24,39
338	Sonnenschutz	m²	121,26	**216,31**	389,45	3,88	**11,84**	23,46
422	Wärmeverteilnetze	m²	5,53	**10,98**	17,09	5,53	**10,98**	17,09
371	Allgemeine Einbauten	m²	2,77	**10,89**	37,63	2,77	**10,89**	37,63
392	Gerüste	m²	5,80	**10,10**	16,43	5,80	**10,10**	16,43
456	Gefahrenmelde- und Alarmanlagen	m²	0,66	**9,97**	19,27	0,66	**9,97**	19,27
322	Flachgründungen	m²	53,63	**270,12**	662,73	5,63	**9,77**	20,52
311	Baugrubenherstellung	m³	48,44	**117,67**	255,24	4,10	**8,66**	16,24
429	Wärmeversorgungsanl., sonstiges	m²	3,18	**8,02**	20,34	3,18	**8,02**	20,34
393	Sicherungsmaßnahmen	m²	–	**7,38**	–	–	**7,38**	–
341	Tragende Innenwände	m²	90,27	**187,69**	473,21	2,47	**6,82**	23,31
445	Beleuchtungsanlagen	m²	1,66	**5,59**	24,01	1,66	**5,59**	24,01
332	Nichttragende Außenwände	m²	145,01	**270,88**	517,26	1,47	**5,55**	21,72
327	Dränagen	m²	7,08	**18,30**	26,92	1,68	**5,26**	9,46
391	Baustelleneinrichtung	m²	1,85	**5,20**	12,32	1,85	**5,20**	12,32
359	Decken, sonstiges	m²	3,99	**10,42**	20,36	1,71	**5,02**	9,68
369	Dächer, sonstiges	m²	4,16	**12,36**	58,23	1,98	**4,61**	15,77
326	Bauwerksabdichtungen	m²	13,43	**25,58**	47,93	1,54	**4,57**	12,21
457	Übertragungsnetze	m²	2,38	**4,21**	9,17	2,38	**4,21**	9,17
494	Abbruchmaßnahmen	m²	1,00	**3,99**	9,95	1,00	**3,99**	9,95
419	Abwasser-, Wasser- und Gas-anlagen, sonstiges	m²	2,19	**3,54**	4,77	2,19	**3,54**	4,77
349	Innenwände, sonstiges	m²	–	**14,26**	–	–	**3,48**	–
396	Materialentsorgung	m²	1,07	**3,35**	8,72	1,07	**3,35**	8,72

Kosten:
Stand 2.Quartal 2016
Bundesdurchschnitt
inkl. 19% MwSt.

▷ von
Ø Mittel
◁ bis

© **BKI** Baukosteninformationszentrum; Erläuterungen zu den Tabellen siehe Seite 28   Kosten: 2.Quartal 2016, Bundesdurchschnitt, **inkl. 19% MwSt.**

Kostenkennwerte für Leistungsbereiche nach StLB (Kosten des Bauwerks nach DIN 276)

LB	Leistungsbereiche	▷	€/m² BGF	◁	▷	% an 300+400	◁
000	Sicherheits-, Baustelleneinrichtungen inkl. 001	7	16	27	1,1	2,3	3,9
002	Erdarbeiten	1	6	18	0,2	0,9	2,5
006	Spezialtiefbauarbeiten inkl. 005	–	–	–	–	–	–
009	Entwässerungskanalarbeiten inkl. 011	0	1	6	0,0	0,2	0,8
010	Drän- und Versickerungsarbeiten	0	1	7	0,0	0,1	1,1
012	Mauerarbeiten	5	18	59	0,7	2,6	8,5
013	Betonarbeiten	2	13	48	0,3	1,8	6,8
014	Natur-, Betonwerksteinarbeiten	0	2	12	0,0	0,3	1,8
016	Zimmer- und Holzbauarbeiten	8	33	95	1,1	4,8	13,6
017	Stahlbauarbeiten	0	3	34	0,0	0,4	4,8
018	Abdichtungsarbeiten	0	3	21	0,1	0,5	3,0
020	Dachdeckungsarbeiten	14	50	124	2,0	7,1	17,8
021	Dachabdichtungsarbeiten	1	15	68	0,2	2,1	9,7
022	Klempnerarbeiten	7	17	29	1,0	2,4	4,1
	Rohbau	115	178	284	16,5	25,4	40,6
023	Putz- und Stuckarbeiten, Wärmedämmsysteme	44	95	188	6,3	13,6	26,9
024	Fliesen- und Plattenarbeiten	3	15	38	0,4	2,1	5,5
025	Estricharbeiten	2	8	24	0,2	1,2	3,4
026	Fenster, Außentüren inkl. 029, 032	49	88	136	7,0	12,6	19,5
027	Tischlerarbeiten	3	19	52	0,4	2,8	7,5
028	Parkettarbeiten, Holzpflasterarbeiten	1	17	42	0,1	2,4	6,0
030	Rollladenarbeiten	1	9	29	0,2	1,3	4,2
031	Metallbauarbeiten inkl. 035	2	11	39	0,3	1,6	5,5
034	Maler- und Lackiererarbeiten inkl. 037	10	29	74	1,4	4,2	10,6
036	Bodenbelagarbeiten	0	5	42	0,0	0,8	6,0
038	Vorgehängte hinterlüftete Fassaden	0	5	5	0,0	0,7	0,7
039	Trockenbauarbeiten	9	34	60	1,4	4,9	8,6
	Ausbau	252	336	418	36,1	48,1	59,9
040	Wärmeversorgungsanl. - Betriebseinr. inkl. 041	32	69	116	4,6	9,9	16,7
042	Gas- und Wasserinstallation, Leitungen inkl. 043	3	9	18	0,4	1,4	2,6
044	Abwasserinstallationsarbeiten - Leitungen	1	5	15	0,1	0,7	2,2
045	GWA-Einrichtungsgegenstände inkl. 046	2	13	29	0,3	1,8	4,2
047	Dämmarbeiten an betriebstechnischen Anlagen	0	1	3	0,0	0,2	0,4
049	Feuerlöschanlagen, Feuerlöschgeräte	–	–	–	–	–	–
050	Blitzschutz- und Erdungsanlagen	0	1	2	0,0	0,1	0,3
053	Niederspannungsanlagen inkl. 052, 054	6	22	35	0,8	3,1	5,1
055	Ersatzstromversorgungsanlagen	–	–	–	–	–	–
057	Gebäudesystemtechnik	–	–	–	–	–	–
058	Leuchten und Lampen inkl. 059	0	2	10	0,0	0,3	1,4
060	Elektroakustische Anlagen, Sprechanlagen	0	1	4	0,0	0,1	0,5
061	Kommunikationsnetze, inkl. 062	0	2	7	0,1	0,3	1,0
063	Gefahrenmeldeanlagen	0	0	4	0,0	0,1	0,6
069	Aufzüge	–	–	–	–	–	–
070	Gebäudeautomation	–	0	–	–	0,1	–
075	Raumlufttechnische Anlagen	2	19	43	0,3	2,8	6,1
	Technische Anlagen	91	145	186	13,1	20,7	26,6
084	Abbruch- und Rückbauarbeiten	22	38	61	3,1	5,4	8,7
	Sonstige Leistungsbereiche inkl. 008, 033, 051	0	2	13	0,0	0,3	1,8

Kosten: 2.Quartal 2016, Bundesdurchschnitt, **inkl. 19% MwSt.**

Übersicht 1. + 2. Ebene
Erweiterung
Umbau
Modernisierung
Instandsetzung
Bauelemente
Abbrechen
Wiederherstellen
Herstellen

Ein- und Zweifamilienhäuser

€/m² BGF

min	250	€/m²
von	410	€/m²
Mittel	**700**	**€/m²**
bis	1.110	€/m²
max	2.030	€/m²

Kosten:
Stand 2.Quartal 2016
Bundesdurchschnitt
inkl. 19% MwSt.

6100-0380 Einfamilienhaus mit Schwimmbad
BRI 1.505m³   **BGF** 463m²   **NUF** 336m²

Baujahr: 1972
Bauzustand: mittel
Aufwand: hoch
Nutzung während der Bauzeit: nein
Nutzungsänderung: nein
Grundrissänderungen: einige
Tragwerkseingriffe: keine

Land: Baden-Württemberg
Kreis: Stuttgart
Standard: über Durchschnitt
Bauzeit: 52 Wochen
Kennwerte: bis 3.Ebene DIN276
veröffentlicht: BKI Objektdaten A2

BGF **879 €/m²**

Planung: Werkgemeinschaft archiplan Architekten und Planer; Stuttgart

Modernisierung eines Einfamilienhauses am Hang mit Schwimmbad im Untergeschoss.

Bauwerk - Baukonstruktionen
Herstellen: Dachbeläge 15%, Innenwandbekleidungen 11%, Deckenkonstruktionen 11%, Außenwandbekleidungen außen 9%, Deckenbeläge 7%, Deckenbekleidungen 7%, Dachbekleidungen 5%, Besondere Einbauten 3%
Wiederherstellen: Außenwandbekleidungen außen 8%, Außentüren und -fenster 4%
Sonstige: 20%

Bauwerk - Technische Anlagen
Herstellen: Wasseranlagen 23%, Niederspannungsinstallationsanlagen 21%, Lüftungsanlagen 15%, Raumheizflächen 14%, Sonstige 26%

6100-0444 Einfamilienhaus
BRI 1.348m³   **BGF** 511m²   **NUF** 306m²

Baujahr: 1936
Bauzustand: mittel
Aufwand: mittel
Nutzung während der Bauzeit: nein
Nutzungsänderung: nein
Grundrissänderungen: einige
Tragwerkseingriffe: keine

Land: Bayern
Kreis: Würzburg
Standard: über Durchschnitt
Bauzeit: 21 Wochen
Kennwerte: bis 3.Ebene DIN276
veröffentlicht: BKI Objektdaten A3

BGF **432 €/m²**

Planung: Wolfgang Greb Architekt VDA; Würzburg

Modernisierung eines Zweifamilienhauses von 1936 und Umbau zum Einfamilienhauses mit Rückbaumöglichkeit. **Kosteneinfluss Grundstück:** Extrem bewachsen und verwildert.

Bauwerk - Baukonstruktionen
Außentüren und -fenster 15%, Deckenbeläge 13%, Innenwandbekleidungen 10%, Dachbeläge 9%, Deckenbekleidungen 8%, Nichttragende Innenwände 7%, Außenwandbekleidungen außen 5%, Abbruchmaßnahmen 5%, Dachbekleidungen 4%, Sonstige 23%

Bauwerk - Technische Anlagen
Wasseranlagen 24%, Niederspannungsinstallationsanlagen 24%, Raumheizflächen 12%, Wärmeverteilnetze 12%, Sonstige 29%

© **BKI** Baukosteninformationszentrum; Erläuterungen zu den Tabellen siehe Seite 32   Kosten: 2.Quartal 2016, Bundesdurchschnitt, inkl. **19% MwSt.**

6100-0469 Einfamilienhaus   BRI 1.095m³   BGF 356m²   NUF 249m²

Baujahr: 1955
Bauzustand: mittel
Aufwand: mittel
Nutzung während der Bauzeit: nein
Nutzungsänderung: nein
Grundrissänderungen: umfangreiche
Tragwerkseingriffe: einige

Land: Bayern
Kreis: Starnberg
Standard: Durchschnitt
Bauzeit: 21 Wochen
Kennwerte: bis 3.Ebene DIN276
veröffentlicht: BKI Objektdaten A5

BGF   **794 €/m²**

Planung: Architekturbüro Burkard Reineking; Gauting

Modernisierung und Erweiterung eines Einfamilienhauses. **Kosteneinfluss Grundstück:** Torf als Untergrund der Bodenplatte der Erweiterung.

Bauwerk - Baukonstruktionen
Abbrechen: Dachbeläge 5%
Herstellen: Außenwandbekleidungen außen 12%, Dachbeläge 11%, Außentüren und -fenster 10%, Tragende Außenwände 9%, Dachkonstruktionen 7%, Deckenbeläge 7%, Außenwandbekleidungen innen 6%, Nichttragende Innenwände 5%, Bodenbeläge 5%
Sonstige: 23%

Bauwerk - Technische Anlagen
Herstellen: Niederspannungsinstallationsanlagen 46%, Wasseranlagen 20%, Abwasseranlagen 16%, Sonstige 18%

6100-0471 Reihenendhaus   BRI 856m³   BGF 317m²   NUF 211m²

Baujahr: 1972
Bauzustand: mittel
Aufwand: mittel
Nutzung während der Bauzeit: nein
Nutzungsänderung: nein
Grundrissänderungen: wenige
Tragwerkseingriffe: wenige

Land: Nordrhein-Westfalen
Kreis: Bonn
Standard: Durchschnitt
Bauzeit: 8 Wochen
Kennwerte: bis 4.Ebene DIN276
veröffentlicht: BKI Objektdaten E2

BGF   **372 €/m²**

Planung: Kopner Architekten; Bergisch Gladbach

Modernisierung und Instandsetzung eines Reihenendhauses von 1972 (181m² WFL). **Kosteneinfluss Grundstück:** Reihenendhaus in einer Reihe von vier Häusern.

Bauwerk - Baukonstruktionen
Herstellen: Außentüren und -fenster 27%, Außenwandbekleidungen außen 18%, Deckenbeläge 15%, Außenwände, sonstiges 10%, Innenwandbekleidungen 4%
Wiederherstellen: Innenwandbekleidungen 4%
Sonstige: 22%

Bauwerk - Technische Anlagen
Herstellen: Niederspannungsinstallationsanlagen 24%, Wasseranlagen 23%, Raumheizflächen 12%
Wiederherstellen: Niederspannungsinstallationsanlagen 15%
Sonstige: 26%

Übersicht
1.+ 2.Ebene

Erweiterung

Umbau

Modernisierung

Instandsetzung

Bauelemente

Abbrechen

Wiederherstellen

Herstellen

€/m² BGF

min	250	€/m²
von	410	€/m²
Mittel	**700**	**€/m²**
bis	1.110	€/m²
max	2.030	€/m²

Kosten:
Stand 2.Quartal 2016
Bundesdurchschnitt
inkl. 19% MwSt.

Objektübersicht zur Gebäudeart

6100-0493 Einfamilienhaus* BRI 1.293m³ BGF 422m² NUF 286m²

Bauzustand: schlecht
Aufwand: hoch
Nutzung während der Bauzeit: nein
Nutzungsänderung: nein
Grundrissänderungen: einige
Tragwerkseingriffe: einige

Land: Österreich
Kreis: Salzburg
Standard: über Durchschnitt
Bauzeit: 34 Wochen
Kennwerte: bis 3.Ebene DIN276
veröffentlicht: BKI Objektdaten A5

BGF **686 €/m²**

* Nicht in der Auswertung enthalten

Planung: Planungsgruppe 5.4.3 Architekten & Ingenieure GbR; Freilassing

Modernisierung und Instandsetzung eines Einfamilienhauses mit Büro und Werkstatt, u.a. Wärmedämmung und Pelletheizung.
Kosteneinfluss Nutzung: Die Baumaßnahme wurde durch die Stadt Salzburg gefördert.

Bauwerk - Baukonstruktionen
Abbrechen: Tragende Außenwände 4%
Herstellen: Außenwandbekleidungen außen 17%, Dachkonstruktionen 15%, Deckenbeläge 12%, Außentüren und -fenster 8%, Innenwandbekleidungen 6%, Dachbeläge 5%, Außenwände, sonstiges 4%, Baustelleneinrichtung 4%, Tragende Außenwände 4%
Sonstige: 22%

Bauwerk - Technische Anlagen
Herstellen: Wärmeerzeugungsanlagen 31%, Wasseranlagen 17%, Niederspannungsinstallationsanlagen 16%, Raumheizflächen 14%, Sonstige 21%

6100-0544 Einfamilienhaus BRI 483m³ BGF 172m² NUF 114m²

Bauzustand: mittel
Aufwand: mittel
Grundrissänderungen: einige
Tragwerkseingriffe: einige

Land: Hessen
Kreis: Darmstadt
Standard: Durchschnitt
Bauzeit: 21 Wochen
Kennwerte: bis 3.Ebene DIN276
veröffentlicht: BKI Objektdaten A5

BGF **822 €/m²**

Planung: Architekturbüro Martin Cornelius; Wiesbaden

Modernisierung und Umbau eines Einfamilienhauses, unterkellert, mit Dämmmaßnahmen und Erweiterung um 2 Zimmer.

Bauwerk - Baukonstruktionen
Abbrechen: Dachkonstruktionen 5%
Herstellen: Außenwandbekleidungen außen 12%, Innenwandbekleidungen 11%, Dachkonstruktionen 9%, Tragende Außenwände 9%, Außentüren und -fenster 7%, Tragende Innenwände 6%, Dachbeläge 6%, Außenwandbekleidungen innen 5%, Deckenkonstruktionen 4%, Nichttragende Innenwände 3%
Sonstige: 23%

Bauwerk - Technische Anlagen
Herstellen: Wärmeerzeugungsanlagen 37%, Raumheizflächen 23%, Wasseranlagen 17%, Sonstige 23%

   Kosten: 2.Quartal 2016, Bundesdurchschnitt, inkl. **19% MwSt.**

6100-0585 Einfamilienhaus mit ELW   BRI 1.027m³   BGF 377m²   NUF 226m²

Baujahr: 1930
Bauzustand: mittel
Aufwand: mittel
Nutzung während der Bauzeit: nein
Nutzungsänderung: nein
Grundrissänderungen: wenige
Tragwerkseingriffe: keine

Land: Sachsen-Anhalt
Kreis: Halle (Saale)
Standard: über Durchschnitt
Bauzeit: 34 Wochen
Kennwerte: bis 3.Ebene DIN276
veröffentlicht: BKI Objektdaten A5
BGF   **779 €/m²**

Planung: Johann-Christian Fromme Freier Architekt; Halle

Ökologische Modernisierung eines freistehenden Einfamilienhauses mit Einliegerwohnung, Baujahr 1930. **Kosteneinfluss Grundstück:** Hoher Grundwasserstand.

Bauwerk - Baukonstruktionen
Herstellen: Außentüren und -fenster 15%, Außenwandbekleidungen außen 15%, Dachbeläge 9%, Innenwandbekleidungen 8%, Innentüren und -fenster 5%, Außenwandbekleidungen innen 4%, Deckenbekleidungen 4%, Dachkonstruktionen 3%, Nichttragende Innenwände 3%, Deckenkonstruktionen 3%
Wiederherstellen: Deckenbeläge 7%
Sonstige: 21%

Bauwerk - Technische Anlagen
Herstellen: Wärmeerzeugungsanlagen 35%, Wasseranlagen 23%, Niederspannungsinstallationsanlagen 9%, Lüftungsanlagen 8%, Sonstige 24%

6100-0596 Einfamilienhaus   BRI 1.200m³   BGF 344m²   NUF 244m²

Baujahr: 1955
Bauzustand: mittel
Aufwand: mittel
Nutzung während der Bauzeit: nein
Nutzungsänderung: ja
Grundrissänderungen: einige
Tragwerkseingriffe: wenige

Land: Baden-Württemberg
Kreis: Ortenau, Offenburg
Standard: Durchschnitt
Bauzeit: 56 Wochen
Kennwerte: bis 3.Ebene DIN276
veröffentlicht: BKI Objektdaten A5
BGF   **512 €/m²**

Planung: Freier Architekt Rainer Roth; Offenburg

Bei dem Gebäude handelt es sich um das ehemalige Dorfhaus der Gemeinde Ortenberg, das zur Unterbringung der Lehrer der Dorfschule genutzt wurde. Im Zuge der Modernisierung wurde die gesamte Haustechnik erneuert. Anbau einer großen dreigeschossigen Balkonanlage und einer Doppelgarage.

Bauwerk - Baukonstruktionen
Abbrechen: Dachkonstruktionen 2%
Herstellen: Dachbeläge 16%, Dachkonstruktionen 15%, Außentüren und -fenster 15%, Tragende Außenwände 11%, Dachbekleidungen 3%, Außenwandbekleidungen innen 3%, Deckenkonstruktionen 3%, Decken, sonstiges 3%, Deckenbeläge 3%, Innentüren und -fenster 2%
Wiederherstellen: Außenwandbekleidungen außen 4%
Sonstige: 21%

Bauwerk - Technische Anlagen
Herstellen: Raumheizflächen 32%, Niederspannungsinstallationsanlagen 28%, Wärmeverteilnetze 16%, Sonstige 25%

Übersicht 1 + 2.Ebene
Erweiterung
Umbau
Modernisierung
Instandsetzung
Bauelemente
Abbrechen
Wiederherstellen
Herstellen

Ein- und Zweifamilienhäuser

€/m² BGF

min	250	€/m²
von	410	€/m²
Mittel	**700**	**€/m²**
bis	1.110	€/m²
max	2.030	€/m²

Kosten:
Stand 2.Quartal 2016
Bundesdurchschnitt
inkl. 19% MwSt.

6100-0609 Einfamilienhaus   BRI 767m³   BGF 314m²   NUF 196m²

Baujahr: 1910
Bauzustand: mittel
Aufwand: mittel
Nutzung während der Bauzeit: ja
Nutzungsänderung: nein
Grundrissänderungen: wenige
Tragwerkseingriffe: wenige

Land: Hessen
Kreis: Offenbach a. Main
Standard: Durchschnitt
Bauzeit: 17 Wochen
Kennwerte: bis 4.Ebene DIN276
veröffentlicht: BKI Objektdaten A5

BGF   **464 €/m²**

Planung: Dipl.-Ing. Architektin Gabriele zur Megede; Langen

Modernisierung eines freistehenden Einfamilienhauses aus 1910 zu einem Niedrigenergiehaus mit WDVS, Dachdämmung, Solaranlage, Lüftung mit Wärmerückgewinnung u.a..

Bauwerk - Baukonstruktionen
Herstellen: Dachbeläge 23%, Dachfenster, Dachöffnungen 18%, Außentüren und -fenster 13%, Außenwandbekleidungen außen 9%, Dachbekleidungen 8%, Deckenbekleidungen 5%, Sonstige 24%

Bauwerk - Technische Anlagen
Herstellen: Wärmeerzeugungsanlagen 40%, Lüftungsanlagen 27%, Niederspannungsinstallationsanlagen 12%, Sonstige 22%

6100-0611 Einfamilienhaus   BRI 731m³   BGF 299m²   NUF 212m²

Baujahr: 1959
Bauzustand: mittel
Aufwand: mittel
Nutzung während der Bauzeit: ja
Nutzungsänderung: nein

Land: Hessen
Kreis: Offenbach a. Main
Standard: Durchschnitt
Bauzeit: 8 Wochen
Kennwerte: bis 3.Ebene DIN276
veröffentlicht: BKI Objektdaten A5

BGF   **305 €/m²**

Planung: Dipl.-Ing. Architektin Gabriele zur Megede; Langen

Modernisierung eines freistehenden Einfamilienhauses aus 1959 zum Niedrigenergiehaus.

Bauwerk - Baukonstruktionen
Herstellen: Außenwandbekleidungen außen 39%, Außentüren und -fenster 21%, Deckenbekleidungen 14%, Sonstige 27%

Bauwerk - Technische Anlagen
Herstellen: Abwasseranlagen 100%

6100-0648 Zweifamilienhaus | BRI 576m³ | BGF 230m² | NUF 167m²

© Hanns-Peter Benl edp ingenieure

Land: Bayern
Kreis: München
Standard: Durchschnitt
Bauzeit: 21 Wochen
Kennwerte: bis 3.Ebene DIN276
veröffentlicht: BKI Objektdaten A6
BGF **749 €/m²**

Planung: Dipl.-Ing. (FH) Hanns-Peter Benl edp ingenieure; Neuötting

Das Haus aus den 60er Jahren wurde vom Keller bis zum Obergeschoss komplett modernisiert. Es wurde ein Wintergarten eingebaut. **Kosteneinfluss Nutzung:** Die Wohnung im DG war während der Bauzeit bewohnt und wurde nicht in die Modernisierung einbezogen.

Bauwerk - Baukonstruktionen
Herstellen: Elementierte Außenwände 25%, Deckenbeläge 14%, Innenwandbekleidungen 9%, Innentüren und -fenster 5%, Nichttragende Innenwände 5%, Außentüren und -fenster 4%, Außenwandbekleidungen innen 3%, Bodenbeläge 3%, Dachbeläge 2%, Deckenbekleidungen 2%
Wiederherstellen: Innentüren und -fenster 3%, Deckenbeläge 3%
Sonstige: 22%

Bauwerk - Technische Anlagen
Herstellen: Wasseranlagen 35%, Niederspannungsinstallationsanlagen 18%, Raumheizflächen 16%, Sonstige 31%

6100-0770 Einfamilienhaus | BRI 678m³ | BGF 240m² | NUF 145m²

© Architekt Bruno Maurer

Baujahr: 1959
Bauzustand: mittel
Aufwand: mittel
Nutzung während der Bauzeit: ja
Nutzungsänderung: nein
Grundrissänderungen: wenige
Tragwerkseingriffe: keine

Land: Baden-Württemberg
Kreis: Biberach/Riß
Standard: Durchschnitt
Bauzeit: 108 Wochen
Kennwerte: bis 3.Ebene DIN276
veröffentlicht: BKI Objektdaten A7
BGF **949 €/m²**

Planung: Bruno Maurer; Uttenweiler

Tieferlegung des Kellers, um die für die Wohnnutzung notwendige lichte Höhe zu erhalten. Besondere Fassadenausführung um die maximale Strahlungsausbeute zu erhalten. **Kosteneinfluss Nutzung:** Aufbringung einer Außendämmung als vorgehängte hinterlüftete Fassade, die über eine transparente Hülle Strahlungswärme gewinnt.

Bauwerk - Baukonstruktionen
Abbrechen: Unterböden und Bodenplatten 2%
Herstellen: Außenwandbekleidungen außen 31%, Dachbeläge 16%, Außentüren und -fenster 11%, Nichttragende Innenwände 6%, Außenwände, sonstiges 5%, Außenwandbekleidungen innen 4%, Innenwandbekleidungen 4%
Sonstige: 22%

Bauwerk - Technische Anlagen
Herstellen: Lüftungsanlagen 32%, Abwasseranlagen 14%, Wärmeerzeugungsanlagen 13%, Niederspannungsinstallationsanlagen 12%, Sonstige 29%

Übersicht 1.+ 2.Ebene
Erweiterung
Umbau
Modernisierung
Instandsetzung
Bauelemente
Abbrechen
Wiederherstellen
Herstellen

€/m² BGF

min	250	€/m²
von	410	€/m²
Mittel	**700**	**€/m²**
bis	1.110	€/m²
max	2.030	€/m²

Kosten:
Stand 2.Quartal 2016
Bundesdurchschnitt
inkl. 19% MwSt.

6100-0793 Einfamilienhaus | BRI 897m³ BGF 371m² NUF 219m²

© Architekturbüro Gudrun Langmack

Baujahr: 1958
Bauzustand: schlecht
Aufwand: mittel
Nutzung während der Bauzeit: nein
Nutzungsänderung: nein
Grundrissänderungen: einige
Tragwerkseingriffe: einige

Land: Nordrhein-Westfalen
Kreis: Rhein-Sieg
Standard: über Durchschnitt
Bauzeit: 13 Wochen
Kennwerte: bis 3.Ebene DIN276
veröffentlicht: BKI Objektdaten A7
BGF **519 €/m²**

Planung: Architekturbüro Gudrun Langmack; Erftstadt

Energetische Modernisierung eines Einfamilienhauses, Baujahr 1958. Das Dach wurde zur Wohnraumerweiterung angehoben.

Bauwerk - Baukonstruktionen
Herstellen: Außentüren und -fenster 39%, Außenwand-
bekleidungen außen 21%, Dachbeläge 14%, Sonstige 26%

Bauwerk - Technische Anlagen
Herstellen: Wärmeerzeugungsanlagen 80%, Wasser-
anlagen 17%, Abwasseranlagen 1%, Sonstige 1%

6100-0798 Einfamilienhaus | BRI 778m³ BGF 289m² NUF 219m²

© Baumann Architektur

Baujahr: 1929
Bauzustand: mittel
Aufwand: hoch
Nutzung während der Bauzeit: nein
Nutzungsänderung: nein
Grundrissänderungen: wenige
Tragwerkseingriffe: wenige

Land: Nordrhein-Westfalen
Kreis: Köln
Standard: Durchschnitt
Bauzeit: 52 Wochen
Kennwerte: bis 3.Ebene DIN276
veröffentlicht: BKI Objektdaten A8
BGF **760 €/m²**

Planung: Baumann Architektur; Köln

Modernisierung und energetische Sanierung eines 3-geschossigen Einfamilienhauses.

Bauwerk - Baukonstruktionen
Abbrechen: Abbruchmaßnahmen 4%
Herstellen: Außenwandbekleidungen außen 15%, Außen-
türen und -fenster 13%, Dachbeläge 9%, Außenwände,
sonstiges 5%, Dachbekleidungen 5%, Innenwandbekleidun-
gen 5%, Deckenbeläge 4%, Innentüren und -fenster 4%,
Dächer, sonstiges 4%
Wiederherstellen: Deckenbeläge 8%
Sonstige: 23%

Bauwerk - Technische Anlagen
Herstellen: Wärmeerzeugungsanlagen 29%, Abwasser-
anlagen 22%, Lüftungsanlagen 19%, Sonstige 29%

6100-0825 Zweifamilienhaus **BRI** 1.210m³ **BGF** 275m² **NUF** 182m²

© Büro Architekten GrundRiss Gerhard Ringler

Baujahr: 1952
Bauzustand: gut
Aufwand: mittel
Nutzung während der Bauzeit: ja
Nutzungsänderung: nein
Grundrissänderungen: wenige
Tragwerkseingriffe: wenige

Land: Bayern
Kreis: Landsberg a. Lech
Standard: Durchschnitt
Bauzeit: 30 Wochen
Kennwerte: bis 3.Ebene DIN276
veröffentlicht: BKI Objektdaten A8

BGF **445 €/m²**

Planung: Büro Architekten GrundRiss, Gerhard Ringler, Dipl.-Ing. Univ.; Landsberg

Das Zweifamilienhaus von Baujahr 1956, mit einem Anbau im Jahr 1966, wurde energetisch nach KfW-Förderprogramm 152 saniert.

Bauwerk - Baukonstruktionen
Abbrechen: Außentüren und -fenster 2%
Herstellen: Außentüren und -fenster 31%, Außenwand-bekleidungen außen 10%, Deckenbeläge 8%, Innenwand-bekleidungen 7%, Deckenkonstruktionen 4%, Außenwände, sonstiges 4%, Gerüste 3%, Bodenbeläge 2%
Wiederherstellen: Außenwandbekleidungen innen 4%, Innenwandbekleidungen 3%
Sonstige: 21%

Bauwerk - Technische Anlagen
Herstellen: Wasseranlagen 40%, Beleuchtungsanlagen 25%, Raumheizflächen 17%, Sonstige 18%

6100-0844 Einfamilienhaus **BRI** 784m³ **BGF** 279m² **NUF** 194m²

© Eichinger + Schöchlin Freie Architekten BDA

Baujahr: 1926
Bauzustand: mittel
Aufwand: mittel
Nutzung während der Bauzeit: ja
Nutzungsänderung: nein
Grundrissänderungen: wenige
Tragwerkseingriffe: wenige

Land: Baden-Württemberg
Kreis: Rhein-Neckar
Standard: Durchschnitt
Bauzeit: 30 Wochen
Kennwerte: bis 3.Ebene DIN276
veröffentlicht: BKI Objektdaten E4

BGF **863 €/m²**

Planung: Eichinger + Schöchlin Freie Architekten BDA; Waghäusel

Das Haus aus dem 19. Jhd. wurde in den letzten 120 Jahren mehrfach umgebaut. Zuletzt erhielt das Gebäude 1960 ein bewohntes Obergeschoss. 2010 wurde das Gebäude umfassend energetisch saniert. Auszeichnung Beispielhaftes Bauen 2010.

Bauwerk - Baukonstruktionen
Herstellen: Außentüren und -fenster 14%, Außenwandbe-kleidungen außen 13%, Dachbeläge 9%, Deckenbeläge 9%, Deckenkonstruktionen 6%, Nichttragende Innenwände 6%, Dachbekleidungen 5%, Sonnenschutz 4%, Tragende Außen-wände 3%, Innenwandbekleidungen 3%, Innentüren und -fenster 3%, Außenwände, sonstiges 3%, Sonstige 21%

Bauwerk - Technische Anlagen
Herstellen: Niederspannungsinstallationsanlagen 20%, Wasseranlagen 19%, Wärmeerzeugungsanlagen 13%, Wärmeversorgungsanlagen, sonstiges 13%, Raumheiz-flächen 11%, Sonstige 23%

Kosten: 2.Quartal 2016, Bundesdurchschnitt, inkl. **19% MwSt.**

Übersicht 1.+2.Ebene
Erweiterung
Umbau
Moderni-sierung
Instand-setzung
Bau-elemente
Abbrechen
Wieder-herstellen
Herstellen

€/m² BGF

min	250	€/m²
von	410	€/m²
Mittel	**700**	**€/m²**
bis	1.110	€/m²
max	2.030	€/m²

Kosten:
Stand 2.Quartal 2016
Bundesdurchschnitt
inkl. 19% MwSt.

Objektübersicht zur Gebäudeart

6100-0851 Einfamilienhaus   BRI 710m³   BGF 262m²   NUF 171m²

© Planungsbüro Hanns-Peter Benl

Baujahr: 1902
Bauzustand: mittel
Aufwand: hoch
Nutzung während der Bauzeit: ja
Nutzungsänderung: nein
Grundrissänderungen: keine
Tragwerkseingriffe: keine

Land: Bayern
Kreis: München
Standard: Durchschnitt
Bauzeit: 26 Wochen
Kennwerte: bis 3.Ebene DIN276
veröffentlicht: BKI Objektdaten A8

BGF   **316 €/m²**

Planung: Planungsbüro Dipl.-Ing. (FH) Hanns-Peter Benl; Neuötting

Restaurierung und Modernisierung eines denkmalgeschützten Wohnhauses, Baujahr 1902. **Kosteneinfluss Nutzung:** Fassadenrestaurierung nach Befunduntersuchungen eines Restaurators mit Genehmigung durch die Untere Denkmalschutzbehörde.

Bauwerk - Baukonstruktionen
Herstellen: Deckenbeläge 16%, Allgemeine Einbauten 11%, Gerüste 6%, Deckenbekleidungen 5%, Innenwandbekleidungen 4%
Wiederherstellen: Außentüren und -fenster 22%, Außenwände, sonstiges 5%, Deckenbekleidungen 5%, Außenwandbekleidungen außen 5%
Sonstige: 21%

Bauwerk - Technische Anlagen
Herstellen: Wasseranlagen 54%, Niederspannungsinstallationsanlagen 38%, Starkstromanlagen, sonst. 5%, Sonstige 2%

6100-0897 Einfamilienhaus   BRI 610m³   BGF 233m²   NUF 177m²

© Marc Gerlitzki mageso Energieberatung

Baujahr: 1972
Bauzustand: mittel
Aufwand: mittel
Nutzung während der Bauzeit: ja
Nutzungsänderung: nein
Grundrissänderungen: wenige
Tragwerkseingriffe: wenige

Land: Nordrhein-Westfalen
Kreis: Kleve
Standard: Durchschnitt
Bauzeit: 17 Wochen
Kennwerte: bis 3.Ebene DIN276
veröffentlicht: BKI Objektdaten A9

BGF   **332 €/m²**

Planung: Marc Gerlitzki mageso Energieberatung; Sonsbeck

Modernisierung eines Einfamilienhauses

Bauwerk - Baukonstruktionen
Herstellen: Außenwandbekleidungen außen 47%, Außentüren und -fenster 20%, Dachbeläge 18%, Sonstige 15%

Bauwerk - Technische Anlagen
Abbrechen: Wärmeerzeugungsanlagen 8%
Herstellen: Wärmeerzeugungsanlagen 92%

6100-0901 Doppelhaushälfte BRI 699m³ BGF 299m² NUF 193m²

Baujahr: 1956
Bauzustand: mittel
Aufwand: mittel
Nutzung während der Bauzeit: nein
Nutzungsänderung: nein
Grundrissänderungen: einige
Tragwerkseingriffe: wenige

Land: Bayern
Kreis: Regensburg
Standard: Durchschnitt
Bauzeit: 39 Wochen
Kennwerte: bis 3.Ebene DIN276
veröffentlicht: BKI Objektdaten A9

BGF   868 €/m²

Planung: Löser-Schwarzott Energie.Bewusste.Architektur; Regenstauf

Doppelhaushälfte

Bauwerk - Baukonstruktionen
Abbrechen: Außenwandbekleidungen außen 4%, Nicht-tragende Innenwände 3%
Herstellen: Außentüren und -fenster 21%, Außenwand-bekleidungen außen 11%, Dachbeläge 10%, Innenwand-bekleidungen 9%, Deckenbeläge 6%, Dachbekleidungen 6%, Nichttragende Innenwände 5%, Außenwandbekleidun-gen innen 4%
Sonstige: 21%

Bauwerk - Technische Anlagen
Herstellen: Wärmeerzeugungsanlagen 32%, Nieder-spannungsinstallationsanlagen 19%, Wasseranlagen 17%, Raumheizflächen 8%, Sonstige 24%

6100-0915 Einfamilienhaus - Effizienzhaus 70 BRI 644m³ BGF 170m² NUF 111m²

Baujahr: 1974
Bauzustand: schlecht
Aufwand: hoch
Nutzung während der Bauzeit: nein
Nutzungsänderung: nein
Grundrissänderungen: wenige
Tragwerkseingriffe: keine

Land: Nordrhein-Westfalen
Kreis: Münster
Standard: Durchschnitt
Bauzeit: 21 Wochen
Kennwerte: bis 3.Ebene DIN276
veröffentlicht: BKI Objektdaten E5

BGF   1.298 €/m²

Planung: planungsbüro bau.RAUM Petra L. Müller; Münster

Modernisierung und teilweiser Umbau eines Einfamilienbungalows (110m² WFL). Die Formensprache der siebziger Jahre wurde erhalten.

Bauwerk - Baukonstruktionen
Herstellen: Außenwandbekleidungen außen 24%, Außen-türen und -fenster 17%, Dachbeläge 15%, Bodenbeläge 13%, Dachbekleidungen 8%, Sonstige 23%

Bauwerk - Technische Anlagen
Herstellen: Wärmeerzeugungsanlagen 34%, Wasser-anlagen 24%, Niederspannungsinstallationsanlagen 14%, Sonstige 27%

Kosten: 2.Quartal 2016, Bundesdurchschnitt, inkl. **19% MwSt.**

Übersicht 1.+ 2.Ebene
Erweiterung
Umbau
Moderni-sierung
Instand-setzung
Bau-elemente
Abbrechen
Wieder-herstellen
Herstellen

€/m² BGF

min	250	€/m²
von	410	€/m²
Mittel	**700**	€/m²
bis	1.110	€/m²
max	2.030	€/m²

Kosten:
Stand 2.Quartal 2016
Bundesdurchschnitt
inkl. 19% MwSt.

Objektübersicht zur Gebäudeart

6100-0939 Reihenendhaus - Effizienzhaus 115*　　　BRI 666m³　　BGF 240m²　　NUF 149m²

Baujahr: 1971
Bauzustand: gut
Aufwand: mittel
Nutzung während der Bauzeit: ja
Nutzungsänderung: nein
Grundrissänderungen: keine
Tragwerkseingriffe: keine

Land: Nordrhein-Westfalen
Kreis: Münster
Standard: Durchschnitt
Bauzeit: 13 Wochen
Kennwerte: bis 3.Ebene DIN276
veröffentlicht: BKI Objektdaten E5

BGF **220 €/m²**

* Nicht in der Auswertung enthalten

Planung: planungsbüro bau.RAUM Petra L. Müller; Münster

Wärmeschutzsanierung eines Reihenendhauses mit WDVS, Flachdachsanierung und Dachbegrünung

Bauwerk - Baukonstruktionen
Herstellen: Dachbeläge 45%, Außenwandbekleidungen außen 32%, Außentüren und -fenster 11%, Sonstige 11%

Bauwerk - Technische Anlagen
Herstellen: Wärmeerzeugungsanlagen 90%, Wärmeversorgungsanlagen, sonstiges 4%
Wiederherstellen: Raumheizflächen 4%
Sonstige: 2%

6100-0951 Stadthaus (1 WE)　　　BRI 473m³　　BGF 181m²　　NUF 91m²

Bauzustand: schlecht
Aufwand: hoch
Nutzung während der Bauzeit: nein
Nutzungsänderung: nein
Grundrissänderungen: umfangreiche
Tragwerkseingriffe: einige

Land: Sachsen
Kreis: Zwickau
Standard: Durchschnitt
Bauzeit: 43 Wochen
Kennwerte: bis 3.Ebene DIN276
veröffentlicht: BKI Objektdaten A8

BGF **1.174 €/m²**

Planung: ahoch4 Architekten Ingenieure Designer; Zwickau

Das Gebäude wurde umgebaut, es wird als Ferienhaus genutzt. Die Straßenseite steht unter Denkmalschutz.

Bauwerk - Baukonstruktionen
Herstellen: Dachkonstruktionen 19%, Deckenbeläge 8%, Dachbeläge 8%, Deckenkonstruktionen 7%, Allgemeine Einbauten 5%, Innenwandbekleidungen 5%, Tragende Außenwände 4%, Außentüren und -fenster 4%, Nicht-tragende Innenwände 4%, Außenwandbekleidungen außen 4%, Außenwandbekleidungen innen 3%, Deckenbekleidungen 3%, Dachbekleidungen 3%, Sonstige 22%

Bauwerk - Technische Anlagen
Herstellen: Niederspannungsinstallationsanlagen 24%, Wärmeerzeugungsanlagen 17%, Wasseranlagen 15%, Wärmeverteilnetze 13%, Abwasseranlagen 8%, Sonstige 23%

6100-0974 Doppelhaushälfte   BRI 1.024m³   BGF 333m²   NUF 237m²

Baujahr: 1932
Bauzustand: mittel
Aufwand: hoch
Nutzung während der Bauzeit: nein
Nutzungsänderung: nein
Grundrissänderungen: wenige
Tragwerkseingriffe: wenige

Land: Berlin
Kreis: Berlin
Standard: über Durchschnitt
Bauzeit: 34 Wochen
Kennwerte: bis 3.Ebene DIN276
veröffentlicht: BKI Objektdaten A8
BGF   **956 €/m²**

Planung: Jirka + Nadansky Architekten; Borgsdorf

Energetische Modernisierung einer Doppelhaushälfte (211m² WFL)

Bauwerk - Baukonstruktionen
Herstellen: Außenwandbekleidungen außen 24%, Außentüren und -fenster 19%, Dachbekleidungen 12%, Dachbeläge 6%, Dachkonstruktionen 6%, Nichttragende Innenwände 4%, Deckenbeläge 3%, Deckenkonstruktionen 3%, Baugrubenherstellung 3%, Sonstige 22%

Bauwerk - Technische Anlagen
Herstellen: Wärmeerzeugungsanlagen 33%, Lüftungsanlagen 15%, Raumheizflächen 12%, Wärmeversorgungsanlagen, sonstiges 9%, Niederspannungsinstallationsanlagen 7%, Sonstige 24%

6100-0983 Doppelhaushälfte, energ. Modern.   BRI 797m³   BGF 275m²   NUF 202m²

Baujahr: 1972
Bauzustand: mittel
Aufwand: mittel
Nutzung während der Bauzeit: ja
Nutzungsänderung: nein
Grundrissänderungen: keine
Tragwerkseingriffe: keine

Land: Bayern
Kreis: Altötting
Standard: Durchschnitt
Bauzeit: 13 Wochen
Kennwerte: bis 3.Ebene DIN276
veröffentlicht: BKI Objektdaten A8
BGF   **259 €/m²**

Planung: Planungsbüro Dipl.-Ing. (FH) Hanns-Peter Benl; Neuötting

Energetische Modernisierung und Renovierung einer Doppelhaushälfte

Bauwerk - Baukonstruktionen
Herstellen: Außenwandbekleidungen außen 47%, Außentüren und -fenster 19%, Deckenbeläge 7%, Außenwände, sonstiges 5%, Sonstige 22%

Bauwerk - Technische Anlagen
Herstellen: Lüftungsanlagen 80%, Niederspannungsinstallationsanlagen 10%
Wiederherstellen: Niederspannungsinstallationsanlagen 5%
Sonstige: 5%

    Kosten: 2.Quartal 2016, Bundesdurchschnitt, inkl. **19% MwSt.**

Übersicht 1.+.2.Ebene
Erweiterung
Umbau
Modernisierung
Instandsetzung
Bauelemente
Abbrechen
Wiederherstellen
Herstellen

€/m² BGF

min	250 €/m²
von	410 €/m²
Mittel	**700 €/m²**
bis	1.110 €/m²
max	2.030 €/m²

Kosten:
Stand 2.Quartal 2016
Bundesdurchschnitt
inkl. 19% MwSt.

Objektübersicht zur Gebäudeart

6100-1035 Reihenmittelhaus - Effizienzhaus 115 — **BRI** 708m³ — **BGF** 283m² — **NUF** 186m²

Baujahr: 1963
Bauzustand: gut
Aufwand: mittel
Nutzung während der Bauzeit: ja
Nutzungsänderung: nein
Grundrissänderungen: wenige
Tragwerkseingriffe: keine

Land: Rheinland-Pfalz
Kreis: Mainz
Standard: über Durchschnitt
Bauzeit: 8 Wochen
Kennwerte: bis 3.Ebene DIN276
veröffentlicht: BKI Objektdaten E5
BGF **252 €/m²**

Planung: Dipl. Ing. Renate Lendner Architektur + Energieberatung; Nieder-Olm

Modernisierung eines Reihenmittelhauses (137m² WFL). Vollständige Dämmung; bei den Holzfenstern wurde wegen des guten Zustands nur die Verglasung ausgetauscht.

Bauwerk - Baukonstruktionen
Herstellen: Dachbeläge 25%, Außenwandbekleidungen außen 22%, Außentüren und -fenster 17%, Sonnenschutz 7%
Wiederherstellen: Außentüren und -fenster 10%
Sonstige: 20%

Bauwerk - Technische Anlagen
Herstellen: Wärmeversorgungsanlagen, sonstiges 14%, Raumheizflächen 7%
Wiederherstellen: Wärmeerzeugungsanlagen 72%,
Sonstige: 6%

6100-1127 Doppelhaushälfte - KfW 70 — **BRI** 971m³ — **BGF** 337m² — **NUF** 200m²

Baujahr: 1886
Bauzustand: mittel
Aufwand: hoch
Nutzung während der Bauzeit: ja
Nutzungsänderung: nein
Grundrissänderungen: keine
Tragwerkseingriffe: wenige

Land: Hamburg
Kreis: Hamburg
Standard: Durchschnitt
Bauzeit: 17 Wochen
Kennwerte: bis 3.Ebene DIN276
veröffentlicht: BKI Objektdaten A9
BGF **586 €/m²**

Planung: Hans-Jörg Peter Dipl.-Ing. Architekt, hh-Energieberatung.de; Hamburg

Modernisierungen einer Doppelhaushälfte mit zwei Wohneinheiten. **Kosteneinfluss Nutzung:** Erhaltungssatzung

Bauwerk - Baukonstruktionen
Abbrechen: Außenwände, sonstiges 5%
Herstellen: Außenwandbekleidungen außen 24%, Außentüren und -fenster 17%, Dachbeläge 15%, Baugrubenherstellung 5%, Deckenbekleidungen 4%, Gerüste 4%, Bodenbeläge 4%
Sonstige: 22%

Bauwerk - Technische Anlagen
Herstellen: Wärmeerzeugungsanlagen 61%, Lüftungsanlagen 16%, Wärmeverteilnetze 10%, Sonstige 12%

6100-1138 Einfamilienhaus   BRI 707m³   BGF 259m²   NUF 185m²

Baujahr: 1944
Bauzustand: mittel
Aufwand: hoch
Nutzung während der Bauzeit: ja
Nutzungsänderung: ja
Grundrissänderungen: wenige
Tragwerkseingriffe: keine

Land: Hamburg
Kreis: Hamburg
Standard: Durchschnitt
Bauzeit: 8 Wochen
Kennwerte: bis 3.Ebene DIN276
vorgesehen: BKI Objektdaten A10
BGF   **1.004 €/m²**

Planung: Hans-Jörg Peter Dipl.-Ing. Architekt, hh-Energieberatung.de; Hamburg

Modernisierung eines Einfamilienhauses aus dem Jahr 1944

Bauwerk - Baukonstruktionen
Abbrechen: Bodenbeläge 3%, Dachbeläge 2%
Herstellen: Dachbeläge 24%, Außenwandbekleidungen außen 18%, Bodenbeläge 13%, Außentüren und -fenster 13%, Innenwandbekleidungen 2%, Deckenkonstruktionen 2%
Sonstige: 22%

Bauwerk - Technische Anlagen
Herstellen: Wärmeerzeugungsanlagen 39%, Lüftungsanlagen 24%, Niederspannungsinstallationsanlagen 11%, Sonstige 26%

6100-1153 Einfamilienhaus - Effizienzhaus 70   BRI 989m³   BGF 381m²   NUF 251m²

Baujahr: 1959
Bauzustand: mittel
Aufwand: mittel
Nutzung während der Bauzeit: nein
Nutzungsänderung: nein
Grundrissänderungen: umfangreiche
Tragwerkseingriffe: wenige

Land: Schleswig-Holstein
Kreis: Bad Oldesloe
Standard: Durchschnitt
Bauzeit: 13 Wochen
Kennwerte: bis 3.Ebene DIN276
veröffentlicht: BKI Objektdaten E6
BGF   **764 €/m²**

Planung: Hans-Jörg Peter Dipl.-Ing. Architekt, hh-Energieberatung.de; Hamburg

Sanierung eines Zweifamilienhauses zum Einfamilienhaus als Effizienzhaus 70 mit 285m² WFL

Bauwerk - Baukonstruktionen
Abbrechen: Abbruchmaßnahmen 11%
Herstellen: Dachbeläge 20%, Außentüren und -fenster 13%, Außenwandbekleidungen außen 11%, Innenwandbekleidungen 7%, Deckenbeläge 6%, Nichttragende Innenwände 6%
Sonstige: 25%

Bauwerk - Technische Anlagen
Herstellen: Wärmeerzeugungsanlagen 28%, Niederspannungsinstallationsanlagen 16%, Lüftungsanlagen 16%, Raumheizflächen 10%, Wasseranlagen 9%, Sonstige 22%

Übersicht- 1.+ 2.Ebene
Erweiterung
Umbau
Modernisierung
Instandsetzung
Bauelemente
Abbrechen
Wiederherstellen
Herstellen

Objektübersicht zur Gebäudeart

6100-1159 Einfamilienhaus - Effizienzhaus 40   **BRI** 818m³   **BGF** 238m²   **NUF** 186m²

Baujahr: 1967
Bauzustand: mittel
Aufwand: hoch
Nutzung während der Bauzeit: nein
Nutzungsänderung: nein
Grundrissänderungen: umfangreiche
Tragwerkseingriffe: wenige

Land: Hamburg
Kreis: Hamburg
Standard: über Durchschnitt
Bauzeit: 39 Wochen
Kennwerte: bis 3.Ebene DIN276
veröffentlicht: BKI Objektdaten E6
BGF 2.033 €/m²

€/m² BGF
min   250 €/m²
von   410 €/m²
Mittel   **700 €/m²**
bis   1.110 €/m²
max   2.030 €/m²

Planung: Hans-Jörg Peter Dipl.-Ing. Architekt, hh-Energieberatung.de; Hamburg
Einfamilienhaus-Atrium-Bungalow KfW 40

Kosten:
Stand 2.Quartal 2016
Bundesdurchschnitt
inkl. 19% MwSt.

Bauwerk - Baukonstruktionen
Herstellen: Bodenbeläge 20%, Dachbeläge 15%, Elementierte Außenwände 15%, Dachfenster, Dachöffnungen 8%, Außenwandbekleidungen außen 6%, Innenwandbekleidungen 5%, Außentüren und -fenster 5%, Dachbekleidungen 4%, Sonstige 22%

Bauwerk - Technische Anlagen
Herstellen: Niederspannungsinstallationsanlagen 20%, Wärmeerzeugungsanlagen 15%, Lüftungsanlagen 13%, Wasseranlagen 13%, Abwasseranlagen 8%, Beleuchtungsanlagen 7%, Automationssysteme 6%, Sonstige 20%

6100-1162 Einfamilienhaus, Garage - Effizienzhaus 70   **BRI** 1.136m³   **BGF** 436m²   **NUF** 256m²

Baujahr: 1976
Bauzustand: gut
Aufwand: mittel
Nutzung während der Bauzeit: ja
Nutzungsänderung: nein
Grundrissänderungen: einige
Tragwerkseingriffe: wenige

Land: Hamburg
Kreis: Hamburg
Standard: Durchschnitt
Bauzeit: 8 Wochen
Kennwerte: bis 3.Ebene DIN276
veröffentlicht: BKI Objektdaten E6
BGF 512 €/m²

Planung: Hans-Jörg Peter Dipl.-Ing. Architekt, hh-Energieberatung.de; Hamburg
Modernisierung eines Einfamilienhauses aus dem Jahr 1976 zu einem KfW 70 Haus.

Bauwerk - Baukonstruktionen
Abbrechen: Dachbeläge 4%, Tragende Außenwände 3%
Herstellen: Außenwandbekleidungen außen 21%, Dachbeläge 19%, Außentüren und -fenster 15%, Dachfenster, Dachöffnungen 7%, Deckenbeläge 4%, Elementierte Außenwände 3%, Dränagen 3%, Außenwände, sonstiges 3%
Sonstige: 20%

Bauwerk - Technische Anlagen
Herstellen: Lüftungsanlagen 44%, Niederspannungsinstallationsanlagen 22%, Raumheizflächen 17%, Sonstige 17%

6100-1187 Einfamilienhaus   BRI 771m³   BGF 278m²   NUF 153m²

Baujahr: 1910
Bauzustand: mittel
Aufwand: mittel
Nutzungsänderung: nein
Grundrissänderungen: wenige
Tragwerkseingriffe: keine

Land: Baden-Württemberg
Kreis: Rems-Murr
Standard: Durchschnitt
Bauzeit: 17 Wochen
Kennwerte: bis 3.Ebene DIN276
vorgesehen: BKI Objektdaten A10

BGF   **833 €/m²**

Planung: INEXarchitektur BDA; Mühlacker

Modernisierung eines Einfamilienhauses (122m² WFL)

Bauwerk - Baukonstruktionen
Herstellen: Außenwandbekleidungen außen 18%, Außentüren und -fenster 16%, Innenwandbekleidungen 10%, Dachkonstruktionen 9%, Dachbeläge 7%, Deckenbeläge 7%, Außenwandbekleidungen innen 5%, Sonnenschutz 4%, Deckenkonstruktionen 4%, Sonstige 22%

Bauwerk - Technische Anlagen
Herstellen: Wärmeerzeugungsanlagen 35%, Lüftungsanlagen 27%, Wasseranlagen 17%, Sonstige 22%

6100-0325 Doppelhaushälfte   BRI 1.498m³   BGF 524m²   NUF 326m²

Baujahr: 1960
Bauzustand: mittel
Aufwand: mittel
Nutzung während der Bauzeit: ja
Nutzungsänderung: nein
Grundrissänderungen: wenige
Tragwerkseingriffe: keine

Land: Bayern
Kreis: München
Standard: unter Durchschnitt
Bauzeit: 52 Wochen
Kennwerte: bis 1.Ebene DIN276
veröffentlicht: BKI Objektdaten A1

BGF   **612 €/m²**

Planung: Heinz Hirschhäuser Architekt BDA; München

Modernisierung einer Doppelhaushälfte aus dem Baujahr 1960 unter ökologischen Gesichtspunkten, mit Wärmedämmung Außenwand und Dach, Fensteraustausch, Einbau Solaranlage, Wintergartenanbau.

Übersicht-1.+2.Ebene

Erweiterung

Umbau

Moderni-sierung

Instand-setzung

Bau-elemente

Abbrechen

Wieder-herstellen

Herstellen

Modernisierungen

Ein- und Zweifamilienhäuser

€/m² BGF

min	250	€/m²
von	410	€/m²
Mittel	**700**	**€/m²**
bis	1.110	€/m²
max	2.030	€/m²

Kosten:
Stand 2.Quartal 2016
Bundesdurchschnitt
inkl. 19% MwSt.

6100-0910 Einfamilienhaus   BRI 795m³   BGF 340m²   NUF 197m²

Baujahr: 1910

Land: Nordrhein-Westfalen
Kreis: Bergisch Gladbach
Standard: über Durchschnitt
Bauzeit: 30 Wochen
Kennwerte: bis 1.Ebene DIN276
veröffentlicht: BKI Objektdaten A8
BGF   **410 €/m²**

Planung: Udo J. Schmühl Architekt Dipl. Ing.; Hoffnungsthal

Modernisierung eines bestehenden Einfamilienhauses aus dem Jahr 1910 (WFL 140m²). **Kosteneinfluss Nutzung:** Wohnhaus als KfW-Effizienzhaus 100. Die Modernisierung erfüllt 100% die Anforderungen an Neubau (EnEV 2007) **Kosteneinfluss Grundstück:** Bestehendes Gebäude (Baujahr 1910) in einer gewachsenen Dorfstruktur.

6100-1095 Zweifamilienhaus, Fassadensanierung   BRI 762m³   BGF 272m²   NUF 197m²

Baujahr: 1972
Bauzustand: schlecht
Aufwand: mittel
Nutzung während der Bauzeit: ja
Nutzungsänderung: nein
Grundrissänderungen: wenige
Tragwerkseingriffe: keine

Land: Schleswig-Holstein
Kreis: Segeberg
Standard: Durchschnitt
Bauzeit: 21 Wochen
Kennwerte: bis 2.Ebene DIN276
veröffentlicht: BKI Objektdaten A9
BGF   **500 €/m²**

Planung: Architekturbüro Thyroff-Krause; Kaltenkirchen

Fassadensanierung bei einem Zweifamilienhaus (219m² WFL)

Übersicht-
1.+.2.Ebene

Erweiterung

Umbau

Moderni-
sierung

Instand-
setzung

Bau-
elemente

Abbrechen

Wieder-
herstellen

Herstellen

Modernisierungen

Wohngebäude vor 1945

BRI 235 €/m³	BGF 710 €/m²	NUF 1.120 €/m²	NE 1.470 €/NE
von 190 €/m³	von 590 €/m²	von 940 €/m²	von 1.160 €/NE
bis 280 €/m³	bis 830 €/m²	bis 1.340 €/m²	bis 2.340 €/NE
			NE: Wohnfläche

Objektbeispiele

Kosten:
Stand 2.Quartal 2016
Bundesdurchschnitt
inkl. 19% MwSt.

6100-0314

6100-1126

6100-0856

Kosten der 11 Vergleichsobjekte   **Seiten 328 bis 332**

- ● KKW
- ▶ min
- ▷ von
- | Mittelwert
- ◁ bis
- ◀ max

BRI

|0 |50 |100 |150 |200 |250 |300 |350 |400 |450 |500   €/m³ BRI

BGF

|200 |400 |600 |800 |1000 |1200 |1400 |1600 |1800 |2000 |2200   €/m² BGF

NUF

|400 |600 |800 |1000 |1200 |1400 |1600 |1800 |2000 |2200 |2400   €/m² NUF

© **BKI** Baukosteninformationszentrum; Erläuterungen zu den Tabellen siehe Seite 24   Kosten: 2.Quartal 2016, Bundesdurchschnitt, **inkl. 19% MwSt.**

Kostenkennwerte für die Kostengruppen der 1. und 2.Ebene DIN 276

KG	Kostengruppen der 1. Ebene	Einheit	▷	€/Einheit	◁	▷	% an 300+400	◁
100	Grundstück	m² GF						
200	Herrichten und Erschließen	m² GF	9	**49**	127	0,5	**2,3**	3,6
300	Bauwerk - Baukonstruktionen	m² BGF	467	**569**	682	75,4	**79,8**	84,2
400	Bauwerk - Technische Anlagen	m² BGF	115	**142**	185	15,8	**20,2**	24,6
	Bauwerk (300+400)	m² BGF	590	**711**	830		**100,0**	
500	Außenanlagen	m² AF	23	**62**	158	0,7	**2,1**	3,5
600	Ausstattung und Kunstwerke	m² BGF	1	**1**	1	0,1	**0,2**	0,2
700	Baunebenkosten	m² BGF						

KG	Kostengruppen der 2. Ebene	Einheit	▷	€/Einheit	◁	▷	% an 300	◁
310	Baugrube	m³ BGI	74	**108**	233	0,1	**0,7**	1,6
320	Gründung	m² GRF	155	**255**	707	1,8	**5,2**	10,5
330	Außenwände	m² AWF	132	**212**	270	22,2	**29,5**	35,0
340	Innenwände	m² IWF	112	**160**	218	11,6	**24,6**	36,1
350	Decken	m² DEF	88	**149**	228	7,1	**18,3**	24,5
360	Dächer	m² DAF	132	**278**	367	10,8	**17,8**	32,7
370	Baukonstruktive Einbauten	m² BGF	0	**1**	2	0,0	**0,1**	0,3
390	Sonstige Baukonstruktionen	m² BGF	10	**21**	38	1,6	**4,0**	6,7
300	**Bauwerk Baukonstruktionen**	**m² BGF**					**100,0**	

KG	Kostengruppen der 2. Ebene	Einheit	▷	€/Einheit	◁	▷	% an 400	◁
410	Abwasser, Wasser, Gas	m² BGF	27	**56**	82	19,5	**38,4**	58,3
420	Wärmeversorgungsanlagen	m² BGF	30	**47**	76	20,5	**32,1**	48,6
430	Lufttechnische Anlagen	m² BGF	8	**20**	40	2,1	**8,4**	27,5
440	Starkstromanlagen	m² BGF	9	**28**	42	1,0	**13,6**	22,2
450	Fernmeldeanlagen	m² BGF	1	**3**	4	0,1	**1,5**	2,9
460	Förderanlagen	m² BGF	35	**39**	42	0,0	**5,8**	23,4
470	Nutzungsspezifische Anlagen	m² BGF	–	**–**	–	–	**–**	–
480	Gebäudeautomation	m² BGF	–	**–**	–	–	**–**	–
490	Sonstige Technische Anlagen	m² BGF	0	**1**	3	0,0	**0,2**	1,2
400	**Bauwerk Technische Anlagen**	**m² BGF**					**100,0**	

Prozentanteile der Kosten der 2.Ebene an den Kosten des Bauwerks nach DIN 276 (Von-, Mittel-, Bis-Werte)

310	Baugrube	0,5
320	Gründung	4,0
330	Außenwände	22,9
340	Innenwände	19,4
350	Decken	14,5
360	Dächer	13,7
370	Baukonstruktive Einbauten	0,1
390	Sonstige Baukonstruktionen	3,2
410	Abwasser, Wasser, Gas	7,9
420	Wärmeversorgungsanlagen	7,3
430	Lufttechnische Anlagen	2,1
440	Starkstromanlagen	2,9
450	Fernmeldeanlagen	0,3
460	Förderanlagen	1,4
470	Nutzungsspezifische Anlagen	
480	Gebäudeautomation	
490	Sonstige Technische Anlagen	0,1

15%   30%   45%   60%

© **BKI** Baukosteninformationszentrum; Erläuterungen zu den Tabellen siehe Seite 26   Kosten: 2.Quartal 2016, Bundesdurchschnitt, inkl. 19% MwSt.

Übersicht 1.-2.Ebene
Erweiterung
Umbau
Modernisierung
Instandsetzung
Bauelemente
Abbrechen
Wiederherstellen
Herstellen

Kostenkennwerte für die Kostengruppen der 3.Ebene DIN 276

Wohngebäude
vor 1945

KG	Kostengruppen der 3. Ebene	Einheit	▷	Ø €/Einheit	◁	▷	Ø €/m² BGF	◁
334	Außentüren und -fenster	m²	471,08	**597,38**	745,69	68,25	**77,00**	94,11
345	Innenwandbekleidungen	m²	16,35	**28,25**	36,27	37,86	**65,58**	141,07
363	Dachbeläge	m²	136,46	**173,33**	283,01	33,93	**61,90**	136,33
352	Deckenbeläge	m²	85,19	**118,30**	166,87	38,84	**57,79**	76,86
461	Aufzugsanlagen	m²	–	**42,39**	–	–	**42,39**	–
344	Innentüren und -fenster	m²	351,11	**367,29**	395,70	33,02	**41,08**	57,49
335	Außenwandbekleidungen außen	m²	40,82	**71,70**	154,15	11,82	**40,08**	61,90
412	Wasseranlagen	m²	32,29	**38,88**	57,90	32,29	**38,88**	57,90
341	Tragende Innenwände	m²	97,65	**172,31**	246,96	20,92	**28,42**	32,62
431	Lüftungsanlagen	m²	7,52	**27,74**	41,26	7,52	**27,74**	41,26
325	Bodenbeläge	m²	108,39	**159,93**	253,28	8,34	**24,87**	43,09
421	Wärmeerzeugungsanlagen	m²	7,77	**24,73**	57,36	7,77	**24,73**	57,36
361	Dachkonstruktionen	m²	69,59	**186,57**	249,48	8,84	**24,18**	45,99
351	Deckenkonstruktionen	m²	78,76	**103,06**	140,82	13,06	**23,31**	35,59
394	Abbruchmaßnahmen	m²	0,39	**20,78**	41,16	0,39	**20,78**	41,16
411	Abwasseranlagen	m²	9,46	**19,99**	56,18	9,46	**19,99**	56,18
336	Außenwandbekleidungen innen	m²	21,51	**30,67**	43,71	11,57	**19,04**	24,69
353	Deckenbekleidungen	m²	13,67	**23,23**	41,98	14,30	**17,66**	20,85
444	Niederspannungsinstallationsanl.	m²	6,78	**15,30**	27,68	6,78	**15,30**	27,68
342	Nichttragende Innenwände	m²	62,98	**73,65**	94,58	9,78	**15,22**	21,16
331	Tragende Außenwände	m²	136,22	**258,50**	380,78	6,83	**15,20**	31,50
339	Außenwände, sonstiges	m²	3,11	**14,56**	26,10	3,61	**14,04**	27,03
423	Raumheizflächen	m²	7,89	**13,01**	22,99	7,89	**13,01**	22,99
364	Dachbekleidungen	m²	–	**29,05**	–	3,35	**12,67**	30,46
362	Dachfenster, Dachöffnungen	m²	397,16	**956,24**	1.580,20	5,22	**12,13**	19,07
422	Wärmeverteilnetze	m²	5,28	**9,14**	12,48	5,28	**9,14**	12,48
392	Gerüste	m²	6,41	**8,24**	9,81	6,41	**8,24**	9,81
359	Decken, sonstiges	m²	4,58	**9,75**	19,46	2,85	**7,89**	13,39
324	Unterböden und Bodenplatten	m²	29,23	**117,45**	205,66	4,95	**7,37**	8,58
332	Nichttragende Außenwände	m²	–	**59,95**	–	–	**5,52**	–
369	Dächer, sonstiges	m²	5,26	**20,15**	64,69	2,02	**5,41**	15,10
419	Abwasser-, Wasser- und Gas-anlagen, sonstiges	m²	–	**5,13**	–	–	**5,13**	–
322	Flachgründungen	m²	146,76	**252,61**	358,45	3,78	**4,97**	6,15
429	Wärmeversorgungsanl., sonstiges	m²	3,24	**4,77**	7,82	3,24	**4,77**	7,82
396	Materialentsorgung	m²	–	**4,23**	–	–	**4,23**	–
311	Baugrubenherstellung	m³	59,70	**61,40**	64,25	0,92	**4,01**	10,10
327	Dränagen	m²	–	**13,16**	–	–	**3,27**	–
391	Baustelleneinrichtung	m²	0,60	**3,13**	6,18	0,60	**3,13**	6,18
326	Bauwerksabdichtungen	m²	10,39	**21,96**	29,44	0,98	**2,95**	6,09
452	Such- und Signalanlagen	m²	–	**2,66**	–	–	**2,66**	–
494	Abbruchmaßnahmen	m²	–	**2,50**	–	–	**2,50**	–
455	Fernseh- und Antennenanlagen	m²	–	**2,30**	–	–	**2,30**	–
397	Zusätzliche Maßnahmen	m²	0,47	**1,95**	4,88	0,47	**1,95**	4,88
349	Innenwände, sonstiges	m²	–	**3,33**	–	–	**1,79**	–
446	Blitzschutz- und Erdungsanlagen	m²	0,71	**1,56**	2,41	0,71	**1,56**	2,41
346	Elementierte Innenwände	m²	–	**91,39**	–	–	**1,53**	–
451	Telekommunikationsanlagen	m²	0,77	**1,20**	1,63	0,77	**1,20**	1,63
445	Beleuchtungsanlagen	m²	–	**1,15**	–	–	**1,15**	–
491	Baustelleneinrichtung	m²	–	**0,46**	–	–	**0,46**	–

Kosten:
Stand 2.Quartal 2016
Bundesdurchschnitt
inkl. 19% MwSt.

▷ von
Ø Mittel
◁ bis

© **BKI** Baukosteninformationszentrum; Erläuterungen zu den Tabellen siehe Seite 28   Kosten: 2.Quartal 2016, Bundesdurchschnitt, **inkl. 19% MwSt.**

LB	Leistungsbereiche	▷	€/m² BGF	◁	▷	% an 300+400	◁
000	Sicherheits-, Baustelleneinrichtungen inkl. 001	3	11	18	0,5	1,5	2,6
002	Erdarbeiten	1	4	12	0,2	0,6	1,6
006	Spezialtiefbauarbeiten inkl. 005	–	–	–	–	–	–
009	Entwässerungskanalarbeiten inkl. 011	–	1	–	–	0,1	–
010	Drän- und Versickerungsarbeiten	–	0	–	–	0,1	–
012	Mauerarbeiten	11	35	59	1,6	4,9	8,2
013	Betonarbeiten	7	17	32	1,0	2,4	4,4
014	Natur-, Betonwerksteinarbeiten	0	4	4	0,1	0,6	0,6
016	Zimmer- und Holzbauarbeiten	6	41	90	0,9	5,8	12,7
017	Stahlbauarbeiten	0	1	6	0,0	0,2	0,8
018	Abdichtungsarbeiten	0	4	10	0,0	0,5	1,5
020	Dachdeckungsarbeiten	15	37	37	2,1	5,2	5,2
021	Dachabdichtungsarbeiten	0	3	11	0,0	0,4	1,5
022	Klempnerarbeiten	7	19	49	1,0	2,6	6,9
	Rohbau	102	176	219	14,3	24,8	30,8
023	Putz- und Stuckarbeiten, Wärmedämmsysteme	26	54	95	3,6	7,6	13,4
024	Fliesen- und Plattenarbeiten	10	21	30	1,4	2,9	4,2
025	Estricharbeiten	6	20	43	0,8	2,9	6,0
026	Fenster, Außentüren inkl. 029, 032	16	58	81	2,2	8,2	11,4
027	Tischlerarbeiten	23	60	96	3,2	8,5	13,5
028	Parkettarbeiten, Holzpflasterarbeiten	0	7	29	0,0	1,1	4,1
030	Rollladenarbeiten	–	–	–	–	–	–
031	Metallbauarbeiten inkl. 035	9	28	50	1,3	3,9	7,0
034	Maler- und Lackiererarbeiten inkl. 037	24	47	70	3,3	6,6	9,8
036	Bodenbelagarbeiten	5	23	42	0,7	3,2	5,9
038	Vorgehängte hinterlüftete Fassaden	–	–	–	–	–	–
039	Trockenbauarbeiten	8	37	66	1,1	5,2	9,3
	Ausbau	305	357	442	42,8	50,2	62,1
040	Wärmeversorgungsanl. - Betriebseinr. inkl. 041	35	56	93	4,9	7,9	13,0
042	Gas- und Wasserinstallation, Leitungen inkl. 043	6	15	40	0,9	2,1	5,6
044	Abwasserinstallationsarbeiten - Leitungen	3	13	44	0,4	1,8	6,2
045	GWA-Einrichtungsgegenstände inkl. 046	4	18	33	0,5	2,5	4,6
047	Dämmarbeiten an betriebstechnischen Anlagen	–	0	–	–	0,0	–
049	Feuerlöschanlagen, Feuerlöschgeräte	–	–	–	–	–	–
050	Blitzschutz- und Erdungsanlagen	–	0	2	–	0,1	0,3
053	Niederspannungsanlagen inkl. 052, 054	4	20	35	0,5	2,8	4,9
055	Ersatzstromversorgungsanlagen	–	–	–	–	–	–
057	Gebäudesystemtechnik	–	–	–	–	–	–
058	Leuchten und Lampen inkl. 059	0	1	3	0,0	0,1	0,4
060	Elektroakustische Anlagen, Sprechanlagen	–	0	–	–	0,1	–
061	Kommunikationsnetze, inkl. 062	0	1	4	0,0	0,2	0,6
063	Gefahrenmeldeanlagen	–	–	–	–	–	–
069	Aufzüge	0	10	40	0,0	1,4	5,6
070	Gebäudeautomation	–	–	–	–	–	–
075	Raumlufttechnische Anlagen	3	15	53	0,4	2,1	7,4
	Technische Anlagen	116	149	168	16,4	21,0	23,6
084	Abbruch- und Rückbauarbeiten	4	29	53	0,5	4,1	7,5
	Sonstige Leistungsbereiche inkl. 008, 033, 051	0	1	3	0,0	0,2	0,4

Übersicht 1.+.2.Ebene · Erweiterung · Umbau · Modernisierung · Instandsetzung · Bauelemente · Abbrechen · Wieder-herstellen · Herstellen

Wohngebäude vor 1945

€/m² BGF

min	510 €/m²
von	590 €/m²
Mittel	**710 €/m²**
bis	830 €/m²
max	940 €/m²

Kosten:
Stand 2.Quartal 2016
Bundesdurchschnitt
inkl. 19% MwSt.

6100-0314 Hausmeistergebäude   BRI 1.810m³   BGF 440m²   NUF 285m²

Baujahr: 1919
Bauzustand: mittel
Aufwand: mittel
Nutzung während der Bauzeit: nein
Nutzungsänderung: ja
Grundrissänderungen: wenige
Tragwerkseingriffe: keine

Land: Sachsen-Anhalt
Kreis: Magdeburg
Standard: Durchschnitt
Bauzeit: 26 Wochen
Kennwerte: bis 4.Ebene DIN276
veröffentlicht: BKI Objektdaten A1
BGF   **667 €/m²**

Planung: Dreischhoff + Partner Planungsgesellschaft mbH; Magdeburg

Wohnung im Erdgeschoss, dazu Hausanschlussraum im UG und Abstellraum im DG; Abstellräume für Schule (Objekt 4100-0036) im UG, OG und DG, daher sehr hoher Anteil Nebennutzfläche. **Kosteneinfluss Grundstück:** Das Hausmeistergebäude schließt an das Schulgebäude (Objekt 4100-0036) an; die Angabe der Grundstücksfläche bezieht sich auf den gesamten Komplex (s. Lageplan bei Objekt 4100-0036), eine Sporthalle befindet sich noch im Bau.

Bauwerk - Baukonstruktionen
Herstellen: Innenwandbekleidungen 22%, Deckenbeläge 13%, Außentüren und -fenster 12%, Innentüren und -fenster 7%, Dachbekleidungen 6%, Außenwandbekleidungen innen 4%, Nichttragende Innenwände 4%, Tragende Innenwände 4%
Wiederherstellen: Deckenkonstruktionen 6%
Sonstige: 22%

Bauwerk - Technische Anlagen
Herstellen: Abwasseranlagen 48%, Wasseranlagen 30%, Raumheizflächen 7%, Sonstige 15%

6100-0415 Mehrfamilienhaus   BRI 1.976m³   BGF 630m²   NUF 370m²

Baujahr: 1896
Bauzustand: mittel
Aufwand: hoch
Nutzung während der Bauzeit: ja
Nutzungsänderung: nein
Grundrissänderungen: wenige
Tragwerkseingriffe: keine

Land: Thüringen
Kreis: Erfurt
Standard: Durchschnitt
Bauzeit: 47 Wochen
Kennwerte: bis 3.Ebene DIN276
veröffentlicht: BKI Objektdaten A3
BGF   **609 €/m²**

Planung: Planungsgruppe Barthelmey Architekt Dipl.-Ing. Stefan Barthelmey; Erfurt

Modernisierung eines Mehrfamilienhauses von 1896 mit vier Wohneinheiten als Teil einer Blockbebauung.

Bauwerk - Baukonstruktionen
Abbrechen: Abbruchmaßnahmen 8%
Herstellen: Außentüren und -fenster 13%, Deckenbeläge 13%, Dachkonstruktionen 9%, Innentüren und -fenster 7%, Außenwände, sonstiges 6%, Dachbeläge 5%, Deckenbekleidungen 4%
Wiederherstellen: Außenwandbekleidungen außen 9%, Innentüren und -fenster 4%
Sonstige: 23%

Bauwerk - Technische Anlagen
Herstellen: Wasseranlagen 34%, Niederspannungsinstallationsanlagen 17%, Wärmeerzeugungsanlagen 14%, Wärmeverteilnetze 11%, Sonstige 24%

6100-0816 Wohn- und Geschäftshaus   BRI 3.493m³   BGF 1.425m²   NUF 899m²

Baujahr: 1896
Bauzustand: mittel
Aufwand: hoch
Nutzung während der Bauzeit: nein
Nutzungsänderung: nein
Grundrissänderungen: wenige
Tragwerkseingriffe: wenige

Land: Baden-Württemberg
Kreis: Konstanz
Standard: Durchschnitt
Bauzeit: 95 Wochen
Kennwerte: bis 3.Ebene DIN276
veröffentlicht: BKI Objektdaten A8
BGF   **645 €/m²**

Planung: Ferdi D'Aloisio Freier Architekt BDA; Konstanz

Das Wohn- und Geschäftshaus aus dem Jahre 1856 wurde modernisiert, neue Fassaden, neues Dach. **Kosteneinfluss Nutzung:** Alle Maßnahmen wurden mit dem Denkmalamt abgesprochen.

Bauwerk - Baukonstruktionen
Herstellen: Außentüren und -fenster 13%, Deckenbeläge 7%, Dachbeläge 7%, Innenwandbekleidungen 7%, Tragende Außenwände 5%, Deckenkonstruktionen 5%, Außenwandbekleidungen außen 5%, Tragende Innenwände 4%, Dachkonstruktionen 4%, Dachfenster, Dachöffnungen 3%, Dächer, sonstiges 3%, Außenwände, sonstiges 3%, Deckenbekleidungen 3%, Bodenbeläge 2%, Gerüste 2%, Innentüren und -fenster 2%
Wiederherstellen: Innentüren und -fenster 4%
Sonstige: 22%

Bauwerk - Technische Anlagen
Herstellen: Aufzugsanlagen 26%, Wasseranlagen 20%, Lüftungsanlagen 18%, Abwasseranlagen 9%, Sonstige 27%

6100-0856 Mehrfamilienhaus (3 WE)   BRI 2.340m³   BGF 647m²   NUF 458m²

Baujahr: 1876
Bauzustand: schlecht
Aufwand: hoch
Nutzung während der Bauzeit: nein
Nutzungsänderung: nein
Grundrissänderungen: einige
Tragwerkseingriffe: keine

Land: Sachsen
Kreis: Freiberg
Standard: Durchschnitt
Bauzeit: 21 Wochen
Kennwerte: bis 3.Ebene DIN276
veröffentlicht: BKI Objektdaten A8
BGF   **718 €/m²**

Planung: Architekturbüro Dipl.-Ing. Evelyn Möhler; Kleinschirma

Wohngemeinschaft mit drei Wohneinheiten (416m² WFL) für Menschen mit Behinderungen zur selbstständigen Lebensführung.

Bauwerk - Baukonstruktionen
Abbrechen: Tragende Innenwände 2%
Herstellen: Außentüren und -fenster 17%, Innenwandbekleidungen 10%, Dachbeläge 9%, Außenwandbekleidungen außen 7%, Deckenbeläge 7%, Bodenbeläge 5%, Außenwandbekleidungen innen 4%, Innentüren und -fenster 4%, Deckenbekleidungen 4%, Tragende Innenwände 3%, Nichttragende Innenwände 3%
Wiederherstellen: Innentüren und -fenster 3%
Sonstige: 22%

Bauwerk - Technische Anlagen
Herstellen: Wasseranlagen 26%, Wärmeerzeugungsanlagen 15%, Niederspannungsinstallationsanlagen 15%, Raumheizflächen 15%, Abwasseranlagen 9%, Sonstige 21%

Übersicht 1.+2.Ebene
Erweiterung
Umbau
Modernisierung
Instandsetzung
Bauelemente
Abbrechen
Wiederherstellen
Herstellen

Wohngebäude vor 1945

€/m² BGF

min	510	€/m²
von	590	€/m²
Mittel	**710**	**€/m²**
bis	830	€/m²
max	940	€/m²

Kosten:
Stand 2.Quartal 2016
Bundesdurchschnitt
inkl. 19% MwSt.

Objektübersicht zur Gebäudeart

6100-0889 Mehrfamilienhaus (3 WE) - KfW 60*

BRI 1.252m³   **BGF** 452m²   **NUF** 296m²

© Hans-Jörg Peter Architekt Gebäude

Baujahr: 1913
Bauzustand: schlecht
Aufwand: hoch
Nutzung während der Bauzeit: nein
Nutzungsänderung: nein
Grundrissänderungen: umfangreiche
Tragwerkseingriffe: einige

Land: Nordrhein-Westfalen
Kreis: Mönchengladbach
Standard: über Durchschnitt
Bauzeit: 69 Wochen
Kennwerte: bis 3.Ebene DIN276
veröffentlicht: BKI Objektdaten E5
BGF **1.937 €/m²**

*
Nicht in der Auswertung enthalten

Planung: bau grün ! energieeff. Gebäude Architekt D. Finocchiaro; Mönchengladbach

Umbau und Modernisierung Mehrfamilienhaus mit drei Wohneinheiten (218m² WFL). Die Gründung des Gebäudes wurde vollständig ersetzt.

Bauwerk - Baukonstruktionen
Abbrechen: Deckenbeläge 1%
Herstellen: Außentüren und -fenster 11%, Deckenbekleidungen 8%, Deckenbeläge 7%, Flachgründungen 6%, Allgemeine Einbauten 5%, Innenwandbekleidungen 4%, Innentüren und -fenster 4%, Außenwandbekleidungen außen 3%, Dachfenster, Dachöffnungen 3%, Dachbeläge 3%, Deckenkonstruktionen 3%, Dachkonstruktionen 3%
Wiederherstellen: Außenwandbekleidungen außen 3%, Innentüren und -fenster 2%
Sonstige: 34%

Bauwerk - Technische Anlagen
Herstellen: Starkstromanlagen 36%, Wärmeversorgungsanlagen 23%, Abwasser -, Wasser -, Gasanlagen 21%, Sonstige 19%

6100-1126 Doppelhaushälfte

BRI 568m³   **BGF** 272m²   **NUF** 180m²

© Hans-Jörg Peter Architekt

Baujahr: 1938
Bauzustand: mittel
Aufwand: hoch
Nutzung während der Bauzeit: ja
Nutzungsänderung: nein
Grundrissänderungen: keine
Tragwerkseingriffe: keine

Land: Hamburg
Kreis: Hamburg
Standard: unter Durchschnitt
Bauzeit: 17 Wochen
Kennwerte: bis 3.Ebene DIN276
vorgesehen: BKI Objektdaten A10
BGF **509 €/m²**

Planung: Hans-Jörg Peter Dipl.-Ing. Architekt, hh-Energieberatung.de; Hamburg

Dachsanierung einer Doppelhaushälfte

Bauwerk - Baukonstruktionen
Herstellen: Dachbeläge 31%, Außenwandbekleidungen außen 21%, Außentüren und -fenster 18%, Sonstige 30%

Bauwerk - Technische Anlagen
Herstellen: Wärmeerzeugungsanlagen 50%, Lüftungsanlagen 34%, Wärmeversorgungsanlagen, sonstiges 6%, Sonstige 11%

Objektübersicht zur Gebäudeart

6100-0233 Mehrfamilienhaus (12 WE)   **BRI** 5.701m³   **BGF** 1.652m²   **NUF** 1.023m²

Baujahr: 1880
Bauzustand: mittel
Aufwand: mittel
Nutzung während der Bauzeit: nein
Nutzungsänderung: nein
Grundrissänderungen: wenige
Tragwerkseingriffe: einige

Land: Baden-Württemberg
Kreis: Stuttgart
Standard: Durchschnitt
Bauzeit: 43 Wochen
Kennwerte: bis 1.Ebene DIN276
veröffentlicht: BKI Objektdaten A1

BGF   **866 €/m²**

Planung: Lothar Pauls Freier Architekt; Stuttgart

Modernisierung mit Dachaufstockung.

6100-0235 Mehrfamilienhaus (7 WE)   **BRI** 2.448m³   **BGF** 710m²   **NUF** 432m²

Baujahr: 1912
Bauzustand: mittel
Aufwand: mittel
Nutzung während der Bauzeit: nein
Nutzungsänderung: nein
Grundrissänderungen: einige
Tragwerkseingriffe: einige

Land: Baden-Württemberg
Kreis: Stuttgart
Standard: Durchschnitt
Bauzeit: 35 Wochen
Kennwerte: bis 1.Ebene DIN276
veröffentlicht: BKI Objektdaten A1

BGF   **763 €/m²**

Planung: Lothar Pauls Freier Architekt; Stuttgart

Modernisierung und Instandsetzung eines Mehrfamilienhauses mit 2x 3-Zimmerwohnungen (70m²), 2x 1-Zimmerwohnungen (36m²), 4-Zimmerwohnung (96m²), 2x 2-Zimmerwohnung (46-55m²); Keller- und Abstellräume, Waschküche. **Kosteneinfluss Grundstück:** Eckgrundstück

6100-0276 Stadthaus (7 WE), Büro   **BRI** 2.995m³   **BGF** 947m²   **NUF** 610m²

Baujahr: 1898
Bauzustand: schlecht
Aufwand: mittel
Nutzung während der Bauzeit: nein
Nutzungsänderung: nein
Grundrissänderungen: einige
Tragwerkseingriffe: keine

Land: Sachsen
Kreis: Plauen
Standard: über Durchschnitt
Bauzeit: 47 Wochen
Kennwerte: bis 2.Ebene DIN276
veröffentlicht: BKI Objektdaten A1

BGF **585 €/m²**

Planung: Martin Meiler Dipl.-Ing. (FH) Architekt BDB; Plauen

Modernisierung und Umbau eines Stadthauses mit sieben Wohnungen. **Kosteneinfluss Grundstück:** Erschwerte Zugänglichkeit des Baugrundstücks, Hofseite nur durch das Gebäude zugänglich.

Übersicht- 1.+ 2.Ebene
Erweiterung
Umbau
Moderni- sierung
Instand- setzung
Bau- elemente
Abbrechen
Wieder- herstellen
Herstellen

Wohngebäude vor 1945

€/m² BGF
min	510	€/m²
von	590	€/m²
Mittel	**710**	**€/m²**
bis	830	€/m²
max	940	€/m²

Kosten:
Stand 2.Quartal 2016
Bundesdurchschnitt
inkl. 19% MwSt.

6100-0287 Mehrfamilienhaus (40 WE)   **BRI** 16.250m³   **BGF** 5.580m²   **NUF** 3.615m²

Baujahr: 1904
Bauzustand: mittel
Aufwand: mittel
Nutzung während der Bauzeit: nein
Nutzungsänderung: nein
Grundrissänderungen: wenige
Tragwerkseingriffe: keine

Land: Berlin
Kreis: Berlin
Standard: Durchschnitt
Bauzeit: 78 Wochen
Kennwerte: bis 1.Ebene DIN276
veröffentlicht: BKI Objektdaten A1
BGF   **740 €/m²**

Planung: Dr. Regina Bolck & Rüdiger Reißig Architekturbüro Civitas; Berlin
Wohnanlage, zwei spiegelgleiche Häuser, mit 40 Wohnungen (3.195m² WFL).

6100-0339 Mehrfamilienhaus (10 WE)   **BRI** 3.998m³   **BGF** 1.303m²   **NUF** 835m²

Baujahr: 1910
Bauzustand: schlecht
Aufwand: mittel
Nutzung während der Bauzeit: nein
Nutzungsänderung: nein
Grundrissänderungen: umfangreiche
Tragwerkseingriffe: einige

Land: Sachsen
Kreis: Dresden
Standard: Durchschnitt
Bauzeit: 52 Wochen
Kennwerte: bis 2.Ebene DIN276
veröffentlicht: BKI Objektdaten A2
BGF   **778 €/m²**

Planung: Johannes Böhm Dipl.-Ing. Architekt BDB; Dresden
Modernisierung eines Mehrfamilienhauses mit 10 Wohneinheiten. **Kosteneinfluss Nutzung:** Berücksichtigung von Denkmalschutzauflagen nach Schwammsanierung.

6100-0510 Mehrfamilienhaus (5 WE)   **BRI** 1.129m³   **BGF** 406m²   **NUF** 255m²

Baujahr: 17. Jhd.
Bauzustand: schlecht
Aufwand: hoch
Nutzung während der Bauzeit: nein
Nutzungsänderung: nein
Grundrissänderungen: einige
Tragwerkseingriffe: einige

Land: Baden-Württemberg
Kreis: Reutlingen
Standard: Durchschnitt
Bauzeit: 78 Wochen
Kennwerte: bis 2.Ebene DIN276
veröffentlicht: BKI Objektdaten A4
BGF   **942 €/m²**

Planung: Hartmaier + Partner Freie Architekten; Münsingen
Modernisierung eines Mehrfamilienhauses in Fachwerkbauweise mit fünf Wohneinheiten. **Kosteneinfluss Nutzung:** Anpassung der alten Baukonstruktion an aktuelle Wohnbedingungen. **Kosteneinfluss Grundstück:** Bestehendes Gebäude in alter Innenstadt.

Übersicht
1. + 2. Ebene

Erweiterung

Umbau

Moderni-
sierung

Instand-
setzung

Bau-
elemente

Abbrechen

Wieder-
herstellen

Herstellen

Modernisierungen

Wohngebäude nach 1945 nur Oberflächen

BRI 115 €/m³
von 50 €/m³
bis 190 €/m³

BGF 320 €/m²
von 170 €/m²
bis 580 €/m²

NUF 470 €/m²
von 230 €/m²
bis 780 €/m²

NE 660 €/NE
von 300 €/NE
bis 1.120 €/NE
NE: Wohnfläche

Objektbeispiele

Kosten:
Stand 2.Quartal 2016
Bundesdurchschnitt
inkl. 19% MwSt.

6100-1111

6100-1050

6100-0782

Kosten der 21 Vergleichsobjekte — Seiten 338 bis 349

- ● KKW
- ▶ min
- ▷ von
- | Mittelwert
- ◁ bis
- ◀ max

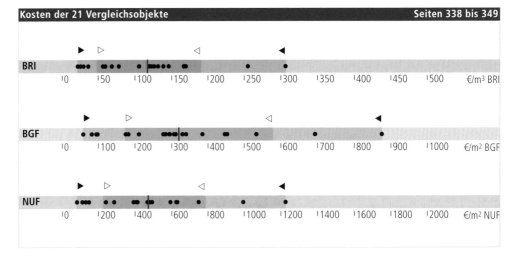

Kosten: 2.Quartal 2016, Bundesdurchschnitt, **inkl. 19% MwSt.**

Kostenkennwerte für die Kostengruppen der 1. und 2.Ebene DIN 276

KG	Kostengruppen der 1. Ebene	Einheit	▷	€/Einheit	◁	▷	% an 300+400	◁
100	Grundstück	m² GF						
200	Herrichten und Erschließen	m² GF	–	3	–	–	0,2	–
300	Bauwerk - Baukonstruktionen	m² BGF	127	249	397	65,2	82,9	95,0
400	Bauwerk - Technische Anlagen	m² BGF	20	83	164	8,0	19,9	36,3
	Bauwerk (300+400)	m² BGF	173	320	578		100,0	
500	Außenanlagen	m² AF	19	63	143	0,8	3,0	4,3
600	Ausstattung und Kunstwerke	m² BGF	0	0	0	0,0	0,1	0,1
700	Baunebenkosten	m² BGF						

KG	Kostengruppen der 2. Ebene	Einheit	▷	€/Einheit	◁	▷	% an 300	◁
310	Baugrube	m³ BGI	32	57	102	0,0	0,3	1,3
320	Gründung	m² GRF	32	155	662	0,0	0,4	1,4
330	Außenwände	m² AWF	115	226	345	37,5	56,5	72,8
340	Innenwände	m² IWF	64	199	1.740	1,0	7,0	19,4
350	Decken	m² DEF	57	122	201	3,7	11,3	18,4
360	Dächer	m² DAF	95	185	281	6,4	18,5	43,5
370	Baukonstruktive Einbauten	m² BGF	0	1	2	0,0	0,1	0,5
390	Sonstige Baukonstruktionen	m² BGF	7	14	25	3,2	6,1	8,9
300	**Bauwerk Baukonstruktionen**	**m² BGF**					**100,0**	

KG	Kostengruppen der 2. Ebene	Einheit	▷	€/Einheit	◁	▷	% an 400	◁
410	Abwasser, Wasser, Gas	m² BGF	4	20	55	11,3	31,2	69,2
420	Wärmeversorgungsanlagen	m² BGF	14	35	74	8,6	38,2	57,6
430	Lufttechnische Anlagen	m² BGF	3	17	45	0,6	7,9	42,3
440	Starkstromanlagen	m² BGF	4	16	32	2,3	13,6	19,6
450	Fernmeldeanlagen	m² BGF	1	5	7	1,8	7,0	19,3
460	Förderanlagen	m² BGF	0	20	40	0,0	2,0	21,5
470	Nutzungsspezifische Anlagen	m² BGF	–	0	–	–	0,0	–
480	Gebäudeautomation	m² BGF	–	12	–	–	0,3	–
490	Sonstige Technische Anlagen	m² BGF	0	1	1	0,0	0,1	0,4
400	**Bauwerk Technische Anlagen**	**m² BGF**					**100,0**	

Prozentanteile der Kosten der 2.Ebene an den Kosten des Bauwerks nach DIN 276 (Von-, Mittel-, Bis-Werte)

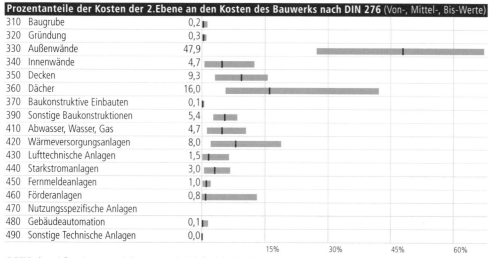

310	Baugrube	0,2
320	Gründung	0,3
330	Außenwände	47,9
340	Innenwände	4,7
350	Decken	9,3
360	Dächer	16,0
370	Baukonstruktive Einbauten	0,1
390	Sonstige Baukonstruktionen	5,4
410	Abwasser, Wasser, Gas	4,7
420	Wärmeversorgungsanlagen	8,0
430	Lufttechnische Anlagen	1,5
440	Starkstromanlagen	3,0
450	Fernmeldeanlagen	1,0
460	Förderanlagen	0,8
470	Nutzungsspezifische Anlagen	
480	Gebäudeautomation	0,1
490	Sonstige Technische Anlagen	0,0

15%   30%   45%   60%

Kosten: 2.Quartal 2016, Bundesdurchschnitt, inkl. **19% MwSt.**

Übersicht 1.+ 2.Ebene

Erweiterung

Umbau

Moderni-sierung

Instand-setzung

Bau-elemente

Abbrechen

Wieder-heirstellen

Herstellen

**Wohngebäude
nach 1945
nur Oberflächen**

Kosten:
Stand 2.Quartal 2016
Bundesdurchschnitt
inkl. 19% MwSt.

▷ von
ø Mittel
◁ bis

Kostenkennwerte für die Kostengruppen der 3.Ebene DIN 276

KG	Kostengruppen der 3. Ebene	Einheit	▷	ø €/Einheit	◁	▷	ø €/m² BGF	◁
335	Außenwandbekleidungen außen	m²	82,93	**124,13**	181,17	31,35	**62,29**	92,16
334	Außentüren und -fenster	m²	169,77	**406,30**	558,12	16,38	**39,52**	75,10
363	Dachbeläge	m²	89,63	**142,15**	262,43	8,51	**25,82**	48,04
461	Aufzugsanlagen	m²	0,47	**20,07**	39,66	0,47	**20,07**	39,66
421	Wärmeerzeugungsanlagen	m²	6,24	**18,63**	58,00	6,24	**18,63**	58,00
352	Deckenbeläge	m²	52,51	**104,16**	155,10	8,18	**18,45**	50,53
345	Innenwandbekleidungen	m²	22,13	**40,79**	65,45	6,52	**18,03**	48,94
431	Lüftungsanlagen	m²	3,34	**17,28**	44,93	3,34	**17,28**	44,93
412	Wasseranlagen	m²	2,94	**16,60**	40,90	2,94	**16,60**	40,90
339	Außenwände, sonstiges	m²	7,49	**29,05**	103,49	4,63	**15,94**	52,39
351	Deckenkonstruktionen	m²	111,76	**373,96**	595,61	5,90	**15,80**	27,22
444	Niederspannungsinstallationsanl.	m²	1,95	**13,01**	28,75	1,95	**13,01**	28,75
481	Automationssysteme	m²	–	**11,99**	–	–	**11,99**	–
337	Elementierte Außenwände	m²	808,47	**1.155,82**	1.583,13	3,34	**11,43**	35,01
331	Tragende Außenwände	m²	92,36	**221,68**	504,67	2,88	**10,37**	24,30
344	Innentüren und -fenster	m²	43,46	**191,74**	416,50	1,26	**9,44**	28,35
338	Sonnenschutz	m²	55,18	**222,26**	330,09	1,29	**9,39**	15,72
361	Dachkonstruktionen	m²	27,21	**110,72**	252,29	2,10	**9,18**	22,25
392	Gerüste	m²	6,00	**9,12**	15,66	6,00	**9,12**	15,66
353	Deckenbekleidungen	m²	22,28	**43,79**	70,19	4,45	**9,02**	13,98
336	Außenwandbekleidungen innen	m²	28,72	**44,18**	61,66	4,50	**8,75**	17,87
422	Wärmeverteilnetze	m²	1,32	**8,75**	19,43	1,32	**8,75**	19,43
423	Raumheizflächen	m²	2,22	**7,76**	12,83	2,22	**7,76**	12,83
342	Nichttragende Innenwände	m²	82,35	**269,62**	601,19	1,88	**7,38**	15,85
364	Dachbekleidungen	m²	33,95	**64,45**	92,07	1,59	**7,34**	19,93
359	Decken, sonstiges	m²	4,25	**27,84**	73,02	0,95	**7,02**	21,04
411	Abwasseranlagen	m²	3,11	**6,84**	19,04	3,11	**6,84**	19,04
341	Tragende Innenwände	m²	56,89	**211,24**	346,91	2,91	**6,57**	12,35
429	Wärmeversorgungsanl., sonstiges	m²	1,62	**4,71**	8,90	1,62	**4,71**	8,90
419	Abwasser-, Wasser- und Gas-anlagen, sonstiges	m²	3,12	**4,19**	5,25	3,12	**4,19**	5,25
442	Eigenstromversorgungsanlagen	m²	–	**4,06**	–	–	**4,06**	–
332	Nichttragende Außenwände	m²	274,70	**2.118,44**	11.272,31	2,39	**3,72**	5,00
362	Dachfenster, Dachöffnungen	m²	550,07	**943,85**	1.928,08	1,08	**3,06**	5,35
445	Beleuchtungsanlagen	m²	0,93	**3,05**	6,54	0,93	**3,05**	6,54
452	Such- und Signalanlagen	m²	1,25	**2,94**	4,31	1,25	**2,94**	4,31
397	Zusätzliche Maßnahmen	m²	0,77	**2,90**	6,16	0,77	**2,90**	6,16
391	Baustelleneinrichtung	m²	0,96	**2,89**	7,19	0,96	**2,89**	7,19
311	Baugrubenherstellung	m³	31,75	**56,80**	102,12	1,39	**2,68**	4,96
456	Gefahrenmelde- und Alarmanlagen	m²	0,78	**1,98**	3,17	0,78	**1,98**	3,17
322	Flachgründungen	m²	121,76	**277,69**	574,70	0,63	**1,90**	6,60
369	Dächer, sonstiges	m²	2,69	**7,98**	20,07	0,67	**1,86**	7,15
457	Übertragungsnetze	m²	–	**1,68**	–	–	**1,68**	–
396	Materialentsorgung	m²	0,57	**1,62**	3,56	0,57	**1,62**	3,56
349	Innenwände, sonstiges	m²	0,03	**1,40**	2,77	0,05	**1,44**	2,82
451	Telekommunikationsanlagen	m²	0,64	**1,42**	2,17	0,64	**1,42**	2,17
325	Bodenbeläge	m²	12,60	**21,19**	47,44	0,49	**1,41**	3,86
327	Dränagen	m²	–	**478,54**	–	–	**1,32**	–
324	Unterböden und Bodenplatten	m²	60,46	**99,58**	133,95	0,24	**1,19**	2,20
446	Blitzschutz- und Erdungsanlagen	m²	0,14	**0,86**	1,67	0,14	**0,86**	1,67

© **BKI** Baukosteninformationszentrum; Erläuterungen zu den Tabellen siehe Seite 28   Kosten: 2.Quartal 2016, Bundesdurchschnitt, **inkl. 19% MwSt.**

Kostenkennwerte für Leistungsbereiche nach StLB (Kosten des Bauwerks nach DIN 276)

LB	Leistungsbereiche	▷	€/m² BGF	◁	▷	% an 300+400	◁
000	Sicherheits-, Baustelleneinrichtungen inkl. 001	8	16	26	2,4	5,0	8,1
002	Erdarbeiten	0	1	4	0,0	0,3	1,3
006	Spezialtiefbauarbeiten inkl. 005	–	–	–	–	–	–
009	Entwässerungskanalarbeiten inkl. 011	0	0	3	0,0	0,1	1,0
010	Drän- und Versickerungsarbeiten	0	0	1	0,0	0,0	0,3
012	Mauerarbeiten	1	4	18	0,3	1,4	5,5
013	Betonarbeiten	0	4	17	0,1	1,3	5,3
014	Natur-, Betonwerksteinarbeiten	0	0	3	0,0	0,1	0,9
016	Zimmer- und Holzbauarbeiten	1	7	16	0,2	2,3	5,0
017	Stahlbauarbeiten	0	3	15	0,0	0,8	4,7
018	Abdichtungsarbeiten	0	1	2	0,0	0,3	0,8
020	Dachdeckungsarbeiten	3	20	64	0,9	6,2	20,1
021	Dachabdichtungsarbeiten	1	5	20	0,2	1,4	6,2
022	Klempnerarbeiten	4	12	22	1,2	3,8	7,0
	Rohbau	43	74	124	13,5	23,1	38,7
023	Putz- und Stuckarbeiten, Wärmedämmsysteme	43	88	183	13,4	27,3	57,2
024	Fliesen- und Plattenarbeiten	0	3	12	0,1	1,0	3,8
025	Estricharbeiten	0	1	5	0,1	0,4	1,7
026	Fenster, Außentüren inkl. 029, 032	12	31	56	3,7	9,7	17,4
027	Tischlerarbeiten	0	4	17	0,1	1,2	5,3
028	Parkettarbeiten, Holzpflasterarbeiten	–	0	–	–	0,2	–
030	Rollladenarbeiten	0	3	11	0,0	0,8	3,3
031	Metallbauarbeiten inkl. 035	3	12	34	0,8	3,9	10,5
034	Maler- und Lackiererarbeiten inkl. 037	7	16	27	2,3	5,0	8,4
036	Bodenbelagarbeiten	0	3	13	0,1	0,9	4,2
038	Vorgehängte hinterlüftete Fassaden	0	5	53	0,0	1,5	16,5
039	Trockenbauarbeiten	3	14	38	1,0	4,4	12,0
	Ausbau	122	181	241	38,2	56,5	75,3
040	Wärmeversorgungsanl. - Betriebseinr. inkl. 041	4	19	50	1,3	5,9	15,6
042	Gas- und Wasserinstallation, Leitungen inkl. 043	0	5	14	0,1	1,4	4,5
044	Abwasserinstallationsarbeiten - Leitungen	0	2	7	0,0	0,8	2,2
045	GWA-Einrichtungsgegenstände inkl. 046	0	2	10	0,0	0,8	3,3
047	Dämmarbeiten an betriebstechnischen Anlagen	0	1	4	0,0	0,4	1,4
049	Feuerlöschanlagen, Feuerlöschgeräte	–	–	–	–	–	–
050	Blitzschutz- und Erdungsanlagen	0	0	1	0,0	0,1	0,5
053	Niederspannungsanlagen inkl. 052, 054	1	6	17	0,2	1,9	5,3
055	Ersatzstromversorgungsanlagen	–	0	–	–	0,1	–
057	Gebäudesystemtechnik	–	–	–	–	–	–
058	Leuchten und Lampen inkl. 059	0	2	5	0,0	0,5	1,5
060	Elektroakustische Anlagen, Sprechanlagen	0	2	4	0,1	0,5	1,3
061	Kommunikationsnetze, inkl. 062	0	1	2	0,0	0,2	0,6
063	Gefahrenmeldeanlagen	0	0	2	0,0	0,0	0,6
069	Aufzüge	0	2	2	0,0	0,7	0,7
070	Gebäudeautomation	–	0	–	–	0,1	–
075	Raumlufttechnische Anlagen	0	4	18	0,1	1,2	5,6
	Technische Anlagen	11	46	111	3,4	14,5	34,7
084	Abbruch- und Rückbauarbeiten	7	17	31	2,3	5,5	9,6
	Sonstige Leistungsbereiche inkl. 008, 033, 051	0	2	10	0,1	0,6	3,1

Kosten: 2.Quartal 2016, Bundesdurchschnitt, inkl. **19% MwSt.**

Übersicht 1.+2.Ebene

Erweiterung

Umbau

Moderni- sierung

Instand- setzung

Bau- elemente

Abbrechen

Wieder- herstellen

Herstellen

Modernisierungen

Wohngebäude nach 1945 nur Oberflächen

€/m² BGF

min	59 €/m²
von	170 €/m²
Mittel	**320 €/m²**
bis	580 €/m²
max	870 €/m²

Kosten:
Stand 2.Quartal 2016
Bundesdurchschnitt
inkl. 19% MwSt.

Objektübersicht zur Gebäudeart

6100-0460 Mehrfamilienhaus (12 WE)   BRI 4.894m³   BGF 1.541m²   NUF 1.122m²

Baujahr: 1967
Bauzustand: mittel
Aufwand: mittel
Nutzung während der Bauzeit: ja
Nutzungsänderung: nein
Grundrissänderungen: keine
Tragwerkseingriffe: keine

Land: Niedersachsen
Kreis: Hameln-Pyrmont
Standard: Durchschnitt
Bauzeit: 26 Wochen
Kennwerte: bis 4.Ebene DIN276
veröffentlicht: BKI Objektdaten A4

BGF **82 €/m²**

Planung: Wohnungsgenossenschaft Hameln eG; Hameln

Modernisierung eines Mehrfamilienhauses einer Wohnungsgenossenschaft von 1967 mit Wärmedämmung an Außenwand, Dach und KG-Decke. Keine Maßnahmen an Technischen Anlagen. **Kosteneinfluss Nutzung:** Nur Kostengruppe 300, da reine Fassadensanierung.

Bauwerk - Baukonstruktionen
Herstellen: Außenwandbekleidungen außen 41%, Deckenbeläge 12%, Deckenbekleidungen 10%, Außentüren und -fenster 9%, Sonstige 27%

6100-0462 Mehrfamilienhaus (9 WE)   BRI 4.354m³   BGF 1.342m²   NUF 880m²

Baujahr: 1971
Bauzustand: mittel
Aufwand: mittel
Nutzung während der Bauzeit: ja
Nutzungsänderung: nein
Grundrissänderungen: keine
Tragwerkseingriffe: keine

Land: Niedersachsen
Kreis: Hameln-Pyrmont
Standard: Durchschnitt
Bauzeit: 25 Wochen
Kennwerte: bis 4.Ebene DIN276
veröffentlicht: BKI Objektdaten A4

BGF **98 €/m²**

Planung: Wohnungsgenossenschaft Hameln eG; Hameln

Modernisierung eines Mehrfamilienhauses einer Wohnungsgenossenschaft durch Wärmedämmung der Außenwände und Fensteraustausch. Instandsetzungmaßnahmen. Keine Maßnahmen an Technischen Anlagen. **Kosteneinfluss Nutzung:** Nur Kostengruppe 300, da reine Fassadensanierung.

Bauwerk - Baukonstruktionen
Herstellen: Außenwandbekleidungen außen 62%, Außentüren und -fenster 21%, Gerüste 6%, Sonstige 11%

© **BKI** Baukosteninformationszentrum; Erläuterungen zu den Tabellen siehe Seite 32   Kosten: 2.Quartal 2016, Bundesdurchschnitt, **inkl. 19% MwSt.**

6100-0465 Mehrfamilienhaus (8 WE)   **BRI** 2.290m³   **BGF** 856m²   **NUF** 548m²

© Wohnungsgenossenschaft Hameln eG

Baujahr: 1954
Bauzustand: mittel
Aufwand: mittel
Nutzung während der Bauzeit: ja
Nutzungsänderung: nein
Grundrissänderungen: keine
Tragwerkseingriffe: keine

Land: Niedersachsen
Kreis: Hameln-Pyrmont
Standard: Durchschnitt
Bauzeit: 25 Wochen
Kennwerte: bis 4.Ebene DIN276
veröffentlicht: BKI Objektdaten A4

BGF   **182 €/m²**

Planung: Wohnungsgenossenschaft Hameln eG; Hameln

Modernisierung eines Mehrfamilienhauses einer Wohnungsgenossenschaft durch Wärmedämmung und Fensteraustausch. Keine Maßnahmen an Technischen Anlagen. **Kosteneinfluss Nutzung:** Nur Kostengruppe 300, da reine Fassadensanierung.

Bauwerk - Baukonstruktionen
Herstellen: Außenwandbekleidungen außen 53%, Dachbeläge 17%, Gerüste 8%, Sonstige 22%

6100-0537 Wohnhochhaus   **BRI** 88.114m³   **BGF** 41.928m²   **NUF** 26.126m²

© GWH-Wohnungsgesellschaft mbH Hessen

Land: Hessen
Kreis: Darmstadt
Standard: unter Durchschnitt
Bauzeit: 78 Wochen
Kennwerte: bis 3.Ebene DIN276
veröffentlicht: BKI Objektdaten A4

BGF   **306 €/m²**

Planung: B. Bärfacker GWH Gemeinnützige Wohnungsgesellschaft ; Frankfurt/Main

Modernisierung und Instandsetzung eines Wohnhochhauses mit Sozialwohnungen; WDVS, Fensteraustausch und Austausch der Aufzüge. Erneuerung Technischer Anlagen. Das Parkhaus wurde flächenmäßig als Nebennutzfläche erfasst. **Kosteneinfluss Nutzung:** Während der Sanierung waren 160 Wohnungen bewohnt.

Bauwerk - Baukonstruktionen
Außenwandbekleidungen außen 31%, Außentüren und -fenster 14%, Deckenkonstruktionen 11%, Innenwandbekleidungen 8%, Innentüren und -fenster 8%, Deckenbeläge 6%, Sonstige 23%

Bauwerk - Technische Anlagen
Aufzugsanlagen 30%, Wasseranlagen 14%, Wärmeverteilnetze 12%, Niederspannungsinstallationsanlagen 11%, Beleuchtungsanlagen 7%, Abwasseranlagen 6%, Sonstige 21%

Übersicht 1.+ 2.Ebene
Erweiterung
Umbau
Modernisierung
Instandsetzung
Bauelemente
Abbrechen
Wiederherstellen
Herstellen

Modernisierungen

Wohngebäude nach 1945 nur Oberflächen

€/m² BGF

min	59 €/m²
von	170 €/m²
Mittel	**320 €/m²**
bis	580 €/m²
max	870 €/m²

Kosten:
Stand 2.Quartal 2016
Bundesdurchschnitt
inkl. 19% MwSt.

6100-0597 Mehrfamilienhaus (3 WE)   BRI 894m³   BGF 341m²   NUF 241m²

Baujahr: 1920
Bauzustand: schlecht
Aufwand: hoch
Nutzung während der Bauzeit: ja
Nutzungsänderung: nein
Grundrissänderungen: umfangreiche
Tragwerkseingriffe: einige

Land: Baden-Württemberg
Kreis: Ortenau, Offenburg
Standard: Durchschnitt
Bauzeit: 26 Wochen
Kennwerte: bis 3.Ebene DIN276
veröffentlicht: BKI Objektdaten A5

BGF   **277 €/m²**

Planung: Freier Architekt Rainer Roth; Offenburg

Modernisierung und Instandsetzung eines Mehrfamilienhauses mit 3 Wohneinheiten, Anbau einer Balkonanlage, Erneuerung der Haustechnik.

Bauwerk - Baukonstruktionen
Abbrechen: Nichttragende Innenwände 7%
Herstellen: Außenwände, sonstiges 36%, Dachbekleidungen 20%, Innenwandbekleidungen 10%, Außentüren und -fenster 6%
Sonstige: 22%

Bauwerk - Technische Anlagen
Herstellen: Wärmeerzeugungsanlagen 40%, Wasseranlagen 20%, Niederspannungsinstallationsanlagen 16%, Sonstige 24%

6100-0620 Mehrfamilienhaus (40 WE), Fassade   BRI 14.206m³   BGF 5.489m²   NUF 3.941m²

Bauzustand: mittel
Aufwand: mittel
Nutzung während der Bauzeit: ja
Nutzungsänderung: nein
Grundrissänderungen: keine
Tragwerkseingriffe: keine

Land: Rheinland-Pfalz
Kreis: Bad Kreuznach
Standard: Durchschnitt
Bauzeit: 30 Wochen
Kennwerte: bis 3.Ebene DIN276
veröffentlicht: BKI Objektdaten A6

BGF   **95 €/m²**

Planung: Büro Gebhard & Wiechert Architekten GbR; Bad Kreuznach

Modernisierung und Instandsetzung eines Mehrfamilienhauses mit 40 Wohneinheiten. Abbruch Asbestfaserplatten, Wärmedämmung der Außenwände, Erneuerung der Dachbeläge.

Bauwerk - Baukonstruktionen
Herstellen: Außenwandbekleidungen außen 41%, Außenwände, sonstiges 13%, Außentüren und -fenster 12%, Dachbeläge 12%, Sonstige 22%

Bauwerk - Technische Anlagen
Abbrechen: Abwasseranlagen 3%
Herstellen: Abwasseranlagen 97%

6100-0658 Mehrfamilienhaus (60 WE)   BRI 6.157m³   BGF 2.095m²   NUF 1.525m²

Baujahr: 1958
Bauzustand: mittel
Aufwand: mittel
Nutzung während der Bauzeit: ja
Nutzungsänderung: nein
Grundrissänderungen: wenige
Tragwerkseingriffe: wenige

Land: Bayern
Kreis: München
Standard: Durchschnitt
Bauzeit: 17 Wochen
Kennwerte: bis 3.Ebene DIN276
veröffentlicht: BKI Objektdaten A7

BGF   **174 €/m²**

Planung: Planungsbüro Dipl.-Ing. (FH) Hanns-Peter Benl; Neuötting

Das Haus Baujahr 1958 wurde im Zuge der CO_2 Sanierung energetisch modernisiert. Dabei wurde die Fassade renoviert und mit einem Wärmedämmmverbundsystem versehen. Das Haus ist Bestandteil einer Wohnanlage mit ca. 60 Wohnungen. **Kosteneinfluss Nutzung:** Das Heizsystem wurde auf Fernwärme umgestellt.

Bauwerk - Baukonstruktionen
Herstellen: Außenwandbekleidungen außen 72%, Deckenbekleidungen 8%, Gerüste 5%, Sonstige 15%

Bauwerk - Technische Anlagen
Herstellen: Abwasseranlagen 23%
Wiederherstellen: Abwasseranlagen 48%, Fernseh- und Antennenanlagen 15%
Sonstige: 14%

6100-0694 Zweifamilienhaus   BRI 1.098m³   BGF 417m²   NUF 298m²

Bauzustand: mittel
Aufwand: mittel
Nutzung während der Bauzeit: ja
Nutzungsänderung: nein
Grundrissänderungen: wenige
Tragwerkseingriffe: einige

Land: Bayern
Kreis: München
Standard: Durchschnitt
Bauzeit: 34 Wochen
Kennwerte: bis 3.Ebene DIN276
veröffentlicht: BKI Objektdaten A7

BGF   **446 €/m²**

Planung: Dipl.-Ing. (FH) Hanns-Peter Benl edp ingenieure; München

Das Zweifamilienhaus wurde energetisch modernisiert, mit Wärmedämmverbundsystem und Wärmepumpe. Das Dachgeschoss wurde zusätzlich aufgestockt und ausgebaut (siehe Objekt 6100-0785). **Kosteneinfluss Nutzung:** Das Zweifamilienhaus wurde energetisch modernisiert, um eine CO_2 Reduzierung zu erreichen.

Bauwerk - Baukonstruktionen
Herstellen: Außenwandbekleidungen außen 23%, Außentüren und -fenster 17%, Dachbeläge 12%, Deckenbeläge 8%, Dachkonstruktionen 8%, Dachbekleidungen 5%, Gerüste 4%, Sonstige 22%

Bauwerk - Technische Anlagen
Herstellen: Wärmeerzeugungsanlagen 52%, Niederspannungsinstallationsanlagen 13%, Wärmeverteilnetze 10%, Sonstige 25%

Übersicht-
1.-.2.Ebene

Erweiterung

Umbau

Modernisierung

Instandsetzung

Bauelemente

Abbrechen

Wiederherstellen

Herstellen

Wohngebäude nach 1945 nur Oberflächen

€/m² BGF

min	59	€/m²
von	170	€/m²
Mittel	**320**	**€/m²**
bis	580	€/m²
max	870	€/m²

Kosten:
Stand 2.Quartal 2016
Bundesdurchschnitt
inkl. 19% MwSt.

6100-0725 Mehrfamilienhaus (12 WE)   **BRI** 5.108m³   **BGF** 1.906m²   **NUF** 1.352m²

Bauzustand: mittel
Aufwand: niedrig
Nutzung während der Bauzeit: ja
Nutzungsänderung: nein
Grundrissänderungen: wenige
Tragwerkseingriffe: wenige

Land: Berlin
Kreis: Berlin
Standard: über Durchschnitt
Bauzeit: 8 Wochen
Kennwerte: bis 3.Ebene DIN276
veröffentlicht: BKI Objektdaten A7

BGF   **59 €/m²**

Planung: TSSB architekten.ingenieure . Berlin; Berlin

Dachsanierung an einem Mehrfamilienhaus mit 12 Wohneinheiten. Die vorhandenen asbesthaltigen Baustoffe mussten entfernt werden.

Bauwerk - Baukonstruktionen
Abbrechen: Dachbeläge 15%
Herstellen: Dachbeläge 50%, Gerüste 8%, Dachbekleidungen 6%
Sonstige: 21%

Bauwerk - Technische Anlagen
Abbrechen: Wärmeversorgungsanlagen, sonstiges 28%
Herstellen: Abwasseranlagen 43%, Wärmeversorgungsanlagen, sonstiges 29%

6100-0781 Mehrfamilienhaus (8 WE)   **BRI** 3.225m³   **BGF** 1.312m²   **NUF** 805m²

Baujahr: 1956
Bauzustand: schlecht
Aufwand: mittel
Nutzung während der Bauzeit: nein
Nutzungsänderung: nein
Grundrissänderungen: wenige
Tragwerkseingriffe: keine

Land: Nordrhein-Westfalen
Kreis: Bielefeld
Standard: Durchschnitt
Bauzeit: 26 Wochen
Kennwerte: bis 3.Ebene DIN276
veröffentlicht: BKI Objektdaten A8

BGF   **293 €/m²**

Planung: Bielefelder Gemeinnützige Wohnungsgesellschaft mbH; Bielefeld

Umbau eines Bestandsgebäudes zu einem Drei-Liter-Haus mit einem Verbrauch von 32kWh/m²a nach Modernisierung.

Bauwerk - Baukonstruktionen
Herstellen: Außentüren und -fenster 31%, Außenwandbekleidungen außen 25%, Nichttragende Innenwände 7%, Außenwandbekleidungen innen 6%, Deckenbekleidungen 6%, Außenwände, sonstiges 4%, Sonstige 22%

Bauwerk - Technische Anlagen
Herstellen: Lüftungsanlagen 26%, Wärmeerzeugungsanlagen 20%, Wasseranlagen 16%, Wärmeverteilnetze 13%, Sonstige 25%

6100-0782 Mehrfamilienhäuser (31 WE)   **BRI** 9.000m³   **BGF** 3.152m²   **NUF** 2.250m²

© Architekturbüro Abel

Land: Brandenburg
Kreis: Wittstock
Standard: Durchschnitt
Bauzeit: 65 Wochen
Kennwerte: bis 3.Ebene DIN276
veröffentlicht: BKI Objektdaten A8
BGF   **875 €/m²**

Planung: Architekturbüro Abel; Wittstock

Modernisierung von fünf Mehrfamilienhäusern

Bauwerk - Baukonstruktionen
Abbrechen: Tragende Außenwände 3%, Deckenbeläge 3%
Herstellen: Außentüren und -fenster 11%, Außenwandbekleidungen außen 11%, Deckenbeläge 9%, Innenwandbekleidungen 8%, Außenwände, sonstiges 7%, Dachbeläge 6%, Innentüren und -fenster 6%, Dachkonstruktionen 4%, Außenwandbekleidungen innen 3%, Deckenbekleidungen 3%, Tragende Außenwände 3%, Dachbekleidungen 2%
Sonstige: 22%

Bauwerk - Technische Anlagen
Herstellen: Lüftungsanlagen 26%, Wasseranlagen 14%, Niederspannungsinstallationsanlagen 13%, Abwasseranlagen 8%, Wärmeverteilnetze 8%, Wärmeerzeugungsanlagen 8%, Sonstige 23%

6100-0857 Mehrfamilienhaus (46 WE)   **BRI** 14.552m³   **BGF** 6.740m²   **NUF** 4.690m²

© planungsbüro brenker hoppe tegethoff gbr

Baujahr: 1954
Bauzustand: mittel
Aufwand: hoch
Nutzung während der Bauzeit: ja
Nutzungsänderung: nein
Grundrissänderungen: einige
Tragwerkseingriffe: wenige

Land: Nordrhein-Westfalen
Kreis: Dortmund
Standard: Durchschnitt
Bauzeit: 113 Wochen
Kennwerte: bis 3.Ebene DIN276
veröffentlicht: BKI Objektdaten A8
BGF   **283 €/m²**

Planung: planungsbüro brenker hoppe tegethoff gbr; Dortmund

Mehrfamilienhäuser (7 Häuser) mit 46 Wohneinheiten

Bauwerk - Baukonstruktionen
Herstellen: Außenwandbekleidungen außen 29%, Dachbeläge 14%, Außentüren und -fenster 14%, Dachbekleidungen 6%, Sonnenschutz 5%, Decken, sonstiges 4%, Deckenbeläge 4%, Dachkonstruktionen 3%, Sonstige 22%

Bauwerk - Technische Anlagen
Herstellen: Wärmeerzeugungsanlagen 24%, Wärmeversorgungsanlagen, sonstiges 21%, Such- und Signalanlagen 16%, Abwasseranlagen 12%, Sonstige 27%

Übersicht- 1.-+.2.Ebene

Erweiterung

Umbau

Modernisierung

Instandsetzung

Bauelemente

Abbrechen

Wiederherstellen

Herstellen

Objektübersicht zur Gebäudeart

Wohngebäude nach 1945 nur Oberflächen

€/m² BGF

min	59 €/m²
von	170 €/m²
Mittel	**320 €/m²**
bis	580 €/m²
max	870 €/m²

Kosten:
Stand 2.Quartal 2016
Bundesdurchschnitt
inkl. 19% MwSt.

6100-0858 Mehrfamilienhaus (19 WE)　　　BRI 7.091m³　　BGF 2.617m²　　NUF 1.850m²

Baujahr: 1954
Bauzustand: mittel
Aufwand: hoch
Nutzung während der Bauzeit: ja
Nutzungsänderung: nein
Grundrissänderungen: einige
Tragwerkseingriffe: einige

Land: Nordrhein-Westfalen
Kreis: Dortmund
Standard: Durchschnitt
Bauzeit: 69 Wochen
Kennwerte: bis 3.Ebene DIN276
veröffentlicht: BKI Objektdaten A9

BGF　**330 €/m²**

Planung: planungsbüro brenker hoppe tegethoff gbr; Dortmund
Mehrfamilienhäuser (3 Häuser) mit 19 Wohneinheiten

Bauwerk - Baukonstruktionen
Abbrechen: Dachbeläge 3%
Herstellen: Außenwandbekleidungen außen 27%, Dachbeläge 15%, Außentüren und -fenster 11%, Dachbekleidungen 7%, Sonnenschutz 4%, Decken, sonstiges 4%, Deckenbeläge 4%, Deckenbekleidungen 3%
Sonstige: 22%

Bauwerk - Technische Anlagen
Herstellen: Wärmeerzeugungsanlagen 24%, Wärmeversorgungsanlagen, sonstiges 24%, Such- und Signalanlagen 11%, Beleuchtungsanlagen 8%, Abwasseranlagen 7%, Sonstige 26%

6100-0859 Mehrfamilienhaus (21 WE)　　　BRI 6.988m³　　BGF 2.588m²　　NUF 1.829m²

Baujahr: 1954
Bauzustand: mittel
Aufwand: hoch
Nutzung während der Bauzeit: ja
Nutzungsänderung: nein
Grundrissänderungen: einige
Tragwerkseingriffe: einige

Land: Nordrhein-Westfalen
Kreis: Dortmund
Standard: Durchschnitt
Bauzeit: 69 Wochen
Kennwerte: bis 3.Ebene DIN276
veröffentlicht: BKI Objektdaten A9

BGF　**340 €/m²**

Planung: planungsbüro brenker hoppe tegethoff gbr; Dortmund
Mehrfamilienhäuser (3 Häuser) mit 21 Wohneinheiten

Bauwerk - Baukonstruktionen
Abbrechen: Dachbeläge 3%
Herstellen: Außenwandbekleidungen außen 24%, Dachbeläge 18%, Außentüren und -fenster 10%, Dachbekleidungen 6%, Decken, sonstiges 5%, Dachkonstruktionen 4%, Sonnenschutz 3%, Deckenbeläge 3%, Außenwände, sonstiges 3%
Sonstige: 21%

Bauwerk - Technische Anlagen
Herstellen: Wärmeversorgungsanlagen, sonstiges 35%, Such- und Signalanlagen 13%, Abwasseranlagen 12%, Beleuchtungsanlagen 10%, Wärmeerzeugungsanlagen 8%, Sonstige 23%

　　　© **BKI** Baukosteninformationszentrum; Erläuterungen zu den Tabellen siehe Seite 32　　　Kosten: 2.Quartal 2016, Bundesdurchschnitt, **inkl. 19% MwSt.**

6100-0864 Mehrfamilienhaus (12 WE)   **BRI** 4.763m³   **BGF** 1.756m²   **NUF** 1.259m²

Baujahr: 1954
Bauzustand: mittel
Aufwand: mittel
Nutzung während der Bauzeit: nein
Nutzungsänderung: nein
Grundrissänderungen: wenige
Tragwerkseingriffe: wenige

Land: Brandenburg
Kreis: Brandenburg
Standard: Durchschnitt
Bauzeit: 30 Wochen
Kennwerte: bis 3.Ebene DIN276
veröffentlicht: BKI Objektdaten A8

BGF   **453 €/m²**

Planung: braunschweig. architekten; Brandenburg

Am Mehrfamilienhaus (12 WE) Baujahr 1954 wurde eine Modernisierung und Instandsetzung durchgeführt. Das Gebäude bekam eine Balkonanlage, eine Solaranlage und eine Pelletheizung.

Bauwerk - Baukonstruktionen
Herstellen: Außentüren und -fenster 14%, Deckenbeläge 12%, Außenwandbekleidungen außen 10%, Deckenkonstruktionen 9%, Außenwände, sonstiges 8%, Innentüren und -fenster 8%, Innenwandbekleidungen 6%, Dachbeläge 4%, Außenwandbekleidungen innen 3%, Nichttragende Innenwände 3%, Zusätzliche Maßnahmen 3%, Sonstige 20%

Bauwerk - Technische Anlagen
Herstellen: Abwasser-, Wasser-, Gasanlagen 43%, Wärmeversorgungsanlagen 25%, Starkstromanlagen 19%, Sonstige 12%

6100-0918 Mehrfamilienhaus (29 WE)   **BRI** 12.196m³   **BGF** 2.336m²   **NUF** 1.453m²

Baujahr: 1960
Bauzustand: mittel
Aufwand: mittel
Nutzung während der Bauzeit: ja
Nutzungsänderung: ja
Grundrissänderungen: wenige
Tragwerkseingriffe: keine

Land: Nordrhein-Westfalen
Kreis: Köln
Standard: Durchschnitt
Bauzeit: 43 Wochen
Kennwerte: bis 3.Ebene DIN276
veröffentlicht: BKI Objektdaten A8

BGF   **295 €/m²**

Planung: MEWarchitekten; Köln

Modernisierung von Mehrfamilienhaus zu einem KfW Effizienzhaus 115 durch Wärmedämmung der Fassade, der Kellerdecke, des Daches, Fenster mit Dreifachverglasung, feuchtigkeitsgesteuerte Abluftanlage, Brennertausch.

Bauwerk - Baukonstruktionen
Herstellen: Außenwandbekleidungen außen 32%, Außentüren und -fenster 26%, Dachbeläge 16%, Außenwände, sonstiges 6%, Sonstige 20%

Bauwerk - Technische Anlagen
Herstellen: Lüftungsanlagen 60%, Beleuchtungsanlagen 14%
Wiederherstellen: Abwasseranlagen 8%
Sonstige: 19%

Übersicht 1.+.2.Ebene · Erweiterung · Umbau · Modernisierung · Instandsetzung · Bauelemente · Abbrechen · Wiederherstellen · Herstellen

**Wohngebäude
nach 1945
nur Oberflächen**

€/m² BGF

min	59	€/m²
von	170	€/m²
Mittel	**320**	**€/m²**
bis	580	€/m²
max	870	€/m²

Kosten:
Stand 2.Quartal 2016
Bundesdurchschnitt
inkl. 19% MwSt.

Objektübersicht zur Gebäudeart

6100-0931 Mehrfamilienhäuser (3 St, 18 WE)   BRI 6.698m³   BGF 2.705m²   NUF 2.039m²

© Planungsgruppe Kammerer + Koenig

Baujahr: 1965
Bauzustand: mittel
Aufwand: mittel
Nutzung während der Bauzeit: ja
Nutzungsänderung: nein
Grundrissänderungen: wenige
Tragwerkseingriffe: keine

Land: Niedersachsen
Kreis: Hildesheim
Standard: Durchschnitt
Bauzeit: 30 Wochen
Kennwerte: bis 3.Ebene DIN276
veröffentlicht: BKI Objektdaten E5

BGF   311 €/m²

Planung: Planungsgruppe Kammerer + Koenig Melanie Kammerer; Alfeld

Drei Mehrfamilienhäuser mit 18 Wohnungen wurden energetisch modernisiert.

Bauwerk - Baukonstruktionen
Abbrechen: Außenwände, sonstiges 5%
Herstellen: Außenwände, sonstiges 24%, Außenwandbekleidungen außen 23%, Außentüren und -fenster 16%, Deckenbeläge 4%, Dachbeläge 3%, Deckenbekleidungen 3%
Sonstige: 22%

Bauwerk - Technische Anlagen
Herstellen: Wärmeerzeugungsanlagen 34%, Niederspannungsinstallationsanlagen 24%, Raumheizflächen 11%, Abwasseranlagen 8%, Sonstige 23%

6100-1050 Mehrfamilienhaus (64 WE)   BRI 17.760m³   BGF 6.537m²   NUF 4.555m²

© Holger Herschel

Baujahr: 1955/56
Bauzustand: mittel
Aufwand: mittel
Nutzung während der Bauzeit: ja
Nutzungsänderung: nein
Grundrissänderungen: wenige
Tragwerkseingriffe: keine

Land: Berlin
Kreis: Berlin
Standard: Durchschnitt
Bauzeit: 30 Wochen
Kennwerte: bis 3.Ebene DIN276
veröffentlicht: BKI Objektdaten A9

BGF   693 €/m²

Planung: WINFRIED BRENNE ARCHITEKTEN; Berlin

Modernisierung von Mehrfamilienhäusern (3 Häuser) mit 64 Wohneinheiten **Kosteneinfluss Nutzung:** Denkmalschutz

Bauwerk - Baukonstruktionen
Herstellen: Außentüren und -fenster 23%, Außenwandbekleidungen außen 12%, Innenwandbekleidungen 10%, Gerüste 5%, Decken, sonstiges 5%, Dachbeläge 4%, Außenwandbekleidungen innen 3%, Deckenbeläge 3%, Deckenbekleidungen 3%
Wiederherstellen: Elementierte Außenwände 7%, Sonnenschutz 4%
Sonstige: 21%

Bauwerk - Technische Anlagen
Herstellen: Wasseranlagen 26%, Niederspannungsinstallationsanlagen 19%, Wärmeverteilnetze 12%, Abwasseranlagen 11%, Raumheizflächen 7%, Sonstige 25%

6100-1111 Wohnhochhaus (179 WE)   **BRI** 43.272m³   **BGF** 15.978m²   **NUF** k.A.

Baujahr: 1971
Bauzustand: mittel
Aufwand: hoch
Nutzung während der Bauzeit: ja
Nutzungsänderung: nein
Grundrissänderungen: keine
Tragwerkseingriffe: keine

Land: Schleswig-Holstein
Kreis: Bad Segeberg
Standard: Durchschnitt
Bauzeit: 69 Wochen
Kennwerte: bis 3.Ebene DIN276
vorgesehen: BKI Objektdaten A10

BGF   **211 €/m²**

Planung: Mannott + Mannott Dipl. Ingenieure, Architekten; Hamburg

Fassade- und Dachsanierung eines Wohnhochhauses (179 WE)

Bauwerk - Baukonstruktionen
Herstellen: Außenwandbekleidungen außen 46%, Außentüren und -fenster 9%, Deckenbeläge 7%, Gerüste 7%, Dachbeläge 7%, Baustelleneinrichtung 4%, Sonstige 20%

Bauwerk - Technische Anlagen
Herstellen: Abwasseranlagen 26%, Blitzschutz - und Erdungsanlagen 7%, Beleuchtungsanlagen 7%
Wiederherstellen: Raumheizflächen 39%
Sonstige: 20%

6100-1192 Mehrfamilienhaus (15 WE) Dachsanierung*   **BRI** 6.064m³   **BGF** 2.195m²   **NUF** 1.720m²

Baujahr: 1966
Bauzustand: mittel
Aufwand: mittel
Nutzung während der Bauzeit: ja
Nutzungsänderung: nein
Grundrissänderungen: keine
Tragwerkseingriffe: keine

Land: Nordrhein-Westfalen
Kreis: Münster
Standard: Durchschnitt
Bauzeit: 17 Wochen
Kennwerte: bis 3.Ebene DIN276
vorgesehen: BKI Objektdaten A10

BGF   **53 €/m²**

* Nicht in der Auswertung enthalten

Planung: baukunst thomas serwe; Recklinghausen

Dachsanierung eines Mehrfamilienhauses mit 15 Wohnungen

Bauwerk - Baukonstruktionen
Abbrechen: Dachbeläge 4%
Herstellen: Dachbeläge 61%, Gerüste 32%
Sonstige: 3%

Bauwerk - Technische Anlagen
Herstellen: Wärmeversorgungsanlagen, sonstiges 38%, Blitzschutz - und Erdungsanlagen 28%, Abwasseranlagen 19%, Sonstige 16%

    Kosten: 2.Quartal 2016, Bundesdurchschnitt, **inkl. 19% MwSt.**

Übersicht 1.+2.Ebene
Erweiterung
Umbau
Modernisierung
Instandsetzung
Bauelemente
Abbrechen
Wiederherstellen
Herstellen

Wohngebäude nach 1945 nur Oberflächen

€/m² BGF

min	59	€/m²
von	170	€/m²
Mittel	**320**	**€/m²**
bis	580	€/m²
max	870	€/m²

Kosten:
Stand 2.Quartal 2016
Bundesdurchschnitt
inkl. 19% MwSt.

6100-1193 Mehrfamilienhaus (15 WE) Fassadensanierung*　　**BRI** 6.064m³　**BGF** 2.195m²　**NUF** 1.720m²

© baukunst thomas serwe

Baujahr: 1966
Bauzustand: mittel
Aufwand: mittel
Nutzung während der Bauzeit: ja
Nutzungsänderung: nein
Grundrissänderungen: keine
Tragwerkseingriffe: keine

Land: Nordrhein-Westfalen
Kreis: Münster
Standard: Durchschnitt
Bauzeit: 17 Wochen
Kennwerte: bis 3.Ebene DIN276
vorgesehen: BKI Objektdaten A10

BGF　76 €/m²

* Nicht in der Auswertung enthalten

Planung: baukunst thomas serwe; Recklinghausen

Fassadensanierung eines Mehrfamilienhauses mit 15 Wohnungen

Bauwerk - Baukonstruktionen
Abbrechen: Außenwandbekleidungen außen 6%
Herstellen: Außenwandbekleidungen außen 82%,
Außentüren und -fenster 7%
Sonstige: 4%

Bauwerk - Technische Anlagen
Herstellen: Niederspannungsinstallationsanlagen 57%,
Beleuchtungsanlagen 14%
Wiederherstellen: Niederspannungsinstallations-
anlagen 29%

6100-0256 Mehrfamilienhaus (36 WE)　　**BRI** 8.410m³　**BGF** 3.025m²　**NUF** 1.965m²

© Euen, Wolf & Winter GmbH Architektur- und Ingenieurbüro

Bauzustand: mittel
Aufwand: mittel
Nutzung während der Bauzeit: ja
Nutzungsänderung: nein
Grundrissänderungen: wenige
Tragwerkseingriffe: keine

Land: Thüringen
Kreis: Gera
Standard: Durchschnitt
Bauzeit: 21 Wochen
Kennwerte: bis 1.Ebene DIN276
veröffentlicht: BKI Objektdaten A1

BGF　385 €/m²

Planung: Euen, Wolf & Winter GmbH Architektur- und Ingenieurbüro; Gera

Modernisierung und Instandsetzung eines Mehrfamilienhauses mit 36 Wohnungen 40-50m² (1.673m² WFL) mit Wärmedämmung, Heizungserneuerung und Anbau von Balkonen.

6100-0278 Mehrfamilienhaus (36 WE)   **BRI** 8.865m³   **BGF** 2.775m²   **NUF** 1.977m²

© Röder & Becker Ingenieur- und Architekturbüro

Land: Sachsen
Kreis: Leipzig
Standard: unter Durchschnitt
Bauzeit: 17 Wochen
Kennwerte: bis 1.Ebene DIN276
veröffentlicht: BKI Objektdaten A1

BGF   **533 €/m²**

Planung: Röder & Becker Ingenieur- und Architekturbüro; Eilenburg

Modernisierung und Instandsetzung eines Mehrfamilienhauses aus dem Jahre 1959 mit Wärmedämmverbundsystem, Heizungserneuerung und Anbau von Balkonen.

Übersicht 1.+2.Ebene
Erweiterung
Umbau
Modernisierung
Instandsetzung
Bauelemente
Abbrechen
Wiederherstellen
Herstellen

**Wohngebäude
nach 1945
mit Tragkonstruktion**

Kostenkennwerte für die Kosten des Bauwerks (Kostengruppen 300+400 nach DIN 276)

BRI 295 €/m³
von 205 €/m³
bis 355 €/m³

BGF 870 €/m²
von 640 €/m²
bis 1.220 €/m²

NUF 1.330 €/m²
von 970 €/m²
bis 1.900 €/m²

NE 1.480 €/NE
von 1.150 €/NE
bis 1.850 €/NE
NE: Wohnfläche

Objektbeispiele

Kosten:
Stand 2.Quartal 2016
Bundesdurchschnitt
inkl. 19% MwSt.

6100-1051

6100-0489

6200-0035

Kosten der 12 Vergleichsobjekte — Seiten 354 bis 359

- KKW
▶ min
▷ von
| Mittelwert
◁ bis
◀ max

BRI
|0 |50 |100 |150 |200 |250 |300 |350 |400 |450 |500 €/m³ BRI

BGF
|200 |400 |600 |800 |1000 |1200 |1400 |1600 |1800 |2000 |2200 €/m² BGF

NUF
|500 |750 |1000 |1250 |1500 |1750 |2000 |2250 |2500 |2750 |3000 €/m² NUF

Kostenkennwerte für die Kostengruppen der 1. und 2.Ebene DIN 276

KG	Kostengruppen der 1. Ebene	Einheit	▷	€/Einheit	◁	▷	% an 300+400	◁
100	Grundstück	m² GF						
200	Herrichten und Erschließen	m² GF	1	**6**	12	0,1	**0,9**	1,2
300	Bauwerk - Baukonstruktionen	m² BGF	445	**639**	824	67,0	**73,9**	79,0
400	Bauwerk - Technische Anlagen	m² BGF	148	**234**	370	21,0	**26,1**	33,0
	Bauwerk (300+400)	m² BGF	643	**873**	1.215		**100,0**	
500	Außenanlagen	m² AF	38	**79**	121	4,3	**8,4**	21,4
600	Ausstattung und Kunstwerke	m² BGF	5	**35**	75	1,0	**3,1**	8,9
700	Baunebenkosten	m² BGF						

KG	Kostengruppen der 2. Ebene	Einheit	▷	€/Einheit	◁	▷	% an 300	◁
310	Baugrube	m³ BGI	33	**51**	129	0,2	**0,9**	2,2
320	Gründung	m² GRF	103	**306**	555	1,9	**5,6**	13,5
330	Außenwände	m² AWF	221	**307**	416	32,7	**42,3**	59,4
340	Innenwände	m² IWF	87	**171**	251	9,8	**19,9**	28,2
350	Decken	m² DEF	144	**192**	245	10,4	**17,1**	23,6
360	Dächer	m² DAF	160	**261**	362	3,9	**9,8**	16,3
370	Baukonstruktive Einbauten	m² BGF	5	**10**	21	0,0	**0,5**	2,3
390	Sonstige Baukonstruktionen	m² BGF	13	**27**	43	2,5	**3,9**	6,7
300	**Bauwerk Baukonstruktionen**	**m² BGF**					**100,0**	

KG	Kostengruppen der 2. Ebene	Einheit	▷	€/Einheit	◁	▷	% an 400	◁
410	Abwasser, Wasser, Gas	m² BGF	29	**62**	112	10,4	**25,4**	32,2
420	Wärmeversorgungsanlagen	m² BGF	42	**62**	79	19,6	**32,8**	51,8
430	Lufttechnische Anlagen	m² BGF	8	**33**	74	2,3	**11,0**	22,0
440	Starkstromanlagen	m² BGF	25	**47**	89	13,8	**20,9**	41,6
450	Fernmeldeanlagen	m² BGF	6	**13**	44	2,3	**5,0**	8,8
460	Förderanlagen	m² BGF	29	**39**	48	0,0	**4,0**	18,3
470	Nutzungsspezifische Anlagen	m² BGF	–	**30**	–	–	**0,7**	–
480	Gebäudeautomation	m² BGF	–	**–**	–	–	**–**	–
490	Sonstige Technische Anlagen	m² BGF	–	**3**	–	–	**0,2**	–
400	**Bauwerk Technische Anlagen**	**m² BGF**					**100,0**	

Prozentanteile der Kosten der 2.Ebene an den Kosten des Bauwerks nach DIN 276 (Von-, Mittel-, Bis-Werte)

310	Baugrube	0,7
320	Gründung	4,2
330	Außenwände	32,1
340	Innenwände	14,6
350	Decken	12,8
360	Dächer	7,3
370	Baukonstruktive Einbauten	0,4
390	Sonstige Baukonstruktionen	3,0
410	Abwasser, Wasser, Gas	6,5
420	Wärmeversorgungsanlagen	7,8
430	Lufttechnische Anlagen	3,0
440	Starkstromanlagen	5,3
450	Fernmeldeanlagen	1,3
460	Förderanlagen	1,1
470	Nutzungsspezifische Anlagen	0,2
480	Gebäudeautomation	
490	Sonstige Technische Anlagen	0,0

15%   30%   45%   60%

Kosten: 2.Quartal 2016, Bundesdurchschnitt, inkl. 19% MwSt.

Übersicht 1.+2.Ebene · Erweiterung · Umbau · Modernisierung · Instandsetzung · Bauelemente · Abbrechen · Wiederherstellen · Herstellen

Kostenkennwerte für die Kostengruppen der 3.Ebene DIN 276

Wohngebäude
nach 1945
mit Tragkonstruktion

KG	Kostengruppen der 3. Ebene	Einheit	▷	Ø €/Einheit	◁	▷	Ø €/m² BGF	◁
323	Tiefgründungen	m²	–	**413,34**	–	–	**88,95**	–
335	Außenwandbekleidungen außen	m²	114,61	**141,51**	257,08	45,72	**79,27**	95,03
334	Außentüren und -fenster	m²	379,15	**499,89**	590,36	37,67	**76,53**	119,03
352	Deckenbeläge	m²	85,60	**121,09**	170,54	30,96	**52,38**	70,50
412	Wasseranlagen	m²	24,74	**49,44**	82,60	24,74	**49,44**	82,60
345	Innenwandbekleidungen	m²	29,29	**43,47**	71,92	27,61	**47,32**	56,18
351	Deckenkonstruktionen	m²	132,99	**208,66**	404,49	11,29	**43,03**	108,55
461	Aufzugsanlagen	m²	29,32	**38,68**	48,04	29,32	**38,68**	48,04
363	Dachbeläge	m²	97,51	**126,10**	147,63	17,51	**36,41**	56,63
344	Innentüren und -fenster	m²	321,24	**445,76**	668,14	14,87	**35,32**	70,43
361	Dachkonstruktionen	m²	126,30	**175,41**	367,60	12,91	**34,47**	46,45
442	Eigenstromversorgungsanlagen	m²	5,16	**33,43**	61,69	5,16	**33,43**	61,69
431	Lüftungsanlagen	m²	7,88	**32,78**	73,76	7,88	**32,78**	73,76
331	Tragende Außenwände	m²	126,03	**195,61**	275,35	15,22	**31,79**	75,88
444	Niederspannungsinstallationsanl.	m²	19,08	**30,97**	58,64	19,08	**30,97**	58,64
471	Küchentechnische Anlagen	m²	–	**29,96**	–	–	**29,96**	–
421	Wärmeerzeugungsanlagen	m²	11,70	**29,64**	58,12	11,70	**29,64**	58,12
342	Nichttragende Innenwände	m²	87,13	**120,77**	155,82	12,32	**28,15**	49,73
341	Tragende Innenwände	m²	123,98	**225,92**	450,14	13,59	**27,99**	62,35
339	Außenwände, sonstiges	m²	6,43	**35,08**	98,86	5,84	**27,85**	75,13
337	Elementierte Außenwände	m²	204,38	**364,97**	525,57	6,71	**25,96**	45,21
338	Sonnenschutz	m²	163,39	**274,14**	593,52	13,73	**24,17**	39,09
353	Deckenbekleidungen	m²	31,73	**60,10**	149,86	8,60	**23,15**	36,90
336	Außenwandbekleidungen innen	m²	32,49	**46,54**	68,50	15,37	**20,59**	25,43
422	Wärmeverteilnetze	m²	9,42	**16,78**	32,84	9,42	**16,78**	32,84
324	Unterböden und Bodenplatten	m²	86,87	**139,35**	188,98	3,70	**15,83**	47,50
411	Abwasseranlagen	m²	6,79	**15,59**	26,84	6,79	**15,59**	26,84
423	Raumheizflächen	m²	7,30	**14,80**	21,39	7,30	**14,80**	21,39
456	Gefahrenmelde- und Alarmanlagen	m²	8,29	**13,20**	18,10	8,29	**13,20**	18,10
392	Gerüste	m²	6,79	**11,82**	21,94	6,79	**11,82**	21,94
325	Bodenbeläge	m²	49,99	**78,06**	126,22	3,95	**10,88**	16,65
371	Allgemeine Einbauten	m²	5,03	**10,39**	20,65	5,03	**10,39**	20,65
391	Baustelleneinrichtung	m²	4,18	**10,24**	21,40	4,18	**10,24**	21,40
445	Beleuchtungsanlagen	m²	2,23	**8,62**	18,69	2,23	**8,62**	18,69
364	Dachbekleidungen	m²	46,25	**72,44**	105,21	4,21	**8,19**	14,96
457	Übertragungsnetze	m²	6,14	**8,04**	9,93	6,14	**8,04**	9,93
393	Sicherungsmaßnahmen	m²	1,13	**7,76**	14,38	1,13	**7,76**	14,38
322	Flachgründungen	m²	82,92	**154,70**	317,83	3,46	**7,25**	17,93
311	Baugrubenherstellung	m³	32,43	**49,94**	122,85	3,16	**6,86**	18,65
359	Decken, sonstiges	m²	2,52	**8,98**	18,06	2,07	**6,06**	14,78
429	Wärmeversorgungsanl., sonstiges	m²	1,26	**5,64**	14,00	1,26	**5,64**	14,00
419	Abwasser-, Wasser- und Gas-anlagen, sonstiges	m²	1,69	**5,34**	9,24	1,69	**5,34**	9,24
326	Bauwerksabdichtungen	m²	9,05	**24,25**	74,87	0,26	**4,94**	13,91
452	Such- und Signalanlagen	m²	2,56	**4,67**	16,33	2,56	**4,67**	16,33
343	Innenstützen	m	135,11	**168,67**	202,24	1,04	**4,36**	10,90
362	Dachfenster, Dachöffnungen	m²	1.491,23	**2.012,07**	2.532,90	3,36	**4,19**	5,01
369	Dächer, sonstiges	m²	9,25	**17,52**	56,48	2,12	**3,45**	4,21
451	Telekommunikationsanlagen	m²	0,88	**3,16**	8,83	0,88	**3,16**	8,83
321	Baugrundverbesserung	m²	–	**33,26**	–	–	**2,93**	–

Kosten:
Stand 2.Quartal 2016
Bundesdurchschnitt
inkl. 19% MwSt.

▷ von
Ø Mittel
◁ bis

© **BKI** Baukosteninformationszentrum; Erläuterungen zu den Tabellen siehe Seite 28   Kosten: 2.Quartal 2016, Bundesdurchschnitt, **inkl. 19% MwSt.**

LB	Leistungsbereiche	▷	€/m² BGF	◁	▷	% an 300+400	◁
000	Sicherheits-, Baustelleneinrichtungen inkl. 001	13	21	39	1,5	2,5	4,5
002	Erdarbeiten	5	9	24	0,5	1,0	2,8
006	Spezialtiefbauarbeiten inkl. 005	–	–	–	–	–	–
009	Entwässerungskanalarbeiten inkl. 011	0	2	4	0,0	0,2	0,4
010	Drän- und Versickerungsarbeiten	0	1	2	0,0	0,1	0,2
012	Mauerarbeiten	14	36	63	1,6	4,1	7,3
013	Betonarbeiten	18	63	130	2,0	7,2	14,9
014	Natur-, Betonwerksteinarbeiten	0	2	5	0,0	0,2	0,6
016	Zimmer- und Holzbauarbeiten	8	41	146	1,0	4,6	16,7
017	Stahlbauarbeiten	0	8	33	0,1	0,9	3,8
018	Abdichtungsarbeiten	1	5	18	0,1	0,6	2,0
020	Dachdeckungsarbeiten	3	11	24	0,4	1,2	2,8
021	Dachabdichtungsarbeiten	3	11	26	0,3	1,2	2,9
022	Klempnerarbeiten	4	11	19	0,4	1,2	2,1
	Rohbau	92	220	292	10,5	25,2	33,4
023	Putz- und Stuckarbeiten, Wärmedämmsysteme	50	95	149	5,8	10,9	17,0
024	Fliesen- und Plattenarbeiten	17	31	70	2,0	3,5	8,0
025	Estricharbeiten	6	13	25	0,7	1,5	2,8
026	Fenster, Außentüren inkl. 029, 032	40	77	132	4,6	8,8	15,1
027	Tischlerarbeiten	9	30	58	1,0	3,4	6,7
028	Parkettarbeiten, Holzpflasterarbeiten	0	8	25	0,0	0,9	2,9
030	Rollladenarbeiten	8	21	44	0,9	2,4	5,0
031	Metallbauarbeiten inkl. 035	12	36	113	1,4	4,1	12,9
034	Maler- und Lackiererarbeiten inkl. 037	19	32	61	2,1	3,6	7,0
036	Bodenbelagarbeiten	2	15	27	0,2	1,7	3,1
038	Vorgehängte hinterlüftete Fassaden	–	0	–	–	0,0	–
039	Trockenbauarbeiten	14	36	53	1,6	4,1	6,0
	Ausbau	310	395	523	35,5	45,2	60,0
040	Wärmeversorgungsanl. - Betriebseinr. inkl. 041	37	58	97	4,3	6,7	11,1
042	Gas- und Wasserinstallation, Leitungen inkl. 043	7	16	23	0,8	1,9	2,6
044	Abwasserinstallationsarbeiten - Leitungen	3	8	11	0,3	1,0	1,3
045	GWA-Einrichtungsgegenstände inkl. 046	13	24	43	1,5	2,8	5,0
047	Dämmarbeiten an betriebstechnischen Anlagen	2	6	11	0,3	0,7	1,3
049	Feuerlöschanlagen, Feuerlöschgeräte	–	0	–	–	0,0	–
050	Blitzschutz- und Erdungsanlagen	0	1	3	0,0	0,1	0,3
053	Niederspannungsanlagen inkl. 052, 054	21	37	68	2,4	4,3	7,8
055	Ersatzstromversorgungsanlagen	–	0	–	–	0,0	–
057	Gebäudesystemtechnik	–	–	–	–	–	–
058	Leuchten und Lampen inkl. 059	2	7	20	0,3	0,8	2,3
060	Elektroakustische Anlagen, Sprechanlagen	1	3	6	0,1	0,4	0,7
061	Kommunikationsnetze, inkl. 062	2	6	14	0,2	0,7	1,6
063	Gefahrenmeldeanlagen	0	1	6	0,0	0,2	0,7
069	Aufzüge	0	10	43	0,1	1,1	4,9
070	Gebäudeautomation	–	–	–	–	–	–
075	Raumlufttechnische Anlagen	5	25	52	0,5	2,9	5,9
	Technische Anlagen	164	205	269	18,8	23,5	30,9
084	Abbruch- und Rückbauarbeiten	29	52	76	3,3	6,0	8,7
	Sonstige Leistungsbereiche inkl. 008, 033, 051	0	3	11	0,0	0,3	1,3

Übersicht-
1.+.2.Ebene

Erweiterung

Umbau

Moderni-
sierung

Instand-
setzung

Bau-
elemente

Abbrechen

Wieder-
herstellen

Herstellen

Wohngebäude
nach 1945
mit Tragkonstruktion

€/m² BGF

min	520 €/m²
von	640 €/m²
Mittel	**870 €/m²**
bis	1.220 €/m²
max	1.550 €/m²

Kosten:
Stand 2.Quartal 2016
Bundesdurchschnitt
inkl. 19% MwSt.

Objektübersicht zur Gebäudeart

6100-0631 Mehrfamilienhaus (16 WE)   BRI 6.755m³   BGF 2.523m²   NUF 1.671m²

© Walter Haller Architekturbüro

Bauzustand: mittel
Aufwand: mittel
Nutzung während der Bauzeit: ja
Nutzungsänderung: nein
Grundrissänderungen: keine
Tragwerkseingriffe: keine

Land: Baden-Württemberg
Kreis: Tübingen
Standard: Durchschnitt
Bauzeit: 48 Wochen
Kennwerte: bis 3.Ebene DIN276
veröffentlicht: BKI Objektdaten A6

BGF **518 €/m²**

Planung: Walter Haller Architekturbüro; Albstadt

Modernisierung und Instandsetzung von Mehrfamilienhäusern mit Balkonerweiterung. Erneuerung u.a. der Bäder und Sanitäreinrichtung, Heizungsanlage, Elektroinstallation.

Bauwerk - Baukonstruktionen
Abbrechen: Tragende Innenwände 4%
Herstellen: Außenwände, sonstiges 22%, Innenwandbekleidungen 10%, Nichttragende Innenwände 9%, Deckenbeläge 9%, Außentüren und -fenster 8%, Innentüren und -fenster 7%, Außenwandbekleidungen innen 3%, Deckenbekleidungen 2%
Wiederherstellen: Außenwandbekleidungen außen 5%,
Sonstige: 21%

Bauwerk - Technische Anlagen
Herstellen: Aufzugsanlagen 20%, Wasseranlagen 17%, Niederspannungsinstallationsanlagen 16%, Abwasseranlagen 9%, Raumheizflächen 7%, Wärmeverteilnetze 6%, Sonstige 25%

6100-0681 Mehrfamilienhaus (6 WE)   BRI 2.059m³   BGF 725m²   NUF 530m²

© Werkgruppe Freiburg Architekten

Baujahr: 1957
Bauzustand: schlecht
Aufwand: hoch
Nutzung während der Bauzeit: nein
Nutzungsänderung: nein
Grundrissänderungen: wenige
Tragwerkseingriffe: umfangreiche

Land: Baden-Württemberg
Kreis: Rottweil
Standard: Durchschnitt
Bauzeit: 43 Wochen
Kennwerte: bis 3.Ebene DIN276
veröffentlicht: BKI Objektdaten A7

BGF **772 €/m²**

Planung: Werkgruppe Freiburg Architekten; Freiburg

Modernisierung eines Mehrfamilienhauses von 1957 mit 6 Wohneinheiten; Vollwärmeschutz, Anbau von Balkonen, Heiz-Kraft-Anlage.

Bauwerk - Baukonstruktionen
Herstellen: Außenwandbekleidungen außen 14%, Außentüren und -fenster 9%, Deckenbeläge 8%, Dachkonstruktionen 6%, Dachbeläge 6%, Innenwandbekleidungen 5%, Innentüren und -fenster 5%, Deckenkonstruktionen 5%, Gerüste 4%, Sonnenschutz 4%, Außenwandbekleidungen innen 3%, Dachbekleidungen 2%, Außenwände, sonstiges 2%, Nichttragende Innenwände 2%, Tragende Außenwände 2%
Wiederherstellen: Innenwandbekleidungen 2%
Sonstige: 20%

Bauwerk - Technische Anlagen
Herstellen: Wärmeerzeugungsanlagen 37%, Wasseranlagen 17%, Niederspannungsinstallationsanlagen 14%, Wärmeverteilnetze 7%, Sonstige 25%

6100-0768 Mehrfamilienhaus (3 WE) - Passivhaus   **BRI** 1.548m³   **BGF** 687m²   **NUF** 413m²

Baujahr: 1938
Bauzustand: mittel
Aufwand: hoch
Nutzung während der Bauzeit: ja
Nutzungsänderung: ja
Grundrissänderungen: einige
Tragwerkseingriffe: einige

Land: Baden-Württemberg
Kreis: Bodensee
Standard: Durchschnitt
Bauzeit: 21 Wochen
Kennwerte: bis 3.Ebene DIN276
veröffentlicht: BKI Objektdaten E4

BGF   **782 €/m²**

Planung: Martin Wamsler Freier Architekt BDA Dipl.-Ing. (FH); Markdorf

Energetische Modernisierung eines Mehrfamilienhauses Baujahr 1938 zum Plusenergiehaus. Abbruch vom DG und Wiederaufbau im Passivhausstandard, Ausbau im UG zur Einliegerwohnung, Anbau im EG zur Vergrößerung des bestehenden Bades.

Bauwerk - Baukonstruktionen

Herstellen: Außenwandbekleidungen außen 14%, Innenwandbekleidungen 11%, Deckenbeläge 11%, Elementierte Außenwände 9%, Dachkonstruktionen 8%, Dachbeläge 6%, Außentüren und -fenster 6%, Nichttragende Innenwände 6%, Außenwandbekleidungen innen 4%, Bodenbeläge 4%, Sonstige 21%

Bauwerk - Technische Anlagen

Herstellen: Eigenstromversorgungsanlagen 21%, Wasseranlagen 20%, Lüftungsanlagen 18%, Wärmeerzeugungsanlagen 18%, Sonstige 22%

6100-0814 Mehrfamilienhaus (10 WE) - Passivhaus   **BRI** 4.121m³   **BGF** 1.351m²   **NUF** 937m²

Baujahr: 1950
Bauzustand: schlecht
Aufwand: hoch
Nutzung während der Bauzeit: nein
Nutzungsänderung: nein
Grundrissänderungen: umfangreiche
Tragwerkseingriffe: wenige

Land: Niedersachsen
Kreis: Hannover
Standard: über Durchschnitt
Bauzeit: 52 Wochen
Kennwerte: bis 3.Ebene DIN276
veröffentlicht: BKI Objektdaten E5

BGF   **1.172 €/m²**

Planung: lindener baukontor; Hannover

Das Gebäude Baujahr 1950 wurde komplett modernisiert, es wurde der Passivhausstandard erreicht. Die Anzahl der Wohneinheiten wurde von 14 auf 10 reduziert.

Bauwerk - Baukonstruktionen

Herstellen: Deckenkonstruktionen 16%, Außenwände, sonstiges 10%, Außenwandbekleidungen außen 10%, Außentüren und -fenster 9%, Deckenbeläge 7%, Nichttragende Innenwände 6%, Tragende Innenwände 5%, Innenwandbekleidungen 4%, Deckenbekleidungen 3%, Dachbeläge 3%, Gerüste 2%, Tragende Außenwände 2%, Dachkonstruktionen 2%, Sonstige 20%

Bauwerk - Technische Anlagen

Herstellen: Lüftungsanlagen 25%, Wasseranlagen 20%, Aufzugsanlagen 16%, Niederspannungsinstallationsanlagen 8%, Wärmeverteilnetze 6%, Sonstige 24%

Übersicht
1.+.2.Ebene

Erweiterung

Umbau

Moderni-
sierung

Instand-
setzung

Bau-
elemente

Abbrechen

Wieder-
herstellen

Herstellen

Wohngebäude nach 1945 mit Tragkonstruktion

€/m² BGF

min	520 €/m²
von	640 €/m²
Mittel	**870 €/m²**
bis	1.220 €/m²
max	1.550 €/m²

Kosten:
Stand 2.Quartal 2016
Bundesdurchschnitt
inkl. 19% MwSt.

Objektübersicht zur Gebäudeart

6100-0904 Mehrfamilienhaus (3 WE) - Effizienzhaus 70 BRI 1.578m³ BGF 569m² NUF 362m²

© Werkgruppe Freiburg Architekten

Baujahr: 1958
Bauzustand: mittel
Aufwand: hoch
Nutzung während der Bauzeit: ja
Nutzungsänderung: nein
Grundrissänderungen: einige
Tragwerkseingriffe: wenige

Land: Baden-Württemberg
Kreis: Freiburg im Breisgau
Standard: über Durchschnitt
Bauzeit: 25 Wochen
Kennwerte: bis 3.Ebene DIN276
veröffentlicht: BKI Objektdaten E5
BGF **518 €/m²**

Planung: Werkgruppe Freiburg Architekten; Freiburg

Energetische Sanierung des Bestandshauses und Neuerrichtung eines Anbaus in Holztafelbauweise

Bauwerk - Baukonstruktionen
Herstellen: Außenwandbekleidungen außen 21%, Außentüren und -fenster 19%, Außenwände, sonstiges 8%, Tragende Außenwände 7%, Sonnenschutz 7%, Dachbeläge 5%, Deckenbeläge 3%, Bodenbeläge 3%, Deckenkonstruktionen 2%
Wiederherstellen: Innenwandbekleidungen 4%
Sonstige: 21%

Bauwerk - Technische Anlagen
Herstellen: Wärmeerzeugungsanlagen 53%, Lüftungsanlagen 25%, Niederspannungsinstallationsanlagen 7%, Sonstige 15%

6100-1051 Mehrfamilienhaus (5 WE), Büro, Garage (2 STP) BRI 1.952m³ BGF 723m² NUF 535m²

© ABSB Michalik

Baujahr: 1970
Bauzustand: mittel
Aufwand: hoch
Nutzung während der Bauzeit: ja
Nutzungsänderung: nein
Grundrissänderungen: einige
Tragwerkseingriffe: wenige

Land: Bayern
Kreis: München
Standard: Durchschnitt
Bauzeit: 52 Wochen
Kennwerte: bis 3.Ebene DIN276
vorgesehen: BKI Objektdaten A10
BGF **865 €/m²**

Planung: ABSB Michalik; Bad Elster

Modernisierung und Anbau eines Mehrfamilienhauses (5 WE), mit Büro und Garage (2 STP)

Bauwerk - Baukonstruktionen
Herstellen: Außenwandbekleidungen außen 16%, Außentüren und -fenster 13%, Dachkonstruktionen 7%, Dachbeläge 7%, Tragende Außenwände 6%, Deckenbeläge 5%, Baustelleneinrichtung 4%, Unterböden und Bodenplatten 4%, Innenwandbekleidungen 4%, Baugrubenherstellung 3%, Sonnenschutz 3%, Außenwandbekleidungen innen 3%, Flachgründungen 3%, Bauwerksabdichtungen 2%, Sonstige 21%

Bauwerk - Technische Anlagen
Herstellen: Abwasseranlagen 17%, Wasseranlagen 15%, Raumheizflächen 14%, Niederspannungsinstallationsanlagen 12%, Wärmeversorgungsanlagen, sonstiges 12%, Beleuchtungsanlagen 7%, Sonstige 23%

Kosten: 2.Quartal 2016, Bundesdurchschnitt, **inkl. 19% MwSt.**

6200-0055 Alten- und Pflegeheim | **BRI** 22.000m³ **BGF** 5.322m² **NUF** 3.317m²

© iproplan Planungsgesellschaft mbH

Land: Thüringen
Kreis: Altenburger Land
Standard: Durchschnitt
Bauzeit: 130 Wochen
Kennwerte: bis 3.Ebene DIN276
veröffentlicht: BKI Objektdaten A9

BGF **1.552 €/m²**

Planung: iproplan Planungsgesellschaft mbH; Chemnitz

Alten- und Pflegeheim mit acht Hausgemeinschaften

Bauwerk - Baukonstruktionen
Herstellen: Deckenkonstruktionen 9%, Innentüren und -fenster 8%, Tiefgründungen 8%, Dachbeläge 7%, Außenwandbekleidungen außen 6%, Tragende Innenwände 6%, Tragende Außenwände 5%, Deckenbeläge 5%, Innenwandbekleidungen 5%, Unterböden und Bodenplatten 5%, Außentüren und -fenster 4%, Nichttragende Innenwände 4%, Dachkonstruktionen 4%, Sonstige 23%

Bauwerk - Technische Anlagen
Herstellen: Wasseranlagen 23%, Lüftungsanlagen 17%, Niederspannungsinstallationsanlagen 16%, Abwasseranlagen 7%, Wärmeverteilnetze 7%, Küchentechnische Anlagen 6%, Gefahrenmelde- und Alarmanlagen 4%, Sonstige 21%

6400-0035 Ev. Jugendhaus | **BRI** 1.603m³ **BGF** 494m² **NUF** 303m²

© Lothar Graner Freie Architekten

Baujahr: 1960
Bauzustand: mittel
Aufwand: hoch
Nutzung während der Bauzeit: ja
Nutzungsänderung: ja
Grundrissänderungen: einige
Tragwerkseingriffe: einige

Land: Baden-Württemberg
Kreis: Esslingen a.N.
Standard: Durchschnitt
Bauzeit: 26 Wochen
Kennwerte: bis 4.Ebene DIN276
veröffentlicht: BKI Objektdaten A1

BGF **839 €/m²**

Planung: Lothar Graner Dipl.-Ing. Freie Architekten; Nürtingen

Modernisierung von Räumen in EG und OG zur Nutzung als Jugendhaus.

Bauwerk - Baukonstruktionen
Herstellen: Außentüren und -fenster 24%, Außenwandbekleidungen außen 14%, Innentüren und -fenster 9%, Innenwandbekleidungen 9%, Deckenbeläge 7%, Sonnenschutz 7%, Deckenbekleidungen 7%, Sonstige 23%

Bauwerk - Technische Anlagen
Herstellen: Niederspannungsinstallationsanlagen 26%, Beleuchtungsanlagen 18%, Raumheizflächen 14%, Wasseranlagen 12%, Wärmeverteilnetze 9%, Sonstige 20%

Übersicht- 1.+.2.Ebene
Erweiterung
Umbau
Modernisierung
Instandsetzung
Bauelemente
Abbrechen
Wiederherstellen
Herstellen

Wohngebäude nach 1945 mit Tragkonstruktion

€/m² BGF

min	520	€/m²
von	640	€/m²
Mittel	**870**	**€/m²**
bis	1.220	€/m²
max	1.550	€/m²

Kosten:
Stand 2.Quartal 2016
Bundesdurchschnitt
inkl. 19% MwSt.

6400-0052 Katholisches Pfarrhaus — BRI 1.926m³   BGF 770m²   NUF 554m²

Land: Bayern
Kreis: Schwandorf
Standard: Durchschnitt
Bauzeit: 43 Wochen
Kennwerte: bis 4.Ebene DIN276
veröffentlicht: BKI Objektdaten A4

BGF   **889 €/m²**

Planung: Architekturbüro Popp, Dipl.-Ing. Alfred Popp; Schwandorf

Mit der Sanierung ging eine Umplanung des bestehenden Raumprogramms einher, die sich an den Anforderungen einer zeitgemäßen Pfarramtsverwaltung orientiert. So entstand je 2-geschossig eine abgeschlossene Privatwohnung und ein abgeschlossenes Pfarrbüro mit Amtszimmer und Besprechungsräumen. Ein öffentliches Treppenhaus trennt den Privatbereich vom Büro. Die gesamte Haustechnik wurde erneuert.

Bauwerk - Baukonstruktionen
Herstellen: Außentüren und -fenster 13%, Deckenbeläge 11%, Außenwandbekleidungen außen 9%, Innentüren und -fenster 6%, Deckenkonstruktionen 6%, Dachbeläge 5%, Tragende Außenwände 4%, Innenwandbekleidungen 3%, Sonnenschutz 3%, Außenwandbekleidungen innen 3%
Wiederherstellen: Deckenbekleidungen 4%, Innenwandbekleidungen 4%, Außenwandbekleidungen außen 3%
Sonstige: 26%

Bauwerk - Technische Anlagen
Herstellen: Wasseranlagen 26%, Wärmeverteilnetze 16%, Niederspannungsinstallationsanlagen 14%, Wärmeerzeugungsanlagen 10%, Abwasseranlagen 10%, Sonstige 24%

6100-0264 Mehrfamilienhaus (16 WE), Laden — BRI 6.644m³   BGF 1.962m²   NUF 1.312m²

Baujahr: 1910
Bauzustand: mittel
Aufwand: mittel
Nutzungsänderung: nein
Grundrissänderungen: umfangreiche
Tragwerkseingriffe: wenige

Land: Berlin
Kreis: Berlin
Standard: unter Durchschnitt
Bauzeit: 65 Wochen
Kennwerte: bis 1.Ebene DIN276
veröffentlicht: BKI Objektdaten A2

BGF   **558 €/m²**

Planung: casa nova Architekten BDA Reinhold, von Lengerke, Schulze; Berlin

Modernisierung und Instandsetzung eines Wohn- und Geschäftshauses mit zwei Läden und 16 Wohnungen (1.041m²); Wärmedämmmaßnahmen und Erneuerung der Gebäudetechnik. **Kosteneinfluss Grundstück:** Beschränkter Platz für Baustelleneinrichtung, dreiseitiger Verbau am Hinterhaus.

6100-0489 Betreute Wohnanlage (24 WE)   BRI 8.646m³   BGF 2.608m²   NUF 1.601m²

© Spath Architektur- und Ingenieurbüro

Baujahr: 1960
Bauzustand: mittel
Aufwand: hoch
Nutzung während der Bauzeit: nein
Nutzungsänderung: ja
Grundrissänderungen: umfangreiche
Tragwerkseingriffe: einige

Land: Bayern
Kreis: Würzburg
Standard: über Durchschnitt
Bauzeit: 78 Wochen
Kennwerte: bis 1.Ebene DIN276
veröffentlicht: BKI Objektdaten A3

BGF   **983 €/m²**

Planung: Spath Architektur- und Ingenieurbüro; Würzburg

Modernisierung und Instandsetzung eines Wohnhauses für betreutes Wohnen von 1960 mit 24 Wohneinheiten. Asbestentsorgung, Wärmedämmung. Erneuerung aller Oberflächen und technischen Anlagen. **Kosteneinfluss Nutzung:** Erhöhte Auflagen für Brand-, Schall- und Wärmeschutz. **Kosteneinfluss Grundstück:** Gemeinsame Hoffläche mit Nachbarbebauung, nicht voll nutzbar.

6200-0035 Studentenwohnheim   BRI 14.331m³   BGF 4.992m²   NUF 3.160m²

© Andreas Keller

Baujahr: 1965
Bauzustand: schlecht
Aufwand: hoch
Nutzung während der Bauzeit: nein
Nutzungsänderung: nein
Grundrissänderungen: einige
Tragwerkseingriffe: keine

Land: Baden-Württemberg
Kreis: Tübingen
Standard: Durchschnitt
Bauzeit: 52 Wochen
Kennwerte: bis 1.Ebene DIN276
veröffentlicht: BKI Objektdaten A6

BGF   **1.028 €/m²**

Planung: e + k Architekten k. ehring + m. knies; Reutlingen

Studentenwohnheim mit 137 Betten mit Gemeinschaftsküchen und Sanitärräumen; besondere Auflagen durch Brandschutz. **Kosteneinfluss Nutzung:** Entwurfsidee/Vorgaben des Bauherrn: Erreichen eines hohen Energiestandards. Verbesserung der Wohnqualität über neue Einheiten von Wohngemeinschaften, größere Küchen und mehr Nasszellen. Komplettsanierung aller Sanitär-, Heizung- und Elektroleitungen mit jeweils neuen Sanitärobjekten, Heizkörpern und Beleuchtungen. Brandschutzsanierung.

Übersicht 1.+.2.Ebene

Erweiterung

Umbau

Modernisierung

Instandsetzung

Bauelemente

Abbrechen

Wiederherstellen

Herstellen

Modernisierungen

Fachwerkhäuser

BRI 420 €/m³
von 300 €/m³
bis 530 €/m³

BGF 1.260 €/m²
von 960 €/m²
bis 1.620 €/m²

NUF 1.930 €/m²
von 1.570 €/m²
bis 2.370 €/m²

Kosten:
Stand 2.Quartal 2016
Bundesdurchschnitt
inkl. 19% MwSt.

Objektbeispiele

4400-0083

6500-0012

6100-0220

Kosten der 13 Vergleichsobjekte   **Seiten 364 bis 368**

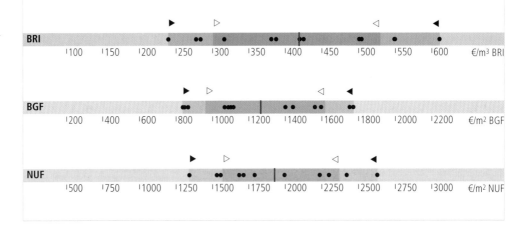

- ● KKW
- ▶ min
- ▷ von
- | Mittelwert
- ◁ bis
- ◀ max

BRI
ı100 ı150 ı200 ı250 ı300 ı350 ı400 ı450 ı500 ı550 ı600 €/m³ BRI

BGF
ı200 ı400 ı600 ı800 ı1000 ı1200 ı1400 ı1600 ı1800 ı2000 ı2200 €/m² BGF

NUF
ı500 ı750 ı1000 ı1250 ı1500 ı1750 ı2000 ı2250 ı2500 ı2750 ı3000 €/m² NUF

© **BKI** Baukosteninformationszentrum; Erläuterungen zu den Tabellen siehe Seite 24   Kosten: 2.Quartal 2016, Bundesdurchschnitt, **inkl. 19% MwSt.**

Kostenkennwerte für die Kostengruppen der 1. und 2.Ebene DIN 276

KG	Kostengruppen der 1. Ebene	Einheit	▷	€/Einheit	◁	▷	% an 300+400	◁
100	Grundstück	m² GF						
200	Herrichten und Erschließen	m² GF	4	**49**	91	1,1	**3,7**	8,7
300	Bauwerk - Baukonstruktionen	m² BGF	765	**1.051**	1.393	77,4	**82,3**	86,7
400	Bauwerk - Technische Anlagen	m² BGF	177	**214**	277	13,3	**17,7**	22,6
	Bauwerk (300+400)	m² BGF	963	**1.265**	1.616		**100,0**	
500	Außenanlagen	m² AF	53	**129**	275	2,6	**5,2**	10,0
600	Ausstattung und Kunstwerke	m² BGF	2	**78**	164	0,1	**5,5**	10,9
700	Baunebenkosten	m² BGF						

KG	Kostengruppen der 2. Ebene	Einheit	▷	€/Einheit	◁	▷	% an 300	◁
310	Baugrube	m³ BGI	–	**73**	–	–	**0,6**	
320	Gründung	m² GRF	44	**130**	235	1,8	**3,0**	5,9
330	Außenwände	m² AWF	242	**388**	447	29,3	**35,0**	40,5
340	Innenwände	m² IWF	133	**197**	264	15,0	**17,7**	23,8
350	Decken	m² DEF	145	**282**	381	9,9	**18,1**	21,2
360	Dächer	m² DAF	224	**320**	422	10,0	**15,5**	21,3
370	Baukonstruktive Einbauten	m² BGF	3	**14**	22	0,2	**1,5**	3,2
390	Sonstige Baukonstruktionen	m² BGF	36	**84**	102	6,1	**8,8**	11,4
300	**Bauwerk Baukonstruktionen**	**m² BGF**					**100,0**	

KG	Kostengruppen der 2. Ebene	Einheit	▷	€/Einheit	◁	▷	% an 400	◁
410	Abwasser, Wasser, Gas	m² BGF	45	**77**	91	31,7	**38,2**	51,6
420	Wärmeversorgungsanlagen	m² BGF	47	**73**	82	29,5	**36,8**	50,8
430	Lufttechnische Anlagen	m² BGF	3	**4**	6	0,4	**1,5**	2,4
440	Starkstromanlagen	m² BGF	32	**41**	49	18,1	**20,2**	22,1
450	Fernmeldeanlagen	m² BGF	4	**6**	8	2,0	**3,0**	4,0
460	Förderanlagen	m² BGF	–	**–**	–	–	**–**	–
470	Nutzungsspezifische Anlagen	m² BGF	–	**1**	–	–	**0,1**	–
480	Gebäudeautomation	m² BGF	–	**–**	–	–	**–**	–
490	Sonstige Technische Anlagen	m² BGF	–	**2**	–	–	**0,2**	–
400	**Bauwerk Technische Anlagen**	**m² BGF**					**100,0**	

Prozentanteile der Kosten der 2.Ebene an den Kosten des Bauwerks nach DIN 276 (Von-, Mittel-, Bis-Werte)

310	Baugrube	0,5
320	Gründung	2,5
330	Außenwände	28,6
340	Innenwände	14,3
350	Decken	15,0
360	Dächer	12,6
370	Baukonstruktive Einbauten	1,1
390	Sonstige Baukonstruktionen	7,2
410	Abwasser, Wasser, Gas	7,0
420	Wärmeversorgungsanlagen	6,6
430	Lufttechnische Anlagen	0,3
440	Starkstromanlagen	3,7
450	Fernmeldeanlagen	0,5
460	Förderanlagen	
470	Nutzungsspezifische Anlagen	0,0
480	Gebäudeautomation	
490	Sonstige Technische Anlagen	0,1

15% 30% 45% 60%

Kosten: 2.Quartal 2016, Bundesdurchschnitt, inkl. **19% MwSt.**

Übersicht 1.+2.Ebene · Erweiterung · Umbau · Modernisierung · Instandsetzung · Bauelemente · Abbrechen · Wiederherstellen · Herstellen

Kostenkennwerte für die Kostengruppen der 3.Ebene DIN 276

KG	Kostengruppen der 3. Ebene	Einheit	▷	Ø €/Einheit	◁	▷	Ø €/m² BGF	◁
334	Außentüren und -fenster	m²	541,59	947,78	1.378,43	83,78	127,67	145,32
335	Außenwandbekleidungen außen	m²	88,54	102,86	117,41	52,24	81,44	143,57
351	Deckenkonstruktionen	m²	180,85	194,29	221,02	19,73	76,12	127,76
352	Deckenbeläge	m²	74,34	115,34	148,26	37,27	68,56	99,02
363	Dachbeläge	m²	111,84	182,94	256,69	44,45	66,95	87,91
345	Innenwandbekleidungen	m²	42,18	52,49	81,70	50,51	63,02	73,94
361	Dachkonstruktionen	m²	49,53	126,12	336,20	19,08	61,86	186,81
331	Tragende Außenwände	m²	195,18	327,61	634,59	43,49	55,73	67,35
412	Wasseranlagen	m²	35,76	50,67	62,82	35,76	50,67	62,82
342	Nichttragende Innenwände	m²	67,27	84,05	98,14	26,22	43,24	92,64
344	Innentüren und -fenster	m²	139,59	321,85	393,32	35,09	39,31	44,46
353	Deckenbekleidungen	m²	49,66	69,62	86,51	23,46	32,60	36,12
423	Raumheizflächen	m²	19,78	32,26	42,60	19,78	32,26	42,60
311	Baugrubenherstellung	m³	–	72,78	–	–	32,00	–
444	Niederspannungsinstallationsanl.	m²	24,05	30,59	37,43	24,05	30,59	37,43
393	Sicherungsmaßnahmen	m²	22,51	30,36	42,58	22,51	30,36	42,58
392	Gerüste	m²	17,19	27,54	38,35	17,19	27,54	38,35
411	Abwasseranlagen	m²	18,31	26,47	33,33	18,31	26,47	33,33
336	Außenwandbekleidungen innen	m²	30,86	44,13	83,60	16,49	25,72	48,85
394	Abbruchmaßnahmen	m²	15,83	20,69	25,55	15,83	20,69	25,55
422	Wärmeverteilnetze	m²	11,32	18,07	25,14	11,32	18,07	25,14
421	Wärmeerzeugungsanlagen	m²	12,75	16,66	20,56	12,75	16,66	20,56
341	Tragende Innenwände	m²	112,40	275,36	483,79	2,39	15,21	19,99
364	Dachbekleidungen	m²	32,48	58,26	109,35	6,06	14,76	36,50
339	Außenwände, sonstiges	m²	3,93	12,49	20,67	5,25	14,69	39,97
371	Allgemeine Einbauten	m²	2,96	14,44	21,72	2,96	14,44	21,72
338	Sonnenschutz	m²	122,74	297,77	470,26	3,77	13,64	23,57
324	Unterböden und Bodenplatten	m²	99,28	111,13	134,59	2,40	11,89	21,42
397	Zusätzliche Maßnahmen	m²	3,48	11,45	34,05	3,48	11,45	34,05
391	Baustelleneinrichtung	m²	1,41	11,20	14,97	1,41	11,20	14,97
322	Flachgründungen	m²	17,76	50,40	113,14	4,56	10,53	21,94
332	Nichttragende Außenwände	m²	141,16	563,87	986,57	3,92	10,27	20,47
369	Dächer, sonstiges	m²	7,59	18,41	45,71	3,03	7,54	19,71
445	Beleuchtungsanlagen	m²	2,90	7,32	20,38	2,90	7,32	20,38
429	Wärmeversorgungsanl., sonstiges	m²	2,39	5,97	14,87	2,39	5,97	14,87
325	Bodenbeläge	m²	–	65,81	–	1,92	5,05	10,06
359	Decken, sonstiges	m²	4,47	7,63	10,87	3,05	4,84	6,32
343	Innenstützen	m	–	476,76	–	–	4,10	–
431	Lüftungsanlagen	m²	3,08	4,10	6,09	3,08	4,10	6,09
327	Dränagen	m²	6,59	13,58	26,27	1,64	3,71	7,17
396	Materialentsorgung	m²	–	3,21	–	–	3,21	–
455	Fernseh- und Antennenanlagen	m²	1,55	3,07	7,60	1,55	3,07	7,60
362	Dachfenster, Dachöffnungen	m²	487,29	1.073,49	2.178,62	1,38	2,90	6,16
346	Elementierte Innenwände	m²	55,50	141,65	312,54	1,59	2,64	4,69
446	Blitzschutz- und Erdungsanlagen	m²	0,99	2,60	4,29	0,99	2,60	4,29
326	Bauwerksabdichtungen	m²	3,52	10,87	31,66	0,86	2,59	7,44
349	Innenwände, sonstiges	m²	–	3,16	–	–	2,57	–
443	Niederspannungsschaltanlagen	m²	–	2,07	–	–	2,07	–
452	Such- und Signalanlagen	m²	0,91	2,05	5,21	0,91	2,05	5,21

Kosten:
Stand 2.Quartal 2016
Bundesdurchschnitt
inkl. 19% MwSt.

▷ von
Ø Mittel
◁ bis

© **BKI** Baukosteninformationszentrum; Erläuterungen zu den Tabellen siehe Seite 28   Kosten: 2.Quartal 2016, Bundesdurchschnitt, **inkl. 19% MwSt.**

LB	Leistungsbereiche	▷	€/m² BGF	◁	▷	% an 300+400	◁
000	Sicherheits-, Baustelleneinrichtungen inkl. 001	31	**50**	50	2,5	**4,0**	4,0
002	Erdarbeiten	1	**17**	34	0,1	**1,3**	2,7
006	Spezialtiefbauarbeiten inkl. 005	–	**–**	–	–	**–**	–
009	Entwässerungskanalarbeiten inkl. 011	0	**4**	9	0,0	**0,3**	0,7
010	Drän- und Versickerungsarbeiten	–	**1**	–	–	**0,1**	–
012	Mauerarbeiten	44	**53**	53	3,4	**4,2**	4,2
013	Betonarbeiten	23	**70**	111	1,8	**5,5**	8,8
014	Natur-, Betonwerksteinarbeiten	0	**21**	41	0,0	**1,6**	3,3
016	Zimmer- und Holzbauarbeiten	26	**104**	181	2,1	**8,2**	14,3
017	Stahlbauarbeiten	–	**8**	–	–	**0,7**	–
018	Abdichtungsarbeiten	0	**14**	29	0,0	**1,1**	2,3
020	Dachdeckungsarbeiten	17	**49**	89	1,3	**3,9**	7,0
021	Dachabdichtungsarbeiten	–	**3**	–	–	**0,3**	–
022	Klempnerarbeiten	11	**23**	34	0,9	**1,9**	2,7
	Rohbau	310	**418**	550	24,5	**33,0**	43,5
023	Putz- und Stuckarbeiten, Wärmedämmsysteme	84	**124**	171	6,7	**9,8**	13,5
024	Fliesen- und Plattenarbeiten	25	**25**	31	2,0	**2,0**	2,4
025	Estricharbeiten	8	**11**	13	0,6	**0,8**	1,1
026	Fenster, Außentüren inkl. 029, 032	80	**129**	180	6,3	**10,2**	14,2
027	Tischlerarbeiten	67	**67**	76	5,3	**5,3**	6,0
028	Parkettarbeiten, Holzpflasterarbeiten	6	**18**	18	0,4	**1,5**	1,5
030	Rollladenarbeiten	5	**14**	24	0,4	**1,1**	1,9
031	Metallbauarbeiten inkl. 035	17	**17**	22	1,3	**1,3**	1,8
034	Maler- und Lackiererarbeiten inkl. 037	36	**40**	43	2,9	**3,2**	3,4
036	Bodenbelagarbeiten	6	**16**	25	0,5	**1,3**	2,0
038	Vorgehängte hinterlüftete Fassaden	1	**4**	4	0,1	**0,3**	0,3
039	Trockenbauarbeiten	67	**67**	94	5,3	**5,3**	7,4
	Ausbau	479	**532**	582	37,8	**42,1**	46,1
040	Wärmeversorgungsanl. - Betriebseinr. inkl. 041	49	**71**	92	3,8	**5,6**	7,3
042	Gas- und Wasserinstallation, Leitungen inkl. 043	16	**29**	42	1,3	**2,3**	3,3
044	Abwasserinstallationsarbeiten - Leitungen	15	**25**	37	1,2	**2,0**	2,9
045	GWA-Einrichtungsgegenstände inkl. 046	17	**24**	24	1,3	**1,9**	1,9
047	Dämmarbeiten an betriebstechnischen Anlagen	3	**4**	4	0,2	**0,3**	0,3
049	Feuerlöschanlagen, Feuerlöschgeräte	–	**0**	–	–	**0,0**	–
050	Blitzschutz- und Erdungsanlagen	1	**3**	4	0,1	**0,2**	0,4
053	Niederspannungsanlagen inkl. 052, 054	29	**34**	39	2,3	**2,7**	3,1
055	Ersatzstromversorgungsanlagen	–	**–**	–	–	**–**	–
057	Gebäudesystemtechnik	–	**–**	–	–	**–**	–
058	Leuchten und Lampen inkl. 059	3	**10**	10	0,2	**0,8**	0,8
060	Elektroakustische Anlagen, Sprechanlagen	1	**2**	2	0,1	**0,2**	0,2
061	Kommunikationsnetze, inkl. 062	2	**4**	4	0,2	**0,3**	0,3
063	Gefahrenmeldeanlagen	–	**0**	–	–	**0,0**	–
069	Aufzüge	–	**–**	–	–	**–**	–
070	Gebäudeautomation	–	**–**	–	–	**–**	–
075	Raumlufttechnische Anlagen	1	**4**	4	0,1	**0,3**	0,3
	Technische Anlagen	164	**209**	269	12,9	**16,5**	21,3
084	Abbruch- und Rückbauarbeiten	94	**94**	115	7,4	**7,4**	9,1
	Sonstige Leistungsbereiche inkl. 008, 033, 051	3	**13**	22	0,2	**1,0**	1,7

Übersicht-
1.+ 2. Ebene

Erweiterung

Umbau

Moderni-
sierung

Instand-
setzung

Bau-
elemente

Abbrechen

Wieder-
herstellen

Herstellen

Objektübersicht zur Gebäudeart

6100-0220 Mehrfamilienhaus (3 WE)   BRI 1.540m³   BGF 595m²   NUF 420m²

Baujahr: 1808
Bauzustand: schlecht
Aufwand: hoch
Nutzung während der Bauzeit: nein
Nutzungsänderung: ja
Grundrissänderungen: umfangreiche
Tragwerkseingriffe: umfangreiche

Land: Baden-Württemberg
Kreis: Rems-Murr
Standard: Durchschnitt
Bauzeit: 52 Wochen
Kennwerte: bis 4.Ebene DIN276
veröffentlicht: BKI Objektdaten A1
BGF **1.100 €/m²**

Planung: Rolf Neddermann Dr.-Ing. Freier Architekt; Remshalden-Grunbach

Drei Mietwohnungen, eine Eigentumswohnung; Dachterrasse für alle Bewohner zugänglich und nutzbar; zentral gelegene Regenwassernutzungsanlage für alle Wohnungen. **Kosteneinfluss Nutzung:** Die Fenster in der Süd- und Westfassade wurden als Verbundfenster ausgeführt; das alte Scheunentor wurde durch ein großes Glaselement ersetzt. **Kosteneinfluss Grundstück:** Erhöhte Kosten durch Unterfangung des Erdgeschosses. Verdecktes Fachwerk musste teilweise erneuert werden.

Bauwerk - Baukonstruktionen
Abbrechen: Abbruchmaßnahmen 3%
Herstellen: Außentüren und -fenster 9%, Innenwandbekleidungen 7%, Deckenkonstruktionen 7%, Außenwandbekleidungen außen 7%, Außenwandbekleidungen innen 5%, Deckenbeläge 5%, Dachbeläge 4%, Innentüren und -fenster 4%
Wiederherstellen: Deckenkonstruktionen 6%, Tragende Außenwände 5%, Dachkonstruktionen 2%
Sonstige: 36%

Bauwerk - Technische Anlagen
Herstellen: Wasseranlagen 34%, Niederspannungsinstallationsanlagen 18%, Abwasseranlagen 18%, Wärmeerzeugungsanlagen 11%, Raumheizflächen 8%, Wärmeverteilnetze 5%, Fernseh- und Antennenanlagen 4%, Sonstige 4%

6100-0480 Mehrfamilienhaus (5 WE)   BRI 1.600m³   BGF 563m²   NUF 363m²

Baujahr: 1574
Bauzustand: schlecht
Aufwand: hoch
Nutzung während der Bauzeit: nein
Nutzungsänderung: ja
Grundrissänderungen: einige
Tragwerkseingriffe: wenige

Land: Hessen
Kreis: Darmstadt
Standard: über Durchschnitt
Bauzeit: 91 Wochen
Kennwerte: bis 4.Ebene DIN276
veröffentlicht: BKI Objektdaten E2
BGF **1.562 €/m²**

Planung: m+ architekten Klaus Mattern Eva Moos; Darmstadt

Modernisierung und Umbau eines ehemaligen Zollhauses der Hessischen Landgrafen, das als landwirtschaftliches Anwesen durch eine Großfamilie genutzt wurde, zu einem reinen Wohnhaus.

Bauwerk - Baukonstruktionen
Herstellen: Dachkonstruktionen 13%, Außentüren und -fenster 10%, Deckenkonstruktionen 9%, Deckenbeläge 8%, Außenwandbekleidungen außen 6%, Nichttragende Innenwände 6%, Dachbeläge 5%, Innenwandbekleidungen 4%, Innentüren und -fenster 3%, Sicherungsmaßnahmen 3%, Dachbekleidungen 3%, Baugrubenherstellung 2%, Gerüste 2%
Wiederherstellen: Tragende Außenwände 3%
Sonstige: 22%

Bauwerk - Technische Anlagen
Herstellen: Wasseranlagen 27%, Niederspannungsinstallationsanlagen 17%, Raumheizflächen 14%, Abwasseranlagen 11%, Wärmeerzeugungsanlagen 9%, Sonstige 22%

© **BKI** Baukosteninformationszentrum; Erläuterungen zu den Tabellen siehe Seite 32   Kosten: 2.Quartal 2016, Bundesdurchschnitt, inkl. **19% MwSt.**

6100-0527 Mehrfamilienhaus

BRI 2.792m³ **BGF** 970m² **NUF** 642m²

© Architekturwerkstatt Cottbus Planungsgesellschaft mbH

Baujahr: 1870
Bauzustand: schlecht
Aufwand: hoch
Nutzung während der Bauzeit: nein
Nutzungsänderung: nein
Grundrissänderungen: wenige
Tragwerkseingriffe: wenige

Land: Brandenburg
Kreis: Cottbus
Standard: Durchschnitt
Bauzeit: 34 Wochen
Kennwerte: bis 4.Ebene DIN276
veröffentlicht: BKI Objektdaten A4
BGF **1.115 €/m²**

Planung: Architekturwerkstatt Cottbus Planungsgesellschaft mbH; Cottbus

Modernisierung und Umbau eines Mehrfamilienhauses mit fünf Wohneinheiten (398m² WFL), zwei Büroeinheiten.
Mit Aufstockung und Anbau von Balkonen.

Bauwerk - Baukonstruktionen

Abbrechen: Tragende Außenwände 2%
Herstellen: Außentüren und -fenster 11%, Deckenbeläge 8%, Außenwandbekleidungen außen 7%, Gerüste 4%, Dachbeläge 4%, Außenwände, sonstiges 4%, Deckenkonstruktionen 4%, Zusätzliche Maßnahmen 4%, Deckenbekleidungen 3%, Innentüren und -fenster 3%, Dachkonstruktionen 2%, Nichttragende Innenwände 2%
Wiederherstellen: Außenwandbekleidungen außen 8%, Außentüren und -fenster 5%, Innenwandbekleidungen 3%,
Sonstige: 26%

Bauwerk - Technische Anlagen

Herstellen: Raumheizflächen 27%, Wasseranlagen 17%, Niederspannungsinstallationsanlagen 15%, Wärmeverteilnetze 12%, Abwasseranlagen 8%, Sonstige 20%

6200-0018 Internat für Sehbehinderte

BRI 6.636m³ **BGF** 1.833m² **NUF** 886m²

© Gustav Mahron Freie Architekten und Ingenieure BDA

Baujahr: 1905

Land: Sachsen
Kreis: Chemnitz
Standard: Durchschnitt
Bauzeit: 65 Wochen
Kennwerte: bis 4.Ebene DIN276
veröffentlicht: BKI Objektdaten A1
BGF **866 €/m²**

Planung: Gustav Mahron Freie Architekten und Ingenieure BDA; Stuttgart

Wohnheim für Blinde und Sehbehinderte mit Betreuung und Vollpension.

Bauwerk - Baukonstruktionen

Abbrechen: Abbruchmaßnahmen 2%
Herstellen: Außentüren und -fenster 20%, Dachbeläge 13%, Innenwandbekleidungen 11%, Deckenbekleidungen 5%, Allgemeine Einbauten 4%, Deckenbeläge 4%
Wiederherstellen: Tragende Außenwände 8%, Außenwandbekleidungen außen 5%, Innentüren und -fenster 3%
Sonstige: 26%

Bauwerk - Technische Anlagen

Abbrechen: Raumheizflächen 5%
Herstellen: Wasseranlagen 21%, Abwasseranlagen 14%, Raumheizflächen 12%, Wärmeverteilnetze 12%, Niederspannungsinstallationsanlagen 10%, Beleuchtungsanlagen 9%, Wärmeerzeugungsanlagen 6%, Lüftungsanlagen 3%
Sonstige: 9%

Übersicht 1.+ 2.Ebene
Erweiterung
Umbau
Modernisierung
Instandsetzung
Bauelemente
Abbrechen
Wiederherstellen
Herstellen

Objektübersicht zur Gebäudeart

4400-0083 Kindergarten (2 Gruppen)   BRI 1.387m³   BGF 434m²   NUF 289m²

€/m² BGF

min	840 €/m²
von	960 €/m²
Mittel	**1.260** €/m²
bis	1.620 €/m²
max	1.770 €/m²

Baujahr: 1850
Bauzustand: schlecht
Aufwand: hoch
Nutzung während der Bauzeit: nein
Nutzungsänderung: nein
Grundrissänderungen: umfangreiche
Tragwerkseingriffe: einige

Land: Niedersachsen
Kreis: Göttingen
Standard: Durchschnitt
Bauzeit: 65 Wochen
Kennwerte: bis 1.Ebene DIN276
veröffentlicht: BKI Objektdaten A1

BGF **1.751 €/m²**

Planung: Dipl.-Ing. Hans-Jürgen Sittig Architekt und Stadtplaner; Bovenden

Modernisierung eines Kindergartens in Fachwerkbauweise mit Denkmalschutzauflagen zu einem Niedrigenergiehaus mit einem Anbau in Holztafelbauweise. **Kosteneinfluss Nutzung:** Denkmalschutzauflagen

Kosten:
Stand 2.Quartal 2016
Bundesdurchschnitt
inkl. 19% MwSt.

4500-0004 Seminar- und Verwaltungsräume   BRI 2.885m³   BGF 911m²   NUF 728m²

Land: Niedersachsen
Kreis: Lüneburg
Standard: Durchschnitt
Bauzeit: 86 Wochen
Kennwerte: bis 1.Ebene DIN276
veröffentlicht: BKI Objektdaten N1

BGF **1.596 €/m²**

Planung: Meyer ARC- Lüneburg Dipl.-Ing. Architekten; Lüneburg

Modernisierung eines Fachwerkgebäudes mit Seminarräumen für die Kreisvolkshochschule und Veranstaltungsräume für verschiedene Zwecke, Nebenräume. **Kosteneinfluss Grundstück:** Grundstück in Dorflage.

6100-0134 Wohn- und Geschäftshaus (4 WE)   BRI 2.412m³   BGF 715m²   NUF k.A.

Land: Nordrhein-Westfalen
Kreis: Lippe (Detmold)
Standard: Durchschnitt
Bauzeit: 60 Wochen
Kennwerte: bis 1.Ebene DIN276
veröffentlicht: www.bki.de

BGF **1.067 €/m²**

Planung: H.-H. Hartmann Dipl.-Ing.; Lügde

Werbeagentur im Erdgeschoss und vier Wohneinheiten im Ober- und Dachgeschoss, Fachwerkerhaltung an zwei Seiten- und zwei Giebelwänden. **Kosteneinfluss Grundstück:** Kernstadt von Lügde (Ackerbürgerstadt), freistehendes Herrschaftshaus.

6100-0135 Wohn- und Geschäftshaus (5 WE) BRI 2.010m³ BGF 681m² NUF k.A.

Land: Nordrhein-Westfalen
Kreis: Lippe (Detmold)
Standard: Durchschnitt
Bauzeit: 56 Wochen
Kennwerte: bis 1.Ebene DIN276
veröffentlicht: www.bki.de

BGF **837 €/m²**

Planung: H.-H. Hartmann Dipl.-Ing.; Lügde

Arztpraxis im Erdgeschoss und fünf Wohneinheiten im Erd-, Ober- und Dachgeschoss, Fachwerkerhaltung an Vorder- und Seitenfront. **Kosteneinfluss Grundstück:** Kernstadt von Lügde (Ackerbürgerstadt), Zeilenbebauung.

6100-0137 Wohn- und Geschäftshaus (7 WE) BRI 4.100m³ BGF 1.083m² NUF 911m²

Land: Thüringen
Kreis: Eisenach
Standard: Durchschnitt
Bauzeit: 52 Wochen
Kennwerte: bis 1.Ebene DIN276
veröffentlicht: www.bki.de

BGF **1.442 €/m²**

Planung: Dipl.-Ing. Dieter Barth Architekturbüro; Eisenach/Stedtfeld

EG: 1 Arztpraxis, 1 Friseur, 1 Physiotherapie. OG: 3 Wohneinheiten (3-Zimmer-Wohnungen). DG: 3 Wohneinheiten (3-Zimmer-Wohnungen). **Kosteneinfluss Grundstück:** Innerhalb des Ortskernes, Nachbargebäude: vorhandene Fachwerkbauten (altes Schulhaus), die im gleichen Zuge saniert wurden.

6100-0165 Stadthaus (1 WE) Fachwerk BRI 336m³ BGF 146m² NUF 91m²

Baujahr: 1736
Bauzustand: schlecht
Aufwand: hoch
Nutzung während der Bauzeit: nein
Nutzungsänderung: nein
Grundrissänderungen: einige
Tragwerkseingriffe: einige

Land: Sachsen-Anhalt
Kreis: Halberstadt
Standard: Durchschnitt
Bauzeit: 78 Wochen
Kennwerte: bis 1.Ebene DIN276
veröffentlicht: BKI Objektdaten A1

BGF **1.401 €/m²**

Planung: Jean-Elie Hamesse Architekt + Planer; Braunschweig

Modernisierung und Instandsetzung eines Fachwerkhauses, Baujahr 1736. **Kosteneinfluss Grundstück:** Beschränkter Platz für Baustelleneinrichtung.

Übersicht 1.+2.Ebene

Erweiterung

Umbau

Modernisierung

Instandsetzung

Bauelemente

Abbrechen

Wiederherstellen

Herstellen

Modernisierungen

Fachwerkhäuser

€/m² BGF
min   840 €/m²
von   960 €/m²
Mittel **1.260 €/m²**
bis   1.620 €/m²
max   1.770 €/m²

Kosten:
Stand 2.Quartal 2016
Bundesdurchschnitt
inkl. 19% MwSt.

Objektübersicht zur Gebäudeart

6100-0288 Einfamilienhaus mit ELW   **BRI** 849m³   **BGF** 278m²   **NUF** 175m²

Baujahr: 1850
Bauzustand: mittel
Aufwand: mittel
Nutzung während der Bauzeit: nein
Nutzungsänderung: ja
Grundrissänderungen: wenige
Tragwerkseingriffe: einige

Land: Niedersachsen
Kreis: Gifhorn
Standard: Durchschnitt
Bauzeit: 13 Wochen
Kennwerte: bis 1.Ebene DIN276
veröffentlicht: BKI Objektdaten A1
BGF **847 €/m²**

Planung: Jean-Elie Hamesse Architekt + Planer; Braunschweig

Einfamilienwohnhaus mit Einliegerwohnung (197m² WFL), unterkellert.

6100-0358 Stadthaus (3 WE)   **BRI** 679m³   **BGF** 192m²   **NUF** 148m²

Baujahr: 1730
Bauzustand: schlecht
Aufwand: hoch
Nutzung während der Bauzeit: nein
Nutzungsänderung: nein
Grundrissänderungen: umfangreiche
Tragwerkseingriffe: einige

Land: Sachsen-Anhalt
Kreis: Halberstadt
Standard: Durchschnitt
Bauzeit: 34 Wochen
Kennwerte: bis 1.Ebene DIN276
veröffentlicht: BKI Objektdaten A2
BGF **1.771 €/m²**

Planung: Jean-Elie Hamesse Architekt + Planer; Braunschweig

Modernisierung und Instandsetzung eines denkmalgeschützten Fachwerkhauses von 1730. **Kosteneinfluss Nutzung:** Besondere Auflagen des Denkmalschutzes, sowie des Brand-, Wärme- und Schallschutzes mussten beachtet werden. Der alte Gewölbekeller musste erhalten bleiben. **Kosteneinfluss Grundstück:** Sehr beschränkter Platz für Baustelleneinrichtung. Es wurde ein gegenüberliegendes Grundstück zur Lagerung gepachtet.

6500-0012 Gaststätte, Wohnen (6 WE)   **BRI** 3.222m³   **BGF** 1.244m²   **NUF** 883m²

Baujahr: 1650
Bauzustand: schlecht
Aufwand: hoch
Nutzung während der Bauzeit: nein
Nutzungsänderung: ja
Grundrissänderungen: einige
Tragwerkseingriffe: einige

Land: Nordrhein-Westfalen
Kreis: Warendorf
Standard: über Durchschnitt
Bauzeit: 30 Wochen
Kennwerte: bis 1.Ebene DIN276
veröffentlicht: BKI Objektdaten A1
BGF **1.087 €/m²**

Planung: Hartmut Rogalla Dipl.-Ing. Architekturbüro ASD; Ahlen

Modernisierung und Instandsetzung eines Fachwerkhauses, Baudenkmal, Baujahr 1650; nicht unterkellert. Umfangreiche Maßnahmen an Baukonstruktion. Komplette Erneuerung der Haustechnik. **Kosteneinfluss Nutzung:** Sanierung Baudenkmal.

© **BKI** Baukosteninformationszentrum; Erläuterungen zu den Tabellen siehe Seite 32   Kosten: 2.Quartal 2016, Bundesdurchschnitt, inkl. **19% MwSt.**

Übersicht-
1.+ 2. Ebene

Erweiterung

Umbau

Moderni-
sierung

Instand-
setzung

Bau-
elemente

Abbrechen

Wieder-
herstellen

Herstellen

Modernisierungen

Gewerbegebäude

BRI 405 €/m³
von 370 €/m³
bis 480 €/m³

BGF 1.440 €/m²
von 1.330 €/m²
bis 1.610 €/m²

NUF 2.200 €/m²
von 1.970 €/m²
bis 2.540 €/m²

Objektbeispiele

Kosten:
Stand 2.Quartal 2016
Bundesdurchschnitt
inkl. 19% MwSt.

7200-0053

7600-0028

7200-0029

Kosten der 5 Vergleichsobjekte Seiten 374 bis 377

- • KKW
- ▶ min
- ▷ von
- | Mittelwert
- ◁ bis
- ◀ max

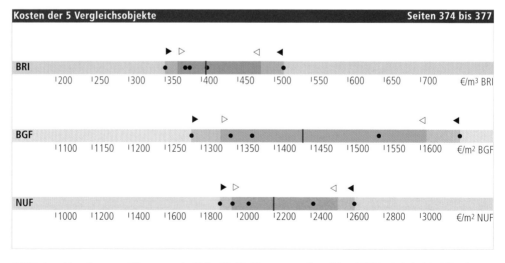

© **BKI** Baukosteninformationszentrum; Erläuterungen zu den Tabellen siehe Seite 24   Kosten: 2.Quartal 2016, Bundesdurchschnitt, **inkl. 19% MwSt.**

Kostenkennwerte für die Kostengruppen der 1. und 2.Ebene DIN 276

KG	Kostengruppen der 1. Ebene	Einheit	▷	€/Einheit	◁	▷	% an 300+400	◁
100	Grundstück	m² GF						
200	Herrichten und Erschließen	m² GF	15	**76**	137	1,4	**5,3**	9,1
300	Bauwerk - Baukonstruktionen	m² BGF	703	**1.045**	1.271	41,0	**72,1**	80,7
400	Bauwerk - Technische Anlagen	m² BGF	278	**394**	808	19,3	**27,9**	59,0
	Bauwerk (300+400)	m² BGF	1.327	**1.439**	1.608		**100,0**	
500	Außenanlagen	m² AF	33	**85**	136	0,9	**3,9**	9,8
600	Ausstattung und Kunstwerke	m² BGF	36	**80**	144	2,5	**5,6**	10,5
700	Baunebenkosten	m² BGF						

KG	Kostengruppen der 2. Ebene	Einheit	▷	€/Einheit	◁	▷	% an 300	◁
310	Baugrube	m³ BGI	32	**42**	53	0,2	**0,7**	1,8
320	Gründung	m² GRF	186	**203**	220	0,3	**1,8**	4,9
330	Außenwände	m² AWF	128	**260**	510	1,4	**16,8**	27,3
340	Innenwände	m² IWF	103	**156**	255	10,8	**20,0**	36,1
350	Decken	m² DEF	232	**571**	1.244	25,7	**29,2**	34,4
360	Dächer	m² DAF	257	**275**	292	1,1	**6,3**	16,5
370	Baukonstruktive Einbauten	m² BGF	3	**208**	619	0,5	**17,8**	52,3
390	Sonstige Baukonstruktionen	m² BGF	49	**57**	74	4,5	**7,4**	13,2
300	**Bauwerk Baukonstruktionen**	**m² BGF**					**100,0**	

KG	Kostengruppen der 2. Ebene	Einheit	▷	€/Einheit	◁	▷	% an 400	◁
410	Abwasser, Wasser, Gas	m² BGF	34	**81**	128	0,0	**8,9**	14,0
420	Wärmeversorgungsanlagen	m² BGF	43	**66**	110	8,5	**16,1**	30,4
430	Lufttechnische Anlagen	m² BGF	127	**234**	342	0,0	**27,5**	41,2
440	Starkstromanlagen	m² BGF	118	**164**	250	23,1	**39,7**	69,3
450	Fernmeldeanlagen	m² BGF	1	**16**	31	0,2	**1,4**	3,8
460	Förderanlagen	m² BGF	14	**18**	22	0,0	**2,4**	3,8
470	Nutzungsspezifische Anlagen	m² BGF	2	**43**	84	0,3	**3,7**	10,4
480	Gebäudeautomation	m² BGF	–	**–**	–	–	**–**	–
490	Sonstige Technische Anlagen	m² BGF	–	**9**	–	–	**0,4**	–
400	**Bauwerk Technische Anlagen**	**m² BGF**					**100,0**	

Prozentanteile der Kosten der 2.Ebene an den Kosten des Bauwerks nach DIN 276 (Von-, Mittel-, Bis-Werte)

310	Baugrube	0,5
320	Gründung	1,3
330	Außenwände	10,8
340	Innenwände	11,0
350	Decken	18,9
360	Dächer	4,5
370	Baukonstruktive Einbauten	13,5
390	Sonstige Baukonstruktionen	4,1
410	Abwasser, Wasser, Gas	4,0
420	Wärmeversorgungsanlagen	4,5
430	Lufttechnische Anlagen	11,5
440	Starkstromanlagen	11,4
450	Fernmeldeanlagen	0,8
460	Förderanlagen	0,9
470	Nutzungsspezifische Anlagen	2,1
480	Gebäudeautomation	
490	Sonstige Technische Anlagen	0,2

15%   30%   45%   60%

© **BKI** Baukosteninformationszentrum; Erläuterungen zu den Tabellen siehe Seite 26   Kosten: 2.Quartal 2016, Bundesdurchschnitt, inkl. 19% MwSt.

Übersicht 1.+2.Ebene

Erweiterung

Umbau

Moderni- sierung

Instand- setzung

Bau- elemente

Abbrechen

Wieder- herstellen

Herstellen

Kostenkennwerte für die Kostengruppen der 3.Ebene DIN 276

Kosten:
Stand 2.Quartal 2016
Bundesdurchschnitt
inkl. 19% MwSt.

KG	Kostengruppen der 3. Ebene	Einheit	▷	Ø €/Einheit	◁	▷	Ø €/m² BGF	◁
372	Besondere Einbauten	m²	4,27	311,47	618,66	4,27	311,47	618,66
431	Lüftungsanlagen	m²	–	198,26	–	–	198,26	–
434	Kälteanlagen	m²	–	143,56	–	–	143,56	–
351	Deckenkonstruktionen	m²	267,21	396,66	655,52	34,51	117,38	174,57
352	Deckenbeläge	m²	104,32	262,30	558,29	63,57	107,24	182,32
445	Beleuchtungsanlagen	m²	17,15	102,41	187,67	17,15	102,41	187,67
335	Außenwandbekleidungen außen	m²	47,99	156,87	265,76	26,75	97,66	168,57
444	Niederspannungsinstallationsanl.	m²	62,30	88,79	115,27	62,30	88,79	115,27
412	Wasseranlagen	m²	–	71,23	–	–	71,23	–
422	Wärmeverteilnetze	m²	38,03	64,33	90,62	38,03	64,33	90,62
473	Medienversorgungsanlagen	m²	–	64,02	–	–	64,02	–
363	Dachbeläge	m²	188,15	213,16	238,17	12,61	60,79	108,97
411	Abwasseranlagen	m²	–	56,30	–	–	56,30	–
345	Innenwandbekleidungen	m²	25,60	39,44	66,94	39,67	55,62	64,61
353	Deckenbekleidungen	m²	58,79	295,16	764,78	27,40	43,48	75,44
342	Nichttragende Innenwände	m²	71,94	84,96	110,61	21,04	37,95	71,73
341	Tragende Innenwände	m²	57,54	100,48	143,42	5,38	32,67	59,95
391	Baustelleneinrichtung	m²	19,25	30,34	52,49	19,25	30,34	52,49
334	Außentüren und -fenster	m²	130,47	239,90	433,61	16,25	28,16	35,93
343	Innenstützen	m	–	206,52	–	–	27,76	–
322	Flachgründungen	m²	–	117,39	–	–	26,62	–
344	Innentüren und -fenster	m²	7,71	171,81	267,72	5,47	25,98	65,03
331	Tragende Außenwände	m²	18,69	88,33	157,96	10,42	25,88	41,33
336	Außenwandbekleidungen innen	m²	28,90	33,49	38,07	20,21	23,08	25,95
339	Außenwände, sonstiges	m²	–	34,23	–	–	21,72	–
461	Aufzugsanlagen	m²	–	21,70	–	–	21,70	–
361	Dachkonstruktionen	m²	18,86	95,04	171,21	1,00	21,51	42,02
337	Elementierte Außenwände	m²	–	439,77	–	–	21,51	–
394	Abbruchmaßnahmen	m²	1,79	21,30	40,80	1,79	21,30	40,80
423	Raumheizflächen	m²	13,60	16,31	19,01	13,60	16,31	19,01
451	Telekommunikationsanlagen	m²	0,15	15,30	30,44	0,15	15,30	30,44
478	Entsorgungsanlagen	m²	–	15,23	–	–	15,23	–
392	Gerüste	m²	8,28	13,50	18,72	8,28	13,50	18,72
369	Dächer, sonstiges	m²	–	17,93	–	–	10,39	–
494	Abbruchmaßnahmen	m²	–	9,46	–	–	9,46	–
324	Unterböden und Bodenplatten	m²	82,41	114,01	145,62	1,12	8,34	15,56
443	Niederspannungsschaltanlagen	m²	–	8,26	–	–	8,26	–
338	Sonnenschutz	m²	96,83	162,53	228,24	5,41	8,19	10,96
311	Baugrubenherstellung	m³	31,57	35,76	39,96	2,12	8,06	13,99
364	Dachbekleidungen	m²	–	41,21	–	–	6,69	–
359	Decken, sonstiges	m²	5,30	7,12	8,93	4,57	6,22	7,87
349	Innenwände, sonstiges	m²	–	4,35	–	–	5,81	–
397	Zusätzliche Maßnahmen	m²	4,25	4,62	4,99	4,25	4,62	4,99
312	Baugrubenumschließung	m²	–	110,63	–	–	4,40	–
327	Dränagen	m²	–	13,84	–	–	3,14	–
477	Prozesswärme-, -kälte- und -luftanlagen	m²	–	2,67	–	–	2,67	–
475	Feuerlöschanlagen	m²	–	2,32	–	–	2,32	–
393	Sicherungsmaßnahmen	m²	–	1,48	–	–	1,48	–
346	Elementierte Innenwände	m²	–	126,97	–	–	1,24	–

▷ von
Ø Mittel
◁ bis

© **BKI** Baukosteninformationszentrum; Erläuterungen zu den Tabellen siehe Seite 28   Kosten: 2.Quartal 2016, Bundesdurchschnitt, **inkl. 19% MwSt.**

Kostenkennwerte für Leistungsbereiche nach StLB (Kosten des Bauwerks nach DIN 276)

LB	Leistungsbereiche	▷	€/m² BGF	◁	▷	% an 300+400	◁
000	Sicherheits-, Baustelleneinrichtungen inkl. 001	34	**34**	46	2,4	**2,4**	3,2
002	Erdarbeiten	2	**8**	8	0,1	**0,5**	0,5
006	Spezialtiefbauarbeiten inkl. 005	–	**2**	–	–	**0,1**	–
009	Entwässerungskanalarbeiten inkl. 011	0	**1**	1	0,0	**0,1**	0,1
010	Drän- und Versickerungsarbeiten	–	**1**	–	–	**0,0**	–
012	Mauerarbeiten	49	**77**	77	3,4	**5,3**	5,3
013	Betonarbeiten	45	**98**	98	3,1	**6,8**	6,8
014	Natur-, Betonwerksteinarbeiten	116	**116**	180	8,1	**8,1**	12,5
016	Zimmer- und Holzbauarbeiten	–	**12**	–	–	**0,8**	–
017	Stahlbauarbeiten	1	**12**	12	0,0	**0,8**	0,8
018	Abdichtungsarbeiten	–	**1**	–	–	**0,1**	–
020	Dachdeckungsarbeiten	–	**6**	–	–	**0,4**	–
021	Dachabdichtungsarbeiten	4	**25**	25	0,3	**1,7**	1,7
022	Klempnerarbeiten	1	**15**	15	0,1	**1,0**	1,0
	Rohbau	204	**407**	407	14,2	**28,3**	28,3
023	Putz- und Stuckarbeiten, Wärmedämmsysteme	40	**40**	60	2,8	**2,8**	4,2
024	Fliesen- und Plattenarbeiten	14	**14**	22	1,0	**1,0**	1,5
025	Estricharbeiten	2	**8**	8	0,2	**0,6**	0,6
026	Fenster, Außentüren inkl. 029, 032	16	**27**	27	1,1	**1,9**	1,9
027	Tischlerarbeiten	29	**212**	212	2,0	**14,7**	14,7
028	Parkettarbeiten, Holzpflasterarbeiten	–	**–**	–	–	**–**	–
030	Rollladenarbeiten	2	**6**	6	0,1	**0,4**	0,4
031	Metallbauarbeiten inkl. 035	14	**14**	24	1,0	**1,0**	1,7
034	Maler- und Lackiererarbeiten inkl. 037	36	**42**	42	2,5	**2,9**	2,9
036	Bodenbelagarbeiten	2	**9**	9	0,2	**0,6**	0,6
038	Vorgehängte hinterlüftete Fassaden	–	**–**	–	–	**–**	–
039	Trockenbauarbeiten	49	**49**	79	3,4	**3,4**	5,5
	Ausbau	317	**424**	424	22,0	**29,4**	29,4
040	Wärmeversorgungsanl. - Betriebseinr. inkl. 041	45	**68**	68	3,2	**4,7**	4,7
042	Gas- und Wasserinstallation, Leitungen inkl. 043	6	**36**	36	0,4	**2,5**	2,5
044	Abwasserinstallationsarbeiten - Leitungen	4	**17**	17	0,3	**1,2**	1,2
045	GWA-Einrichtungsgegenstände inkl. 046	8	**8**	14	0,6	**0,6**	1,0
047	Dämmarbeiten an betriebstechnischen Anlagen	1	**17**	17	0,0	**1,2**	1,2
049	Feuerlöschanlagen, Feuerlöschgeräte	–	**1**	–	–	**0,1**	–
050	Blitzschutz- und Erdungsanlagen	–	**–**	–	–	**–**	–
053	Niederspannungsanlagen inkl. 052, 054	98	**98**	115	6,8	**6,8**	8,0
055	Ersatzstromversorgungsanlagen	–	**–**	–	–	**–**	–
057	Gebäudesystemtechnik	–	**–**	–	–	**–**	–
058	Leuchten und Lampen inkl. 059	8	**61**	61	0,6	**4,2**	4,2
060	Elektroakustische Anlagen, Sprechanlagen	0	**5**	5	0,0	**0,4**	0,4
061	Kommunikationsnetze, inkl. 062	–	**11**	–	–	**0,7**	–
063	Gefahrenmeldeanlagen	–	**1**	–	–	**0,1**	–
069	Aufzüge	–	**8**	–	–	**0,5**	–
070	Gebäudeautomation	–	**–**	–	–	**–**	–
075	Raumlufttechnische Anlagen	40	**138**	138	2,8	**9,6**	9,6
	Technische Anlagen	332	**469**	469	23,1	**32,6**	32,6
084	Abbruch- und Rückbauarbeiten	117	**117**	174	8,2	**8,2**	12,1
	Sonstige Leistungsbereiche inkl. 008, 033, 051	3	**22**	22	0,2	**1,5**	1,5

Kosten: 2.Quartal 2016, Bundesdurchschnitt, **inkl. 19% MwSt.**

Übersicht 1.+.2. Ebene · Erweiterung · Umbau · Modernisierung · Instandsetzung · Bauelemente · Abbrechen · Wiederherstellen · Herstellen

Objektübersicht zur Gebäudeart

7100-0038 Fabrikgebäude Textilproduktion*   **BRI** 6.121m³   **BGF** 1.611m²   **NUF** 1.128m²

© Architekturbüro Walter Haller

€/m² BGF

min	1.290 €/m²
von	1.330 €/m²
Mittel	**1.440 €/m²**
bis	1.610 €/m²
max	1.650 €/m²

Bauzustand: gut
Aufwand: mittel
Nutzung während der Bauzeit: nein
Nutzungsänderung: nein
Grundrissänderungen: wenige
Tragwerkseingriffe: keine

Land: Baden-Württemberg
Kreis: Zollernalb, Balingen
Standard: Durchschnitt
Bauzeit: 52 Wochen
Kennwerte: bis 3.Ebene DIN276
veröffentlicht: BKI Objektdaten A9

BGF   **374 €/m²**

* Nicht in der Auswertung enthalten

Planung: Architekturbüro Walter Haller; Albstadt

Fabrikgebäude für Textilproduktion

Kosten:
Stand 2.Quartal 2016
Bundesdurchschnitt
inkl. 19% MwSt.

Bauwerk - Baukonstruktionen
Herstellen: Außenwandbekleidungen außen 39%, Deckenkonstruktionen 7%, Bodenbeläge 6%, Dachkonstruktionen 6%, Dachbeläge 6%, Innentüren und -fenster 5%, Außentüren und -fenster 4%, Gerüste 4%, Deckenbeläge 3%, Sonstige 20%

Bauwerk - Technische Anlagen
Herstellen: Medienversorgungsanlagen 32%, Beleuchtungsanlagen 13%, Niederspannungsinstallationsanlagen 12%, Wärmeerzeugungsanlagen 12%
Wiederherstellen: Raumheizflächen 9%
Sonstige: 22%

7200-0046 Apotheke   **BRI** 429m³   **BGF** 97m²   **NUF** 76m²

© Holst Becker Architekten

Baujahr: 1898
Bauzustand: mittel
Aufwand: hoch
Nutzung während der Bauzeit: ja
Nutzungsänderung: nein
Grundrissänderungen: wenige
Tragwerkseingriffe: wenige

Land: Niedersachsen
Kreis: Harburg, Winsen/Luhe
Standard: über Durchschnitt
Bauzeit: 8 Wochen
Kennwerte: bis 3.Ebene DIN276
veröffentlicht: BKI Objektdaten A3

BGF   **1.543 €/m²**

Planung: Holst Becker Architekten holstbecker.de; Hamburg

Apotheke mit Büros, Labor und Nebenräume, Musikschule, zwei Wohnungen. **Kosteneinfluss Grundstück:** Innenstadtlage, Fußgängerzone, Nutzung der Fußgängerzone für Baustelleneinrichtung, Zuwegung über Fußgängerzone mit Sondererlaubnis.

Bauwerk - Baukonstruktionen
Abbrechen: Deckenkonstruktionen 8%
Herstellen: Deckenbeläge 12%
Wiederherstellen: Besondere Einbauten 52%,
Sonstige: 27%

Bauwerk - Technische Anlagen
Herstellen: Beleuchtungsanlagen 52%, Wärmeverteilnetze 25%, Niederspannungsinstallationsanlagen 17%, Sonstige 6%

7200-0053 Wohn- und Geschäftshaus

BRI 9.997m³   **BGF** 2.817m²   **NUF** 1.984m²

Land: Sachsen
Kreis: Plauen
Standard: über Durchschnitt
Bauzeit: 65 Wochen
Kennwerte: bis 4.Ebene DIN276
veröffentlicht: BKI Objektdaten A3

BGF   **1.340 €/m²**

Planung: Architekturbüro Seiss; Plauen

Wohn- und Geschäftshaus, Sparkassengeschäftsstelle, acht Wohnungen, Tiefgarage.

Bauwerk - Baukonstruktionen
Herstellen: Außenwandbekleidungen außen 14%, Deckenkonstruktionen 12%, Dachbeläge 10%, Deckenbeläge 9%, Tragende Innenwände 5%, Dachkonstruktionen 4%, Außentüren und -fenster 4%, Tragende Außenwände 3%, Innenwandbekleidungen 3%, Innenstützen 3%, Flachgründungen 3%, Außenwandbekleidungen innen 3%, Deckenbekleidungen 2%, Außenwände, sonstiges 2%
Wiederherstellen: Außenwandbekleidungen außen 2%,
Sonstige: 22%

7600-0066 Feuer- und Rettungswache*

BRI 8.042m³   **BGF** 2.530m²   **NUF** 1.742m²

Bauzustand: mittel
Aufwand: mittel
Nutzung während der Bauzeit: ja
Nutzungsänderung: nein
Grundrissänderungen: keine
Tragwerkseingriffe: keine

Land: Nordrhein-Westfalen
Kreis: Recklinghausen
Standard: Durchschnitt
Bauzeit: 4 Wochen
Kennwerte: bis 3.Ebene DIN276
veröffentlicht: BKI Objektdaten A9

BGF   **9 €/m²**

* Nicht in der Auswertung enthalten

Feuer- und Rettungswache, Fenstermodernisierung

Bauwerk - Baukonstruktionen
Abbrechen: Außentüren und -fenster 8%
Herstellen: Außentüren und -fenster 91%, Baustelleneinrichtung 1%

Übersicht 1.+.2.Ebene
Erweiterung
Umbau
Modernisierung
Instandsetzung
Bauelemente
Abbrechen
Wiederherstellen
Herstellen

Objektübersicht zur Gebäudeart

7700-0036 Laborgebäude — BRI 9.773m³ BGF 2.739m² NUF 1.555m²

€/m² BGF

min	1.290	€/m²
von	1.330	€/m²
Mittel	**1.440**	**€/m²**
bis	1.610	€/m²
max	1.650	€/m²

Baujahr: 1957
Bauzustand: mittel
Aufwand: hoch
Nutzung während der Bauzeit: ja
Nutzungsänderung: nein
Grundrissänderungen: wenige
Tragwerkseingriffe: keine

Land: Bayern
Kreis: Würzburg
Standard: über Durchschnitt
Bauzeit: 173 Wochen
Kennwerte: bis 4.Ebene DIN276
veröffentlicht: BKI Objektdaten A3
BGF   1.370 €/m²

Kosten:
Stand 2.Quartal 2016
Bundesdurchschnitt
inkl. 19% MwSt.

Planung: Scholz & Völker Architektengemeinschaft; Würzburg

Institutsgebäude für die Universität, Labor-, Büro- und Sozialräume.

Bauwerk - Baukonstruktionen
Abbrechen: Abbruchmaßnahmen 7%
Herstellen: Deckenbekleidungen 13%, Innentüren und -fenster 9%, Nichttragende Innenwände 9%, Deckenbeläge 6%, Innenwandbekleidungen 6%, Außentüren und -fenster 5%
Wiederherstellen: Deckenkonstruktionen 5%, Außenwandbekleidungen außen 5%, Innenwandbekleidungen 4%,
Sonstige: 30%

Bauwerk - Technische Anlagen
Abbrechen: Lüftungsanlagen 2%
Herstellen: Lüftungsanlagen 22%, Kälteanlagen 18%, Niederspannungsinstallationsanlagen 13%, Wasseranlagen 9%, Medienversorgungsanlagen 8%, Abwasseranlagen 7%, Wärmeverteilnetze 4%, Telekommunikationsanlagen 4%,
Sonstige: 13%

7200-0029 Büro- und Geschäftshaus — BRI 3.275m³ BGF 1.013m² NUF 635m²

Land: Baden-Württemberg
Kreis: Freiburg im Breisgau
Standard: Durchschnitt
Bauzeit: 65 Wochen
Kennwerte: bis 1.Ebene DIN276
veröffentlicht: BKI Objektdaten N2
BGF   1.654 €/m²

Planung: Erzbischöfliches Bauamt, Baudirektor Bauhofer; Freiburg

Büro- und Geschäftshaus, Kinderspielzeuggeschäft, Käsedelikatessengeschäft, Lager- und Kühlräume, Büros, Besprechungsraum, Aktenräume. **Kosteneinfluss Grundstück:** Grundstück in der Altstadt, beschränkter Platz für Baustelleneinrichtung.
Abriss nicht mehr renovierungsfähiges Haus, Erhalt und Sanierung historischer Keller, Erweiterung des Kellers, Hausbau

7600-0028 Feuerwehrgerätehaus　　　**BRI** 1.830m³　　**BGF** 580m²　　**NUF** 362m²

© Frieder Poller

Bauzustand: schlecht
Aufwand: hoch
Nutzung während der Bauzeit: nein
Nutzungsänderung: nein
Grundrissänderungen: einige
Tragwerkseingriffe: einige

Land: Sachsen
Kreis: Auerbach
Standard: Durchschnitt
Bauzeit: 26 Wochen
Kennwerte: bis 1.Ebene DIN276
veröffentlicht: BKI Objektdaten A1
BGF　**1.287 €/m²**

Planung: Bernd Riedl, Dipl.-Ing. Arch.-u. Ing. Büro Dr. Obeth u. Riedl; Rodewisch

Modernisierung und Umbau eines Feuerwehrhauses mit Übergang zum Erweiterungsbau (Objekt 7600-0027); zwei Stellplätze, Wasch- und Pflegehalle, Batterieladeraum, Werkstatt, Fahrzeughalle für nachgeordnete Technik, Schlauchtrocknung, Raum für Feuerwehrjugend, Funkwerkstatt, Waschraum für Einsatzbekleidung, Vierzimmerwohnung.

Übersicht 1.+2.Ebene
Erweiterung
Umbau
Moderni-sierung
Instand-setzung
Bau-elemente
Abbrechen
Wieder-herstellen
Herstellen

Instandsetzungen

Wohngebäude

BRI 120 €/m³	BGF 340 €/m²	NUF 580 €/m²	NE 1.270 €/NE
von 50 €/m³	von 140 €/m²	von 280 €/m²	von 770 €/NE
bis 255 €/m³	bis 610 €/m²	bis 950 €/m²	bis 1.770 €/NE
			NE: Wohnfläche

Objektbeispiele

Kosten:
Stand 2.Quartal 2016
Bundesdurchschnitt
inkl. 19% MwSt.

6100-1113

6100-0996

6100-0467

Kosten der 13 Vergleichsobjekte　　　　　　　　　　　　Seiten 382 bis 389

- KKW
- ► min
- ▷ von
- | Mittelwert
- ◁ bis
- ◄ max

BRI

|10 |50 |100 |150 |200 |250 |300 |350 |400 |450 |500 €/m³ BRI

BGF

|0 |200 |400 |600 |800 |1000 |1200 |1400 |1600 |1800 |2000 €/m² BGF

NUF

|0 |200 |400 |600 |800 |1000 |1200 |1400 |1600 |1800 |2000 €/m² NUF

© **BKI** Baukosteninformationszentrum; Erläuterungen zu den Tabellen siehe Seite 24　　　　Kosten: 2.Quartal 2016, Bundesdurchschnitt, **inkl. 19% MwSt.**

Kostenkennwerte für die Kostengruppen der 1. und 2.Ebene DIN 276

KG	Kostengruppen der 1. Ebene	Einheit	▷	€/Einheit	◁	▷	% an 300+400	◁
100	Grundstück	m² GF						
200	Herrichten und Erschließen	m² GF	8	**11**	13	0,6	**2,5**	4,4
300	Bauwerk - Baukonstruktionen	m² BGF	134	**280**	509	78,4	**88,3**	98,0
400	Bauwerk - Technische Anlagen	m² BGF	16	**66**	142	4,4	**13,9**	22,7
	Bauwerk (300+400)	m² BGF	137	**336**	606		**100,0**	
500	Außenanlagen	m² AF	11	**49**	123	0,5	**2,1**	5,0
600	Ausstattung und Kunstwerke	m² BGF	1	**2**	2	0,3	**0,6**	0,7
700	Baunebenkosten	m² BGF						

KG	Kostengruppen der 2. Ebene	Einheit	▷	€/Einheit	◁	▷	% an 300	◁
310	Baugrube	m³ BGI	10	**74**	98	0,1	**2,2**	14,1
320	Gründung	m² GRF	46	**146**	314	0,2	**1,5**	5,6
330	Außenwände	m² AWF	124	**200**	267	24,9	**45,1**	68,2
340	Innenwände	m² IWF	89	**176**	365	1,7	**9,0**	20,1
350	Decken	m² DEF	119	**292**	612	3,4	**11,0**	24,8
360	Dächer	m² DAF	157	**273**	444	5,3	**23,0**	46,1
370	Baukonstruktive Einbauten	m² BGF	7	**19**	51	0,0	**1,1**	5,8
390	Sonstige Baukonstruktionen	m² BGF	8	**21**	48	3,9	**7,2**	12,9
300	**Bauwerk Baukonstruktionen**	**m² BGF**					**100,0**	

KG	Kostengruppen der 2. Ebene	Einheit	▷	€/Einheit	◁	▷	% an 400	◁
410	Abwasser, Wasser, Gas	m² BGF	2	**15**	30	2,3	**21,0**	42,0
420	Wärmeversorgungsanlagen	m² BGF	7	**21**	45	7,8	**32,6**	62,2
430	Lufttechnische Anlagen	m² BGF	2	**11**	28	0,1	**1,8**	11,2
440	Starkstromanlagen	m² BGF	6	**22**	61	7,6	**24,6**	45,0
450	Fernmeldeanlagen	m² BGF	1	**4**	11	0,4	**3,3**	9,9
460	Förderanlagen	m² BGF	12	**22**	38	0,0	**7,7**	44,5
470	Nutzungsspezifische Anlagen	m² BGF	1	**3**	5	0,0	**0,5**	6,1
480	Gebäudeautomation	m² BGF	–	**–**	–	–	**–**	–
490	Sonstige Technische Anlagen	m² BGF	0	**0**	1	0,0	**0,1**	0,9
400	**Bauwerk Technische Anlagen**	**m² BGF**					**100,0**	

Prozentanteile der Kosten der 2.Ebene an den Kosten des Bauwerks nach DIN 276 (Von-, Mittel-, Bis-Werte)

310	Baugrube	2,1
320	Gründung	1,3
330	Außenwände	40,6
340	Innenwände	7,5
350	Decken	9,3
360	Dächer	20,1
370	Baukonstruktive Einbauten	1,0
390	Sonstige Baukonstruktionen	6,6
410	Abwasser, Wasser, Gas	2,8
420	Wärmeversorgungsanlagen	4,1
430	Lufttechnische Anlagen	0,5
440	Starkstromanlagen	3,2
450	Fernmeldeanlagen	0,5
460	Förderanlagen	1,5
470	Nutzungsspezifische Anlagen	0,1
480	Gebäudeautomation	
490	Sonstige Technische Anlagen	0,0

15% 30% 45% 60%

© **BKI** Baukosteninformationszentrum; Erläuterungen zu den Tabellen siehe Seite 26

Kosten: 2.Quartal 2016, Bundesdurchschnitt, inkl. **19% MwSt.**

Übersicht 1.+.2.Ebene

Erweiterung

Umbau

Moderni-sierung

Instand-setzung

Bau-elemente

Abbrechen

Wieder-herstellen

Herstellen

Kostenkennwerte für die Kostengruppen der 3.Ebene DIN 276

KG	Kostengruppen der 3. Ebene	Einheit	▷	Ø €/Einheit	◁	▷	Ø €/m² BGF	◁
363	Dachbeläge	m²	87,50	**148,73**	207,08	19,91	**45,73**	92,32
335	Außenwandbekleidungen außen	m²	63,00	**176,58**	471,37	18,40	**36,44**	55,95
334	Außentüren und -fenster	m²	259,55	**483,78**	705,94	9,70	**30,76**	55,04
442	Eigenstromversorgungsanlagen	m²	17,81	**30,05**	42,28	17,81	**30,05**	42,28
345	Innenwandbekleidungen	m²	38,48	**60,21**	102,97	11,43	**29,69**	61,21
337	Elementierte Außenwände	m²	400,86	**637,01**	771,50	18,61	**28,06**	43,25
364	Dachbekleidungen	m²	36,80	**93,59**	140,86	6,99	**26,82**	81,68
352	Deckenbeläge	m²	102,31	**173,37**	291,23	12,14	**26,27**	43,30
461	Aufzugsanlagen	m²	7,60	**22,83**	38,06	7,60	**22,83**	38,06
371	Allgemeine Einbauten	m²	5,13	**20,62**	50,64	5,13	**20,62**	50,64
469	Förderanlagen, sonstiges	m²	–	**20,37**	–	–	**20,37**	–
361	Dachkonstruktionen	m²	83,96	**152,34**	395,68	5,01	**20,28**	55,47
351	Deckenkonstruktionen	m²	98,60	**254,31**	793,44	4,89	**19,33**	45,14
331	Tragende Außenwände	m²	95,61	**234,69**	499,59	5,55	**17,36**	57,45
412	Wasseranlagen	m²	4,99	**16,67**	27,43	4,99	**16,67**	27,43
421	Wärmeerzeugungsanlagen	m²	5,42	**15,76**	43,36	5,42	**15,76**	43,36
396	Materialentsorgung	m²	3,80	**15,14**	26,47	3,80	**15,14**	26,47
362	Dachfenster, Dachöffnungen	m²	793,36	**1.180,09**	1.722,95	6,12	**14,56**	23,82
444	Niederspannungsinstallationsanl.	m²	4,45	**12,61**	31,59	4,45	**12,61**	31,59
344	Innentüren und -fenster	m²	216,70	**433,98**	972,88	4,86	**11,56**	22,78
353	Deckenbekleidungen	m²	31,44	**54,22**	104,66	4,24	**11,56**	35,76
346	Elementierte Innenwände	m²	–	**324,36**	–	–	**11,49**	–
423	Raumheizflächen	m²	4,96	**11,29**	15,49	4,96	**11,29**	15,49
341	Tragende Innenwände	m²	185,03	**346,47**	822,81	4,99	**11,15**	27,34
394	Abbruchmaßnahmen	m²	2,45	**11,00**	19,54	2,45	**11,00**	19,54
431	Lüftungsanlagen	m²	2,05	**10,82**	28,26	2,05	**10,82**	28,26
342	Nichttragende Innenwände	m²	84,91	**107,13**	124,48	8,20	**10,18**	15,71
392	Gerüste	m²	5,88	**9,15**	13,13	5,88	**9,15**	13,13
336	Außenwandbekleidungen innen	m²	25,50	**69,55**	159,10	3,32	**8,76**	20,79
339	Außenwände, sonstiges	m²	5,85	**16,98**	26,70	2,77	**8,38**	17,40
422	Wärmeverteilnetze	m²	2,53	**6,85**	12,15	2,53	**6,85**	12,15
391	Baustelleneinrichtung	m²	2,34	**6,82**	26,97	2,34	**6,82**	26,97
395	Instandsetzungen	m²	–	**6,03**	–	–	**6,03**	–
322	Flachgründungen	m²	28,76	**195,99**	255,92	2,41	**5,81**	10,03
311	Baugrubenherstellung	m³	22,34	**58,55**	91,06	2,47	**5,34**	13,13
445	Beleuchtungsanlagen	m²	0,63	**4,74**	25,00	0,63	**4,74**	25,00
333	Außenstützen	m	293,67	**1.203,66**	2.113,66	0,93	**4,69**	8,45
475	Feuerlöschanlagen	m²	–	**4,65**	–	–	**4,65**	–
349	Innenwände, sonstiges	m²	–	**5,38**	–	–	**4,17**	–
312	Baugrubenumschließung	m²	–	**596,71**	–	–	**3,95**	–
443	Niederspannungsschaltanlagen	m²	–	**3,95**	–	–	**3,95**	–
397	Zusätzliche Maßnahmen	m²	0,90	**3,93**	12,92	0,90	**3,93**	12,92
359	Decken, sonstiges	m²	20,56	**145,00**	759,10	2,05	**3,81**	6,93
325	Bodenbeläge	m²	43,13	**79,25**	167,37	0,29	**3,76**	7,39
411	Abwasseranlagen	m²	1,02	**3,73**	7,88	1,02	**3,73**	7,88
338	Sonnenschutz	m²	159,34	**394,38**	523,63	1,77	**3,56**	6,16
332	Nichttragende Außenwände	m²	61,75	**105,56**	187,47	1,29	**3,41**	6,67
429	Wärmeversorgungsanl., sonstiges	m²	1,76	**3,33**	5,71	1,76	**3,33**	5,71
455	Fernseh- und Antennenanlagen	m²	0,56	**3,28**	8,74	0,56	**3,28**	8,74

Kosten:
Stand 2.Quartal 2016
Bundesdurchschnitt
inkl. 19% MwSt.

▷ von
Ø Mittel
◁ bis

Kostenkennwerte für Leistungsbereiche nach StLB (Kosten des Bauwerks nach DIN 276)

LB	Leistungsbereiche	▷	€/m² BGF	◁	▷	% an 300+400	◁
000	Sicherheits-, Baustelleneinrichtungen inkl. 001	7	17	30	2,0	5,0	8,9
002	Erdarbeiten	1	7	45	0,2	2,2	13,3
006	Spezialtiefbauarbeiten inkl. 005	–	–	–	–	–	–
009	Entwässerungskanalarbeiten inkl. 011	–	0	–	–	0,0	–
010	Drän- und Versickerungsarbeiten	0	2	2	0,0	0,7	0,7
012	Mauerarbeiten	3	19	44	1,0	5,7	13,0
013	Betonarbeiten	1	5	36	0,2	1,6	10,6
014	Natur-, Betonwerksteinarbeiten	0	2	8	0,0	0,5	2,3
016	Zimmer- und Holzbauarbeiten	5	27	67	1,5	8,2	20,0
017	Stahlbauarbeiten	–	0	–	–	0,1	–
018	Abdichtungsarbeiten	0	6	30	0,0	1,7	8,8
020	Dachdeckungsarbeiten	4	28	80	1,3	8,4	23,8
021	Dachabdichtungsarbeiten	0	2	10	0,1	0,7	3,1
022	Klempnerarbeiten	2	12	28	0,6	3,5	8,2
	Rohbau	86	128	201	25,6	38,2	59,9
023	Putz- und Stuckarbeiten, Wärmedämmsysteme	8	25	58	2,3	7,5	17,2
024	Fliesen- und Plattenarbeiten	0	4	7	0,0	1,1	2,2
025	Estricharbeiten	0	2	11	0,1	0,7	3,2
026	Fenster, Außentüren inkl. 029, 032	6	29	58	1,7	8,7	17,2
027	Tischlerarbeiten	2	14	28	0,7	4,0	8,3
028	Parkettarbeiten, Holzpflasterarbeiten	0	4	16	0,0	1,3	4,7
030	Rollladenarbeiten	0	0	2	0,0	0,1	0,6
031	Metallbauarbeiten inkl. 035	2	10	26	0,5	2,9	7,6
034	Maler- und Lackiererarbeiten inkl. 037	6	24	72	1,8	7,1	21,3
036	Bodenbelagarbeiten	0	2	7	0,0	0,7	2,0
038	Vorgehängte hinterlüftete Fassaden	0	2	2	0,0	0,6	0,6
039	Trockenbauarbeiten	1	11	31	0,4	3,3	9,2
	Ausbau	46	129	184	13,7	38,4	54,8
040	Wärmeversorgungsanl. - Betriebseinr. inkl. 041	1	10	28	0,3	2,9	8,3
042	Gas- und Wasserinstallation, Leitungen inkl. 043	0	2	7	0,0	0,6	2,1
044	Abwasserinstallationsarbeiten - Leitungen	–	1	5	–	0,4	1,5
045	GWA-Einrichtungsgegenstände inkl. 046	0	4	11	0,1	1,2	3,4
047	Dämmarbeiten an betriebstechnischen Anlagen	0	1	3	0,0	0,2	1,0
049	Feuerlöschanlagen, Feuerlöschgeräte	–	0	–	–	0,1	–
050	Blitzschutz- und Erdungsanlagen	0	0	0	0,0	0,0	0,1
053	Niederspannungsanlagen inkl. 052, 054	2	7	18	0,5	2,2	5,5
055	Ersatzstromversorgungsanlagen	–	0	–	–	0,1	–
057	Gebäudesystemtechnik	–	–	–	–	–	–
058	Leuchten und Lampen inkl. 059	0	1	1	0,0	0,4	0,4
060	Elektroakustische Anlagen, Sprechanlagen	0	0	1	0,0	0,1	0,3
061	Kommunikationsnetze, inkl. 062	0	1	2	0,0	0,2	0,5
063	Gefahrenmeldeanlagen	0	0	0	0,0	0,1	0,1
069	Aufzüge	0	5	27	0,0	1,3	8,0
070	Gebäudeautomation	–	–	–	–	–	–
075	Raumlufttechnische Anlagen	0	2	11	0,0	0,5	3,4
	Technische Anlagen	2	34	68	0,5	10,1	20,1
084	Abbruch- und Rückbauarbeiten	11	21	37	3,4	6,2	10,9
	Sonstige Leistungsbereiche inkl. 008, 033, 051	1	24	156	0,2	7,3	46,5

Kosten: 2.Quartal 2016, Bundesdurchschnitt, **inkl. 19% MwSt.**

Übersicht- 1 + 2.Ebene
Erweiterung
Umbau
Moderni- sierung
Instand- setzung
Bau- elemente
Abbrechen
Wieder- herstellen
Herstellen

Objektübersicht zur Gebäudeart

6100-0085 Großwohnanlage (87 WE)   BRI 36.680m³   BGF 13.558m²   NUF 8.273m²

Land: Bayern
Kreis: Ingolstadt
Standard: Durchschnitt
Bauzeit: 64 Wochen
Kennwerte: bis 3.Ebene DIN276
veröffentlicht: www.bki.de

BGF   **477 €/m²**

Planung: Architektengruppe 4 Braun-Dietz-Lüling-Schlagenhaufer; Ingolstadt

Instandsetzung und Umbau einer Großwohnanlage aus den 70er Jahren im Rahmen des sozialen Wohnungsbaus. Teilweise Umbau einzelner Wohnungen und Anbau Nordtreppe. **Kosteneinfluss Nutzung:** Ausbau des bisher offenen EGs, Vergrößerung einiger Wohnungen. **Kosteneinfluss Grundstück:** Innerstädtisches Grundstück in verkehrsreicher Lage, daher kostenintensive Schallschutzmaßnahmen; städtebaulich prägnantes Gebäude (Bauwerkshöhe!), daher Aufwertung der Nordfassade.

Bauwerk - Baukonstruktionen
Abbrechen: Außentüren und -fenster 1%
Herstellen: Außentüren und -fenster 9%, Dachbeläge 7%, Baustelleneinrichtung 7%, Dachfenster, Dachöffnungen 6%, Elementierte Außenwände 6%, Tragende Außenwände 6%, Außenwände, sonstiges 6%, Außenwandbekleidungen außen 5%, Gerüste 4%
Wiederherstellen: Deckenbeläge 3%
Sonstige: 40%

Bauwerk - Technische Anlagen
Herstellen: Wasseranlagen 18%, Wärmeverteilnetze 13%, Aufzugsanlagen 10%, Abwasseranlagen 9%, Niederspannungsinstallationsanlagen 9%, Feuerlöschanlagen 6%, Niederspannungsschaltanlagen 5%
Wiederherstellen: Wasseranlagen 7%
Sonstige: 22%

6100-0359 Mehrfamilienhaus (66 WE)   BRI 23.000m³   BGF 5.700m²   NUF k.A.

Baujahr: 1972
Bauzustand: schlecht
Aufwand: hoch
Nutzung während der Bauzeit: ja
Nutzungsänderung: nein
Grundrissänderungen: keine
Tragwerkseingriffe: wenige

Land: Baden-Württemberg
Kreis: Stuttgart
Standard: über Durchschnitt
Bauzeit: 47 Wochen
Kennwerte: bis 3.Ebene DIN276
veröffentlicht: BKI Objektdaten A2

BGF   **112 €/m²**

Planung: Architektengruppe Fiedler Frenkler Hagenlocher Stanger; Stuttgart

Instandsetzung der Fassaden und Dächer einer Wohnanlage mit 66 Wohneinheiten. **Kosteneinfluss Grundstück:** Wenig Lagerplatz und Stellfläche z. B. für Autokran, begrenzte Tragfähigkeit der Tiefgaragendecke im Hof, sehr schwer zugängliche Talseite, sehr große Störempfindlichkeit der Eigentümer.

Bauwerk - Baukonstruktionen
Herstellen: Dachbeläge 39%, Außenwandbekleidungen außen 27%, Dachfenster, Dachöffnungen 12%, Sonstige 22%

6100-0400 Mehrfamilienhaus (48 WE), 3 Läden — BRI 743m³ — BGF 202m² — NUF 168m²

© Holst Becker Architekten

Baujahr: 1910	Land: Hamburg
Bauzustand: schlecht	Kreis: Hamburg
Aufwand: hoch	Standard: über Durchschnitt
Nutzung während der Bauzeit: ja	Bauzeit: 12 Wochen
Nutzungsänderung: nein	Kennwerte: bis 3.Ebene DIN276
Grundrissänderungen: keine	veröffentlicht: BKI Objektdaten A2
Tragwerkseingriffe: wenige	BGF **350 €/m²**

Planung: Holst Becker Architekten holstbecker.de; Hamburg

Bei einem Wohnblock mit 48 Wohneinheiten und drei Läden wurde ein Fassadenbereich von drei Wohnungen nach Befall mit Hausschwamm saniert.

Bauwerk - Baukonstruktionen
Herstellen: Innenwandbekleidungen 21%, Außentüren und -fenster 17%, Deckenbeläge 11%, Deckenbekleidungen 8%, Baustelleneinrichtung 8%, Gerüste 4%
Wiederherstellen: Deckenkonstruktionen 7%, Tragende Außenwände 3%
Sonstige: 20%

Bauwerk - Technische Anlagen
Herstellen: Niederspannungsinstallationsanlagen 57%, Wärmeverteilnetze 43%

6100-0456 Mehrfamilienhaus (3 WE) — BRI 1.478m³ — BGF 505m² — NUF 364m²

© Planwerk 3 Architekten und Ingenieure

Baujahr: 1920	Land: Rheinland-Pfalz
Bauzustand: schlecht	Kreis: Kaiserslautern
Aufwand: hoch	Standard: Durchschnitt
Nutzung während der Bauzeit: nein	Bauzeit: 30 Wochen
Nutzungsänderung: nein	Kennwerte: bis 4.Ebene DIN276
Grundrissänderungen: wenige	veröffentlicht: BKI Objektdaten E2
Tragwerkseingriffe: wenige	BGF **830 €/m²**

Planung: Planwerk 3 Architekten und Ingenieure; Kaiserslautern

Mehrfamilienhaus mit 3 Wohneinheiten (237m² WFL).

Bauwerk - Baukonstruktionen
Abbrechen: Materialentsorgung 4%, Dachbeläge 2%
Herstellen: Dachbeläge 17%, Tragende Außenwände 10%, Dachkonstruktionen 9%, Dachbekleidungen 7%, Deckenkonstruktionen 6%, Innenwandbekleidungen 6%, Außenwandbekleidungen außen 5%, Deckenbeläge 4%, Außentüren und -fenster 4%, Außenwandbekleidungen innen 3%, Dachfenster, Dachöffnungen 2%
Sonstige: 20%

Bauwerk - Technische Anlagen
Herstellen: Wärmeerzeugungsanlagen 25%, Eigenstromversorgungsanlagen 24%, Wasseranlagen 17%, Niederspannungsinstallationsanlagen 9%, Sonstige 24%

Übersicht 1.+2.Ebene · Erweiterung · Umbau · Modernisierung · Instandsetzung · Bauelemente · Abbrechen · Wiederherstellen · Herstellen

Objektübersicht zur Gebäudeart

6100-0467 Mehrfamilienhaus (48 WE), Fassadensanierung | **BRI** 17.861m³ **BGF** 5.137m² **NUF** k.A.

€/m² BGF

min	49 €/m²
von	140 €/m²
Mittel	**340 €/m²**
bis	610 €/m²
max	830 €/m²

Kosten:
Stand 2.Quartal 2016
Bundesdurchschnitt
inkl. 19% MwSt.

Baujahr: 1910
Bauzustand: schlecht
Aufwand: hoch
Nutzung während der Bauzeit: ja
Nutzungsänderung: nein
Grundrissänderungen: keine
Tragwerkseingriffe: wenige

Land: Hamburg
Kreis: Hamburg
Standard: Durchschnitt
Bauzeit: 39 Wochen
Kennwerte: bis 3.Ebene DIN276
veröffentlicht: BKI Objektdaten A3
BGF **104 €/m²**

Planung: Holst Becker Architekten holstbecker.de; Hamburg

Mehrfamilienhaus mit 48 Wohneinheiten und 3 Läden

Bauwerk - Baukonstruktionen
Wiederherstellen: Außenwandbekleidungen außen 28%, Außentüren und -fenster 12%, Gerüste 11%, Außenwände, sonstiges 11%, Dachbeläge 7%, Deckenbeläge 6%, Sonstige 26%

Bauwerk - Technische Anlagen
Herstellen: Niederspannungsinstallationsanlagen 41%
Wiederherstellen: Abwasseranlagen 59%

6100-0548 Mehrfamilienhaus | **BRI** 3.055m³ **BGF** 1.018m² **NUF** 608m²

Bauzustand: mittel
Aufwand: hoch
Nutzung während der Bauzeit: ja
Nutzungsänderung: nein
Grundrissänderungen: einige
Tragwerkseingriffe: einige

Land: Baden-Württemberg
Kreis: Rhein-Neckar
Standard: Durchschnitt
Bauzeit: 13 Wochen
Kennwerte: bis 3.Ebene DIN276
veröffentlicht: BKI Objektdaten A5
BGF **275 €/m²**

Planung: Architekt Dipl.-Ing. Alexander Böhm; Heidelberg

Instandsetzung eines Mehrfamilienhauses mit Dachgeschossausbau zur Wohnraumerweiterung, Einbau von Gauben. **Kosteneinfluss Nutzung:** Die abgerechneten Kosten wurden in Bezug zu den Flächen des gesamten Hauses gesetzt.

Bauwerk - Baukonstruktionen
Herstellen: Dachbeläge 19%, Dachfenster, Dachöffnungen 12%, Außenwandbekleidungen außen 12%, Dachkonstruktionen 8%, Dachbekleidungen 8%, Deckenbeläge 8%, Gerüste 5%, Nichttragende Innenwände 3%, Innenwandbekleidungen 3%, Sonstige 22%

Bauwerk - Technische Anlagen
Herstellen: Wasseranlagen 49%, Niederspannungsinstallationsanlagen 35%, Abwasseranlagen 14%, Sonstige 3%

© **BKI** Baukosteninformationszentrum; Erläuterungen zu den Tabellen siehe Seite 32   Kosten: 2.Quartal 2016, Bundesdurchschnitt, **inkl. 19% MwSt.**

6100-0560 Mehrfamilienhaus (4 WE)   **BRI** 3.475m³   **BGF** 1.075m²   **NUF** 665m²

Baujahr: 1888
Bauzustand: schlecht
Aufwand: hoch
Nutzung während der Bauzeit: ja
Nutzungsänderung: ja
Grundrissänderungen: wenige

Land: Thüringen
Kreis: Erfurt
Standard: Durchschnitt
Bauzeit: 34 Wochen
Kennwerte: bis 3.Ebene DIN276
veröffentlicht: BKI Objektdaten A5
BGF   **345 €/m²**

Planung: Planungsgruppe Barthelmey Architekt Dipl.-Ing. Stefan Barthelmey; Erfurt

Instandsetzung und Modernisierung eines Mehrfamilienhauses mit vier Wohneinheiten, Baujahr 1888. Wärmeschutz auf Neubaustandard.

Bauwerk - Baukonstruktionen
Herstellen: Außenwandbekleidungen außen 20%, Außentüren und -fenster 18%, Außenwände, sonstiges 5%, Dachbeläge 5%, Dachkonstruktionen 5%, Deckenbeläge 4%, Innenwandbekleidungen 3%, Dachfenster, Dachöffnungen 3%
Wiederherstellen: Innentüren und -fenster 6%, Innenwandbekleidungen 5%, Deckenbeläge 3%
Sonstige: 22%

Bauwerk - Technische Anlagen
Herstellen: Wasseranlagen 28%, Wärmeerzeugungsanlagen 17%, Wärmeverteilnetze 13%, Raumheizflächen 13%, Sonstige 29%

6100-0574 Einfamilienhaus, Brandschaden   **BRI** 834m³   **BGF** 285m²   **NUF** 212m²

Land: Nordrhein-Westfalen
Kreis: Düren
Standard: Durchschnitt
Bauzeit: 21 Wochen
Kennwerte: bis 3.Ebene DIN276
veröffentlicht: BKI Objektdaten A4
BGF   **660 €/m²**

Planung: Franke & Partner Planungsbüro Andreas Franke AKNW.BDIA; Hürtgenwald

Rückbau des Objekts in großen Teilbereichen bis auf Rohbauflächen; Putzflächen, Gipskartonverkleidungen mit Mineralfaser-Dämmstoff, Wand- und Bodenbeläge mussten komplett erneuert werden. Tragende Konstruktionen und Dacheindeckung wurden im vorderen Anbau komplett erneuert; Fassadenflächen mussten komplett überarbeitet und neu gestrichen werden.

Bauwerk - Baukonstruktionen
Abbrechen: Dachbeläge 5%, Abbruchmaßnahmen 3%, Dachkonstruktionen 3%
Herstellen: Dachbekleidungen 17%, Dachbeläge 12%, Allgemeine Einbauten 9%, Innenwandbekleidungen 8%, Dachkonstruktionen 6%, Deckenbeläge 6%, Tragende Innenwände 5%, Dachfenster, Dachöffnungen 4%
Sonstige: 23%

Bauwerk - Technische Anlagen
Herstellen: Niederspannungsinstallationsanlagen 47%, Raumheizflächen 20%, Fernseh- und Antennenanlagen 13%, Sonstige 21%

Übersicht 1.+.2.Ebene
Erweiterung
Umbau
Modernisierung
Instandsetzung
Bauelemente
Abbrechen
Wiederherstellen
Herstellen

Instandsetzungen

Wohngebäude

6100-0686 Mehrfamilienhaus, Kellertrocknung BRI 3.546m³ BGF 1.166m² NUF 804m²

€/m² BGF
min	49 €/m²
von	140 €/m²
Mittel	**340 €/m²**
bis	610 €/m²
max	830 €/m²

Kosten:
Stand 2.Quartal 2016
Bundesdurchschnitt
inkl. 19% MwSt.

Baujahr: ca. 1900
Bauzustand: mittel
Aufwand: mittel
Nutzung während der Bauzeit: ja
Nutzungsänderung: nein
Grundrissänderungen: wenige
Tragwerkseingriffe: keine

Land: Berlin
Kreis: Berlin
Standard: Durchschnitt
Bauzeit: 4 Wochen
Kennwerte: bis 3.Ebene DIN276
veröffentlicht: BKI Objektdaten A7
BGF 49 €/m²

Planung: TSSB architekten.ingenieure . Berlin; Berlin

Bei einem Mehrfamilienhaus wurde der Keller trockengelegt. Es wurde nur ein Teil saniert. **Kosteneinfluss Nutzung:** Die Flächenangaben der DIN 277 beziehen sich auf den sanierten Bereich. **Kosteneinfluss Grundstück:** Das Gebäude ist von der Straße frei zugänglich. Für die Arbeiten im Hof müssen die Materialen von Hand transportiert werden.

Bauwerk - Baukonstruktionen
Herstellen: Baugrubenherstellung 9%, Außenwandbekleidungen außen 4%
Wiederherstellen: Außenwandbekleidungen außen 68%
Sonstige: 19%

6100-0695 Mehrfamilienhaus, Kellertrocknung BRI 3.192m³ BGF 1.050m² NUF 735m²

Baujahr: ca. 1905
Bauzustand: gut
Aufwand: niedrig
Nutzung während der Bauzeit: ja
Nutzungsänderung: nein
Grundrissänderungen: wenige
Tragwerkseingriffe: keine

Land: Berlin
Kreis: Berlin
Standard: Durchschnitt
Bauzeit: 4 Wochen
Kennwerte: bis 3.Ebene DIN276
veröffentlicht: BKI Objektdaten A7
BGF 80 €/m²

Planung: TSSB architekten.ingenieure . Berlin; Berlin

Bei einem Mehrfamilienhaus wurde der Keller trockengelegt. Von dem gesamten Gebäude wurde nur ein Seitenflügel saniert. **Kosteneinfluss Nutzung:** Die Flächenangaben der DIN 277 beziehen sich nur auf den sanierten Flügel.

Bauwerk - Baukonstruktionen
Herstellen: Baugrubenherstellung 18%, Außenwandbekleidungen außen 13%
Wiederherstellen: Außenwandbekleidungen außen 45%,
Sonstige: 24%

Bauwerk - Technische Anlagen
Herstellen: Wärmeversorgungsanlagen, sonstiges 100%

6100-0996 Mehrfamilienhaus (15 WE)   **BRI** 5.061m³   **BGF** 1.634m²   **NUF** 1.076m²

Baujahr: 1970
Bauzustand: mittel
Aufwand: mittel
Nutzung während der Bauzeit: ja
Nutzungsänderung: nein
Grundrissänderungen: keine
Tragwerkseingriffe: keine

Land: Baden-Württemberg
Kreis: Breisgau-Hochschwarzwald
Standard: Durchschnitt
Bauzeit: 30 Wochen
Kennwerte: bis 3.Ebene DIN276
veröffentlicht: BKI Objektdaten A9

BGF   **296 €/m²**

Fassaden- und Dachsanierung eines Mehrfamilienhauses mit 15 Wohnungen

Bauwerk - Baukonstruktionen
Abbrechen: Außenwandbekleidungen außen 4%
Herstellen: Außenwandbekleidungen außen 25%, Elementierte Außenwände 18%, Dachbeläge 14%, Dachfenster, Dachöffnungen 5%, Außenwände, sonstiges 4%, Deckenbekleidungen 3%, Innenwandbekleidungen 3%
Wiederherstellen: Außentüren und -fenster 3%
Sonstige: 21%

Bauwerk - Technische Anlagen
Herstellen: Aufzugsanlagen 70%, Niederspannungsinstallationsanlagen 13%, Lüftungsanlagen 6%, Sonstige 11%

6100-1099 Mehrfamilienhaus, Grundmauersanierung*   **BRI** 1.950m³   **BGF** 700m²   **NUF** 458m²

© Dietmar Herz Freier Landschaftsarchitekt BDLA

Baujahr: 1911
Bauzustand: mittel
Aufwand: niedrig
Nutzung während der Bauzeit: ja
Nutzungsänderung: nein
Grundrissänderungen:
Tragwerkseingriffe:

Land: Baden-Württemberg
Kreis: Ortenau, Offenburg
Standard: über Durchschnitt
Bauzeit: 12 Wochen
Kennwerte: bis 3.Ebene DIN276
veröffentlicht: BKI Objektdaten A9

BGF   **39 €/m²**

*   * Nicht in der Auswertung enthalten

Planung: Dietmar Herz Freier Landschaftsarchitekt BDLA; Baden-Baden
Mehrfamilienhaus

Bauwerk - Baukonstruktionen
Abbrechen: Dränagen 47%
Herstellen: Außenwandbekleidungen außen 53%

Bauwerk - Technische Anlagen
Wiederherstellen: Abwasseranlagen 100%

Übersicht 1.+2.Ebene
Erweiterung
Umbau
Modernisierung
Instandsetzung
Bauelemente
Abbrechen
Wiederherstellen
Herstellen

Objektübersicht zur Gebäudeart

€/m² BGF

min	49	€/m²
von	140	€/m²
Mittel	**340**	**€/m²**
bis	610	€/m²
max	830	€/m²

Kosten:
Stand 2.Quartal 2016
Bundesdurchschnitt
inkl. 19% MwSt.

6100-1112 Mehrfamilienhaus Vorderfassade Denkmalschutz*   BRI 4.130m³   BGF 1.278m²   NUF 926m²

Baujahr: 1892
Bauzustand: mittel
Aufwand: hoch
Nutzung während der Bauzeit: ja
Nutzungsänderung: nein
Grundrissänderungen: keine
Tragwerkseingriffe: keine

Land: Hamburg
Kreis: Hamburg
Standard: über Durchschnitt
Bauzeit: 13 Wochen
Kennwerte: bis 3.Ebene DIN276
veröffentlicht: BKI Objektdaten A9
BGF **69 €/m²**

* Nicht in der Auswertung enthalten

Planung: Mannott + Mannott Dipl. Ingenieure, Architekten; Hamburg

Mehrfamilienhaus mit 12 WE, Denkmalschutz, Instandsetzung der Vorderfassade

Bauwerk - Baukonstruktionen
Herstellen: Gerüste 7%, Baustelleneinrichtung 6%
Wiederherstellen: Außenwandbekleidungen außen 80%,
Sonstige: 7%

Bauwerk - Technische Anlagen
Wiederherstellen: Abwasseranlagen 87%, Nieder-
spannungsinstallationsanlagen 13%

6100-1113 Wohn- und Geschäftshaus (21 WE)   BRI 8.259m³   BGF 2.895m²   NUF k.A.

Baujahr: 1951
Bauzustand: mittel
Aufwand: mittel
Nutzung während der Bauzeit: ja
Nutzungsänderung: nein
Grundrissänderungen: keine
Tragwerkseingriffe: keine

Land: Hamburg
Kreis: Hamburg
Standard: Durchschnitt
Bauzeit: 34 Wochen
Kennwerte: bis 3.Ebene DIN276
vorgesehen: BKI Objektdaten A10
BGF **191 €/m²**

Planung: Mannott + Mannott Dipl. Ingenieure, Architekten; Hamburg

Fassade- und Dachsanierung eines Wohn- und Geschäftshauses (21 WE)

Bauwerk - Baukonstruktionen
Herstellen: Außenwandbekleidungen außen 31%, Außen-
türen und -fenster 26%, Dachbeläge 14%, Dachkonstruk-
tionen 8%, Sonstige 21%

Bauwerk - Technische Anlagen
Herstellen: Abwasseranlagen 23%, Wärmeversorgungs-
anlagen, sonstiges 14%, Niederspannungsinstallations-
anlagen 7%
Wiederherstellen: Wärmeversorgungsanlagen, sonst. 33%
Sonstige: 24%

© **BKI** Baukosteninformationszentrum; Erläuterungen zu den Tabellen siehe Seite 32   Kosten: 2.Quartal 2016, Bundesdurchschnitt, **inkl. 19% MwSt.**

6100-1150 Balkon (Mehrfamilienhaus)*   BRI k.A.   BGF 38m²   NUF 22m²

© Architekturbüro Geiger

Bauzustand: schlecht
Aufwand: hoch
Nutzung während der Bauzeit: ja
Nutzungsänderung: nein
Grundrissänderungen: keine
Tragwerkseingriffe: wenige

Land: Berlin
Kreis: Berlin
Standard: unter Durchschnitt
Bauzeit: 8 Wochen
Kennwerte: bis 3.Ebene DIN276
vorgesehen: BKI Objektdaten A10
BGF **1.124 €/m²**

*
* Nicht in der Auswertung enthalten

Planung: Architekturbüro Geiger; Berlin

Sanierung eines Dachbalkons in einem Mehrfamilienhaus (5 WE)

Bauwerk - Baukonstruktionen
Abbrechen: Dachbeläge 13%
Herstellen: Dachbeläge 45%, Außenwandbekleidungen außen 10%, Dächer, sonstiges 8%
Sonstige: 23%

Bauwerk - Technische Anlagen
Herstellen: Abwasseranlagen 100%

6400-0057 Jugendzentrum   BRI 3.281m³   BGF 1.673m²   NUF 1.140m²

© HGT Architekten und Ingenieure

Bauzustand: mittel
Aufwand: mittel
Grundrissänderungen: keine
Tragwerkseingriffe: keine

Land: Sachsen-Anhalt
Kreis: Burgenlandkreis
Standard: Durchschnitt
Bauzeit: 56 Wochen
Kennwerte: bis 3.Ebene DIN276
veröffentlicht: BKI Objektdaten A6
BGF **597 €/m²**

Planung: HGT Architekten und Ingenieure, Architekt M. Tränkner; Naumburg

Jugendzentrum mit Generationen übergreifender Nutzung. Es werden hier nicht nur Veranstaltungen für Kinder und Jugendliche, sondern auch "junggebliebene" Erwachsene angeboten.

Bauwerk - Baukonstruktionen
Herstellen: Außentüren und -fenster 12%, Decken-konstruktionen 10%, Deckenbekleidungen 10%, Deckenbeläge 8%, Außenwandbekleidungen außen 6%, Innentüren und -fenster 5%, Nichttragende Innenwände 4%, Elementierte Außenwände 4%, Elementierte Innenwände 3%, Dachbeläge 3%
Wiederherstellen: Außenwandbekleidungen außen 4%, Deckenbeläge 2%
Sonstige: 31%

Bauwerk - Technische Anlagen
Abbrechen: Wärmeversorgungsanlagen, sonstiges 2%
Herstellen: Lüftungsanlagen 14%, Beleuchtungsanlagen 13%, Niederspannungsinstallationsanlagen 13%, Förderanlagen, sonstiges 10%, Wasseranlagen 10%, Eigenstromversorgungsanlagen 9%, Raumheizflächen 7%, Wärmeverteilnetze 7%
Sonstige: 15%

Übersicht- 1.+ 2.Ebene
Erweiterung
Umbau
Moderni- sierung
Instand- setzung
Bau- elemente
Abbrechen
Wieder- herstellen
Herstellen

Kostenkennwerte für die Kosten des Bauwerks (Kostengruppen 300+400 nach DIN 276)

BRI 90 €/m³
von 50 €/m³
bis 135 €/m³

BGF 480 €/m²
von 280 €/m²
bis 870 €/m²

NUF 690 €/m²
von 410 €/m²
bis 1.270 €/m²

Objektbeispiele

Kosten:
Stand 2.Quartal 2016
Bundesdurchschnitt
inkl. 19% MwSt.

5100-0077

4100-0056

9100-0044

Kosten der 8 Vergleichsobjekte — Seiten 394 bis 398

- KKW
▶ min
▷ von
| Mittelwert
◁ bis
◀ max

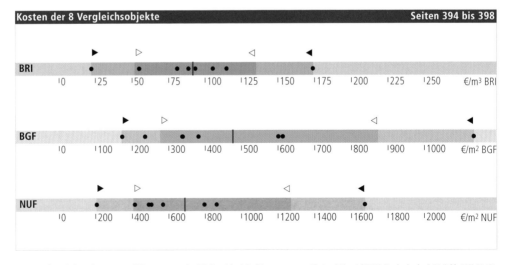

© **BKI** Baukosteninformationszentrum; Erläuterungen zu den Tabellen siehe Seite 24   Kosten: 2.Quartal 2016, Bundesdurchschnitt, inkl. **19% MwSt.**

Kostenkennwerte für die Kostengruppen der 1. und 2.Ebene DIN 276

KG	Kostengruppen der 1. Ebene	Einheit	▷	€/Einheit	◁	▷	% an 300+400	◁
100	Grundstück	m² GF						
200	Herrichten und Erschließen	m² GF	0	0	0	0,0	0,1	0,1
300	Bauwerk - Baukonstruktionen	m² BGF	205	364	671	66,8	76,5	89,9
400	Bauwerk - Technische Anlagen	m² BGF	54	113	214	10,1	23,5	33,2
	Bauwerk (300+400)	m² BGF	277	477	872		100,0	
500	Außenanlagen	m² AF	16	183	461	2,9	10,6	39,1
600	Ausstattung und Kunstwerke	m² BGF	1	6	15	0,1	0,8	1,2
700	Baunebenkosten	m² BGF						

KG	Kostengruppen der 2. Ebene	Einheit	▷	€/Einheit	◁	▷	% an 300	◁
310	Baugrube	m³ BGI	–	24	–	–	0,1	–
320	Gründung	m² GRF	56	119	179	1,0	7,0	18,4
330	Außenwände	m² AWF	67	115	302	16,2	36,3	56,0
340	Innenwände	m² IWF	34	178	350	4,0	17,1	46,3
350	Decken	m² DEF	74	89	139	3,3	10,0	23,3
360	Dächer	m² DAF	79	156	243	10,6	18,3	32,5
370	Baukonstruktive Einbauten	m² BGF	14	36	61	1,2	4,6	12,3
390	Sonstige Baukonstruktionen	m² BGF	13	29	58	4,6	6,5	7,9
300	**Bauwerk Baukonstruktionen**	**m² BGF**					**100,0**	

KG	Kostengruppen der 2. Ebene	Einheit	▷	€/Einheit	◁	▷	% an 400	◁
410	Abwasser, Wasser, Gas	m² BGF	9	22	50	14,9	23,7	39,7
420	Wärmeversorgungsanlagen	m² BGF	9	40	73	1,7	17,8	39,9
430	Lufttechnische Anlagen	m² BGF	9	21	45	0,0	7,1	15,2
440	Starkstromanlagen	m² BGF	17	33	60	23,3	41,4	63,5
450	Fernmeldeanlagen	m² BGF	4	11	19	2,1	6,9	12,1
460	Förderanlagen	m² BGF	–	–	–			
470	Nutzungsspezifische Anlagen	m² BGF	1	1	2	0,0	0,5	2,6
480	Gebäudeautomation	m² BGF	1	15	30	0,2	2,0	10,7
490	Sonstige Technische Anlagen	m² BGF	0	1	2	0,0	0,7	4,1
400	**Bauwerk Technische Anlagen**	**m² BGF**					**100,0**	

Prozentanteile der Kosten der 2.Ebene an den Kosten des Bauwerks nach DIN 276 (Von-, Mittel-, Bis-Werte)

KG		Wert
310	Baugrube	0,1
320	Gründung	5,3
330	Außenwände	31,0
340	Innenwände	12,2
350	Decken	7,4
360	Dächer	15,3
370	Baukonstruktive Einbauten	3,6
390	Sonstige Baukonstruktionen	5,4
410	Abwasser, Wasser, Gas	4,9
420	Wärmeversorgungsanlagen	4,1
430	Lufttechnische Anlagen	2,0
440	Starkstromanlagen	6,5
450	Fernmeldeanlagen	1,4
460	Förderanlagen	
470	Nutzungsspezifische Anlagen	0,2
480	Gebäudeautomation	0,5
490	Sonstige Technische Anlagen	0,1

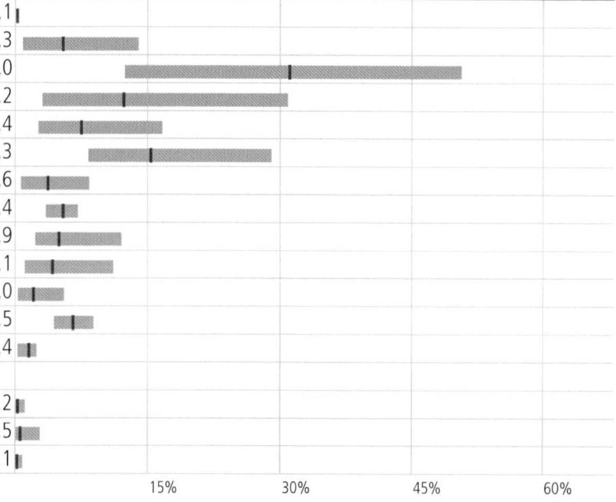

15% 30% 45% 60%

Übersicht 1.+.2.Ebene
Erweiterung
Umbau
Modernisierung
Instandsetzung
Bauelemente
Abbrechen
Wiederherstellen
Herstellen

Kostenkennwerte für die Kostengruppen der 3.Ebene DIN 276

Kosten:
Stand 2.Quartal 2016
Bundesdurchschnitt
inkl. 19% MwSt.

KG	Kostengruppen der 3. Ebene	Einheit	▷	Ø €/Einheit	◁	▷	Ø €/m² BGF	◁
335	Außenwandbekleidungen außen	m²	61,67	117,22	248,17	38,86	88,21	293,52
325	Bodenbeläge	m²	88,67	113,74	162,44	1,06	53,50	82,59
324	Unterböden und Bodenplatten	m²	–	75,88	–	–	51,96	–
363	Dachbeläge	m²	92,43	216,78	781,22	9,35	50,98	74,38
372	Besondere Einbauten	m²	9,36	32,47	55,58	9,36	32,47	55,58
361	Dachkonstruktionen	m²	58,63	120,91	152,11	2,23	29,00	82,54
327	Dränagen	m²	–	36,99	–	–	26,29	–
336	Außenwandbekleidungen innen	m²	12,49	35,56	72,78	5,53	26,08	41,26
421	Wärmeerzeugungsanlagen	m²	15,00	22,87	30,73	15,00	22,87	30,73
344	Innentüren und -fenster	m²	414,77	626,07	966,86	7,52	22,33	35,01
337	Elementierte Außenwände	m²	292,59	514,52	736,46	17,80	22,14	26,48
345	Innenwandbekleidungen	m²	16,24	26,49	44,76	7,52	21,70	33,80
431	Lüftungsanlagen	m²	8,79	21,45	44,65	8,79	21,45	44,65
342	Nichttragende Innenwände	m²	38,90	81,15	102,29	14,28	20,90	33,45
352	Deckenbeläge	m²	45,93	64,75	118,18	9,78	19,32	28,47
362	Dachfenster, Dachöffnungen	m²	673,24	803,87	869,19	1,23	18,39	52,70
423	Raumheizflächen	m²	4,71	17,87	33,26	4,71	17,87	33,26
481	Automationssysteme	m²	–	17,68	–	–	17,68	–
412	Wasseranlagen	m²	6,52	17,51	32,67	6,52	17,51	32,67
444	Niederspannungsinstallationsanl.	m²	6,72	16,97	26,74	6,72	16,97	26,74
391	Baustelleneinrichtung	m²	2,77	15,73	30,79	2,77	15,73	30,79
353	Deckenbekleidungen	m²	13,80	24,68	32,19	7,41	15,36	19,36
392	Gerüste	m²	3,93	13,29	22,33	3,93	13,29	22,33
326	Bauwerksabdichtungen	m²	–	18,42	–	–	12,96	–
334	Außentüren und -fenster	m²	202,75	794,81	3.563,54	4,59	12,75	30,85
331	Tragende Außenwände	m²	333,76	480,61	627,46	5,93	11,31	22,02
339	Außenwände, sonstiges	m²	1,15	5,64	12,57	1,69	10,24	42,18
359	Decken, sonstiges	m²	6,94	37,85	86,62	3,66	10,08	18,45
341	Tragende Innenwände	m²	203,20	330,83	458,47	2,00	10,05	26,16
411	Abwasseranlagen	m²	4,48	10,00	15,94	4,48	10,00	15,94
422	Wärmeverteilnetze	m²	3,72	9,57	17,67	3,72	9,57	17,67
453	Zeitdienstanlagen	m²	0,81	9,47	15,11	0,81	9,47	15,11
446	Blitzschutz- und Erdungsanlagen	m²	2,90	8,86	18,33	2,90	8,86	18,33
445	Beleuchtungsanlagen	m²	2,90	8,79	19,00	2,90	8,79	19,00
333	Außenstützen	m	–	254,57	–	–	8,57	–
364	Dachbekleidungen	m²	11,26	30,09	62,43	2,27	8,50	19,69
399	Sonstige Maßnahmen für Baukonstruktionen, sonst.	m²	–	7,39	–	–	7,39	–
311	Baugrubenherstellung	m³	–	23,89	–	–	7,30	–
482	Schaltschränke	m²	–	7,18	–	–	7,18	–
351	Deckenkonstruktionen	m²	73,48	425,38	777,28	6,59	6,70	6,80
443	Niederspannungsschaltanlagen	m²	–	6,52	–	–	6,52	–
454	Elektroakustische Anlagen	m²	–	6,04	–	–	6,04	–
369	Dächer, sonstiges	m²	6,86	50,54	137,59	1,08	5,70	8,20
338	Sonnenschutz	m²	68,76	109,22	149,68	2,30	5,31	8,31
371	Allgemeine Einbauten	m²	2,56	5,14	6,55	2,56	5,14	6,55
397	Zusätzliche Maßnahmen	m²	2,33	4,53	7,29	2,33	4,53	7,29
456	Gefahrenmelde- und Alarmanlagen	m²	1,45	3,71	8,19	1,45	3,71	8,19
322	Flachgründungen	m²	–	4,72	–	–	3,24	–
483	Management- und Bedieneinrichtungen	m²	–	3,17	–	–	3,17	–

▷ von
Ø Mittel
◁ bis

© **BKI** Baukosteninformationszentrum; Erläuterungen zu den Tabellen siehe Seite 28   Kosten: 2.Quartal 2016, Bundesdurchschnitt, **inkl. 19% MwSt.**

LB	Leistungsbereiche	▷	€/m² BGF	◁	▷	% an 300+400	◁
000	Sicherheits-, Baustelleneinrichtungen inkl. 001	11	22	30	2,4	4,6	6,4
002	Erdarbeiten	0	1	1	0,0	0,3	0,3
006	Spezialtiefbauarbeiten inkl. 005	–	–	–	–	–	–
009	Entwässerungskanalarbeiten inkl. 011	0	1	4	0,0	0,2	0,8
010	Drän- und Versickerungsarbeiten	–	3	–	–	0,5	–
012	Mauerarbeiten	0	5	18	0,1	1,1	3,7
013	Betonarbeiten	1	6	20	0,1	1,3	4,2
014	Natur-, Betonwerksteinarbeiten	0	2	8	0,0	0,5	1,6
016	Zimmer- und Holzbauarbeiten	0	1	4	0,0	0,3	0,9
017	Stahlbauarbeiten	–	7	–	–	1,6	–
018	Abdichtungsarbeiten	0	5	12	0,0	1,1	2,5
020	Dachdeckungsarbeiten	2	12	37	0,3	2,5	7,7
021	Dachabdichtungsarbeiten	2	8	21	0,4	1,6	4,5
022	Klempnerarbeiten	6	35	101	1,4	7,3	21,2
	Rohbau	49	110	174	10,2	23,0	36,6
023	Putz- und Stuckarbeiten, Wärmedämmsysteme	7	59	117	1,4	12,5	24,6
024	Fliesen- und Plattenarbeiten	3	21	61	0,6	4,4	12,7
025	Estricharbeiten	0	2	7	0,1	0,5	1,5
026	Fenster, Außentüren inkl. 029, 032	4	23	65	0,8	4,9	13,6
027	Tischlerarbeiten	6	18	44	1,2	3,7	9,3
028	Parkettarbeiten, Holzpflasterarbeiten	0	1	2	0,0	0,1	0,5
030	Rollladenarbeiten	0	2	2	0,0	0,4	0,4
031	Metallbauarbeiten inkl. 035	14	27	57	2,8	5,7	11,9
034	Maler- und Lackiererarbeiten inkl. 037	15	48	114	3,1	10,2	23,8
036	Bodenbelagarbeiten	1	10	20	0,2	2,1	4,3
038	Vorgehängte hinterlüftete Fassaden	–	3	–	–	0,6	–
039	Trockenbauarbeiten	5	27	75	1,0	5,8	15,7
	Ausbau	173	243	283	36,2	51,0	59,3
040	Wärmeversorgungsanl. - Betriebseinr. inkl. 041	4	17	45	0,9	3,6	9,5
042	Gas- und Wasserinstallation, Leitungen inkl. 043	1	4	9	0,2	0,8	1,9
044	Abwasserinstallationsarbeiten - Leitungen	1	7	7	0,3	1,4	1,4
045	GWA-Einrichtungsgegenstände inkl. 046	2	7	20	0,3	1,5	4,2
047	Dämmarbeiten an betriebstechnischen Anlagen	0	2	4	0,0	0,4	0,9
049	Feuerlöschanlagen, Feuerlöschgeräte	–	0	–	–	0,0	–
050	Blitzschutz- und Erdungsanlagen	1	6	13	0,1	1,3	2,7
053	Niederspannungsanlagen inkl. 052, 054	10	19	38	2,0	3,9	8,1
055	Ersatzstromversorgungsanlagen	–	–	–	–	–	–
057	Gebäudesystemtechnik	–	–	–	–	–	–
058	Leuchten und Lampen inkl. 059	2	5	12	0,3	1,1	2,5
060	Elektroakustische Anlagen, Sprechanlagen	–	1	–	–	0,1	–
061	Kommunikationsnetze, inkl. 062	0	1	4	0,0	0,3	0,8
063	Gefahrenmeldeanlagen	0	1	3	0,0	0,3	0,6
069	Aufzüge	–	–	–	–	–	–
070	Gebäudeautomation	0	2	2	0,0	0,5	0,5
075	Raumlufttechnische Anlagen	1	9	25	0,2	1,8	5,2
	Technische Anlagen	34	81	134	7,0	17,0	28,0
084	Abbruch- und Rückbauarbeiten	14	37	61	3,0	7,7	12,9
	Sonstige Leistungsbereiche inkl. 008, 033, 051	1	7	13	0,3	1,4	2,6

Objektübersicht zur Gebäudeart

4100-0056 Schule, PCB-Sanierung BRI 16.877m³ BGF 4.435m² NUF 2.636m²

€/m² BGF
min	170 €/m²
von	280 €/m²
Mittel	**480 €/m²**
bis	870 €/m²
max	1.140 €/m²

Kosten:
Stand 2.Quartal 2016
Bundesdurchschnitt
inkl. 19% MwSt.

Bauzustand: schlecht
Aufwand: hoch
Nutzung während der Bauzeit: nein
Nutzungsänderung: nein
Grundrissänderungen: einige
Tragwerkseingriffe: einige

Land: Nordrhein-Westfalen
Kreis: Leverkusen
Standard: Durchschnitt
Bauzeit: 156 Wochen
Kennwerte: bis 3.Ebene DIN276
veröffentlicht: BKI Objektdaten A5
BGF **337 €/m²**

© Planungsgesellschaft für Hochbau Wirtz+Kölsch

Planung: Planungsgesellschaft für Hochbau mbH Wirtz+Kölsch; Leverkusen

Instandsetzung einer Schule für 650 Schüler nach PCB-Schaden und Modernisierung. Erneuerung des Innenausbaus und Wärmedämmmaßnahmen.

Bauwerk - Baukonstruktionen
Abbrechen: Deckenbeläge 2%
Herstellen: Außentüren und -fenster 13%, Außenwandbekleidungen außen 11%, Deckenbeläge 8%, Innentüren und -fenster 6%, Elementierte Außenwände 6%, Deckenbekleidungen 5%, Dachbeläge 5%, Nichttragende Innenwände 5%, Sonnenschutz 3%, Innenwandbekleidungen 3%
Wiederherstellen: Innenwandbekleidungen 7%
Sonstige: 25%

Bauwerk - Technische Anlagen
Herstellen: Niederspannungsinstallationsanlagen 21%, Beleuchtungsanlagen 19%, Raumheizflächen 16%, Wasseranlagen 10%, Lüftungsanlagen 9%, Wärmeverteilnetze 6%, Abwasseranlagen 6%, Sonstige Maßnahmen für Technische Anlagen, sonst. 4%, Gefahrenmelde- und Alarmanlagen 2%, Gebäudeautomation, sonstiges 1%, Sonstige 6%

5100-0077 Schulsporthalle (Dreifeldhalle) BRI 20.335m³ BGF 3.110m² NUF 2.113m²

Baujahr: 1974
Bauzustand: schlecht
Aufwand: hoch
Nutzung während der Bauzeit: nein
Nutzungsänderung: nein
Grundrissänderungen: umfangreiche
Tragwerkseingriffe: wenige

Land: Bayern
Kreis: Würzburg
Standard: Durchschnitt
Bauzeit: 43 Wochen
Kennwerte: bis 3.Ebene DIN276
vorgesehen: BKI Objektdaten A10
BGF **1.136 €/m²**

© Junk & Reich / Hartmann + Helm

Planung: ARGE GHS Ochsenfurt Junk & Reich / Hartmann + Helm; Weimar

Instandsetzung einer Schulsporthalle (Dreifeldhalle)

Bauwerk - Baukonstruktionen
Herstellen: Dachbeläge 10%, Dachkonstruktionen 9%, Außenwandbekleidungen außen 8%, Bodenbeläge 7%, Dachfenster, Dachöffnungen 6%, Unterböden und Bodenplatten 5%, Besondere Einbauten 5%, Innentüren und -fenster 4%, Baustelleneinrichtung 4%, Innenwandbekleidungen 4%, Außenwandbekleidungen innen 4%, Elementierte Außenwände 3%, Deckenbekleidungen 2%, Dachbekleidungen 2%, Gerüste 2%, Tragende Innenwände 2%, Tragende Außenwände 2%, Sonstige 21%

Bauwerk - Technische Anlagen
Herstellen: Lüftungsanlagen 15%, Wasseranlagen 13%, Niederspannungsinstallationsanlagen 10%, Beleuchtungsanlagen 8%, Raumheizflächen 8%, Wärmeverteilnetze 7%, Automationssysteme 6%, Abwasseranlagen 6%, Wärmeerzeugungsanlagen 5%, Sonstige 20%

© **BKI** Baukosteninformationszentrum; Erläuterungen zu den Tabellen siehe Seite 32 · Kosten: 2.Quartal 2016, Bundesdurchschnitt, **inkl. 19% MwSt.**

6200-0034 Soziotherapeutisches Zentrum   **BRI** 10.327m³   **BGF** 3.557m²   **NUF** 2.019m²

© Architekt Knut Jahn

Land: Hessen
Kreis: Darmstadt
Standard: Durchschnitt
Bauzeit: 35 Wochen
Kennwerte: bis 3.Ebene DIN276
veröffentlicht: BKI Objektdaten A6

BGF   **235 €/m²**

Planung: Dipl.-Ing. Architekt Knut Jahn; Mühltal

Soziotherapeutisches Zentrum mit 40 Betten für suchtkranke Frauen und Männer, Verwaltungsräume, Tiefgarage. **Kosteneinfluss Nutzung:** Instandsetzung und Modernisierung eines bestehenden Zentrums.

Bauwerk - Baukonstruktionen

Herstellen: Nichttragende Innenwände 21%, Innentüren und -fenster 18%, Deckenbeläge 15%, Innenwandbekleidungen 14%, Deckenbekleidungen 5%, Dächer, sonstiges 4%, Sonstige 22%

Bauwerk - Technische Anlagen

Herstellen: Niederspannungsinstallationsanlagen 27%, Wasseranlagen 21%, Abwasseranlagen 20%, Sonstige 31%

7300-0072 Lagerhalle Werkstatt   **BRI** 9.623m³   **BGF** 1.246m²   **NUF** 1.045m²

© GRÜNHAUSARCHITEKTEN Wittram-Regenhardt + Gammelin

Baujahr: 1965
Bauzustand: schlecht
Aufwand: mittel
Nutzung während der Bauzeit: ja
Nutzungsänderung: nein
Grundrissänderungen: wenige
Tragwerkseingriffe: keine

Land: Brandenburg
Kreis: Teltow-Fläming
Standard: Durchschnitt
Bauzeit: 25 Wochen
Kennwerte: bis 3.Ebene DIN276
veröffentlicht: BKI Objektdaten A9

BGF   **173 €/m²**

Planung: GRÜNHAUSARCHITEKTEN Wittram-Regenhardt + Gammelin; Potsdam

Lagerhalle mit Werkstatt

Bauwerk - Baukonstruktionen
Abbrechen: Dachbeläge 7%
Herstellen: Außenwandbekleidungen außen 30%, Dachbeläge 26%, Außentüren und -fenster 9%, Gerüste 6%, **Sonstige:** 21%

Bauwerk - Technische Anlagen
Abbrechen: Blitzschutz - und Erdungsanlagen 11%
Herstellen: Abwasseranlagen 38%, Blitzschutz - und Erdungsanlagen 35%
Sonstige: 16%

Objektübersicht zur Gebäudeart

9100-0044 Katholische Kirche   BRI 1.140m³   BGF 213m²   NUF 151m²

€/m² BGF

min	170	€/m²
von	280	€/m²
Mittel	**480**	**€/m²**
bis	870	€/m²
max	1.140	€/m²

Kosten:
Stand 2.Quartal 2016
Bundesdurchschnitt
inkl. 19% MwSt.

Bauzustand: mittel
Aufwand: mittel
Nutzung während der Bauzeit: ja
Nutzungsänderung: nein
Grundrissänderungen: wenige
Tragwerkseingriffe: keine

Land: Niedersachsen
Kreis: Hildesheim
Standard: Durchschnitt
Bauzeit: 48 Wochen
Kennwerte: bis 3.Ebene DIN276
veröffentlicht: BKI Objektdaten A5

BGF   **613 €/m²**

Planung: Architekturbüro Jörg Sauer; Hildesheim

Instandsetzung eines Kirchengebäudes überwiegend an Außenwänden und Dachbelägen.

Bauwerk - Baukonstruktionen
Abbrechen: Außenwandbekleidungen außen 13%
Herstellen: Außenwandbekleidungen außen 37%, Dachbeläge 10%, Außenwandbekleidungen innen 9%, Gerüste 4%
Wiederherstellen: Besondere Einbauten 4%
Sonstige: 22%

Bauwerk - Technische Anlagen
Herstellen: Niederspannungsinstallationsanlagen 36%, Blitzschutz - und Erdungsanlagen 31%
Wiederherstellen: Zeitdienstanlagen 14%
Sonstige: 19%

9100-0051 Evangelische Kirche   BRI 8.531m³   BGF 777m²   NUF 587m²

Baujahr: 1907
Bauzustand: mittel
Aufwand: mittel
Nutzung während der Bauzeit: nein
Nutzungsänderung: nein
Grundrissänderungen: wenige
Tragwerkseingriffe: keine

Land: Baden-Württemberg
Kreis: Zollernalb, Balingen
Standard: Durchschnitt
Bauzeit: 52 Wochen
Kennwerte: bis 3.Ebene DIN276
veröffentlicht: BKI Objektdaten A6

BGF   **601 €/m²**

Planung: Architekturbüro Walter Haller; Albstadt

Instandsetzung eines Kirchengebäudes von 1907 außen und innen.

Bauwerk - Baukonstruktionen
Herstellen: Bodenbeläge 20%, Außenwände, sonstiges 9%, Dachbeläge 8%
Wiederherstellen: Außenwandbekleidungen außen 16%, Besondere Einbauten 13%, Dachbeläge 7%, Außenwandbekleidungen innen 7%
Sonstige: 20%

Bauwerk - Technische Anlagen
Herstellen: Raumheizflächen 26%, Wärmeerzeugungsanlagen 18%, Blitzschutz - und Erdungsanlagen 8%, Niederspannungsinstallationsanlagen 7%, Abwasseranlagen 7%
Wiederherstellen: Zeitdienstanlagen 12%
Sonstige: 23%

© **BKI** Baukosteninformationszentrum; Erläuterungen zu den Tabellen siehe Seite 32   Kosten: 2.Quartal 2016, Bundesdurchschnitt, **inkl. 19% MwSt.**

Objektübersicht zur Gebäudeart

9100-0091 Kirchturm*   BRI 653m³   BGF 50m²   NUF 27m²

© Architekturbüro Michael Dittmann

Bauzustand: mittel
Aufwand: mittel

Land: Bayern
Kreis: Schwandorf
Standard: Durchschnitt
Bauzeit: 78 Wochen
Kennwerte: bis 3.Ebene DIN276
veröffentlicht: BKI Objektdaten A9
BGF **2.253 €/m²**

* Nicht in der Auswertung enthalten

Planung: Architekturbüro Michael Dittmann; Amberg

Kirchturm

Bauwerk - Baukonstruktionen
Herstellen: Außenwände, sonstiges 26%, Gerüste 19%
Wiederherstellen: Außenwandbekleidungen außen 39%,
Sonstige: 15%

Bauwerk - Technische Anlagen
Herstellen: Blitzschutz - und Erdungsanlagen 31%
Wiederherstellen: Zeitdienstanlagen 41%, Abwasser-
anlagen 16%
Sonstige: 12%

1300-0074 Bürogebäude   BRI 4.077m³   BGF 1.124m²   NUF 777m²

© Prof. Bernd Echtermeyer Architekt

Bauzustand: mittel
Aufwand: hoch
Nutzung während der Bauzeit: ja
Nutzungsänderung: nein
Grundrissänderungen: einige
Tragwerkseingriffe: keine

Land: Nordrhein-Westfalen
Kreis: Dortmund
Standard: über Durchschnitt
Bauzeit: 43 Wochen
Kennwerte: bis 1.Ebene DIN276
veröffentlicht: BKI Objektdaten A1
BGF **338 €/m²**

Planung: Prof. Bernd Echtermeyer Architekt BDA; Dortmund

Instandsetzung eines Bürogebäudes; Büroräume, Besprechungsraum, Nebenräume.

Übersicht-
1.+2.Ebene

Erweiterung

Umbau

Moderni-
sierung

Instand-
setzung

Bau-
elemente

Abbrechen

Wieder-
herstellen

Herstellen

Objektübersicht zur Gebäudeart

7100-0014 Produktionsgebäude   **BRI** 17.842m³   **BGF** 4.925m²   **NUF** 3.736m²

€/m² BGF

min	170	€/m²
von	280	€/m²
Mittel	**480**	**€/m²**
bis	870	€/m²
max	1.140	€/m²

© Banisch Architektur- und Ingenieurbüro

Baujahr: 1972
Bauzustand: mittel
Aufwand: mittel
Nutzung während der Bauzeit: ja
Nutzungsänderung: nein
Grundrissänderungen: einige
Tragwerkseingriffe: keine

Land: Sachsen-Anhalt
Kreis: Köthen
Standard: Durchschnitt
Bauzeit: 56 Wochen
Kennwerte: bis 1.Ebene DIN276
veröffentlicht: BKI Objektdaten A1

BGF   **382 €/m²**

Planung: Banisch Architektur- und Ingenieurbüro; Köthen

Instandsetzung eines Produktionsgebäudes für 58 Arbeitsplätze, Produktionsräume, Büroräume, Warenannahme, Versand, Sozialräume; Technische Anlagen, Lager.

Kosten:
Stand 2.Quartal 2016
Bundesdurchschnitt
inkl. 19% MwSt.

Übersicht
1.+.2.Ebene

Erweiterung

Umbau

Moderni-
sierung

Instand-
setzung

Bau-
elemente

Abbrechen

Wieder-
herstellen

Herstellen

Instandsetzungen

mit Restaurierungsarbeiten

BRI 255 €/m³	BGF 1.250 €/m²	NUF 1.860 €/m²
von 80 €/m³	von 720 €/m²	von 1.040 €/m²
bis 545 €/m³	bis 1.820 €/m²	bis 2.760 €/m²

Objektbeispiele

Kosten:
Stand 2.Quartal 2016
Bundesdurchschnitt
inkl. 19% MwSt.

1300-0215

9100-0039

9100-0041

Kosten der 11 Vergleichsobjekte — Seiten 404 bis 410

- KKW
- ▶ min
- ▷ von
- | Mittelwert
- ◁ bis
- ◀ max

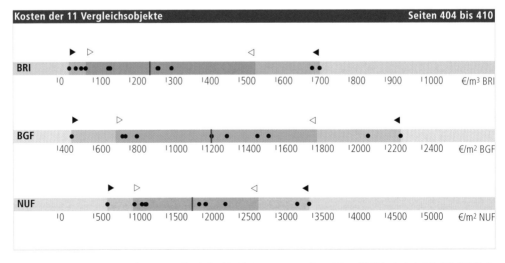

© **BKI** Baukosteninformationszentrum; Erläuterungen zu den Tabellen siehe Seite 24 — Kosten: 2.Quartal 2016, Bundesdurchschnitt, **inkl. 19% MwSt.**

Kostenkennwerte für die Kostengruppen der 1. und 2.Ebene DIN 276

KG	Kostengruppen der 1. Ebene	Einheit	▷	€/Einheit	◁	▷	% an 300+400	◁
100	Grundstück	m² GF						
200	Herrichten und Erschließen	m² GF	4	**13**	31	0,2	**0,6**	0,8
300	Bauwerk - Baukonstruktionen	m² BGF	605	**1.031**	1.581	76,5	**81,5**	86,2
400	Bauwerk - Technische Anlagen	m² BGF	150	**217**	323	13,8	**18,5**	23,5
	Bauwerk (300+400)	m² BGF	721	**1.247**	1.821		**100,0**	
500	Außenanlagen	m² AF	58	**178**	291	6,9	**13,5**	32,4
600	Ausstattung und Kunstwerke	m² BGF	11	**47**	192	0,8	**4,5**	22,4
700	Baunebenkosten	m² BGF						

KG	Kostengruppen der 2. Ebene	Einheit	▷	€/Einheit	◁	▷	% an 300	◁
310	Baugrube	m³ BGI	111	**261**	410	0,0	**0,8**	6,3
320	Gründung	m² GRF	51	**225**	422	0,6	**8,4**	19,0
330	Außenwände	m² AWF	180	**306**	821	31,9	**40,3**	66,7
340	Innenwände	m² IWF	176	**386**	851	1,6	**9,0**	19,5
350	Decken	m² DEF	113	**312**	453	3,3	**12,7**	24,0
360	Dächer	m² DAF	84	**207**	313	9,6	**17,2**	30,8
370	Baukonstruktive Einbauten	m² BGF	5	**23**	76	0,5	**3,0**	12,9
390	Sonstige Baukonstruktionen	m² BGF	48	**75**	106	6,6	**8,6**	11,9
300	**Bauwerk Baukonstruktionen**	**m² BGF**					**100,0**	

KG	Kostengruppen der 2. Ebene	Einheit	▷	€/Einheit	◁	▷	% an 400	◁
410	Abwasser, Wasser, Gas	m² BGF	11	**38**	106	5,0	**17,2**	39,5
420	Wärmeversorgungsanlagen	m² BGF	12	**43**	87	3,9	**17,7**	37,2
430	Lufttechnische Anlagen	m² BGF	3	**19**	74	0,2	**3,1**	13,6
440	Starkstromanlagen	m² BGF	34	**77**	134	21,0	**36,2**	56,0
450	Fernmeldeanlagen	m² BGF	9	**23**	37	1,9	**11,4**	25,5
460	Förderanlagen	m² BGF	–	**–**	–	–	**–**	–
470	Nutzungsspezifische Anlagen	m² BGF	2	**54**	113	0,2	**14,0**	62,8
480	Gebäudeautomation	m² BGF	–	**2**	–	–	**0,1**	–
490	Sonstige Technische Anlagen	m² BGF	4	**6**	9	0,0	**0,4**	1,8
400	**Bauwerk Technische Anlagen**	**m² BGF**					**100,0**	

Prozentanteile der Kosten der 2.Ebene an den Kosten des Bauwerks nach DIN 276 (Von-, Mittel-, Bis-Werte)

310	Baugrube	0,6
320	Gründung	6,7
330	Außenwände	33,0
340	Innenwände	7,2
350	Decken	10,1
360	Dächer	14,1
370	Baukonstruktive Einbauten	2,3
390	Sonstige Baukonstruktionen	6,9
410	Abwasser, Wasser, Gas	2,9
420	Wärmeversorgungsanlagen	3,5
430	Lufttechnische Anlagen	0,6
440	Starkstromanlagen	7,7
450	Fernmeldeanlagen	2,3
460	Förderanlagen	
470	Nutzungsspezifische Anlagen	2,1
480	Gebäudeautomation	0,0
490	Sonstige Technische Anlagen	0,1

15%   30%   45%   60%

Kosten: 2.Quartal 2016, Bundesdurchschnitt, inkl. 19% MwSt.

Übersicht 1.-+.2.Ebene
Erweiterung
Umbau
Moderni-sierung
Instand-setzung
Bau-elemente
Abbrechen
Wieder-herstellen
Herstellen

mit
Restaurierungs-
arbeiten

Kosten:
Stand 2.Quartal 2016
Bundesdurchschnitt
inkl. 19% MwSt.

Kostenkennwerte für die Kostengruppen der 3.Ebene DIN 276

KG	Kostengruppen der 3. Ebene	Einheit	▷	Ø €/Einheit	◁	▷	Ø €/m² BGF	◁
335	Außenwandbekleidungen außen	m²	38,13	**133,45**	241,10	56,77	**212,74**	646,93
334	Außentüren und -fenster	m²	321,43	**1.269,48**	2.746,79	39,26	**110,21**	204,70
479	Nutzungsspezifische Anlagen, sonstiges	m²	78,38	**106,09**	133,79	78,38	**106,09**	133,79
363	Dachbeläge	m²	61,49	**118,99**	216,93	26,43	**90,87**	145,82
361	Dachkonstruktionen	m²	38,81	**107,51**	180,99	39,58	**82,74**	176,45
351	Deckenkonstruktionen	m²	248,43	**999,36**	5.417,22	22,84	**67,83**	187,57
331	Tragende Außenwände	m²	180,31	**419,08**	1.449,07	10,24	**65,29**	116,43
325	Bodenbeläge	m²	79,50	**190,41**	401,39	22,65	**62,10**	147,22
336	Außenwandbekleidungen innen	m²	34,21	**70,48**	145,85	30,82	**54,19**	103,44
352	Deckenbeläge	m²	89,40	**163,29**	290,57	21,69	**53,75**	90,38
364	Dachbekleidungen	m²	26,05	**56,62**	122,89	10,06	**45,68**	151,19
392	Gerüste	m²	15,99	**42,71**	68,83	15,99	**42,71**	68,83
444	Niederspannungsinstallationsanl.	m²	20,09	**38,67**	98,49	20,09	**38,67**	98,49
345	Innenwandbekleidungen	m²	25,95	**66,61**	134,87	7,39	**35,90**	70,84
344	Innentüren und -fenster	m²	376,06	**628,05**	1.198,65	9,64	**33,35**	71,82
324	Unterböden und Bodenplatten	m²	78,54	**145,17**	266,28	9,74	**32,38**	55,13
445	Beleuchtungsanlagen	m²	4,60	**32,26**	60,43	4,60	**32,26**	60,43
312	Baugrubenumschließung	m²	–	**0,00**	–	–	**31,55**	–
423	Raumheizflächen	m²	3,81	**31,02**	54,17	3,81	**31,02**	54,17
454	Elektroakustische Anlagen	m²	12,04	**30,66**	49,28	12,04	**30,66**	49,28
346	Elementierte Innenwände	m²	348,06	**610,28**	872,51	21,78	**27,48**	33,17
372	Besondere Einbauten	m²	7,17	**26,93**	65,70	7,17	**26,93**	65,70
353	Deckenbekleidungen	m²	33,37	**101,95**	206,51	13,61	**26,35**	71,17
326	Bauwerksabdichtungen	m²	26,42	**52,97**	79,52	8,32	**25,60**	42,87
453	Zeitdienstanlagen	m²	23,36	**23,60**	23,83	23,36	**23,60**	23,83
394	Abbruchmaßnahmen	m²	3,15	**23,28**	43,41	3,15	**23,28**	43,41
457	Übertragungsnetze	m²	–	**22,57**	–	–	**22,57**	–
411	Abwasseranlagen	m²	7,02	**22,45**	134,69	7,02	**22,45**	134,69
391	Baustelleneinrichtung	m²	6,16	**21,19**	51,85	6,16	**21,19**	51,85
311	Baugrubenherstellung	m³	51,70	**230,74**	409,78	2,50	**20,65**	38,80
431	Lüftungsanlagen	m²	4,05	**19,73**	62,00	4,05	**19,73**	62,00
371	Allgemeine Einbauten	m²	5,21	**18,92**	32,63	5,21	**18,92**	32,63
342	Nichttragende Innenwände	m²	165,21	**339,22**	1.169,18	4,48	**18,84**	53,81
412	Wasseranlagen	m²	6,81	**16,78**	42,41	6,81	**16,78**	42,41
332	Nichttragende Außenwände	m²	–	**0,00**	–	–	**15,15**	–
327	Dränagen	m²	13,09	**20,47**	27,85	11,81	**13,90**	15,99
349	Innenwände, sonstiges	m²	10,49	**29,22**	47,95	0,20	**13,75**	27,29
393	Sicherungsmaßnahmen	m²	8,66	**13,41**	18,16	8,66	**13,41**	18,16
313	Wasserhaltung	m²	–	**22,99**	–	–	**13,20**	–
322	Flachgründungen	m²	11,68	**22,45**	43,51	2,64	**12,90**	26,76
421	Wärmeerzeugungsanlagen	m²	3,32	**12,74**	25,93	3,32	**12,74**	25,93
419	Abwasser-, Wasser- und Gas- anlagen, sonstiges	m²	0,83	**11,76**	22,69	0,83	**11,76**	22,69
434	Kälteanlagen	m²	–	**11,70**	–	–	**11,70**	–
339	Außenwände, sonstiges	m²	2,18	**6,89**	22,65	2,99	**11,44**	36,16
449	Starkstromanlagen, sonstiges	m²	–	**11,05**	–	–	**11,05**	–
341	Tragende Innenwände	m²	151,42	**714,25**	1.460,27	1,38	**9,65**	34,39
359	Decken, sonstiges	m²	3,97	**35,96**	96,52	2,14	**8,58**	18,08
422	Wärmeverteilnetze	m²	1,38	**8,39**	16,14	1,38	**8,39**	16,14

▷ von
Ø Mittel
◁ bis

© **BKI** Baukosteninformationszentrum; Erläuterungen zu den Tabellen siehe Seite 28   Kosten: 2.Quartal 2016, Bundesdurchschnitt, **inkl. 19% MwSt.**

LB	Leistungsbereiche	▷	€/m² BGF	◁	▷	% an 300+400	◁
000	Sicherheits-, Baustelleneinrichtungen inkl. 001	41	**74**	100	3,3	**5,9**	8,0
002	Erdarbeiten	0	**5**	21	0,0	**0,4**	1,7
006	Spezialtiefbauarbeiten inkl. 005	–	**–**	–	–	**–**	–
009	Entwässerungskanalarbeiten inkl. 011	0	**3**	9	0,0	**0,2**	0,7
010	Drän- und Versickerungsarbeiten	–	**1**	–	–	**0,1**	–
012	Mauerarbeiten	8	**58**	146	0,6	**4,7**	11,7
013	Betonarbeiten	2	**32**	91	0,2	**2,6**	7,3
014	Natur-, Betonwerksteinarbeiten	17	**74**	191	1,3	**5,9**	15,3
016	Zimmer- und Holzbauarbeiten	23	**109**	317	1,8	**8,7**	25,4
017	Stahlbauarbeiten	0	**8**	8	0,0	**0,6**	0,6
018	Abdichtungsarbeiten	0	**5**	5	0,0	**0,4**	0,4
020	Dachdeckungsarbeiten	1	**41**	128	0,1	**3,3**	10,3
021	Dachabdichtungsarbeiten	–	**7**	–	–	**0,6**	–
022	Klempnerarbeiten	2	**20**	73	0,2	**1,6**	5,9
	Rohbau	239	**437**	764	19,2	**35,0**	61,2
023	Putz- und Stuckarbeiten, Wärmedämmsysteme	42	**119**	195	3,4	**9,6**	15,6
024	Fliesen- und Plattenarbeiten	6	**34**	139	0,5	**2,7**	11,1
025	Estricharbeiten	0	**10**	44	0,0	**0,8**	3,5
026	Fenster, Außentüren inkl. 029, 032	17	**107**	207	1,3	**8,5**	16,6
027	Tischlerarbeiten	11	**44**	141	0,9	**3,5**	11,3
028	Parkettarbeiten, Holzpflasterarbeiten	1	**13**	47	0,1	**1,0**	3,7
030	Rollladenarbeiten	–	**3**	–	–	**0,2**	–
031	Metallbauarbeiten inkl. 035	9	**39**	141	0,7	**3,1**	11,3
034	Maler- und Lackiererarbeiten inkl. 037	31	**71**	129	2,5	**5,7**	10,3
036	Bodenbelagarbeiten	0	**14**	47	0,0	**1,2**	3,7
038	Vorgehängte hinterlüftete Fassaden	–	**–**	–	–	**–**	–
039	Trockenbauarbeiten	1	**8**	31	0,1	**0,6**	2,5
	Ausbau	214	**465**	688	17,2	**37,3**	55,1
040	Wärmeversorgungsanl. - Betriebseinr. inkl. 041	3	**29**	83	0,2	**2,3**	6,7
042	Gas- und Wasserinstallation, Leitungen inkl. 043	0	**2**	5	0,0	**0,2**	0,4
044	Abwasserinstallationsarbeiten - Leitungen	3	**16**	16	0,2	**1,3**	1,3
045	GWA-Einrichtungsgegenstände inkl. 046	2	**8**	19	0,1	**0,6**	1,5
047	Dämmarbeiten an betriebstechnischen Anlagen	0	**2**	5	0,0	**0,1**	0,4
049	Feuerlöschanlagen, Feuerlöschgeräte	–	**0**	–	–	**0,0**	–
050	Blitzschutz- und Erdungsanlagen	1	**5**	10	0,1	**0,4**	0,8
053	Niederspannungsanlagen inkl. 052, 054	21	**60**	163	1,7	**4,8**	13,1
055	Ersatzstromversorgungsanlagen	–	**–**	–	–	**–**	–
057	Gebäudesystemtechnik	–	**–**	–	–	**–**	–
058	Leuchten und Lampen inkl. 059	6	**35**	69	0,5	**2,8**	5,5
060	Elektroakustische Anlagen, Sprechanlagen	1	**13**	60	0,1	**1,0**	4,8
061	Kommunikationsnetze, inkl. 062	1	**9**	9	0,1	**0,8**	0,8
063	Gefahrenmeldeanlagen	0	**1**	1	0,0	**0,1**	0,1
069	Aufzüge	–	**–**	–	–	**–**	–
070	Gebäudeautomation	–	**0**	–	–	**0,0**	–
075	Raumlufttechnische Anlagen	0	**3**	3	0,0	**0,3**	0,3
	Technische Anlagen	52	**184**	278	4,2	**14,8**	22,2
084	Abbruch- und Rückbauarbeiten	19	**39**	68	1,5	**3,2**	5,5
	Sonstige Leistungsbereiche inkl. 008, 033, 051	23	**126**	126	1,8	**10,1**	10,1

Kosten: 2.Quartal 2016, Bundesdurchschnitt, **inkl. 19% MwSt.**

Übersicht 1.+ 2. Ebene
Erweiterung
Umbau
Modernisierung
Instandsetzung
Bauelemente
Abbrechen
Wiederherstellen
Herstellen

mit Restaurierungs-arbeiten

€/m² BGF

min	480	€/m²
von	720	€/m²
Mittel	**1.250**	**€/m²**
bis	1.820	€/m²
max	2.280	€/m²

Kosten:
Stand 2.Quartal 2016
Bundesdurchschnitt
inkl. 19% MwSt.

Objektübersicht zur Gebäudeart

1300-0215 Büro (20 AP) Stadtvilla Denkmalschutz BRI 2.748m³ BGF 829m² NUF 581m²

© Tomas Riehle

Baujahr: 1894/95
Bauzustand: mittel
Aufwand: hoch
Nutzung während der Bauzeit: nein
Nutzungsänderung: ja
Grundrissänderungen: wenige
Tragwerkseingriffe: wenige

Land: Nordrhein-Westfalen
Kreis: Duisburg
Standard: über Durchschnitt
Bauzeit: 30 Wochen
Kennwerte: bis 3.Ebene DIN276
vorgesehen: BKI Objektdaten A10
BGF **481 €/m²**

Planung: Druschke und Grosser Architekten BDA; Duisburg

Sanierung einer denkmalgeschützten Stadtvilla **Kosteneinfluss Nutzung:** Denkmalschutz, Brandschutz, Schallschutz

Bauwerk - Baukonstruktionen
Herstellen: Außentüren und -fenster 15%, Deckenbeläge 10%, Innentüren und -fenster 10%, Gerüste 2%, Sonnenschutz 2%
Wiederherstellen: Innenwandbekleidungen 7%, Außenwandbekleidungen außen 7%, Dachbeläge 6%, Außentüren und -fenster 5%, Deckenbeläge 5%, Außenwandbekleidungen innen 3%, Innentüren und -fenster 3%, Deckenbekleidungen 2%
Sonstige: 21%

Bauwerk - Technische Anlagen
Herstellen: Niederspannungsinstallationsanlagen 29%, Übertragungsnetze 25%, Wasseranlagen 13%, Abwasseranlagen 5%
Wiederherstellen: Raumheizflächen 4%
Sonstige: 23%

6400-0058 Ev. Pfarrhaus, Fassadensanierung* BRI 3.016m³ BGF 986m² NUF 636m²

© Thomas Liedtke Freier Architekt

Baujahr: 15. Jhd.
Bauzustand: schlecht
Aufwand: mittel
Nutzung während der Bauzeit: ja
Nutzungsänderung: nein
Grundrissänderungen: keine
Tragwerkseingriffe: wenige

Land: Baden-Württemberg
Kreis: Böblingen
Standard: über Durchschnitt
Bauzeit: 52 Wochen
Kennwerte: bis 3.Ebene DIN276
veröffentlicht: BKI Objektdaten A8
BGF **132 €/m²**

* Nicht in der Auswertung enthalten

Planung: Thomas Liedtke Dipl.-Ing. Freier Architekt; Leonberg

Fassadeninstandsetzung eines Pfarrhauses mit Putz-, Fachwerk- und Natursteinarbeiten

Bauwerk - Baukonstruktionen
Abbrechen: Außenwandbekleidungen außen 12%
Herstellen: Außenwandbekleidungen außen 44%, Gerüste 8%
Wiederherstellen: Tragende Außenwände 11%, Außenwandbekleidungen außen 5%
Sonstige: 21%

Bauwerk - Technische Anlagen
Abbrechen: Blitzschutz - und Erdungsanlagen 4%
Herstellen: Blitzschutz - und Erdungsanlagen 57%
Wiederherstellen: Abwasseranlagen 36%
Sonstige: 3%

Kosten: 2.Quartal 2016, Bundesdurchschnitt, **inkl. 19% MwSt.**

9100-0004 Galerie, Ausstellung BRI 3.909m³ BGF 810m² NUF 528m²

Land: Baden-Württemberg
Kreis: Schwarzwald-Baar
Standard: über Durchschnitt
Bauzeit: 26 Wochen
Kennwerte: bis 3.Ebene DIN276
veröffentlicht: www.bki.de

BGF **1.334 €/m²**

Planung: Heinz Petran freier Architekt; Überlingen

Jagdschloss aus dem 15. Jhd. mit vier ovalen Ecktürmen, im 16. Jhd. zum Fruchtkasten umgebaut. **Kosteneinfluss Grundstück:** Freies Grundstück im Überschwemmungsbereich der Donau, daher aufgeständerte und belüftete Bodenplatte.

Bauwerk - Baukonstruktionen
Deckenkonstruktionen 20%, Tragende Außenwände 12%, Außentüren und -fenster 9%, Dachbeläge 8%, Deckenbeläge 7%, Dachkonstruktionen 7%, Unterböden und Bodenplatten 5%, Gerüste 5%, Nichttragende Innenwände 4%, Sonstige 23%

Bauwerk - Technische Anlagen
Niederspannungsinstallationsanlagen 30%, Wasseranlagen 29%, Abwasseranlagen 18%, Sonstige 23%

9100-0026 Musikpavillon BRI 1.233m³ BGF 220m² NUF 175m²

Baujahr: 1965
Bauzustand: schlecht
Aufwand: mittel
Nutzung während der Bauzeit: nein
Nutzungsänderung: nein
Grundrissänderungen: keine
Tragwerkseingriffe: wenige

Land: Sachsen-Anhalt
Kreis: Schönebeck
Standard: Durchschnitt
Bauzeit: 52 Wochen
Kennwerte: bis 3.Ebene DIN276
veröffentlicht: BKI Objektdaten A2

BGF **1.560 €/m²**

Planung: Horst Steinhardt Dipl.-Ing., Planungsbüro für Denkmalpflege; Güsten

Instandsetzung eines Musikpavillons von 1965 in einem öffentlichen Park.

Bauwerk - Baukonstruktionen
Herstellen: Dachbekleidungen 14%, Außentüren und -fenster 13%, Dachkonstruktionen 12%, Dachbeläge 9%, Tragende Außenwände 8%, Unterböden und Bodenplatten 3%, Baugrubenherstellung 3%, Baustelleneinrichtung 3%
Wiederherstellen: Außenwandbekleidungen außen 8%, Innenwandbekleidungen 5%
Sonstige: 22%

Bauwerk - Technische Anlagen
Herstellen: Abwasseranlagen 56%, Beleuchtungsanlagen 23%, Niederspannungsinstallationsanlagen 10%, Sonstige 11%

Übersicht 1 + 2.Ebene
Erweiterung
Umbau
Modernisierung
Instandsetzung
Bauelemente
Abbrechen
Wiederherstellen
Herstellen

mit Restaurierungsarbeiten

€/m² BGF
min	480 €/m²
von	720 €/m²
Mittel	**1.250 €/m²**
bis	1.820 €/m²
max	2.280 €/m²

Kosten:
Stand 2.Quartal 2016
Bundesdurchschnitt
inkl. 19% MwSt.

Objektübersicht zur Gebäudeart

9100-0033 Kirche, Brandschaden BRI 19.551m³ BGF 1.314m² NUF 876m²

© Lothar Graner Freie Architekten

Baujahr: 1506/1509
Bauzustand: schlecht
Aufwand: hoch
Nutzung während der Bauzeit: nein
Nutzungsänderung: nein
Grundrissänderungen: wenige
Tragwerkseingriffe: wenige

Land: Baden-Württemberg
Kreis: Esslingen a.N.
Standard: über Durchschnitt
Bauzeit: 39 Wochen
Kennwerte: bis 3.Ebene DIN276
veröffentlicht: BKI Objektdaten A3
BGF **775 €/m²**

Planung: Lothar Graner Dipl.-Ing. Freie Architekten; Nürtingen

Evangelische Kirche, dreischiffig, mit Orgelempore und Lagerflächen unter Chor und Sakristei. Instandsetzung nach Brandschaden. **Kosteneinfluss Nutzung:** Innensanierung nach Brandschaden (Orgelbrand auf der Empore), gleichzeitige Behebung von baulichen Mängeln und Korrekturen an Einbauten aus den 1950/60er Jahren. Beachtung der Auflagen des Landesdenkmalamtes.

Bauwerk - Baukonstruktionen
Herstellen: Außentüren und -fenster 13%
Wiederherstellen: Außentüren und -fenster 18%, Dachbekleidungen 12%, Besondere Einbauten 9%, Gerüste 8%, Dachkonstruktionen 8%, Außenwandbekleidungen innen 7%
Sonstige: 25%

Bauwerk - Technische Anlagen
Herstellen: Beleuchtungsanlagen 32%, Elektroakustische Anlagen 27%, Niederspannungsinstallationsanlagen 20%, Sonstige 21%

9100-0035 Evangelische Kirche, Innenrestaurierung BRI 7.095m³ BGF 740m² NUF 459m²

© Lothar Graner Freie Architekten

Baujahr: 1601
Bauzustand: schlecht
Aufwand: hoch
Nutzung während der Bauzeit: nein
Nutzungsänderung: nein
Grundrissänderungen: wenige
Tragwerkseingriffe: wenige

Land: Baden-Württemberg
Kreis: Böblingen
Standard: über Durchschnitt
Bauzeit: 26 Wochen
Kennwerte: bis 3.Ebene DIN276
veröffentlicht: BKI Objektdaten A3
BGF **759 €/m²**

Planung: Lothar Graner Dipl.-Ing. Freie Architekten; Nürtingen

Denkmalgeschützte Kirche von 1601, einschiffig, mit Orgelempore und Emporen an den Längsseiten, Restaurierungen an Wänden und Fenstern. **Kosteneinfluss Nutzung:** Evangelische Kirche, einschiffig, mit Orgelempore und Emporen an den Längsseiten. Beachtung der Auflagen des Landesdenkmalamtes.

Bauwerk - Baukonstruktionen
Herstellen: Deckenkonstruktionen 11%, Gerüste 8%, Bodenbeläge 8%, Innentüren und -fenster 7%, Elementierte Innenwände 6%, Deckenbeläge 4%
Wiederherstellen: Außenwandbekleidungen innen 23%, Allgemeine Einbauten 6%, Decken, sonstiges 3%, Dachbekleidungen 3%
Sonstige: 21%

Bauwerk - Technische Anlagen
Herstellen: Niederspannungsinstallationsanlagen 53%, Raumheizflächen 17%, Beleuchtungsanlagen 17%, Sonstige 12%

Kosten: 2.Quartal 2016, Bundesdurchschnitt, **inkl. 19% MwSt.**

9100-0039 Kirche, Fassadenarbeiten   BRI 7.730m³   BGF 620m²   **NUF** 490m²

Baujahr: 1910
Bauzustand: mittel
Aufwand: hoch
Nutzung während der Bauzeit: ja
Nutzungsänderung: nein
Grundrissänderungen: keine
Tragwerkseingriffe: keine

Land: Baden-Württemberg
Kreis: Esslingen a.N.
Standard: Durchschnitt
Bauzeit: 34 Wochen
Kennwerte: bis 3.Ebene DIN276
veröffentlicht: BKI Objektdaten A6
BGF   **838 €/m²**

Planung: Habrik Architekten, Helmut Habrik Freier Architekt BDA; Esslingen

Kirchengebäude von 1919. Turm und Kirchenschiff stehen unter Denkmalschutz. Die Fassade wurde instandgesetzt und teilweise restauriert. **Kosteneinfluss Nutzung:** Das Kirchenensemble mit Turm und Kirchenschiff stehen unter Denkmalschutz.

Bauwerk - Baukonstruktionen
Herstellen: Außenwandbekleidungen außen 30%, Dachbeläge 24%
Wiederherstellen: Außenwandbekleidungen außen 21%,
Sonstige: 25%

Bauwerk - Technische Anlagen
Herstellen: Nutzungsspezifische Anlagen, sonstiges 54%, Abwasseranlagen 8%, Zeitdienstanlagen 7%
Wiederherstellen: Zeitdienstanlagen 10%
Sonstige: 21%

9100-0041 Veranstaltungsgebäude, Büros   BRI 6.497m³   BGF 2.157m²   **NUF** 1.315m²

Baujahr: 1818
Bauzustand: schlecht
Aufwand: hoch
Nutzung während der Bauzeit: ja
Nutzungsänderung: ja
Grundrissänderungen: wenige
Tragwerkseingriffe: wenige

Land: Hessen
Kreis: Main-Taunus, Hofheim
Standard: über Durchschnitt
Bauzeit: 91 Wochen
Kennwerte: bis 3.Ebene DIN276
veröffentlicht: BKI Objektdaten A6
BGF   **2.104 €/m²**

Planung: Planergruppe Hytrek, Thomas, Weyell und Weyell GmbH; Wiesbaden

Instandsetzung eines denkmalgeschützten Veranstaltungsgebäudes mit umfangreichen Erhaltungsarbeiten an der Baukonstruktion und Restaurierungsarbeiten.

Bauwerk - Baukonstruktionen
Außentüren und -fenster 16%, Dachkonstruktionen 10%, Außenwandbekleidungen außen 8%, Bodenbeläge 7%, Deckenbeläge 7%, Tragende Außenwände 6%, Innentüren und -fenster 6%, Deckenkonstruktionen 5%, Innenwandbekleidungen 5%, Außenwandbekleidungen innen 4%, Deckenbekleidungen 4%, Sonstige 20%

Bauwerk - Technische Anlagen
Beleuchtungsanlagen 19%, Raumheizflächen 16%, Niederspannungsinstallationsanlagen 15%, Lüftungsanlagen 14%, Wasseranlagen 12%, Sonstige 25%

Übersicht 1.+2.Ebene
Erweiterung
Umbau
Modernisierung
Instandsetzung
Bauelemente
Abbrechen
Wiederherstellen
Herstellen

€/m² BGF

min	480	€/m²
von	720	€/m²
Mittel	**1.250**	**€/m²**
bis	1.820	€/m²
max	2.280	€/m²

Kosten:
Stand 2.Quartal 2016
Bundesdurchschnitt
inkl. 19% MwSt.

Objektübersicht zur Gebäudeart

9100-0064 Evangelische Kirche   BRI 4.384m³   BGF 410m²   NUF 266m²

Baujahr: 1111
Bauzustand: mittel
Aufwand: hoch
Nutzung während der Bauzeit: ja
Nutzungsänderung: nein
Grundrissänderungen: keine
Tragwerkseingriffe: keine

Land: Baden-Württemberg
Kreis: Esslingen a.N.
Standard: Durchschnitt
Bauzeit: 69 Wochen
Kennwerte: bis 3.Ebene DIN276
veröffentlicht: BKI Objektdaten A9
BGF   **1.500 €/m²**

Planung: Graner Architekten Dipl.-Ing. Freie Architekten; Nürtingen

Kirche

Bauwerk - Baukonstruktionen
Herstellen: Dachbeläge 10%
Wiederherstellen: Außenwandbekleidungen außen 62%, Tragende Außenwände 8%
Sonstige: 20%

Bauwerk - Technische Anlagen
Herstellen: Abwasseranlagen 6%
Wiederherstellen: Nutzungsspezifische Anlagen, sonstiges 69%, Zeitdienstanlagen 12%
Sonstige: 13%

9100-0088 Kapelle   BRI 10.400m³   BGF 420m²   NUF 290m²

Baujahr: 13. Jhd.
Bauzustand: schlecht
Aufwand: mittel
Nutzung während der Bauzeit: nein
Nutzungsänderung: nein
Grundrissänderungen: wenige
Tragwerkseingriffe: wenige

Land: Brandenburg
Kreis: Brandenburg
Standard: Durchschnitt
Bauzeit: 82 Wochen
Kennwerte: bis 3.Ebene DIN276
veröffentlicht: BKI Objektdaten A9
BGF   **838 €/m²**

Planung: pmp Projekt GmbH; Brandenburg

Bauwerk - Baukonstruktionen
Herstellen: Bodenbeläge 23%, Außentüren und -fenster 8%, Gerüste 5%, Bauwerksabdichtungen 5%
Wiederherstellen: Tragende Außenwände 9%, Außentüren und -fenster 9%, Außenwandbekleidungen außen 6%, Deckenkonstruktionen 5%, Dachkonstruktionen 5%, Außenwandbekleidungen innen 5%
Sonstige: 22%

Bauwerk - Technische Anlagen
Herstellen: Raumheizflächen 23%, Beleuchtungsanlagen 20%, Wärmeerzeugungsanlagen 17%, Niederspannungsinstallationsanlagen 15%, Sonstige 25%

Kosten: 2.Quartal 2016, Bundesdurchschnitt, inkl. **19% MwSt.**

1300-0039 Büro-, Verwaltungsgebäude   **BRI** 956m³   **BGF** 301m²   **NUF** 209m²

Land: Nordrhein-Westfalen
Kreis: Soest
Standard: über Durchschnitt
Bauzeit: 65 Wochen
Kennwerte: bis 1.Ebene DIN276
veröffentlicht: www.bki.de

BGF   **2.284 €/m²**

Planung: Architekturbüro Gruppe 3, Dipl.-Ing. Westerfeld; Lippstadt

Büro- und Verwaltungsbereiche, Räume für Beratung und Schulung. **Kosteneinfluss Grundstück:** In geschlossener Bebauung im Stadtkern gelegen.

7500-0014 Bankgebäude, Wohnen (1 WE)   **BRI** 2.493m³   **BGF** 628m²   **NUF** 385m²

Baujahr: 1911
Bauzustand: mittel
Aufwand: hoch
Nutzung während der Bauzeit: ja
Nutzungsänderung: ja
Grundrissänderungen: einige
Tragwerkseingriffe: einige

Land: Thüringen
Kreis: Erfurt
Standard: über Durchschnitt
Bauzeit: 30 Wochen
Kennwerte: bis 1.Ebene DIN276
veröffentlicht: BKI Objektdaten A1

BGF   **1.249 €/m²**

Planung: Großmann + Fischer + Eis GFE, Bauplanung und Bauleitung; Erlangen

Instandsetzung eines denkmalgeschützten Gebäudes von 1911, mit Grundrissänderungen, Eingriffe in die Tragkonstruktion und Restaurierungen. **Kosteneinfluss Nutzung:** Denkmalgerechte Sanierung und Modernisierung eines Gebäudes, Auflagen für Denkmalschutz. **Kosteneinfluss Grundstück:** Beschränkter Platz für Baustelleneinrichtung, Stadtlage keine Parkmöglichkeiten für Firmenfahrzeuge.

Übersicht- 1.+.2.Ebene

Erweiterung

Umbau

Moderni- sierung

Instand- setzung

Bau- elemente

Abbrechen

Wieder- herstellen

Herstellen

Neue Objekte
ohne Gebäudeartenzuordnung

Neue Gebäude ohne Gebäudeartenzuordnung

3200-0021 GeriatrischeTagesklinik (12 Plätze)   **BRI** 1.494m³   **BGF** 371m²   **NUF** 276m²

Land: Schleswig-Holstein
Kreis: Ostholstein
Standard: Durchschnitt
Bauzeit: 196 Wochen
Kennwerte: bis 1.Ebene DIN276
vorgesehen: BKI Objektdaten E7
BGF   **2.499 €/m²**

Planung: Architekturbüro Bielke und Struve; Eutin

Geriatrische Tagesklinik mit 12 Plätzen als Anbau an einen Bestand

Kosten:
Stand 2.Quartal 2016
Bundesdurchschnitt
inkl. 19% MwSt.

3300-0009 Klinik für Psychiatrie und psychosomat. Medizin   **BRI** 4.417m³   **BGF** 1.330m²   **NUF** 681m²

Land: Schleswig-Holstein
Kreis: Schleswig-Flensburg
Standard: Durchschnitt
Bauzeit: 52 Wochen
Kennwerte: bis 1.Ebene DIN276
vorgesehen: BKI Objektdaten A10
BGF   **1.727 €/m²**

Planung: Planungsring Mumm + Partner GbR; Bergenhusen

Klinik für Psychiatrie und psychosomatische Medizin: Erweiterungsbau mit 26 Patientenzimmern

2200-0034 Institut Klimafolgenforschung   BRI 251m³   BGF 58m²   NUF 38m²

Baujahr: 1889
Bauzustand: schlecht
Aufwand: hoch
Nutzung während der Bauzeit: ja
Nutzungsänderung: ja
Grundrissänderungen: wenige
Tragwerkseingriffe: keine

Land: Brandenburg
Kreis: Potsdam
Standard: über Durchschnitt
Bauzeit: 61 Wochen
Kennwerte: bis 3.Ebene DIN276
vorgesehen: BKI Objektdaten A10
BGF   **7.118 €/m²**

Planung: Ingenieurbüro Tygör; Stahnsdorf

Umbau eines Lagerraums zum Arbeitsraum mit Teeküche

Bauwerk - Baukonstruktionen
Abbrechen: Dachbeläge 12%
Herstellen: Dachbeläge 16%, Dachfenster, Dachöffnungen 14%, Dachkonstruktionen 5%, Zusätzliche Maßnahmen Maßnahmen 5%, Gerüste 4%
Wiederherstellen: Außenwandbekleidungen außen 10%, Außenwandbekleidungen innen 8%, Dachbekleidungen 5%
Sonstige: 22%

Bauwerk - Technische Anlagen
Herstellen: Niederspannungsinstallationsanlagen 17%, Beleuchtungsanlagen 8%, Gefahrenmelde- und Alarmanlagen 7%
Wiederherstellen: Nutzungsspezifische Anlagen, sonstiges 45%
Sonstige: 23%

3100-0019 Arztpraxis für Allgemeinmedizin (4 AP)   BRI 379m³   BGF 137m²   NUF 86m²

Baujahr: 1977
Bauzustand: mittel
Aufwand: mittel
Nutzung während der Bauzeit: nein
Nutzungsänderung: ja
Grundrissänderungen: wenige
Tragwerkseingriffe: keine

Land: Nordrhein-Westfalen
Kreis: Düren
Standard: Durchschnitt
Bauzeit: 4 Wochen
Kennwerte: bis 3.Ebene DIN276
veröffentlicht: BKI Objektdaten IR1
BGF   **289 €/m²**

Planung: FRANKE Architektur I Innenarchitektur; Düren

Allgemeinmedizinische Praxis (4 AP)

Bauwerk - Baukonstruktionen
Herstellen: Besondere Einbauten 78%, Innenwandbekleidungen 11%, Elementierte Innenwände 11%

Bauwerk - Technische Anlagen
Herstellen: Beleuchtungsanlagen 78%, Niederspannungsinstallationsanlagen 22%

Übersicht- 1.+.2.Ebene
Erweiterung
Umbau
Moderni- sierung
Instand- setzung
Bau- elemente
Abbrechen
Wieder- herstellen
Herstellen

Objektübersicht zur Gebäudeart - Umbauten

6100-1195 Mehrfamilienhaus, Dachgeschoss BRI 505m³ BGF 162m² NUF 134m²

© archikult Martin Riker

Baujahr: 1963
Bauzustand: mittel
Aufwand: hoch
Nutzung während der Bauzeit: ja
Nutzungsänderung: ja
Grundrissänderungen: umfangreiche
Tragwerkseingriffe: einige

Land: Rheinland-Pfalz
Kreis: Mainz
Standard: über Durchschnitt
Bauzeit: 26 Wochen
Kennwerte: bis 3.Ebene DIN276
veröffentlicht: BKI Objektdaten IR1
BGF **1.818 €/m²**

Planung: archikult Martin Riker; Mainz

Dachgeschossumbau von Arztpraxis zu Wohnräumen

Kosten:
Stand 2.Quartal 2016
Bundesdurchschnitt
inkl. 19% MwSt.

Bauwerk - Baukonstruktionen
Herstellen: Dachbeläge 16%, Dachbekleidungen 12%, Allgemeine Einbauten 10%, Dachkonstruktionen 9%, Deckenbeläge 7%, Innenwandbekleidungen 6%, Außentüren und -fenster 5%, Dachfenster, Dachöffnungen 5%, Innentüren und -fenster 4%, Deckenkonstruktionen 3%, Sonnenschutz 3%, Sonstige 21%

Bauwerk - Technische Anlagen
Herstellen: Wasseranlagen 29%, Raumheizflächen 14%, Elektroakustische Anlagen 13%, Niederspannungsinstallationsanlagen 9%, Lüftungsanlagen 9%, Sonstige 27%

6100-1206 Einfamilienhaus, Badeinbau BRI 18m³ BGF 6m² NUF 3m²

© Raumkleid Anke Preywisch Interior Design

Baujahr: 1928
Bauzustand: schlecht
Aufwand: mittel
Nutzung während der Bauzeit: ja
Nutzungsänderung: nein
Grundrissänderungen: wenige
Tragwerkseingriffe: wenige

Land: Nordrhein-Westfalen
Kreis: Köln
Standard: über Durchschnitt
Bauzeit: 8 Wochen
Kennwerte: bis 3.Ebene DIN276
veröffentlicht: BKI Objektdaten IR1
BGF **5.313 €/m²**

Planung: Raumkleid Anke Preywisch Interior Design; Köln

Duschbadeinbau im Untergeschoss eines Wohngebäudes, Denkmalschutz

Bauwerk - Baukonstruktionen
Abbrechen: Abbruchmaßnahmen 6%
Herstellen: Innenwandbekleidungen 37%, Bodenbeläge 18%, Nichttragende Außenwände 10%, Außenwandbekleidungen innen 6%
Sonstige: 23%

Bauwerk - Technische Anlagen
Herstellen: Wasseranlagen 56%, Abwasseranlagen 12%, Beleuchtungsanlagen 10%, Sonstige 22%

© **BKI** Baukosteninformationszentrum; Erläuterungen zu den Tabellen siehe Seite 32   Kosten: 2.Quartal 2016, Bundesdurchschnitt, inkl. **19% MwSt.**

7200-0086 Hörgeräteakustik-Meisterbetrieb   BRI 330m³   BGF 147m²   NUF 86m²

Baujahr: 1950
Bauzustand: mittel
Aufwand: hoch
Nutzung während der Bauzeit: nein
Nutzungsänderung: ja
Grundrissänderungen: einige
Tragwerkseingriffe: keine

Land: Nordrhein-Westfalen
Kreis: Düsseldorf
Standard: über Durchschnitt
Bauzeit: 8 Wochen
Kennwerte: bis 3.Ebene DIN276
veröffentlicht: BKI Objektdaten IR1
BGF   **499 €/m²**

Planung: Architekturbüro Stephanie Schleffler; Düsseldorf

Nutzungsänderung eines Ladenlokals, ehemals Jugendtreff, in einen Högeräteakustikmeisterbetrieb **Kosteneinfluss Nutzung:** Brand- und Schallschutzanforderungen

Bauwerk - Baukonstruktionen
Herstellen: Deckenbekleidungen 27%, Allgemeine Einbauten 26%, Innenwandbekleidungen 23%, Sonstige 25%

Bauwerk - Technische Anlagen
Herstellen: Beleuchtungsanlagen 59%, Niederspannungsinstallationsanlagen 24%, Lüftungsanlagen 12%, Sonstige 5%

7200-0087 Frisörsalon   BRI 451m³   BGF 118m²   NUF 80m²

Baujahr: 1910
Bauzustand: mittel
Aufwand: mittel
Nutzung während der Bauzeit: nein
Nutzungsänderung: ja
Grundrissänderungen: einige
Tragwerkseingriffe: einige

Land: Berlin
Kreis: Berlin
Standard: Durchschnitt
Bauzeit: 4 Wochen
Kennwerte: bis 3.Ebene DIN276
veröffentlicht: BKI Objektdaten IR1
BGF   **652 €/m²**

Planung: DAVID MEYER architektur und design; Berlin

Umbau einer Gaststätte in einem denkmalgeschützten Gebäude zu einem Friseursalon. **Kosteneinfluss Nutzung:** Brandschutz, Schallschutz, Denkmalschutz, Wiederverwendung der Bestandsausstattung des Bauherrn

Bauwerk - Baukonstruktionen
Herstellen: Innentüren und -fenster 18%, Deckenbeläge 10%, Allgemeine Einbauten 10%, Deckenbekleidungen 8%, Tragende Innenwände 8%, Nichttragende Innenwände 6%
Wiederherstellen: Innenwandbekleidungen 15%
Sonstige: 25%

Bauwerk - Technische Anlagen
Herstellen: Niederspannungsinstallationsanlagen 47%, Wasseranlagen 21%, Beleuchtungsanlagen 13%, Sonstige 19%

Übersicht 1.-+2.Ebene
Erweiterung
Umbau
Modernisierung
Instandsetzung
Bauelemente
Abbrechen
Wiederherstellen
Herstellen

Objektübersicht zur Gebäudeart - Umbauten

9100-0119 Pfarrkirche   **BRI** 6.459m³   **BGF** 1.128m²   **NUF** 915m²

Baujahr: 1965
Bauzustand: mittel
Aufwand: mittel
Nutzung während der Bauzeit: nein
Nutzungsänderung: nein
Grundrissänderungen: einige
Tragwerkseingriffe: wenige

Land: Bayern
Kreis: Landshut
Standard: über Durchschnitt
Bauzeit: 56 Wochen
Kennwerte: bis 3.Ebene DIN276
veröffentlicht: BKI Objektdaten IR1
BGF   **411 €/m²**

© Peter Litvai

Kosten:
Stand 2.Quartal 2016
Bundesdurchschnitt
inkl. 19% MwSt.

Planung: Nadler·Sperk·Reif Architektenpartnerschaft BDA; Landshut

Innenrenovierung eines denkmalgeschützten Kirchenraums mit Altarraumneugestaltung. **Kosteneinfluss Nutzung:** Gestaltungssatzung, Einbindung des Urheberrechtsinhabers, der Denkmalpflege und der Kommission für Kirchliche Kunst.

Bauwerk - Baukonstruktionen
Herstellen: Besondere Einbauten 23%, Gerüste 15%, Außenwandbekleidungen innen 9%, Zusätzliche Maßnahmen 6%, Bodenbeläge 6%, Allgemeine Einbauten 4%, Decken, sonstiges 4%
Wiederherstellen: Decken, sonstiges 6%, Deckenbekleidungen 5%
Sonstige: 23%

Bauwerk - Technische Anlagen
Herstellen: Beleuchtungsanlagen 28%, Niederspannungsinstallationsanlagen 24%, Gefahrenmelde- und Alarmanlagen 12%
Wiederherstellen: Nutzungsspezifische Anlagen, sonstiges 16%
Sonstige: 20%

9100-0122 Konzert- und Probesaal   **BRI** 2.506m³   **BGF** 935m²   **NUF** 667m²

Land: Hamburg
Kreis: Hamburg
Standard: über Durchschnitt
Bauzeit: 17 Wochen
Kennwerte: bis 1.Ebene DIN276
veröffentlicht: BKI Objektdaten IR1
BGF   **623 €/m²**

© Ralf Buscher

Planung: Professor Jörg Friedrich PFP Planungs GmbH; Hamburg

Umbau des Hochbunkers zu einem Konzert- und Probesaal, dem Resonanzraum für das Ensemble Resonanz, mit Stimm- und Proberäumen sowie einer Büroeinheit.

4500-0017 Bildungsinstitut, Seminarräume   **BRI** 1.338m³   **BGF** 344m²   **NUF** 248m²

© Constantin Meyer

Baujahr: 1992
Bauzustand: gut
Aufwand: hoch
Nutzung während der Bauzeit: nein
Nutzungsänderung: nein
Grundrissänderungen: wenige
Tragwerkseingriffe: keine

Land: Nordrhein-Westfalen
Kreis: Hochsauerland
Standard: über Durchschnitt
Bauzeit: 8 Wochen
Kennwerte: bis 3.Ebene DIN276
veröffentlicht: BKI Objektdaten IR1
BGF   **2.686 €/m²**

Planung: KEGGENHOFF I PARTNER; Arnsberg-Neheim

Seminarräume für Bildungsinstitut mit kurzfristig möglichen Nutzungsänderungen

Bauwerk - Baukonstruktionen
Herstellen: Deckenbekleidungen 32%, Elementierte Innenwände 19%, Innenwandbekleidungen 10%, Deckenbeläge 9%, Besondere Einbauten 9%, Sonstige 22%

Bauwerk - Technische Anlagen
Herstellen: Lüftungsanlagen 34%, Raumautomationssysteme 20%, Elektroakustische Anlagen 16%, Sonstige 30%

6100-1197 Maisonettewohnung   **BRI** 252m³   **BGF** 107m²   **NUF** 92m²

© Anne.Mehring Innenarchitekturbüro

Baujahr: 1989
Bauzustand: mittel
Aufwand: hoch
Nutzung während der Bauzeit: nein
Nutzungsänderung: nein
Grundrissänderungen: einige
Tragwerkseingriffe: wenige

Land: Hessen
Kreis: Main-Taunus, Hofheim
Standard: über Durchschnitt
Bauzeit: 13 Wochen
Kennwerte: bis 3.Ebene DIN276
veröffentlicht: BKI Objektdaten IR1
BGF   **679 €/m²**

Planung: Anne.Mehring Innenarchitekturbüro; Darmstadt

Maisonettewohnung in einem Mehrfamilienhaus mit 4 WE

Bauwerk - Baukonstruktionen
Abbrechen: Abbruchmaßnahmen 13%
Herstellen: Deckenbeläge 33%, Innenwandbekleidungen 17%, Innentüren und -fenster 10%, Deckenbekleidungen 8%
Sonstige: 21%

Bauwerk - Technische Anlagen
Herstellen: Wasseranlagen 49%, Niederspannungsinstallationsanlagen 13%
Wiederherstellen: Niederspannungsinstallationsanlagen 9%
Sonstige: 29%

Übersicht 1.+.2.Ebene
Erweiterung
Umbau
Modernisierung
Instandsetzung
Bauelemente
Abbrechen
Wiederherstellen
Herstellen

Objektübersicht zur Gebäudeart - Modernisierungen

6400-0080 Gemeindehaus   **BRI** 1.165m³   **BGF** 325m²   **NUF** 229m²

© archikult Martin Riker

Baujahr: 1957	Land: Rheinland-Pfalz
Bauzustand: mittel	Kreis: Mainz-Bingen
Aufwand: mittel	Standard: Durchschnitt
Nutzung während der Bauzeit: ja	Bauzeit: 25 Wochen
Nutzungsänderung: nein	Kennwerte: bis 3.Ebene DIN276
Grundrissänderungen: wenige	vorgesehen: BKI Objektdaten A10
Tragwerkseingriffe: keine	**BGF** **800 €/m²**

Planung: archikult Martin Riker; Mainz

Gemeindehaus mit zwei Gemeindesälen, Pfarrbüro und Gruppenräumen. **Kosteneinfluss Nutzung:** Brandschutz - und Wärmeschutzauflagen

Kosten:
Stand 2.Quartal 2016
Bundesdurchschnitt
inkl. 19% MwSt.

Bauwerk - Baukonstruktionen
Abbrechen: Dachbekleidungen 3%, Außentüren und -fenster 2%, Deckenbeläge 2%
Herstellen: Außenwandbekleidungen außen 20%, Außentüren und -fenster 17%, Dachbekleidungen 8%, Deckenbeläge 6%, Außenwandbekleidungen innen 5%, Innenwandbekleidungen 3%, Deckenbekleidungen 3%, Dachbeläge 2%, Nichttragende Innenwände 2%
Wiederherstellen: Deckenbeläge 5%, Elementierte Innenwände 2%
Sonstige: 21%

Bauwerk - Technische Anlagen
Herstellen: Beleuchtungsanlagen 30%, Wärmeverteilnetze 19%, Niederspannungsinstallationsanlagen 18%, Blitzschutz - und Erdungsanlagen 13%, Sonstige 21%

    Kosten: 2.Quartal 2016, Bundesdurchschnitt, **inkl. 19% MwSt.**

6100-1210 Doppelhaushälfte, Gründerzeit   **BRI** 1.345m³   **BGF** 438m²   **NUF** 277m²

Baujahr: 1908
Bauzustand: mittel
Aufwand: mittel
Nutzung während der Bauzeit: ja
Nutzungsänderung: nein
Grundrissänderungen: einige
Tragwerkseingriffe: einige

Land: Baden-Württemberg
Kreis: Stuttgart
Standard: Durchschnitt
Bauzeit: 126 Wochen
Kennwerte: bis 3.Ebene DIN276
veröffentlicht: BKI Objektdaten IR1
BGF   **352 €/m²**

Planung: Manderscheid Partnerschaft Freie Architekten; Stuttgart

Doppelhaushälfte, Gründerzeit

Bauwerk - Baukonstruktionen
Abbrechen: Abbruchmaßnahmen 12%
Herstellen: Innenwandbekleidungen 11%, Deckenbeklei-
dungen 10%, Deckenbeläge 8%, Innentüren und -fenster
7%, Gerüste 3%, Dachbeläge 3%
Wiederherstellen: Deckenbeläge 13%, Außentüren und
-fenster 5%, Innentüren und -fenster 4%, Dächer, sonstiges 3%
Sonstige: 20%

Bauwerk - Technische Anlagen
Herstellen: Wasseranlagen 25%, Wärmeerzeugungs-
anlagen 19%, Niederspannungsinstallationsanlagen 15%,
Wärmeverteilnetze 8%, Raumheizflächen 7%, Abwasser-
anlagen 6%
Sonstige: 20%

Übersicht-
1.+ 2.Ebene

Erweiterung

Umbau

Moderni-
sierung

Instand-
setzung

Bau-
elemente

Abbrechen

Wieder-
herstellen

Herstellen

Altbau
Bauelemente

Kostenkennwerte der Gebäudearten
für die Kostengruppen 300+400

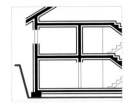

Kosten:
Stand 2.Quartal 2016
Bundesdurchschnitt
inkl. 19% MwSt.

Einheit: m³
Baugrubenrauminhalt

Gebäudeart	▷	€/Einheit	◁	KG an 300
Erweiterungen				
Büro- und Verwaltungsgebäude	16,00	**28,00**	40,00	1,7%
Schulen	19,00	**31,00**	47,00	1,9%
Kindergärten	35,00	**56,00**	70,00	3,7%
Wohngebäude: Anbau	67,00	**152,00**	679,00	2,2%
Wohngebäude: Aufstockung	52,00	**85,00**	147,00	0,3%
Wohngebäude: Dachausbau	–	–	–	–
Gewerbegebäude	21,00	**33,00**	55,00	1,7%
Gebäude anderer Art	31,00	**66,00**	86,00	1,0%
Umbauten				
Büro- und Verwaltungsgebäude	37,00	**59,00**	97,00	0,4%
Schulen	22,00	**28,00**	32,00	1,0%
Kindergärten	111,00	**138,00**	165,00	0,0%
Ein- und Zweifamilienhäuser	32,00	**56,00**	99,00	0,2%
Mehrfamilienhäuser	28,00	**42,00**	51,00	0,5%
Wohnungen	–	–	–	–
Gewerbegebäude	–	–	–	–
Gebäude anderer Art	50,00	**69,00**	110,00	0,5%
Modernisierungen				
Büro- und Verwaltungsgebäude	31,00	**44,00**	59,00	0,5%
Schulen und Kindergärten	22,00	**48,00**	71,00	0,6%
Sporthallen	85,00	**101,00**	131,00	1,0%
Ein- und Zweifamilienhäuser	48,00	**118,00**	255,00	0,7%
Wohngebäude vor 1945	60,00	**61,00**	64,00	0,4%
Wohngebäude nach 1945: nur Oberflächen	32,00	**57,00**	102,00	0,2%
Wohngebäude nach 1945: mit Tragkonstruktion	32,00	**50,00**	123,00	0,8%
Fachwerkhäuser	–	**73,00**	–	0,6%
Gewerbegebäude	32,00	**36,00**	40,00	0,5%
Instandsetzungen				
Wohngebäude	22,00	**59,00**	91,00	2,1%
Nichtwohngebäude	–	**24,00**	–	0,1%
mit Restaurierungsarbeiten	52,00	**231,00**	410,00	0,3%

▷ von
ø Mittel
◁ bis

Kosten: 2.Quartal 2016, Bundesdurchschnitt, **inkl. 19% MwSt.**

Erweiterungen

Gebäudeart	▷	€/Einheit	◁	KG an 300
Büro- und Verwaltungsgebäude	–	–	–	–
Schulen	2,00	**15,00**	19,00	0,1%
Kindergärten	–	–	–	–
Wohngebäude: Anbau	–	–	–	–
Wohngebäude: Aufstockung	–	–	–	–
Wohngebäude: Dachausbau	–	–	–	–
Gewerbegebäude	–	**0,90**	–	0,0%
Gebäude anderer Art	–	–	–	–

Umbauten

	▷	€/Einheit	◁	KG an 300
Büro- und Verwaltungsgebäude	–	–	–	–
Schulen	2,20	**3,80**	5,40	0,0%
Kindergärten	–	–	–	–
Ein- und Zweifamilienhäuser	–	–	–	–
Mehrfamilienhäuser	–	**1,30**	–	0,0%
Wohnungen	–	–	–	–
Gewerbegebäude	–	–	–	–
Gebäude anderer Art	–	–	–	–

Modernisierungen

	▷	€/Einheit	◁	KG an 300
Büro- und Verwaltungsgebäude	–	**1,90**	–	0,0%
Schulen und Kindergärten	1,10	**17,00**	49,00	0,0%
Sporthallen	–	**0,60**	–	0,0%
Ein- und Zweifamilienhäuser	–	–	–	–
Wohngebäude vor 1945	–	–	–	–
Wohngebäude nach 1945: nur Oberflächen	–	–	–	–
Wohngebäude nach 1945: mit Tragkonstruktion	–	**0,60**	–	0,0%
Fachwerkhäuser	–	–	–	–
Gewerbegebäude	–	–	–	–

Instandsetzungen

	▷	€/Einheit	◁	KG an 300
Wohngebäude	–	–	–	–
Nichtwohngebäude	–	–	–	–
mit Restaurierungsarbeiten	–	**23,00**	–	0,1%

Einheit: m²
Gründungsfläche

Übersicht-
1.+ 2.Ebene

Erweiterung

Umbau

Moderni-
sierung

Instand-
setzung

Bau-
elemente

Abbrechen

Wieder-
herstellen

Herstellen

321
Baugrundverbesserung

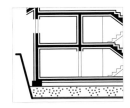

Kosten:
Stand 2.Quartal 2016
Bundesdurchschnitt
inkl. 19% MwSt.

Einheit: m²
Gründungsfläche

Gebäudeart	▷	€/Einheit	◁	KG an 300
Erweiterungen				
Büro- und Verwaltungsgebäude	–	–	–	–
Schulen	19,00	**25,00**	41,00	0,3%
Kindergärten	–	**3,40**	–	0,0%
Wohngebäude: Anbau	–	**125,00**	–	0,0%
Wohngebäude: Aufstockung	–	–	–	–
Wohngebäude: Dachausbau	–	–	–	–
Gewerbegebäude	–	**46,00**	–	0,2%
Gebäude anderer Art	–	–	–	–
Umbauten				
Büro- und Verwaltungsgebäude	–	–	–	–
Schulen	–	**30,00**	–	0,1%
Kindergärten	–	–	–	–
Ein- und Zweifamilienhäuser	–	–	–	–
Mehrfamilienhäuser	3,00	**9,30**	16,00	0,0%
Wohnungen	–	–	–	–
Gewerbegebäude	–	–	–	–
Gebäude anderer Art	–	**45,00**	–	0,4%
Modernisierungen				
Büro- und Verwaltungsgebäude	–	–	–	–
Schulen und Kindergärten	–	**2,00**	–	0,0%
Sporthallen	–	**1,60**	–	0,0%
Ein- und Zweifamilienhäuser	–	–	–	–
Wohngebäude vor 1945	–	–	–	–
Wohngebäude nach 1945: nur Oberflächen	–	–	–	–
Wohngebäude nach 1945: mit Tragkonstruktion	–	**33,00**	–	0,0%
Fachwerkhäuser	–	–	–	–
Gewerbegebäude	–	**4,80**	–	0,0%
Instandsetzungen				
Wohngebäude	–	–	–	–
Nichtwohngebäude	–	–	–	–
mit Restaurierungsarbeiten	–	**9,80**	–	0,0%

▷ von
ø Mittel
◁ bis

© **BKI** Baukosteninformationszentrum; Erläuterungen zu den Tabellen siehe Seite 34

Kosten: 2.Quartal 2016, Bundesdurchschnitt, **inkl. 19% MwSt.**

Gebäudeart	▷	€/Einheit	◁	KG an 300
Erweiterungen				
Büro- und Verwaltungsgebäude	73,00	**101,00**	132,00	2,2%
Schulen	100,00	**539,00**	5.773,00	4,4%
Kindergärten	32,00	**50,00**	75,00	2,4%
Wohngebäude: Anbau	88,00	**176,00**	266,00	2,4%
Wohngebäude: Aufstockung	16,00	**141,00**	192,00	0,1%
Wohngebäude: Dachausbau	–	**–**	–	–
Gewerbegebäude	56,00	**92,00**	174,00	6,9%
Gebäude anderer Art	47,00	**64,00**	90,00	1,6%
Umbauten				
Büro- und Verwaltungsgebäude	27,00	**75,00**	170,00	0,3%
Schulen	15,00	**227,00**	650,00	0,4%
Kindergärten	46,00	**163,00**	305,00	0,7%
Ein- und Zweifamilienhäuser	46,00	**204,00**	417,00	0,6%
Mehrfamilienhäuser	81,00	**629,00**	1.613,00	0,4%
Wohnungen	–	**–**	–	–
Gewerbegebäude	–	**4,20**	–	0,1%
Gebäude anderer Art	32,00	**84,00**	230,00	2,1%
Modernisierungen				
Büro- und Verwaltungsgebäude	43,00	**96,00**	150,00	0,9%
Schulen und Kindergärten	75,00	**213,00**	545,00	0,5%
Sporthallen	56,00	**104,00**	152,00	0,7%
Ein- und Zweifamilienhäuser	54,00	**270,00**	663,00	0,4%
Wohngebäude vor 1945	147,00	**253,00**	358,00	0,4%
Wohngebäude nach 1945: nur Oberflächen	122,00	**278,00**	575,00	0,1%
Wohngebäude nach 1945: mit Tragkonstruktion	83,00	**155,00**	318,00	0,9%
Fachwerkhäuser	18,00	**50,00**	113,00	0,8%
Gewerbegebäude	–	**117,00**	–	0,8%
Instandsetzungen				
Wohngebäude	29,00	**196,00**	256,00	0,3%
Nichtwohngebäude	–	**4,70**	–	0,0%
mit Restaurierungsarbeiten	12,00	**22,00**	44,00	0,4%

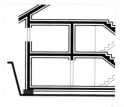

Einheit: m²
Flachgründungsfläche

Übersicht 1. + 2. Ebene

Erweiterung

Umbau

Moderni-sierung

Instand-setzung

Bau-elemente

Abbrechen

Wieder-herstellen

Herstellen

323
Tiefgründungen

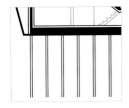

Kosten:
Stand 2.Quartal 2016
Bundesdurchschnitt
inkl. 19% MwSt.

Einheit: m²
Tiefgründungsfläche

Gebäudeart	▷	€/Einheit	◁	KG an 300
Erweiterungen				
Büro- und Verwaltungsgebäude	–	**183,00**	–	0,2%
Schulen	137,00	**173,00**	208,00	0,6%
Kindergärten	–	–	–	–
Wohngebäude: Anbau	–	–	–	–
Wohngebäude: Aufstockung	–	–	–	–
Wohngebäude: Dachausbau	–	–	–	–
Gewerbegebäude	–	–	–	–
Gebäude anderer Art	–	–	–	–
Umbauten				
Büro- und Verwaltungsgebäude	–	–	–	–
Schulen	–	**521,00**	–	0,8%
Kindergärten	–	–	–	–
Ein- und Zweifamilienhäuser	–	–	–	–
Mehrfamilienhäuser	–	–	–	–
Wohnungen	–	–	–	–
Gewerbegebäude	–	–	–	–
Gebäude anderer Art	–	–	–	–
Modernisierungen				
Büro- und Verwaltungsgebäude	–	–	–	–
Schulen und Kindergärten	–	–	–	–
Sporthallen	–	–	–	–
Ein- und Zweifamilienhäuser	–	–	–	–
Wohngebäude vor 1945	–	–	–	–
Wohngebäude nach 1945: nur Oberflächen	–	–	–	–
Wohngebäude nach 1945: mit Tragkonstruktion	–	**413,00**	–	0,9%
Fachwerkhäuser	–	–	–	–
Gewerbegebäude	–	**86,00**	–	0,0%
Instandsetzungen				
Wohngebäude	–	–	–	–
Nichtwohngebäude	–	–	–	–
mit Restaurierungsarbeiten	–	–	–	–

▷ von
ø Mittel
◁ bis

© **BKI** Baukosteninformationszentrum; Erläuterungen zu den Tabellen siehe Seite 34

Kosten: 2.Quartal 2016, Bundesdurchschnitt, **inkl. 19% MwSt.**

Erweiterungen

Gebäudeart	▷	€/Einheit	◁	KG an 300
Büro- und Verwaltungsgebäude	34,00	**67,00**	84,00	1,1%
Schulen	74,00	**168,00**	1.057,00	2,6%
Kindergärten	51,00	**92,00**	169,00	4,2%
Wohngebäude: Anbau	53,00	**88,00**	115,00	2,5%
Wohngebäude: Aufstockung	–	**222,00**	–	0,0%
Wohngebäude: Dachausbau	–	**–**	–	
Gewerbegebäude	62,00	**83,00**	95,00	5,5%
Gebäude anderer Art	52,00	**99,00**	147,00	2,4%

Umbauten

	▷	€/Einheit	◁	KG an 300
Büro- und Verwaltungsgebäude	65,00	**138,00**	230,00	1,7%
Schulen	39,00	**81,00**	121,00	1,0%
Kindergärten	87,00	**106,00**	160,00	0,6%
Ein- und Zweifamilienhäuser	56,00	**138,00**	330,00	1,1%
Mehrfamilienhäuser	68,00	**92,00**	164,00	0,8%
Wohnungen	–	**0,00**	–	0,0%
Gewerbegebäude	151,00	**213,00**	275,00	1,0%
Gebäude anderer Art	60,00	**93,00**	172,00	2,0%

Modernisierungen

	▷	€/Einheit	◁	KG an 300
Büro- und Verwaltungsgebäude	61,00	**80,00**	95,00	0,5%
Schulen und Kindergärten	86,00	**332,00**	830,00	1,1%
Sporthallen	104,00	**226,00**	572,00	0,8%
Ein- und Zweifamilienhäuser	74,00	**134,00**	274,00	0,4%
Wohngebäude vor 1945	29,00	**117,00**	206,00	0,8%
Wohngebäude nach 1945: nur Oberflächen	60,00	**100,00**	134,00	0,1%
Wohngebäude nach 1945: mit Tragkonstruktion	87,00	**139,00**	189,00	1,5%
Fachwerkhäuser	99,00	**111,00**	135,00	1,1%
Gewerbegebäude	82,00	**114,00**	146,00	0,5%

Instandsetzungen

	▷	€/Einheit	◁	KG an 300
Wohngebäude	125,00	**125,00**	125,00	0,0%
Nichtwohngebäude	–	**76,00**	–	1,0%
mit Restaurierungsarbeiten	79,00	**145,00**	266,00	1,2%

Einheit: m²
Bodenplattenfläche

Übersicht
1.+.2.Ebene

Erweiterung

Umbau

Moderni-
sierung

Instand-
setzung

Bau-
elemente

Abbrechen

Wieder-
herstellen

Herstellen

325
Bodenbeläge

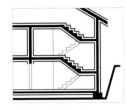

Kosten:
Stand 2.Quartal 2016
Bundesdurchschnitt
inkl. 19% MwSt.

Einheit: m²
Bodenbelagsfläche

Gebäudeart	▷	€/Einheit	◁	KG an 300
Erweiterungen				
Büro- und Verwaltungsgebäude	34,00	**73,00**	117,00	1,7%
Schulen	96,00	**143,00**	186,00	3,7%
Kindergärten	99,00	**120,00**	131,00	7,7%
Wohngebäude: Anbau	65,00	**135,00**	185,00	3,8%
Wohngebäude: Aufstockung	–	**37,00**	–	0,1%
Wohngebäude: Dachausbau	–	**–**	–	–
Gewerbegebäude	40,00	**76,00**	117,00	5,0%
Gebäude anderer Art	113,00	**165,00**	312,00	4,3%
Umbauten				
Büro- und Verwaltungsgebäude	59,00	**95,00**	149,00	5,0%
Schulen	77,00	**121,00**	250,00	4,0%
Kindergärten	84,00	**113,00**	144,00	9,9%
Ein- und Zweifamilienhäuser	58,00	**123,00**	155,00	2,2%
Mehrfamilienhäuser	26,00	**57,00**	106,00	0,8%
Wohnungen	–	**141,00**	–	1,2%
Gewerbegebäude	9,30	**70,00**	100,00	8,7%
Gebäude anderer Art	102,00	**140,00**	198,00	4,4%
Modernisierungen				
Büro- und Verwaltungsgebäude	62,00	**104,00**	150,00	2,4%
Schulen und Kindergärten	61,00	**104,00**	157,00	3,2%
Sporthallen	57,00	**125,00**	179,00	7,6%
Ein- und Zweifamilienhäuser	63,00	**131,00**	279,00	2,5%
Wohngebäude vor 1945	108,00	**160,00**	253,00	4,5%
Wohngebäude nach 1945: nur Oberflächen	13,00	**21,00**	47,00	0,1%
Wohngebäude nach 1945: mit Tragkonstruktion	50,00	**78,00**	126,00	1,6%
Fachwerkhäuser	66,00	**66,00**	66,00	0,4%
Gewerbegebäude	48,00	**61,00**	73,00	0,1%
Instandsetzungen				
Wohngebäude	43,00	**79,00**	167,00	0,2%
Nichtwohngebäude	89,00	**114,00**	162,00	4,8%
mit Restaurierungsarbeiten	79,00	**190,00**	401,00	5,6%

▷ von
ø Mittel
◁ bis

© **BKI** Baukosteninformationszentrum; Erläuterungen zu den Tabellen siehe Seite 34   Kosten: 2.Quartal 2016, Bundesdurchschnitt, **inkl. 19% MwSt.**

Gebäudeart	▷	€/Einheit	◁	KG an 300
Erweiterungen				
Büro- und Verwaltungsgebäude	11,00	**25,00**	44,00	0,4%
Schulen	6,10	**15,00**	29,00	0,6%
Kindergärten	13,00	**41,00**	59,00	2,7%
Wohngebäude: Anbau	7,50	**19,00**	32,00	0,5%
Wohngebäude: Aufstockung	–	**12,00**	–	0,0%
Wohngebäude: Dachausbau	–	**–**	–	–
Gewerbegebäude	19,00	**38,00**	85,00	2,5%
Gebäude anderer Art	6,70	**9,00**	13,00	0,2%
Umbauten				
Büro- und Verwaltungsgebäude	0,80	**1,10**	1,30	0,0%
Schulen	9,80	**17,00**	24,00	0,3%
Kindergärten	10,00	**13,00**	16,00	0,5%
Ein- und Zweifamilienhäuser	12,00	**26,00**	52,00	0,1%
Mehrfamilienhäuser	14,00	**39,00**	114,00	0,1%
Wohnungen	–	**–**	–	–
Gewerbegebäude	–	**0,60**	–	0,0%
Gebäude anderer Art	6,00	**13,00**	28,00	0,3%
Modernisierungen				
Büro- und Verwaltungsgebäude	5,40	**15,00**	24,00	0,2%
Schulen und Kindergärten	4,40	**14,00**	21,00	0,3%
Sporthallen	4,50	**11,00**	19,00	0,3%
Ein- und Zweifamilienhäuser	13,00	**25,00**	48,00	0,1%
Wohngebäude vor 1945	4,60	**12,00**	23,00	0,3%
Wohngebäude nach 1945: nur Oberflächen	0,90	**13,00**	24,00	0,0%
Wohngebäude nach 1945: mit Tragkonstruktion	3,00	**22,00**	60,00	0,3%
Fachwerkhäuser	3,50	**11,00**	32,00	0,2%
Gewerbegebäude	7,60	**20,00**	32,00	0,0%
Instandsetzungen				
Wohngebäude	2,70	**39,00**	147,00	0,0%
Nichtwohngebäude	–	**18,00**	–	0,2%
mit Restaurierungsarbeiten	26,00	**53,00**	80,00	0,7%

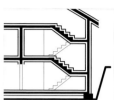

Einheit: m²
Gründungsfläche

Übersicht-
1. + 2. Ebene

Erweiterung

Umbau

Moderni-
sierung

Instand-
setzung

Bau-
elemente

Abbrechen

Wieder-
herstellen

Herstellen

Kosten:
Stand 2.Quartal 2016
Bundesdurchschnitt
inkl. 19% MwSt.

Einheit: m²
Gründungsfläche

Gebäudeart	▷	€/Einheit	◁	KG an 300
Erweiterungen				
Büro- und Verwaltungsgebäude	2,60	**8,10**	14,00	0,0%
Schulen	8,40	**15,00**	19,00	0,2%
Kindergärten	–	**30,00**	–	0,5%
Wohngebäude: Anbau	21,00	**31,00**	41,00	0,5%
Wohngebäude: Aufstockung	–	**–**	–	–
Wohngebäude: Dachausbau	–	**–**	–	–
Gewerbegebäude	3,50	**12,00**	17,00	0,1%
Gebäude anderer Art	–	**–**	–	–
Umbauten				
Büro- und Verwaltungsgebäude	–	**–**	–	–
Schulen	9,70	**15,00**	18,00	0,2%
Kindergärten	–	**–**	–	–
Ein- und Zweifamilienhäuser	7,70	**14,00**	20,00	0,1%
Mehrfamilienhäuser	–	**32,00**	–	0,1%
Wohnungen	–	**–**	–	–
Gewerbegebäude	–	**–**	–	–
Gebäude anderer Art	10,00	**15,00**	20,00	0,1%
Modernisierungen				
Büro- und Verwaltungsgebäude	0,90	**6,30**	17,00	0,0%
Schulen und Kindergärten	8,90	**18,00**	26,00	0,1%
Sporthallen	–	**2,80**	–	0,0%
Ein- und Zweifamilienhäuser	7,10	**18,00**	27,00	0,1%
Wohngebäude vor 1945	–	**13,00**	–	0,1%
Wohngebäude nach 1945: nur Oberflächen	–	**479,00**	–	0,0%
Wohngebäude nach 1945: mit Tragkonstruktion	5,90	**10,00**	16,00	0,1%
Fachwerkhäuser	6,60	**14,00**	26,00	0,3%
Gewerbegebäude	–	**14,00**	–	0,1%
Instandsetzungen				
Wohngebäude	6,50	**23,00**	37,00	0,7%
Nichtwohngebäude	–	**37,00**	–	0,8%
mit Restaurierungsarbeiten	13,00	**20,00**	28,00	0,2%

▷ von
ø Mittel
◁ bis

© **BKI** Baukosteninformationszentrum; Erläuterungen zu den Tabellen siehe Seite 34   Kosten: 2.Quartal 2016, Bundesdurchschnitt, inkl. **19% MwSt.**

Gebäudeart	▷	€/Einheit	◁	KG an 300
Erweiterungen				
Büro- und Verwaltungsgebäude	165,00	**319,00**	682,00	6,3%
Schulen	120,00	**184,00**	385,00	6,8%
Kindergärten	103,00	**140,00**	211,00	6,5%
Wohngebäude: Anbau	226,00	**360,00**	654,00	7,4%
Wohngebäude: Aufstockung	126,00	**170,00**	264,00	5,4%
Wohngebäude: Dachausbau	63,00	**147,00**	220,00	4,5%
Gewerbegebäude	105,00	**361,00**	1.807,00	5,5%
Gebäude anderer Art	137,00	**408,00**	919,00	7,7%
Umbauten				
Büro- und Verwaltungsgebäude	100,00	**323,00**	703,00	1,9%
Schulen	167,00	**281,00**	438,00	5,0%
Kindergärten	71,00	**211,00**	361,00	3,6%
Ein- und Zweifamilienhäuser	130,00	**313,00**	532,00	5,1%
Mehrfamilienhäuser	118,00	**184,00**	343,00	3,3%
Wohnungen	152,00	**196,00**	239,00	2,7%
Gewerbegebäude	157,00	**247,00**	401,00	1,7%
Gebäude anderer Art	119,00	**230,00**	494,00	6,0%
Modernisierungen				
Büro- und Verwaltungsgebäude	117,00	**170,00**	338,00	2,2%
Schulen und Kindergärten	234,00	**374,00**	528,00	1,8%
Sporthallen	80,00	**276,00**	461,00	2,0%
Ein- und Zweifamilienhäuser	169,00	**425,00**	1.227,00	2,0%
Wohngebäude vor 1945	136,00	**259,00**	381,00	1,8%
Wohngebäude nach 1945: nur Oberflächen	92,00	**222,00**	505,00	1,0%
Wohngebäude nach 1945: mit Tragkonstruktion	126,00	**196,00**	275,00	3,9%
Fachwerkhäuser	195,00	**328,00**	635,00	6,0%
Gewerbegebäude	19,00	**88,00**	158,00	1,9%
Instandsetzungen				
Wohngebäude	96,00	**235,00**	500,00	2,2%
Nichtwohngebäude	334,00	**481,00**	627,00	1,2%
mit Restaurierungsarbeiten	180,00	**419,00**	1.449,00	4,9%

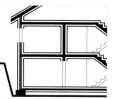

Einheit: m²
Außenwandfläche,
tragend

Übersicht: 1.+ 2.Ebene

Erweiterung

Umbau

Moderni- sierung

Instand- setzung

Bau- elemente

Abbrechen

Wieder- herstellen

Herstellen

332 Nichttragende Außenwände

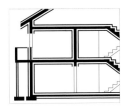

Kosten:
Stand 2.Quartal 2016
Bundesdurchschnitt
inkl. 19% MwSt.

Einheit: m²
Außenwandfläche,
nichttragend

Gebäudeart	▷	€/Einheit	◁	KG an 300
Erweiterungen				
Büro- und Verwaltungsgebäude	204,00	**270,00**	313,00	2,1%
Schulen	83,00	**107,00**	136,00	0,1%
Kindergärten	166,00	**166,00**	166,00	0,8%
Wohngebäude: Anbau	–	**–**	–	–
Wohngebäude: Aufstockung	378,00	**378,00**	378,00	0,6%
Wohngebäude: Dachausbau	–	**61,00**	–	0,0%
Gewerbegebäude	41,00	**87,00**	114,00	1,5%
Gebäude anderer Art	–	**–**	–	–
Umbauten				
Büro- und Verwaltungsgebäude	352,00	**352,00**	352,00	0,1%
Schulen	77,00	**197,00**	317,00	0,3%
Kindergärten	35,00	**35,00**	35,00	0,1%
Ein- und Zweifamilienhäuser	129,00	**129,00**	129,00	0,4%
Mehrfamilienhäuser	–	**571,00**	–	0,0%
Wohnungen	119,00	**136,00**	152,00	0,7%
Gewerbegebäude	124,00	**252,00**	380,00	0,1%
Gebäude anderer Art	–	**59,00**	–	0,0%
Modernisierungen				
Büro- und Verwaltungsgebäude	156,00	**228,00**	303,00	0,3%
Schulen und Kindergärten	81,00	**213,00**	346,00	0,1%
Sporthallen	233,00	**322,00**	483,00	0,5%
Ein- und Zweifamilienhäuser	145,00	**271,00**	517,00	0,1%
Wohngebäude vor 1945	–	**60,00**	–	0,2%
Wohngebäude nach 1945: nur Oberflächen	275,00	**2.118,00**	11.272,00	0,4%
Wohngebäude nach 1945: mit Tragkonstruktion	121,00	**122,00**	122,00	0,0%
Fachwerkhäuser	141,00	**564,00**	987,00	0,6%
Gewerbegebäude	–	**442,00**	–	0,0%
Instandsetzungen				
Wohngebäude	62,00	**106,00**	187,00	0,9%
Nichtwohngebäude	42,00	**117,00**	191,00	0,0%
mit Restaurierungsarbeiten	–	**0,00**	–	0,1%

▷ von
ø Mittel
◁ bis

© **BKI** Baukosteninformationszentrum; Erläuterungen zu den Tabellen siehe Seite 34

Kosten: 2.Quartal 2016, Bundesdurchschnitt, **inkl. 19% MwSt.**

Gebäudeart	▷	€/Einheit	◁	KG an 300
Erweiterungen				
Büro- und Verwaltungsgebäude	165,00	**268,00**	384,00	1,2%
Schulen	132,00	**229,00**	607,00	1,3%
Kindergärten	–	**284,00**	–	0,1%
Wohngebäude: Anbau	56,00	**108,00**	158,00	0,5%
Wohngebäude: Aufstockung	69,00	**97,00**	149,00	0,4%
Wohngebäude: Dachausbau	–	–	–	–
Gewerbegebäude	133,00	**248,00**	504,00	1,3%
Gebäude anderer Art	–	–	–	–
Umbauten				
Büro- und Verwaltungsgebäude	–	**120,00**	–	0,0%
Schulen	84,00	**132,00**	216,00	0,0%
Kindergärten	82,00	**147,00**	188,00	0,2%
Ein- und Zweifamilienhäuser	–	–	–	–
Mehrfamilienhäuser	113,00	**232,00**	451,00	0,1%
Wohnungen	–	–	–	–
Gewerbegebäude	94,00	**204,00**	314,00	0,2%
Gebäude anderer Art	99,00	**281,00**	372,00	0,2%
Modernisierungen				
Büro- und Verwaltungsgebäude	106,00	**109,00**	111,00	0,1%
Schulen und Kindergärten	45,00	**80,00**	151,00	0,1%
Sporthallen	253,00	**312,00**	372,00	0,3%
Ein- und Zweifamilienhäuser	63,00	**149,00**	320,00	0,0%
Wohngebäude vor 1945	–	–	–	–
Wohngebäude nach 1945: nur Oberflächen	–	–	–	–
Wohngebäude nach 1945: mit Tragkonstruktion	86,00	**122,00**	221,00	0,2%
Fachwerkhäuser	154,00	**154,00**	154,00	0,1%
Gewerbegebäude	–	–	–	–
Instandsetzungen				
Wohngebäude	294,00	**1.204,00**	2.114,00	0,1%
Nichtwohngebäude	–	**255,00**	–	0,1%
mit Restaurierungsarbeiten	–	–	–	–

Einheit: m
Außenstützenlänge

Übersicht- 1.+.2.Ebene

Erweiterung

Umbau

Moderni- sierung

Instand- setzung

Bau- elemente

Abbrechen

Wieder- herstellen

Herstellen

Kosten:
Stand 2.Quartal 2016
Bundesdurchschnitt
inkl. 19% MwSt.

Einheit: m²
Außentüren- und
-fensterfläche

Gebäudeart	▷	€/Einheit	◁	KG an 300
Erweiterungen				
Büro- und Verwaltungsgebäude	330,00	**736,00**	995,00	10,8%
Schulen	610,00	**957,00**	2.913,00	8,5%
Kindergärten	229,00	**371,00**	512,00	6,9%
Wohngebäude: Anbau	411,00	**548,00**	791,00	11,7%
Wohngebäude: Aufstockung	349,00	**507,00**	890,00	8,0%
Wohngebäude: Dachausbau	208,00	**474,00**	694,00	5,9%
Gewerbegebäude	358,00	**542,00**	785,00	7,2%
Gebäude anderer Art	1.095,00	**1.364,00**	1.769,00	5,1%
Umbauten				
Büro- und Verwaltungsgebäude	201,00	**497,00**	814,00	11,4%
Schulen	420,00	**634,00**	907,00	12,2%
Kindergärten	206,00	**471,00**	640,00	11,5%
Ein- und Zweifamilienhäuser	388,00	**562,00**	965,00	9,9%
Mehrfamilienhäuser	410,00	**589,00**	857,00	11,0%
Wohnungen	467,00	**569,00**	864,00	12,2%
Gewerbegebäude	580,00	**787,00**	1.297,00	7,4%
Gebäude anderer Art	660,00	**906,00**	1.698,00	9,4%
Modernisierungen				
Büro- und Verwaltungsgebäude	344,00	**702,00**	1.125,00	9,5%
Schulen und Kindergärten	583,00	**774,00**	1.199,00	12,7%
Sporthallen	554,00	**688,00**	826,00	13,7%
Ein- und Zweifamilienhäuser	439,00	**659,00**	1.013,00	16,9%
Wohngebäude vor 1945	471,00	**597,00**	746,00	15,8%
Wohngebäude nach 1945: nur Oberflächen	170,00	**406,00**	558,00	14,4%
Wohngebäude nach 1945: mit Tragkonstruktion	379,00	**500,00**	590,00	12,2%
Fachwerkhäuser	542,00	**948,00**	1.378,00	14,1%
Gewerbegebäude	130,00	**240,00**	434,00	3,4%
Instandsetzungen				
Wohngebäude	260,00	**484,00**	706,00	9,4%
Nichtwohngebäude	203,00	**795,00**	3.564,00	4,9%
mit Restaurierungsarbeiten	321,00	**1.269,00**	2.747,00	12,8%

▷ von
ø Mittel
◁ bis

Kosten: 2.Quartal 2016, Bundesdurchschnitt, **inkl. 19% MwSt.**

Gebäudeart	▷	€/Einheit	◁	KG an 300
Erweiterungen				
Büro- und Verwaltungsgebäude	70,00	**136,00**	282,00	8,4%
Schulen	100,00	**153,00**	239,00	6,8%
Kindergärten	130,00	**175,00**	263,00	8,1%
Wohngebäude: Anbau	75,00	**136,00**	301,00	8,5%
Wohngebäude: Aufstockung	86,00	**125,00**	186,00	8,6%
Wohngebäude: Dachausbau	130,00	**150,00**	171,00	0,2%
Gewerbegebäude	65,00	**136,00**	441,00	6,2%
Gebäude anderer Art	181,00	**216,00**	250,00	4,1%
Umbauten				
Büro- und Verwaltungsgebäude	51,00	**108,00**	147,00	7,4%
Schulen	71,00	**112,00**	173,00	8,7%
Kindergärten	13,00	**73,00**	112,00	7,3%
Ein- und Zweifamilienhäuser	105,00	**181,00**	514,00	12,7%
Mehrfamilienhäuser	56,00	**92,00**	144,00	11,9%
Wohnungen	43,00	**70,00**	96,00	4,1%
Gewerbegebäude	19,00	**42,00**	66,00	1,9%
Gebäude anderer Art	37,00	**109,00**	156,00	6,0%
Modernisierungen				
Büro- und Verwaltungsgebäude	149,00	**198,00**	285,00	12,1%
Schulen und Kindergärten	89,00	**171,00**	415,00	13,1%
Sporthallen	108,00	**137,00**	241,00	15,6%
Ein- und Zweifamilienhäuser	65,00	**124,00**	169,00	17,9%
Wohngebäude vor 1945	41,00	**72,00**	154,00	8,9%
Wohngebäude nach 1945: nur Oberflächen	83,00	**124,00**	181,00	30,3%
Wohngebäude nach 1945: mit Tragkonstruktion	115,00	**142,00**	257,00	12,6%
Fachwerkhäuser	89,00	**103,00**	117,00	8,4%
Gewerbegebäude	48,00	**157,00**	266,00	7,0%
Instandsetzungen				
Wohngebäude	63,00	**177,00**	471,00	24,5%
Nichtwohngebäude	62,00	**117,00**	248,00	21,0%
mit Restaurierungsarbeiten	38,00	**133,00**	241,00	15,9%

Einheit: m²
Außenbekleidungsfläche
Außenwand

Übersicht 1.+2.Ebene

Erweiterung

Umbau

Moderni-sierung

Instand-setzung

Bau-elemente

Abbrechen

Wieder-herstellen

Herstellen

Kosten: 2.Quartal 2016, Bundesdurchschnitt, inkl. **19% MwSt.**

Kosten:
Stand 2.Quartal 2016
Bundesdurchschnitt
inkl. 19% MwSt.

Einheit: m²
Innenbekleidungsfläche
Außenwand

Gebäudeart	▷	€/Einheit	◁	KG an 300
Erweiterungen				
Büro- und Verwaltungsgebäude	44,00	**104,00**	202,00	1,8%
Schulen	23,00	**39,00**	52,00	1,5%
Kindergärten	29,00	**36,00**	50,00	1,9%
Wohngebäude: Anbau	21,00	**32,00**	50,00	3,2%
Wohngebäude: Aufstockung	29,00	**47,00**	68,00	1,8%
Wohngebäude: Dachausbau	18,00	**40,00**	60,00	0,8%
Gewerbegebäude	19,00	**39,00**	55,00	1,6%
Gebäude anderer Art	84,00	**99,00**	108,00	3,4%
Umbauten				
Büro- und Verwaltungsgebäude	7,30	**18,00**	26,00	0,8%
Schulen	30,00	**60,00**	85,00	2,2%
Kindergärten	38,00	**70,00**	135,00	3,7%
Ein- und Zweifamilienhäuser	36,00	**73,00**	145,00	4,5%
Mehrfamilienhäuser	13,00	**29,00**	43,00	2,1%
Wohnungen	36,00	**57,00**	109,00	6,3%
Gewerbegebäude	9,70	**14,00**	18,00	1,0%
Gebäude anderer Art	53,00	**96,00**	202,00	4,9%
Modernisierungen				
Büro- und Verwaltungsgebäude	27,00	**49,00**	94,00	2,3%
Schulen und Kindergärten	23,00	**50,00**	93,00	3,4%
Sporthallen	57,00	**90,00**	138,00	4,2%
Ein- und Zweifamilienhäuser	27,00	**51,00**	87,00	2,5%
Wohngebäude vor 1945	22,00	**31,00**	44,00	2,8%
Wohngebäude nach 1945: nur Oberflächen	29,00	**44,00**	62,00	2,0%
Wohngebäude nach 1945: mit Tragkonstruktion	32,00	**47,00**	69,00	3,3%
Fachwerkhäuser	31,00	**44,00**	84,00	2,7%
Gewerbegebäude	29,00	**33,00**	38,00	2,0%
Instandsetzungen				
Wohngebäude	25,00	**70,00**	159,00	1,8%
Nichtwohngebäude	12,00	**36,00**	73,00	4,2%
mit Restaurierungsarbeiten	34,00	**70,00**	146,00	5,1%

▷ von
ø Mittel
◁ bis

© **BKI** Baukosteninformationszentrum; Erläuterungen zu den Tabellen siehe Seite 34   Kosten: 2.Quartal 2016, Bundesdurchschnitt, **inkl. 19% MwSt.**

Gebäudeart	▷	€/Einheit	◁	KG an 300
Erweiterungen				
Büro- und Verwaltungsgebäude	464,00	**648,00**	878,00	5,1%
Schulen	406,00	**538,00**	640,00	6,5%
Kindergärten	–	**386,00**	–	7,1%
Wohngebäude: Anbau	211,00	**514,00**	813,00	8,6%
Wohngebäude: Aufstockung	–	–	–	–
Wohngebäude: Dachausbau	–	**93,00**	–	0,1%
Gewerbegebäude	391,00	**593,00**	705,00	4,6%
Gebäude anderer Art	735,00	**858,00**	982,00	10,8%
Umbauten				
Büro- und Verwaltungsgebäude	–	–	–	–
Schulen	217,00	**652,00**	977,00	3,6%
Kindergärten	–	–	–	–
Ein- und Zweifamilienhäuser	629,00	**795,00**	961,00	1,2%
Mehrfamilienhäuser	–	**343,00**	–	0,7%
Wohnungen	–	–	–	–
Gewerbegebäude	465,00	**727,00**	988,00	14,3%
Gebäude anderer Art	693,00	**708,00**	739,00	2,0%
Modernisierungen				
Büro- und Verwaltungsgebäude	484,00	**895,00**	1.313,00	4,0%
Schulen und Kindergärten	361,00	**707,00**	906,00	3,1%
Sporthallen	289,00	**390,00**	559,00	4,0%
Ein- und Zweifamilienhäuser	505,00	**1.098,00**	2.284,00	1,5%
Wohngebäude vor 1945	–	–	–	–
Wohngebäude nach 1945: nur Oberflächen	808,00	**1.156,00**	1.583,00	0,6%
Wohngebäude nach 1945: mit Tragkonstruktion	204,00	**365,00**	526,00	1,1%
Fachwerkhäuser	–	–	–	–
Gewerbegebäude	–	**440,00**	–	0,7%
Instandsetzungen				
Wohngebäude	401,00	**637,00**	771,00	2,1%
Nichtwohngebäude	293,00	**515,00**	736,00	1,5%
mit Restaurierungsarbeiten	–	–	–	–

Einheit: m²
Elementierte
Außenwandfläche

Übersicht 1.+.2.Ebene

Erweiterung

Umbau

Moderni- sierung

Instand- setzung

Bau- elemente

Abbrechen

Wieder- herstellen

Herstellen

Kosten:
Stand 2.Quartal 2016
Bundesdurchschnitt
inkl. 19% MwSt.

Einheit: m²
Sonnengeschützte Fläche

Gebäudeart	▷	€/Einheit	◁	KG an 300
Erweiterungen				
Büro- und Verwaltungsgebäude	165,00	**214,00**	346,00	1,0%
Schulen	155,00	**255,00**	443,00	1,8%
Kindergärten	–	**115,00**		1,5%
Wohngebäude: Anbau	204,00	**276,00**	341,00	4,1%
Wohngebäude: Aufstockung	171,00	**268,00**	498,00	2,3%
Wohngebäude: Dachausbau	–	**458,00**	–	0,4%
Gewerbegebäude	212,00	**342,00**	710,00	0,9%
Gebäude anderer Art	182,00	**539,00**	895,00	1,2%
Umbauten				
Büro- und Verwaltungsgebäude	280,00	**280,00**	280,00	0,3%
Schulen	57,00	**101,00**	154,00	0,5%
Kindergärten	–	**220,00**	–	0,2%
Ein- und Zweifamilienhäuser	144,00	**213,00**	312,00	1,3%
Mehrfamilienhäuser	49,00	**228,00**	484,00	0,7%
Wohnungen	–	**–**	–	–
Gewerbegebäude	–	**387,00**	–	0,4%
Gebäude anderer Art	25,00	**91,00**	156,00	0,1%
Modernisierungen				
Büro- und Verwaltungsgebäude	136,00	**246,00**	420,00	2,6%
Schulen und Kindergärten	33,00	**82,00**	110,00	0,7%
Sporthallen	6,80	**218,00**	335,00	0,7%
Ein- und Zweifamilienhäuser	121,00	**216,00**	389,00	1,6%
Wohngebäude vor 1945	–	**–**	–	–
Wohngebäude nach 1945: nur Oberflächen	55,00	**222,00**	330,00	1,1%
Wohngebäude nach 1945: mit Tragkonstruktion	163,00	**274,00**	594,00	3,3%
Fachwerkhäuser	123,00	**298,00**	470,00	1,3%
Gewerbegebäude	97,00	**163,00**	228,00	0,8%
Instandsetzungen				
Wohngebäude	159,00	**394,00**	524,00	0,1%
Nichtwohngebäude	69,00	**109,00**	150,00	0,5%
mit Restaurierungsarbeiten	226,00	**244,00**	262,00	0,2%

▷ von
ø Mittel
◁ bis

Kosten: 2.Quartal 2016, Bundesdurchschnitt, **inkl. 19% MwSt.**

Gebäudeart	▷	€/Einheit	◁	KG an 300
Erweiterungen				
Büro- und Verwaltungsgebäude	5,40	**23,00**	45,00	1,2%
Schulen	2,50	**6,60**	17,00	0,2%
Kindergärten	–	**20,00**		0,6%
Wohngebäude: Anbau	6,60	**14,00**	26,00	1,4%
Wohngebäude: Aufstockung	19,00	**90,00**	275,00	2,5%
Wohngebäude: Dachausbau	21,00	**47,00**	74,00	0,4%
Gewerbegebäude	4,30	**17,00**	64,00	0,6%
Gebäude anderer Art	–	**3,90**	–	0,0%
Umbauten				
Büro- und Verwaltungsgebäude	1,90	**32,00**	62,00	2,3%
Schulen	5,40	**12,00**	21,00	0,7%
Kindergärten	2,90	**11,00**	16,00	0,9%
Ein- und Zweifamilienhäuser	6,30	**23,00**	54,00	1,6%
Mehrfamilienhäuser	5,40	**18,00**	41,00	2,1%
Wohnungen	–	**9,90**	–	0,3%
Gewerbegebäude	3,20	**3,60**	4,10	0,1%
Gebäude anderer Art	2,70	**8,50**	17,00	0,6%
Modernisierungen				
Büro- und Verwaltungsgebäude	4,50	**12,00**	33,00	0,6%
Schulen und Kindergärten	5,20	**11,00**	18,00	1,2%
Sporthallen	5,20	**27,00**	133,00	1,0%
Ein- und Zweifamilienhäuser	4,80	**15,00**	32,00	2,1%
Wohngebäude vor 1945	3,10	**15,00**	26,00	2,2%
Wohngebäude nach 1945: nur Oberflächen	7,50	**29,00**	103,00	6,3%
Wohngebäude nach 1945: mit Tragkonstruktion	6,40	**35,00**	98,00	5,3%
Fachwerkhäuser	3,90	**12,00**	21,00	1,4%
Gewerbegebäude	–	**34,00**	–	0,7%
Instandsetzungen				
Wohngebäude	5,80	**17,00**	27,00	3,5%
Nichtwohngebäude	1,10	**5,60**	13,00	2,4%
mit Restaurierungsarbeiten	2,20	**6,90**	23,00	0,9%

Einheit: m²
Außenwandfläche

Übersicht-
1.+ 2.Ebene

Erweiterung

Umbau

Moderni-
sierung

Instand-
setzung

Bau-
elemente

Abbrechen

Wieder-
herstellen

Herstellen

341
Tragende
Innenwände

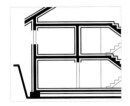

Kosten:
Stand 2.Quartal 2016
Bundesdurchschnitt
inkl. 19% MwSt.

Einheit: m²
Tragende
Innenwandfläche

Gebäudeart	▷	€/Einheit	◁	KG an 300
Erweiterungen				
Büro- und Verwaltungsgebäude	107,00	**158,00**	204,00	2,2%
Schulen	113,00	**193,00**	604,00	3,2%
Kindergärten	69,00	**89,00**	109,00	1,1%
Wohngebäude: Anbau	126,00	**303,00**	480,00	0,4%
Wohngebäude: Aufstockung	105,00	**132,00**	170,00	2,5%
Wohngebäude: Dachausbau	59,00	**250,00**	440,00	0,6%
Gewerbegebäude	96,00	**190,00**	477,00	1,3%
Gebäude anderer Art	156,00	**161,00**	166,00	0,7%
Umbauten				
Büro- und Verwaltungsgebäude	79,00	**111,00**	176,00	1,4%
Schulen	170,00	**242,00**	316,00	2,9%
Kindergärten	168,00	**339,00**	671,00	2,8%
Ein- und Zweifamilienhäuser	123,00	**140,00**	157,00	1,6%
Mehrfamilienhäuser	90,00	**142,00**	245,00	2,0%
Wohnungen	64,00	**127,00**	190,00	3,0%
Gewerbegebäude	160,00	**221,00**	327,00	2,4%
Gebäude anderer Art	63,00	**202,00**	317,00	1,9%
Modernisierungen				
Büro- und Verwaltungsgebäude	135,00	**211,00**	608,00	1,7%
Schulen und Kindergärten	200,00	**321,00**	537,00	2,1%
Sporthallen	136,00	**395,00**	717,00	0,5%
Ein- und Zweifamilienhäuser	90,00	**188,00**	473,00	0,6%
Wohngebäude vor 1945	98,00	**172,00**	247,00	3,2%
Wohngebäude nach 1945: nur Oberflächen	57,00	**211,00**	347,00	0,4%
Wohngebäude nach 1945: mit Tragkonstruktion	124,00	**226,00**	450,00	3,0%
Fachwerkhäuser	112,00	**275,00**	484,00	1,4%
Gewerbegebäude	58,00	**100,00**	143,00	2,2%
Instandsetzungen				
Wohngebäude	185,00	**346,00**	823,00	0,7%
Nichtwohngebäude	203,00	**331,00**	458,00	0,8%
mit Restaurierungsarbeiten	151,00	**714,00**	1.460,00	0,3%

▷ von
ø Mittel
◁ bis

© **BKI** Baukosteninformationszentrum; Erläuterungen zu den Tabellen siehe Seite 34   Kosten: 2.Quartal 2016, Bundesdurchschnitt, **inkl. 19% MwSt.**

Gebäudeart	▷	€/Einheit	◁	KG an 300

Erweiterungen

Gebäudeart	▷	€/Einheit	◁	KG an 300
Büro- und Verwaltungsgebäude	82,00	**137,00**	269,00	2,5%
Schulen	69,00	**90,00**	123,00	1,1%
Kindergärten	49,00	**75,00**	101,00	0,8%
Wohngebäude: Anbau	103,00	**162,00**	306,00	2,0%
Wohngebäude: Aufstockung	68,00	**98,00**	161,00	3,5%
Wohngebäude: Dachausbau	55,00	**80,00**	116,00	4,4%
Gewerbegebäude	54,00	**98,00**	203,00	2,7%
Gebäude anderer Art	71,00	**173,00**	275,00	2,3%

Umbauten

	▷	€/Einheit	◁	KG an 300
Büro- und Verwaltungsgebäude	59,00	**89,00**	133,00	10,7%
Schulen	74,00	**90,00**	101,00	3,4%
Kindergärten	85,00	**101,00**	131,00	5,5%
Ein- und Zweifamilienhäuser	93,00	**141,00**	277,00	3,3%
Mehrfamilienhäuser	73,00	**137,00**	295,00	3,7%
Wohnungen	44,00	**74,00**	89,00	2,6%
Gewerbegebäude	69,00	**112,00**	234,00	6,9%
Gebäude anderer Art	59,00	**102,00**	138,00	4,6%

Modernisierungen

	▷	€/Einheit	◁	KG an 300
Büro- und Verwaltungsgebäude	67,00	**99,00**	166,00	4,5%
Schulen und Kindergärten	82,00	**121,00**	275,00	2,4%
Sporthallen	141,00	**226,00**	624,00	1,6%
Ein- und Zweifamilienhäuser	92,00	**137,00**	211,00	2,8%
Wohngebäude vor 1945	63,00	**74,00**	95,00	2,3%
Wohngebäude nach 1945: nur Oberflächen	82,00	**270,00**	601,00	1,5%
Wohngebäude nach 1945: mit Tragkonstruktion	87,00	**121,00**	156,00	4,4%
Fachwerkhäuser	67,00	**84,00**	98,00	4,2%
Gewerbegebäude	72,00	**85,00**	111,00	5,5%

Instandsetzungen

	▷	€/Einheit	◁	KG an 300
Wohngebäude	85,00	**107,00**	124,00	1,4%
Nichtwohngebäude	39,00	**81,00**	102,00	4,9%
mit Restaurierungsarbeiten	165,00	**339,00**	1.169,00	1,4%

Einheit: m²
Nichttragende
Innenwandfläche

Übersicht 1.+2.Ebene

Erweiterung

Umbau

Modernisierung

Instandsetzung

Bauelemente

Abbrechen

Wiederherstellen

Herstellen

Kosten: 2.Quartal 2016, Bundesdurchschnitt, **inkl. 19% MwSt.**

Kosten:
Stand 2.Quartal 2016
Bundesdurchschnitt
inkl. 19% MwSt.

Einheit: m
Innenstützenlänge

Gebäudeart	▷	€/Einheit	◁	KG an 300
Erweiterungen				
Büro- und Verwaltungsgebäude	145,00	**275,00**	410,00	0,5%
Schulen	174,00	**290,00**	456,00	0,2%
Kindergärten	–	**79,00**		0,1%
Wohngebäude: Anbau	214,00	**215,00**	216,00	0,5%
Wohngebäude: Aufstockung	–	**61,00**	–	0,0%
Wohngebäude: Dachausbau	–	**72,00**	–	0,2%
Gewerbegebäude	89,00	**198,00**	277,00	1,0%
Gebäude anderer Art	–	**243,00**	–	0,7%
Umbauten				
Büro- und Verwaltungsgebäude	–	**0,00**	–	0,0%
Schulen	74,00	**124,00**	220,00	0,1%
Kindergärten	–	**154,00**	–	0,2%
Ein- und Zweifamilienhäuser	128,00	**231,00**	334,00	0,3%
Mehrfamilienhäuser	134,00	**198,00**	427,00	0,5%
Wohnungen	–	**–**	–	–
Gewerbegebäude	135,00	**197,00**	258,00	0,1%
Gebäude anderer Art	148,00	**304,00**	424,00	0,6%
Modernisierungen				
Büro- und Verwaltungsgebäude	126,00	**382,00**	1.247,00	0,2%
Schulen und Kindergärten	96,00	**125,00**	141,00	0,0%
Sporthallen	311,00	**359,00**	406,00	0,0%
Ein- und Zweifamilienhäuser	32,00	**49,00**	84,00	0,0%
Wohngebäude vor 1945	–	**–**	–	–
Wohngebäude nach 1945: nur Oberflächen	–	**–**	–	–
Wohngebäude nach 1945: mit Tragkonstruktion	135,00	**169,00**	202,00	0,1%
Fachwerkhäuser	–	**477,00**	–	0,0%
Gewerbegebäude	–	**207,00**	–	0,9%
Instandsetzungen				
Wohngebäude	–	**61,00**	–	0,0%
Nichtwohngebäude	–	**66,00**	–	0,0%
mit Restaurierungsarbeiten	113,00	**147,00**	205,00	0,2%

▷ von
ø Mittel
◁ bis

Kosten: 2.Quartal 2016, Bundesdurchschnitt, **inkl. 19% MwSt.**

Erweiterungen

Büro- und Verwaltungsgebäude	463,00	**615,00**	715,00	4,2%
Schulen	472,00	**621,00**	807,00	3,3%
Kindergärten	970,00	**1.018,00**	1.065,00	4,6%
Wohngebäude: Anbau	372,00	**605,00**	932,00	2,1%
Wohngebäude: Aufstockung	258,00	**340,00**	434,00	3,6%
Wohngebäude: Dachausbau	289,00	**397,00**	527,00	2,2%
Gewerbegebäude	396,00	**624,00**	951,00	2,7%
Gebäude anderer Art	495,00	**852,00**	1.203,00	5,8%

Umbauten

Büro- und Verwaltungsgebäude	268,00	**625,00**	1.087,00	8,8%
Schulen	434,00	**605,00**	762,00	6,5%
Kindergärten	374,00	**447,00**	689,00	6,4%
Ein- und Zweifamilienhäuser	219,00	**446,00**	842,00	3,3%
Mehrfamilienhäuser	309,00	**412,00**	613,00	4,7%
Wohnungen	269,00	**397,00**	704,00	7,6%
Gewerbegebäude	488,00	**624,00**	743,00	3,6%
Gebäude anderer Art	548,00	**747,00**	1.006,00	3,8%

Modernisierungen

Büro- und Verwaltungsgebäude	428,00	**725,00**	945,00	8,6%
Schulen und Kindergärten	403,00	**669,00**	958,00	5,7%
Sporthallen	262,00	**592,00**	869,00	3,6%
Ein- und Zweifamilienhäuser	190,00	**394,00**	766,00	1,9%
Wohngebäude vor 1945	351,00	**367,00**	396,00	6,2%
Wohngebäude nach 1945: nur Oberflächen	43,00	**192,00**	416,00	1,6%
Wohngebäude nach 1945: mit Tragkonstruktion	321,00	**446,00**	668,00	4,5%
Fachwerkhäuser	140,00	**322,00**	393,00	4,2%
Gewerbegebäude	7,70	**172,00**	268,00	4,2%

Instandsetzungen

Wohngebäude	217,00	**434,00**	973,00	1,9%
Nichtwohngebäude	415,00	**626,00**	967,00	5,2%
mit Restaurierungsarbeiten	376,00	**628,00**	1.199,00	3,4%

Einheit: m²
Innentüren- und
-fensterfläche

Übersicht 1.+2.Ebene
Erweiterung
Umbau
Moderni-sierung
Instand-setzung
Bau-elemente
Abbrechen
Wieder-herstellen
Herstellen

© **BKI** Baukosteninformationszentrum; Erläuterungen zu den Tabellen siehe Seite 34   Kosten: 2.Quartal 2016, Bundesdurchschnitt, **inkl. 19% MwSt.**

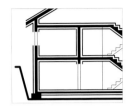

Kosten:
Stand 2.Quartal 2016
Bundesdurchschnitt
inkl. 19% MwSt.

Einheit: m²
Innenwand-
Bekleidungsfläche

Gebäudeart	▷	€/Einheit	◁	KG an 300
Erweiterungen				
Büro- und Verwaltungsgebäude	23,00	**33,00**	70,00	4,1%
Schulen	31,00	**48,00**	120,00	2,7%
Kindergärten	30,00	**32,00**	34,00	4,0%
Wohngebäude: Anbau	17,00	**27,00**	55,00	2,6%
Wohngebäude: Aufstockung	37,00	**54,00**	125,00	5,2%
Wohngebäude: Dachausbau	22,00	**49,00**	156,00	1,8%
Gewerbegebäude	28,00	**68,00**	284,00	2,6%
Gebäude anderer Art	36,00	**51,00**	78,00	2,3%
Umbauten				
Büro- und Verwaltungsgebäude	17,00	**33,00**	53,00	7,1%
Schulen	25,00	**37,00**	54,00	6,0%
Kindergärten	31,00	**46,00**	112,00	8,9%
Ein- und Zweifamilienhäuser	28,00	**61,00**	142,00	4,3%
Mehrfamilienhäuser	26,00	**41,00**	75,00	8,3%
Wohnungen	22,00	**51,00**	130,00	4,9%
Gewerbegebäude	17,00	**25,00**	36,00	3,9%
Gebäude anderer Art	32,00	**43,00**	68,00	6,5%
Modernisierungen				
Büro- und Verwaltungsgebäude	19,00	**31,00**	44,00	7,4%
Schulen und Kindergärten	22,00	**36,00**	76,00	7,6%
Sporthallen	26,00	**41,00**	69,00	3,1%
Ein- und Zweifamilienhäuser	27,00	**49,00**	104,00	5,3%
Wohngebäude vor 1945	16,00	**28,00**	36,00	9,8%
Wohngebäude nach 1945: nur Oberflächen	22,00	**41,00**	65,00	3,1%
Wohngebäude nach 1945: mit Tragkonstruktion	29,00	**43,00**	72,00	7,6%
Fachwerkhäuser	42,00	**52,00**	82,00	7,2%
Gewerbegebäude	26,00	**39,00**	67,00	6,7%
Instandsetzungen				
Wohngebäude	38,00	**60,00**	103,00	4,5%
Nichtwohngebäude	16,00	**26,00**	45,00	5,5%
mit Restaurierungsarbeiten	26,00	**67,00**	135,00	2,5%

▷ von
ø Mittel
◁ bis

Kosten: 2.Quartal 2016, Bundesdurchschnitt, **inkl. 19% MwSt.**

Erweiterungen

Büro- und Verwaltungsgebäude	162,00	**353,00**	596,00	0,5%
Schulen	251,00	**526,00**	873,00	0,3%
Kindergärten	238,00	**281,00**	323,00	1,4%
Wohngebäude: Anbau	–	**–**	–	–
Wohngebäude: Aufstockung	101,00	**319,00**	537,00	0,2%
Wohngebäude: Dachausbau	–	**–**	–	–
Gewerbegebäude	153,00	**400,00**	604,00	0,7%
Gebäude anderer Art	348,00	**602,00**	1.032,00	3,8%

Umbauten

Büro- und Verwaltungsgebäude	183,00	**504,00**	1.070,00	9,0%
Schulen	133,00	**276,00**	568,00	0,5%
Kindergärten	218,00	**390,00**	656,00	2,2%
Ein- und Zweifamilienhäuser	–	**746,00**	–	0,4%
Mehrfamilienhäuser	113,00	**174,00**	287,00	0,4%
Wohnungen	–	**278,00**	–	0,3%
Gewerbegebäude	231,00	**319,00**	382,00	2,0%
Gebäude anderer Art	313,00	**496,00**	569,00	0,8%

Modernisierungen

Büro- und Verwaltungsgebäude	208,00	**304,00**	384,00	1,8%
Schulen und Kindergärten	215,00	**343,00**	586,00	1,7%
Sporthallen	228,00	**265,00**	327,00	1,0%
Ein- und Zweifamilienhäuser	–	**–**	–	–
Wohngebäude vor 1945	–	**91,00**	–	0,0%
Wohngebäude nach 1945: nur Oberflächen	144,00	**511,00**	1.585,00	0,0%
Wohngebäude nach 1945: mit Tragkonstruktion	45,00	**101,00**	266,00	0,1%
Fachwerkhäuser	55,00	**142,00**	313,00	0,2%
Gewerbegebäude	–	**127,00**	–	0,0%

Instandsetzungen

Wohngebäude	–	**324,00**	–	0,2%
Nichtwohngebäude	139,00	**201,00**	256,00	0,5%
mit Restaurierungsarbeiten	348,00	**610,00**	873,00	0,8%

Einheit: m²
Elementierte
Innenwandfläche

Übersicht 1. + 2. Ebene

Erweiterung

Umbau

Modernisierung

Instandsetzung

Bauelemente

Abbrechen

Wiederherstellen

Herstellen

Kosten:
Stand 2.Quartal 2016
Bundesdurchschnitt
inkl. 19% MwSt.

Einheit: m²
Innenwandfläche

Gebäudeart	▷	€/Einheit	◁	KG an 300
Erweiterungen				
Büro- und Verwaltungsgebäude	2,00	**8,30**	27,00	0,1%
Schulen	0,50	**2,30**	4,00	0,0%
Kindergärten	–	**26,00**	–	0,3%
Wohngebäude: Anbau	–	**–**	–	–
Wohngebäude: Aufstockung	–	**11,00**	–	0,0%
Wohngebäude: Dachausbau	–	**–**	–	–
Gewerbegebäude	–	**1,10**	–	0,0%
Gebäude anderer Art	–	**83,00**	–	0,5%
Umbauten				
Büro- und Verwaltungsgebäude	–	**70,00**	–	0,8%
Schulen	2,30	**3,40**	5,50	0,2%
Kindergärten	–	**1,10**	–	0,0%
Ein- und Zweifamilienhäuser	–	**5,50**	–	0,0%
Mehrfamilienhäuser	–	**0,10**	–	0,0%
Wohnungen	–	**–**	–	–
Gewerbegebäude	–	**4,60**	–	0,1%
Gebäude anderer Art	8,40	**25,00**	41,00	0,3%
Modernisierungen				
Büro- und Verwaltungsgebäude	0,70	**3,10**	5,50	0,0%
Schulen und Kindergärten	1,80	**5,60**	13,00	0,2%
Sporthallen	0,60	**1,40**	2,20	0,0%
Ein- und Zweifamilienhäuser	–	**14,00**	–	0,0%
Wohngebäude vor 1945	–	**3,30**	–	0,0%
Wohngebäude nach 1945: nur Oberflächen	0,00	**1,40**	2,80	0,0%
Wohngebäude nach 1945: mit Tragkonstruktion	–	**0,70**	–	0,0%
Fachwerkhäuser	–	**3,20**	–	0,1%
Gewerbegebäude	–	**4,40**	–	0,1%
Instandsetzungen				
Wohngebäude	–	**5,40**	–	0,0%
Nichtwohngebäude	0,40	**1,00**	1,70	0,0%
mit Restaurierungsarbeiten	10,00	**29,00**	48,00	0,2%

▷ von
ø Mittel
◁ bis

Erweiterungen

Gebäudeart				
Büro- und Verwaltungsgebäude	201,00	**364,00**	1.269,00	6,8%
Schulen	146,00	**172,00**	262,00	6,1%
Kindergärten	–	**142,00**	–	2,2%
Wohngebäude: Anbau	203,00	**368,00**	1.112,00	3,9%
Wohngebäude: Aufstockung	159,00	**311,00**	584,00	4,1%
Wohngebäude: Dachausbau	391,00	**630,00**	1.066,00	5,5%
Gewerbegebäude	149,00	**237,00**	442,00	3,3%
Gebäude anderer Art	103,00	**185,00**	231,00	5,5%

Umbauten

Büro- und Verwaltungsgebäude	78,00	**247,00**	579,00	2,3%
Schulen	120,00	**190,00**	250,00	4,3%
Kindergärten	49,00	**220,00**	390,00	2,4%
Ein- und Zweifamilienhäuser	275,00	**396,00**	656,00	8,1%
Mehrfamilienhäuser	143,00	**329,00**	609,00	7,5%
Wohnungen	420,00	**468,00**	516,00	2,8%
Gewerbegebäude	142,00	**1.089,00**	2.984,00	10,0%
Gebäude anderer Art	274,00	**864,00**	4.778,00	7,8%

Modernisierungen

Büro- und Verwaltungsgebäude	149,00	**587,00**	4.036,00	3,4%
Schulen und Kindergärten	91,00	**226,00**	618,00	2,9%
Sporthallen	383,00	**688,00**	1.288,00	1,0%
Ein- und Zweifamilienhäuser	100,00	**219,00**	647,00	2,0%
Wohngebäude vor 1945	79,00	**103,00**	141,00	3,5%
Wohngebäude nach 1945: nur Oberflächen	112,00	**374,00**	596,00	1,5%
Wohngebäude nach 1945: mit Tragkonstruktion	133,00	**209,00**	404,00	4,9%
Fachwerkhäuser	181,00	**194,00**	221,00	7,1%
Gewerbegebäude	267,00	**397,00**	656,00	11,5%

Instandsetzungen

Wohngebäude	99,00	**254,00**	793,00	3,0%
Nichtwohngebäude	73,00	**425,00**	777,00	0,8%
mit Restaurierungsarbeiten	248,00	**999,00**	5.417,00	5,7%

Übersicht: 1.+-2.Ebene

Erweiterung

Umbau

Einheit: m²
Deckenkonstruktions-
fläche

Moderni-
sierung

Instand-
setzung

**Bau-
elemente**

Abbrechen

Wieder-
herstellen

Herstellen

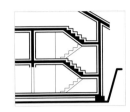

Kosten:
Stand 2.Quartal 2016
Bundesdurchschnitt
inkl. 19% MwSt.

Einheit: m²
Deckenbelagsfläche

Gebäudeart	▷	€/Einheit	◁	KG an 300
Erweiterungen				
Büro- und Verwaltungsgebäude	82,00	**122,00**	151,00	5,3%
Schulen	90,00	**114,00**	134,00	4,5%
Kindergärten	–	**64,00**	–	0,8%
Wohngebäude: Anbau	133,00	**170,00**	209,00	5,9%
Wohngebäude: Aufstockung	137,00	**177,00**	230,00	8,4%
Wohngebäude: Dachausbau	133,00	**164,00**	200,00	11,6%
Gewerbegebäude	78,00	**102,00**	139,00	2,1%
Gebäude anderer Art	128,00	**177,00**	272,00	5,5%
Umbauten				
Büro- und Verwaltungsgebäude	78,00	**116,00**	149,00	8,6%
Schulen	66,00	**84,00**	109,00	7,4%
Kindergärten	43,00	**82,00**	98,00	6,9%
Ein- und Zweifamilienhäuser	109,00	**149,00**	391,00	8,4%
Mehrfamilienhäuser	98,00	**119,00**	175,00	11,0%
Wohnungen	102,00	**129,00**	161,00	19,4%
Gewerbegebäude	80,00	**141,00**	254,00	8,0%
Gebäude anderer Art	50,00	**116,00**	160,00	6,2%
Modernisierungen				
Büro- und Verwaltungsgebäude	83,00	**113,00**	171,00	7,7%
Schulen und Kindergärten	58,00	**86,00**	149,00	7,4%
Sporthallen	122,00	**129,00**	135,00	0,9%
Ein- und Zweifamilienhäuser	67,00	**128,00**	259,00	6,2%
Wohngebäude vor 1945	85,00	**118,00**	167,00	8,8%
Wohngebäude nach 1945: nur Oberflächen	53,00	**104,00**	155,00	4,9%
Wohngebäude nach 1945: mit Tragkonstruktion	86,00	**121,00**	171,00	8,2%
Fachwerkhäuser	74,00	**115,00**	148,00	6,8%
Gewerbegebäude	104,00	**262,00**	558,00	10,9%
Instandsetzungen				
Wohngebäude	102,00	**173,00**	291,00	5,1%
Nichtwohngebäude	46,00	**65,00**	118,00	5,1%
mit Restaurierungsarbeiten	89,00	**163,00**	291,00	4,6%

▷ von
ø Mittel
◁ bis

Kosten: 2.Quartal 2016, Bundesdurchschnitt, **inkl. 19% MwSt.**

353
Decken-bekleidungen

Gebäudeart	▷	€/Einheit	◁	KG an 300
Erweiterungen				
Büro- und Verwaltungsgebäude	31,00	**73,00**	149,00	1,6%
Schulen	41,00	**71,00**	85,00	2,4%
Kindergärten	–	**56,00**	–	0,6%
Wohngebäude: Anbau	7,50	**29,00**	70,00	0,7%
Wohngebäude: Aufstockung	21,00	**39,00**	57,00	0,9%
Wohngebäude: Dachausbau	40,00	**68,00**	134,00	0,5%
Gewerbegebäude	18,00	**36,00**	58,00	0,7%
Gebäude anderer Art	40,00	**151,00**	479,00	7,3%
Umbauten				
Büro- und Verwaltungsgebäude	40,00	**68,00**	113,00	3,0%
Schulen	33,00	**65,00**	92,00	5,6%
Kindergärten	35,00	**67,00**	125,00	5,1%
Ein- und Zweifamilienhäuser	19,00	**42,00**	71,00	1,8%
Mehrfamilienhäuser	14,00	**32,00**	58,00	3,2%
Wohnungen	5,40	**22,00**	39,00	0,8%
Gewerbegebäude	90,00	**104,00**	118,00	5,1%
Gebäude anderer Art	29,00	**68,00**	163,00	1,8%
Modernisierungen				
Büro- und Verwaltungsgebäude	21,00	**51,00**	69,00	3,4%
Schulen und Kindergärten	30,00	**61,00**	127,00	5,3%
Sporthallen	38,00	**62,00**	104,00	1,3%
Ein- und Zweifamilienhäuser	33,00	**69,00**	419,00	3,1%
Wohngebäude vor 1945	14,00	**23,00**	42,00	2,7%
Wohngebäude nach 1945: nur Oberflächen	22,00	**44,00**	70,00	3,4%
Wohngebäude nach 1945: mit Tragkonstruktion	32,00	**60,00**	150,00	3,4%
Fachwerkhäuser	50,00	**70,00**	87,00	3,6%
Gewerbegebäude	59,00	**295,00**	765,00	6,1%
Instandsetzungen				
Wohngebäude	31,00	**54,00**	105,00	2,1%
Nichtwohngebäude	14,00	**25,00**	32,00	2,3%
mit Restaurierungsarbeiten	33,00	**102,00**	207,00	1,5%

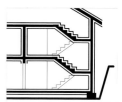

Einheit: m²
Deckenbekleidungsfläche

Übersicht 1.+2. Ebene

Erweiterung

Umbau

Modernisierung

Instandsetzung

Bauelemente

Abbrechen

Wiederherstellen

Herstellen

Kosten:
Stand 2.Quartal 2016
Bundesdurchschnitt
inkl. 19% MwSt.

Einheit: m²
Deckenfläche

Gebäudeart	▷	€/Einheit	◁	KG an 300
Erweiterungen				
Büro- und Verwaltungsgebäude	5,30	**26,00**	47,00	0,4%
Schulen	6,50	**18,00**	32,00	0,4%
Kindergärten	–	**14,00**	–	0,2%
Wohngebäude: Anbau	7,60	**30,00**	52,00	0,2%
Wohngebäude: Aufstockung	16,00	**30,00**	99,00	1,1%
Wohngebäude: Dachausbau	–	**55,00**	–	0,5%
Gewerbegebäude	16,00	**31,00**	46,00	0,5%
Gebäude anderer Art	11,00	**36,00**	78,00	1,2%
Umbauten				
Büro- und Verwaltungsgebäude	8,60	**9,20**	10,00	0,3%
Schulen	7,20	**16,00**	24,00	1,0%
Kindergärten	5,50	**49,00**	101,00	1,4%
Ein- und Zweifamilienhäuser	5,90	**21,00**	38,00	0,9%
Mehrfamilienhäuser	3,40	**11,00**	24,00	0,9%
Wohnungen	7,70	**29,00**	70,00	1,7%
Gewerbegebäude	2,60	**5,00**	7,30	0,2%
Gebäude anderer Art	15,00	**71,00**	217,00	1,8%
Modernisierungen				
Büro- und Verwaltungsgebäude	6,50	**18,00**	37,00	0,9%
Schulen und Kindergärten	2,00	**7,40**	19,00	0,4%
Sporthallen	2,70	**35,00**	66,00	0,1%
Ein- und Zweifamilienhäuser	4,00	**10,00**	20,00	0,5%
Wohngebäude vor 1945	4,60	**9,80**	19,00	1,2%
Wohngebäude nach 1945: nur Oberflächen	4,20	**28,00**	73,00	1,2%
Wohngebäude nach 1945: mit Tragkonstruktion	2,50	**9,00**	18,00	0,6%
Fachwerkhäuser	4,50	**7,60**	11,00	0,5%
Gewerbegebäude	5,30	**7,10**	8,90	0,5%
Instandsetzungen				
Wohngebäude	21,00	**145,00**	759,00	0,6%
Nichtwohngebäude	6,90	**38,00**	87,00	1,7%
mit Restaurierungsarbeiten	3,50	**36,00**	96,00	0,7%

▷ von
ø Mittel
◁ bis

Kosten: 2.Quartal 2016, Bundesdurchschnitt, inkl. **19% MwSt.**

**361
Dach-
konstruktionen**

Erweiterungen

Gebäudeart	▷	€/Einheit	◁	KG an 300
Büro- und Verwaltungsgebäude	78,00	**136,00**	201,00	5,4%
Schulen	75,00	**130,00**	195,00	5,8%
Kindergärten	86,00	**113,00**	165,00	6,4%
Wohngebäude: Anbau	98,00	**171,00**	379,00	4,7%
Wohngebäude: Aufstockung	80,00	**137,00**	233,00	8,7%
Wohngebäude: Dachausbau	55,00	**97,00**	180,00	12,4%
Gewerbegebäude	54,00	**96,00**	151,00	8,3%
Gebäude anderer Art	42,00	**154,00**	287,00	4,6%

Umbauten

Gebäudeart	▷	€/Einheit	◁	KG an 300
Büro- und Verwaltungsgebäude	23,00	**82,00**	183,00	1,1%
Schulen	45,00	**79,00**	91,00	1,9%
Kindergärten	36,00	**76,00**	143,00	2,3%
Ein- und Zweifamilienhäuser	60,00	**130,00**	194,00	3,5%
Mehrfamilienhäuser	115,00	**246,00**	1.088,00	4,7%
Wohnungen	24,00	**91,00**	226,00	3,5%
Gewerbegebäude	49,00	**258,00**	676,00	4,1%
Gebäude anderer Art	52,00	**169,00**	372,00	4,8%

Modernisierungen

Gebäudeart	▷	€/Einheit	◁	KG an 300
Büro- und Verwaltungsgebäude	78,00	**158,00**	207,00	4,1%
Schulen und Kindergärten	102,00	**152,00**	265,00	2,4%
Sporthallen	34,00	**81,00**	196,00	4,1%
Ein- und Zweifamilienhäuser	52,00	**147,00**	368,00	3,2%
Wohngebäude vor 1945	70,00	**187,00**	249,00	2,8%
Wohngebäude nach 1945: nur Oberflächen	27,00	**111,00**	252,00	1,8%
Wohngebäude nach 1945: mit Tragkonstruktion	126,00	**175,00**	368,00	3,5%
Fachwerkhäuser	50,00	**126,00**	336,00	5,2%
Gewerbegebäude	19,00	**95,00**	171,00	1,4%

Instandsetzungen

Gebäudeart	▷	€/Einheit	◁	KG an 300
Wohngebäude	84,00	**152,00**	396,00	3,4%
Nichtwohngebäude	59,00	**121,00**	152,00	1,9%
mit Restaurierungsarbeiten	39,00	**108,00**	181,00	5,5%

Einheit: m²
Dachkonstruktionsfläche

Übersicht- 1.+.2.Ebene

Erweiterung

Umbau

Moderni- sierung

Instand- setzung

Bau- elemente

Abbrechen

Wieder- herstellen

Herstellen

362
Dachfenster,
Dachöffnungen

Kosten:
Stand 2.Quartal 2016
Bundesdurchschnitt
inkl. 19% MwSt.

Einheit: m²
Dachfenster-/
Dachöffnungsfläche

Gebäudeart	▷	€/Einheit	◁	KG an 300
Erweiterungen				
Büro- und Verwaltungsgebäude	579,00	**901,00**	1.713,00	0,4%
Schulen	594,00	**1.085,00**	1.930,00	0,7%
Kindergärten	–	**1.141,00**	–	1,3%
Wohngebäude: Anbau	–	**727,00**	–	0,3%
Wohngebäude: Aufstockung	676,00	**1.231,00**	2.149,00	1,1%
Wohngebäude: Dachausbau	442,00	**999,00**	2.044,00	7,0%
Gewerbegebäude	485,00	**858,00**	1.899,00	1,7%
Gebäude anderer Art	767,00	**1.421,00**	2.686,00	0,6%
Umbauten				
Büro- und Verwaltungsgebäude	292,00	**875,00**	1.337,00	0,7%
Schulen	601,00	**1.119,00**	1.680,00	0,7%
Kindergärten	1.153,00	**1.413,00**	1.673,00	0,5%
Ein- und Zweifamilienhäuser	695,00	**922,00**	1.318,00	2,5%
Mehrfamilienhäuser	767,00	**1.107,00**	1.297,00	1,0%
Wohnungen	677,00	**1.469,00**	2.262,00	0,4%
Gewerbegebäude	–	**519,00**	–	1,8%
Gebäude anderer Art	864,00	**1.206,00**	1.548,00	0,3%
Modernisierungen				
Büro- und Verwaltungsgebäude	1.116,00	**2.000,00**	5.304,00	0,6%
Schulen und Kindergärten	505,00	**877,00**	1.369,00	1,3%
Sporthallen	421,00	**805,00**	1.464,00	1,1%
Ein- und Zweifamilienhäuser	1.018,00	**1.553,00**	2.166,00	2,6%
Wohngebäude vor 1945	397,00	**956,00**	1.580,00	2,2%
Wohngebäude nach 1945: nur Oberflächen	550,00	**944,00**	1.928,00	0,7%
Wohngebäude nach 1945: mit Tragkonstruktion	1.491,00	**2.012,00**	2.533,00	0,1%
Fachwerkhäuser	487,00	**1.073,00**	2.179,00	0,3%
Gewerbegebäude	–	**728,00**	–	0,0%
Instandsetzungen				
Wohngebäude	793,00	**1.180,00**	1.723,00	3,6%
Nichtwohngebäude	673,00	**804,00**	869,00	1,1%
mit Restaurierungsarbeiten	–	**260,00**	–	0,0%

▷ von
ø Mittel
◁ bis

© **BKI** Baukosteninformationszentrum; Erläuterungen zu den Tabellen siehe Seite 34   Kosten: 2.Quartal 2016, Bundesdurchschnitt, **inkl. 19% MwSt.**

Erweiterungen

Gebäudeart	▷	€/Einheit	◁	KG an 300
Büro- und Verwaltungsgebäude	94,00	**140,00**	175,00	6,2%
Schulen	110,00	**167,00**	292,00	7,5%
Kindergärten	95,00	**114,00**	145,00	6,3%
Wohngebäude: Anbau	92,00	**190,00**	285,00	9,6%
Wohngebäude: Aufstockung	131,00	**186,00**	303,00	13,9%
Wohngebäude: Dachausbau	128,00	**147,00**	166,00	21,6%
Gewerbegebäude	87,00	**115,00**	147,00	11,6%
Gebäude anderer Art	99,00	**140,00**	237,00	4,9%

Umbauten

Gebäudeart	▷	€/Einheit	◁	KG an 300
Büro- und Verwaltungsgebäude	57,00	**105,00**	182,00	4,2%
Schulen	105,00	**144,00**	197,00	6,6%
Kindergärten	66,00	**113,00**	161,00	7,2%
Ein- und Zweifamilienhäuser	121,00	**169,00**	264,00	10,8%
Mehrfamilienhäuser	111,00	**155,00**	214,00	7,5%
Wohnungen	84,00	**121,00**	195,00	7,3%
Gewerbegebäude	66,00	**282,00**	694,00	3,6%
Gebäude anderer Art	60,00	**114,00**	159,00	6,9%

Modernisierungen

Gebäudeart	▷	€/Einheit	◁	KG an 300
Büro- und Verwaltungsgebäude	80,00	**169,00**	230,00	6,0%
Schulen und Kindergärten	65,00	**133,00**	242,00	6,3%
Sporthallen	100,00	**118,00**	151,00	16,4%
Ein- und Zweifamilienhäuser	105,00	**177,00**	276,00	12,8%
Wohngebäude vor 1945	136,00	**173,00**	283,00	11,6%
Wohngebäude nach 1945: nur Oberflächen	90,00	**142,00**	262,00	12,2%
Wohngebäude nach 1945: mit Tragkonstruktion	98,00	**126,00**	148,00	4,7%
Fachwerkhäuser	112,00	**183,00**	257,00	7,5%
Gewerbegebäude	188,00	**213,00**	238,00	4,3%

Instandsetzungen

Gebäudeart	▷	€/Einheit	◁	KG an 300
Wohngebäude	88,00	**149,00**	207,00	12,4%
Nichtwohngebäude	92,00	**217,00**	781,00	13,5%
mit Restaurierungsarbeiten	61,00	**119,00**	217,00	7,2%

Einheit: m²
Dachbelagsfläche

Übersicht 1.+2.Ebene

Erweiterung

Umbau

Moderni-sierung

Instand-setzung

Bau-elemente

Abbrechen

Wieder-herstellen

Herstellen

Kosten:
Stand 2.Quartal 2016
Bundesdurchschnitt
inkl. 19% MwSt.

Einheit: m²
Dachbekleidungsfläche

Gebäudeart	▷	€/Einheit	◁	KG an 300
Erweiterungen				
Büro- und Verwaltungsgebäude	33,00	**82,00**	136,00	4,4%
Schulen	54,00	**91,00**	138,00	3,0%
Kindergärten	52,00	**61,00**	80,00	3,8%
Wohngebäude: Anbau	28,00	**57,00**	111,00	1,7%
Wohngebäude: Aufstockung	28,00	**56,00**	86,00	3,4%
Wohngebäude: Dachausbau	65,00	**81,00**	102,00	10,4%
Gewerbegebäude	40,00	**65,00**	143,00	2,2%
Gebäude anderer Art	78,00	**127,00**	259,00	3,7%
Umbauten				
Büro- und Verwaltungsgebäude	35,00	**79,00**	150,00	2,9%
Schulen	16,00	**54,00**	85,00	2,1%
Kindergärten	43,00	**81,00**	122,00	3,6%
Ein- und Zweifamilienhäuser	51,00	**74,00**	119,00	2,6%
Mehrfamilienhäuser	26,00	**56,00**	84,00	2,5%
Wohnungen	54,00	**79,00**	120,00	8,2%
Gewerbegebäude	69,00	**77,00**	91,00	3,3%
Gebäude anderer Art	40,00	**74,00**	120,00	2,2%
Modernisierungen				
Büro- und Verwaltungsgebäude	29,00	**65,00**	91,00	1,4%
Schulen und Kindergärten	27,00	**60,00**	139,00	2,4%
Sporthallen	22,00	**80,00**	146,00	5,5%
Ein- und Zweifamilienhäuser	42,00	**67,00**	115,00	3,0%
Wohngebäude vor 1945	29,00	**29,00**	29,00	1,4%
Wohngebäude nach 1945: nur Oberflächen	34,00	**64,00**	92,00	3,2%
Wohngebäude nach 1945: mit Tragkonstruktion	46,00	**72,00**	105,00	1,1%
Fachwerkhäuser	32,00	**58,00**	109,00	1,4%
Gewerbegebäude	–	**41,00**	–	0,2%
Instandsetzungen				
Wohngebäude	37,00	**94,00**	141,00	3,0%
Nichtwohngebäude	11,00	**30,00**	62,00	0,7%
mit Restaurierungsarbeiten	26,00	**57,00**	123,00	3,8%

▷ von
ø Mittel
◁ bis

Kosten: 2.Quartal 2016, Bundesdurchschnitt, inkl. **19% MwSt.**

Erweiterungen

Gebäudeart	▷	€/Einheit	◁	KG an 300
Büro- und Verwaltungsgebäude	3,30	**6,40**	14,00	0,3%
Schulen	3,40	**8,10**	23,00	0,1%
Kindergärten	–	**–**	–	–
Wohngebäude: Anbau	5,60	**42,00**	79,00	0,6%
Wohngebäude: Aufstockung	11,00	**34,00**	123,00	2,3%
Wohngebäude: Dachausbau	1,80	**3,90**	7,90	0,2%
Gewerbegebäude	4,10	**12,00**	58,00	0,5%
Gebäude anderer Art	–	**9,10**	–	0,1%

Umbauten

	▷	€/Einheit	◁	KG an 300
Büro- und Verwaltungsgebäude	7,70	**20,00**	45,00	0,2%
Schulen	4,40	**14,00**	47,00	0,4%
Kindergärten	–	**3,10**	–	0,1%
Ein- und Zweifamilienhäuser	1,40	**2,40**	5,10	0,0%
Mehrfamilienhäuser	4,10	**15,00**	30,00	0,5%
Wohnungen	–	**–**	–	–
Gewerbegebäude	2,00	**2,20**	2,50	0,1%
Gebäude anderer Art	4,10	**13,00**	29,00	0,2%

Modernisierungen

	▷	€/Einheit	◁	KG an 300
Büro- und Verwaltungsgebäude	2,00	**11,00**	30,00	0,3%
Schulen und Kindergärten	1,90	**6,60**	14,00	0,3%
Sporthallen	1,80	**23,00**	88,00	0,5%
Ein- und Zweifamilienhäuser	4,20	**12,00**	58,00	0,6%
Wohngebäude vor 1945	5,30	**20,00**	65,00	0,9%
Wohngebäude nach 1945: nur Oberflächen	2,70	**8,00**	20,00	0,4%
Wohngebäude nach 1945: mit Tragkonstruktion	9,20	**18,00**	56,00	0,3%
Fachwerkhäuser	7,60	**18,00**	46,00	0,8%
Gewerbegebäude	–	**18,00**	–	0,3%

Instandsetzungen

	▷	€/Einheit	◁	KG an 300
Wohngebäude	2,00	**6,60**	11,00	0,4%
Nichtwohngebäude	6,90	**51,00**	138,00	1,0%
mit Restaurierungsarbeiten	3,80	**8,80**	15,00	0,5%

Einheit: m²
Dachfläche

Übersicht
1.+2.Ebene

Erweiterung

Umbau

Moderni-
sierung

Instand-
setzung

Bau-
elemente

Abbrechen

Wieder-
herstellen

Herstellen

Gebäudeart	▷	€/Einheit	◁	KG an 300
Erweiterungen				
Büro- und Verwaltungsgebäude	8,70	**53,00**	105,00	3,4%
Schulen	8,10	**20,00**	73,00	0,6%
Kindergärten	20,00	**70,00**	119,00	4,3%
Wohngebäude: Anbau	21,00	**26,00**	31,00	0,7%
Wohngebäude: Aufstockung	8,30	**39,00**	102,00	2,2%
Wohngebäude: Dachausbau	2,70	**17,00**	31,00	0,8%
Gewerbegebäude	1,50	**12,00**	22,00	0,4%
Gebäude anderer Art	27,00	**78,00**	164,00	3,3%
Umbauten				
Büro- und Verwaltungsgebäude	6,80	**13,00**	20,00	1,5%
Schulen	1,00	**9,00**	23,00	1,7%
Kindergärten	15,00	**17,00**	19,00	1,2%
Ein- und Zweifamilienhäuser	–	**13,00**	–	0,1%
Mehrfamilienhäuser	0,50	**2,70**	5,90	0,1%
Wohnungen	2,60	**31,00**	87,00	6,3%
Gewerbegebäude	–	**–**	–	–
Gebäude anderer Art	1,20	**4,70**	8,80	0,3%
Modernisierungen				
Büro- und Verwaltungsgebäude	6,10	**34,00**	82,00	2,8%
Schulen und Kindergärten	1,30	**4,30**	9,20	0,6%
Sporthallen	–	**7,00**	–	0,1%
Ein- und Zweifamilienhäuser	2,80	**11,00**	38,00	0,7%
Wohngebäude vor 1945	–	**0,30**	–	0,0%
Wohngebäude nach 1945: nur Oberflächen	0,10	**0,90**	1,90	0,0%
Wohngebäude nach 1945: mit Tragkonstruktion	5,00	**10,00**	21,00	0,4%
Fachwerkhäuser	3,00	**14,00**	22,00	1,4%
Gewerbegebäude	0,60	**0,90**	1,10	0,0%
Instandsetzungen				
Wohngebäude	5,10	**21,00**	51,00	0,8%
Nichtwohngebäude	2,60	**5,10**	6,50	0,6%
mit Restaurierungsarbeiten	5,20	**19,00**	33,00	1,5%

Kosten:
Stand 2.Quartal 2016
Bundesdurchschnitt
inkl. 19% MwSt.

Einheit: m²
Brutto-Grundfläche

▷ von
ø Mittel
◁ bis

© **BKI** Baukosteninformationszentrum; Erläuterungen zu den Tabellen siehe Seite 34   Kosten: 2.Quartal 2016, Bundesdurchschnitt, **inkl. 19% MwSt.**

Gebäudeart	▷	€/Einheit	◁	KG an 300
Erweiterungen				
Büro- und Verwaltungsgebäude	–	**3,00**	–	0,0%
Schulen	4,90	**13,00**	19,00	0,5%
Kindergärten	–	**23,00**	–	0,7%
Wohngebäude: Anbau	–	**–**	–	–
Wohngebäude: Aufstockung	6,30	**18,00**	47,00	0,6%
Wohngebäude: Dachausbau	–	**–**	–	–
Gewerbegebäude	–	**5,70**	–	0,0%
Gebäude anderer Art	–	**46,00**	–	1,2%
Umbauten				
Büro- und Verwaltungsgebäude	–	**0,60**	–	0,0%
Schulen	1,70	**3,70**	6,00	0,5%
Kindergärten	4,40	**6,80**	9,20	0,6%
Ein- und Zweifamilienhäuser	–	**–**	–	–
Mehrfamilienhäuser	–	**–**	–	–
Wohnungen	–	**–**	–	–
Gewerbegebäude	–	**–**	–	–
Gebäude anderer Art	–	**1,10**	–	0,0%
Modernisierungen				
Büro- und Verwaltungsgebäude	0,10	**0,80**	1,50	0,0%
Schulen und Kindergärten	7,00	**23,00**	69,00	1,9%
Sporthallen	2,60	**11,00**	43,00	0,9%
Ein- und Zweifamilienhäuser	–	**18,00**	–	0,1%
Wohngebäude vor 1945	–	**–**	–	–
Wohngebäude nach 1945: nur Oberflächen	–	**0,10**	–	0,0%
Wohngebäude nach 1945: mit Tragkonstruktion	–	**–**	–	–
Fachwerkhäuser	–	**–**	–	–
Gewerbegebäude	4,30	**311,00**	619,00	17,7%
Instandsetzungen				
Wohngebäude	–	**–**	–	–
Nichtwohngebäude	9,40	**32,00**	56,00	3,9%
mit Restaurierungsarbeiten	7,20	**27,00**	66,00	1,5%

Einheit: m^2
Brutto-Grundfläche

Übersicht 1.+.2.Ebene
Erweiterung
Umbau
Moderni-sierung
Instand-setzung
Bau-elemente
Abbrechen
Wieder-herstellen
Herstellen

Kosten:
Stand 2.Quartal 2016
Bundesdurchschnitt
inkl. 19% MwSt.

Einheit: m²
Brutto-Grundfläche

Gebäudeart	▷	€/Einheit	◁	KG an 300
Erweiterungen				
Büro- und Verwaltungsgebäude	–	–	–	–
Schulen	0,60	**71,00**	142,00	0,9%
Kindergärten	–	–	–	–
Wohngebäude: Anbau	–	–	–	–
Wohngebäude: Aufstockung	–	–	–	–
Wohngebäude: Dachausbau	–	–	–	–
Gewerbegebäude	–	–	–	–
Gebäude anderer Art	–	–	–	–
Umbauten				
Büro- und Verwaltungsgebäude	–	**7,00**	–	0,2%
Schulen	0,10	**0,30**	0,60	0,0%
Kindergärten	–	–	–	–
Ein- und Zweifamilienhäuser	–	–	–	–
Mehrfamilienhäuser	0,90	**1,40**	2,00	0,0%
Wohnungen	–	–	–	–
Gewerbegebäude	–	**5,00**	–	0,2%
Gebäude anderer Art	–	**12,00**	–	0,1%
Modernisierungen				
Büro- und Verwaltungsgebäude	1,00	**2,20**	4,40	0,0%
Schulen und Kindergärten	5,30	**10,00**	23,00	0,2%
Sporthallen	–	–	–	–
Ein- und Zweifamilienhäuser	–	–	–	–
Wohngebäude vor 1945	–	–	–	–
Wohngebäude nach 1945: nur Oberflächen	–	**0,20**	–	0,0%
Wohngebäude nach 1945: mit Tragkonstruktion	–	–	–	–
Fachwerkhäuser	–	–	–	–
Gewerbegebäude	–	–	–	–
Instandsetzungen				
Wohngebäude	–	–	–	–
Nichtwohngebäude	–	–	–	–
mit Restaurierungsarbeiten	0,10	**1,80**	3,60	0,0%

▷ von
ø Mittel
◁ bis

Kosten: 2.Quartal 2016, Bundesdurchschnitt, **inkl. 19% MwSt.**

Gebäudeart	▷	€/Einheit	◁	KG an 300
Erweiterungen				
Büro- und Verwaltungsgebäude	12,00	**22,00**	47,00	1,7%
Schulen	21,00	**63,00**	104,00	4,4%
Kindergärten	22,00	**32,00**	49,00	2,5%
Wohngebäude: Anbau	24,00	**52,00**	120,00	2,8%
Wohngebäude: Aufstockung	8,00	**35,00**	61,00	2,8%
Wohngebäude: Dachausbau	7,90	**23,00**	44,00	2,3%
Gewerbegebäude	5,60	**24,00**	56,00	2,2%
Gebäude anderer Art	6,90	**18,00**	29,00	1,3%
Umbauten				
Büro- und Verwaltungsgebäude	4,60	**8,70**	14,00	1,1%
Schulen	3,80	**12,00**	27,00	1,5%
Kindergärten	0,80	**2,40**	4,00	0,5%
Ein- und Zweifamilienhäuser	3,10	**13,00**	36,00	1,3%
Mehrfamilienhäuser	2,90	**6,30**	13,00	1,0%
Wohnungen	–	**1,40**	–	0,0%
Gewerbegebäude	4,20	**11,00**	18,00	1,9%
Gebäude anderer Art	9,20	**16,00**	25,00	1,5%
Modernisierungen				
Büro- und Verwaltungsgebäude	3,00	**7,30**	15,00	0,9%
Schulen und Kindergärten	2,90	**8,00**	18,00	1,0%
Sporthallen	2,70	**13,00**	23,00	1,0%
Ein- und Zweifamilienhäuser	1,90	**5,20**	12,00	0,7%
Wohngebäude vor 1945	0,60	**3,10**	6,20	0,5%
Wohngebäude nach 1945: nur Oberflächen	1,00	**2,90**	7,20	1,1%
Wohngebäude nach 1945: mit Tragkonstruktion	4,20	**10,00**	21,00	1,2%
Fachwerkhäuser	1,40	**11,00**	15,00	1,1%
Gewerbegebäude	19,00	**30,00**	52,00	3,2%
Instandsetzungen				
Wohngebäude	2,30	**6,80**	27,00	2,3%
Nichtwohngebäude	2,80	**16,00**	31,00	1,7%
mit Restaurierungsarbeiten	6,20	**21,00**	52,00	1,8%

Einheit: m²
Brutto-Grundfläche

Übersicht 1.+2.Ebene
Erweiterung
Umbau
Moderni-sierung
Instand-setzung
Bau-elemente
Abbrechen
Wieder-herstellen
Herstellen

Gebäudeart	▷	€/Einheit	◁	KG an 300
Erweiterungen				
Büro- und Verwaltungsgebäude	7,80	**11,00**	13,00	0,7%
Schulen	10,00	**24,00**	40,00	1,6%
Kindergärten	–	**7,80**	–	0,2%
Wohngebäude: Anbau	9,00	**20,00**	31,00	1,2%
Wohngebäude: Aufstockung	14,00	**29,00**	59,00	2,6%
Wohngebäude: Dachausbau	12,00	**26,00**	41,00	2,7%
Gewerbegebäude	7,20	**14,00**	26,00	1,3%
Gebäude anderer Art	8,70	**9,50**	11,00	0,6%
Umbauten				
Büro- und Verwaltungsgebäude	7,10	**16,00**	23,00	1,3%
Schulen	7,60	**14,00**	37,00	1,6%
Kindergärten	1,20	**4,40**	14,00	0,4%
Ein- und Zweifamilienhäuser	6,40	**11,00**	14,00	1,4%
Mehrfamilienhäuser	3,80	**9,20**	14,00	1,4%
Wohnungen	8,90	**22,00**	35,00	1,8%
Gewerbegebäude	0,30	**4,40**	6,60	0,5%
Gebäude anderer Art	11,00	**24,00**	43,00	2,0%
Modernisierungen				
Büro- und Verwaltungsgebäude	6,10	**12,00**	24,00	1,5%
Schulen und Kindergärten	8,80	**17,00**	31,00	2,3%
Sporthallen	6,50	**11,00**	16,00	2,0%
Ein- und Zweifamilienhäuser	5,80	**10,00**	16,00	2,0%
Wohngebäude vor 1945	6,40	**8,20**	9,80	1,4%
Wohngebäude nach 1945: nur Oberflächen	6,00	**9,10**	16,00	4,2%
Wohngebäude nach 1945: mit Tragkonstruktion	6,80	**12,00**	22,00	1,8%
Fachwerkhäuser	17,00	**28,00**	38,00	2,8%
Gewerbegebäude	8,30	**14,00**	19,00	1,1%
Instandsetzungen				
Wohngebäude	5,90	**9,20**	13,00	3,3%
Nichtwohngebäude	3,90	**13,00**	22,00	3,2%
mit Restaurierungsarbeiten	16,00	**43,00**	69,00	5,4%

Kosten:
Stand 2.Quartal 2016
Bundesdurchschnitt
inkl. 19% MwSt.

Einheit: m²
Brutto-Grundfläche

▷ von
ø Mittel
◁ bis

© **BKI** Baukosteninformationszentrum; Erläuterungen zu den Tabellen siehe Seite 34   Kosten: 2.Quartal 2016, Bundesdurchschnitt, **inkl. 19% MwSt.**

Gebäudeart	▷	€/Einheit	◁	KG an 300
Erweiterungen				
Büro- und Verwaltungsgebäude	24,00	**31,00**	37,00	0,6%
Schulen	0,10	**13,00**	21,00	0,1%
Kindergärten	–	**28,00**	–	0,5%
Wohngebäude: Anbau	–	**47,00**	–	0,2%
Wohngebäude: Aufstockung	1,50	**2,50**	3,60	0,0%
Wohngebäude: Dachausbau	–	**1,20**	–	0,0%
Gewerbegebäude	–	**0,50**	–	0,0%
Gebäude anderer Art	–	**1,80**	–	0,0%
Umbauten				
Büro- und Verwaltungsgebäude	–	**–**	–	–
Schulen	3,30	**4,80**	7,90	0,3%
Kindergärten	2,50	**3,40**	4,30	0,2%
Ein- und Zweifamilienhäuser	14,00	**23,00**	32,00	0,4%
Mehrfamilienhäuser	2,10	**2,60**	3,10	0,0%
Wohnungen	–	**0,90**	–	0,0%
Gewerbegebäude	–	**–**	–	–
Gebäude anderer Art	2,50	**8,30**	19,00	0,3%
Modernisierungen				
Büro- und Verwaltungsgebäude	2,50	**4,10**	7,20	0,2%
Schulen und Kindergärten	1,70	**14,00**	75,00	0,4%
Sporthallen	–	**–**	–	–
Ein- und Zweifamilienhäuser	–	**7,40**	–	0,0%
Wohngebäude vor 1945				
Wohngebäude nach 1945: nur Oberflächen	–	**–**	–	–
Wohngebäude nach 1945: mit Tragkonstruktion	1,10	**7,80**	14,00	0,1%
Fachwerkhäuser	23,00	**30,00**	43,00	2,1%
Gewerbegebäude	–	**1,50**	–	0,0%
Instandsetzungen				
Wohngebäude	–	**0,80**	–	0,0%
Nichtwohngebäude	–	**–**	–	–
mit Restaurierungsarbeiten	8,70	**13,00**	18,00	0,5%

Übersicht
1.+.2.Ebene

Erweiterung

Umbau

Moderni-
sierung

Instand-
setzung

Bau-
elemente

Abbrechen

Wieder-
herstellen

Herstellen

Einheit: m²
Brutto-Grundfläche

Kosten:
Stand 2.Quartal 2016
Bundesdurchschnitt
inkl. 19% MwSt.

Einheit: m²
Brutto-Grundfläche

Gebäudeart	▷	€/Einheit	◁	KG an 300
Erweiterungen				
Büro- und Verwaltungsgebäude	–	**3,80**	–	0,0%
Schulen	2,30	**9,00**	22,00	0,1%
Kindergärten	–	**–**	–	–
Wohngebäude: Anbau	35,00	**43,00**	50,00	0,6%
Wohngebäude: Aufstockung	3,70	**12,00**	21,00	0,4%
Wohngebäude: Dachausbau	–	**79,00**	–	1,1%
Gewerbegebäude	–	**2,80**	–	0,0%
Gebäude anderer Art	–	**25,00**	–	0,4%
Umbauten				
Büro- und Verwaltungsgebäude	5,60	**24,00**	42,00	0,8%
Schulen	3,30	**6,80**	13,00	0,4%
Kindergärten	–	**–**	–	–
Ein- und Zweifamilienhäuser	14,00	**43,00**	71,00	1,9%
Mehrfamilienhäuser	24,00	**42,00**	51,00	1,9%
Wohnungen	–	**6,90**	–	0,4%
Gewerbegebäude	–	**41,00**	–	1,5%
Gebäude anderer Art	16,00	**52,00**	108,00	3,7%
Modernisierungen				
Büro- und Verwaltungsgebäude	7,40	**17,00**	36,00	0,9%
Schulen und Kindergärten	4,60	**14,00**	29,00	0,4%
Sporthallen	0,70	**0,80**	0,90	0,0%
Ein- und Zweifamilienhäuser	0,90	**15,00**	40,00	0,8%
Wohngebäude vor 1945	0,40	**21,00**	41,00	1,6%
Wohngebäude nach 1945: nur Oberflächen	–	**–**	–	–
Wohngebäude nach 1945: mit Tragkonstruktion	0,60	**2,40**	4,80	0,2%
Fachwerkhäuser	16,00	**21,00**	26,00	1,3%
Gewerbegebäude	1,80	**21,00**	41,00	2,4%
Instandsetzungen				
Wohngebäude	2,50	**11,00**	20,00	0,3%
Nichtwohngebäude	–	**1,40**	–	0,0%
mit Restaurierungsarbeiten	3,20	**23,00**	43,00	0,3%

▷ von
ø Mittel
◁ bis

Kosten: 2.Quartal 2016, Bundesdurchschnitt, inkl. **19% MwSt.**

Gebäudeart	▷	€/Einheit	◁	KG an 300
Erweiterungen				
Büro- und Verwaltungsgebäude	–	**62,00**	–	0,5%
Schulen	–	–	–	–
Kindergärten	–	–	–	–
Wohngebäude: Anbau	–	–	–	–
Wohngebäude: Aufstockung	–	**34,00**	–	0,3%
Wohngebäude: Dachausbau	–	–	–	–
Gewerbegebäude	–	–	–	–
Gebäude anderer Art	–	–	–	–
Umbauten				
Büro- und Verwaltungsgebäude	3,60	**5,50**	7,50	0,2%
Schulen	–	–	–	–
Kindergärten	–	–	–	–
Ein- und Zweifamilienhäuser	–	**3,30**	–	0,0%
Mehrfamilienhäuser	–	–	–	–
Wohnungen	–	–	–	–
Gewerbegebäude	–	**0,30**	–	0,0%
Gebäude anderer Art	–	–	–	–
Modernisierungen				
Büro- und Verwaltungsgebäude	–	–	–	–
Schulen und Kindergärten	–	**0,70**	–	0,0%
Sporthallen	–	–	–	–
Ein- und Zweifamilienhäuser	–	–	–	–
Wohngebäude vor 1945	–	–	–	–
Wohngebäude nach 1945: nur Oberflächen	–	–	–	–
Wohngebäude nach 1945: mit Tragkonstruktion	–	–	–	–
Fachwerkhäuser	–	–	–	–
Gewerbegebäude	–	–	–	–
Instandsetzungen				
Wohngebäude	–	**6,00**	–	0,0%
Nichtwohngebäude	–	**1,50**	–	0,1%
mit Restaurierungsarbeiten	–	–	–	–

Einheit: m² Brutto-Grundfläche

Übersicht 1.+2.Ebene · Erweiterung · Umbau · Moderni-sierung · Instand-setzung · Bau-elemente · Abbrechen · Wieder-herstellen · Herstellen

Gebäudeart	▷	€/Einheit	◁	KG an 300
Erweiterungen				
Büro- und Verwaltungsgebäude	–	**0,80**	–	0,0%
Schulen	–	**2,10**	–	0,0%
Kindergärten	–	**60,00**	–	1,2%
Wohngebäude: Anbau	–	**–**	–	–
Wohngebäude: Aufstockung	0,20	**0,40**	0,50	0,0%
Wohngebäude: Dachausbau	–	**–**	–	–
Gewerbegebäude	–	**–**	–	–
Gebäude anderer Art	–	**1,20**	–	0,0%
Umbauten				
Büro- und Verwaltungsgebäude	–	**–**	–	–
Schulen	–	**–**	–	–
Kindergärten	–	**8,10**	–	0,4%
Ein- und Zweifamilienhäuser	–	**–**	–	–
Mehrfamilienhäuser	0,90	**4,00**	7,50	0,2%
Wohnungen	–	**8,10**	–	0,3%
Gewerbegebäude	–	**27,00**	–	1,1%
Gebäude anderer Art	–	**–**	–	–
Modernisierungen				
Büro- und Verwaltungsgebäude	–	**2,80**	–	0,0%
Schulen und Kindergärten	0,50	**2,30**	5,00	0,0%
Sporthallen	–	**0,20**	–	0,0%
Ein- und Zweifamilienhäuser	1,10	**3,40**	8,70	0,0%
Wohngebäude vor 1945	–	**4,20**	–	0,1%
Wohngebäude nach 1945: nur Oberflächen	0,60	**1,60**	3,60	0,0%
Wohngebäude nach 1945: mit Tragkonstruktion	–	**–**	–	–
Fachwerkhäuser	–	**3,20**	–	0,0%
Gewerbegebäude	–	**1,20**	–	0,0%
Instandsetzungen				
Wohngebäude	3,80	**15,00**	26,00	0,3%
Nichtwohngebäude	0,10	**0,80**	2,10	0,2%
mit Restaurierungsarbeiten	0,30	**2,00**	3,60	0,0%

Kosten:
Stand 2.Quartal 2016
Bundesdurchschnitt
inkl. 19% MwSt.

Einheit: m²
Brutto-Grundfläche

▷ von
Ø Mittel
◁ bis

Gebäudeart	▷	€/Einheit	◁	KG an 300
Erweiterungen				
Büro- und Verwaltungsgebäude	6,00	**8,50**	20,00	0,5%
Schulen	3,20	**8,10**	19,00	0,5%
Kindergärten	–	**1,80**		0,0%
Wohngebäude: Anbau	3,80	**12,00**	15,00	0,4%
Wohngebäude: Aufstockung	2,70	**9,90**	46,00	0,6%
Wohngebäude: Dachausbau	8,00	**13,00**	22,00	0,6%
Gewerbegebäude	2,00	**8,40**	20,00	0,5%
Gebäude anderer Art	1,00	**4,20**	8,20	0,3%
Umbauten				
Büro- und Verwaltungsgebäude	4,20	**6,00**	8,30	0,6%
Schulen	3,50	**8,20**	15,00	1,0%
Kindergärten	0,80	**3,00**	11,00	0,4%
Ein- und Zweifamilienhäuser	2,70	**3,50**	4,20	0,2%
Mehrfamilienhäuser	1,70	**4,40**	6,70	0,7%
Wohnungen	–	**0,30**	–	0,0%
Gewerbegebäude	7,50	**10,00**	16,00	1,2%
Gebäude anderer Art	2,70	**8,70**	17,00	0,9%
Modernisierungen				
Büro- und Verwaltungsgebäude	3,10	**8,70**	18,00	1,1%
Schulen und Kindergärten	2,50	**5,20**	8,70	0,7%
Sporthallen	1,70	**3,60**	7,30	0,6%
Ein- und Zweifamilienhäuser	1,10	**2,20**	4,80	0,2%
Wohngebäude vor 1945	0,50	**2,00**	4,90	0,2%
Wohngebäude nach 1945: nur Oberflächen	0,80	**2,90**	6,20	0,5%
Wohngebäude nach 1945: mit Tragkonstruktion	0,50	**2,90**	6,80	0,3%
Fachwerkhäuser	3,50	**11,00**	34,00	1,2%
Gewerbegebäude	4,30	**4,60**	5,00	0,4%
Instandsetzungen				
Wohngebäude	0,90	**3,90**	13,00	0,6%
Nichtwohngebäude	2,30	**4,50**	7,30	0,9%
mit Restaurierungsarbeiten	2,80	**5,40**	8,20	0,3%

Einheit: m²
Brutto-Grundfläche

Übersicht 1.+2.Ebene

Erweiterung

Umbau

Moderni-sierung

Instand-setzung

Bau-elemente

Abbrechen

Wieder-herstellen

Herstellen

Gebäudeart	▷	€/Einheit	◁	KG an 300
Erweiterungen				
Büro- und Verwaltungsgebäude	–	**0,90**	–	0,0%
Schulen	–	**–**	–	–
Kindergärten	–	**–**	–	–
Wohngebäude: Anbau	–	**–**	–	–
Wohngebäude: Aufstockung	–	**–**	–	–
Wohngebäude: Dachausbau	–	**–**	–	–
Gewerbegebäude	2,30	**9,40**	23,00	0,2%
Gebäude anderer Art	–	**–**	–	–
Umbauten				
Büro- und Verwaltungsgebäude	–	**–**	–	–
Schulen	0,20	**0,70**	1,60	0,0%
Kindergärten	–	**–**	–	–
Ein- und Zweifamilienhäuser	–	**–**	–	–
Mehrfamilienhäuser	–	**1,90**	–	0,0%
Wohnungen	–	**–**	–	–
Gewerbegebäude	–	**–**	–	–
Gebäude anderer Art	–	**5,50**	–	0,0%
Modernisierungen				
Büro- und Verwaltungsgebäude	0,10	**0,40**	0,60	0,0%
Schulen und Kindergärten	0,30	**3,90**	11,00	0,0%
Sporthallen	–	**–**	–	–
Ein- und Zweifamilienhäuser	1,00	**1,30**	1,60	0,0%
Wohngebäude vor 1945	–	**–**	–	–
Wohngebäude nach 1945: nur Oberflächen	–	**–**	–	–
Wohngebäude nach 1945: mit Tragkonstruktion	0,60	**2,60**	6,70	0,1%
Fachwerkhäuser	–	**–**	–	–
Gewerbegebäude	–	**–**	–	–
Instandsetzungen				
Wohngebäude	–	**–**	–	–
Nichtwohngebäude	–	**0,30**	–	0,0%
mit Restaurierungsarbeiten	–	**–**	–	–

Kosten:
Stand 2.Quartal 2016
Bundesdurchschnitt
inkl. 19% MwSt.

Einheit: m²
Brutto-Grundfläche

▷ von
ø Mittel
◁ bis

Kosten: 2.Quartal 2016, Bundesdurchschnitt, **inkl. 19% MwSt.**

Erweiterungen

Gebäudeart	▷	€/Einheit	◁	KG an 300
Büro- und Verwaltungsgebäude	–	–	–	–
Schulen	2,90	**3,50**	4,00	0,0%
Kindergärten	–	–	–	–
Wohngebäude: Anbau	–	–	–	–
Wohngebäude: Aufstockung	–	–	–	–
Wohngebäude: Dachausbau	–	–	–	–
Gewerbegebäude	–	–	–	–
Gebäude anderer Art	–	**5,90**	–	0,1%

Umbauten

	▷	€/Einheit	◁	KG an 300
Büro- und Verwaltungsgebäude	–	**4,90**	–	0,0%
Schulen	–	–	–	–
Kindergärten	–	–	–	–
Ein- und Zweifamilienhäuser	–	–	–	–
Mehrfamilienhäuser	–	–	–	–
Wohnungen	–	–	–	–
Gewerbegebäude	–	–	–	–
Gebäude anderer Art	–	–	–	–

Modernisierungen

	▷	€/Einheit	◁	KG an 300
Büro- und Verwaltungsgebäude	–	**25,00**	–	0,5%
Schulen und Kindergärten	7,00	**7,70**	8,30	0,1%
Sporthallen	1,50	**6,00**	11,00	0,6%
Ein- und Zweifamilienhäuser	–	**1,70**	–	0,0%
Wohngebäude vor 1945	–	–	–	–
Wohngebäude nach 1945: nur Oberflächen	–	**0,40**	–	0,0%
Wohngebäude nach 1945: mit Tragkonstruktion	–	–	–	–
Fachwerkhäuser	–	–	–	–
Gewerbegebäude	–	–	–	–

Instandsetzungen

	▷	€/Einheit	◁	KG an 300
Wohngebäude	–	–	–	–
Nichtwohngebäude	–	**7,40**	–	0,1%
mit Restaurierungsarbeiten	–	**2,50**	–	0,0%

Einheit: m²
Brutto-Grundfläche

Übersicht 1.+2.Ebene

Erweiterung

Umbau

Moderni-sierung

Instand-setzung

Bau-elemente

Abbrechen

Wieder-herstellen

Herstellen

411
Abwasseranlagen

Gebäudeart	▷	€/Einheit	◁	KG an 400
Erweiterungen				
Büro- und Verwaltungsgebäude	9,90	**22,00**	40,00	8,5%
Schulen	14,00	**30,00**	72,00	12,5%
Kindergärten	15,00	**26,00**	32,00	11,7%
Wohngebäude: Anbau	4,80	**10,00**	20,00	3,1%
Wohngebäude: Aufstockung	9,30	**14,00**	19,00	6,5%
Wohngebäude: Dachausbau	6,50	**10,00**	19,00	7,0%
Gewerbegebäude	12,00	**19,00**	28,00	8,3%
Gebäude anderer Art	11,00	**18,00**	34,00	30,8%
Umbauten				
Büro- und Verwaltungsgebäude	5,10	**12,00**	30,00	4,1%
Schulen	12,00	**18,00**	23,00	6,9%
Kindergärten	6,10	**10,00**	20,00	6,8%
Ein- und Zweifamilienhäuser	7,30	**13,00**	19,00	9,3%
Mehrfamilienhäuser	9,90	**18,00**	26,00	12,3%
Wohnungen	8,30	**9,90**	11,00	7,0%
Gewerbegebäude	5,90	**12,00**	14,00	3,5%
Gebäude anderer Art	7,10	**13,00**	23,00	3,2%
Modernisierungen				
Büro- und Verwaltungsgebäude	6,70	**11,00**	15,00	4,1%
Schulen und Kindergärten	6,00	**12,00**	23,00	5,5%
Sporthallen	5,90	**15,00**	24,00	4,5%
Ein- und Zweifamilienhäuser	5,50	**12,00**	32,00	5,7%
Wohngebäude vor 1945	9,50	**20,00**	56,00	15,6%
Wohngebäude nach 1945: nur Oberflächen	3,10	**6,80**	19,00	17,9%
Wohngebäude nach 1945: mit Tragkonstruktion	6,80	**16,00**	27,00	7,1%
Fachwerkhäuser	18,00	**26,00**	33,00	13,0%
Gewerbegebäude	–	**56,00**	–	2,3%
Instandsetzungen				
Wohngebäude	1,00	**3,70**	7,90	9,4%
Nichtwohngebäude	4,50	**10,00**	16,00	14,8%
mit Restaurierungsarbeiten	7,00	**22,00**	135,00	10,5%

Kosten:
Stand 2.Quartal 2016
Bundesdurchschnitt
inkl. 19% MwSt.

Einheit: m²
Brutto-Grundfläche

▷ von
ø Mittel
◁ bis

Kosten: 2.Quartal 2016, Bundesdurchschnitt, **inkl. 19% MwSt.**

Gebäudeart	▷	€/Einheit	◁	KG an 400
Erweiterungen				
Büro- und Verwaltungsgebäude	7,50	**19,00**	45,00	10,1%
Schulen	13,00	**26,00**	52,00	10,0%
Kindergärten	38,00	**59,00**	80,00	14,7%
Wohngebäude: Anbau	27,00	**49,00**	71,00	11,8%
Wohngebäude: Aufstockung	33,00	**59,00**	109,00	23,9%
Wohngebäude: Dachausbau	18,00	**38,00**	66,00	26,2%
Gewerbegebäude	7,70	**17,00**	66,00	6,1%
Gebäude anderer Art	12,00	**33,00**	76,00	9,5%
Umbauten				
Büro- und Verwaltungsgebäude	7,50	**14,00**	20,00	7,2%
Schulen	24,00	**31,00**	40,00	11,5%
Kindergärten	30,00	**39,00**	79,00	23,8%
Ein- und Zweifamilienhäuser	18,00	**31,00**	47,00	19,3%
Mehrfamilienhäuser	23,00	**31,00**	41,00	20,0%
Wohnungen	20,00	**25,00**	37,00	18,3%
Gewerbegebäude	24,00	**32,00**	50,00	8,5%
Gebäude anderer Art	8,00	**15,00**	27,00	3,8%
Modernisierungen				
Büro- und Verwaltungsgebäude	14,00	**23,00**	35,00	8,5%
Schulen und Kindergärten	12,00	**27,00**	57,00	12,2%
Sporthallen	14,00	**39,00**	65,00	9,2%
Ein- und Zweifamilienhäuser	19,00	**34,00**	69,00	15,1%
Wohngebäude vor 1945	32,00	**39,00**	58,00	22,9%
Wohngebäude nach 1945: nur Oberflächen	2,90	**17,00**	41,00	5,8%
Wohngebäude nach 1945: mit Tragkonstruktion	25,00	**49,00**	83,00	17,2%
Fachwerkhäuser	36,00	**51,00**	63,00	25,0%
Gewerbegebäude	–	**71,00**	–	2,9%
Instandsetzungen				
Wohngebäude	5,00	**17,00**	27,00	9,7%
Nichtwohngebäude	6,50	**18,00**	33,00	8,5%
mit Restaurierungsarbeiten	6,80	**17,00**	42,00	5,9%

Einheit: m²
Brutto-Grundfläche

Übersicht 1.+.2.Ebene

Erweiterung

Umbau

Moderni- sierung

Instand- setzung

Bau- elemente

Abbrechen

Wieder- herstellen

Herstellen

Kosten:
Stand 2.Quartal 2016
Bundesdurchschnitt
inkl. 19% MwSt.

Einheit: m²
Brutto-Grundfläche

Gebäudeart	▷	€/Einheit	◁	KG an 400
Erweiterungen				
Büro- und Verwaltungsgebäude	7,40	**13,00**	24,00	1,3%
Schulen	4,50	**14,00**	25,00	2,6%
Kindergärten	–	**5,60**	–	1,0%
Wohngebäude: Anbau	32,00	**112,00**	340,00	16,1%
Wohngebäude: Aufstockung	17,00	**28,00**	44,00	8,2%
Wohngebäude: Dachausbau	11,00	**35,00**	70,00	6,8%
Gewerbegebäude	8,00	**21,00**	33,00	5,8%
Gebäude anderer Art	5,80	**7,70**	9,50	1,7%
Umbauten				
Büro- und Verwaltungsgebäude	12,00	**21,00**	29,00	6,9%
Schulen	6,10	**10,00**	14,00	3,8%
Kindergärten	6,10	**20,00**	35,00	7,2%
Ein- und Zweifamilienhäuser	21,00	**36,00**	56,00	19,6%
Mehrfamilienhäuser	10,00	**22,00**	36,00	13,3%
Wohnungen	35,00	**43,00**	51,00	29,6%
Gewerbegebäude	16,00	**28,00**	34,00	6,3%
Gebäude anderer Art	14,00	**19,00**	27,00	3,9%
Modernisierungen				
Büro- und Verwaltungsgebäude	4,30	**13,00**	20,00	5,2%
Schulen und Kindergärten	3,70	**11,00**	21,00	5,0%
Sporthallen	3,50	**22,00**	41,00	4,2%
Ein- und Zweifamilienhäuser	22,00	**55,00**	93,00	25,5%
Wohngebäude vor 1945	7,80	**25,00**	57,00	17,6%
Wohngebäude nach 1945: nur Oberflächen	6,20	**19,00**	58,00	12,4%
Wohngebäude nach 1945: mit Tragkonstruktion	12,00	**30,00**	58,00	15,0%
Fachwerkhäuser	13,00	**17,00**	21,00	8,3%
Gewerbegebäude	–	**–**	–	–
Instandsetzungen				
Wohngebäude	5,40	**16,00**	43,00	3,5%
Nichtwohngebäude	15,00	**23,00**	31,00	4,3%
mit Restaurierungsarbeiten	3,30	**13,00**	26,00	3,5%

▷ von
ø Mittel
◁ bis

Kosten: 2.Quartal 2016, Bundesdurchschnitt, **inkl. 19% MwSt.**

Gebäudeart	▷	€/Einheit	◁	KG an 400
Erweiterungen				
Büro- und Verwaltungsgebäude	13,00	**22,00**	43,00	6,2%
Schulen	13,00	**28,00**	42,00	10,4%
Kindergärten	14,00	**28,00**	57,00	10,6%
Wohngebäude: Anbau	4,80	**14,00**	30,00	3,6%
Wohngebäude: Aufstockung	6,30	**18,00**	30,00	6,8%
Wohngebäude: Dachausbau	17,00	**28,00**	50,00	7,4%
Gewerbegebäude	8,80	**18,00**	27,00	6,2%
Gebäude anderer Art	23,00	**35,00**	47,00	8,0%
Umbauten				
Büro- und Verwaltungsgebäude	7,30	**15,00**	29,00	7,7%
Schulen	18,00	**26,00**	33,00	9,7%
Kindergärten	2,80	**11,00**	16,00	7,8%
Ein- und Zweifamilienhäuser	5,60	**11,00**	18,00	5,5%
Mehrfamilienhäuser	7,40	**17,00**	62,00	9,2%
Wohnungen	7,70	**17,00**	42,00	10,6%
Gewerbegebäude	6,50	**23,00**	31,00	6,4%
Gebäude anderer Art	11,00	**17,00**	23,00	2,5%
Modernisierungen				
Büro- und Verwaltungsgebäude	11,00	**17,00**	31,00	5,9%
Schulen und Kindergärten	12,00	**17,00**	25,00	8,1%
Sporthallen	10,00	**25,00**	43,00	9,6%
Ein- und Zweifamilienhäuser	5,50	**11,00**	17,00	3,4%
Wohngebäude vor 1945	5,30	**9,10**	12,00	6,7%
Wohngebäude nach 1945: nur Oberflächen	1,30	**8,80**	19,00	3,7%
Wohngebäude nach 1945: mit Tragkonstruktion	9,40	**17,00**	33,00	7,5%
Fachwerkhäuser	11,00	**18,00**	25,00	9,0%
Gewerbegebäude	38,00	**64,00**	91,00	9,9%
Instandsetzungen				
Wohngebäude	2,50	**6,90**	12,00	7,1%
Nichtwohngebäude	3,70	**9,60**	18,00	4,2%
mit Restaurierungsarbeiten	1,40	**8,40**	16,00	1,9%

Einheit: m²
Brutto-Grundfläche

Kosten: 2.Quartal 2016, Bundesdurchschnitt, **inkl. 19% MwSt.**

Kosten:
Stand 2.Quartal 2016
Bundesdurchschnitt
inkl. 19% MwSt.

Einheit: m²
Brutto-Grundfläche

Gebäudeart	▷	€/Einheit	◁	KG an 400
Erweiterungen				
Büro- und Verwaltungsgebäude	14,00	**28,00**	44,00	7,1%
Schulen	19,00	**26,00**	47,00	11,7%
Kindergärten	18,00	**25,00**	29,00	11,5%
Wohngebäude: Anbau	28,00	**50,00**	100,00	26,8%
Wohngebäude: Aufstockung	9,70	**23,00**	43,00	8,0%
Wohngebäude: Dachausbau	15,00	**31,00**	59,00	14,1%
Gewerbegebäude	14,00	**23,00**	46,00	9,0%
Gebäude anderer Art	26,00	**32,00**	43,00	10,4%
Umbauten				
Büro- und Verwaltungsgebäude	7,00	**15,00**	24,00	7,9%
Schulen	13,00	**17,00**	22,00	6,1%
Kindergärten	14,00	**24,00**	37,00	15,0%
Ein- und Zweifamilienhäuser	15,00	**24,00**	33,00	11,5%
Mehrfamilienhäuser	11,00	**21,00**	30,00	12,7%
Wohnungen	16,00	**17,00**	18,00	12,1%
Gewerbegebäude	3,80	**15,00**	19,00	4,1%
Gebäude anderer Art	12,00	**21,00**	35,00	3,9%
Modernisierungen				
Büro- und Verwaltungsgebäude	11,00	**23,00**	50,00	7,6%
Schulen und Kindergärten	7,90	**14,00**	20,00	6,5%
Sporthallen	10,00	**35,00**	51,00	16,7%
Ein- und Zweifamilienhäuser	8,80	**19,00**	33,00	8,9%
Wohngebäude vor 1945	7,90	**13,00**	23,00	9,0%
Wohngebäude nach 1945: nur Oberflächen	2,20	**7,80**	13,00	5,4%
Wohngebäude nach 1945: mit Tragkonstruktion	7,30	**15,00**	21,00	7,8%
Fachwerkhäuser	20,00	**32,00**	43,00	16,5%
Gewerbegebäude	14,00	**16,00**	19,00	2,3%
Instandsetzungen				
Wohngebäude	5,00	**11,00**	15,00	3,9%
Nichtwohngebäude	4,70	**18,00**	33,00	8,7%
mit Restaurierungsarbeiten	3,80	**31,00**	54,00	7,1%

▷ von
ø Mittel
◁ bis

© **BKI** Baukosteninformationszentrum; Erläuterungen zu den Tabellen siehe Seite 34   Kosten: 2.Quartal 2016, Bundesdurchschnitt, **inkl. 19% MwSt.**

Gebäudeart	▷	€/Einheit	◁	KG an 400
Erweiterungen				
Büro- und Verwaltungsgebäude	1,50	**7,40**	13,00	0,5%
Schulen	3,80	**5,50**	7,20	0,7%
Kindergärten	–	**–**	–	
Wohngebäude: Anbau	9,30	**32,00**	77,00	4,1%
Wohngebäude: Aufstockung	2,70	**6,10**	12,00	1,8%
Wohngebäude: Dachausbau	24,00	**25,00**	27,00	7,1%
Gewerbegebäude	4,80	**5,90**	6,50	0,5%
Gebäude anderer Art	5,60	**5,70**	5,90	1,3%
Umbauten				
Büro- und Verwaltungsgebäude	2,10	**7,30**	12,00	1,8%
Schulen	0,20	**1,00**	1,70	0,2%
Kindergärten	0,90	**2,60**	4,60	0,9%
Ein- und Zweifamilienhäuser	18,00	**19,00**	20,00	4,4%
Mehrfamilienhäuser	1,90	**5,10**	7,00	3,3%
Wohnungen	–	**6,30**	–	1,1%
Gewerbegebäude	0,90	**2,30**	4,90	0,4%
Gebäude anderer Art	2,20	**4,20**	8,10	0,4%
Modernisierungen				
Büro- und Verwaltungsgebäude	0,70	**1,60**	2,50	0,1%
Schulen und Kindergärten	1,00	**2,90**	7,20	1,0%
Sporthallen	0,50	**1,00**	1,80	0,3%
Ein- und Zweifamilienhäuser	3,20	**8,00**	20,00	3,0%
Wohngebäude vor 1945	3,20	**4,80**	7,80	1,8%
Wohngebäude nach 1945: nur Oberflächen	1,60	**4,70**	8,90	8,7%
Wohngebäude nach 1945: mit Tragkonstruktion	1,30	**5,60**	14,00	2,4%
Fachwerkhäuser	2,40	**6,00**	15,00	2,9%
Gewerbegebäude	–	**–**	–	–
Instandsetzungen				
Wohngebäude	1,80	**3,30**	5,70	12,5%
Nichtwohngebäude	1,00	**1,90**	2,80	0,3%
mit Restaurierungsarbeiten	–	**0,60**	–	0,0%

Einheit: m²
Brutto-Grundfläche

Übersicht 1.- 2. Ebene

Erweiterung

Umbau

Moderni- sierung

Instand- setzung

Bau- elemente

Abbrechen

Wieder- herstellen

Herstellen

Kosten: 2.Quartal 2016, Bundesdurchschnitt, inkl. 19% MwSt.

431
Lüftungsanlagen

Kosten:
Stand 2.Quartal 2016
Bundesdurchschnitt
inkl. 19% MwSt.

Einheit: m²
Brutto-Grundfläche

Gebäudeart	▷	€/Einheit	◁	KG an 400
Erweiterungen				
Büro- und Verwaltungsgebäude	17,00	**50,00**	104,00	5,2%
Schulen	3,00	**13,00**	34,00	1,6%
Kindergärten	–	**6,40**	–	1,1%
Wohngebäude: Anbau	–	**–**	–	–
Wohngebäude: Aufstockung	8,20	**30,00**	59,00	10,6%
Wohngebäude: Dachausbau	–	**6,30**	–	0,4%
Gewerbegebäude	3,70	**16,00**	49,00	2,3%
Gebäude anderer Art	–	**6,90**	–	0,6%
Umbauten				
Büro- und Verwaltungsgebäude	14,00	**32,00**	48,00	7,8%
Schulen	13,00	**19,00**	27,00	6,7%
Kindergärten	1,80	**4,40**	7,00	1,0%
Ein- und Zweifamilienhäuser	1,80	**12,00**	23,00	1,2%
Mehrfamilienhäuser	1,60	**4,90**	13,00	1,6%
Wohnungen	–	**–**	–	–
Gewerbegebäude	33,00	**77,00**	102,00	17,5%
Gebäude anderer Art	11,00	**37,00**	51,00	5,2%
Modernisierungen				
Büro- und Verwaltungsgebäude	5,20	**20,00**	72,00	4,6%
Schulen und Kindergärten	5,80	**20,00**	65,00	6,7%
Sporthallen	5,00	**28,00**	44,00	11,5%
Ein- und Zweifamilienhäuser	14,00	**34,00**	58,00	12,2%
Wohngebäude vor 1945	7,50	**28,00**	41,00	11,5%
Wohngebäude nach 1945: nur Oberflächen	3,30	**17,00**	45,00	6,6%
Wohngebäude nach 1945: mit Tragkonstruktion	7,90	**33,00**	74,00	10,9%
Fachwerkhäuser	3,10	**4,10**	6,10	1,5%
Gewerbegebäude	–	**198,00**	–	8,1%
Instandsetzungen				
Wohngebäude	2,00	**11,00**	28,00	1,6%
Nichtwohngebäude	8,80	**21,00**	45,00	7,1%
mit Restaurierungsarbeiten	4,00	**20,00**	62,00	2,6%

▷ von
Ø Mittel
◁ bis

© **BKI** Baukosteninformationszentrum; Erläuterungen zu den Tabellen siehe Seite 34   Kosten: 2.Quartal 2016, Bundesdurchschnitt, **inkl. 19% MwSt.**

Erweiterungen

Gebäudeart	▷	€/Einheit	◁	KG an 400
Büro- und Verwaltungsgebäude	–	**7,70**	–	0,2%
Schulen	–	**1,40**	–	0,0%
Kindergärten	–	–	–	–
Wohngebäude: Anbau	–	–	–	–
Wohngebäude: Aufstockung	–	**2,20**	–	0,0%
Wohngebäude: Dachausbau	–	–	–	–
Gewerbegebäude	–	**4,50**	–	0,1%
Gebäude anderer Art	–	**6,80**	–	0,6%

Umbauten

Gebäudeart	▷	€/Einheit	◁	KG an 400
Büro- und Verwaltungsgebäude	–	–	–	–
Schulen	–	**2,00**	–	0,1%
Kindergärten	–	–	–	–
Ein- und Zweifamilienhäuser	–	–	–	–
Mehrfamilienhäuser	–	–	–	–
Wohnungen	–	–	–	–
Gewerbegebäude	10,00	**14,00**	17,00	1,6%
Gebäude anderer Art	–	**9,40**	–	0,5%

Modernisierungen

Gebäudeart	▷	€/Einheit	◁	KG an 400
Büro- und Verwaltungsgebäude	3,20	**13,00**	23,00	0,5%
Schulen und Kindergärten	4,00	**8,80**	14,00	0,2%
Sporthallen	–	–	–	–
Ein- und Zweifamilienhäuser	–	–	–	–
Wohngebäude vor 1945	–	–	–	–
Wohngebäude nach 1945: nur Oberflächen	–	–	–	–
Wohngebäude nach 1945: mit Tragkonstruktion	–	–	–	–
Fachwerkhäuser	–	**2,10**	–	0,2%
Gewerbegebäude	–	**8,30**	–	0,3%

Instandsetzungen

Gebäudeart	▷	€/Einheit	◁	KG an 400
Wohngebäude	–	**4,00**	–	0,4%
Nichtwohngebäude	–	**6,50**	–	0,3%
mit Restaurierungsarbeiten	–	–	–	–

Einheit: m²
Brutto-Grundfläche

Übersicht 1.+2.Ebene
Erweiterung
Umbau
Moderni-sierung
Instand-setzung
Bau-elemente
Abbrechen
Wieder-herstellen
Herstellen

Kosten:
Stand 2.Quartal 2016
Bundesdurchschnitt
inkl. 19% MwSt.

Einheit: m²
Brutto-Grundfläche

Gebäudeart	▷	€/Einheit	◁	KG an 400
Erweiterungen				
Büro- und Verwaltungsgebäude	38,00	**55,00**	79,00	14,2%
Schulen	24,00	**49,00**	87,00	20,8%
Kindergärten	41,00	**76,00**	93,00	33,9%
Wohngebäude: Anbau	23,00	**32,00**	49,00	15,5%
Wohngebäude: Aufstockung	26,00	**46,00**	83,00	16,6%
Wohngebäude: Dachausbau	16,00	**36,00**	53,00	17,4%
Gewerbegebäude	25,00	**39,00**	57,00	17,3%
Gebäude anderer Art	24,00	**41,00**	73,00	12,4%
Umbauten				
Büro- und Verwaltungsgebäude	33,00	**53,00**	91,00	29,3%
Schulen	30,00	**43,00**	54,00	15,4%
Kindergärten	14,00	**22,00**	36,00	13,7%
Ein- und Zweifamilienhäuser	14,00	**26,00**	43,00	14,9%
Mehrfamilienhäuser	21,00	**28,00**	37,00	17,1%
Wohnungen	14,00	**27,00**	40,00	18,1%
Gewerbegebäude	24,00	**42,00**	60,00	11,9%
Gebäude anderer Art	38,00	**50,00**	64,00	15,8%
Modernisierungen				
Büro- und Verwaltungsgebäude	36,00	**61,00**	98,00	22,0%
Schulen und Kindergärten	20,00	**35,00**	57,00	15,9%
Sporthallen	4,60	**22,00**	36,00	6,7%
Ein- und Zweifamilienhäuser	16,00	**31,00**	61,00	14,8%
Wohngebäude vor 1945	6,80	**15,00**	28,00	6,7%
Wohngebäude nach 1945: nur Oberflächen	2,00	**13,00**	29,00	5,8%
Wohngebäude nach 1945: mit Tragkonstruktion	19,00	**31,00**	59,00	14,0%
Fachwerkhäuser	24,00	**31,00**	37,00	15,2%
Gewerbegebäude	62,00	**89,00**	115,00	10,5%
Instandsetzungen				
Wohngebäude	4,50	**13,00**	32,00	18,2%
Nichtwohngebäude	6,70	**17,00**	27,00	19,7%
mit Restaurierungsarbeiten	20,00	**39,00**	98,00	19,1%

▷ von
ø Mittel
◁ bis

445
Beleuchtungs-
anlagen

Gebäudeart	▷	€/Einheit	◁	KG an 400
Erweiterungen				
Büro- und Verwaltungsgebäude	13,00	**46,00**	63,00	11,7%
Schulen	26,00	**46,00**	78,00	17,1%
Kindergärten	9,00	**15,00**	26,00	6,0%
Wohngebäude: Anbau	2,90	**8,50**	17,00	1,2%
Wohngebäude: Aufstockung	3,30	**10,00**	43,00	2,4%
Wohngebäude: Dachausbau	–	**6,10**	–	0,3%
Gewerbegebäude	5,40	**21,00**	35,00	8,3%
Gebäude anderer Art	43,00	**53,00**	71,00	17,1%
Umbauten				
Büro- und Verwaltungsgebäude	7,20	**29,00**	51,00	15,1%
Schulen	23,00	**36,00**	44,00	12,7%
Kindergärten	8,00	**24,00**	44,00	13,6%
Ein- und Zweifamilienhäuser	1,10	**1,60**	2,00	0,1%
Mehrfamilienhäuser	0,80	**2,60**	5,20	1,5%
Wohnungen	1,70	**2,90**	4,10	1,0%
Gewerbegebäude	21,00	**44,00**	105,00	11,1%
Gebäude anderer Art	27,00	**64,00**	126,00	16,7%
Modernisierungen				
Büro- und Verwaltungsgebäude	23,00	**39,00**	96,00	12,5%
Schulen und Kindergärten	15,00	**29,00**	44,00	12,9%
Sporthallen	3,30	**15,00**	25,00	4,7%
Ein- und Zweifamilienhäuser	1,70	**5,60**	24,00	1,6%
Wohngebäude vor 1945	–	**1,20**	–	0,1%
Wohngebäude nach 1945: nur Oberflächen	0,90	**3,10**	6,50	3,8%
Wohngebäude nach 1945: mit Tragkonstruktion	2,20	**8,60**	19,00	3,9%
Fachwerkhäuser	2,90	**7,30**	20,00	3,4%
Gewerbegebäude	17,00	**102,00**	188,00	18,0%
Instandsetzungen				
Wohngebäude	0,60	**4,70**	25,00	1,4%
Nichtwohngebäude	2,90	**8,80**	19,00	6,4%
mit Restaurierungsarbeiten	4,60	**32,00**	60,00	13,9%

Einheit: m²
Brutto-Grundfläche

Übersicht 1. + 2.Ebene

Erweiterung

Umbau

Moderni-sierung

Instand-setzung

Bau-elemente

Abbrechen

Wieder-herstellen

Herstellen

Kosten:
Stand 2.Quartal 2016
Bundesdurchschnitt
inkl. 19% MwSt.

Einheit: m²
Brutto-Grundfläche

Gebäudeart	▷	€/Einheit	◁	KG an 400
Erweiterungen				
Büro- und Verwaltungsgebäude	1,90	**3,30**	4,90	0,5%
Schulen	3,80	**8,10**	17,00	3,5%
Kindergärten	5,00	**12,00**	26,00	4,4%
Wohngebäude: Anbau	2,90	**4,90**	10,00	1,5%
Wohngebäude: Aufstockung	0,90	**2,20**	3,10	0,5%
Wohngebäude: Dachausbau	0,40	**1,10**	1,90	0,1%
Gewerbegebäude	2,80	**7,80**	16,00	2,6%
Gebäude anderer Art	0,20	**0,80**	1,30	0,1%
Umbauten				
Büro- und Verwaltungsgebäude	0,80	**1,90**	3,10	0,6%
Schulen	1,60	**3,80**	7,60	1,3%
Kindergärten	0,40	**2,50**	7,50	1,7%
Ein- und Zweifamilienhäuser	–	**2,50**	–	0,1%
Mehrfamilienhäuser	0,70	**1,60**	4,20	0,8%
Wohnungen	–	**0,20**	–	0,0%
Gewerbegebäude	0,70	**1,60**	2,50	0,2%
Gebäude anderer Art	1,70	**3,80**	5,30	1,2%
Modernisierungen				
Büro- und Verwaltungsgebäude	0,50	**4,00**	5,80	1,0%
Schulen und Kindergärten	1,50	**3,30**	5,80	1,4%
Sporthallen	5,80	**9,30**	15,00	4,8%
Ein- und Zweifamilienhäuser	0,60	**1,60**	4,70	0,3%
Wohngebäude vor 1945	0,70	**1,60**	2,40	0,3%
Wohngebäude nach 1945: nur Oberflächen	0,10	**0,90**	1,70	0,5%
Wohngebäude nach 1945: mit Tragkonstruktion	0,30	**1,80**	4,10	0,5%
Fachwerkhäuser	1,00	**2,60**	4,30	1,2%
Gewerbegebäude	–	**–**	–	–
Instandsetzungen				
Wohngebäude	0,10	**0,40**	1,00	0,0%
Nichtwohngebäude	2,90	**8,90**	18,00	14,5%
mit Restaurierungsarbeiten	2,00	**5,20**	7,90	2,4%

▷ von
ø Mittel
◁ bis

Gebäudeart	▷	€/Einheit	◁	KG an 400
Erweiterungen				
Büro- und Verwaltungsgebäude	–	**2,90**	–	0,1%
Schulen	0,10	**1,80**	3,60	0,1%
Kindergärten	–	–	–	–
Wohngebäude: Anbau	–	–	–	–
Wohngebäude: Aufstockung	–	–	–	–
Wohngebäude: Dachausbau	–	–	–	–
Gewerbegebäude	–	–	–	–
Gebäude anderer Art	–	–	–	–
Umbauten				
Büro- und Verwaltungsgebäude	–	–	–	–
Schulen	–	–	–	–
Kindergärten	–	–	–	–
Ein- und Zweifamilienhäuser	–	–	–	–
Mehrfamilienhäuser	–	–	–	–
Wohnungen	–	–	–	–
Gewerbegebäude	–	–	–	–
Gebäude anderer Art	–	**0,30**	–	0,0%
Modernisierungen				
Büro- und Verwaltungsgebäude	–	–	–	–
Schulen und Kindergärten	–	–	–	–
Sporthallen	–	–	–	–
Ein- und Zweifamilienhäuser	–	**1,10**	–	0,1%
Wohngebäude vor 1945	–	–	–	–
Wohngebäude nach 1945: nur Oberflächen	–	–	–	–
Wohngebäude nach 1945: mit Tragkonstruktion	–	–	–	–
Fachwerkhäuser	–	–	–	–
Gewerbegebäude	–	–	–	–
Instandsetzungen				
Wohngebäude	–	–	–	–
Nichtwohngebäude	–	**1,90**	–	0,2%
mit Restaurierungsarbeiten	–	**11,00**	–	0,7%

Einheit: m²
Brutto-Grundfläche

Übersicht-1.+.2.Ebene
Erweiterung
Umbau
Moderni-sierung
Instand-setzung
Bau-elemente
Abbrechen
Wieder-herstellen
Herstellen

Kosten: 2.Quartal 2016, Bundesdurchschnitt, **inkl. 19% MwSt.**

Kosten:
Stand 2.Quartal 2016
Bundesdurchschnitt
inkl. 19% MwSt.

Einheit: m²
Brutto-Grundfläche

Gebäudeart	▷	€/Einheit	◁	KG an 400
Erweiterungen				
Büro- und Verwaltungsgebäude	2,70	**8,60**	28,00	1,7%
Schulen	1,80	**5,50**	23,00	0,9%
Kindergärten	0,80	**0,80**	0,80	0,2%
Wohngebäude: Anbau	1,50	**1,90**	2,60	0,3%
Wohngebäude: Aufstockung	0,70	**2,40**	5,80	0,8%
Wohngebäude: Dachausbau	0,90	**1,80**	2,60	0,2%
Gewerbegebäude	0,80	**2,20**	3,10	0,6%
Gebäude anderer Art	1,20	**1,40**	1,70	0,3%
Umbauten				
Büro- und Verwaltungsgebäude	0,50	**1,40**	2,30	0,6%
Schulen	2,00	**3,00**	4,10	0,9%
Kindergärten	0,10	**0,30**	0,50	0,1%
Ein- und Zweifamilienhäuser	0,80	**1,20**	1,40	0,2%
Mehrfamilienhäuser	0,40	**0,60**	0,90	0,2%
Wohnungen	0,50	**1,10**	1,70	0,3%
Gewerbegebäude	2,10	**3,30**	4,00	0,7%
Gebäude anderer Art	0,00	**0,70**	1,20	0,1%
Modernisierungen				
Büro- und Verwaltungsgebäude	4,30	**8,70**	30,00	2,3%
Schulen und Kindergärten	0,60	**1,50**	3,30	0,6%
Sporthallen	0,20	**0,20**	0,20	0,0%
Ein- und Zweifamilienhäuser	0,30	**0,80**	1,40	0,3%
Wohngebäude vor 1945	0,80	**1,20**	1,60	0,2%
Wohngebäude nach 1945: nur Oberflächen	0,60	**1,40**	2,20	1,2%
Wohngebäude nach 1945: mit Tragkonstruktion	0,90	**3,20**	8,80	0,8%
Fachwerkhäuser	0,30	**0,60**	1,10	0,2%
Gewerbegebäude	0,20	**15,00**	30,00	1,2%
Instandsetzungen				
Wohngebäude	0,50	**1,00**	2,70	0,2%
Nichtwohngebäude	0,10	**0,70**	1,10	0,2%
mit Restaurierungsarbeiten	3,60	**4,10**	5,00	0,7%

▷ von
Ø Mittel
◁ bis

Kosten: 2.Quartal 2016, Bundesdurchschnitt, **inkl. 19% MwSt.**

**452
Such- und
Signalanlagen**

Erweiterungen

Gebäudeart	▷	€/Einheit	◁	KG an 400
Büro- und Verwaltungsgebäude	1,80	**2,70**	4,50	0,2%
Schulen	0,60	**2,30**	5,40	0,2%
Kindergärten	–	**1,40**	–	0,2%
Wohngebäude: Anbau	0,70	**1,80**	2,90	0,1%
Wohngebäude: Aufstockung	2,60	**5,50**	9,90	1,8%
Wohngebäude: Dachausbau	2,70	**6,70**	14,00	1,3%
Gewerbegebäude	0,60	**1,40**	2,70	0,2%
Gebäude anderer Art	0,90	**1,70**	3,10	0,5%

Umbauten

	▷	€/Einheit	◁	KG an 400
Büro- und Verwaltungsgebäude	0,90	**2,60**	5,70	1,3%
Schulen	0,60	**1,50**	5,20	0,6%
Kindergärten	1,00	**2,30**	3,90	1,2%
Ein- und Zweifamilienhäuser	0,90	**1,20**	1,50	0,2%
Mehrfamilienhäuser	1,50	**2,70**	4,00	1,6%
Wohnungen	–	**0,30**	–	0,0%
Gewerbegebäude	1,00	**2,80**	4,60	0,3%
Gebäude anderer Art	0,00	**1,10**	2,20	0,0%

Modernisierungen

	▷	€/Einheit	◁	KG an 400
Büro- und Verwaltungsgebäude	0,90	**3,10**	6,20	1,3%
Schulen und Kindergärten	0,50	**1,70**	5,00	0,4%
Sporthallen	–	**4,90**	–	0,1%
Ein- und Zweifamilienhäuser	0,80	**2,10**	4,20	0,6%
Wohngebäude vor 1945	–	**2,70**	–	0,6%
Wohngebäude nach 1945: nur Oberflächen	1,30	**2,90**	4,30	3,2%
Wohngebäude nach 1945: mit Tragkonstruktion	2,60	**4,70**	16,00	1,3%
Fachwerkhäuser	0,90	**2,10**	5,20	1,0%
Gewerbegebäude	–	**1,20**	–	0,1%

Instandsetzungen

	▷	€/Einheit	◁	KG an 400
Wohngebäude	0,40	**1,50**	3,00	0,7%
Nichtwohngebäude	–	**1,20**	–	0,0%
mit Restaurierungsarbeiten	0,90	**1,50**	2,00	0,3%

Einheit: m²
Brutto-Grundfläche

Übersicht- 1.+.2.Ebene

Erweiterung

Umbau

Moderni- sierung

Instand- setzung

Bau- elemente

Abbrechen

Wieder- herstellen

Herstellen

Kosten:
Stand 2.Quartal 2016
Bundesdurchschnitt
inkl. 19% MwSt.

Einheit: m²
Brutto-Grundfläche

Gebäudeart	▷	€/Einheit	◁	KG an 400
Erweiterungen				
Büro- und Verwaltungsgebäude	–	**0,40**	–	0,0%
Schulen	2,60	**5,40**	9,90	0,7%
Kindergärten	–	**–**	–	–
Wohngebäude: Anbau	4,40	**6,90**	8,50	0,9%
Wohngebäude: Aufstockung	–	**1,10**	–	0,0%
Wohngebäude: Dachausbau	–	**–**	–	–
Gewerbegebäude	–	**11,00**	–	0,1%
Gebäude anderer Art	–	**–**	–	–
Umbauten				
Büro- und Verwaltungsgebäude	–	**–**	–	–
Schulen	2,20	**5,90**	19,00	2,0%
Kindergärten	–	**0,50**	–	0,0%
Ein- und Zweifamilienhäuser	–	**–**	–	–
Mehrfamilienhäuser	–	**–**	–	–
Wohnungen	–	**–**	–	–
Gewerbegebäude	2,20	**3,60**	5,10	0,4%
Gebäude anderer Art	3,80	**5,00**	6,30	0,4%
Modernisierungen				
Büro- und Verwaltungsgebäude	–	**28,00**	–	0,4%
Schulen und Kindergärten	2,10	**5,50**	13,00	1,4%
Sporthallen	1,20	**5,10**	7,10	1,0%
Ein- und Zweifamilienhäuser	0,70	**1,70**	3,90	0,0%
Wohngebäude vor 1945	–	**–**	–	–
Wohngebäude nach 1945: nur Oberflächen	–	**–**	–	–
Wohngebäude nach 1945: mit Tragkonstruktion	–	**1,00**	–	0,0%
Fachwerkhäuser	–	**–**	–	–
Gewerbegebäude	–	**–**	–	–
Instandsetzungen				
Wohngebäude	–	**0,10**	–	0,0%
Nichtwohngebäude	–	**6,00**	–	0,3%
mit Restaurierungsarbeiten	12,00	**31,00**	49,00	3,5%

▷ von
ø Mittel
◁ bis

© **BKI** Baukosteninformationszentrum; Erläuterungen zu den Tabellen siehe Seite 34

Kosten: 2.Quartal 2016, Bundesdurchschnitt, **inkl. 19% MwSt.**

Erweiterungen

Gebäudeart	▷	€/Einheit	◁	KG an 400
Büro- und Verwaltungsgebäude	–	**0,30**	–	0,0%
Schulen	0,50	**1,10**	1,50	0,2%
Kindergärten	1,20	**3,90**	9,10	2,1%
Wohngebäude: Anbau	1,20	**4,70**	7,40	1,6%
Wohngebäude: Aufstockung	1,80	**4,20**	10,00	2,1%
Wohngebäude: Dachausbau	1,90	**3,90**	5,80	0,5%
Gewerbegebäude	1,50	**2,50**	3,20	0,2%
Gebäude anderer Art	0,20	**0,50**	0,80	0,1%

Umbauten

Gebäudeart	▷	€/Einheit	◁	KG an 400
Büro- und Verwaltungsgebäude	–	**1,30**	–	0,1%
Schulen	0,50	**0,70**	0,90	0,2%
Kindergärten	0,40	**0,50**	0,70	0,1%
Ein- und Zweifamilienhäuser	1,00	**1,80**	3,00	0,3%
Mehrfamilienhäuser	0,90	**1,80**	3,70	1,0%
Wohnungen	1,10	**1,40**	1,60	0,6%
Gewerbegebäude	–	**0,60**	–	0,0%
Gebäude anderer Art	–	**0,80**	–	0,0%

Modernisierungen

Gebäudeart	▷	€/Einheit	◁	KG an 400
Büro- und Verwaltungsgebäude	0,40	**1,10**	3,70	0,1%
Schulen und Kindergärten	0,20	**0,60**	1,00	0,1%
Sporthallen	–	**0,00**	–	0,0%
Ein- und Zweifamilienhäuser	0,80	**2,50**	5,60	0,8%
Wohngebäude vor 1945	–	**2,30**	–	0,2%
Wohngebäude nach 1945: nur Oberflächen	0,20	**0,70**	1,80	1,0%
Wohngebäude nach 1945: mit Tragkonstruktion	0,70	**2,70**	4,20	1,2%
Fachwerkhäuser	1,50	**3,10**	7,60	1,5%
Gewerbegebäude	–	**–**	–	–

Instandsetzungen

Gebäudeart	▷	€/Einheit	◁	KG an 400
Wohngebäude	0,60	**3,30**	8,70	1,5%
Nichtwohngebäude	0,40	**0,80**	1,40	0,3%
mit Restaurierungsarbeiten	–	**0,90**	–	0,0%

Einheit: m²
Brutto-Grundfläche

Übersicht 1.+ 2.Ebene

Erweiterung

Umbau

Moderni- sierung

Instand- setzung

Bau- elemente

Abbrechen

Wieder- herstellen

Herstellen

Kosten:
Stand 2.Quartal 2016
Bundesdurchschnitt
inkl. 19% MwSt.

Einheit: m²
Brutto-Grundfläche

Gebäudeart	▷	€/Einheit	◁	KG an 400
Erweiterungen				
Büro- und Verwaltungsgebäude	1,70	**6,20**	15,00	0,9%
Schulen	1,80	**5,20**	15,00	1,2%
Kindergärten	–	**1,20**	–	0,2%
Wohngebäude: Anbau	–	**–**	–	–
Wohngebäude: Aufstockung	–	**2,10**	–	0,0%
Wohngebäude: Dachausbau	–	**–**	–	–
Gewerbegebäude	9,10	**16,00**	20,00	1,5%
Gebäude anderer Art	–	**24,00**	–	3,5%
Umbauten				
Büro- und Verwaltungsgebäude	1,00	**11,00**	16,00	1,9%
Schulen	5,90	**14,00**	28,00	4,7%
Kindergärten	2,50	**5,50**	8,50	4,0%
Ein- und Zweifamilienhäuser	–	**–**	–	–
Mehrfamilienhäuser	1,10	**1,20**	1,20	0,1%
Wohnungen	–	**2,90**	–	0,5%
Gewerbegebäude	3,00	**6,30**	15,00	1,9%
Gebäude anderer Art	5,10	**23,00**	39,00	5,7%
Modernisierungen				
Büro- und Verwaltungsgebäude	6,50	**18,00**	52,00	4,4%
Schulen und Kindergärten	2,70	**9,00**	17,00	3,2%
Sporthallen	4,20	**16,00**	49,00	2,6%
Ein- und Zweifamilienhäuser	0,70	**10,00**	19,00	0,1%
Wohngebäude vor 1945	–	**–**	–	–
Wohngebäude nach 1945: nur Oberflächen	0,80	**2,00**	3,20	0,1%
Wohngebäude nach 1945: mit Tragkonstruktion	8,30	**13,00**	18,00	0,7%
Fachwerkhäuser	–	**1,10**	–	0,1%
Gewerbegebäude	–	**0,60**	–	0,0%
Instandsetzungen				
Wohngebäude	2,40	**2,60**	2,90	0,4%
Nichtwohngebäude	1,50	**3,70**	8,20	1,2%
mit Restaurierungsarbeiten	2,20	**4,80**	10,00	0,7%

▷ von
ø Mittel
◁ bis

Kosten: 2.Quartal 2016, Bundesdurchschnitt, inkl. **19% MwSt.**

Erweiterungen

Gebäudeart	▷	€/Einheit	◁	KG an 400
Büro- und Verwaltungsgebäude	–	**40,00**	–	1,7%
Schulen	–	–	–	–
Kindergärten	–	–	–	–
Wohngebäude: Anbau	–	–	–	–
Wohngebäude: Aufstockung	–	**15,00**	–	0,5%
Wohngebäude: Dachausbau	–	–	–	–
Gewerbegebäude	37,00	**55,00**	72,00	4,4%
Gebäude anderer Art	–	–	–	–

Umbauten

	▷	€/Einheit	◁	KG an 400
Büro- und Verwaltungsgebäude	–	–	–	–
Schulen	7,50	**11,00**	14,00	1,6%
Kindergärten	–	**0,10**	–	0,0%
Ein- und Zweifamilienhäuser	–	–	–	–
Mehrfamilienhäuser	–	**14,00**	–	1,0%
Wohnungen	–	–	–	–
Gewerbegebäude	1,00	**5,30**	14,00	1,1%
Gebäude anderer Art	30,00	**47,00**	64,00	9,7%

Modernisierungen

	▷	€/Einheit	◁	KG an 400
Büro- und Verwaltungsgebäude	13,00	**26,00**	44,00	5,2%
Schulen und Kindergärten	8,50	**13,00**	23,00	1,5%
Sporthallen	–	–	–	–
Ein- und Zweifamilienhäuser	–	–	–	–
Wohngebäude vor 1945	–	**42,00**	–	5,1%
Wohngebäude nach 1945: nur Oberflächen	0,50	**20,00**	40,00	1,6%
Wohngebäude nach 1945: mit Tragkonstruktion	29,00	**39,00**	48,00	4,0%
Fachwerkhäuser	–	–	–	–
Gewerbegebäude	–	**22,00**	–	0,9%

Instandsetzungen

	▷	€/Einheit	◁	KG an 400
Wohngebäude	7,60	**23,00**	38,00	6,2%
Nichtwohngebäude	–	–	–	–
mit Restaurierungsarbeiten	–	–	–	–

Einheit: m²
Brutto-Grundfläche

Übersicht 1.-2. Ebene
Erweiterung
Umbau
Moderni-sierung
Instand-setzung
Bau-elemente
Abbrechen
Wieder-herstellen
Herstellen

471
Küchentechnische Anlagen

Kosten:
Stand 2.Quartal 2016
Bundesdurchschnitt
inkl. 19% MwSt.

Einheit: m²
Brutto-Grundfläche

Gebäudeart	▷	€/Einheit	◁	KG an 400
Erweiterungen				
Büro- und Verwaltungsgebäude	–	–	–	–
Schulen	0,90	**1,70**	2,60	0,0%
Kindergärten	–	–	–	–
Wohngebäude: Anbau	–	–	–	–
Wohngebäude: Aufstockung	–	–	–	–
Wohngebäude: Dachausbau	–	–	–	–
Gewerbegebäude	–	–	–	–
Gebäude anderer Art	2,70	**7,20**	12,00	1,5%
Umbauten				
Büro- und Verwaltungsgebäude	–	–	–	–
Schulen	2,70	**6,90**	23,00	2,3%
Kindergärten	–	–	–	–
Ein- und Zweifamilienhäuser	–	–	–	–
Mehrfamilienhäuser	–	–	–	–
Wohnungen	–	–	–	–
Gewerbegebäude	–	**38,00**	–	3,1%
Gebäude anderer Art	–	–	–	–
Modernisierungen				
Büro- und Verwaltungsgebäude	–	–	–	–
Schulen und Kindergärten	1,10	**1,60**	2,60	0,0%
Sporthallen	–	–	–	–
Ein- und Zweifamilienhäuser	–	–	–	–
Wohngebäude vor 1945	–	–	–	–
Wohngebäude nach 1945: nur Oberflächen	–	–	–	–
Wohngebäude nach 1945: mit Tragkonstruktion	–	**30,00**	–	0,6%
Fachwerkhäuser	–	–	–	–
Gewerbegebäude	–	–	–	–
Instandsetzungen				
Wohngebäude	–	–	–	–
Nichtwohngebäude	–	**2,20**	–	0,4%
mit Restaurierungsarbeiten	–	**2,20**	–	0,0%

▷ von
ø Mittel
◁ bis

Kosten: 2.Quartal 2016, Bundesdurchschnitt, **inkl. 19% MwSt.**

Erweiterungen

Büro- und Verwaltungsgebäude	–	–	–	–
Schulen	0,40	**7,80**	15,00	0,6%
Kindergärten	–	–	–	–
Wohngebäude: Anbau	–	–	–	–
Wohngebäude: Aufstockung	–	–	–	–
Wohngebäude: Dachausbau	–	–	–	–
Gewerbegebäude	6,00	**7,00**	7,90	0,4%
Gebäude anderer Art	–	–	–	–

Umbauten

Büro- und Verwaltungsgebäude	–	–	–	–
Schulen	–	**0,90**	–	0,0%
Kindergärten	–	–	–	–
Ein- und Zweifamilienhäuser	–	–	–	–
Mehrfamilienhäuser	–	–	–	–
Wohnungen	–	–	–	–
Gewerbegebäude	18,00	**20,00**	23,00	3,3%
Gebäude anderer Art	–	–	–	–

Modernisierungen

Büro- und Verwaltungsgebäude	–	–	–	–
Schulen und Kindergärten	–	**4,80**	–	0,1%
Sporthallen	–	–	–	–
Ein- und Zweifamilienhäuser	–	–	–	–
Wohngebäude vor 1945	–	–	–	–
Wohngebäude nach 1945: nur Oberflächen	–	–	–	–
Wohngebäude nach 1945: mit Tragkonstruktion	–	–	–	–
Fachwerkhäuser	–	–	–	–
Gewerbegebäude	–	**64,00**	–	2,6%

Instandsetzungen

Wohngebäude	–	**0,70**	–	0,0%
Nichtwohngebäude	–	–	–	–
mit Restaurierungsarbeiten	–	–	–	–

Einheit: m²
Brutto-Grundfläche

Gebäudeart	▷	€/Einheit	◁	KG an 400
Erweiterungen				
Büro- und Verwaltungsgebäude	–	–	–	–
Schulen	0,50	**1,70**	3,50	0,5%
Kindergärten	–	–	–	–
Wohngebäude: Anbau	–	–	–	–
Wohngebäude: Aufstockung	–	–	–	–
Wohngebäude: Dachausbau	–	–	–	–
Gewerbegebäude	0,60	**1,10**	1,40	0,0%
Gebäude anderer Art	–	**1,60**	–	0,1%
Umbauten				
Büro- und Verwaltungsgebäude	–	**2,20**	–	0,2%
Schulen	1,00	**1,50**	3,00	0,4%
Kindergärten	–	**3,00**	–	0,1%
Ein- und Zweifamilienhäuser	–	–	–	–
Mehrfamilienhäuser	–	–	–	–
Wohnungen	–	–	–	–
Gewerbegebäude	0,10	**24,00**	49,00	2,5%
Gebäude anderer Art	0,30	**1,10**	2,60	0,1%
Modernisierungen				
Büro- und Verwaltungsgebäude	0,90	**27,00**	53,00	0,9%
Schulen und Kindergärten	0,70	**1,80**	4,10	0,6%
Sporthallen	0,30	**0,50**	0,70	0,1%
Ein- und Zweifamilienhäuser	–	–	–	–
Wohngebäude vor 1945	–	–	–	–
Wohngebäude nach 1945: nur Oberflächen	–	–	–	–
Wohngebäude nach 1945: mit Tragkonstruktion	–	**0,10**	–	0,0%
Fachwerkhäuser	–	**0,80**	–	0,0%
Gewerbegebäude	–	**2,30**	–	0,1%
Instandsetzungen				
Wohngebäude	–	**4,70**	–	0,4%
Nichtwohngebäude	–	**0,70**	–	0,0%
mit Restaurierungsarbeiten	0,90	**1,30**	1,60	0,1%

Kosten:
Stand 2.Quartal 2016
Bundesdurchschnitt
inkl. 19% MwSt.

Einheit: m²
Brutto-Grundfläche

▷ von
ø Mittel
◁ bis

Kosten: 2.Quartal 2016, Bundesdurchschnitt, **inkl. 19% MwSt.**

Erweiterungen

Büro- und Verwaltungsgebäude	–	–	–	–
Schulen	–	–	–	–
Kindergärten	–	–	–	–
Wohngebäude: Anbau	–	–	–	–
Wohngebäude: Aufstockung	–	–	–	–
Wohngebäude: Dachausbau	–	–	–	–
Gewerbegebäude	16,00	**44,00**	95,00	3,9%
Gebäude anderer Art	–	–	–	–

Umbauten

Büro- und Verwaltungsgebäude	–	–	–	–
Schulen	–	**2,60**	–	0,2%
Kindergärten	–	–	–	–
Ein- und Zweifamilienhäuser	–	–	–	–
Mehrfamilienhäuser	–	–	–	–
Wohnungen	–	–	–	–
Gewerbegebäude	0,90	**2,20**	3,50	0,3%
Gebäude anderer Art	–	**3,40**	–	0,2%

Modernisierungen

Büro- und Verwaltungsgebäude	1,10	**1,80**	2,50	0,0%
Schulen und Kindergärten	2,00	**26,00**	73,00	1,6%
Sporthallen	–	–	–	–
Ein- und Zweifamilienhäuser	–	–	–	–
Wohngebäude vor 1945	–	–	–	–
Wohngebäude nach 1945: nur Oberflächen	–	–	–	–
Wohngebäude nach 1945: mit Tragkonstruktion	–	–	–	–
Fachwerkhäuser	–	–	–	–
Gewerbegebäude	–	–	–	–

Instandsetzungen

Wohngebäude	–	**0,10**	–	0,0%
Nichtwohngebäude	–	–	–	–
mit Restaurierungsarbeiten	78,00	**106,00**	134,00	13,8%

Einheit: m²
Brutto-Grundfläche

Übersicht 1.+2.Ebene
Erweiterung
Umbau
Moderni-sierung
Instand-setzung
Bau-elemente
Abbrechen
Wieder-herstellen
Herstellen

Altbau Ausführungsarten

Abbrechen

Ausführungsarten
zur 3.Ebene DIN 276
für die Kostengruppen 300+400+500

322
Flachgründungen

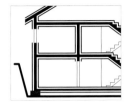

322.11.00	Einzelfundamente und Streifenfundamente			
05	**Abbruch von Einzel- und Streifenfundamenten, bewehrt/unbewehrt; Entsorgung, Deponiegebühren (4 Objekte)**	160,00	**190,00**	300,00
	Einheit: m³ Fundamentvolumen			
	084 Abbruch- und Rückbauarbeiten			100,0%

Kosten:
Stand 2.Quartal 2016
Bundesdurchschnitt
inkl. 19% MwSt.

▷ von
ø Mittel
◁ bis

© **BKI** Baukosteninformationszentrum; Erläuterungen zu den Tabellen siehe Seite 36   Kostenstand: 2.Quartal 2016, Bundesdurchschnitt, **inkl. 19% MwSt.**

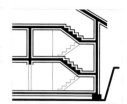

324.15.00	Stahlbeton, Ortbeton, Platten			
02	**Abbruch von Betonplatten, d=15-20cm; Entsorgung, Deponiegebühren (7 Objekte)**	24,00	**31,00**	40,00
	Einheit: m² Plattenfläche			
	084 Abbruch- und Rückbauarbeiten			100,0%
03	**Abbruch von Betonplatten, d=10-20cm, Fußboden-aufbau; Entsorgung, Deponiegebühren (3 Objekte)**	46,00	**65,00**	75,00
	Einheit: m² Plattenfläche			
	084 Abbruch- und Rückbauarbeiten			100,0%

Übersicht 1. + 2. Ebene

Erweiterung

Umbau

Moderni sierung

Instand-setzung

Bau-elemente

Abbrechen

Wieder-herstellen

Herstellen

325
Bodenbeläge

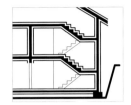

Kosten:
Stand 2.Quartal 2016
Bundesdurchschnitt
inkl. 19% MwSt.

▷ von
ø Mittel
◁ bis

KG.AK.AA - Abbrechen	▷	€/Einheit	◁	LB an AA

325.21.00 Estrich

06 Abbruch von Zementverbundestrich, d=5-10cm; Entsorgung, Deponiegebühren (10 Objekte)
Einheit: m² Abgebrochene Fläche
084 Abbruch- und Rückbauarbeiten

| 21,00 | **23,00** | 25,00 | 100,0% |

325.31.00 Fliesen und Platten

05 Abbruch von Plattenbelägen; Entsorgung, Deponiegebühren (6 Objekte)
Einheit: m² Abgebrochene Fläche
084 Abbruch- und Rückbauarbeiten

| 18,00 | **24,00** | 32,00 | 100,0% |

06 Abbruch von Plattenbelägen, Mörtelbett, d=5-7cm; Entsorgung, Deponiegebühren (7 Objekte)
Einheit: m² Abgebrochene Fläche
084 Abbruch- und Rückbauarbeiten

| 12,00 | **25,00** | 44,00 | 100,0% |

325.41.00 Naturstein

04 Abbruch von Natursteinbelag, Unterbau; Entsorgung, Deponiegebühren (2 Objekte)
Einheit: m² Abgebrochene Fläche
084 Abbruch- und Rückbauarbeiten

| 37,00 | **45,00** | 53,00 | 100,0% |

325.51.00 Betonwerkstein

04 Abbruch von Betonwerksteinbelag, Terrazzobelag; Entsorgung, Deponiegebühren (4 Objekte)
Einheit: m² Belegte Fläche
084 Abbruch- und Rückbauarbeiten

| 12,00 | **16,00** | 28,00 | 100,0% |

325.61.00 Textil

03 Abbruch von Textilbelägen; Entsorgung, Deponiegebühren (5 Objekte)
Einheit: m² Abgebrochene Fläche
084 Abbruch- und Rückbauarbeiten

| 6,70 | **8,90** | 16,00 | 100,0% |

325.71.00 Holz

07 Abbruch von Holzdielen; Entsorgung, Deponiegebühren (4 Objekte)
Einheit: m² Abgebrochene Fläche
084 Abbruch- und Rückbauarbeiten

| 7,50 | **12,00** | 23,00 | 100,0% |

08 Abbruch von Holzparkett; Entsorgung, Deponiegebühren (5 Objekte)
Einheit: m² Abgebrochene Fläche
084 Abbruch- und Rückbauarbeiten

| 12,00 | **17,00** | 27,00 | 100,0% |

325.81.00 Hartbeläge

02 Abbruch von PVC-Belag oder Linoleum; Entsorgung, Deponiegebühren (17 Objekte)
Einheit: m² Abgebrochene Fläche
084 Abbruch- und Rückbauarbeiten

| 4,70 | **6,30** | 9,70 | 100,0% |

325.92.00	Ziegelbeläge			
02	**Abbruch von Flach- oder Rollschichtziegelpflaster, Sandbettung, d=12cm; Entsorgung, Deponiegebühren (7 Objekte)**	9,70	**17,00**	28,00
	Einheit: m² Abgebrochene Fläche			
	084 Abbruch- und Rückbauarbeiten			100,0%

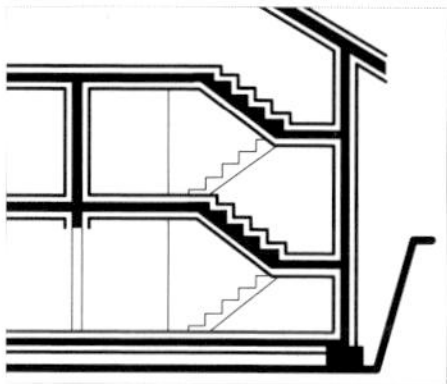

Übersicht 1.+.2.Ebene

Erweiterung

Umbau

Modernisierung

Instandsetzung

Bauelemente

Abbrechen

Wiederherstellen

Herstellen

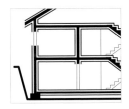

Kosten:
Stand 2.Quartal 2016
Bundesdurchschnitt
inkl. 19% MwSt.

KG.AK.AA - Abbrechen	▷	€/Einheit	◁	LB an AA

331.14.00 Mauerwerkswand, Kalksandsteine

13 **Abbruch von KS-Mauerwerk, d=30cm, Putz; Entsorgung, Deponiegebühren (2 Objekte)**	54,00	**63,00**	72,00	
Einheit: m² Abgebrochene Fläche				
084 Abbruch- und Rückbauarbeiten				100,0%

331.16.00 Mauerwerkswand, Mauerziegel

11 **Abbruch vom Ziegelmauerwerk, d=25cm; Entsorgung, Deponiegebühren (6 Objekte)**	39,00	**52,00**	68,00	
Einheit: m² Abgebrochene Fläche				
084 Abbruch- und Rückbauarbeiten				100,0%
12 **Abbruch von Ziegelmauerwerk, d=30-60cm; Entsorgung, Deponiegebühren (11 Objekte)**	64,00	**78,00**	91,00	
Einheit: m² Abgebrochene Fläche				
084 Abbruch- und Rückbauarbeiten				100,0%

331.21.00 Betonwand, Ortbetonwand, schwer

01 **Abbruch von Stahlbetonwänden, d=40cm, Kleinmengen, Öffnungen; Entsorgung, Deponiegebühren (3 Objekte)**	240,00	**300,00**	410,00	
Einheit: m² Abgebrochene Fläche				
084 Abbruch- und Rückbauarbeiten				100,0%
09 **Abbruch von Stahlbetonwänden, d=35cm; Entsorgung, Deponiegebühren (3 Objekte)**	110,00	**120,00**	130,00	
Einheit: m² Abgebrochene Fläche				
084 Abbruch- und Rückbauarbeiten				100,0%

▷ von
ø Mittel
◁ bis

© **BKI** Baukosteninformationszentrum; Erläuterungen zu den Tabellen siehe Seite 36   Kostenstand: 2.Quartal 2016, Bundesdurchschnitt, **inkl. 19% MwSt.**

332.12.00 Mauerwerkswand, Porenbeton			
01 **Abbruch von Porenbeton-Mauerwerk, d=17,5-25cm; Entsorgung, Deponiegebühren (3 Objekte)**	69,00	**100,00**	160,00
Einheit: m² Abgebrochene Fläche			
084 Abbruch- und Rückbauarbeiten			100,0%

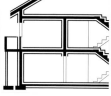

332.16.00 Mauerwerkswand, Mauerziegel			
02 **Abbruch von Ziegelmauerwerk, d=11,5cm; Entsorgung, Deponiegebühren (1 Objekt)**	–	**32,00**	–
Einheit: m² Abgebrochene Fläche			
084 Abbruch- und Rückbauarbeiten			100,0%

332.19.00 Mauerwerkswand, sonstiges			
81 **Abbruch von Fensterstürzen aus Beton; Entsorgung, Deponiegebühren (1 Objekt)**	–	**170,00**	–
Einheit: St Fensterstürze			
084 Abbruch- und Rückbauarbeiten			100,0%

332.51.00 Glaswand, Glasmauersteine			
02 **Abbruch von Glassteinwand; Entsorgung, Deponiegebühren (2 Objekte)**	59,00	**68,00**	77,00
Einheit: m² Abgebrochene Fläche			
084 Abbruch- und Rückbauarbeiten			100,0%

Übersicht 1.+2.Ebene
Erweiterung
Umbau
Moderni-sierung
Instand-setzung
Bau-elemente
Abbrechen
Wieder-herstellen
Herstellen

333
Außenstützen

333.21.00 Betonstütze, Ortbeton, schwer			
05 **Abbruch von Stahlbetonstütze 30x25cm; Entsorgung, Deponiegebühren (1 Objekt)**	–	24,00	–
Einheit: m Stützenlänge			
084 Abbruch- und Rückbauarbeiten			100,0%

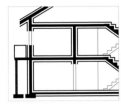

Kosten:
Stand 2.Quartal 2016
Bundesdurchschnitt
inkl. 19% MwSt.

▷ von
ø Mittel
◁ bis

© **BKI** Baukosteninformationszentrum; Erläuterungen zu den Tabellen siehe Seite 36   Kostenstand: 2.Quartal 2016, Bundesdurchschnitt, **inkl. 19% MwSt.**

334.12.00 Türen, Holz			
01 **Abbruch von Holz-Kastendoppeltür; Entsorgung, Deponiegebühren (2 Objekte)**	43,00	**56,00**	68,00
Einheit: m² Türfläche			
084 Abbruch- und Rückbauarbeiten			100,0%
07 **Abbruch von Holzhaustür; Entsorgung, Deponiegebühren (4 Objekte)**	23,00	**27,00**	30,00
Einheit: m² Türfläche			
084 Abbruch- und Rückbauarbeiten			100,0%

334.22.00 Fenstertüren, Holz			
04 **Abbruch von Holzfenstertüren, Zargen, Rahmenaufdoppelung, Innenfutter; Entsorgung, Deponiegebühren (2 Objekte)**	68,00	**99,00**	130,00
Einheit: m² Türfläche			
084 Abbruch- und Rückbauarbeiten			100,0%
05 **Abbruch von Holzfenstertüren; Entsorgung, Deponiegebühren (3 Objekte)**	25,00	**28,00**	33,00
Einheit: m² Türfläche			
084 Abbruch- und Rückbauarbeiten			100,0%

334.62.00 Fenster, Holz			
03 **Abbruch von Holz-Einfachfenster, Fensterbank; Entsorgung, Deponiegebühren (7 Objekte)**	39,00	**47,00**	65,00
Einheit: m² Fensterfläche			
084 Abbruch- und Rückbauarbeiten			100,0%

334.63.00 Fenster, Kunststoff			
04 **Abbruch von Kunststofffenster, Fensterbank; Entsorgung, Deponiegebühren (7 Objekte)**	22,00	**30,00**	37,00
Einheit: m² Fensterfläche			
084 Abbruch- und Rückbauarbeiten			100,0%

Übersicht 1.+.2.Ebene
Erweiterung
Umbau
Modernisierung
Instandsetzung
Bauelemente
Abbrechen
Wiederherstellen
Herstellen

335
Außenwand-bekleidungen außen

Kosten:
Stand 2.Quartal 2016
Bundesdurchschnitt
inkl. 19% MwSt.

		▷	€/Einheit	◁	
335.31.00 Putz					
02	**Abschlagen von Außenputz, bis auf das Mauerwerk; Entsorgung, Deponiegebühren (11 Objekte)**	8,10	**10,00**	13,00	
	Einheit: m² Abgebrochene Fläche				
	084 Abbruch- und Rückbauarbeiten				100,0%
335.41.00 Bekleidung auf Unterkonstruktion, Faserzement					
02	**Ausbau von Faserzement-Fassadenplatten, asbesthaltig, Holzunterkonstruktion; Entsorgung als Sondermüll, Deponiegebühren (4 Objekte)**	19,00	**23,00**	25,00	
	Einheit: m² Abgebrochene Fläche				
	084 Abbruch- und Rückbauarbeiten				100,0%
335.44.00 Bekleidung auf Unterkonstruktion, Holz					
81	**Abbruch von Holzwerkstoff-Bekleidung; Entsorgung, Deponiegebühren (1 Objekt)**	–	**6,90**	–	
	Einheit: m² Abgebrochene Fläche				
	084 Abbruch- und Rückbauarbeiten				100,0%
335.47.00 Bekleidung auf Unterkonstruktion, Metall					
02	**Abbruch von Zinkabdeckungen; Entsorgung, Deponiegebühren (3 Objekte)**	8,50	**8,80**	9,30	
	Einheit: m² Abgebrochene Fläche				
	084 Abbruch- und Rückbauarbeiten				100,0%

▷ von
ø Mittel
◁ bis

© **BKI** Baukosteninformationszentrum; Erläuterungen zu den Tabellen siehe Seite 36   Kostenstand: 2.Quartal 2016, Bundesdurchschnitt, **inkl. 19% MwSt.**

		▷	€/Einheit	◁	
336.17.00	Dämmung				
02	**Abbruch von Styroporplatten; Entsorgung, Deponie-gebühren (1 Objekt)**	–	**11,00**	–	
	Einheit: m² Abgebrochene Fläche				
	084 Abbruch- und Rückbauarbeiten				100,0%
336.21.00	Anstrich				
04	**Abbeizen von Ölfarbe, Leimfarbe von Wänden (2 Objekte)**	4,40	**8,10**	12,00	
	Einheit: m² Abgebrochene Fläche				
	084 Abbruch- und Rückbauarbeiten				100,0%
05	**Entfernen von Mineralfarbanstrich an Wänden bis auf sauberen Untergrund, Untergrund reinigen, verputzen (1 Objekt)**	–	**2,50**	–	
	Einheit: m² Abgebrochene Fläche				
	084 Abbruch- und Rückbauarbeiten				100,0%
336.31.00	Putz				
04	**Abschlagen von Wandputz, d bis 20mm; Entsorgung (13 Objekte)**	11,00	**14,00**	18,00	
	Einheit: m² Abgebrochene Fläche				
	084 Abbruch- und Rückbauarbeiten				100,0%
336.33.00	Putz, Fliesen und Platten				
03	**Abbruch von Wandfliesen, Mörtelbett; Entsorgung, Deponiegebühren (9 Objekte)**	12,00	**18,00**	22,00	
	Einheit: m² Abgebrochene Fläche				
	084 Abbruch- und Rückbauarbeiten				100,0%
336.44.00	Bekleidung auf Unterkonstruktion, Holz				
02	**Abbruch von Holz-Bekleidung, d=4cm; Entsorgung, Deponiegebühren (3 Objekte)**	4,00	**7,70**	10,00	
	Einheit: m² Abgebrochene Fläche				
	084 Abbruch- und Rückbauarbeiten				100,0%
336.61.00	Tapeten				
02	**Entfernen von Tapete, teilweise mehrlagig; Entsorgung (8 Objekte)**	2,80	**3,90**	5,30	
	Einheit: m² Abgebrochene Fläche				
	084 Abbruch- und Rückbauarbeiten				100,0%
336.62.00	Tapeten, Anstrich				
82	**Entfernen von Tapete, Anstrichen, Putzuntergrund vorbereiten; Entsorgung (8 Objekte)**	9,90	**12,00**	14,00	
	Einheit: m² Abgebrochene Fläche				
	084 Abbruch- und Rückbauarbeiten				100,0%

Übersicht 1.+2. Ebene
Erweiterung
Umbau
Moderni-sierung
Instand-setzung
Bau-elemente
Abbrechen
Wieder-herstellen
Herstellen

338
Sonnenschutz

		▷	Ø	◁	
338.12.00	Rollläden				
07	**Abbruch von Holz-Rollladen, Welle, Gurt, Gurtkasten; Entsorgung, Deponiegebühren (3 Objekte)**	11,00	**17,00**	25,00	
	Einheit: m² Abgebrochene Fläche				
	084 Abbruch- und Rückbauarbeiten				100,0%
10	**Abbruch von Rollladenkästen im Mauerwerk; Entsorgung, Deponiegebühren (2 Objekte)**	45,00	**54,00**	63,00	
	Einheit: m Rollladenkästen				
	084 Abbruch- und Rückbauarbeiten				100,0%

Kosten:
Stand 2.Quartal 2016
Bundesdurchschnitt
inkl. 19% MwSt.

▷ von
Ø Mittel
◁ bis

339.12.00 Kellerlichtschächte			
03 **Abbruch von Kellerlichtschacht; Entsorgung, Deponiegebühren (4 Objekte)**	96,00	**120,00**	150,00
Einheit: m³ Lichtschachtvolumen			
084 Abbruch- und Rückbauarbeiten			100,0%

339.22.00 Geländer			
02 **Abbruch von Balkongeländer; Entsorgung, Deponiegebühren (2 Objekte)**	41,00	**44,00**	48,00
Einheit: m² Abgebrochene Fläche			
084 Abbruch- und Rückbauarbeiten			100,0%

339.32.00 Gitterroste			
81 **Abbruch von Stahlfenstergitter; Entsorgung, Deponiegebühren (3 Objekte)**	3,70	**21,00**	32,00
Einheit: m² Abgebrochene Fläche			
084 Abbruch- und Rückbauarbeiten			100,0%

Übersicht- 1.+.2.Ebene

Erweiterung

Umbau

Moderni- sierung

Instand- setzung

Bau- elemente

Abbrechen

Wieder- herstellen

Herstellen

341
Tragende Innenwände

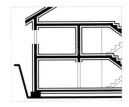

Kosten:
Stand 2.Quartal 2016
Bundesdurchschnitt
inkl. 19% MwSt.

		▷	€ / Einheit	◁	
341.14.00 Mauerwerkswand, Kalksandsteine					
09 **Abbruch von KS-Mauerwerk, d=24cm, Putz; Entsorgung, Deponiegebühren (3 Objekte)**		56,00	**62,00**	72,00	
Einheit: m² Abgebrochene Fläche					
084 Abbruch- und Rückbauarbeiten					100,0%
341.16.00 Mauerwerkswand, Mauerziegel					
03 **Abbruch von Ziegelmauerwerk, d=24-28cm; Entsorgung, Deponiegebühren (10 Objekte)**		47,00	**64,00**	82,00	
Einheit: m² Abgebrochene Fläche					
084 Abbruch- und Rückbauarbeiten					100,0%
05 **Abbruch von Ziegelmauerwerk, d=40-63cm; Entsorgung, Deponiegebühren (8 Objekte)**		76,00	**98,00**	140,00	
Einheit: m² Abgebrochene Fläche					
084 Abbruch- und Rückbauarbeiten					100,0%
341.19.00 Mauerwerkswand, sonstiges					
81 **Durchbrüche in Mauerwerkswänden, d=20-40cm, Größe bis 0,50m², Schuttentsorgung (7 Objekte)**		48,00	**85,00**	140,00	
Einheit: St Durchbrüche					
084 Abbruch- und Rückbauarbeiten					100,0%
82 **Abbruch von Mauerwerk, d bis 20cm; Entsorgung, Deponiegebühren (7 Objekte)**		31,00	**46,00**	61,00	
Einheit: m² Abgebrochene Fläche					
084 Abbruch- und Rückbauarbeiten					100,0%
341.35.00 Holzwand, Fachwerk einschl. Ausfachung					
01 **Abbruch von Holzfachwerkwänden, d=24cm, mit Türen; Entsorgung, Deponiegebühren (2 Objekte)**		55,00	**56,00**	58,00	
Einheit: m² Abgebrochene Fläche					
084 Abbruch- und Rückbauarbeiten					100,0%

▷ von
ø Mittel
◁ bis

© **BKI** Baukosteninformationszentrum; Erläuterungen zu den Tabellen siehe Seite 36   Kostenstand: 2.Quartal 2016, Bundesdurchschnitt, **inkl. 19% MwSt.**

342.14.00 Mauerwerkswand, Kalksandsteine

03 **Abbruch von KS-Mauerwerk, d=11,5cm; Entsorgung, Deponiegebühren (2 Objekte)**   36,00   **40,00**   44,00
Einheit: m² Abgebrochene Fläche
084 Abbruch- und Rückbauarbeiten   100,0%

342.16.00 Mauerwerkswand, Mauerziegel

05 **Abbruch von Ziegelmauerwerk, d=11,5-20cm; Entsorgung, Deponiegebühren (10 Objekte)**   29,00   **37,00**   44,00
Einheit: m² Abgebrochene Fläche
084 Abbruch- und Rückbauarbeiten   100,0%

342.21.00 Betonwand, Ortbeton, schwer

01 **Abbruch von Stahlbetonwänden, d=15cm; Entsorgung, Deponiegebühren (1 Objekt)**   –   **120,00**   –
Einheit: m² Abgebrochene Fläche
084 Abbruch- und Rückbauarbeiten   100,0%

342.51.00 Holzständerwand, einfach beplankt

01 **Abbruch von Holzständerwänden, Befestigungsteile, Beplankung, Dämmung; Entsorgung, Deponiegebühren (7 Objekte)**   38,00   **45,00**   52,00
Einheit: m² Abgebrochene Fläche
084 Abbruch- und Rückbauarbeiten   100,0%

342.69.00 Metallständerwand, sonstiges

81 **Abbruch von Leichtbauwänden aus Holzwerkstoff; Entsorgung, Deponiegebühren (1 Objekt)**   –   **19,00**   –
Einheit: m² Abgebrochene Fläche
084 Abbruch- und Rückbauarbeiten   100,0%

342.71.00 Glassteinkonstruktionen

02 **Abbruch von Glasbausteinen, d=11,5cm; Entsorgung, Deponiegebühren (3 Objekte)**   21,00   **28,00**   32,00
Einheit: m² Abgebrochene Fläche
084 Abbruch- und Rückbauarbeiten   100,0%

Übersicht 1.+2.Ebene — Erweiterung — Umbau — Modernisierung — Instandsetzung — Bauelemente — Abbrechen — Wiederherstellen — Herstellen

344
Innentüren
und -fenster

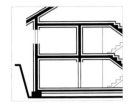

Kosten:
Stand 2.Quartal 2016
Bundesdurchschnitt
inkl. 19% MwSt.

344.12.00 Türen, Holz

04 **Abbruch von Holztür, Holz- oder Stahlzarge; Entsorgung, Deponiegebühren (14 Objekte)**
Einheit: m² Türfläche

	▷	€/Einheit	◁	
	20,00	**23,00**	27,00	
084 Abbruch- und Rückbauarbeiten				100,0%

344.14.00 Türen, Metall

05 **Abbruch von Stahltür, Zarge; Entsorgung, Deponiegebühren (3 Objekte)**
Einheit: m² Türfläche

	25,00	**34,00**	49,00	
084 Abbruch- und Rückbauarbeiten				100,0%

344.21.00 Schiebetüren

02 **Abbruch von Holzschiebetür; Entsorgung, Deponiegebühren (1 Objekt)**
Einheit: m² Türfläche

	–	**10,00**	–	
084 Abbruch- und Rückbauarbeiten				100,0%

344.32.00 Brandschutztüren, -tore, T30

05 **Abbruch von Stahltür T30, Stahlzarge; Entsorgung, Deponiegebühren (3 Objekte)**
Einheit: m² Türfläche

	18,00	**22,00**	25,00	
084 Abbruch- und Rückbauarbeiten				100,0%

344.51.00 Fenster, Ganzglas

01 **Abbruch von Glasbausteinen; Entsorgung, Deponiegebühren (1 Objekt)**
Einheit: m² Fensterfläche

	–	**12,00**	–	
084 Abbruch- und Rückbauarbeiten				100,0%

344.52.00 Fenster, Holz

01 **Abbruch von Holzfenster, Einfachverglasung; Entsorgung, Deponiegebühren (2 Objekte)**
Einheit: m² Fensterfläche

	31,00	**31,00**	31,00	
084 Abbruch- und Rückbauarbeiten				100,0%

▷ von
ø Mittel
◁ bis

© **BKI** Baukosteninformationszentrum; Erläuterungen zu den Tabellen siehe Seite 36   Kostenstand: 2.Quartal 2016, Bundesdurchschnitt, inkl. **19% MwSt.**

345.21.00 Anstrich

05 **Abbeizen von Dispersionsanstrich auf Putzflächen; Entsorgung (3 Objekte)**	1,80	**2,30**	2,50	
Einheit: m² Behandelte Fläche				
084 Abbruch- und Rückbauarbeiten				100,0%
06 **Abbeizen von Ölfarbe (1 Objekt)**	–	**12,00**	–	
Einheit: m² Behandelte Fläche				
084 Abbruch- und Rückbauarbeiten				100,0%
07 **Abbeizen von Leimfarbe (3 Objekte)**	3,80	**4,40**	5,40	
Einheit: m² Behandelte Fläche				
084 Abbruch- und Rückbauarbeiten				100,0%

345.31.00 Putz

05 **Abschlagen von Innenputz, d=15-20mm; Entsorgung (11 Objekte)**	13,00	**17,00**	21,00	
Einheit: m² Abgebrochene Fläche				
084 Abbruch- und Rückbauarbeiten				100,0%

345.33.00 Putz, Fliesen und Platten

07 **Abbruch von Wandfliesen, mit Mörtelbett, d bis 30mm, abstemmen; Entsorgung, Deponiegebühren (15 Objekte)**	12,00	**18,00**	24,00	
Einheit: m² Abgebrochene Fläche				
084 Abbruch- und Rückbauarbeiten				100,0%
08 **Abbruch von Wandfliesen, Wandputz bis auf Mauerwerk; Entsorgung, Deponiegebühren (4 Objekte)**	11,00	**17,00**	24,00	
Einheit: m² Abgebrochene Fläche				
084 Abbruch- und Rückbauarbeiten				100,0%

345.44.00 Bekleidung auf Unterkonstruktion, Holz

02 **Abbruch von Holz-Bekleidung, Unterkonstruktion; Entsorgung, Deponiegebühren (5 Objekte)**	16,00	**22,00**	29,00	
Einheit: m² Abgebrochene Fläche				
084 Abbruch- und Rückbauarbeiten				100,0%

345.48.00 Bekleidung auf Unterkonstruktion, mineralisch

02 **Abbruch von GK-Bekleidung, Unterkonstruktion; Entsorgung, Deponiegebühren (1 Objekt)**	–	**32,00**	–	
Einheit: m² Abgebrochene Fläche				
084 Abbruch- und Rückbauarbeiten				100,0%

345.61.00 Tapeten

02 **Entfernen von Tapete, teilweise mehrlagig; Entsorgung, Deponiegebühren (15 Objekte)**	2,70	**4,00**	5,20	
Einheit: m² Abgebrochene Fläche				
084 Abbruch- und Rückbauarbeiten				100,0%

Übersicht-1.+2.Ebene
Erweiterung
Umbau
Moderni-sierung
Instand-setzung
Bau-elemente
Abbrechen
Wieder-herstellen
Herstellen

345
Innenwand-bekleidungen

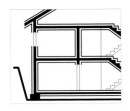

Kosten:
Stand 2.Quartal 2016
Bundesdurchschnitt
inkl. 19% MwSt.

KG.AK.AA - Abbrechen	▷	€/Einheit	◁	LB an AA
345.62.00 Tapeten, Anstrich				
82 **Entfernen von Tapete, Anstrich, Putzuntergrund vorbereiten; Entsorgung, Deponiegebühren (8 Objekte)**	9,90	**12,00**	14,00	
Einheit: m² Abgebrochene Fläche				
084 Abbruch- und Rückbauarbeiten				100,0%
345.92.00 Vorsatzschalen für Installationen				
03 **Abbruch von Vormauerung für Sanitärbereiche; Entsorgung, Deponiegebühren (1 Objekt)**	–	**62,00**	–	
Einheit: m² Abgebrochene Fläche				
084 Abbruch- und Rückbauarbeiten				100,0%

▷ von
ø Mittel
◁ bis

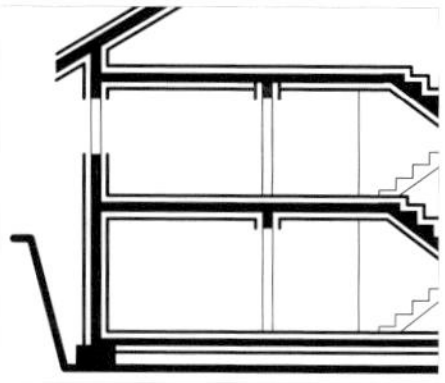

346.13.00 Montagewände, Holz-Mischkonstruktion

02 **Abbruch von Holz-Glas-Trennwänden mit Türen;** 10,00 **13,00** 15,00
Entsorgung, Deponiegebühren (2 Objekte)
Einheit: m² Abgebrochene Fläche
084 Abbruch- und Rückbauarbeiten 100,0%

346.33.00 Sanitärtrennwände, Holz-Mischkonstruktion

02 **Abbruch von WC-Holztrennwänden, d bis 15cm;** 26,00 **27,00** 28,00
Entsorgung, Deponiegebühren (3 Objekte)
Einheit: m² Abgebrochene Fläche
084 Abbruch- und Rückbauarbeiten 100,0%

03 **Abbruch von Sanitärtrennwänden mit Türen, Holz-** 23,00 **28,00** 38,00
Metallkonstruktion; Entsorgung, Deponiegebühren
(3 Objekte)
Einheit: m² Abgebrochene Fläche
084 Abbruch- und Rückbauarbeiten 100,0%

Übersicht 1.+2.Ebene
Erweiterung
Umbau
Moderni-sierung
Instand-setzung
Bau-elemente
Abbrechen
Wieder-herstellen
Herstellen

351
Decken-konstruktionen

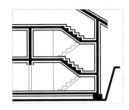

Kosten:
Stand 2.Quartal 2016
Bundesdurchschnitt
inkl. 19% MwSt.

▷ von
ø Mittel
◁ bis

351.15.00 Stahlbeton, Ortbeton, Platten

05 Abbruch von Stb-Decken, d=18-25cm; Entsorgung, Deponiegebühren (7 Objekte)
Einheit: m² Abgebrochene Fläche
084 Abbruch- und Rückbauarbeiten

71,00 — **100,00** — 150,00
100,0%

351.17.00 Stahlbeton, Ortbeton, Rippen

01 Abbruch von Stahl-Rippendecken, d=18-32cm; Entsorgung, Deponiegebühren (3 Objekte)
Einheit: m² Abgebrochene Fläche
084 Abbruch- und Rückbauarbeiten

49,00 — **55,00** — 58,00
100,0%

351.41.00 Vollholzbalken

82 Abbruch von Holzbalkendecken; Entsorgung, Deponiegebühren (3 Objekte)
Einheit: m² Abgebrochene Fläche
084 Abbruch- und Rückbauarbeiten

51,00 — **83,00** — 140,00
100,0%

351.42.00 Vollholzbalken, Schalung

02 Abbruch von Holzbalkendecken, Balkenlage, Deckenfüllung, Schalung, Bodenaufbau; Entsorgung, Deponiegebühren (6 Objekte)
Einheit: m² Abgebrochene Fläche
084 Abbruch- und Rückbauarbeiten

46,00 — **78,00** — 96,00
100,0%

351.51.00 Treppen, gerade, Ortbeton

02 Abbruch von Stb-Treppe, Stahlbetonkeilstufen; Entsorgung, Deponiegebühren (6 Objekte)
Einheit: m² Abgebrochene Fläche
084 Abbruch- und Rückbauarbeiten

55,00 — **78,00** — 100,00
100,0%

351.69.00 Treppen, Beton-Fertigteil, sonstiges

81 Abbruch von Stb-Treppe; Entsorgung, Deponiegebühren (3 Objekte)
Einheit: m² Abgebrochene Fläche
084 Abbruch- und Rückbauarbeiten

140,00 — **240,00** — 300,00
100,0%

351.81.00 Treppen, Holzkonstruktion, gestemmt

02 Abbruch von Holztreppe, Trittstufen, Geländer; Entsorgung, Deponiegebühren (9 Objekte)
Einheit: m² Abgebrochene Fläche
084 Abbruch- und Rückbauarbeiten

32,00 — **51,00** — 98,00
100,0%

351.91.00 Sonstige Deckenkonstruktionen

84 Abbruch von Ziegel-Kappendecken, d=20-40cm; Entsorgung, Deponiegebühren (3 Objekte)
Einheit: m² Abgebrochene Fläche
084 Abbruch- und Rückbauarbeiten

60,00 — **100,00** — 120,00
100,0%

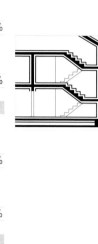

352.21.00 Estrich

05 **Abbruch von Spanplatten; Entsorgung, Deponie-** | 8,90 | **8,90** | 8,90
gebühren (1 Objekt)
Einheit: m² Abgebrochene Fläche
084 Abbruch- und Rückbauarbeiten | | | | 100,0%

07 **Abbruch von Estrich, d=2-7cm, Dämmung; Entsorgung,** | 6,90 | **9,40** | 12,00
Deponiegebühren (5 Objekte)
Einheit: m² Abgebrochene Fläche
084 Abbruch- und Rückbauarbeiten | | | | 100,0%

352.31.00 Fliesen und Platten

05 **Abbruch von einzelnen Fliesen, Mörtelbett;** | 79,00 | **90,00** | 100,00
Entsorgung, Deponiegebühren (2 Objekte)
Einheit: m² Abgebrochene Fläche
084 Abbruch- und Rückbauarbeiten | | | | 100,0%

08 **Abbruch von Bodenfliesen, Mörtelbett; Entsorgung,** | 24,00 | **30,00** | 36,00
Deponiegebühren (4 Objekte)
Einheit: m² Abgebrochene Fläche
084 Abbruch- und Rückbauarbeiten | | | | 100,0%

352.32.00 Fliesen und Platten, Estrich

01 **Abbruch von Bodenfliesen, Estrich, d bis 10cm,** | 13,00 | **23,00** | 30,00
teilweise Gefälleestrich; Entsorgung, Deponie-
gebühren (7 Objekte)
Einheit: m² Abgebrochene Fläche
084 Abbruch- und Rückbauarbeiten | | | | 100,0%

352.41.00 Naturstein

03 **Abbruch von Natursteinbelag, d bis 40mm, Mörtel-** | 20,00 | **25,00** | 35,00
bett; Entsorgung, Deponiegebühren (5 Objekte)
Einheit: m² Abgebrochene Fläche
084 Abbruch- und Rückbauarbeiten | | | | 100,0%

352.51.00 Betonwerkstein

82 **Abbruch von Betonwerksteinbelag; Entsorgung,** | 11,00 | **19,00** | 33,00
Deponiegebühren (3 Objekte)
Einheit: m² Abgebrochene Fläche
084 Abbruch- und Rückbauarbeiten | | | | 100,0%

352.61.00 Textil

04 **Abbruch von Teppichboden; Entsorgung,** | 6,50 | **8,00** | 11,00
Deponiegebühren (7 Objekte)
Einheit: m² Abgebrochene Fläche
084 Abbruch- und Rückbauarbeiten | | | | 100,0%

352.62.00 Textil, Estrich

81 **Abbruch von Textilbelag auf schwimmendem Estrich,** | – | **95,00** | –
Holzdielung; Entsorgung, Deponiegebühren (1 Objekt)
Einheit: m² Abgebrochene Fläche
084 Abbruch- und Rückbauarbeiten | | | | 100,0%

Sidebar navigation: Übersicht 1.+2.Ebene / Erweiterung / Umbau / Moderni-sierung / Instand-setzung / Bau-elemente / **Abbrechen** / Wieder-herstellen / Herstellen

352
Deckenbeläge

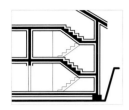

Kosten:
Stand 2.Quartal 2016
Bundesdurchschnitt
inkl. 19% MwSt.

352.71.00 Holz

08 **Abbruch von Spanplatten, Fußbodenbelag; Entsorgung, Deponiegebühren (3 Objekte)** — 8,40 | **13,00** | 15,00
Einheit: m² Abgebrochene Fläche
084 Abbruch- und Rückbauarbeiten — 100,0%

10 **Abbruch von Parkett mit Kleber, Sockelleisten; Entsorgung, Deponiegebühren (4 Objekte)** — 17,00 | **22,00** | 26,00
Einheit: m² Abgebrochene Fläche
084 Abbruch- und Rückbauarbeiten — 100,0%

11 **Abbruch von genagelten Holzdielen, d=22-25mm; Entsorgung, Deponiegebühren (6 Objekte)** — 8,40 | **12,00** | 14,00
Einheit: m² Abgebrochene Fläche
084 Abbruch- und Rückbauarbeiten — 100,0%

352.81.00 Hartbeläge

05 **Abbruch von PVC-Belag, Sockelleisten; Entsorgung, Deponiegebühren (10 Objekte)** — 5,10 | **7,10** | 9,50
Einheit: m² Abgebrochene Fläche
084 Abbruch- und Rückbauarbeiten — 100,0%

352.82.00 Hartbeläge, Estrich

82 **Kunststoffbelag, vorhandenen Unterboden (Estrich) reinigen und spachteln, teilweise vorhandenen Oberbelag (Textil, Linoleum) aufnehmen, entsorgen (5 Objekte)** — 49,00 | **59,00** | 76,00
Einheit: m² Abgebrochene Fläche
084 Abbruch- und Rückbauarbeiten — 100,0%

352.91.00 Sonstige Deckenbeläge

81 **Abbruch von Textil- oder Kunststoffbelag; Entsorgung, Deponiegebühren (5 Objekte)** — 4,90 | **8,70** | 12,00
Einheit: m² Abgebrochene Fläche
084 Abbruch- und Rückbauarbeiten — 100,0%

▷ von
ø Mittel
◁ bis

353.21.00 Anstrich

06 **Abbeizen von Leimfarbe an Decken (3 Objekte)** — 2,70 / **4,00** / 4,80
Einheit: m² Behandelte Fläche
084 Abbruch- und Rückbauarbeiten — 100,0%

07 **Abbeizen von Dispersionsanstrich, kleine Oberflächen-schäden ausbessern, Unebenheiten spachteln (2 Objekte)** — 5,20 / **5,30** / 5,50
Einheit: m² Behandelte Fläche
084 Abbruch- und Rückbauarbeiten — 100,0%

353.31.00 Putz

04 **Abschlagen von Deckenputz; Entsorgung (6 Objekte)** — 11,00 / **15,00** / 22,00
Einheit: m² Abgebrochene Fläche
084 Abbruch- und Rückbauarbeiten — 100,0%

353.48.00 Bekleidung auf Unterkonstruktion, mineralisch

02 **Abbruch von GK-Decke, Unterkonstruktion; Entsorgung, Deponiegebühren (10 Objekte)** — 11,00 / **15,00** / 19,00
Einheit: m² Abgebrochene Fläche
084 Abbruch- und Rückbauarbeiten — 100,0%

353.61.00 Tapeten

02 **Entfernen von Raufasertapete an Deckenflächen; Entsorgung (5 Objekte)** — 3,30 / **3,90** / 4,80
Einheit: m² Abgebrochene Fläche
084 Abbruch- und Rückbauarbeiten — 100,0%

353.62.00 Tapeten, Anstrich

81 **Entfernen von Tapete, Anstrich, entsorgen, Putzuntergrund vorbereiten (3 Objekte)** — 9,90 / **10,00** / 11,00
Einheit: m² Abgebrochene Fläche
084 Abbruch- und Rückbauarbeiten — 100,0%

353.82.00 Abgehängte Bekleidung, Holz

01 **Abbruch von abgehängten Holzdecken; Entsorgung, Deponiegebühren (3 Objekte)** — 19,00 / **23,00** / 26,00
Einheit: m² Abgebrochene Fläche
084 Abbruch- und Rückbauarbeiten — 100,0%

353.84.00 Abgehängte Bekleidung, Metall

83 **Abbruch von abgehängten Decken aus Alu-Paneelen; Entsorgung, Deponiegebühren (1 Objekt)** — – / **16,00** / –
Einheit: m² Abgebrochene Fläche
084 Abbruch- und Rückbauarbeiten — 100,0%

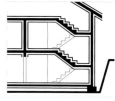

Übersicht 1.+ 2.Ebene
Erweiterung
Umbau
Moderni- sierung
Instand- setzung
Bau- elemente
Abbrechen
Wieder- herstellen
Herstellen

353
Decken-
bekleidungen

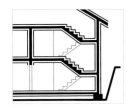

Kosten:
Stand 2.Quartal 2016
Bundesdurchschnitt
inkl. 19% MwSt.

353.87.00	Abgehängte Bekleidung, mineralisch			
06	**Abbruch von abgehängten GK-Decken, Unter-konstruktion, Wandanschlusselemente; Entsorgung, Deponiegebühren (3 Objekte)**	20,00	**27,00**	31,00
	Einheit: m² Abgebrochene Fläche			
	084 Abbruch- und Rückbauarbeiten			100,0%
83	**Abbruch von abgehängten Decken aus Mineralfaser oder Gipskarton; Entsorgung, Deponiegebühren (4 Objekte)**	13,00	**19,00**	37,00
	Einheit: m² Abgebrochene Fläche			
	084 Abbruch- und Rückbauarbeiten			100,0%

▷ von
ø Mittel
◁ bis

© **BKI** Baukosteninformationszentrum; Erläuterungen zu den Tabellen siehe Seite 36   Kostenstand: 2.Quartal 2016, Bundesdurchschnitt, **inkl. 19% MwSt.**

		€/Einheit		

359.22.00 Geländer

03 **Abbruch von Stahl-Treppengeländer, Handlauf,
zerlegen; Entsorgung, Deponiegebühren (2 Objekte)** | 4,90 | **5,50** | 6,20
Einheit: m Geländer
084 Abbruch- und Rückbauarbeiten | | | | 100,0%

359.23.00 Handläufe

02 **Demontage von Handläufen; Entsorgung,
Deponiegebühren (2 Objekte)** | 7,80 | **14,00** | 20,00
Einheit: m Handlauflänge
084 Abbruch- und Rückbauarbeiten | | | | 100,0%

359.43.00 Treppengeländer, Metall

81 **Demontage von Stahl- oder Leichtmetallgeländern;
Entsorgung, Deponiegebühren (3 Objekte)** | 8,40 | **14,00** | 17,00
Einheit: m² Abgebrochene Fläche
084 Abbruch- und Rückbauarbeiten | | | | 100,0%

Übersicht 1.+ 2.Ebene

Erweiterung

Umbau

Moderni- sierung

Instand- setzung

Bau- elemente

Abbrechen

Wieder- herstellen

Herstellen

Kosten:
Stand 2.Quartal 2016
Bundesdurchschnitt
inkl. 19% MwSt.

KG.AK.AA - Abbrechen	▷	€/Einheit	◁	LB an AA

361.34.00 Metallträger, Blechkonstruktion

03 **Abbruch von Blechdach, eben oder leicht geneigt; Entsorgung, Deponiegebühren (2 Objekte)**	11,00	**11,00**	12,00	
Einheit: m² Dachfläche				
084 Abbruch- und Rückbauarbeiten				100,0%

361.42.00 Vollholzbalken, Schalung

02 **Abbruch von Holzdachkonstruktion, Kanthölzer, Sparren, Pfetten, Balken, Dachschalung; Entsorgung, Deponiegebühren (9 Objekte)**	21,00	**30,00**	43,00	
Einheit: m² Dachfläche				
084 Abbruch- und Rückbauarbeiten				100,0%

361.61.00 Steildach, Vollholz, Sparrenkonstruktion

02 **Abbruch von Sparrenkonstruktion, Schalung, Deckung; Entsorgung, Deponiegebühren (3 Objekte)**	43,00	**50,00**	54,00	
Einheit: m² Dachfläche				
084 Abbruch- und Rückbauarbeiten				100,0%

▷ von
ø Mittel
◁ bis

363.11.00   Abdichtung

   02   **Ausbau von Bitumenabdichtungen auf Flachdächern**   16,00   **18,00**   21,00
      (4 Objekte)
      Einheit: m² Abgebrochene Fläche
      084 Abbruch- und Rückbauarbeiten   100,0%

363.21.00   Abdichtung, Wärmedämmung

   01   **Ausbau von Abdichtungen aus mehrlagigen Bitumen-**   24,00   **29,00**   43,00
      dachdichtungsbahnen, Dämmung (4 Objekte)
      Einheit: m² Abgebrochene Fläche
      084 Abbruch- und Rückbauarbeiten   100,0%

363.22.00   Abdichtung, Wärmedämmung, Kiesfilter

   03   **Ausbau von Kiesschüttung, Abdichtung, Wärme-**   29,00   **31,00**   33,00
      dämmung; Entsorgung, Deponiegebühren (2 Objekte)
      Einheit: m² Abgebrochene Fläche
      084 Abbruch- und Rückbauarbeiten   100,0%

363.23.00   Abdichtung, Wärmedämmung, Belag begehbar

   03   **Abbruch von Betonverbundpflastersteinen im**   –   **76,00**   –
      Mörtelbett, einschl. Wärmedämmung und Abdichtung
      (1 Objekt)
      Einheit: m² Abgebrochene Fläche
      084 Abbruch- und Rückbauarbeiten   100,0%

363.31.00   Ziegel

   01   **Abbruch von Ziegeldeckung; Entsorgung,**   10,00   **14,00**   18,00
      Deponiegebühren (12 Objekte)
      Einheit: m² Abgebrochene Fläche
      084 Abbruch- und Rückbauarbeiten   100,0%

363.32.00   Ziegel, Wärmedämmung

   03   **Abbruch von Ziegeldeckung, Dach- und Konterlatten,**   –   **30,00**   –
      Wärmedämmung; Entsorgung, Deponiegebühren
      (1 Objekt)
      Einheit: m² Abgebrochene Fläche
      084 Abbruch- und Rückbauarbeiten   100,0%

363.33.00   Betondachstein

   01   **Abbruch von Betonsteindeckung; Entsorgung,**   10,00   **12,00**   13,00
      Deponiegebühren (2 Objekte)
      Einheit: m² Abgebrochene Fläche
      084 Abbruch- und Rückbauarbeiten   100,0%

363.43.00   Schindeln, Faserzement

   01   **Abbruch von Faserzementplatten; Entsorgung,**   –   **23,00**   –
      Deponiegebühren (2 Objekte)
      Einheit: m² Abgebrochene Fläche
      084 Abbruch- und Rückbauarbeiten   100,0%

Übersicht- 1.+2.Ebene   Erweiterung   Umbau   Moderni-sierung   Instand-setzung   Bau-elemente   **Abbrechen**   Wieder-herstellen   Herstellen

363
Dachbeläge

Kosten:
Stand 2.Quartal 2016
Bundesdurchschnitt
inkl. 19% MwSt.

363.47.00 Schindeln, Schiefer

01 Abbruch von Schieferdeckungen, Vordeckung, Pappe; Entsorgung, Deponiegebühren (2 Objekte)
Einheit: m² Abgebrochene Fläche
084 Abbruch- und Rückbauarbeiten

9,60 **15,00** 20,00
100,0%

363.57.00 Zink

02 Abbruch von Zinkeindeckung; Entsorgung, Deponiegebühren (3 Objekte)
Einheit: m² Abgebrochene Fläche
084 Abbruch- und Rückbauarbeiten

12,00 **18,00** 31,00
100,0%

363.63.00 Wellabdeckungen, Faserzement

01 Abbruch von Wellasbestplatten, Unterkonstruktion; Entsorgung, Deponiegebühren (2 Objekte)
Einheit: m² Abgebrochene Fläche
084 Abbruch- und Rückbauarbeiten

19,00 **19,00** 20,00
100,0%

363.71.00 Dachentwässerung, Titanzink

04 Ausbau von Zink-Außendachrinnen; Entsorgung, Deponiegebühren (10 Objekte)
Einheit: m Rinnenlänge
084 Abbruch- und Rückbauarbeiten

4,30 **5,60** 7,00
100,0%

363.73.00 Dachentwässerung, PVC

01 Ausbau von PVC-Dachrinnen und -Fallrohre; Entsorgung, Deponiegebühren (1 Objekt)
Einheit: m Rinnenlänge
084 Abbruch- und Rückbauarbeiten

– **11,00** –
100,0%

363.91.00 Sonstige Dachbeläge

81 Abbruch von Dachbelag; Entsorgung, Deponiegebühren (3 Objekte)
Einheit: m² Abgebrochene Fläche
084 Abbruch- und Rückbauarbeiten

5,60 **9,80** 12,00
100,0%

▷ von
ø Mittel
◁ bis

© **BKI** Baukosteninformationszentrum; Erläuterungen zu den Tabellen siehe Seite 36   Kostenstand: 2.Quartal 2016, Bundesdurchschnitt, **inkl. 19% MwSt.**

364.31.00 Putz

81 **Abschlagen von Putz; Entsorgung (5 Objekte)**   12,00   **21,00**   36,00
Einheit: m² Abgebrochene Fläche
084 Abbruch- und Rückbauarbeiten   100,0%

364.44.00 Bekleidung auf Unterkonstruktion, Holz

04 **Abbruch von Holzverkleidung, Nut- und Feder;**   25,00   **29,00**   38,00
Entsorgung, Deponiegebühren (4 Objekte)
Einheit: m² Abgebrochene Fläche
084 Abbruch- und Rückbauarbeiten   100,0%

364.48.00 Bekleidung auf Unterkonstruktion, mineralisch

04 **Abbruch von GK-Bekleidung in Dachschrägen;**   17,00   **21,00**   28,00
Entsorgung, Deponiegebühren (3 Objekte)
Einheit: m² Abgebrochene Fläche
084 Abbruch- und Rückbauarbeiten   100,0%

364.62.00 Tapeten, Anstrich

81 **Entfernen von Tapete, Anstrich, entsorgen,**   9,90   **10,00**   11,00
Putzuntergrund vorbereiten (3 Objekte)
Einheit: m² Abgebrochene Fläche
084 Abbruch- und Rückbauarbeiten   100,0%

364.84.00 Abgehängte Bekleidung, Metall

83 **Abbruch von abgehängter Decke aus Alu-Paneelen;**   –   **16,00**   –
Entsorgung, Deponiegebühren (1 Objekt)
Einheit: m² Abgebrochene Fläche
084 Abbruch- und Rückbauarbeiten   100,0%

364.87.00 Abgehängte Bekleidung, mineralisch

84 **Abbruch von abgehängter Decke aus Mineralfaser**   13,00   **22,00**   37,00
oder Gipskarton; Entsorgung, Deponiegebühren
(5 Objekte)
Einheit: m² Abgebrochene Fläche
084 Abbruch- und Rückbauarbeiten   100,0%

Übersicht 1.+2.Ebene · Erweiterung · Umbau · Modernisierung · Instandsetzung · Bauelemente · Abbrechen · Wiederherstellen · Herstellen

369
Dächer, sonstiges

Kosten:
Stand 2.Quartal 2016
Bundesdurchschnitt
inkl. 19% MwSt.

369.81.00 Gitterroste				
01 **Abbruch von Laufrosten für Schornsteinfeger, einschl. Stützen; Entsorgung, Deponiegebühren (4 Objekte)**	5,70	**13,00**	20,00	
Einheit: m Laufrost				
084 Abbruch- und Rückbauarbeiten				100,0%
369.85.00 Schneefang				
04 **Abbruch von Schneefanggittern; Entsorgung, Deponiegebühren (5 Objekte)**	3,00	**5,00**	6,70	
Einheit: m Schneefanglänge				
084 Abbruch- und Rückbauarbeiten				100,0%

▷ von
ø Mittel
◁ bis

391.11.00	Baustelleneinrichtung, pauschal			
02	**Baustelleneinrichtung für Abbrucharbeiten (2 Objekte)**	0,40	**4,10**	7,80
	Einheit: m² Brutto-Grundfläche			
	084 Abbruch- und Rückbauarbeiten			100,0%

Übersicht-
1. + 2. Ebene

Erweiterung

Umbau

Moderni-
sierung

Instand-
setzung

Bau-
elemente

Abbrechen

Wieder-
herstellen

Herstellen

KG.AK.AA - Abbrechen	▷	€/Einheit	◁	LB an AA

394.11.00 Abbruchmaßnahmen

		▷	Ø	◁
03	**Abbruch von Befestigungsmitteln, Haken, Türangeln, Dübel, Rohrhülsen, Konsolen, Steigeisen; Entsorgung, Deponiegebühren (4 Objekte)**	4,30	**7,10**	8,20
	Einheit: St Einzelteil			
	084 Abbruch- und Rückbauarbeiten			100,0%

394.31.00 Abfuhr Abbruchmaterial

		▷	Ø	◁
01	**Schuttcontainer aufstellen, Abfuhr Abbruchmaterial, Deponiegebühren (7 Objekte)**	36,00	**57,00**	89,00
	Einheit: m³ Abfuhrvolumen			
	084 Abbruch- und Rückbauarbeiten			100,0%

Kosten:
Stand 2.Quartal 2016
Bundesdurchschnitt
inkl. 19% MwSt.

▷ von
Ø Mittel
◁ bis

© **BKI** Baukosteninformationszentrum; Erläuterungen zu den Tabellen siehe Seite 36   Kostenstand: 2.Quartal 2016, Bundesdurchschnitt, **inkl. 19% MwSt.**

411.12.00	Abwasserleitungen - Schmutzwasser			
04	**Demontage von Abwasserleitungen, PVC- oder Guss-leitungen DN70-150; Entsorgung, Deponiegebühren (7 Objekte)**	5,40	**8,10**	11,00
	Einheit: m Abwasserleitung			
	084 Abbruch- und Rückbauarbeiten			100,0%

411.13.00	Abwasserleitungen - Regenwasser			
04	**Demontage von Regenfallrohren; Entsorgung, Deponiegebühren (20 Objekte)**	3,70	**4,30**	5,50
	Einheit: m Regenfallrohr			
	084 Abbruch- und Rückbauarbeiten			100,0%

411.21.00	Grundleitungen - Schmutz-/Regenwasser			
05	**Demontage von Grundleitungen DN100-150; Entsorgung, Deponiegebühren (4 Objekte)**	8,90	**10,00**	15,00
	Einheit: m Grundleitung			
	084 Abbruch- und Rückbauarbeiten			100,0%

Übersicht 1.+.2.Ebene

Erweiterung

Umbau

Moderni-sierung

Instand-setzung

Bau-elemente

Abbrechen

Wieder-herstellen

Herstellen

412
Wasseranlagen

		▷	€/Einheit	◁

412.41.00 Wasserleitungen, Kaltwasser

03 **Demontage von Stahlrohren DN15-40, verzinkt; Entsorgung, Deponiegebühren (5 Objekte)**
Einheit: m Wasserleitung
084 Abbruch- und Rückbauarbeiten

4,90	**6,40**	7,90

100,0%

412.43.00 Wasserleitungen, Warmwasser/Zirkulation

02 **Demontage von Stahlrohren DN15-40, verzinkt, Rohr-dämmung; Entsorgung, Deponiegebühren (6 Objekte)**
Einheit: m Wasserleitung
084 Abbruch- und Rückbauarbeiten

5,90	**8,70**	14,00

100,0%

412.61.00 Ausgussbecken

03 **Demontage von Ausgussbecken; Entsorgung, Deponiegebühren (3 Objekte)**
Einheit: St Ausgussbecken
084 Abbruch- und Rückbauarbeiten

5,60	**7,50**	8,50

100,0%

412.62.00 Waschtische, Waschbecken

02 **Demontage von Waschtischen; Entsorgung, Deponiegebühren (8 Objekte)**
Einheit: St Waschbecken
084 Abbruch- und Rückbauarbeiten

9,50	**21,00**	34,00

100,0%

412.65.00 WC-Becken

03 **Demontage von WC-Becken, Spülkasten, Anschlüssen, WC-Stutzen; Entsorgung, Deponiegebühren (6 Objekte)**
Einheit: St WC-Becken
084 Abbruch- und Rückbauarbeiten

32,00	**46,00**	59,00

100,0%

412.67.00 Badewannen

02 **Demontage von eingemauerten Badewannen; Entsorgung, Deponiegebühren (3 Objekte)**
Einheit: St Badewanne
084 Abbruch- und Rückbauarbeiten

53,00	**54,00**	54,00

100,0%

Kosten:
Stand 2.Quartal 2016
Bundesdurchschnitt
inkl. 19% MwSt.

▷ von
ø Mittel
◁ bis

© **BKI** Baukosteninformationszentrum; Erläuterungen zu den Tabellen siehe Seite 36   Kostenstand: 2.Quartal 2016, Bundesdurchschnitt, **inkl. 19% MwSt.**

421.12.00 Heizölversorgungsanlagen

01	**Demontage von Heizkessel, Regelarmaturen; Entsorgung, Deponiegebühren (4 Objekte)**	1.450,00	**1.590,00**	1.950,00
	Einheit: St Heizkessel			
	084 Abbruch- und Rückbauarbeiten			100,0%
02	**Demontage eines Öltanks, Entleerung, Reinigung; Entsorgung Altöl, Deponiegebühren (3 Objekte)**	0,20	**0,30**	0,30
	Einheit: l Tankinhalt			
	084 Abbruch- und Rückbauarbeiten			100,0%

421.61.00 Wassererwärmungsanlagen

03	**Demontage von Warmwasserspeicher; Entsorgung, Deponiegebühren (2 Objekte)**	210,00	**250,00**	290,00
	Einheit: St Warmwasserspeicher			
	084 Abbruch- und Rückbauarbeiten			100,0%

421.99.00 Sonstige Wärmeerzeugungsanlagen, sonstiges

01	**Demontage von Kachelöfen mit Stb-Bodenplatte, Kaminöffnungen schließen; Entsorgung, Deponiegebühren (3 Objekte)**	73,00	**95,00**	140,00
	Einheit: St Kachelofen			
	084 Abbruch- und Rückbauarbeiten			100,0%

Übersicht 1 + 2.Ebene
Erweiterung
Umbau
Moderni-sierung
Instand-setzung
Bau-elemente
Abbrechen
Wieder-herstellen
Herstellen

422
Wärmeverteilnetze

422.21.00	Rohrleitungen für Raumheizflächen			
04	**Demontage von Rohrleitungen DN15-32, Formstücken, Halterungen, ohne Dämmung; Entsorgung, Deponiegebühren (6 Objekte)**	5,40	**6,80**	9,40
	Einheit: m Leitung			
	084 Abbruch- und Rückbauarbeiten			100,0%

Kosten:
Stand 2.Quartal 2016
Bundesdurchschnitt
inkl. 19% MwSt.

▷ von
Ø Mittel
◁ bis

© **BKI** Baukosteninformationszentrum; Erläuterungen zu den Tabellen siehe Seite 36   Kostenstand: 2.Quartal 2016, Bundesdurchschnitt, **inkl. 19% MwSt.**

423.11.00	Radiatoren			
03	**Demontage von Heizkörpern, Ventilen, Halterungen, Konsolen, Schuttentsorgung (8 Objekte)**	24,00	**37,00**	51,00
	Einheit: St Heizkörper			
	084 Abbruch- und Rückbauarbeiten			100,0%

Übersicht 1. + 2. Ebene
Erweiterung
Umbau
Moderni-sierung
Instand-setzung
Bau-elemente
Abbrechen
Wieder-herstellen
Herstellen

KG.AK.AA - Abbrechen	▷	€/Einheit	◁	LB an AA

429.11.00	Schornsteine, Mauerwerk			
02	**Demontage von gemauerten Schornsteinen, Mauer-werk bis 25cm; Entsorgung, Deponiegebühren (13 Objekte)**	210,00	**250,00**	300,00
	Einheit: m³ Schornsteinanlage			
	084 Abbruch- und Rückbauarbeiten			100,0%

Kosten:
Stand 2.Quartal 2016
Bundesdurchschnitt
inkl. 19% MwSt.

▷ von
ø Mittel
◁ bis

444.11.00	Kabel und Leitungen			
05	**Demontage von Mantelleitungen NYM 3x1,5mm² bis 5x2,5mm²; Entsorgung, Deponiegebühren (7 Objekte)**	0,40	**0,60**	0,60
	Einheit: m Leitung			
	084 Abbruch- und Rückbauarbeiten			100,0%

444.21.00	Unterverteiler			
09	**Demontage von Unterverteilungen, Sicherungen, Schuttentsorgung (6 Objekte)**	26,00	**31,00**	37,00
	Einheit: St Unterverteilungen			
	084 Abbruch- und Rückbauarbeiten			100,0%

444.41.00	Installationsgeräte			
06	**Demontage von Schaltern, Steckdosen; Entsorgung, Deponiegebühren (2 Objekte)**	16,00	**18,00**	20,00
	Einheit: St Installationsgerät			
	084 Abbruch- und Rückbauarbeiten			100,0%

Übersicht-
1.+ 2.Ebene

Erweiterung

Umbau

Moderni-
sierung

Instand-
setzung

Bau-
elemente

Abbrechen

Wieder-
herstellen

Herstellen

445
Beleuchtungs-
anlagen

445.11.00 Ortsfeste Leuchten, Allgemeinbeleuchtung			
07 **Demontage von Leuchtstofflampen; Entsorgung, Deponiegebühren (4 Objekte)**	4,80	**7,00**	9,60
Einheit: St Leuchte			
084 Abbruch- und Rückbauarbeiten			100,0%
08 **Demontage von Decken- und Wandleuchten; Entsorgung, Deponiegebühren (4 Objekte)**	5,80	**7,40**	9,30
Einheit: St Leuchte			
084 Abbruch- und Rückbauarbeiten			100,0%

Kosten:
Stand 2.Quartal 2016
Bundesdurchschnitt
inkl. 19% MwSt.

▷ von
ø Mittel
◁ bis

© **BKI** Baukosteninformationszentrum; Erläuterungen zu den Tabellen siehe Seite 36   Kostenstand: 2.Quartal 2016, Bundesdurchschnitt, **inkl. 19% MwSt.**

446.11.00 Auffangeinrichtungen, Ableitungen			
03 **Demontage von Fang- oder Ableitungen, Haltern, Anschlussklemmen; Entsorgung, Deponiegebühren (5 Objekte)**	2,20	**3,00**	4,20
Einheit: m Leitung			
084 Abbruch- und Rückbauarbeiten			100,0%

KG.AK.AA - Abbrechen	▷	€/Einheit	◁	LB an AA

521.41.00 Deckschicht Asphalt				
01 **Abbruch von bituminöser Befestigung, d=10-15cm, Unterbau, senkrechten Abkantungen; Entsorgung, Deponiegebühren (2 Objekte)**	6,20	**6,70**	7,30	
Einheit: m² Abgebrochene Fläche				
084 Abbruch- und Rückbauarbeiten				100,0%

521.51.00 Deckschicht Pflaster				
02 **Abbruch von Betonpflastersteinen, Unterbau; Entsorgung, Deponiegebühren (3 Objekte)**	8,60	**11,00**	12,00	
Einheit: m² Abgebrochene Fläche				
003 Landschaftsbauarbeiten				50,0%
084 Abbruch- und Rückbauarbeiten				50,0%

521.71.00 Deckschicht Plattenbelag				
04 **Abbruch von Betonsteinplatten, Unterbau; Entsorgung, Deponiegebühren (5 Objekte)**	5,90	**7,70**	10,00	
Einheit: m² Abgebrochene Fläche				
084 Abbruch- und Rückbauarbeiten				100,0%

521.81.00 Beton-Bordsteine				
03 **Abbruch von Betonbordsteinen, Betonbettung und Rückenstütze; Entsorgung, Deponiegebühren (4 Objekte)**	6,70	**9,20**	12,00	
Einheit: m Begrenzung				
084 Abbruch- und Rückbauarbeiten				100,0%

Kosten:
Stand 2.Quartal 2016
Bundesdurchschnitt
inkl. 19% MwSt.

▷ von
ø Mittel
◁ bis

© **BKI** Baukosteninformationszentrum; Erläuterungen zu den Tabellen siehe Seite 36   Kostenstand: 2.Quartal 2016, Bundesdurchschnitt, **inkl. 19% MwSt.**

523.41.00	Deckschicht Asphalt			
01	**Abbruch von Asphaltflächen, Tragschichten, d=8-20cm; Entsorgung, Deponiegebühren (4 Objekte)**	5,10	**7,00**	12,00
	Einheit: m² Abgebrochene Fläche			
	084 Abbruch- und Rückbauarbeiten			100,0%

523.51.00	Deckschicht Pflaster			
01	**Abbruch von Beton-Verbundsteinpflaster, Unterbau; Entsorgung, Deponiegebühren (9 Objekte)**	3,80	**6,40**	8,40
	Einheit: m² Abgebrochene Fläche			
	084 Abbruch- und Rückbauarbeiten			100,0%

523.71.00	Deckschicht Plattenbelag			
01	**Abbruch von Betonplatten im Mörtelbett; Entsorgung, Deponiegebühren (1 Objekt)**	–	**17,00**	–
	Einheit: m² Abgebrochene Fläche			
	084 Abbruch- und Rückbauarbeiten			100,0%

523.81.00	Beton-Bordsteine			
02	**Abbruch von Betonbordsteinen, Unterbau, d=15cm, Betonrückenstütze; Entsorgung, Deponiegebühren (7 Objekte)**	4,00	**5,70**	7,00
	Einheit: m Begrenzung			
	084 Abbruch- und Rückbauarbeiten			100,0%

Übersicht 1.+.2.Ebene

Erweiterung

Umbau

Moderni-sierung

Instand-setzung

Bau-elemente

Abbrechen

Wieder-herstellen

Herstellen

Altbau Ausführungsarten

Wiederherstellen

Ausführungsarten
zur 3.Ebene DIN 276
für die Kostengruppen 300+400+500

324
Unterböden und Bodenplatten

Kosten:
Stand 2.Quartal 2016
Bundesdurchschnitt
inkl. 19% MwSt.

KG.AK.AA - Wiederherstellen	▷	€/Einheit	◁	LB an AA

324.91.00 Sonstige Unterböden und Bodenplatten				
82 **Bodenplatte als Fundamentplatte, Ortbeton, teilweise Unterfangung mit Mauerwerk, Abbruch der vorhandenen Bodenplatte (2 Objekte)**	200,00	**200,00**	210,00	
Einheit: m² Bodenplattenfläche				
012 Mauerarbeiten				21,0%
013 Betonarbeiten				79,0%

▷ von
ø Mittel
◁ bis

© **BKI** Baukosteninformationszentrum; Erläuterungen zu den Tabellen siehe Seite 36   Kostenstand: 2.Quartal 2016, Bundesdurchschnitt, **inkl. 19% MwSt.**

325.21.00 Estrich

07 Ausbessern von Estrich, d bis 5cm, Kleinflächen — **11,00** —
(1 Objekt)
Einheit: m² Ausgebesserte Fläche
025 Estricharbeiten — 100,0%

325.41.00 Naturstein

02 Granitplatten und Stufen von Verunreinigungen — **32,00** —
reinigen, teilweise mehrschichtige Farbreste
(1 Objekt)
Einheit: m² Belegte Fläche
014 Natur-, Betonwerksteinarbeiten — 100,0%

05 Steinfußboden abschleifen, neue Beläge an Über- — **45,00** —
gängen, Metallrahmen abkleben, schwarz lackieren
(1 Objekt)
Einheit: m² Belegte Fläche
014 Natur-, Betonwerksteinarbeiten — 92,0%
034 Maler- und Lackierarbeiten - Beschichtungen — 8,0%

325.61.00 Textil

82 Estrich reinigen, spachteln, teilweise vorhandenen 47,00 **56,00** 74,00
Oberbelag aus Textil, Linoleum aufnehmen, entsorgen,
neuen Textilbelag verlegen (3 Objekte)
Einheit: m² Belegte Fläche
026 Fenster, Außentüren — 7,0%
036 Bodenbelagarbeiten — 93,0%

325.65.00 Textil, Estrich, Dämmung

81 Holzdielen aufnehmen, entsorgen, Unterboden aus 110,00 **110,00** 110,00
Spanplatten, Einschub mit Wärmedämmung
herstellen, Textilbelag (2 Objekte)
Einheit: m² Belegte Fläche
016 Zimmer- und Holzbauarbeiten — 59,0%
036 Bodenbelagarbeiten — 41,0%

325.71.00 Holz

02 Parkett abschleifen, Fugen säubern, auskitten, — **25,00** —
grundieren, imprägnierend versiegeln, 2x filmbildend
versiegeln (1 Objekt)
Einheit: m² Belegte Fläche
028 Parkett-, Holzpflasterarbeiten — 100,0%

325.81.00 Hartbeläge

82 Vorhandene Holzdielen aufnehmen, überarbeiten, 51,00 **130,00** 180,00
wieder einbauen, Oberfläche behandeln (3 Objekte)
Einheit: m² Belegte Fläche
016 Zimmer- und Holzbauarbeiten — 82,0%
034 Maler- und Lackierarbeiten - Beschichtungen — 18,0%

Seitliche Registerspalte:
Übersicht 1.+2.Ebene · Erweiterung · Umbau · Modernisierung · Instandsetzung · Bauelemente · Abbrechen · Wiederherstellen · Herstellen

325
Bodenbeläge

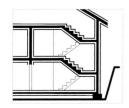

Kosten:
Stand 2.Quartal 2016
Bundesdurchschnitt
inkl. 19% MwSt.

	€/Einheit			LB an AA

325.82.00 Hartbeläge, Estrich

84 **Textilbelag, Linoleum, teilweise aufnehmen, entsorgen, Estrich reinigen, spachteln, Kunststoffbelag verlegen (5 Objekte)**	49,00	**59,00**	76,00	
Einheit: m² Belegte Fläche				
036 Bodenbelagarbeiten				100,0%

325.93.00 Sportböden

01 **Parkettboden in vier Schleifgängen maschinell abschleifen, dreimalige Versiegelung, farbige Spielfeldmarkierungslinien aufbringen (2 Objekte)**	33,00	**34,00**	35,00	
Einheit: m² Belegte Fläche				
028 Parkett-, Holzpflasterarbeiten				50,0%
034 Maler- und Lackierarbeiten - Beschichtungen				8,0%
036 Bodenbelagarbeiten				42,0%

▷ von
Ø Mittel
◁ bis

331.16.00 Mauerwerkswand, Mauerziegel

	€/Einheit			LB an AA
04 Ausmauern von Fehlstellen bis 1/2 Stein mit Ziegel-mauerwerk, Kleinflächen bis 0,2m² (4 Objekte)	75,00	**110,00**	140,00	
Einheit: m² Wandfläche				
012 Mauerarbeiten				100,0%
05 Fenster- oder Türstürze erneuern, Stahlträger ausbauen, neue Stahlträger einbauen, verputzen (1 Objekt)	–	**78,00**	–	
Einheit: m Sturzlänge				
012 Mauerarbeiten				100,0%
06 Sanieren von Fensterstürzen, entfernen loser Putz- und Mauerwerksteile, entrosten, Korrosionsanstrich, verputzen (3 Objekte)	43,00	**63,00**	100,00	
Einheit: m Sturzlänge				
012 Mauerarbeiten				100,0%

331.17.00 Mauerwerkswand, Natursteine

	€/Einheit			LB an AA
81 Ausbesserung Bruchsteinmauerwerk, Erneuerung einzelner Steine, Sichtverfugung (1 Objekt)	–	**470,00**	–	
Einheit: m² Ausgebesserte Wandfläche				
014 Natur-, Betonwerksteinarbeiten				100,0%
82 Ausbesserung Natursteinmauerwerk, Sichtverfugung (2 Objekte)	140,00	**160,00**	180,00	
Einheit: m² Ausgebesserte Wandfläche				
014 Natur-, Betonwerksteinarbeiten				100,0%

331.19.00 Mauerwerkswand, sonstiges

	€/Einheit			LB an AA
02 Schwammbekämpfung im Mauerwerk, d=36-50cm, Bohrlochtränkung, Bohrlöcher in versetzten Reihen (3 Objekte)	82,00	**120,00**	140,00	
Einheit: m² Wandfläche				
012 Mauerarbeiten				34,0%
016 Zimmer- und Holzbauarbeiten				33,0%
018 Abdichtungsarbeiten				33,0%
83 Schadhaftes Mauerwerk in Teilstücken erneuern, Beimauerungen (5 Objekte)	84,00	**100,00**	110,00	
Einheit: m² Wandfläche				
012 Mauerarbeiten				100,0%

331.31.00 Holzwand, Blockkonstruktion, Vollholz

	€/Einheit			LB an AA
82 Ausbesserung Holzfachwerk, schadhafte Holzteile erneuern, Untermauerung von Holzschwellen herstellen, Holzoberfläche reinigen, imprägnieren (1 Objekt)	–	**210,00**	–	
Einheit: m² Ausgebesserte Wandfläche				
012 Mauerarbeiten				9,0%
016 Zimmer- und Holzbauarbeiten				91,0%

Übersicht 1.+2.Ebene
Erweiterung
Umbau
Moderni-sierung
Instand-setzung
Bau-elemente
Abbrechen
Wieder-herstellen
Herstellen

334
Außentüren und -fenster

Kosten:
Stand 2.Quartal 2016
Bundesdurchschnitt
inkl. 19% MwSt.

334.12.00 Türen, Holz

02 **Demontage von Vollholztüren zur Wiederverwendung, Transport zur Aufarbeitung; Farbanstriche beseitigen, umbauen, sanierte Profilquerschnitte den alten anpassen, Türbeschläge den Denkmalschutzauflagen anpassen, Holzfehlstellenausbesserung, Anstriche; Wiedereinbau (2 Objekte)** — 690,00 **900,00** 1.110,00
Einheit: m² Türfläche
026 Fenster, Außentüren — 100,0%

03 **Türflächen, alte Farbe entfernen, säubern, anschleifen, Anstrich (4 Objekte)** — 19,00 **23,00** 31,00
Einheit: m² Türfläche
034 Maler- und Lackierarbeiten - Beschichtungen — 100,0%

82 **Beidseitiger Renovierungsanstrich mit notwendigen Vorarbeiten, Reparatur der Beschläge (3 Objekte)** — 130,00 **180,00** 250,00
Einheit: m² Türfläche
029 Beschlagarbeiten — 64,0%
034 Maler- und Lackierarbeiten - Beschichtungen — 36,0%

83 **Vorhandene Holztüren z.T. mit Glasausschnitt instandsetzen, schadhafte Holzteile ausbessern, Beschläge und Anstrich erneuern (2 Objekte)** — 410,00 **430,00** 450,00
Einheit: m² Türfläche
026 Fenster, Außentüren — 88,0%
029 Beschlagarbeiten — 13,0%

84 **Einflüglige Tür mit Oberlicht, Türblatt: Holz mit Glasausschnitt, Instandsetzung in denkmalgerechter Ausführung, Ausbau, Wiedereinbau (2 Objekte)** — 990,00 **1.080,00** 1.180,00
Einheit: m² Türfläche
026 Fenster, Außentüren — 100,0%

334.22.00 Fenstertüren, Holz

03 **Holzfenstertüren überarbeiten, Dichtungen entfernen zur besseren Durchlüftung, Beschläge reinigen, ölen, teilweise ersetzen, streichen (1 Objekt)** — – **42,00** –
Einheit: m² Fensterfläche
026 Fenster, Außentüren — 61,0%
034 Maler- und Lackierarbeiten - Beschichtungen — 39,0%

▷ von
ø Mittel
◁ bis

© **BKI** Baukosteninformationszentrum; Erläuterungen zu den Tabellen siehe Seite 36   Kostenstand: 2.Quartal 2016, Bundesdurchschnitt, **inkl. 19% MwSt.**

334.62.00 Fenster, Holz

04	**Demontieren von Holz-Einfachfenster zur Wiederverwendung, Abtransport zur Aufarbeitung; Aufarbeitung, Farbanstriche entfernen, Beschläge instandsetzen, Farbendbeschichtung, Einglasung, Wiedereinbau (2 Objekte)**	340,00	**370,00**	400,00	
	Einheit: m² Fensterfläche				
	026 Fenster, Außentüren				100,0%
82	**Holz-Einfachfenster, beidseitiger Renovierungsanstrich, notwendige Vorarbeiten (3 Objekte)**	46,00	**64,00**	96,00	
	Einheit: m² Fensterfläche				
	034 Maler- und Lackierarbeiten - Beschichtungen				100,0%
83	**Holz-Kastenfenster, beidseitiger Renovierungsanstrich, notwendige Vorarbeiten, Reparatur der Rahmen und Beschläge (4 Objekte)**	160,00	**230,00**	300,00	
	Einheit: m² Fensterfläche				
	026 Fenster, Außentüren				38,0%
	029 Beschlagarbeiten				3,0%
	034 Maler- und Lackierarbeiten - Beschichtungen				59,0%
84	**Holz-Kastenfenster, mehrflüglig, Sprossenteilung in Einfachverglasung, Instandsetzung in denkmalgerechter Ausführung, Ausbau, Wiedereinbau (1 Objekt)**	–	**1.130,00**	–	
	Einheit: m² Fensterfläche				
	026 Fenster, Außentüren				63,0%
	034 Maler- und Lackierarbeiten - Beschichtungen				37,0%
85	**Einfach- teils Verbundfenster in denkmalgerechter Ausführung, Isolier- teils Einfachverglasung, Fensterbänke, Naturwerkstein bzw. Blechabdeckung, Beiputz, Ausbau der vorhandenen Fenster (5 Objekte)**	640,00	**760,00**	950,00	
	Einheit: m² Fensterfläche				
	014 Natur-, Betonwerksteinarbeiten				2,0%
	023 Putz- und Stuckarbeiten, Wärmedämmsysteme				4,0%
	026 Fenster, Außentüren				81,0%
	034 Maler- und Lackierarbeiten - Beschichtungen				12,0%
86	**Instandsetzung Holz-Einfachfenster, teils mit Sprossenteilung in denkmalgerechter Ausführung, Einfachverglasung, Klein- und Sonderformate (1 Objekt)**	–	**1.400,00**	–	
	Einheit: m² Fensterfläche				
	022 Klempnerarbeiten				25,0%
	026 Fenster, Außentüren				75,0%
87	**Denkmalgerechte Restaurierung farbiger Bleiverglasungen in Holzrahmen (1 Objekt)**	–	**1.520,00**	–	
	Einheit: m² Fensterfläche				
	026 Fenster, Außentüren				100,0%

Übersicht 1.+2.Ebene · Erweiterung · Umbau · Modernisierung · Instandsetzung · Bauelemente · Abbrechen · Wiederherstellen · Herstellen

334
Außentüren
und -fenster

Kosten:
Stand 2.Quartal 2016
Bundesdurchschnitt
inkl. 19% MwSt.

334.64.00	Fenster, Metall			
82	**Einfachfenster in Stahl oder Leichtmetallausführung instandsetzen, Isolierverglasung, Ausbau alter Fenster und Fenstergitter, Beiputz (4 Objekte)**	350,00	**670,00**	920,00
	Einheit: m² Fensterfläche			
	023 Putz- und Stuckarbeiten, Wärmedämmsysteme			5,0%
	026 Fenster, Außentüren			95,0%

▷ von
ø Mittel
◁ bis

© **BKI** Baukosteninformationszentrum; Erläuterungen zu den Tabellen siehe Seite 36   Kostenstand: 2.Quartal 2016, Bundesdurchschnitt, **inkl. 19% MwSt.**

335.12.00 Abdichtung, Schutzschicht

02 **Reinigen des Mauerwerkes mit Hochdruckreiniger,** 93,00 **99,00** 110,00
Fugen auskratzen, mit Sperrmörtel schließen,
Dickbeschichtung, Drän- und Schutzmatten anbauen
(2 Objekte)
Einheit: m² Bekleidete Fläche
086 Bauwerkstrockenlegungen und Bauaustrocknungen 100,0%

335.13.00 Abdichtung, Dämmung

02 **Kellerwände, Trockenlegung, reinigen, hydro-** – **99,00** –
phobieren, mit Feinschlämme beschichten, Perimeter-
dämmung PS aufkleben, d=60mm (1 Objekt)
Einheit: m² Bekleidete Fläche
086 Bauwerkstrockenlegungen und Bauaustrocknungen 100,0%

335.21.00 Anstrich

04 **Zementschlämme mit Wasserhochdruckstrahlen** – **29,00** –
entfernen, Salzausblühungen trocken abbürsten,
Putzrisse ausbessern, Grund-, Zwischen- und Schluss-
anstrich (1 Objekt)
Einheit: m² Bekleidete Fläche
023 Putz- und Stuckarbeiten, Wärmedämmsysteme 47,0%
034 Maler- und Lackierarbeiten - Beschichtungen 53,0%

82 **Holzfachwerk streichen und imprägnieren,** – **66,00** –
Fugenversiegelung (1 Objekt)
Einheit: m² Bekleidete Fläche
034 Maler- und Lackierarbeiten - Beschichtungen 100,0%

335.32.00 Putz, Anstrich

02 **Schadhaften Putz abschlagen, Putz auf Hohlstellen** 85,00 **110,00** 140,00
prüfen, Schadbereich erneuern, Risse sanieren, Putz-
flächen reinigen, Sanierputz, d=15mm, Oberputz,
Grundierung, Schlussanstrich (4 Objekte)
Einheit: m² Bekleidete Fläche
023 Putz- und Stuckarbeiten, Wärmedämmsysteme 77,0%
033 Baureinigungsarbeiten 7,0%
034 Maler- und Lackierarbeiten - Beschichtungen 16,0%

82 **Anstrich, vorhandene Putzflächen reinigen, teilweise** 30,00 **46,00** 86,00
ausbessern (4 Objekte)
Einheit: m² Bekleidete Fläche
023 Putz- und Stuckarbeiten, Wärmedämmsysteme 38,0%
034 Maler- und Lackierarbeiten - Beschichtungen 62,0%

335.34.00 Isolierputz

81 **Beschichtung mit wasserabweisendem Putz,** 170,00 **190,00** 210,00
vorhandenen Putz abschlagen, Untergrund reinigen
und vorbehandeln (2 Objekte)
Einheit: m² Bekleidete Fläche
002 Erdarbeiten 28,0%
023 Putz- und Stuckarbeiten, Wärmedämmsysteme 72,0%

Übersicht-
1.+ 2.Ebene

Erweiterung

Umbau

Moderni-
sierung

Instand-
setzung

Bau-
elemente

Abbrechen

Wieder-
herstellen

Herstellen

335
Außenwandbekleidungen außen

Kosten:
Stand 2.Quartal 2016
Bundesdurchschnitt
inkl. 19% MwSt.

		▷	€/Einheit	◁	
335.54.00 Verblendung, Mauerwerk					
83	**Ziegelbekleidungen, schadhafte Stellen ausbessern, reinigen, verfugen, imprägnieren, teilweise Fensterbänke mit Blechabdeckung erneuern (4 Objekte)**	100,00	**160,00**	230,00	
	Einheit: m² Bekleidete Fläche				
	012 Mauerarbeiten				77,0%
	034 Maler- und Lackierarbeiten - Beschichtungen				23,0%
335.55.00 Verblendung, Naturstein					
01	**Natursteine, softstrahlen, scharieren, von Farb- und Zementresten reinigen, ausbessern von Fehl- und Schadstellen, versiegeln, Verfestigung und Hydrophobierung, neu verfugen (3 Objekte)**	120,00	**150,00**	160,00	
	Einheit: m² Bekleidete Fläche				
	014 Natur-, Betonwerksteinarbeiten				79,0%
	023 Putz- und Stuckarbeiten, Wärmedämmsysteme				21,0%
02	**Natursteinfläche mit Hochdruck reinigen, imprägnieren (2 Objekte)**	15,00	**22,00**	29,00	
	Einheit: m² Bekleidete Fläche				
	014 Natur-, Betonwerksteinarbeiten				41,0%
	033 Baureinigungsarbeiten				59,0%

▷ von
Ø Mittel
◁ bis

336.21.00	Anstrich				
06	**Ausbessern kleiner Putzschäden, grundieren, aufrauen, Dispersionsanstrich (3 Objekte)**	6,80	**11,00**	14,00	
	Einheit: m² Bekleidete Fläche				
	023 Putz- und Stuckarbeiten, Wärmedämmsysteme				49,0%
	034 Maler- und Lackierarbeiten - Beschichtungen				51,0%

336.31.00	Putz				
84	**Putzausbesserungen, Flächen bis 2m² (6 Objekte)**	39,00	**60,00**	73,00	
	Einheit: m² Bekleidete Fläche				
	023 Putz- und Stuckarbeiten, Wärmedämmsysteme				100,0%

336.32.00	Putz, Anstrich				
83	**Putz abdichten, Altputz abschlagen, Untergrund vorbereiten (4 Objekte)**	70,00	**100,00**	120,00	
	Einheit: m² Bekleidete Fläche				
	023 Putz- und Stuckarbeiten, Wärmedämmsysteme				93,0%
	034 Maler- und Lackierarbeiten - Beschichtungen				7,0%

336.33.00	Putz, Fliesen und Platten				
83	**Keramikbeläge erneuern, teilweise festigen und ausgleichen des Untergrunds mit Putz (1 Objekt)**	–	**150,00**	–	
	Einheit: m² Bekleidete Fläche				
	023 Putz- und Stuckarbeiten, Wärmedämmsysteme				18,0%
	024 Fliesen- und Plattenarbeiten				82,0%

336.44.00	Bekleidung auf Unterkonstruktion, Holz				
03	**Farbbeschichtung bis auf sauberen Untergrund entfernen, reinigen, Grund-, Zwischen- und Schluss-anstrich mit Alkydharz-Lack (2 Objekte)**	32,00	**34,00**	37,00	
	Einheit: m² Bekleidete Fläche				
	034 Maler- und Lackierarbeiten - Beschichtungen				100,0%
83	**Profilierte Wandvertäfelung instandsetzen, Anstrich erneuern (1 Objekt)**	–	**620,00**	–	
	Einheit: m² Bekleidete Fläche				
	027 Tischlerarbeiten				73,0%
	034 Maler- und Lackierarbeiten - Beschichtungen				27,0%
84	**Holz-Bekleidung ausbessern, Anstrich erneuern (1 Objekt)**	–	**100,00**	–	
	Einheit: m² Bekleidete Fläche				
	027 Tischlerarbeiten				4,0%
	034 Maler- und Lackierarbeiten - Beschichtungen				96,0%

Übersicht 1.+.2.Ebene · Erweiterung · Umbau · Moderni-sierung · Instand-setzung · Bau-elemente · Abbrechen · Wieder-herstellen · Herstellen

338
Sonnenschutz

Kosten:
Stand 2.Quartal 2016
Bundesdurchschnitt
inkl. 19% MwSt.

		▷	€/Einheit	◁	LB an AA
338.12.00 Rollläden					
81	**Holz-Rollladen streichen, notwendige Vorarbeiten (2 Objekte)**	34,00	**45,00**	55,00	
	Einheit: m² Geschützte Fläche				
	030 Rollladenarbeiten				50,0%
	034 Maler- und Lackierarbeiten - Beschichtungen				50,0%
338.21.00 Jalousien					
02	**Ausbau von Jalousien, Transport zur Werkstatt, kürzen, Rücktransport, Einbau mit neuen Stahlhaltewinkeln (1 Objekt)**	–	**49,00**	–	
	Einheit: m² Geschützte Fläche				
	030 Rollladenarbeiten				100,0%

▷ von
ø Mittel
◁ bis

339.21.00	Brüstungen				
02	**Brüstungsgitter, Metall, Schadstellen entrosten, lackieren (2 Objekte)**	66,00	**80,00**	94,00	
	Einheit: m² Brüstungsfläche				
	031 Metallbauarbeiten				55,0%
	034 Maler- und Lackierarbeiten - Beschichtungen				45,0%

339.41.00	Eingangstreppen, -podeste				
02	**Einzelne Blockstufen aufnehmen, Untergrund im JOS-Verfahren reinigen, Auflager richten, im Mörtelbett wieder verlegen (1 Objekt)**	–	**320,00**	–	
	Einheit: m² Treppenfläche				
	014 Natur-, Betonwerksteinarbeiten				100,0%
03	**Stufen aufnehmen, Auflager abgleichen, Stufen säubern, im Mörtelbett wieder verlegen (2 Objekte)**	470,00	**530,00**	580,00	
	Einheit: m² Treppenfläche				
	014 Natur-, Betonwerksteinarbeiten				100,0%

Übersicht-
1.+.2.Ebene

Erweiterung

Umbau

Moderni-
sierung

Instand-
setzung

Bau-
elemente

Abbrechen

Wieder-
herstellen

Herstellen

341
Tragende Innenwände

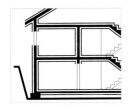

Kosten:
Stand 2.Quartal 2016
Bundesdurchschnitt
inkl. 19% MwSt.

341.16.00 Mauerwerkswand, Mauerziegel

04 Fenster- oder Türstürze erneuern, Stahlträger ausbauen, neue Stahlträger einbauen (1 Objekt) — **100,00** —
Einheit: m Sturzlänge
012 Mauerarbeiten — 100,0%

341.19.00 Mauerwerkswand, sonstiges

85 Mauerwerk, d=20-40cm, teilweise ausgleichen vorhandener Wände (2 Objekte) 160,00 **190,00** 230,00
Einheit: m² Wandfläche
012 Mauerarbeiten — 100,0%

341.39.00 Holzwand, sonstiges

89 Ausbesserung von Holzfachwerk, schadhafte Holzteile erneuern, Untermauerung von Holzschwellen herstellen, Holzoberfläche reinigen, imprägnieren (1 Objekt) — **34,00** —
Einheit: m² Wandfläche
012 Mauerarbeiten — 27,0%
016 Zimmer- und Holzbauarbeiten — 73,0%

▷ von
Ø Mittel
◁ bis

342.19.00 Mauerwerkswand, sonstiges

82 **Schadhaftes Mauerwerk in Teilstücken erneuern,**   –   300,00   –
Beimauerungen (1 Objekt)
Einheit: m² Wandfläche
039 Trockenbauarbeiten   100,0%

342.39.00 Holzwand, sonstiges

81 **Mauerwerk von Holzfachwerk instandsetzen, schad-**   –   150,00   –
hafte Stellen ausbessern, Wanddicke 20cm (1 Objekt)
Einheit: m² Wandfläche
012 Mauerarbeiten   100,0%

Übersicht
1.+ 2.Ebene

Erweiterung

Umbau

Moderni-
sierung

Instand-
setzung

Bau-
elemente

Abbrechen

Wieder-
herstellen

Herstellen

344
Innentüren und -fenster

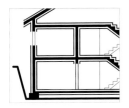

Kosten:
Stand 2.Quartal 2016
Bundesdurchschnitt
inkl. 19% MwSt.

▷ von
ø Mittel
◁ bis

344.12.00 Türen, Holz

01 Demontieren von Vollholztüren, komplett mit Blendrahmen ausbauen, zur Aufarbeitung abtransportieren, Anschläge säubern; Aufarbeitung, alte Farbanstriche entfernen, Fehlstellen ergänzen, spachteln, Holzprofile und Fitschenbänder instandsetzen, neue Schlösser einbauen, Wiedereinbau (3 Objekte)
Einheit: m² Türfläche

	▷	ø	◁	
	290,00	**420,00**	620,00	
012 Mauerarbeiten				7,0%
027 Tischlerarbeiten				93,0%

82 Beidseitiger Renovierungsanstrich, notwendige Vorarbeiten (2 Objekte)
Einheit: m² Türfläche

	47,00	**59,00**	70,00	
034 Maler- und Lackierarbeiten - Beschichtungen				100,0%

83 Beidseitiger Renovierungsanstrich, notwendige Vorarbeiten, gangbar machen, Beschläge erneuern (4 Objekte)
Einheit: m² Türfläche

	150,00	**190,00**	260,00	
027 Tischlerarbeiten				51,0%
029 Beschlagarbeiten				20,0%
034 Maler- und Lackierarbeiten - Beschichtungen				30,0%

85 Holztüren, historisch, ein- und zweiflüglig, schadhafte Holzteile ausbessern, Originalanstriche freilegen, restaurieren, teilweise Beschläge erneuern (1 Objekt)
Einheit: m² Türfläche

	–	**900,00**	–	
027 Tischlerarbeiten				19,0%
029 Beschlagarbeiten				16,0%
032 Verglasungsarbeiten				3,0%
034 Maler- und Lackierarbeiten - Beschichtungen				62,0%

344.14.00 Türen, Metall

04 Altanstrich entfernen, schleifen, grundieren, kleinere Beschädigungen verspachteln, Neuanstrich (4 Objekte)
Einheit: m² Türfläche

	25,00	**28,00**	32,00	
034 Maler- und Lackierarbeiten - Beschichtungen				100,0%

344.52.00 Fenster, Holz

03 Aufarbeitung Holzfenster, Farbanstriche entfernen, Beschläge instandsetzen, Farbendbeschichtung, teilweise neue Einglasung mit Floatglas 4mm (1 Objekt)
Einheit: m² Fensterfläche

	–	**280,00**	–	
027 Tischlerarbeiten				100,0%

© **BKI** Baukosteninformationszentrum; Erläuterungen zu den Tabellen siehe Seite 36   Kostenstand: 2.Quartal 2016, Bundesdurchschnitt, inkl. **19% MwSt.**

345.21.00 Anstrich

04 Industriereinigung von Ziegel- und Klinkersteinen, entfernen von Ölfarbe, Kalkfarbe oder Ruß (1 Objekt)
Einheit: m² Bekleidete Fläche

	–	28,00	–

034 Maler- und Lackierarbeiten - Beschichtungen   100,0%

08 Ausbessern von kleinen Putzschäden, spachteln, schleifen grundieren mit Putzgrund, Anstrich zweifach (1 Objekt)
Einheit: m² Bekleidete Fläche

	–	7,40	–

034 Maler- und Lackierarbeiten - Beschichtungen   100,0%

09 Wandflächen nässen, abstoßen, nachwaschen, Grundanstrich zur Erreichung eines festen Untergrundes, Dispersionsanstrich (1 Objekt)
Einheit: m² Bekleidete Fläche

	–	5,70	–

034 Maler- und Lackierarbeiten - Beschichtungen   100,0%

345.31.00 Putz

82 Putzausbesserungen, Flächen bis 2m² (6 Objekte)
Einheit: m² Bekleidete Fläche

39,00	60,00	73,00

023 Putz- und Stuckarbeiten, Wärmedämmsysteme   100,0%

345.32.00 Putz, Anstrich

83 Putz abdichtend, Altputz abschlagen, Untergrundvorbehandlung (4 Objekte)
Einheit: m² Bekleidete Fläche

70,00	100,00	120,00

023 Putz- und Stuckarbeiten, Wärmedämmsysteme   93,0%
034 Maler- und Lackierarbeiten - Beschichtungen   7,0%

345.33.00 Putz, Fliesen und Platten

03 Klinker säubern, spachteln, abklopfen, abwaschen (1 Objekt)
Einheit: m² Bekleidete Fläche

	–	8,30	–

024 Fliesen- und Plattenarbeiten   100,0%

82 Keramikbeläge erneuern, teilweise festigen und ausgleichen des Untergrunds mit Putz (1 Objekt)
Einheit: m² Bekleidete Fläche

	–	150,00	–

023 Putz- und Stuckarbeiten, Wärmedämmsysteme   18,0%
024 Fliesen- und Plattenarbeiten   82,0%

345.44.00 Bekleidung auf Unterkonstruktion, Holz

83 Holzbekleidungen ausbessern, Anstrich erneuern (1 Objekt)
Einheit: m² Bekleidete Fläche

	–	100,00	–

023 Putz- und Stuckarbeiten, Wärmedämmsysteme   4,0%
034 Maler- und Lackierarbeiten - Beschichtungen   96,0%

84 Profilierte Wandvertäfelung instandsetzen, Anstrich erneuern (1 Objekt)
Einheit: m² Bekleidete Fläche

	–	620,00	–

027 Tischlerarbeiten   73,0%
034 Maler- und Lackierarbeiten - Beschichtungen   27,0%

Übersicht 1. + 2. Ebene
Erweiterung
Umbau
Modernisierung
Instandsetzung
Bauelemente
Abbrechen
Wiederherstellen
Herstellen

345
Innenwandbekleidungen

345.61.00	Tapeten			
04	**Vorhandene Raufaser streichen, Bodenabdeckungen (1 Objekt)**	–	**8,60**	–
	Einheit: m² Bekleidete Fläche			
	037 Tapezierarbeiten			100,0%

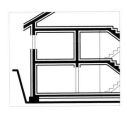

Kosten:
Stand 2.Quartal 2016
Bundesdurchschnitt
inkl. 19% MwSt.

▷ von
ø Mittel
◁ bis

© **BKI** Baukosteninformationszentrum; Erläuterungen zu den Tabellen siehe Seite 36   Kostenstand: 2.Quartal 2016, Bundesdurchschnitt, **inkl. 19% MwSt.**

349.22.00 Geländer

02 **Lackfarbe von Geländer bis auf sauberen Untergrund** 20,00 **30,00** 50,00
entfernen, Untergrund reinigen, entrosten, wenn
erforderlich, aufrauen durch Anlaugen oder Schleifen;
Grundierung, Deckanstrich (3 Objekte)
Einheit: m² Geländerfläche
034 Maler- und Lackierarbeiten - Beschichtungen 100,0%

03 **Metall-Schutzgeländer, säubern, entrosten,** 19,00 **20,00** 23,00
Grundierung, Deckanstrich (3 Objekte)
Einheit: m² Geländerfläche
034 Maler- und Lackierarbeiten - Beschichtungen 100,0%

Übersicht 1.+ 2.Ebene

Erweiterung

Umbau

Moderni- sierung

Instand- setzung

Bau- elemente

Abbrechen

Wieder- herstellen

Herstellen

351
Decken-konstruktionen

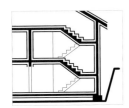

Kosten:
Stand 2.Quartal 2016
Bundesdurchschnitt
inkl. 19% MwSt.

		▷	€/Einheit	◁	

351.15.00 Stahlbeton, Ortbeton, Platten

82	**Sanierung von Plattendecken aus Stahlbeton (1 Objekt)**	–	**100,00**	–	
	Einheit: m² Deckenfläche				
	013 Betonarbeiten				100,0%

351.42.00 Vollholzbalken, Schalung

81	**Sanierung von Holzbalkendecken mit Brettschalung, Spannweiten bis 5,00m, Abbruch der vorhandenen Holzbalkendecke, Schuttbeseitigung (6 Objekte)**	110,00	**210,00**	290,00	
	Einheit: m² Deckenfläche				
	016 Zimmer- und Holzbauarbeiten				100,0%

351.89.00 Treppen, sonstiges

82	**Historische Holztreppe mit Galerie inkl. Geländer grundinstandsetzen (1 Objekt)**	–	**1.990,00**	–	
	Einheit: m² Treppenfläche				
	016 Zimmer- und Holzbauarbeiten				18,0%
	034 Maler- und Lackierarbeiten - Beschichtungen				82,0%

351.94.00 Treppen, Mischkonstruktionen

81	**Gemauerte Treppe aus Ziegelsteinen instandsetzen (1 Objekt)**	–	**180,00**	–	
	Einheit: m² Treppenfläche				
	012 Mauerarbeiten				100,0%

▷ von
ø Mittel
◁ bis

Kostenstand: 2.Quartal 2016, Bundesdurchschnitt, **inkl. 19% MwSt.**

352.12.00 Anstrich, Estrich

83 **Anstrich (Farbe, ggf. Flüssigkunststoff), vorhandenen Unterboden (Estrich) reinigen und spachteln (7 Objekte)**   8,70   **12,00**   17,00
Einheit: m² Belegte Fläche
034 Maler- und Lackierarbeiten - Beschichtungen   100,0%

352.21.00 Estrich

08 **Ausbesserung von Estrichschäden in Teilflächen, d=30-50mm, durch Abklopfen auf Hohlstellen untersuchen, Risse verfugen (3 Objekte)**   24,00   **38,00**   59,00
Einheit: m² Belegte Fläche
025 Estricharbeiten   100,0%

352.31.00 Fliesen und Platten

01 **Fliesen in Fehlstellen einsetzen bis zu 5 Platten im Mörtelbett, teilweise Aufnahme von vorhandenen Fliesen zur Wiederverwendung (2 Objekte)**   130,00   **160,00**   180,00
Einheit: m² Behandelte Fläche
012 Mauerarbeiten   8,0%
024 Fliesen- und Plattenarbeiten   92,0%

04 **Industriereinigung von Steinzeugfliesen (2 Objekte)**   1,90   **3,80**   5,80
Einheit: m² Behandelte Fläche
024 Fliesen- und Plattenarbeiten   50,0%
036 Bodenbelagarbeiten   50,0%

352.41.00 Naturstein

04 **Granit-Treppenstufen und Antrittplatten reinigen (2 Objekte)**   74,00   **74,00**   75,00
Einheit: m² Belegte Fläche
014 Natur-, Betonwerksteinarbeiten   50,0%
036 Bodenbelagarbeiten   50,0%

352.51.00 Betonwerkstein

01 **Terrazzobelag restaurieren, Hohlräume verpressen (2 Objekte)**   61,00   **62,00**   63,00
Einheit: m² Belegte Fläche
014 Natur-, Betonwerksteinarbeiten   100,0%

352.61.00 Textil

81 **Textilbelag aufnehmen, entsorgen, Estrich reinigen, spachteln, neuen Textilbelag verlegen (3 Objekte)**   47,00   **56,00**   74,00
Einheit: m² Belegte Fläche
036 Bodenbelagarbeiten   100,0%

82 **Textilbelag, vorhandenen Unterboden (Treppe) reinigen und spachteln (2 Objekte)**   65,00   **71,00**   77,00
Einheit: m² Belegte Fläche
027 Tischlerarbeiten   4,0%
034 Maler- und Lackierarbeiten - Beschichtungen   3,0%
036 Bodenbelagarbeiten   93,0%

Übersicht 1.+.2.Ebene
Erweiterung
Umbau
Moderni-sierung
Instand-setzung
Bau-elemente
Abbrechen
Wieder-herstellen
Herstellen

352
Deckenbeläge

Kosten:
Stand 2.Quartal 2016
Bundesdurchschnitt
inkl. 19% MwSt.

352.65.00 Textil, Estrich, Dämmung

82 Textilbelag, Unterboden aus Spanplatten, Einschub mit Wärmedämmung herstellen, vorhandene Holzdielung aufnehmen, entsorgen (2 Objekte) 110,00 **110,00** 110,00
Einheit: m² Belegte Fläche
016 Zimmer- und Holzbauarbeiten 59,0%
036 Bodenbelagarbeiten 41,0%

352.71.00 Holz

06 Parkettboden ausbessern, schleifen, versiegeln, Sockelleisten (8 Objekte) 24,00 **31,00** 40,00
Einheit: m² Belegte Fläche
028 Parkett-, Holzpflasterarbeiten 100,0%

81 Holzdielen aufnehmen, überarbeiten und wieder einbauen, Oberfläche behandeln (3 Objekte) 51,00 **130,00** 180,00
Einheit: m² Belegte Fläche
016 Zimmer- und Holzbauarbeiten 82,0%
034 Maler- und Lackierarbeiten - Beschichtungen 18,0%

352.81.00 Hartbeläge

04 Untergrund spachteln, PVC-Belag auf Treppenstufen erneuern, Silikonverfugung (1 Objekt) – **160,00** –
Einheit: m² Belegte Fläche
027 Tischlerarbeiten 100,0%

06 Textilbeläge entfernen, Fußboden grundieren, spachteln, schleifen, Linoleumbelag 2,5mm neu verlegen (2 Objekte) 50,00 **59,00** 67,00
Einheit: m² Belegte Fläche
036 Bodenbelagarbeiten 100,0%

▷ von
ø Mittel
◁ bis

353.21.00 Anstrich			
08 **Deckenflächen, nässen, abstoßen, nachwaschen, mit Spachtelmasse beispachteln, nachschleifen, ausbessern kleiner Putzschäden, Grundierung, Dispersionsfarbenanstrich (3 Objekte)**	9,20	**14,00**	17,00
Einheit: m² Bekleidete Fläche			
034 Maler- und Lackierarbeiten - Beschichtungen			100,0%

353.31.00 Putz			
03 **Deckenputz auf Altbaudecken von kleinen schadhaften Putzflächen bis 2m² abschlagen; einschl. Schuttbeseitigung, Kippgebühr, zweilagiger Neuputz, Spritzbewurf, Angleichen an den vorhandenen Putz (3 Objekte)**	44,00	**61,00**	93,00
Einheit: m² Behandelte Fläche			
023 Putz- und Stuckarbeiten, Wärmedämmsysteme			100,0%

353.32.00 Putz, Anstrich			
84 **Putzausbesserungen mit Anstrich in Teilflächen (1 Objekt)**	–	**21,00**	–
Einheit: m² Bekleidete Fläche			
023 Putz- und Stuckarbeiten, Wärmedämmsysteme			46,0%
034 Maler- und Lackierarbeiten - Beschichtungen			54,0%

353.44.00 Bekleidung auf Unterkonstruktion, Holz			
82 **Holzbekleidungen ausbessern, Anstrich erneuern (1 Objekt)**	–	**45,00**	–
Einheit: m² Bekleidete Fläche			
034 Maler- und Lackierarbeiten - Beschichtungen			75,0%
039 Trockenbauarbeiten			25,0%

353.47.00 Bekleidung auf Unterkonstruktion, Metall			
81 **Abgehängte Alu-Paneeldecken ausbessern (1 Objekt)**	–	**26,00**	–
Einheit: m² Bekleidete Fläche			
039 Trockenbauarbeiten			100,0%

353.91.00 Sonstige Deckenbekleidungen			
81 **Historische Stuckdecke mit Profilen, Rosetten und Zahnfriesen restaurieren (1 Objekt)**	–	**320,00**	–
Einheit: m² Bekleidete Fläche			
023 Putz- und Stuckarbeiten, Wärmedämmsysteme			90,0%
034 Maler- und Lackierarbeiten - Beschichtungen			10,0%

Übersicht 1.+2.Ebene

Erweiterung

Umbau

Modernisierung

Instandsetzung

Bauelemente

Abbrechen

Wiederherstellen

Herstellen

Kosten:
Stand 2.Quartal 2016
Bundesdurchschnitt
inkl. 19% MwSt.

KG.AK.AA - Wiederherstellen	▷	€/Einheit	◁	LB an AA
359.23.00 Handläufe				
03 **Massiv-Rund-Holzhandlauf, d=60mm, demontieren, Ölfarbreste entfernen, aufarbeiten, Schadstellen ausbessern, Montage (2 Objekte)**	90,00	**120,00**	150,00	
Einheit: m Handlauflänge				
027 Tischlerarbeiten				100,0%
04 **Metallhandläufe, Altanstriche entfernen, schadhafte Grundbeschichtung ausbessern, Zwischen-, Schluss-beschichtung (4 Objekte)**	6,70	**8,30**	8,90	
Einheit: m Handlauflänge				
031 Metallbauarbeiten				50,0%
034 Maler- und Lackierarbeiten - Beschichtungen				50,0%

▷ von
ø Mittel
◁ bis

361.15.00 Stahlbeton, Ortbeton, Platten

04	**Betonsanierung Flachdach, Entfernen aller losen Teile, Freilegen korrodierter Bewehrung, Entrosten, zweimaliges Streichen mit Korrosionsschutz, Betonausbruchstellen mit Reparaturmörtel verfüllen und nachbehandeln, mit kunststoffmodifizierter Spachtelmasse egalisieren (1 Objekt)**	–	80,00	–

Einheit: m² Dachfläche
013 Betonarbeiten — 100,0%

361.42.00 Vollholzbalken, Schalung

81	**Instandsetzung Turmdächer mit Holzdachstuhl, Steildach, pyramidenförmig, Holzdachstuhl mit Brettschalung, Abbruch des vorhandenen Dachstuhls, Schuttbeseitigung (1 Objekt)**	–	270,00	–

Einheit: m² Dachfläche
016 Zimmer- und Holzbauarbeiten — 100,0%

361.49.00 Holzbalkenkonstruktionen, sonstiges

82	**Satteldächer mit Holzdachstühlen in Stand setzen, einschl. Auswechselung schadhafter Holzteile (4 Objekte)**	40,00	79,00	120,00

Einheit: m² Dachfläche
016 Zimmer- und Holzbauarbeiten — 100,0%

83	**Steildächer verschiedener Konstruktionsarten in Stand setzen, einschl. Auswechselung und Imprägnierung schadhafter Holzteile (3 Objekte)**	6,00	11,00	20,00

Einheit: m² Dachfläche
016 Zimmer- und Holzbauarbeiten — 100,0%

361.91.00 Sonstige Dachkonstruktionen

85	**Holzdachstühle mit Stahlbindern verstärken (1 Objekt)**	–	280,00	–

Einheit: m² Dachfläche
017 Stahlbauarbeiten — 100,0%

Übersicht 1.+2.Ebene
Erweiterung
Umbau
Modernisierung
Instandsetzung
Bauelemente
Abbrechen
Wiederherstellen
Herstellen

363
Dachbeläge

Kosten:
Stand 2.Quartal 2016
Bundesdurchschnitt
inkl. 19% MwSt.

363.31.00	Ziegel				
81	**Dachdeckung geneigter Dächer aus Dachziegeln oder Schiefer mit Traufblechen, schadhafte Stellen ausbessern (2 Objekte)**	4,90	**5,70**	6,50	
	Einheit: m² Gedeckte Fläche				
	020 Dachdeckungsarbeiten				75,0%
	022 Klempnerarbeiten				26,0%

363.32.00	Ziegel, Wärmedämmung				
82	**Erneuerung Dachdeckung geneigter Dächer, einschl. Unterspannbahn, Dachlattung bzw. Brettschalung, Dachpfannen bzw. Schiefer, Mineralfaserisolierung, verzinkte Dachrinnen und Blechabdeckungen, Aufnehmen des alten Dachbelags, Schuttbeseitigung (1 Objekt)**	–	**210,00**	–	
	Einheit: m² Gedeckte Fläche				
	021 Dachabdichtungsarbeiten				100,0%

▷ von
ø Mittel
◁ bis

© **BKI** Baukosteninformationszentrum; Erläuterungen zu den Tabellen siehe Seite 36   Kostenstand: 2.Quartal 2016, Bundesdurchschnitt, **inkl. 19% MwSt.**

364.32.00 Putz, Anstrich

84	**Putzausbesserungen mit Anstrich in Teilflächen** **(1 Objekt)**	–	**21,00**	–

Einheit: m² Bekleidete Fläche

023 Putz- und Stuckarbeiten, Wärmedämmsysteme	46,0%
034 Maler- und Lackierarbeiten - Beschichtungen	54,0%

364.44.00 Bekleidung auf Unterkonstruktion, Holz

82	**Holzbekleidungen ausbessern, Anstrich erneuern** **(1 Objekt)**	–	**45,00**	–

Einheit: m² Bekleidete Fläche

034 Maler- und Lackierarbeiten - Beschichtungen	75,0%
039 Trockenbauarbeiten	25,0%

364.47.00 Bekleidung auf Unterkonstruktion, Metall

81	**Abgehängte Alu-Paneeldecken ausbessern (1 Objekt)**	–	**26,00**	–

Einheit: m² Bekleidete Fläche

039 Trockenbauarbeiten	100,0%

364.91.00 Sonstige Dachbekleidungen

81	**Historische Stuckdecke mit Profilen, Rosetten und** **Zahnfriesen restaurieren (1 Objekt)**	–	**320,00**	–

Einheit: m² Bekleidete Fläche

023 Putz- und Stuckarbeiten, Wärmedämmsysteme	90,0%
034 Maler- und Lackierarbeiten - Beschichtungen	10,0%

Übersicht
1.+2.Ebene

Erweiterung

Umbau

Moderni-
sierung

Instand-
setzung

Bau-
elemente

Abbrechen

Wieder-
herstellen

Herstellen

391
Baustellen-einrichtung

391.11.00 Baustelleneinrichtung, pauschal			
82 **Baustelleneinrichtung für Bauerneuerungsmaßnahmen (4 Objekte)**	2,30	**8,40**	27,00
Einheit: m² Brutto-Grundfläche			
000 Sicherheitseinrichtungen, Baustelleneinrichtungen			100,0%

Kosten:
Stand 2.Quartal 2016
Bundesdurchschnitt
inkl. 19% MwSt.

▷ von
ø Mittel
◁ bis

392.11.00 Standgerüste, Fassadengerüste			
82 **Gerüste für Bauerneuerungsmaßnahmen (3 Objekte)**	6,00	**11,00**	20,00
Einheit: m² Brutto-Grundfläche			
001 Gerüstarbeiten			100,0%

Übersicht-
1.+2.Ebene

Erweiterung

Umbau

Moderni-
sierung

Instand-
setzung

Bau-
elemente

Abbrechen

Wieder-
herstellen

Herstellen

397
Zusätzliche Maßnahmen

		€/Einheit	
397.12.00 Schutz bestehender Bausubstanz			
02 **Bauzeitenschutz von Fenstern und Türen (1 Objekt)**	–	0,40	–
Einheit: m² Brutto-Grundfläche			
012 Mauerarbeiten			100,0%
397.13.00 Schutz von fertiggestellten Bauteilen			
05 **Schutz der neuen Fenster und Türen während der Sanierung (1 Objekt)**	–	5,20	–
Einheit: m² Brutto-Grundfläche			
012 Mauerarbeiten			100,0%

Kosten:
Stand 2.Quartal 2016
Bundesdurchschnitt
inkl. 19% MwSt.

▷ von
ø Mittel
◁ bis

423.11.00	Radiatoren				
01	**Heizkörper, einschl. Anschlussleitungen, entfernen von alten Anstrichen, ohne Beschädigung des Untergrunds, Neuanstrich mit Heizkörperlack (3 Objekte)**	11,00	**16,00**	19,00	
	Einheit: m² Heizkörperfläche				
	034 Maler- und Lackierarbeiten - Beschichtungen				51,0%
	041 Wärmeversorgungsanlagen - Leitungen, Armaturen, Heizflächen				49,0%

Übersicht 1.+ 2. Ebene
Erweiterung
Umbau
Modernisierung
Instandsetzung
Bauelemente
Abbrechen
Wiederherstellen
Herstellen

KG.AK.AA - Wiederherstellen	▷	€/Einheit	◁	LB an AA

521.51.00	Deckschicht Pflaster			
03	**Betonpflastersteine aufnehmen, säubern, lagern, wieder im Sandbett verlegen (3 Objekte)**	56,00	**65,00**	81,00
	Einheit: m² Wegefläche			
	014 Natur-, Betonwerksteinarbeiten			50,0%
	080 Straßen, Wege, Plätze			50,0%

Kosten:
Stand 2.Quartal 2016
Bundesdurchschnitt
inkl. 19% MwSt.

▷ von
ø Mittel
◁ bis

© **BKI** Baukosteninformationszentrum; Erläuterungen zu den Tabellen siehe Seite 36   Kostenstand: 2.Quartal 2016, Bundesdurchschnitt, **inkl. 19% MwSt.**

Altbau Ausführungsarten

Herstellen

Ausführungsarten
zur 3.Ebene DIN 276
für die Kostengruppen 300+400

311
Baugruben-
herstellung

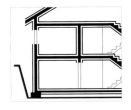

Kosten:
Stand 2.Quartal 2016
Bundesdurchschnitt
inkl. 19% MwSt.

▷ von
ø Mittel
◁ bis

KG.AK.AA - Herstellen	▷	€/Einheit	◁	LB an AA
311.12.00 Mutterbodenabtrag BK 1, lagern				
02 **Mutterboden abtragen, d=20-30cm, auf dem Gelände lagern (6 Objekte)**	1,90	**2,80**	3,70	
Einheit: m² Abtragsfläche				
002 Erdarbeiten				100,0%
311.13.00 Mutterbodenabtrag BK 1, lagern und einbauen				
02 **Mutterboden BK 1, abtragen, d=15-20cm, auf dem Gelände lagern, wieder einbauen (3 Objekte)**	1,90	**3,80**	7,50	
Einheit: m² Abtragsfläche				
002 Erdarbeiten				100,0%
311.14.00 Mutterbodenabtrag BK 1, Abtransport				
02 **Mutterboden, d=20-30cm, abtragen, laden, entsorgen (5 Objekte)**	2,80	**4,80**	6,90	
Einheit: m² Abtragsfläche				
002 Erdarbeiten				100,0%
311.21.00 Aushub Baugrube BK 2-5				
02 **Baugrube BK 2-5, t bis 3,00m, ausheben, zur freien Verwendung des Auftragnehmers (7 Objekte)**	1,80	**5,10**	10,00	
Einheit: m³ Aushub				
002 Erdarbeiten				100,0%
311.22.00 Aushub Baugrube BK 2-5, lagern				
02 **Baugrube BK 3-5, t bis 3,50m, ausheben, seitlich lagern (19 Objekte)**	5,60	**11,00**	18,00	
Einheit: m³ Aushub				
002 Erdarbeiten				100,0%
311.23.00 Aushub Baugrube BK 2-5, lagern, hinterfüllen				
02 **Grube an Außenwand BK 3-5, ausheben, auf dem Gelände lagern, wieder hinterfüllen (11 Objekte)**	35,00	**47,00**	61,00	
Einheit: m³ Aushubvolumen				
002 Erdarbeiten				100,0%
311.24.00 Aushub Baugrube BK 2-5, Abtransport				
02 **Bodenaushub BK 3-5, innerhalb vom Gebäude (4 Objekte)**	92,00	**110,00**	150,00	
Einheit: m³ Aushub				
002 Erdarbeiten				100,0%
05 **Boden BK 2-5, in Handschachtung, ausheben, entsorgen (12 Objekte)**	61,00	**80,00**	100,00	
Einheit: m³ Aushub				
002 Erdarbeiten				100,0%
06 **Baugrube BK 2-5, ausheben, laden, entsorgen (28 Objekte)**	21,00	**34,00**	49,00	
Einheit: m³ Aushub				
002 Erdarbeiten				100,0%

© **BKI** Baukosteninformationszentrum; Erläuterungen zu den Tabellen siehe Seite 36   Kostenstand: 2.Quartal 2016, Bundesdurchschnitt, **inkl. 19% MwSt.**

311.41.00 Hinterfüllen mit Siebschutt			
03 **Bauwerkshinterfüllungen und Kiesunterbau, d=20cm, dichtungswilligen Boden liefern, lagenweise verdichten, teilweise im Gebäude (5 Objekte)**	44,00	**56,00**	66,00
Einheit: m³ Auffüllmenge			
002 Erdarbeiten			51,0%
012 Mauerarbeiten			49,0%

Übersicht 1. + 2.Ebene

Erweiterung

Umbau

Moderni-sierung

Instand-setzung

Bau-elemente

Abbrechen

Wieder-herstellen

Herstellen

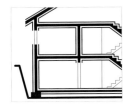

Kosten:
Stand 2.Quartal 2016
Bundesdurchschnitt
inkl. 19% MwSt.

KG.AK.AA - Herstellen	▷	€/Einheit	◁	LB an AA

322.11.00 Einzelfundamente und Streifenfundamente

		▷	Ø	◁	
07	**Fundamente, Ortbeton, Schalung, Bewehrung, Erweiterungen im Altbau (5 Objekte)**	170,00	**180,00**	210,00	
	Einheit: m³ Fundamentvolumen				
	013 Betonarbeiten				100,0%
08	**Streifenfundamente, Ortbeton, Schalung, Bewehrung, Verzahnung mit bestehenden Fundamenten (3 Objekte)**	480,00	**520,00**	590,00	
	Einheit: m³ Fundamentvolumen				
	013 Betonarbeiten				100,0%
09	**Fundamentaushub BK 3-5, innerhalb von Gebäuden, Handaushub, Abtransport (5 Objekte)**	91,00	**120,00**	140,00	
	Einheit: m³ Aushub				
	002 Erdarbeiten				100,0%

▷ von
Ø Mittel
◁ bis

324.15.00 Stahlbeton, Ortbeton, Platten

04	**Bodenplatte, Ortbeton, d=15cm, Schalung, Bewehrung, innerhalb von Gebäude, Ergänzungen zum Bestand (7 Objekte)**	38,00	**57,00**	81,00
	Einheit: m² Plattenfläche			
	013 Betonarbeiten			100,0%
05	**Bodenplatte, Ortbeton, d=16-25cm, Schalung, Bewehrung, im vorhandenen Gebäude (7 Objekte)**	68,00	**94,00**	120,00
	Einheit: m² Plattenfläche			
	013 Betonarbeiten			100,0%
06	**Bodenplatte, WU-Ortbeton, d=20-25cm, Schalung, Bewehrung, Dehnfugen abdichten, Erweiterung für Anbau (2 Objekte)**	140,00	**170,00**	200,00
	Einheit: m² Plattenfläche			
	013 Betonarbeiten			100,0%
07	**Bodenplatte, Ortbeton, d=12-16cm, Schalung, Bewehrung, auf verdichteter Kiesfilterschicht (3 Objekte)**	58,00	**79,00**	91,00
	Einheit: m² Plattenfläche			
	013 Betonarbeiten			100,0%

Übersicht 1.+ 2.Ebene

Erweiterung

Umbau

Moderni-sierung

Instand-setzung

Bau-elemente

Abbrechen

Wieder-herstellen

Herstellen

325
Bodenbeläge

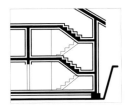

Kosten:
Stand 2.Quartal 2016
Bundesdurchschnitt
inkl. 19% MwSt.

	▷	€/Einheit	◁	LB an AA
325.11.00 Anstrich				
06 **Bodenbeschichtung auf Estrichflächen, reinigen, Grund- und Schlussbeschichtung (6 Objekte)**	10,00	**12,00**	16,00	
Einheit: m² Belegte Fläche				
034 Maler- und Lackierarbeiten - Beschichtungen				100,0%
325.15.00 Anstrich, Estrich, Dämmung				
02 **Wärme- und Trittschalldämmung, d=60mm, Estrich, Anstrich (1 Objekt)**	–	**62,00**	–	
Einheit: m² Belegte Fläche				
025 Estricharbeiten				70,0%
034 Maler- und Lackierarbeiten - Beschichtungen				30,0%
325.21.00 Estrich				
09 **Zementestrich, d=45-60mm, bewehrt (4 Objekte)**	33,00	**35,00**	37,00	
Einheit: m² Belegte Fläche				
025 Estricharbeiten				100,0%
325.24.00 Estrich, Dämmung				
02 **Wärme- und Trittschalldämmung, Zementestrich, d=50mm, Bewehrung (4 Objekte)**	35,00	**42,00**	50,00	
Einheit: m² Belegte Fläche				
025 Estricharbeiten				100,0%
325.26.00 Dämmung				
05 **Wärmedämmung WLG 035 oder 040, d=100-160mm (8 Objekte)**	13,00	**21,00**	31,00	
Einheit: m² Belegte Fläche				
025 Estricharbeiten				100,0%
06 **Wärmedämmung WLG 035 oder 040, d=60-80mm (7 Objekte)**	9,30	**12,00**	18,00	
Einheit: m² Belegte Fläche				
025 Estricharbeiten				100,0%
07 **Wärmedämmung WLG 035 oder 040, d=20-50mm (7 Objekte)**	4,40	**5,60**	11,00	
Einheit: m² Belegte Fläche				
025 Estricharbeiten				100,0%
08 **Trittschalldämmung, d=20-50mm (6 Objekte)**	2,80	**4,70**	8,90	
Einheit: m² Belegte Fläche				
025 Estricharbeiten				100,0%

▷ von
ø Mittel
◁ bis

© **BKI** Baukosteninformationszentrum; Erläuterungen zu den Tabellen siehe Seite 36   Kostenstand: 2.Quartal 2016, Bundesdurchschnitt, **inkl. 19% MwSt.**

325.31.00 Fliesen und Platten

		▷	€/Einheit	◁	
02	**Bodenfliesen im Dickbett, säure- und laugenbeständig, rutschhemmend R 10, Verfugung, Sockelfliesen, Untergrundvorbereitung, dauerelastische Silikonverfugung, AKS-Gitter, Dehnfugenprofil (3 Objekte)**	120,00	**160,00**	180,00	
	Einheit: m² Belegte Fläche				
	024 Fliesen- und Plattenarbeiten				100,0%
07	**Bodenfliesen im Dünnbett auf Estrich verlegen (12 Objekte)**	50,00	**63,00**	78,00	
	Einheit: m² Belegte Fläche				
	024 Fliesen- und Plattenarbeiten				100,0%

325.34.00 Fliesen und Platten, Estrich, Abdichtung, Dämmung

		▷	€/Einheit	◁	
01	**Untergrundvorbereitung, Wärme- und Trittschalldämmung, d=50mm, Abdichtung, Zementestrich, d=50mm, Bewehrung, Bodenfliesen, Trenn- und Dehnungsschienen, Sockelfliesen (4 Objekte)**	150,00	**160,00**	160,00	
	Einheit: m² Belegte Fläche				
	013 Betonarbeiten				17,0%
	018 Abdichtungsarbeiten				12,0%
	024 Fliesen- und Plattenarbeiten				51,0%
	025 Estricharbeiten				20,0%

325.41.00 Naturstein

		▷	€/Einheit	◁	
03	**Natursteinbelag im Mörtelbett, Granit 50x50cm, Natursteinsockel, Vorreinigung, Fluatierung (2 Objekte)**	230,00	**240,00**	240,00	
	Einheit: m² Belegte Fläche				
	014 Natur-, Betonwerksteinarbeiten				100,0%

325.51.00 Betonwerkstein

		▷	€/Einheit	◁	
02	**Betonwerksteinbelag in Dickbett, rutschhemmend, Betonwerksteinsockel, Vorreinigung, Fluatierung (2 Objekte)**	83,00	**91,00**	99,00	
	Einheit: m² Belegte Fläche				
	014 Natur-, Betonwerksteinarbeiten				100,0%

325.53.00 Betonwerkstein, Estrich, Abdichtung

		▷	€/Einheit	◁	
01	**Untergrundvorbereitung, Abdichtung, Fließestrich, d=60mm, Bewehrung, Betonwerksteinbelag, Trenn- und Dehnungsschienen, Betonwerksteinsockel (1 Objekt)**	–	**180,00**	–	
	Einheit: m² Belegte Fläche				
	014 Natur-, Betonwerksteinarbeiten				74,0%
	025 Estricharbeiten				26,0%

Übersicht 1.+ 2.Ebene
Erweiterung
Umbau
Modernisierung
Instandsetzung
Bauelemente
Abbrechen
Wiederherstellen
Herstellen

325
Bodenbeläge

Kosten:
Stand 2.Quartal 2016
Bundesdurchschnitt
inkl. 19% MwSt.

KG.AK.AA - Herstellen	▷	€/Einheit	◁ LB an AA
325.55.00 Betonwerkstein, Estrich, Dämmung			
01 **Untergrundvorbereitung, Wärme- und Trittschall-dämmung, d=130mm, Zementestrich, d=55mm, Bewehrung, Betonwerksteinbelag, Trenn- und Dehnungsschienen, Betonwerksteinsockel (1 Objekt)**	–	140,00	–
Einheit: m² Belegte Fläche			
014 Natur-, Betonwerksteinarbeiten			67,0%
024 Fliesen- und Plattenarbeiten			1,0%
025 Estricharbeiten			33,0%
325.61.00 Textil			
02 **Teppichboden, Sockelleisten (2 Objekte)**	28,00	28,00	28,00
Einheit: m² Belegte Fläche			
036 Bodenbelagarbeiten			100,0%
325.62.00 Textil, Estrich			
83 **Textilbelag, Unterboden aus Spanplatten (3 Objekte)**	65,00	70,00	77,00
Einheit: m² Belegte Fläche			
016 Zimmer- und Holzbauarbeiten			27,0%
036 Bodenbelagarbeiten			73,0%
325.64.00 Textil, Estrich, Abdichtung, Dämmung			
02 **Wärme- und Trittschalldämmung, Feuchtigkeits-abdichtung, Bitumenschweißbahn, Zementestrich, Teppichboden, Teppichsockel (1 Objekt)**	–	56,00	–
Einheit: m² Belegte Fläche			
018 Abdichtungsarbeiten			21,0%
025 Estricharbeiten			55,0%
036 Bodenbelagarbeiten			24,0%
325.71.00 Holz			
03 **Parkett auf vorhandenem Estrich, Untergrund-vorbereitung, Unebenheiten ausgleichen, Sockel-leisten, Messing-Trennschienen (2 Objekte)**	44,00	62,00	79,00
Einheit: m² Belegte Fläche			
027 Tischlerarbeiten			50,0%
028 Parkett-, Holzpflasterarbeiten			50,0%
325.81.00 Hartbeläge			
03 **Voranstrich, Fläche spachteln, Linoleum, d=3,2mm, Verfugung, Erstpflege, Fußleisten (9 Objekte)**	31,00	43,00	56,00
Einheit: m² Belegte Fläche			
036 Bodenbelagarbeiten			100,0%
325.85.00 Hartbeläge, Estrich, Dämmung			
01 **Untergrund reinigen, Wärmedämmung, d=60mm, Zementestrich, d=50mm, Linoleum, d=3,2mm, Fugen verschweißen, Sockelleisten (2 Objekte)**	59,00	71,00	84,00
Einheit: m² Belegte Fläche			
025 Estricharbeiten			51,0%
036 Bodenbelagarbeiten			49,0%

▷ von
Ø Mittel
◁ bis

325.92.00 Ziegelbeläge

01 **Ziegelpflaster, Mz 12/1,6, als Flachschicht in Mörtel-
oder Sandbett verlegen, d=2cm, Fugenverguss
(2 Objekte)** — 37,00 **41,00** 45,00
Einheit: m² Belegte Fläche
012 Mauerarbeiten — 100,0%

325.93.00 Sportböden

03 **Flächenelastischer Sportboden, Höhenausgleich des
Unterbodens, Doppelschwingelemente zwei Schwing-
träger, Träger-Spanplatte, Sperrholz elastisch,
Dämmung, Spezial-Linoleum, Beanspruchungs-
gruppe K5, Erstpflege, Hartholz-Fußleisten, Spielfeld-
markierungen als farbige PUR-Beschichtung
(2 Objekte)** — 88,00 **99,00** 110,00
Einheit: m² Belegte Fläche
036 Bodenbelagarbeiten — 100,0%

Übersicht-
1.+.2.Ebene

Erweiterung

Umbau

Moderni-
sierung

Instand-
setzung

Bau-
elemente

Abbrechen

Wieder-
herstellen

Herstellen

326
Bauwerks-
abdichtungen

Kosten:
Stand 2.Quartal 2016
Bundesdurchschnitt
inkl. 19% MwSt.

	▷	Ø	◁	
326.21.00 Filterschicht				
03 **Kiesfilterschicht, d=10-15cm (4 Objekte)**	5,90	**8,90**	12,00	
Einheit: m² Schichtfläche				
012 Mauerarbeiten				50,0%
013 Betonarbeiten				50,0%
326.22.00 Filterschicht, Abdichtung				
01 **Kiesfilterschicht, Körnung 16/32mm, d=10-15cm, PE-Folie, d=0,25mm, zweilagig (2 Objekte)**	15,00	**16,00**	18,00	
Einheit: m² Schichtfläche				
013 Betonarbeiten				50,0%
018 Abdichtungsarbeiten				50,0%
326.31.00 Sauberkeitsschicht				
02 **Sauberkeitsschicht, Ortbeton, d=5-10cm, unbewehrt (7 Objekte)**	9,10	**12,00**	15,00	
Einheit: m² Schichtfläche				
013 Betonarbeiten				100,0%
326.51.00 Planum herstellen				
01 **Planum der Baugrubensohle, Höhendifferenz max. +/-2cm (1 Objekt)**	–	**1,00**	–	
Einheit: m² Planumfläche				
002 Erdarbeiten				100,0%

▷ von
Ø Mittel
◁ bis

327.11.00	Dränageleitungen			
03	**Dränageleitungen DN100, PVC, gewellt (5 Objekte)**	6,50	**9,50**	11,00
	Einheit: m Leitung			
	010 Drän- und Versickerarbeiten			100,0%

327.12.00	Dränageleitungen mit Kiesumhüllung			
02	**Dränageleitungen DN100, PVC, gewellt, Kiesumhüllung, Körnung 16-32mm (7 Objekte)**	19,00	**24,00**	30,00
	Einheit: m Leitung			
	010 Drän- und Versickerarbeiten			100,0%

327.21.00	Dränageschächte			
03	**Dränagekontrollschächte DN300-315, mit Sandfang und Schachtabdeckung (3 Objekte)**	120,00	**180,00**	210,00
	Einheit: m Tiefe			
	009 Entwässerungskanalarbeiten			51,0%
	010 Drän- und Versickerarbeiten			49,0%

331
Tragende
Außenwände

Kosten:
Stand 2.Quartal 2016
Bundesdurchschnitt
inkl. 19% MwSt.

▷ von
ø Mittel
◁ bis

331.14.00 Mauerwerkswand, Kalksandsteine

		▷	ø	◁	
06	**Öffnungen in KS-Außenmauerwerk herstellen, d=38-64cm (2 Objekte)**	48,00	**50,00**	51,00	
	Einheit: m² Wandfläche				
	012 Mauerarbeiten				100,0%
07	**Öffnungen mit KS-Mauerwerk schließen, d=30-51cm (2 Objekte)**	290,00	**300,00**	320,00	
	Einheit: m² Wandfläche				
	012 Mauerarbeiten				100,0%
09	**KS-Leichtmauerwerk, d=24-30cm, Leichtmörtel LM 21 (2 Objekte)**	97,00	**110,00**	120,00	
	Einheit: m² Wandfläche				
	012 Mauerarbeiten				100,0%
10	**KS-Mauerwerk, d=24cm, min. Abstand zum vorhandenen Mauerwerk 3cm, Ringbalken, Ankerschienen, l=40-180cm (4 Objekte)**	94,00	**100,00**	120,00	
	Einheit: m² Wandfläche				
	012 Mauerarbeiten				86,0%
	013 Betonarbeiten				14,0%

331.16.00 Mauerwerkswand, Mauerziegel

		▷	ø	◁	
02	**Öffnungen bis 5m² in Ziegelmauerwerk, d=24-51cm, mit Sturzüberdeckung herstellen (2 Objekte)**	270,00	**280,00**	280,00	
	Einheit: m² Wandfläche				
	012 Mauerarbeiten				100,0%
03	**Durchbrüche mit Ziegelmauerwerk nach Installation bis 600cm² schließen (1 Objekt)**	–	**520,00**	–	
	Einheit: m² Wandfläche				
	012 Mauerarbeiten				100,0%
13	**Poroton-Mauerwerk, d=24cm, Mörtelgruppe II (6 Objekte)**	67,00	**96,00**	110,00	
	Einheit: m² Wandfläche				
	012 Mauerarbeiten				100,0%

331.19.00 Mauerwerkswand, sonstiges

		▷	ø	◁	
82	**Öffnungen für Türen und Fenster, mit Überdeckungen in vorhandenen Mauerwerkswänden, d=20-40cm, herstellen (4 Objekte)**	160,00	**170,00**	170,00	
	Einheit: m² Öffnungsfläche				
	012 Mauerarbeiten				100,0%
84	**Öffnungen in Mauerwerkswände schließen, d=20-40cm (1 Objekt)**	–	**160,00**	–	
	Einheit: m² Öffnungsfläche				
	012 Mauerarbeiten				100,0%

331.21.00 Betonwand, Ortbetonwand, schwer

		▷	ø	◁	
08	**Betonwände, Sichtbeton, d=25cm, Schalung, Bewehrung (2 Objekte)**	180,00	**200,00**	230,00	
	Einheit: m² Wandfläche				
	013 Betonarbeiten				100,0%

© **BKI** Baukosteninformationszentrum; Erläuterungen zu den Tabellen siehe Seite 36   Kostenstand: 2.Quartal 2016, Bundesdurchschnitt, **inkl. 19% MwSt.**

332.12.00	Mauerwerkswand, Porenbeton			
03	**Porenbeton-Mauerwerk G4, d=24cm, Mörtelgruppe II (1 Objekt)**	–	86,00	–
	Einheit: m² Wandfläche			
	012 Mauerarbeiten			100,0%

332.19.00	Mauerwerkswand, sonstiges			
82	**Öffnungen in Mauerwerk schließen, d=11,5cm (1 Objekt)**	–	96,00	–
	Einheit: m² Öffnungsfläche			
	012 Mauerarbeiten			100,0%

Übersicht 1.+.2.Ebene

Erweiterung

Umbau

Moderni-sierung

Instand-setzung

Bau-elemente

Abbrechen

Wieder-herstellen

Herstellen

333
Außenstützen

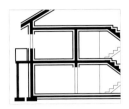

Kosten:
Stand 2.Quartal 2016
Bundesdurchschnitt
inkl. 19% MwSt.

333.16.00 Mauerwerkstütze, Mauerziegel

01 **Mauerwerkstütze 24x24cm (1 Objekt)**	–	**170,00**	–	
Einheit: m Stützenlänge				
012 Mauerarbeiten				100,0%

333.21.00 Betonstütze, Ortbeton, schwer

04 **Betonstütze, Ortbeton, Querschnitt 600-1.100cm², Sichtschalung, Bewehrung (3 Objekte)**	120,00	**140,00**	180,00	
Einheit: m Stützenlänge				
013 Betonarbeiten				100,0%

333.32.00 Holzstütze, Brettschichtholz

02 **Rechteck-Holzstütze 8x10-8x20cm, Brettschichtholz, Gewindehülsen, Stützenfüße, Holzschutzbehandlung (2 Objekte)**	36,00	**51,00**	66,00	
Einheit: m Stützenlänge				
016 Zimmer- und Holzbauarbeiten				50,0%
020 Dachdeckungsarbeiten				47,0%
022 Klempnerarbeiten				3,0%

333.41.00 Metallstütze, Profilstahl

02 **Stahlstütze 80x10cm, Kopf- und Fußplatte (1 Objekt)**	–	**290,00**	–	
Einheit: m Stützenlänge				
031 Metallbauarbeiten				100,0%

▷ von
ø Mittel
◁ bis

© **BKI** Baukosteninformationszentrum; Erläuterungen zu den Tabellen siehe Seite 36   Kostenstand: 2.Quartal 2016, Bundesdurchschnitt, **inkl. 19% MwSt.**

334.12.00 Türen, Holz

05 **Kiefer-Holzaußentür, zweiflüglig, Drehtür, Glasaus-** 710,00 **880,00** 1.250,00
schnitte, Oberlicht, Isolierverglasung (7 Objekte)
Einheit: m² Türfläche
026 Fenster, Außentüren 92,0%
034 Maler- und Lackierarbeiten - Beschichtungen 8,0%

334.13.00 Türen, Kunststoff

01 **Nebeneingangstür, Kunststoff, Glasausschnitt** 520,00 **540,00** 570,00
(2 Objekte)
Einheit: m² Türfläche
026 Fenster, Außentüren 100,0%

334.14.00 Türen, Metall

02 **Stahltür, Kelleraußentür, zweiflüglig, reinigen,** 310,00 **540,00** 640,00
grundieren, spachteln, Vorlack, Schlussbeschichtung
(4 Objekte)
Einheit: m² Türfläche
026 Fenster, Außentüren 95,0%
034 Maler- und Lackierarbeiten - Beschichtungen 5,0%

334.62.00 Fenster, Holz

07 **Holzfenster, ein- und zweiflüglig, Dreh-Kippbeschlag,** 370,00 **450,00** 610,00
Isolierverglasung, Fensterbänke innen und außen,
Wandanschlüsse anpassen (8 Objekte)
Einheit: m² Fensterfläche
026 Fenster, Außentüren 99,0%
034 Maler- und Lackierarbeiten - Beschichtungen 1,0%

334.63.00 Fenster, Kunststoff

03 **Kunststofffenster, Dreh-Kipp-Flügel, Fensterbänke,** 400,00 **470,00** 560,00
innen und außen, Wärmeschutzverglasung (5 Objekte)
Einheit: m² Fensterfläche
026 Fenster, Außentüren 100,0%

334.65.00 Fenster, Mischkonstruktionen

02 **Holz-Alu-Fenster, Alu-Oberfläche pulverbeschichtet** 460,00 **530,00** 650,00
(3 Objekte)
Einheit: m² Fensterfläche
022 Klempnerarbeiten 11,0%
026 Fenster, Außentüren 89,0%

334.71.00 Schiebefenster

01 **Holz-Schiebetür, Isolierverglasung, Hebetürbeschlag** 360,00 **440,00** 520,00
(2 Objekte)
Einheit: m² Fensterfläche
026 Fenster, Außentüren 100,0%

Übersicht- 1.+.2.Ebene

Erweiterung

Umbau

Moderni- sierung

Instand- setzung

Bau- elemente

Abbrechen

Wieder- herstellen

Herstellen

334
Außentüren
und -fenster

Kosten:
Stand 2.Quartal 2016
Bundesdurchschnitt
inkl. 19% MwSt.

334.74.00 Kellerfenster				
02 **Kellerfenster, kleinteilig in Holz, Drehflügel, Mäusegitter (3 Objekte)**	430,00	**510,00**	650,00	
Einheit: m² Fensterfläche				
012 Mauerarbeiten				58,0%
026 Fenster, Außentüren				42,0%

334.93.00 Schließanlage				
02 **Doppel- und Halbzylinder, General- und Hauptschlüssel (Anteil für Außentüren) (3 Objekte)**	45,00	**49,00**	57,00	
Einheit: St Schließzylinder				
026 Fenster, Außentüren				50,0%
029 Beschlagarbeiten				50,0%

▷ von
ø Mittel
◁ bis

© **BKI** Baukosteninformationszentrum; Erläuterungen zu den Tabellen siehe Seite 36   Kostenstand: 2.Quartal 2016, Bundesdurchschnitt, inkl. **19% MwSt.**

335.21.00 Anstrich

05 Grundierung, Grundanstrich, Schlussanstrich auf Putzwänden (5 Objekte) — 11,00 | **13,00** | 15,00
Einheit: m² Bekleidete Fläche
034 Maler- und Lackierarbeiten - Beschichtungen — 100,0%

06 Acrylanstrich auf Holzflächen, Untergrundvorbehandlung (2 Objekte) — 7,40 | **8,30** | 9,20
Einheit: m² Bekleidete Fläche
034 Maler- und Lackierarbeiten - Beschichtungen — 100,0%

07 Anstrich auf Sichtbetonflächen (2 Objekte) — 11,00 | **14,00** | 18,00
Einheit: m² Bekleidete Fläche
034 Maler- und Lackierarbeiten - Beschichtungen — 100,0%

335.31.00 Putz

03 Kalkzementputz, zweilagig, Kantenschutzprofile, Dehnfugen (5 Objekte) — 40,00 | **46,00** | 51,00
Einheit: m² Bekleidete Fläche
023 Putz- und Stuckarbeiten, Wärmedämmsysteme — 100,0%

335.36.00 Wärmedämmung, Putz

02 Prüfen des Untergrundes auf Schmutz-, Staub-, Öl- und Fettfreiheit, Wärmedämmung, d=60-100mm, Putz, Eckschutzschienen, Laibungen (9 Objekte) — 68,00 | **80,00** | 96,00
Einheit: m² Bekleidete Fläche
023 Putz- und Stuckarbeiten, Wärmedämmsysteme — 100,0%

335.37.00 Wärmedämmung, Putz, Anstrich

06 Wärmedämmverbundsystem, PS-Hartschaumplatten WLG 035 oder 040, d=100-200mm (18 Objekte) — 85,00 | **100,00** | 120,00
Einheit: m² Bekleidete Fläche
023 Putz- und Stuckarbeiten, Wärmedämmsysteme — 90,0%
034 Maler- und Lackierarbeiten - Beschichtungen — 10,0%

335.41.00 Bekleidung auf Unterkonstruktion, Faserzement

03 Unterkonstruktion, Wärmedämmung, d=80-100mm, Faserzementplatten (4 Objekte) — 110,00 | **150,00** | 180,00
Einheit: m² Bekleidete Fläche
038 Vorgehängte hinterlüftete Fassaden — 100,0%

335.44.00 Bekleidung auf Unterkonstruktion, Holz

02 Holz-Bekleidung auf Unterkonstruktion, hinterlüftet, Wärmedämmung, Fensterlaibungen, Insektenschutzgitter (5 Objekte) — 80,00 | **100,00** | 180,00
Einheit: m² Bekleidete Fläche
038 Vorgehängte hinterlüftete Fassaden — 100,0%

Übersicht 1.+2.Ebene
Erweiterung
Umbau
Modernisierung
Instandsetzung
Bauelemente
Abbrechen
Wiederherstellen
Herstellen

336
Außenwand-bekleidungen innen

Kosten:
Stand 2.Quartal 2016
Bundesdurchschnitt
inkl. 19% MwSt.

▷ von
ø Mittel
◁ bis

KG.AK.AA - Herstellen	▷	€/Einheit	◁ LB an AA

336.21.00 Anstrich

07 Dispersionsanstrich, Grundierung, Schlussanstrich auf geputzte Wände (10 Objekte)
Einheit: m² Bekleidete Fläche

	4,60	**5,20**	5,90
034 Maler- und Lackierarbeiten - Beschichtungen			100,0%

336.31.00 Putz

02 Putz an Tür- oder Fensterleibungen, d=20-66cm, nach Einbau der Türen oder Fenster (4 Objekte)
Einheit: m² Bekleidete Fläche

	30,00	**45,00**	52,00
023 Putz- und Stuckarbeiten, Wärmedämmsysteme			100,0%

03 Innenwandputz, zweilagig, Spritzbewurf, Eckschutz-schienen, Untergrund Ziegelmauerwerk (6 Objekte)
Einheit: m² Bekleidete Fläche

	22,00	**24,00**	27,00
023 Putz- und Stuckarbeiten, Wärmedämmsysteme			100,0%

336.33.00 Putz, Fliesen und Platten

01 Wandputz, einlagig, d=10-15mm, Eckschutzschienen, Wandfliesen im Dünnbett, Schlüterschienen an Kanten, dauerelastische Verfugung (6 Objekte)
Einheit: m² Bekleidete Fläche

	88,00	**100,00**	120,00
023 Putz- und Stuckarbeiten, Wärmedämmsysteme			24,0%
024 Fliesen- und Plattenarbeiten			76,0%

336.35.00 Putz, Tapeten, Anstrich

02 Gipsputz als Maschinenputz, einlagig, d=15mm, Eck-schutzschienen, Raufasertapete, Dispersionsanstrich (6 Objekte)
Einheit: m² Bekleidete Fläche

	19,00	**25,00**	29,00
023 Putz- und Stuckarbeiten, Wärmedämmsysteme			52,0%
034 Maler- und Lackierarbeiten - Beschichtungen			22,0%
037 Tapezierarbeiten			26,0%

336.62.00 Tapeten, Anstrich

01 Untergrund spachteln, Grundierung, Raufasertapete, Dispersionsanstrich (9 Objekte)
Einheit: m² Bekleidete Fläche

	10,00	**13,00**	17,00
034 Maler- und Lackierarbeiten - Beschichtungen			55,0%
037 Tapezierarbeiten			45,0%

338.11.00	Klappläden			
02	**Holzklappläden, Rahmen mit abgeplatteter Füllung, schräg eingeschobenen Lamellen, Beschläge (3 Objekte)**	500,00	**530,00**	590,00
	Einheit: m² Geschützte Fläche			
	030 Rollladenarbeiten			100,0%

338.12.00	Rollläden			
08	**Alu-Rollläden, doppelwandig, Rohrmotoren (4 Objekte)**	230,00	**290,00**	360,00
	Einheit: m² Geschützte Fläche			
	012 Mauerarbeiten			19,0%
	030 Rollladenarbeiten			81,0%

338.33.00	Rollmarkise			
02	**Senkrechtmarkisen als außenliegende Sonnenschutz-anlage, Elektroantrieb (1 Objekt)**	–	**200,00**	–
	Einheit: m² Geschützte Fläche			
	031 Metallbauarbeiten			100,0%

Übersicht-
1.+ 2.Ebene

Erweiterung

Umbau

Moderni-
sierung

Instand-
setzung

Bau-
elemente

Abbrechen

Wieder-
herstellen

Herstellen

341
Tragende Innenwände

Kosten:
Stand 2.Quartal 2016
Bundesdurchschnitt
inkl. 19% MwSt.

▷ von
ø Mittel
◁ bis

341.14.00 Mauerwerkswand, Kalksandsteine

		▷	€/Einheit	◁
04	**Öffnungen mit KS-Mauerwerk schließen, d=24-42cm (1 Objekt)**	–	**190,00**	–
	Einheit: m² Wandfläche			
	012 Mauerarbeiten			100,0%
05	**KS-Mauerwerk, d=17,5-24cm, teilweise mit Anschluss an vorhandenes Mauerwerk (8 Objekte)**	63,00	**80,00**	96,00
	Einheit: m² Wandfläche			
	012 Mauerarbeiten			100,0%
06	**Öffnungen in KS-Mauerwerk herstellen, d=24-64cm (1 Objekt)**	–	**80,00**	–
	Einheit: m² Wandfläche			
	012 Mauerarbeiten			100,0%

341.16.00 Mauerwerkswand, Mauerziegel

		▷	€/Einheit	◁
07	**Hlz-Mauerwerk, d=17,5-24cm, MG II-III, Sturzüberdeckung (4 Objekte)**	64,00	**72,00**	81,00
	Einheit: m² Wandfläche			
	012 Mauerarbeiten			100,0%

341.19.00 Mauerwerkswand, sonstiges

		▷	€/Einheit	◁
84	**Schlitze in Mauerwerk, Schlitzbreite bis 20cm, Schlitztiefe bis 10cm, Schuttentsorgung (7 Objekte)**	24,00	**29,00**	32,00
	Einheit: m Schlitze			
	012 Mauerarbeiten			100,0%
86	**Öffnungen mit Mauerwerk schließen, d=20-40cm (5 Objekte)**	170,00	**230,00**	330,00
	Einheit: m² Öffnungsfläche			
	012 Mauerarbeiten			100,0%
87	**Öffnungen in Mauerwerk schließen, d=20-40cm, Größe bis 0,50m² (4 Objekte)**	34,00	**41,00**	45,00
	Einheit: St Durchbrüche			
	012 Mauerarbeiten			100,0%
88	**Schlitze in Mauerwerk schließen, Schlitzbreite bis 20cm (7 Objekte)**	21,00	**31,00**	43,00
	Einheit: m Schlitze			
	012 Mauerarbeiten			56,0%
	023 Putz- und Stuckarbeiten, Wärmedämmsysteme			44,0%

341.21.00 Betonwand, Ortbeton, schwer

		▷	€/Einheit	◁
02	**Betonwände, Ortbeton, d=15-20cm, Sichtschalung, Bewehrung (3 Objekte)**	150,00	**160,00**	180,00
	Einheit: m² Wandfläche			
	013 Betonarbeiten			100,0%
07	**Betonwände, Ortbeton, d=20-24cm, Schalung, Bewehrung, Wandöffnungen (4 Objekte)**	140,00	**160,00**	230,00
	Einheit: m² Wandfläche			
	013 Betonarbeiten			100,0%

341.29.00 Betonwand, sonstiges

81 **Durchbrüche in Betonwänden, d=20cm, Größe bis** — 130,00 —
0,10m², Schuttentsorgung (1 Objekt)
Einheit: St Durchbrüche
013 Betonarbeiten 100,0%

Übersicht-
1.+.2.Ebene

Erweiterung

Umbau

Moderni-
sierung

Instand-
setzung

Bau-
elemente

Abbrechen

Wieder-
herstellen

Herstellen

342
Nichttragende Innenwände

Kosten:
Stand 2.Quartal 2016
Bundesdurchschnitt
inkl. 19% MwSt.

KG.AK.AA - Herstellen	▷	€/Einheit	◁	LB an AA
342.14.00 Mauerwerkswand, Kalksandsteine				
01 **KS-Mauerwerk, d=11,5cm, teilweise mit Verbund zum vorhandenen Mauerwerk (7 Objekte)**	51,00	**66,00**	93,00	
Einheit: m² Wandfläche				
012 Mauerarbeiten				100,0%
342.16.00 Mauerwerkswand, Mauerziegel				
03 **Hlz-Mauerwerk, d=11,5cm (5 Objekte)**	61,00	**68,00**	78,00	
Einheit: m² Wandfläche				
012 Mauerarbeiten				100,0%
04 **Öffnungen mit Hlz-Mauerwerk schließen, d=11,5cm, Größe bis 0,50m² (2 Objekte)**	76,00	**92,00**	110,00	
Einheit: m² Wandfläche				
012 Mauerarbeiten				100,0%
342.61.00 Metallständerwand, einfach beplankt				
02 **Metallständerwände, Dämmung, d=125mm, Gips-kartonplatten, einfach beplankt, d=12,5mm (6 Objekte)**	47,00	**52,00**	61,00	
Einheit: m² Wandfläche				
039 Trockenbauarbeiten				100,0%
342.62.00 Metallständerwand, doppelt beplankt				
02 **Metallständerwände, Dämmung, d=125mm, Gips-kartonplatten, doppelt beplankt, d=12,5mm (10 Objekte)**	62,00	**72,00**	80,00	
Einheit: m² Wandfläche				
039 Trockenbauarbeiten				100,0%
342.65.00 Metallständerwand, F90				
01 **Metallständerwände, Mineralfaserdämmung, Gips-kartonplatten F90, Türöffnungen (3 Objekte)**	48,00	**62,00**	86,00	
Einheit: m² Wandfläche				
039 Trockenbauarbeiten				100,0%
342.92.00 Vormauerung für Installationen				
03 **Installationsvormauerungen, Hlz-Mauerwerk, d=11,5cm (3 Objekte)**	78,00	**79,00**	80,00	
Einheit: m² Wandfläche				
012 Mauerarbeiten				50,0%
039 Trockenbauarbeiten				50,0%

▷ von
ø Mittel
◁ bis

© **BKI** Baukosteninformationszentrum; Erläuterungen zu den Tabellen siehe Seite 36   Kostenstand: 2.Quartal 2016, Bundesdurchschnitt, inkl. **19% MwSt.**

343.21.00 Betonstütze, Ortbeton, schwer			
83 **Betonstütze, Ortbeton, in vorhandenen Bauten einbauen (1 Objekt)**	–	**140,00**	–
Einheit: m Stützenlänge			
013 Betonarbeiten			100,0%

343.41.00 Metallstütze, Profilstahl			
81 **Stahlstützen in vorhandene Wände einbauen (1 Objekt)**	–	**150,00**	–
Einheit: m Stützenlänge			
017 Stahlbauarbeiten			100,0%

Übersicht
1.+ 2.Ebene

Erweiterung

Umbau

Moderni-
sierung

Instand-
setzung

Bau-
elemente

Abbrechen

Wieder-
herstellen

Herstellen

KG.AK.AA - Herstellen	▷	€/Einheit	◁ LB an AA

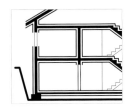

Kosten:
Stand 2.Quartal 2016
Bundesdurchschnitt
inkl. 19% MwSt.

344.11.00 Türen, Ganzglas

02 Ganzglastür, ESG, Holzzarge (2 Objekte) — 520,00 | **600,00** | 670,00
Einheit: m² Türfläche
027 Tischlerarbeiten — 50,0%
031 Metallbauarbeiten — 50,0%

344.12.00 Türen, Holz

05 Holztür, Türblatt Röhrenspan, Holzzarge, Beschläge, Oberflächen endbehandelt (8 Objekte) — 220,00 | **260,00** | 350,00
Einheit: m² Türfläche
027 Tischlerarbeiten — 100,0%

344.14.00 Türen, Metall

03 Stahltür, einflüglig, Stahlzarge, Anstrich (4 Objekte) — 300,00 | **320,00** | 350,00
Einheit: m² Türfläche
027 Tischlerarbeiten — 50,0%
031 Metallbauarbeiten — 50,0%

344.31.00 Türen, Tore, rauchdicht

02 Türen, rauchdicht, Bodenabdichtung, Zargen, Anstrich, automatischer Türschließer (5 Objekte) — 580,00 | **690,00** | 780,00
Einheit: m² Türfläche
027 Tischlerarbeiten — 42,0%
031 Metallbauarbeiten — 58,0%

344.32.00 Brandschutztüren, -tore, T30

04 Stahltür T30 mit Zulassung, Stahlzarge, Beschläge (7 Objekte) — 390,00 | **450,00** | 540,00
Einheit: m² Türfläche
027 Tischlerarbeiten — 49,0%
031 Metallbauarbeiten — 47,0%
034 Maler- und Lackierarbeiten - Beschichtungen — 4,0%

344.42.00 Kipptore

02 Geräteraumtor als Schwebetoranlage mit Gegengewichten und Blendrahmen, Holzbekleidung (4 Objekte) — 540,00 | **560,00** | 620,00
Einheit: m² Torfläche
027 Tischlerarbeiten — 100,0%

344.74.00 Brandschutzfenster, F90

01 Brandschutzverglasung F90, festverglast (1 Objekt) — – | **840,00** | –
Einheit: m² Fensterfläche
027 Tischlerarbeiten — 11,0%
031 Metallbauarbeiten — 89,0%

▷ von
ø Mittel
◁ bis

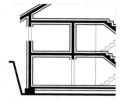

345.21.00 Anstrich

10 Anstrich mineralische Untergründe (Putz, Gipskarton), Grund-, Zwischen- und Schlussanstrich, scheuerbeständig (10 Objekte)
Einheit: m² Bekleidete Fläche

	3,80	**4,40**	5,10	
034 Maler- und Lackierarbeiten - Beschichtungen				100,0%

345.31.00 Putz

04 Wandschlitze bis 15cm auswerfen und verputzen (1 Objekt)
Einheit: m² Bekleidete Fläche

	–	**65,00**	–	
023 Putz- und Stuckarbeiten, Wärmedämmsysteme				100,0%

07 Innenwandputz, zweilagig, Spritzbewurf, Eckschutzschienen, Untergrund Ziegelmauerwerk (6 Objekte)
Einheit: m² Bekleidete Fläche

	15,00	**19,00**	22,00	
023 Putz- und Stuckarbeiten, Wärmedämmsysteme				100,0%

345.32.00 Putz, Anstrich

05 Innenwandputz, d=15mm, zweilagig, Untergrundvorbehandlung, Dispersionsanstrich (4 Objekte)
Einheit: m² Bekleidete Fläche

	29,00	**33,00**	37,00	
023 Putz- und Stuckarbeiten, Wärmedämmsysteme				83,0%
034 Maler- und Lackierarbeiten - Beschichtungen				17,0%

345.33.00 Putz, Fliesen und Platten

04 Wandfliesen im Dünnbettverfahren verlegt, Schutzgrundierung, Eckschienen, dauerelastische Verfugung (7 Objekte)
Einheit: m² Bekleidete Fläche

	64,00	**75,00**	82,00	
024 Fliesen- und Plattenarbeiten				100,0%

05 Kalkzementputz, zweilagig, d=12-15mm, Wandfliesen, Eckschienen, dauerelastische Verfugung (4 Objekte)
Einheit: m² Bekleidete Fläche

	96,00	**110,00**	140,00	
014 Natur-, Betonwerksteinarbeiten				44,0%
023 Putz- und Stuckarbeiten, Wärmedämmsysteme				15,0%
024 Fliesen- und Plattenarbeiten				41,0%

345.35.00 Putz, Tapeten, Anstrich

01 Kalkzementputz, Raufasertapete, Grundierung, Dispersionsanstrich (2 Objekte)
Einheit: m² Bekleidete Fläche

	27,00	**29,00**	31,00	
023 Putz- und Stuckarbeiten, Wärmedämmsysteme				53,0%
034 Maler- und Lackierarbeiten - Beschichtungen				28,0%
037 Tapezierarbeiten				18,0%

345.48.00 Bekleidung auf Unterkonstruktion, mineralisch

04 Gipskartonbeplankung an vorhandene Unterkonstruktion, Faserdämmstoff (4 Objekte)
Einheit: m² Bekleidete Fläche

	27,00	**29,00**	31,00	
039 Trockenbauarbeiten				100,0%

Kostenstand: 2.Quartal 2016, Bundesdurchschnitt, inkl. 19% MwSt.

Übersicht 1.+2.Ebene · Erweiterung · Umbau · Modernisierung · Instandsetzung · Bauelemente · Abbrechen · Wiederherstellen · Herstellen

345
Innenwand-
bekleidungen

Kosten:
Stand 2.Quartal 2016
Bundesdurchschnitt
inkl. 19% MwSt.

		▷	€/Einheit	◁	LB an AA
345.62.00	Tapeten, Anstrich				
03	**Wandfläche spachteln, Raufasertapete, Dispersionsanstrich (10 Objekte)**	7,50	**9,70**	11,00	
	Einheit: m² Bekleidete Fläche				
	034 Maler- und Lackierarbeiten - Beschichtungen				53,0%
	037 Tapezierarbeiten				47,0%

▷ von
ø Mittel
◁ bis

© **BKI** Baukosteninformationszentrum; Erläuterungen zu den Tabellen siehe Seite 36   Kostenstand: 2.Quartal 2016, Bundesdurchschnitt, **inkl. 19% MwSt.**

346.12.00 Montagewände, Holz			
02 **Lattenverschlag zur Unterteilung von Kellerräumen, Türen, Überwurfschloss (2 Objekte)**	45,00	**53,00**	61,00
Einheit: m² Elementierte Wandfläche			
027 Tischlerarbeiten			100,0%

346.34.00 Sanitärtrennwände, Kunststoff			
02 **WC-Trennwände, d=13mm, Melamin-Vollkunst-stoffplatten, Türen (2 Objekte)**	200,00	**200,00**	200,00
Einheit: m² Elementierte Wandfläche			
027 Tischlerarbeiten			50,0%
039 Trockenbauarbeiten			50,0%

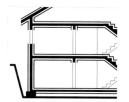

Übersicht- 1. + 2.Ebene

Erweiterung

Umbau

Moderni- sierung

Instand setzung

Bau- elemente

Abbrechen

Wieder- herstellen

Herstellen

351
Decken-konstruktionen

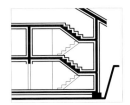

Kosten:
Stand 2.Quartal 2016
Bundesdurchschnitt
inkl. 19% MwSt.

▷ von
ø Mittel
◁ bis

351.15.00 Stahlbeton, Ortbeton, Platten

	▷	ø	◁	
04 **Deckenauflager in Mauerwerkswänden herstellen, Stahlbetondecke, d=18-25cm, Unterzüge, Schalung, Bewehrung (9 Objekte)**	130,00	**150,00**	200,00	
Einheit: m² Deckenfläche				
013 Betonarbeiten				100,0%

351.19.00 Stahlbeton, Ortbeton, sonstiges

	▷	ø	◁	
85 **Durchbrüche in Betondecken, Deckenstärke 15-20cm, Größe bis 0,10m² (4 Objekte)**	47,00	**63,00**	82,00	
Einheit: St Durchbrüche				
013 Betonarbeiten				100,0%
86 **Durchbrüche in Betondecken schließen, Deckenstärke 20cm, Größe bis 0,50m² (3 Objekte)**	36,00	**43,00**	54,00	
Einheit: St Durchbrüche				
013 Betonarbeiten				100,0%
87 **Durchbrüche in Betondecken, Deckenstärke 15-20cm, Größe 0,10-0,20m² (3 Objekte)**	78,00	**95,00**	130,00	
Einheit: St Durchbrüche				
013 Betonarbeiten				100,0%
88 **Durchbrüche in Betondecken schließen, Deckenstärke 20cm, Größe 0,5-1,0m² (4 Objekte)**	47,00	**54,00**	60,00	
Einheit: St Durchbrüche				
013 Betonarbeiten				100,0%
89 **Vorhandene Betondecken mit Stahlträgern verstärken (1 Objekt)**	–	**200,00**	–	
Einheit: m² Deckenfläche				
017 Stahlbauarbeiten				100,0%

351.51.00 Treppen, gerade, Ortbeton

	▷	ø	◁	
03 **Betontreppe, Ortbeton, gerade, Podeste, Bewehrung (3 Objekte)**	310,00	**330,00**	370,00	
Einheit: m² Treppenfläche				
013 Betonarbeiten				100,0%

351.52.00 Treppen, gewendelt, Ortbeton

	▷	ø	◁	
01 **Betontreppe, Ortbeton, gewendelt, Schalung, Bewehrung (1 Objekt)**	–	**550,00**	–	
Einheit: m² Treppenfläche				
013 Betonarbeiten				100,0%

352.11.00 Anstrich

01 Untergrundbehandlung, Fußbodenanstrich mit ölbeständiger Dispersionsfarbe (2 Objekte)	8,80	9,80	11,00

Einheit: m² Belegte Fläche
034 Maler- und Lackierarbeiten - Beschichtungen   100,0%

352.21.00 Estrich

06 Schwimmender Zementestrich, d=45-85mm (3 Objekte)	21,00	27,00	39,00

Einheit: m² Belegte Fläche
025 Estricharbeiten   100,0%

352.26.00 Dämmung

02 Wärmedämmung WLG 035 oder 040, d=20-90mm (6 Objekte)	4,40	5,80	7,50

Einheit: m² Belegte Fläche
025 Estricharbeiten   100,0%

03 Wärmedämmung WLG 035 oder 040, d=100-200mm (5 Objekte)	13,00	16,00	19,00

Einheit: m² Belegte Fläche
025 Estricharbeiten   100,0%

04 Trittschalldämmung, d=20-50mm (16 Objekte)	3,40	4,80	7,10

Einheit: m² Belegte Fläche
025 Estricharbeiten   100,0%

352.31.00 Fliesen und Platten

07 Untergrundvorbereitung, Bodenfliesen im Dünnbett, Sockelfliesen, dauerelastische Verfugung, Trenn-schienen (5 Objekte)	83,00	91,00	110,00

Einheit: m² Belegte Fläche
024 Fliesen- und Plattenarbeiten   100,0%

352.35.00 Fliesen und Platten, Estrich, Dämmung

01 Untergrundvorbereitung, Wärme- und Trittschall-dämmung, d=40mm, Zementestrich, d=45mm, Boden-fliesen, Sockelfliesen, Trennschienen (4 Objekte)	72,00	94,00	100,00

Einheit: m² Belegte Fläche
024 Fliesen- und Plattenarbeiten   42,0%
025 Estricharbeiten   18,0%
039 Trockenbauarbeiten   41,0%

352.51.00 Betonwerkstein

02 Betonwerksteinbelag auf Treppen und Podesten im Mörtelbett, Stufensockel (2 Objekte)	260,00	270,00	270,00

Einheit: m² Belegte Fläche
014 Natur-, Betonwerksteinarbeiten   100,0%

Übersicht 1.+2.Ebene
Erweiterung
Umbau
Moderni-sierung
Instand-setzung
Bau-elemente
Abbrechen
Wieder-herstellen
Herstellen

352
Deckenbeläge

Kosten:
Stand 2.Quartal 2016
Bundesdurchschnitt
inkl. 19% MwSt.

▷ von
ø Mittel
◁ bis

KG.AK.AA - Herstellen	▷	€/Einheit	◁ LB an AA

352.61.00 Textil
03 Klebstoffrückstände schleifen, reinigen, entfernen, Risse und Fehlstellen der vorh. Estrichunterböden schließen, Haftgrund, Teppichboden, Sockelleisten (4 Objekte)
46,00 | **52,00** | 65,00
Einheit: m² Belegte Fläche
027 Tischlerarbeiten — 28,0%
036 Bodenbelagarbeiten — 72,0%

352.62.00 Textil, Estrich
82 Textilbelag, Unterboden aus Spanplatten (3 Objekte)
65,00 | **70,00** | 77,00
Einheit: m² Belegte Fläche
016 Zimmer- und Holzbauarbeiten — 27,0%
036 Bodenbelagarbeiten — 73,0%

352.71.00 Holz
07 Parkettbelag, d=13-20mm, schleifen, versiegeln, Holzsockelleisten (6 Objekte)
84,00 | **100,00** | 140,00
Einheit: m² Belegte Fläche
025 Estricharbeiten — 7,0%
028 Parkett-, Holzpflasterarbeiten — 93,0%

352.81.00 Hartbeläge
03 Risse und Fehlstellen schleifen, reinigen, schließen, Klebstoffrückstände von vorhandenen Estrich entfernen, Haftgrund, Linoleumbelag, Verfugung, Grundreinigung, Erstpflege, Sockelleisten (4 Objekte)
48,00 | **85,00** | 100,00
Einheit: m² Belegte Fläche
036 Bodenbelagarbeiten — 100,0%
04 Untergrund spachteln, PVC-Belag auf Treppenstufen erneuern, Silikonverfugung (2 Objekte)
190,00 | **210,00** | 220,00
Einheit: m² Belegte Fläche
036 Bodenbelagarbeiten — 100,0%

352.85.00 Hartbeläge, Estrich, Dämmung
01 Trockenestrich, Höhenausgleichsschüttung, Terraplanschüttung bis 70mm, PVC-Belag, Erstpflege, Hartsockelleisten (1 Objekt)
– | **90,00** | –
Einheit: m² Belegte Fläche
025 Estricharbeiten — 33,0%
036 Bodenbelagarbeiten — 42,0%
039 Trockenbauarbeiten — 25,0%

352.97.00 Fußabstreifer
02 Fußabstreifer im Eingangsbereich (3 Objekte)
330,00 | **430,00** | 500,00
Einheit: m² Belegte Fläche
014 Natur-, Betonwerksteinarbeiten — 50,0%
036 Bodenbelagarbeiten — 50,0%

353.17.00 Dämmung

05 Wärmedämmung aus Polystyrol-Hartschaum, WLG 035 oder 040, d=50-60mm (2 Objekte) 16,00 **18,00** 20,00
Einheit: m² Bekleidete Fläche
023 Putz- und Stuckarbeiten, Wärmedämmsysteme — 50,0%
027 Tischlerarbeiten — 50,0%

353.21.00 Anstrich

04 Altanstriche, nässen, abstoßen, nachwaschen; Grundierung, Zwischenanstrich, Schlussanstrich (1 Objekt) – **9,90** –
Einheit: m² Bekleidete Fläche
034 Maler- und Lackierarbeiten - Beschichtungen — 100,0%

05 Anstrich auf Innenholzwerk, schleifen und säubern der Holzflächen, Grundierung, Vorlackierung, Schlusslackierung (3 Objekte) 17,00 **22,00** 33,00
Einheit: m² Bekleidete Fläche
023 Putz- und Stuckarbeiten, Wärmedämmsysteme — 50,0%
034 Maler- und Lackierarbeiten - Beschichtungen — 50,0%

09 Anstrich mineralischer Untergründe (Putz, Gipskarton), Untergrundvorbehandlung (5 Objekte) 5,40 **6,00** 6,80
Einheit: m² Bekleidete Fläche
034 Maler- und Lackierarbeiten - Beschichtungen — 100,0%

353.32.00 Putz, Anstrich

02 Gipsdeckenputz, auffüllen von Unebenheiten, Untergrundvorbereitung, Dispersionsanstrich (5 Objekte) 19,00 **23,00** 29,00
Einheit: m² Bekleidete Fläche
023 Putz- und Stuckarbeiten, Wärmedämmsysteme — 59,0%
034 Maler- und Lackierarbeiten - Beschichtungen — 41,0%

353.62.00 Tapeten, Anstrich

02 Putzuntergrund spachteln, Raufasertapete, Dispersionsanstrich (7 Objekte) 8,80 **12,00** 15,00
Einheit: m² Bekleidete Fläche
034 Maler- und Lackierarbeiten - Beschichtungen — 52,0%
037 Tapezierarbeiten — 48,0%

353.84.00 Abgehängte Bekleidung, Metall

01 Abgehängte Alu-Paneel-Decke, Unterkonstruktion, Randanschlüsse, Aussparungen für Beleuchtungskörper (5 Objekte) 57,00 **63,00** 83,00
Einheit: m² Bekleidete Fläche
039 Trockenbauarbeiten — 100,0%

353.87.00 Abgehängte Bekleidung, mineralisch

04 Abgehängte Mineralfaserdecke, tapezierfertig, Unterkonstruktion, Aussparungen für Beleuchtungskörper (9 Objekte) 49,00 **64,00** 79,00
Einheit: m² Bekleidete Fläche
039 Trockenbauarbeiten — 100,0%

Übersicht 1.+2. Ebene
Erweiterung
Umbau
Modernisierung
Instandsetzung
Bauelemente
Abbrechen
Wiederherstellen
Herstellen

361
Dachkonstruktionen

361.42.00 Vollholzbalken, Schalung			
03 **Holzdachkonstruktion, abbinden, aufstellen, Holzschutz, Dachschalung, d=24mm, Kleineisenteile (6 Objekte)**	57,00	**73,00**	100,00
Einheit: m² Dachfläche			
016 Zimmer- und Holzbauarbeiten			100,0%
04 **Dachüberstand an der best. Dachkonstruktion ergänzen, Kantholz, abbinden, aufstellen, verlegen, imprägnieren, Befestigungsmittel, Brettschalung, d=24mm (1 Objekt)**	–	**190,00**	–
Einheit: m² Dachfläche			
016 Zimmer- und Holzbauarbeiten			85,0%
020 Dachdeckungsarbeiten			15,0%

Kosten:
Stand 2.Quartal 2016
Bundesdurchschnitt
inkl. 19% MwSt.

▷ von
Ø Mittel
◁ bis

KG.AK.AA - Herstellen	▷	€/Einheit	◁	LB an AA

362.13.00 Dachflächenfenster, Holz-Metall

02 **Wohnraumdachfenster, Klapp-Schwingfenster, Alu-Eindeckrahmen, Wärmeschutzglas, u-Wert=1,4W/m²K, Jalousette (3 Objekte)**	990,00	**1.010,00**	1.050,00	
Einheit: m² Öffnungsfläche				
020 Dachdeckungsarbeiten				100,0%

362.24.00 Lichtkuppeln, Kunststoff

03 **Lichtkuppel, zweischalig, Acrylglas, lichtdurchlässig, Aufsetzkranz (2 Objekte)**	310,00	**320,00**	330,00	
Einheit: m² Öffnungsfläche				
020 Dachdeckungsarbeiten				50,0%
021 Dachabdichtungsarbeiten				50,0%

362.51.00 Dachausstieg

02 **Dachausstiegsluken, Eindeckrahmen, Einfachverglasung (5 Objekte)**	610,00	**670,00**	790,00	
Einheit: m² Öffnungsfläche				
020 Dachdeckungsarbeiten				100,0%

363
Dachbeläge

Kosten:
Stand 2.Quartal 2016
Bundesdurchschnitt
inkl. 19% MwSt.

363.32.00 Ziegel, Wärmedämmung

	▷	Ø	◁	
02 **Konter-, Dachlattung, Wärmedämmung, Dachziegel, Ortgangziegel Lüftungsziegel (4 Objekte)**	90,00	**100,00**	120,00	
Einheit: m² Gedeckte Fläche				
020 Dachdeckungsarbeiten				100,0%

363.53.00 Kupfer

	▷	Ø	◁	
01 **Kupferblech auf Holzschalung, Stehfalzdeckung, seitliche Aufkantungen und Anschlüsse (2 Objekte)**	87,00	**98,00**	110,00	
Einheit: m² Gedeckte Fläche				
022 Klempnerarbeiten				100,0%

363.71.00 Dachentwässerung, Titanzink

	▷	Ø	◁	
05 **Hängerinne, Titanzink, halbrund, mit Rinnenstutzen, Endstücken, Formstücken und Einlaufblech (12 Objekte)**	40,00	**56,00**	68,00	
Einheit: m Rinnenlänge				
020 Dachdeckungsarbeiten				50,0%
022 Klempnerarbeiten				50,0%

363.72.00 Dachentwässerung, Kupfer

	▷	Ø	◁	
02 **Kupfer-Hängedachrinne, halbrund, Laubfangkörbe, Rinnenhalter, Dehnungsausgleicher, Endstücke, Abläufe (5 Objekte)**	56,00	**75,00**	87,00	
Einheit: m Rinnenlänge				
022 Klempnerarbeiten				100,0%

▷ von
Ø Mittel
◁ bis

364.17.00 Dämmung

02 **Mineralwolle zwischen den Sparren, WLG 035 oder 040, d=100-180mm (5 Objekte)**	12,00	**16,00**	22,00	
Einheit: m² Bekleidete Fläche				
039 Trockenbauarbeiten				100,0%

364.21.00 Anstrich

09 **Sichtbare Holzteile mit Holzschutzlasur gestrichen (5 Objekte)**	12,00	**14,00**	16,00	
Einheit: m² Bekleidete Fläche				
034 Maler- und Lackierarbeiten - Beschichtungen				100,0%

364.44.00 Bekleidung auf Unterkonstruktion, Holz

06 **Holzschalung in den Dachschrägen (3 Objekte)**	25,00	**26,00**	29,00	
Einheit: m² Bekleidete Fläche				
016 Zimmer- und Holzbauarbeiten				33,0%
020 Dachdeckungsarbeiten				33,0%
027 Tischlerarbeiten				34,0%

364.48.00 Bekleidung auf Unterkonstruktion, mineralisch

03 **Gipskartonbekleidung an Dachschrägen, Mineralfaserdämmung (6 Objekte)**	53,00	**68,00**	94,00	
Einheit: m² Bekleidete Fläche				
039 Trockenbauarbeiten				100,0%

364.62.00 Tapeten, Anstrich

02 **Raufasertapete, Dispersionsanstrich (6 Objekte)**	5,10	**8,00**	11,00	
Einheit: m² Bekleidete Fläche				
034 Maler- und Lackierarbeiten - Beschichtungen				57,0%
037 Tapezierarbeiten				43,0%

364.87.00 Abgehängte Bekleidung, mineralisch

02 **Abgehängte GK-Decken, d=12,5mm, Metall-Unterkonstruktion, Abhänghöhe 15-70cm (5 Objekte)**	37,00	**46,00**	59,00	
Einheit: m² Bekleidete Fläche				
039 Trockenbauarbeiten				100,0%

Übersicht · 1. + 2. Ebene
Erweiterung
Umbau
Moderni-sierung
Instand-setzung
Bau-elemente
Abbrechen
Wieder-herstellen
Herstellen

411
Abwasseranlagen

▷ von
ø Mittel
◁ bis

KG.AK.AA - Herstellen	▷ von	€/Einheit ø	◁ bis	LB an AA
411.11.00 Abwasserleitungen - Schmutz-/Regenwasser				
04 **SML-Rohr DN50-150, Formstücke, Sandbettung, teilweise Rohrgrabenaushub innerhalb von Gebäude, Bodenbeläge aufnehmen, Befestigungen (1 Objekt)**	–	**100,00**	–	
Einheit: m Abwasserleitung				
042 Gas- und Wasseranlagen; Leitungen, Armaturen				2,0%
044 Abwasseranlagen - Leitungen, Abläufe, Armaturen				97,0%
411.12.00 Abwasserleitungen - Schmutzwasser				
02 **SML-Abwasserleitungen DN70-125, Formstücke (3 Objekte)**	30,00	**40,00**	46,00	
Einheit: m Abwasserleitung				
044 Abwasseranlagen - Leitungen, Abläufe, Armaturen				100,0%
03 **Abwasserleitungen, HT-Rohr DN50-100, Formstücke (6 Objekte)**	21,00	**32,00**	39,00	
Einheit: m Abwasserleitung				
044 Abwasseranlagen - Leitungen, Abläufe, Armaturen				100,0%
411.13.00 Abwasserleitungen - Regenwasser				
05 **Regenfallrohre DN100, Kupfer, Bögen, Standrohre, inkl. Kappen, Fallrohrschellen (4 Objekte)**	49,00	**60,00**	90,00	
Einheit: m Abwasserleitung				
022 Klempnerarbeiten				79,0%
045 GWE; Einrichtungsgegenstände, Sanitärausstattungen				21,0%
06 **Regenfallrohre DN85-120, Titanzink, Bögen, Regenabweiser, Standrohrkappen, Fallrohrschellen (9 Objekte)**	24,00	**30,00**	35,00	
Einheit: m Abwasserleitung				
022 Klempnerarbeiten				100,0%
411.21.00 Grundleitungen - Schmutz-/Regenwasser				
06 **Rohrgrabenaushub bis 1m tief, innerhalb vom Gebäude (3 Objekte)**	91,00	**130,00**	150,00	
Einheit: m³ Grabenaushub				
002 Erdarbeiten				50,0%
009 Entwässerungskanalarbeiten				50,0%
07 **Gräben für Grundleitungen BK 3-5, außerhalb vom Gebäude (4 Objekte)**	35,00	**50,00**	65,00	
Einheit: m³ Grabenaushub				
002 Erdarbeiten				72,0%
044 Abwasseranlagen - Leitungen, Abläufe, Armaturen				28,0%
08 **KG-Grundleitung DN100-200, Formstücke (5 Objekte)**	27,00	**44,00**	55,00	
Einheit: m Grundleitung				
009 Entwässerungskanalarbeiten				50,0%
044 Abwasseranlagen - Leitungen, Abläufe, Armaturen				50,0%
09 **Grundleitung DN100-150, Steinzeug, Formstücke (3 Objekte)**	34,00	**49,00**	59,00	
Einheit: m Grundleitung				
012 Mauerarbeiten				17,0%
022 Klempnerarbeiten				44,0%
044 Abwasseranlagen - Leitungen, Abläufe, Armaturen				39,0%

411.24.00 Ab-/Einläufe für Grundleitungen

02 **Guss-Bodenablauf DN100 mit Geruchsverschluss und Rückstauklappe (5 Objekte)**

	200,00	**260,00**	300,00

Einheit: St Bodeneilauf

009 Entwässerungskanalarbeiten	49,0%
044 Abwasseranlagen - Leitungen, Abläufe, Armaturen	51,0%

411.52.00 Abwasserhebeanlagen

02 **Fäkalienhebeanlage mit allen Anschlüssen, elektrische Schalteinrichtung, Alarmanlage (6 Objekte)**

	6.790,00	**9.730,00**	12.450,00

Einheit: St Fäkalienhebeanlage

044 Abwasseranlagen - Leitungen, Abläufe, Armaturen	50,0%
046 GWE; Betriebseinrichtungen	50,0%

Übersicht 1.+2.Ebene

Erweiterung

Umbau

Moderni- sierung

Instand- setzung

Bau- elemente

Abbrechen

Wieder- herstellen

Herstellen

412
Wasseranlagen

412.41.00 Wasserleitungen, Kaltwasser

07 **Kupferleitungen 18x1 bis 35x1,5mm, Formstücke, Befestigungen (5 Objekte)** | 18,00 | **22,00** | 26,00 |
Einheit: m Wasserleitung
042 Gas- und Wasseranlagen; Leitungen, Armaturen — 100,0%

412.43.00 Wasserleitungen, Warmwasser/Zirkulation

03 **Kupferleitungen 18x1 bis 35x1,5mm, Formstücke, Befestigungen, Stundenlohnarbeiten für Stemmarbeiten, Mauerdurchbrüche und Kernbohrungen (4 Objekte)** | 21,00 | **32,00** | 65,00 |
Einheit: m Wasserleitung
012 Mauerarbeiten — 18,0%
042 Gas- und Wasseranlagen; Leitungen, Armaturen — 68,0%
044 Abwasseranlagen - Leitungen, Abläufe, Armaturen — 15,0%

412.51.00 Elektrowarmwasserspeicher

03 **Elektrowarmwasserspeicher 5l, drucklos für Untertischmontage, stufenlose Temperatureinstellung, Abschaltautomatik (4 Objekte)** | 150,00 | **190,00** | 230,00 |
Einheit: St Warmwasserspeicher
040 Wärmeversorgungsanlagen - Betriebseinrichtungen — 50,0%
045 GWE; Einrichtungsgegenstände, Sanitärausstattungen — 50,0%

412.52.00 Elektro-Durchlauferhitzer

02 **Elektrischer Druck-Durchlauferhitzer 6-24kW, 380V, Anschlüsse (3 Objekte)** | 380,00 | **500,00** | 720,00 |
Einheit: St Durchlauferhitzer
042 Gas- und Wasseranlagen; Leitungen, Armaturen — 50,0%
045 GWE; Einrichtungsgegenstände, Sanitärausstattungen — 50,0%

412.61.00 Ausgussbecken

04 **Ausgussbecken aus Stahlblech, Einlegeroste (5 Objekte)** | 57,00 | **66,00** | 72,00 |
Einheit: St Ausgussbecken
045 GWE; Einrichtungsgegenstände, Sanitärausstattungen — 100,0%

412.62.00 Waschtische, Waschbecken

03 **Handwaschbecken 55x46cm-60x50cm mit Befestigungen, Eckventile, Geruchsverschluss, Einhandhebelmischer (10 Objekte)** | 400,00 | **500,00** | 630,00 |
Einheit: St Waschbecken
045 GWE; Einrichtungsgegenstände, Sanitärausstattungen — 100,0%

Kosten:
Stand 2.Quartal 2016
Bundesdurchschnitt
inkl. 19% MwSt.

▷ von
Ø Mittel
◁ bis

412.64.00 Urinale

02 Urinal, Anschlussgarnitur, automatische Spülung (3 Objekte)
Einheit: St Urinal
1.120,00   **1.230,00**   1.290,00
045 GWE; Einrichtungsgegenstände, Sanitärausstattungen — 100,0%

03 Urinalbecken, Installationsblöcke, UP-Druckspüler (3 Objekte)
Einheit: St Urinal
650,00   **720,00**   770,00
045 GWE; Einrichtungsgegenstände, Sanitärausstattungen — 100,0%

412.65.00 WC-Becken

04 Tiefspülklosett, Spülkästen, Schallschutzset, Klosettsitz mit Deckel, Installationsblöcke (6 Objekte)
Einheit: St WC-Becken
400,00   **480,00**   570,00
045 GWE; Einrichtungsgegenstände, Sanitärausstattungen — 100,0%

412.66.00 Duschen

02 Stahl-Duschwanne 80x80x15cm, Einhand-Brausegarnitur, Wandstange (4 Objekte)
Einheit: St Duschwanne
430,00   **460,00**   480,00
045 GWE; Einrichtungsgegenstände, Sanitärausstattungen — 100,0%

412.67.00 Badewannen

03 Stahl-Badewanne 170x75cm, Wandbatterien (3 Objekte)
Einheit: St Badewanne
810,00   **810,00**   820,00
045 GWE; Einrichtungsgegenstände, Sanitärausstattungen — 100,0%

412.68.00 Behinderten-Einrichtungen

02 Tiefspül-WC, Waschtischanlage, Stützgriffe, Kristallglasspiegel (2 Objekte)
Einheit: St Behinderten-WC
1.520,00   **1.740,00**   1.950,00
045 GWE; Einrichtungsgegenstände, Sanitärausstattungen — 100,0%

412.92.00 Seifenspender

02 Seifenspender, Erstbefüllung (8 Objekte)
Einheit: St Seifenspender
81,00   **95,00**   120,00
045 GWE; Einrichtungsgegenstände, Sanitärausstattungen — 100,0%

412.93.00 Handtuchspender

02 Papier-Handtuchspender, Erstbestückung (6 Objekte)
Einheit: St Handtuchspender
76,00   **100,00**   130,00
045 GWE; Einrichtungsgegenstände, Sanitärausstattungen — 100,0%

Seitliche Register: Übersicht 1.+2.Ebene | Erweiterung | Umbau | Modernisierung | Instandsetzung | Bauelemente | Abbrechen | Wiederherstellen | Herstellen

421
Wärmeerzeugungs-anlagen

421.21.00 Fernwärmeübergabestationen

01 **Fernwärmeübergabestation, Rohrbündel-Wärme-tauscher 2.000kW, Heizung und WW-Bereitung, Verteiler, Sammler, Sinus-Lufttöpfe DN80-150 (2 Objekte)**
Einheit: St Fernwärmeübergabestation

15.960,00　**17.090,00**　18.230,00

040 Wärmeversorgungsanlagen - Betriebseinrichtungen　　　　100,0%

421.31.00 Heizkesselanlagen gasförmige/flüssige Brennstoffe

04 **Gas-Brennwertheizkessel, Regelung, Zubehör (3 Objekte)**
Einheit: kW Heizleistung

160,00　**170,00**　210,00

040 Wärmeversorgungsanlagen - Betriebseinrichtungen　　　　50,0%
041 Wärmeversorgungsanlagen - Leitungen, Armaturen, Heizflächen　　50,0%

06 **Gas-Brennwertkessel, Kompaktgerät mit Trinkwasser-erwärmung oder mit separaten Warmwasserspeicher 3,4-35kW, Regelung, Druckausgleichsgefäß, Gas-leitung, Abgasrohr, Elektroarbeiten (12 Objekte)**
Einheit: St Heizkessel

6.370,00　**8.560,00**　10.720,00

040 Wärmeversorgungsanlagen - Betriebseinrichtungen　　　　100,0%

421.51.00 Solaranlagen

02 **Aufdach-Solarkollektoren, Regelung, Befestigungs-material, Befüllung, Ausdehnungsgefäß, Anschluss-leitungen (3 Objekte)**
Einheit: m² Absorberfläche

920,00　**1.050,00**　1.290,00

040 Wärmeversorgungsanlagen - Betriebseinrichtungen　　　　97,0%
041 Wärmeversorgungsanlagen - Leitungen, Armaturen, Heizflächen　　3,0%

421.61.00 Wassererwärmungsanlagen

02 **Speicher-Brauchwasserspeicher, Druckausdehnungs-gefäß (3 Objekte)**
Einheit: l Speichervolumen

4,40　**6,30**　10,00

040 Wärmeversorgungsanlagen - Betriebseinrichtungen　　　　100,0%

Kosten:
Stand 2.Quartal 2016
Bundesdurchschnitt
inkl. 19% MwSt.

▷ von
ø Mittel
◁ bis

© **BKI** Baukosteninformationszentrum; Erläuterungen zu den Tabellen siehe Seite 36　　　Kostenstand: 2.Quartal 2016, Bundesdurchschnitt, inkl. **19% MwSt.**

422.21.00	Rohrleitungen für Raumheizflächen			
05	**Nahtlose Gewinderohrleitungen DN10-40, Form-stücke, Befestigungen, Anstrich, Deckendurchbrüche (5 Objekte)**	22,00	**27,00**	33,00
	Einheit: m Leitung			
	041 Wärmeversorgungsanlagen - Leitungen, Armaturen, Heizflächen			100,0%
06	**Kupferrohrleitungen 18x1-35x1,5mm, Formstücke, Befestigungen, Deckendurchbrüche, Mauerschlitze, Kernbohrungen (8 Objekte)**	24,00	**28,00**	32,00
	Einheit: m Leitung			
	041 Wärmeversorgungsanlagen - Leitungen, Armaturen, Heizflächen			100,0%
07	**Stahlrohr DN20-32 (2 Objekte)**	27,00	**29,00**	31,00
	Einheit: m Leitung			
	041 Wärmeversorgungsanlagen - Leitungen, Armaturen, Heizflächen			100,0%

Übersicht 1.+2.Ebene

Erweiterung

Umbau

Moderni-sierung

Instand-setzung

Bau-elemente

Abbrechen

Wieder-herstellen

Herstellen

431
Lüftungsanlagen

KG.AK.AA - Herstellen	▷	€/Einheit	◁	LB an AA

431.22.00 Ablufteinzelgeräte

	▷	Ø	◁	
02 **Einzelraumlüfter, Zeit-Nachlaufschalter, Kunststoff-gehäuse (9 Objekte)** Einheit: St Lüfter	200,00	**220,00**	250,00	
075 Raumlufttechnische Anlagen				100,0%

431.41.00 Zuluftleitungen, rund

	▷	Ø	◁	
02 **Flexible Lüftungsrohre NW200, Formstücke (2 Objekte)** Einheit: m Leitung	17,00	**18,00**	19,00	
075 Raumlufttechnische Anlagen				100,0%
03 **Wickelfalzrohr NW100-355, Abzweige, Steckverbinder, Enddeckel, Bögen (7 Objekte)** Einheit: m Leitung	40,00	**51,00**	73,00	
075 Raumlufttechnische Anlagen				100,0%

Kosten:
Stand 2.Quartal 2016
Bundesdurchschnitt
inkl. 19% MwSt.

▷ von
Ø Mittel
◁ bis

Kostenstand: 2.Quartal 2016, Bundesdurchschnitt, **inkl. 19% MwSt.**

444.11.00	Kabel und Leitungen				
06	**Mantelleitungen NYM-J 3x1,5 bis 5x2,5 mm², in Kabelwannen oder Leerrohr verlegt (6 Objekte)**	2,00	**2,10**	2,30	
	Einheit: m Leitung				
	053 Niederspannungsanlagen; Kabel, Verlegesysteme				100,0%
07	**Erdkabel 4x35-4x50mm² (2 Objekte)**	19,00	**22,00**	24,00	
	Einheit: m Leitung				
	053 Niederspannungsanlagen; Kabel, Verlegesysteme				100,0%
08	**Kabel JYSTY 2x2x0,6 bis 8x2x0,8mm² (4 Objekte)**	1,40	**1,50**	1,70	
	Einheit: m Leitung				
	053 Niederspannungsanlagen; Kabel, Verlegesysteme				100,0%
444.41.00	Installationsgeräte				
07	**Aus-, Wechsel-, Serien- und Kreuzschalter, Taster, Steckdosen unter Putz, Schalterdose 55mm (7 Objekte)**	14,00	**18,00**	27,00	
	Einheit: St Installationsgerät				
	054 Niederspannungsanlagen; Verteilersysteme und Einbaugeräte				100,0%

Übersicht-
1.+2.Ebene

Erweiterung

Umbau

Moderni-
sierung

Instand-
setzung

Bau-
elemente

Abbrechen

Wieder-
herstellen

Herstellen

KG.AK.AA - Herstellen	▷	€/Einheit	◁	LB an AA

446.11.00 Auffangeinrichtungen, Ableitungen				
04 **Ableitungen Alu, d=8mm, Rohrschellen (2 Objekte)**	4,40	**5,70**	6,90	
Einheit: m Leitung				
050 Blitzschutz- / Erdungsanlagen, Überspannungsschutz				100,0%
05 **Auffangleitung Alu, d=8mm, Universalverbinder, Dachleiterungshalter, Dachleiterungsstützen (3 Objekte)**	6,50	**6,80**	7,40	
Einheit: m Leitung				
050 Blitzschutz- / Erdungsanlagen, Überspannungsschutz				100,0%
06 **Auffangleitung Cu, d=8mm, Universalverbinder, Dachleiterungshalter, Dachleiterungsstützen (2 Objekte)**	19,00	**20,00**	21,00	
Einheit: m Leitung				
050 Blitzschutz- / Erdungsanlagen, Überspannungsschutz				100,0%

Kosten:
Stand 2.Quartal 2016
Bundesdurchschnitt
inkl. 19% MwSt.

▷ von
ø Mittel
◁ bis

451.11.00	Telekommunikationsanlagen			
05	**FM-Installationsleitung J-Y(ST)Y 2x2x0,8mm** **(4 Objekte)**	1,40	**1,70**	2,00
	Einheit: m Leitung			
	061 Kommunikationsnetze			100,0%
06	**Fernsprechanlage: 5 Standardtelefone, 8 Kompakt-telefone, 1 Systemtelefon, zentrale Vermittlungs-einheit, TAE-Dosen, FM-Installationsleitungen** **(1 Objekt)**	–	**11.880,00**	–
	Einheit: St Fernsprechanlage			
	061 Kommunikationsnetze			100,0%

KG.AK.AA - Herstellen	▷	€/Einheit	◁	LB an AA

452.31.00 Türsprech- und Türöffneranlagen				
01 **Tür-Sprech-Öffneranlage, Türkontakt mit Entriegelung, Türsprechstationen, Haussprechapparaten, Netzgerät, Leitungen (5 Objekte)**	430,00	**490,00**	570,00	
Einheit: St Haussprechapparat				
060 Elektroakustische Anlagen, Sprechanlagen, Personenrufanlagen				100,0%

Kosten:
Stand 2.Quartal 2016
Bundesdurchschnitt
inkl. 19% MwSt.

▷ von
ø Mittel
◁ bis

© **BKI** Baukosteninformationszentrum; Erläuterungen zu den Tabellen siehe Seite 36   Kostenstand: 2.Quartal 2016, Bundesdurchschnitt, **inkl. 19% MwSt.**

475.51.00	Handfeuerlöscher			
02	**Pulverfeuerlöscher 6kg, Brandklasse A,B,C,** **Wandhalterung (5 Objekte)**	120,00	**140,00**	150,00
	Einheit: St Feuerlöscher			
	049 Feuerlöschanlagen, Feuerlöschgeräte			100,0%

Übersicht 1.+2.Ebene
Erweiterung
Umbau
Modernisierung
Instandsetzung
Bauelemente
Abbrechen
Wiederherstellen
Herstellen

Anhang

Übersicht aller Altbau-Objekte

Objektliste

Gebäudeart / Objekt	Buch	BRI [m³]	BGF [m²]	NUF [m²]	Ebene
Erweiterungen; Büro- und Verwaltungsgebäude					
1300-0007 Bürogebäude	–	1.682	449	306	3
1300-0021 Bürogebäude	–	1.768	441	157	3
1300-0029 KFZ-Zulassungsstelle	–	5.487	1.475	1.046	3
1300-0038 Bürogebäude	–	12.602	3.263	2.507	1
1300-0048 Verwaltungsgebäude	–	412	134	87	1
1300-0054 Kreisverwaltung	N1	46.004	13.700	7.645	1
1300-0058 Rathaus	N1	1.980	636	329	1
1300-0071 Bürogebäude	A1	2.458	672	470	1
1300-0072 Rathaus	A1	7.619	2.267	1.408	1
1300-0081 Rathaus	A1	6.871	1.472	822	1
1300-0083 Büros, Wohnen (4 WE)	A1	2.315	768	479	3
1300-0085 Bürogebäude	A2	2.354	756	523	1
1300-0100 Rathaus	A4	4.016	1.520	850	3
1300-0109 Verwaltungsgebäude	A4	1.479	521	406	2
1300-0114 Bürogebäude	A5	322	99	83	3
1300-0118 Rathaus	A4	2.140	764	605	3
1300-0134 Bürogebäude	A6	451	145	105	3
1300-0148 Bürogebäude	A7	556	153	108	3
1300-0161 Bürogebäude	A7	223	74	60	1
1300-0186 Büro und Werkstattgebäude	A8	1.093	284	206	1
1300-0191 Schulungs- und Verwaltungsgebäude	A9	5.801	1.472	1.105	1
1300-0221 Bürogebäude (36 AP)	A10*	6.218	1.708	1.133	1
2200-0027 Institutsgebäude ökologische Raumentwicklung	A9	11.213	3.378	2.065	3
Erweiterungen; Schulen					
4100-0003 Hauptschule (4 Klassen)	–	3.825	914	650	3
4100-0004 Gesamtschule (32 Klassen)	–	21.179	5.734	2.887	1
4100-0005 Gesamtschule	–	27.559	7.325	4.778	1
4100-0006 Gesamtschule	–	9.544	2.821	1.872	1
4100-0008 Grundschule (3 Klassen)	–	2.477	657	415	1
4100-0009 Hauptschule (9 Klassen)	–	11.441	2.548	1.579	1
4100-0010 Hauptschule (20 Klassen)	–	22.443	5.525	3.419	2
4100-0013 Grundschule (2 Klassen)	–	1.713	496	300	3
4100-0014 Grundschule (6 Klassen)	–	3.180	831	552	3
4100-0015 Realschule (8 Klassen)	–	3.016	785	616	3
4100-0019 Grundschule (12 Klassen)	N1	9.408	2.254	1.689	1
4100-0021 Grund-, Lernförderschule (30 Klassen)	N1	25.989	7.391	4.490	3
4100-0030 Grund- und Hauptschule (3 Klassen)	A1	2.343	636	461	1
4100-0041 Grund- und Hauptschule	A1	12.385	3.216	1.749	1
4100-0042 Grund- und Hauptschule (25 Klassen)	A1	21.763	8.342	5.056	1
4100-0043 Gymnasium (13 Klassen)	A1	7.760	1.905	1.187	1
4100-0044 Realschule (7 Klassen)	A3	5.302	1.573	1.226	3
4100-0047 Grundschule (4 Klassen, 100 Schüler)	A3	2.090	538	334	3
4100-0055 Schule (7 Klassen)	A3	3.069	771	472	1
4100-0075 Schulzentrum	A7	2.795	855	515	3
4100-0103 Offene Grundschule	A8	944	235	164	3
4100-0107 Grundschule	A7	1.854	539	320	3
4100-0108 Grundschule	A7	1.713	470	285	3

© **BKI** Baukosteninformationszentrum

Gebäudeart / Objekt	Buch	BRI [m³]	BGF [m²]	NUF [m²]	Ebene
Erweiterungen; Schulen (Fortsetzung)					
4100-0115 Hauptschule	E4	32.187	9.243	5.303	3
4100-0116 Mittelschule	E4	30.160	7.423	4.761	3
4100-0117 Anbau Fluchttreppenhäuser (2 St)	A8	598	174	–	1
4100-0119 Realschule (4 Klassen)	A8	1.491	368	231	1
4100-0127 Grund- und Mittelschule	A8	3.700	1.054	655	1
4100-0159 Gymnasium, Fachklassentrakt (4 Klassen)	A10*	3.991	1.058	724	1
4200-0009 Jugendbildungsstätte	A5	762	181	160	3
4200-0023 Berufliches Gymnasium (9 Klassen)	A8	6.275	1.492	984	1
4200-0024 Berufsschulzentrum	A8	28.906	6.787	4.554	2
4200-0029 Berufsschulzentrum, Verbindungsbau	A9	3.496	868	504	3
4500-0015 Aufstockung Ausbildungsgebäude	A10*	1.830	510	370	3
Erweiterungen; Kindergärten					
4400-0007 Kindergarten, Gruppenraum	–	383	137	99	3
4400-0013 Kindertagesstätte (4 Gruppen, 100 Kinder)	–	8.326	2.500	1.419	3
4400-0039 Kindertagesstätte	–	6.347	1.697	1.121	1
4400-0061 Waldorfkindergarten	–	892	368	294	1
4400-0082 Kindergarten (2 Gruppen)	A1	1.609	460	344	1
4400-0122 Kindergarten (1 Gruppe)	A7	555	188	164	1
4400-0132 Kindergarten, Aufstockung	E4	4.518	1.434	884	3
4400-0140 Kindertagesstätte, Personalraum	A8	176	55	45	3
4400-0169 Kindertagesstätte (1 Gruppe, 15 Kinder)	A9	567	139	102	3
4400-0175 Kindertagesstätte (1 Gruppe, 10 Kinder)	A8	672	203	121	1
4400-0179 Kindertagesstätte	A8	2.174	545	328	1
4400-0180 Kindergarten (4 Gruppen, 76 Kinder)	A10*	2.375	741	388	3
4400-0181 Kindertagesstätte	A8	1.014	251	178	1
4400-0196 Kindertagesstätte (2 Gruppen, 24 Kinder)	A8	1.389	385	284	1
4400-0198 Kindertagesstätte, Mensa (8 Gruppen, 70 Kinder)	A9	6.406	1.739	892	1
4400-0203 Kinderkrippe (2 Gruppen), Gemeinderäume	A9	2.122	891	753	3
4400-0219 Kindertagesstätte (40 Kinder)	A9	2.325	675	522	1
4400-0228 Kinderkrippe (1 Gruppe, 20 Kinder)	A9	1.030	251	151	1
4400-0248 Kinderkrippe (2 Gruppen, 24 Kinder)	A10*	1.396	341	226	1
4400-0269 Kinderkrippe (2 Gruppen, 30 KInder)	A10*	2.218	766	497	1
Erweiterungen; Wohngebäude: Anbau					
6100-0232 Zweifamilienhaus	A1	1.346	547	363	1
6100-0238 Einfamilienhaus	A1	168	78	64	1
6100-0280 Mehrfamilienhaus (4 WE), Laden, Büro	A2	1.038	357	264	1
6100-0320 Wohnhaus (4 WE), Laden	A1	1.562	552	404	1
6100-0324 Einfamilienhaus	A3	743	269	189	1
6100-0354 Büro- und Wohnhaus (2 WE)	A2	2.580	863	464	3
6100-0390 Einfamilienhaus	A3	917	357	245	3
6100-0455 Reihenendhaus (1 WE)	E2	825	267	183	3
6100-0475 Einfamilienhaus, barrierefrei	E2	941	230	190	3
6100-0498 Einfamilienhaus	A4	993	384	267	3
6100-0500 Einfamilienhaus	A3	73	23	18	3
6100-0506 Wohnhauserweiterung (5 WE)	–	2.035	580	363	2

Objektliste

Gebäudeart / Objekt	Buch	BRI [m³]	BGF [m²]	NUF [m²]	Ebene
Erweiterungen; Wohngebäude: Anbau (Fortsetzung)					
6100-0520 Einfamilienhaus	A4	312	91	82	2
6100-0577 Einfamilienhaus	A4	175	58	42	3
6100-0580 Einfamilienhaus	A4	380	117	97	3
6100-0602 Reihenhaus	A5	99	39	35	3
6100-0673 Einfamilienhaus	A6	716	269	171	3
6100-0685 Einfamilienhaus	A7	380	128	90	1
6100-0708 Einfamilienhaus	A7	1.141	361	261	3
6100-0848 Anbau Badezimmer	A8	51	16	12	1
6100-0879 Aufzugsanlage	A8	10	2	–	3
6100-0902 Einfamilienhaus, Wintergarten	A8	400	124	84	3
6100-0950 Wintergarten	A8	267	62	61	1
6100-0954 Wohnhaus, ELW - KfW 40	A8	556	168	109	1
6100-0956 Anbau Zweifamilienhaus	A8	129	39	24	1
6100-0992 Anbau Treppenhaus und Aufzug	A8	644	193	45	1
6100-1012 Einfamilienhaus	A8	539	163	130	1
6100-1013 Einfamilienhaus - KfW 130	A8	615	168	126	1
6100-1037 Wohngebäude, barrierefrei (15 WE)	A9	5.193	1.647	1.133	1
Erweiterungen; Wohngebäude: Aufstockung					
6100-0186 Mehrfamilienhaus	N1	1.385	436	360	1
6100-0270 Wohn- und Geschäftshaus	A1	6.218	2.007	1.389	1
6100-0290 Zweifamilienhaus	A1	1.398	520	366	1
6100-0307 Mehrfamilienhaus (5 WE)	A2	1.753	698	467	3
6100-0316 Bungalow (1 WE)	A1	312	117	78	1
6100-0370 Einfamilienhaus	A2	1.019	373	256	1
6100-0474 Einfamilienhaus	A3	222	77	54	2
6100-0477 Wohnhausumbau	E2	681	267	191	3
6100-0518 Mehrfamilienhaus	A4	549	260	232	3
6100-0524 Einfamilienhaus Aufstockung	A4	1.423	434	240	3
6100-0555 Mehrfamilienhaus, Aufstockung	A5	2.660	1.072	648	3
6100-0652 Mehrfamilienhaus (9 WE)	A7	755	297	214	3
6100-0786 Einfamilienhaus	A7	733	287	191	3
6100-0787 Mehrfamilienhaus	A7	1.123	427	279	3
6100-0791 Mehrfamilienhaus (11 WE)	A8	3.718	1.203	747	3
6100-0850 Mehrfamilienhaus (5 WE), Gewerbe	A9	2.100	735	445	3
6100-0984 Mehrfamilienhaus Aufstockung - KfW 70	A9	3.125	875	642	3
6100-1089 Aufstockung Wohnhaus (2 WE) - Passivhaus	E6	866	263	201	1
6100-1144 Zweifamilienhaus - Effizienzhaus 85	A9	1.841	494	328	1
6100-1175 Mehrfamilienhaus (6 WE) - Passivhaus	E6	2.023	742	552	3
6100-1180 Einfamilienhaus	A10*	1.001	361	212	1
Erweiterungen; Wohngebäude: Dachausbau					
6100-0227 Dachgeschossausbau (3 WE)	A1	1.107	334	230	1
6100-0261 Einfamilienhaus	A1	355	124	76	1
6100-0295 Mehrfamilienhaus	A1	581	179	129	1
6100-0345 Dachgeschossausbau (6 WE)	A2	2.460	810	541	1
6100-0459 Einfamilienhaus	E2	886	339	231	3

Gebäudeart / Objekt	Buch	BRI [m³]	BGF [m²]	NUF [m²]	Ebene
Erweiterungen; Wohngebäude: Dachausbau (Fortsetzung)					
6100-0482 Mehrfamilienhaus (3 WE)	A7	749	199	144	3
6100-0546 Dachausbau	A5	1.192	467	304	3
6100-0551 Einfamilienhaus mit ELW, Dachausbau	A5	1.026	429	326	3
6100-0612 Einfamilienhaus	A5	267	111	75	3
6100-0624 Mehrfamilienhaus (3 WE)	A6	1.081	343	225	3
6100-0645 Mehrfamilienhaus	A6	498	170	126	3
6100-0731 Einfamilienhaus	A7	661	248	167	3
6100-0783 Einfamilienhaus	A7	272	144	94	3
6100-0784 Einfamilienhaus	A7	388	180	141	3
6100-0785 Zweifamilienhaus, Dachausbau	A7	251	104	80	3
6100-1034 Wohn- und Geschäftshaus (4 WE) - Effizienzhaus 100	E5	2.844	1.079	620	1
6100-1110 Mehrfamilienhaus (13 WE) Umbau DG	A9	3.023	1.117	727	1
Erweiterungen; Gewerbegebäude					
7100-0012 Kunststoff-Industriebetrieb	–	1.114	224	212	1
7100-0016 Laborgebäude	A2	8.633	1.667	1.532	1
7100-0025 Produktions- und Bürogebäude	A8	33.370	4.436	3.526	3
7100-0048 Entwicklungszentrum	A9	10.920	2.280	1.813	1
7200-0066 Autohaus	A4	1.784	345	302	3
7200-0068 Autohaus	A6	5.407	987	939	3
7200-0069 Geschäftshaus mit Werkstatt	A6	3.297	1.035	856	3
7200-0081 Autohaus	A8	5.344	855	783	1
7300-0006 Automontagehalle	–	2.980	508	460	2
7300-0032 Werkhalle	A2	13.693	2.890	2.369	1
7300-0039 Zeitungsdruckerei	A2	37.694	5.948	4.936	1
7300-0045 Presse Vertriebszentrum	A3	13.861	2.072	1.755	3
7300-0058 Verwaltung und Versand	A6	2.335	600	481	3
7300-0060 Büro- und Fertigungsgebäude	A8	7.915	1.612	1.474	3
7300-0062 Aufstockung Betriebsgebäude	A8	992	228	184	3
7300-0087 Tischlerei	A9	14.300	2.425	2.097	1
7600-0032 Verkehrsleitstelle	A2	4.932	1.464	817	1
7600-0037 Feuerwache-Fahrzeughalle (4 KFZ)	A3	1.761	281	250	3
7600-0045 Feuerwehrhaus	A8	750	170	132	3
7600-0064 Feuer- und Rettungswache	A9	897	185	128	3
7700-0035 Aufzug Lagergebäude	A2	130	12	9	1
7700-0038 Überdachung Logistikfläche	A3	3.094	486	480	2
7700-0051 Empfangsgebäude, Verbindungsgänge	A9	1.331	215	185	3
7700-0058 Lager- und Bürogebäude	A10*	58.697	6.752	6.378	1
7700-0060 Anlieferungszone	A9	2.026	460	442	3
7700-0068 Lagerhalle	A9	17.460	2.610	2.530	1
Erweiterungen; Gebäude anderer Art					
6200-0066 Tagesförderstätte (8 Pflegeplätze)	A10*	882	265	164	1
6400-0041 Dorfgemeinschaftshaus	A1	1.036	201	153	1
6400-0066 Gemeindezentrum	A8	1.984	399	316	1
6400-0068 Pfarrbüro	A8	357	74	50	1
6400-0074 Altenpflegeheim (42 Betten) - Effizienzhaus 85	A8	9.845	2.598	2.089	1

Objektliste

Gebäudeart / Objekt	Buch	BRI [m³]	BGF [m²]	NUF [m²]	Ebene
Erweiterungen; Gebäude anderer Art (Fortsetzung)					
6400-0086 Gemeindehaus	A10*	2.196	519	435	1
6400-0089 Gemeindezentrum	A10*	2.363	543	338	1
6500-0013 Universitätsmensa	A1	10.155	2.300	1.332	1
6500-0024 Mensa, Pausenhalle	A8	1.485	485	403	3
6500-0025 Mensa, Klassenräume (3St)	A8	5.324	1.328	776	1
6500-0039 Mensa, Mittagsbetreuung	A9	1.105	293	249	1
6600-0021 Gästehaus (12 Betten), Laden, Café	A9	1.676	598	421	1
9100-0014 Bürgerhaus	–	1.960	574	391	3
9100-0017 Bücherei, Museum, Bürgersaal	A1	5.095	1.814	986	3
9100-0019 Stadthalle	A1	112.732	12.432	–	1
9100-0021 Übergangsbau, Pausenhalle	A1	1.222	333	–	3
9100-0022 Bibliothek, Verbindungshalle	A2	2.142	370	123	1
9100-0036 Informationszentrum Fremdenverkehr	A4	1.331	343	270	2
9100-0043 Museum, Eingangs- und Ausstellungsbau	–	1.138	247	178	1
9100-0073 Kirche, Gruppenraum	A9	265	71	63	3
9100-0081 Erschließungsbauwerk an historischem Gebäude	A8	1.510	392	101	1
9100-0117 Gemeinderäume	A10*	2.270	518	351	1
9700-0010 Aussegnungshalle	A6	500	127	123	3
Erweiterungen; sonstige Gebäude					
3200-0003 Krankenhaus Anbau	–	16.003	4.416	2.246	1
3200-0005 Krankenhaus Anbau	–	10.190	2.441	1.393	1
3200-0007 Krankenhaus Aufstockung	–	21.131	6.413	3.317	1
3200-0008 Krankenhaus	–	12.727	4.116	2.461	1
3200-0011 Krankenhaus	N1	7.997	2.797	1.487	1
3200-0016 Geriatrisches Fachkrankenhaus	A5	19.466	4.741	2.359	3
3200-0021 GeriatrischeTagesklinik (12 Plätze)	E7*	1.494	371	276	1
3300-0007 Sozialpädiatrisches Zentrum	A9	1.622	374	220	1
3300-0009 Klinik für Psychiatrie und psychosomat. Medizin	A10*	4.417	1.330	681	1
3400-0004 Seniorenpflegeheim	–	5.584	1.326	608	1
5100-0048 Gymnastikraum Grundschule	A7	1.869	627	293	3
5100-0078 Sporthalle (Zweifeldhalle)	A8	13.045	2.119	1.652	1
5100-0079 Sporthalle, Kindergarten, Büro	A8	15.971	2.400	1.732	1
5100-0082 Sporthalle (Einfeldhalle)	A8	8.570	1.686	1.281	1
5200-0007 Tribünenanbau Sprunghalle	A4	2.953	590	219	3
5300-0004 Spielhalle, Abstellraum	A3	200	70	64	2
5300-0008 Bootshaus	A6	509	216	188	1
5600-0008 Fitnessraum, Umkleiden	A9	523	168	115	1
5600-0010 Kletterhalle, Verwaltung	A10*	5.525	670	451	1
6200-0011 Altenpflege-, Wohnheim (101 Betten)	–	28.266	8.474	5.048	3
6200-0015 Altenheim (24 Plätze)	–	4.996	1.394	738	3
6200-0054 Hospiz (6 Betten)	A8	274	91	67	1
9100-0118 Museum	A10*	4.182	1.069	694	1

Gebäudeart / Objekt	Buch	BRI [m³]	BGF [m²]	NUF [m²]	Ebene
Umbauten; Büro- und Verwaltungsgebäude					
1300-0063 Finanzamt	A1	27.321	7.204	4.448	2
1300-0065 Verwaltungsgebäude	A1	1.255	346	222	1
1300-0086 Verwaltungsgebäude	A1	7.278	2.133	1.448	1
1300-0096 Bürogebäude	A2	2.488	718	428	1
1300-0105 Verwaltungsgebäude	A5	2.422	617	452	3
1300-0107 Büroeingangszone und Besprechung	A4	470	159	65	3
1300-0117 Verwaltungsgebäude	A6	3.795	1.153	670	3
1300-0121 Bürogebäude, Sozialstation	A4	679	198	143	3
1300-0124 Bürogebäude	A6	4.332	1.110	713	3
1300-0167 Bürogebäude	A8	397	161	124	3
1300-0197 Kontorhaus Umbau 2.OG	A10*	5.500	1.375	889	3
Umbauten; Schulen					
4100-0058 Regelschule (18 Klassen)	A6	17.187	5.220	3.286	3
4100-0062 Realschule (13 Klassen)	A6	11.275	3.980	2.699	2
4100-0081 Realschule	A8	10.692	2.815	1.832	3
4100-0122 Realschule	A9	22.145	6.594	4.161	3
4100-0136 Schulzentrum	A10*	43.961	11.816	6.674	3
4100-0141 Grundschule (2 Klassen), Hort (90 Kinder)	A10*	7.540	1.568	749	3
4200-0005 Fachoberschule (5 Klassen)	A1	17.600	3.858	2.374	1
4300-0019 Sonderschule	A8	15.435	4.618	2.393	3
Umbauten; Kindergärten					
4400-0137 Kindertagesstätte (5 Gruppen, 101 Kinder)	A8	5.726	990	683	3
4400-0159 Kindertagesstätte (3 Gruppen, 40 Kinder)	A9	1.368	357	242	3
4400-0163 Kinderkrippe	A8	1.696	552	463	3
4400-0164 Kindertagesstätte	A8	803	221	126	3
4400-0166 Kindertagesstätte (6 Gruppen, 84 Kinder)	A9	4.560	1.316	1.010	3
4400-0195 Kindertagesstätte (3 Gruppen, 50 Kinder)	A10*	2.566	949	658	3
4400-0204 Familienzentrum, Kindertagesstätte (7 Gruppen)	A9	3.785	1.266	913	1
Umbauten; Ein- und Zweifamilienhäuser					
6100-0202 Zweifamilienhaus	N1	714	269	229	1
6100-0262 Zweifamilienhaus Villenumbau	A1	1.683	547	360	1
6100-0279 Einfamilienhaus	A1	490	225	146	1
6100-0317 Einfamilienhaus Fachwerk	A1	754	268	161	1
6100-0373 Einfamilienhaus	A2	179	83	63	3
6100-0397 Einfamilienhaus	A2	573	233	160	1
6100-0457 Einfamilienhaus	E2	932	344	218	3
6100-0472 Einfamilienhaus	A3	905	306	193	3
6100-0525 Einfamilienhaus	A6	640	222	124	3
6100-0558 Einfamilienhaus	A4	853	309	191	3
6100-0621 Einfamilienhaus	A6	1.300	387	241	3
6100-0637 Doppelhaushälfte	A6	607	261	178	3
6100-0668 Einfamilienhaus mit ELW	A7	342	138	103	1
6100-0948 Einfamilienhaus	A9	1.293	377	211	3
6100-0993 Einfamilienhaus Scheunenumbau	A8	605	221	143	3
6100-1027 Fachwerkhaus	A9	764	306	240	3

Gebäudeart / Objekt	Buch	BRI [m³]	BGF [m²]	NUF [m²]	Ebene
Umbauten; Mehrfamilienhäuser					
6100-0129 Mehrfamilienhaus (8 WE)	–	11.393	3.218	–	1
6100-0131 Mehrfamilienhaus (14 WE)	–	14.054	2.963	–	1
6100-0133 Wohngebäude, Gewerbe	–	8.811	2.564	–	1
6100-0300 Mehrfamilienhaus, barrierefrei (9 WE)	A2	1.970	711	530	1
6100-0395 Wohn- und Geschäftshaus (6 WE)	A2	3.655	1.026	660	1
6100-0508 Mehrfamilienhaus (5 WE), 2 Läden	A4	2.053	658	473	2
6100-0586 Mehrfamilienhaus (4 WE)	A5	1.626	589	340	3
6100-0598 Mehrfamilienhaus (6 WE)	A5	2.672	840	565	3
6100-0634 Mehrfamilienhaus (75 WE)	A8	33.477	12.119	8.443	3
6100-0641 Mehrfamilienhaus (3 WE)	A6	1.447	549	356	3
6100-0674 Mehrfamilienhaus (3 WE)	A6	1.177	508	279	3
6100-0704 Umbau Tabakfabrik (19 WE)	A8	17.283	5.530	3.843	3
6100-0717 Mehrfamilienhaus (4 WE)	A7	2.416	834	528	3
6100-0726 Mehrfamilienhaus (3 WE)	A7	1.028	434	264	3
6100-0739 Wohn- und Geschäftshaus (12 WE)	A8	6.350	1.780	1.187	3
6100-0979 Mehrfamilienhaus (3 WE)	A9	1.738	712	401	3
6100-1056 Wohngebäude, Kanzlei	A9	1.835	594	447	3
6100-1074 Mehrgenerationenhaus (25 WE), Café, Beratung	A9	14.990	5.098	2.767	1
Umbauten; Wohnungen					
6100-0228 Mehrfamilienhaus (1 WE)	A1	300	82	67	1
6100-0461 Zweifamilienhaus (1 WE)	A3	447	159	101	3
6100-0568 Maisonette-Wohnung	A5	396	125	95	3
6100-0881 Wohnloft	A8	1.234	308	191	3
6400-0051 Jugendräume	A3	510	214	132	3
Umbauten; Gewerbegebäude					
7200-0032 Apotheke, Wohnen (2 WE)	A1	1.879	474	333	1
7200-0033 Wohn- und Geschäftshaus (22 WE)	A1	28.500	7.075	5.000	1
7200-0036 Geschäftshaus, Laden	A2	2.155	535	440	3
7200-0052 Kunstgewerbezentrum	A2	7.288	1.795	1.021	1
7200-0061 Geschäftshaus, Café, Büros	A6	2.952	911	645	3
7300-0014 Produktions- und Bürogebäude	–	193.018	27.358	20.914	3
7300-0017 Tischlerwerkstatt, Büroräume	–	22.596	3.714	3.420	1
7300-0033 Bäckerei, Wohnen (4 WE)	A1	2.760	849	526	1
7300-0063 Betriebs- und Werkstattgebäude	A7	6.697	1.951	1.632	1
7300-0064 Montagewerkstatt, Umnutzung	A8	4.000	759	662	3
7500-0011 Bankzweigstelle	N1	4.165	1.237	764	1
7500-0013 Kreissparkasse	A1	17.901	4.495	2.650	1
7500-0017 Bankfiliale	A2	1.982	507	444	1
7700-0037 Lagerräume, Trafostation, WCs	A2	1.214	287	181	1
Umbauten; Gebäude anderer Art					
6400-0025 Evangelisches Gemeindehaus	–	2.109	636	472	3
6400-0033 Bürgerhaus	N1	2.822	645	378	3
6400-0034 Uni Begegnungszentrum	A1	3.315	982	620	3
6400-0069 Dorfgemeinschaftshaus	A8	4.822	683	467	3

© **BKI** Baukosteninformationszentrum

Gebäudeart / Objekt	Buch	BRI [m³]	BGF [m²]	NUF [m²]	Ebene
Umbauten; Gebäude anderer Art (Fortsetzung)					
6400-0073 Bürgerhaus	A8	1.722	260	192	1
6500-0029 Backshop und Café	A9	1.198	403	212	3
9100-0005 Landwirtschaftliches Museum	–	985	231	186	3
9100-0007 Stadthistorisches Museum	–	20.918	5.343	3.577	3
9100-0013 Stadtbibliothek	N1	10.244	1.868	1.523	3
9100-0015 Jugendhaus, Gymnastikhalle	–	9.744	2.075	1.729	1
9100-0025 Ausstellungsgebäude	A2	561	208	125	3
9100-0027 Gemeindezentrum, Saal	A2	13.112	3.267	1.953	1
9100-0031 Stadthalle	A2	10.967	2.595	1.077	1
9100-0034 Ausstellung, Archiv, Wohnen (1 WE)	A3	3.974	1.088	603	3
9100-0037 Kulturhaus	A3	1.917	390	261	3
9100-0046 Tanzschule	A5	454	192	132	3
9100-0047 Stadtmuseum	A6	2.669	719	427	3
9100-0079 Kinder- und Jugendtheater	A8	14.044	2.973	1.996	1
9100-0104 Heimatmuseum	A9	566	179	107	1
9100-0108 Atelier	A10*	151	45	34	1
Umbauten; sonstige Gebäude					
2200-0025 Institut für Physik	A10*	3.945	974	710	3
2200-0034 Institut Klimafolgenforschung	A10*	251	58	38	3
3100-0006 Gebäude für psych. Gruppentherapie	A3	1.220	446	297	3
3100-0019 Arztpraxis für Allgemeinmedizin (4 AP)	IR1	379	137	86	3
3200-0009 Krankenhaus	–	15.169	4.456	2.438	1
5600-0003 Billardsalon	A8	961	320	306	1
6100-0024 Fachwerkhaus, Laden	–	2.270	707	515	3
6100-1195 Mehrfamilienhaus, Dachgeschoss	IR1	505	162	134	3
6100-1206 Einfamilienhaus, Badeinbau	IR1	18	6	3	3
6200-0052 Wohnheim für Behinderte	A8	10.646	3.258	1.938	2
6500-0007 Gaststätte, Wohnungen (5 WE)	N1	4.176	1.515	859	1
6500-0009 Japanisches Restaurant	N1	1.133	283	213	1
6500-0014 Restaurant	A1	610	160	111	1
6500-0017 Gaststätte, Hotel, Büros	A2	4.628	1.339	779	1
6600-0007 Hotel (66 Zimmer, 23 APP, 94 Betten), TG	A2	18.000	5.714	4.100	1
6600-0008 Hotel Garni (29 APP, 50 Betten)	A1	4.400	1.337	873	1
6600-0011 Hotel (100 Betten)	A2	17.900	5.380	3.052	1
6600-0012 Kloster, Gästeflügel	A2	1.494	498	312	1
7200-0086 Hörgeräteakustik-Meisterbetrieb	IR1	330	147	86	3
7200-0087 Frisörsalon	IR1	451	118	80	3
9100-0119 Pfarrkirche	IR1	6.459	1.128	915	3
9100-0122 Konzert- und Probesaal	IR1	2.506	935	667	1

Gebäudeart / Objekt	Buch	BRI [m³]	BGF [m²]	NUF [m²]	Ebene
Modernisierungen; Büro- und Verwaltungsgebäude					
1300-0078 Verwaltungsgebäude	A1	19.556	4.202	2.203	1
1300-0092 Verwaltungsgebäude	A3	12.657	3.970	2.293	3
1300-0093 Büro- und Laborgebäude	A5	4.866	1.622	941	3
1300-0103 Büro- und Veranstaltungsgebäude	E2	3.214	1.072	756	3
1300-0104 Bürogebäude, Wohnen (1 WE), Fassade	E2	4.669	1.557	1.020	3
1300-0110 Bürogebäude, Landwirtschaftsamt	A4	5.412	1.575	1.020	3
1300-0111 Bürogebäude	A5	1.479	398	301	3
1300-0123 Rathaus	A5	5.243	1.449	999	3
1300-0132 Bürogebäude - Passivhaus	A6	3.743	1.127	709	3
1300-0138 Bürogebäude	A7	5.442	2.267	1.587	3
1300-0141 Haus der Architekten, Bürogebäude	A6	11.611	3.204	1.650	1
1300-0151 Rathaus	A7	4.955	1.882	1.150	3
1300-0154 Bürgerhaus	A8	8.526	2.489	1.588	3
1300-0178 Bürogebäude	A8	1.211	432	305	3
1300-0200 Rathaus	A9	14.336	5.120	3.428	3
2200-0035 Verwaltungsgebäude	A10*	8.402	2.607	1.405	3
Modernisierungen; Schulen und Kindergärten					
4100-0012 Grundschule 2./3.OG (10 Klassen)	–	5.823	1.595	1.043	3
4100-0027 Schulzentrum (10 Klassen)	A1	17.800	4.140	2.978	1
4100-0031 Gymnasium vierzügig (900 Schüler)	A2	36.413	8.667	4.847	3
4100-0032 Mittelschule dreizügig (430 Schüler)	A2	16.812	4.315	2.666	3
4100-0033 Gymnasium vierzügig, Fachräume	A1	45.120	9.265	4.771	3
4100-0034 Gymnasium dreizügig (345 Schüler)	A2	13.439	3.660	1.739	3
4100-0035 Gymnasium vierzügig (334 Schüler)	A2	19.148	5.207	3.271	3
4100-0036 Gymnasium vierzügig	A1	37.695	9.178	4.670	3
4100-0037 Gymnasium dreizügig (850 Schüler)	A2	41.309	9.290	5.290	3
4100-0038 Gymnasium vierzügig (325 Schüler)	A2	16.585	4.224	2.527	3
4100-0046 Grundschule (2 Klassen, 50 Schüler)	A3	1.953	458	282	3
4100-0066 Grundschule	A5	21.610	4.758	2.717	3
4100-0106 Gymnasium	A9	7.457	2.014	1.267	3
4100-0109 Hauptschule	E4	10.158	3.638	1.792	3
4100-0110 Volksschule	E4	11.798	4.096	2.880	3
4100-0111 Volksschule	E4	9.832	2.663	1.270	3
4100-0114 Volksschule	E4	11.045	2.437	1.356	3
4100-0118 Gymnasium	A9	8.693	2.101	1.251	3
4100-0123 Hauptschule	A8	11.446	3.446	2.127	3
4100-0129 Grundschule (15 Klassen)	A9	14.152	3.225	1.929	3
4100-0137 Grundschule, neue Heizzentrale	A8	3.015	732	482	1
4100-0146 Gymnasium	A9	20.931	5.266	3.194	3
4200-0025 Berufsschulzentrum für Technik	A9	41.895	11.970	8.803	3
4200-0028 Berufsschulzentrum für Technik	A9	36.225	10.350	7.475	3
4300-0010 Förderschule, Vereinsräume	A7	2.991	810	636	3
4400-0092 Kindergarten, Plattenbau	A1	7.886	2.421	1.592	3
4400-0134 Kindertagesstätte (261 Kinder)	A9	10.078	3.452	2.059	3
4400-0138 Kindertagesstätte (6 Gruppen, 138 Kinder)	A8	3.432	1.408	802	3
4500-0006 Volkshochschule	A1	19.422	5.050	2.860	1
4500-0007 Sport- und Bildungsstätte	A6	19.466	4.741	2.459	3

Gebäudeart / Objekt		Buch	BRI [m³]	BGF [m²]	NUF [m²]	Ebene
Modernisierungen; Sporthallen						
5100-0039	Schulsporthalle	A5	5.700	980	930	3
5100-0041	Sporthalle	A6	8.040	1.684	1.245	3
5100-0044	Sporthalle	A7	7.840	1.315	1.000	3
5100-0046	Sporthalle	A7	3.030	595	530	3
5100-0075	Sporthalle	A9	3.924	884	706	3
5100-0093	Sporthalle (Dreifeldhalle)	A9	19.049	2.161	1.796	3
Modernisierungen; Ein- und Zweifamilienhäuser						
6100-0325	Doppelhaushälfte	A1	1.498	524	326	1
6100-0380	Einfamilienhaus mit Schwimmbad	A2	1.505	463	336	3
6100-0444	Einfamilienhaus	A3	1.348	511	306	3
6100-0469	Einfamilienhaus	A5	1.095	356	249	3
6100-0471	Reihenendhaus	E2	856	317	211	3
6100-0493	Einfamilienhaus	A5	1.293	422	286	3
6100-0544	Einfamilienhaus	A5	483	172	114	3
6100-0585	Einfamilienhaus mit ELW	A5	1.027	377	226	3
6100-0596	Einfamilienhaus	A5	1.200	344	244	3
6100-0609	Einfamilienhaus	A5	767	314	196	3
6100-0611	Einfamilienhaus	A5	731	299	212	3
6100-0648	Zweifamilienhaus	A6	576	230	167	3
6100-0770	Einfamilienhaus	A7	678	240	145	3
6100-0793	Einfamilienhaus	A7	897	371	219	3
6100-0798	Einfamilienhaus	A8	778	289	219	3
6100-0825	Zweifamilienhaus	A8	1.210	275	182	3
6100-0844	Einfamilienhaus	E4	784	279	194	3
6100-0851	Einfamilienhaus	A8	710	262	171	3
6100-0897	Einfamilienhaus	A9	610	233	177	3
6100-0901	Doppelhaushälfte	A9	699	299	193	3
6100-0910	Einfamilienhaus	A8	795	340	197	1
6100-0915	Einfamilienhaus - Effizienzhaus 70	E5	644	170	111	3
6100-0939	Reihenendhaus - Effizienzhaus 115	E5	666	240	149	3
6100-0951	Stadthaus (1 WE)	A8	473	181	91	3
6100-0974	Doppelhaushälfte	A8	1.024	333	237	3
6100-0983	Doppelhaushälfte, energ. Modern.	A8	797	275	202	3
6100-1035	Reihenmittelhaus - Effizienzhaus 115	E5	708	283	186	3
6100-1095	Zweifamilienhaus, Fassadensanierung	A9	762	272	197	2
6100-1127	Doppelhaushälfte - KfW 70	A9	971	337	200	3
6100-1138	Einfamilienhaus	A10*	707	259	185	3
6100-1153	Einfamilienhaus - Effizienzhaus 70	E6	989	381	251	3
6100-1159	Einfamilienhaus - Effizienzhaus 40	E6	818	238	186	3
6100-1162	Einfamilienhaus, Garage - Effizienzhaus 70	E6	1.136	436	256	3
6100-1187	Einfamilienhaus	A10*	771	278	153	3
Modernisierungen; Wohngebäude vor 1945						
6100-0233	Mehrfamilienhaus (12 WE)	A1	5.701	1.652	1.023	1
6100-0235	Mehrfamilienhaus (7 WE)	A1	2.448	710	432	1
6100-0276	Stadthaus (7 WE), Büro	A1	2.995	947	610	2

Objektliste

Gebäudeart / Objekt		Buch	BRI [m³]	BGF [m²]	NUF [m²]	Ebene

Modernisierungen; Wohngebäude vor 1945 (Fortsetzung)

6100-0287	Mehrfamilienhaus (40 WE)	A1	16.250	5.580	3.615	1
6100-0314	Hausmeistergebäude	A1	1.810	440	285	3
6100-0339	Mehrfamilienhaus (10 WE)	A2	3.998	1.303	835	2
6100-0415	Mehrfamilienhaus	A3	1.976	630	370	3
6100-0510	Mehrfamilienhaus (5 WE)	A4	1.129	406	255	2
6100-0816	Wohn- und Geschäftshaus	A8	3.493	1.425	899	3
6100-0856	Mehrfamilienhaus (3 WE)	A8	2.340	647	458	3
6100-0889	Mehrfamilienhaus (3 WE) - KfW 60	E5	1.252	452	296	3
6100-1126	Doppelhaushälfte	A10*	568	272	180	3

Modernisierungen; Wohngebäude nach 1945: nur Oberflächen

6100-0256	Mehrfamilienhaus (36 WE)	A1	8.410	3.025	1.965	1
6100-0278	Mehrfamilienhaus (36 WE)	A1	8.865	2.775	1.977	1
6100-0460	Mehrfamilienhaus (12 WE)	A4	4.894	1.541	1.122	3
6100-0462	Mehrfamilienhaus (9 WE)	A4	4.354	1.342	880	3
6100-0465	Mehrfamilienhaus (8 WE)	A4	2.290	856	548	3
6100-0537	Wohnhochhaus	A4	88.114	41.928	26.126	3
6100-0597	Mehrfamilienhaus (3 WE)	A5	894	341	241	3
6100-0620	Mehrfamilienhaus (40 WE), Fassade	A6	14.206	5.489	3.941	3
6100-0658	Mehrfamilienhaus (60 WE)	A7	6.157	2.095	1.525	3
6100-0694	Zweifamilienhaus	A7	1.098	417	298	3
6100-0725	Mehrfamilienhaus (12 WE)	A7	5.108	1.906	1.352	3
6100-0781	Mehrfamilienhaus (8 WE)	A8	3.225	1.312	805	3
6100-0782	Mehrfamilienhäuser (31 WE)	A8	9.000	3.152	2.250	3
6100-0857	Mehrfamilienhaus (46 WE)	A8	14.552	6.740	4.690	3
6100-0858	Mehrfamilienhaus (19 WE)	A9	7.091	2.617	1.850	3
6100-0859	Mehrfamilienhaus (21 WE)	A9	6.988	2.588	1.829	3
6100-0864	Mehrfamilienhaus (12 WE)	A8	4.763	1.756	1.259	3
6100-0918	Mehrfamilienhaus (29 WE)	A8	12.196	2.336	1.453	3
6100-0931	Mehrfamilienhäuser (3 St, 18 WE)	E5	6.698	2.705	2.039	3
6100-1050	Mehrfamilienhaus (64 WE)	A9	17.760	6.537	4.555	3
6100-1111	Wohnhochhaus (179 WE)	A10*	43.272	15.978	–	3
6100-1192	Mehrfamilienhaus (15 WE) Dachsanierung	A10*	6.064	2.195	1.720	3
6100-1193	Mehrfamilienhaus (15 WE) Fassadensanierung	A10*	6.064	2.195	1.720	3

Modernisierungen; Wohngebäude nach 1945: mit Tragkonstruktion

6100-0264	Mehrfamilienhaus (16 WE), Laden	A2	6.644	1.962	1.312	1
6100-0489	Betreute Wohnanlage (24 WE)	A3	8.646	2.608	1.601	1
6100-0631	Mehrfamilienhaus (16 WE)	A6	6.755	2.523	1.671	3
6100-0681	Mehrfamilienhaus (6 WE)	A7	2.059	725	530	3
6100-0768	Mehrfamilienhaus (3 WE) - Passivhaus	E4	1.548	687	413	3
6100-0814	Mehrfamilienhaus (10 WE) - Passivhaus	E5	4.121	1.351	937	3
6100-0904	Mehrfamilienhaus (3 WE) - Effizienzhaus 70	E5	1.578	569	362	3
6100-1051	Mehrfamilienhaus (5 WE), Büro, Garage (2 STP)	A10*	1.952	723	535	3
6200-0035	Studentenwohnheim	A6	14.331	4.992	3.160	1
6200-0055	Alten- und Pflegeheim	A9	22.000	5.322	3.317	3
6400-0035	Ev. Jugendhaus	A1	1.603	494	303	3
6400-0052	Katholisches Pfarrhaus	A4	1.926	770	554	3

Gebäudeart / Objekt	Buch	BRI [m³]	BGF [m²]	NUF [m²]	Ebene
Modernisierungen; Fachwerkhäuser					
4400-0083 Kindergarten (2 Gruppen)	A1	1.387	434	289	1
4500-0004 Seminar- und Verwaltungsräume	N1	2.885	911	728	1
6100-0134 Wohn- und Geschäftshaus (4 WE)	–	2.412	715	–	1
6100-0135 Wohn- und Geschäftshaus (5 WE)	–	2.010	681	–	1
6100-0137 Wohn- und Geschäftshaus (7 WE)	–	4.100	1.083	911	1
6100-0165 Stadthaus (1 WE) Fachwerk	A1	336	146	91	1
6100-0220 Mehrfamilienhaus (3 WE)	A1	1.540	595	420	3
6100-0288 Einfamilienhaus mit ELW	A1	849	278	175	1
6100-0358 Stadthaus (3 WE)	A2	679	192	148	1
6100-0480 Mehrfamilienhaus (5 WE)	E2	1.600	563	363	3
6100-0527 Mehrfamilienhaus	A4	2.792	970	642	3
6200-0018 Internat für Sehbehinderte	A1	6.636	1.833	886	3
6500-0012 Gaststätte, Wohnen (6 WE)	A1	3.222	1.244	883	1
Modernisierungen; Gewerbegebäude					
7100-0038 Fabrikgebäude Textilproduktion	A9	6.121	1.611	1.128	3
7200-0023 Apotheke	A1	389	106	83	3
7200-0029 Büro- und Geschäftshaus	N2	3.275	1.013	635	1
7200-0046 Apotheke	A3	429	97	76	3
7200-0053 Wohn- und Geschäftshaus	A3	9.997	2.817	1.984	3
7200-0062 Büro, Ausstellung, Wohnen (1 WE)	A3	1.288	420	316	3
7200-0072 Geschäftshaus, Wohnen (13 WE)	A7	6.216	2.121	1.484	3
7600-0028 Feuerwehrgerätehaus	A1	1.830	580	362	1
7600-0066 Feuer- und Rettungswache	A9	8.042	2.530	1.742	3
7700-0036 Laborgebäude	A3	9.773	2.739	1.555	3
Modernisierungen; Kulturgebäude					
4400-0160 Kinder- und Jugendhaus (133 Kinder)	E6	4.526	1.375	1.029	3
9100-0060 Stadtbibliothek	A7	1.853	575	412	3
9100-0066 Schlossanlage, Begegnungsstätte	A8	6.580	1.976	1.437	3
9100-0093 Gemeindehaus	A9	1.993	745	412	3
9600-0001 Justizvollzugsanstalt	A8	19.751	6.990	3.853	1
Modernisierungen; sonstige Gebäude					
2200-0033 Institutsgebäude	A10*	1.694	393	230	3
3400-0013 Pflegeheim (132 Betten)	A5	27.801	9.495	5.413	3
4500-0017 Bildungsinstitut, Seminarräume	IR1	1.338	344	248	3
5300-0005 Bootshaus	E2	2.865	761	642	3
5300-0009 Strandbad, Restaurant	A7	819	262	230	3
6100-0078 Altenwohnungen (53 WE)	–	15.339	5.325	3.200	3
6100-0250 Wohn- und Geschäftshaus (5 WE)	A1	2.400	880	570	1
6100-0258 Einfamilienhaus	A1	574	229	136	3
6100-0275 Stadthaus (6 WE), Büro	A1	2.575	845	568	2
6100-0377 Mehrfamilienhaus (3 WE)	A2	1.656	502	344	1
6100-0384 Mehrfamilienhaus (30 WE)	A3	9.679	3.145	2.323	1
6100-0399 Mehrfamilienhaus (5 WE)	A2	1.315	534	360	1
6100-0496 Mehrfamilienhaus (31 WE)	A7	9.646	3.445	2.598	3

Objektliste

Gebäudeart / Objekt		Buch	BRI [m³]	BGF [m²]	NUF [m²]	Ebene
Modernisierungen; sonstige Gebäude (Fortsetzung)						
6100-0583	Wohn- und Geschäftshaus	A5	2.559	925	673	3
6100-0713	Doppelhaushälfte	A7	740	282	211	3
6100-0729	Mehrfamilienhaus (3 WE)	A7	1.725	620	435	3
6100-0740	Einfamilienhaus	A7	777	278	177	3
6100-0752	Mehrfamilienhaus (19 WE)	A7	6.780	2.549	1.793	3
6100-0753	Mehrfamilienhaus (19 WE)	A7	6.780	2.549	1.793	3
6100-0780	Einfamilienhaus, Büro	A7	2.622	825	542	3
6100-0790	Einfamilienhaus	A7	743	261	187	3
6100-1197	Maisonettewohnung	IR1	252	107	92	3
6200-0032	Seniorenpflegeheim	A4	10.050	3.200	2.224	3
6400-0080	Gemeindehaus	A10*	1.165	325	229	3
6600-0004	Pension, Post, Bücherei	–	2.639	765	584	3
6600-0009	Schlosshotel	A1	16.030	3.190	1.710	1

Gebäudeart / Objekt		Buch	BRI [m³]	BGF [m²]	NUF [m²]	Ebene
Instandsetzungen; Wohngebäude						
6100-0085	Großwohnanlage (87 WE)	–	36.680	13.558	8.273	3
6100-0359	Mehrfamilienhaus (66 WE)	A2	23.000	5.700	–	3
6100-0400	Mehrfamilienhaus (48 WE), 3 Läden	A2	743	202	168	3
6100-0456	Mehrfamilienhaus (3 WE)	E2	1.478	505	364	3
6100-0467	Mehrfamilienhaus (48 WE), Fassadensanierung	A3	17.861	5.137	–	3
6100-0548	Mehrfamilienhaus	A5	3.055	1.018	608	3
6100-0560	Mehrfamilienhaus (4 WE)	A5	3.475	1.075	665	3
6100-0574	Einfamilienhaus, Brandschaden	A4	834	285	212	3
6100-0686	Mehrfamilienhaus, Kellertrocknung	A7	3.546	1.166	804	3
6100-0695	Mehrfamilienhaus, Kellertrocknung	A7	3.192	1.050	735	3
6100-0996	Mehrfamilienhaus (15 WE)	A9	5.061	1.634	1.076	3
6100-1099	Mehrfamilienhaus, Grundmauersanierung	A9	1.950	700	458	3
6100-1112	Mehrfamilienhaus Vorderfassade Denkmalschutz	A9	4.130	1.278	926	3
6100-1113	Wohn- und Geschäftshaus (21 WE)	A10*	8.259	2.895	–	3
6100-1150	Balkon (Mehrfamilienhaus)	A10*	–	38	22	3
6400-0057	Jugendzentrum	A6	3.281	1.673	1.140	3
Instandsetzungen; Nichtwohngebäude						
1300-0074	Bürogebäude	A1	4.077	1.124	777	1
1300-0079	Verwaltungsgebäude, Dachsanierung	A1	1.899	438	223	1
1300-0150	Verwaltungsgebäude, Kellertrocknung	A7	1.198	360	229	3
2200-0008	Dachsanierung Institutsgebäude	A5	4.752	617	450	3
4100-0056	Schule, PCB-Sanierung	A5	16.877	4.435	2.636	3
5100-0077	Schulsporthalle (Dreifeldhalle)	A10*	20.335	3.110	2.113	3
6200-0034	Soziotherapeutisches Zentrum	A6	10.327	3.557	2.019	3
7100-0014	Produktionsgebäude	A1	17.842	4.925	3.736	1
7300-0044	Schreinerei, Wohnung	E2	4.269	1.099	886	3
7300-0072	Lagerhalle Werkstatt	A9	9.623	1.246	1.045	3
9100-0044	Katholische Kirche	A5	1.140	213	151	3
9100-0051	Evangelische Kirche	A6	8.531	777	587	3
9100-0091	Kirchturm	A9	653	50	27	3
Instandsetzungen mit Restaurierungsarbeiten						
1300-0039	Büro-, Verwaltungsgebäude	–	956	301	209	1
1300-0215	Büro (20 AP), Stadtvilla Denkmalschutz	A10*	2.748	829	581	3
6400-0058	Ev. Pfarrhaus, Fassadensanierung	A8	3.016	986	636	3
7500-0014	Bankgebäude, Wohnen (1 WE)	A1	2.493	628	385	1
9100-0004	Galerie, Ausstellung	–	3.909	810	528	3
9100-0023	Stadtbibliothek, Museum	A1	15.053	2.830	2.410	1
9100-0026	Musikpavillon	A2	1.233	220	175	3
9100-0033	Kirche, Brandschaden	A3	19.551	1.314	876	3
9100-0035	Evangelische Kirche, Innenrestaurierung	A3	7.095	740	459	3
9100-0039	Kirche, Fassadenarbeiten	A6	7.730	620	490	3
9100-0041	Veranstaltungsgebäude, Büros	A6	6.497	2.157	1.315	3
9100-0064	Evangelische Kirche	A9	4.384	410	266	3
9100-0088	Kapelle	A9	10.400	420	290	3
Instandsetzungen; sonstige Gebäude						
6100-1210	Doppelhaushälfte, Gründerzeit	IR1	1.345	438	277	3

© **BKI** Baukosteninformationszentrum

Anhang

Regionalfaktoren

Regionalfaktoren

Diese Faktoren geben Aufschluss darüber, inwieweit die Baukosten in einer bestimmten Region Deutschlands teurer oder günstiger liegen als im Bundesdurchschnitt. Sie können dazu verwendet werden, die BKI Baukosten an das besondere Baupreisniveau einer Region anzupassen.

Hinweis: Der Land-/Stadtkreis und das Bundesland ist für jedes Objekt in der Objektübersicht in der Zeile „Kreis:" angegeben. Die Angaben wurden durch Untersuchungen des BKI weitgehend verifiziert. Dennoch können Abweichungen zu den angegebenen Werten entstehen. In Grenznähe zu einem Land-/Stadtkreis mit anderen Baupreisfaktoren sollte dessen Baupreisniveau mit berücksichtigt werden, da die Übergänge zwischen den Land-/Stadtkreisen fließend sind. Die Besonderheiten des Einzelfalls können ebenfalls zu Abweichungen führen.

Landkreis / Stadtkreis	Bundeskorrekturfaktor
Aachen, Städteregion	0.960
Ahrweiler	1.016
Aichach-Friedberg	1.102
Alb-Donau-Kreis	1.031
Altenburger Land	0.934
Altenkirchen	0.980
Altmarkkreis Salzwedel	0.796
Altötting	0.971
Alzey-Worms	1.003
Amberg, Stadt	0.978
Amberg-Sulzbach	0.979
Ammerland	0.860
Anhalt-Bitterfeld	0.680
Ansbach	1.038
Ansbach, Stadt	1.094
Aschaffenburg	1.121
Aschaffenburg, Stadt	1.107
Augsburg	1.089
Augsburg, Stadt	1.027
Aurich	0.809
Bad Dürkheim	1.042
Bad Kissingen	1.087
Bad Kreuznach	1.036
Bad Tölz-Wolfratshausen	1.128
Baden-Baden, Stadt	1.048
Bamberg	1.060
Bamberg, Stadt	1.154
Barnim	0.890
Bautzen	0.897
Bayreuth	1.080
Bayreuth, Stadt	1.049
Berchtesgadener Land	1.100
Bergstraße	1.046
Berlin, Stadt	1.023
Bernkastel-Wittlich	1.102
Biberach	1.023
Bielefeld, Stadt	0.942
Birkenfeld	0.973
Bochum, Stadt	0.841
Bodenseekreis	1.030
Bonn, Stadt	0.970
Borken	0.930
Bottrop, Stadt	0.864
Brandenburg an der Havel, Stadt	0.844
Braunschweig, Stadt	0.843
Breisgau-Hochschwarzwald	1.037
Bremen, Stadt	1.033
Bremerhaven, Stadt	0.958
Burgenlandkreis	0.836
Böblingen	1.052
Börde	0.840
Calw	1.068
Celle	0.862
Cham	0.928
Chemnitz, Stadt	0.895
Cloppenburg	0.805
Coburg	1.055
Coburg, Stadt	1.108
Cochem-Zell	1.012
Coesfeld	0.946
Cottbus, Stadt	0.773
Cuxhaven	0.844
Dachau	1.102
Dahme-Spreewald	0.854
Darmstadt, Stadt	1.015
Darmstadt-Dieburg	1.039
Deggendorf	1.017
Delmenhorst, Stadt	0.850
Dessau-Roßlau, Stadt	0.914
Diepholz	0.832
Dillingen a.d.Donau	1.105
Dingolfing-Landau	0.973
Dithmarschen	0.962
Donau-Ries	1.003
Donnersbergkreis	1.007
Dortmund, Stadt	0.879

DB